ABHANDLUNGEN

AUS DEM

STAATSWISSENSCHAFTLICHEN SEMINAR

ZU

STRASSBURG i. E.

HERAUSGEGEBEN

VON

G. F. KNAPP UND W. WITTICH.

HEFT XXX.

FRANZ GUTMANN:

DAS FRANZÖSISCHE GELDWESEN IM KRIEGE (1870–1878).

STRASSBURG

VERLAG VON KARL J. TRÜBNER.

1913.

DAS FRANZÖSISCHE GELDWESEN IM KRIEGE (1870—1878)

VON

DR. FRANZ GUTMANN,
PRIVATDOZENTEN AN DER UNIVERSITÄT TÜBINGEN.

STRASSBURG
VERLAG VON KARL J. TRÜBNER.
1913.

DRUCK VON H. LAUPP JR. IN TÜBINGEN.

HERRN PROFESSOR

GEORG FRIEDRICH KNAPP

VORWORT.

Die erste Arbeit, die von mir vor einigen Jahren in den „Abhandlungen aus dem staatswissenschaftlichen Seminar zu Straßburg“ erschienen ist, fügte sich dem Kreis agrarhistorischer Studien ein, die dort ihren besonderen Boden gefunden hatten. Nun erscheint auch dieses zweite größere Buch in der Reihe dieser Sammlung. Es geschieht dies vor allem deshalb, weil es zu den geldgeschichtlichen Arbeiten gehört, die mittlerweile, ebenfalls als Ergebnis einheitlich geleiteter Tätigkeit auf einem stofflich geschlossenen Gebiet, aus Straßburg hervorgegangen sind.

Der Gedanke, der zur Entstehung der vorliegenden Arbeit geführt hat, war der, währungsgeschichtliche Ereignisse eines Staates einmal unter dem Gesichtspunkte ihrer Verknüpfung mit den gleichzeitigen Vorgängen und Bedingungen der staatlichen Finanzwirtschaft zu untersuchen.

Die wichtigste Voraussetzung dafür war das Vorhandensein einer den Inhalt treffenden Anschauungsweise vom Gelde und ein gegebener Vorrat von festen Begriffen für die elementaren Erscheinungen im Geldwesen, um die Seite rein währungsrechtlicher Tatbestände ohne Schwierigkeiten aufklären zu können. Solange dieses grundlegende Ziel noch nicht erreicht war, war die Beobachtung der genannten komplizierteren Beziehungen nicht möglich. Die geldtheoretische Forschung mußte, um die allgemeinen Vorgänge im Geldwesen in möglichster Einfachheit zu sehen, bis dahin eine derartige Erweiterung ihrer Aufgabe ebensosehr vermeiden, wie sie andererseits bestrebt sein mußte, über die äußere Betrachtung des Münzwesens hinaus zu einer Erfassung aller Geldformen zu kommen.

Auch für die Finanzwissenschaft war zunächst stoffliche Beschränkung geboten. Sie hatte die verschiedenen Beschaffungsmethoden, durch die die verfügbaren Mittel im Staatshaushalt in ein Verhältnis zu den notwendigen Leistungen gebracht werden, zu beschreiben, zu ordnen und in Gruppen mit gemeinsamen Merkmalen zu vereinigen. Vor der mehr rechnungsmäßigen Frage nach der Gewinnung ganzer Geldsummen durch bestimmte Erhebungsformen trat die Frage nach den dabei erzielten konkreten Zahlungsmitteln zurück.

Erst im weiteren Verlauf konnte man dann dazu übergehen, eine Verbindung herzustellen zwischen den finanzwirtschaftlichen und geldrechtlichen Angelegenheiten des Staates, indem man seine finanzpolitische Tätigkeit nach währungspolitischen Motiven und Wirkungen beurteilt und umgekehrt an währungsrechtlichen Ereignissen den finanzwirtschaftlichen Erfolg und den Einfluß finanzpolitischer Forderungen zu ermitteln sucht.

Die einzige Möglichkeit zur Erlangung allgemeiner Ergebnisse liegt auch hier in der Darstellung wirklicher Geschehnisse.

In unserem Fall wurde derartigen Zusammenhängen am Beispiel Frankreichs in den Jahren 1870—1878 nachgegangen, und so bedeutet diese Untersuchung, wie ich mir genau bewußt bin, für den theoretischen Ausbau dieser Beziehungen nur eine Vorarbeit, selbst da, wo bereits Andeutungen im Sinne einer allgemeinen Zusammenfassung vorliegen. Der unerhört große und auf einen kurzen Zeitraum zusammengedrängte Finanzbedarf des französischen Staates in dieser Periode, die vielseitigen Aeußerungen staatlicher Finanzpolitik, der offenbar als Finanzmaßnahme aufzufassende Währungswechsel und nicht zuletzt der eigenartige weitere Verlauf der Valutaverhältnisse empfahlen die Wahl des Beispiels und versprachen nach allen möglichen Richtungen besondere Ergiebigkeit.

Neben der Wechselwirkung von Finanz- und Geldpolitik während der Kriegszeit handelte es sich namentlich auch darum, festzustellen, wie es kam, daß die veränderte französische Valuta trotz der mächtigen Kriegsentschädigungsschuld, über deren Inhalt und Zahlungsart im einzelnen noch nicht genügende Klarheit verbreitet war, vor dem Verfall damals bewahrt blieb. Auch die weitere Entwicklung des französischen Geldes bis zur Valutarestauration mußte dem bezeichneten leitenden Gedanken untergeordnet werden.

Die Darstellung einer Währungsänderung verlangte aber auch als unentbehrliche Grundlage, daß ihr Angaben über die Geldzustände vor dem Krieg vorausgeschickt wurden, so daß sich auf diese Weise fast ein Gesamtbild von der Geschichte des französischen Geldwesens im 19. Jahrhundert überhaupt ergab. Dieser vorbereitende Teil schloß sich wie alle übrigen geldtheoretischen Ausführungen eng an das Knappsche Werk und seine Terminologie an, soweit ihr Gebrauch die Darstellung erleichterte. Von dem dadurch gewonnenen Standpunkt allein aus war, wie sich zeigte, erst der ganzen folgenden Aufgabe beizukommen.

Ein Versuch, einen Einblick in das die Entschädigungsoperation und ihre finanziellen Transaktionen betreffende Aktenmaterial der französischen Regierung zu erlangen, erwies sich kurz vor seinem Gelingen als vergeblich. Die Untersuchung war daher lediglich auf bereits veröffentlichtes Material beschränkt. Sie mußte sich damit begnügen, den überall zerstreuten Rohstoff aus Abhandlungen, Gesetzen, Verordnungen, gedruckten Berichten, Zeitschriften und vor allem auch aus der zuverlässigen Presse zusammenzusuchen und zu ihren Zwecken zu kombinieren.

Ursprünglich war beabsichtigt, ein möglichst umfangreiches Tatsachenmaterial in streng pragmatischer Darstellung aneinanderzureihen. Nun erhielt der Arbeitsplan notgedrungen einen etwas anderen Charakter. Vielleicht zum Vorteil für die leitende Grundidee mußten die Tatbestände jetzt mehr beispielartig gebraucht, der Zug der Erzählung häufig unterbrochen und der Nachdruck auf die Herausarbeitung der großen, prinzipiell erheblichen Vorgänge gelegt werden. Dabei wurde versucht, den im Zusammenhang von Finanz- und Geldpolitik immer wiederkehrenden Erscheinungen schon jetzt eine prägnantere Formulierung zu geben.

Immerhin reichten auch die vorgebrachten Einzelheiten

aus, um eine Vorstellung auch von dem tatsächlichen Verlauf der Dinge zu vermitteln. Wird einmal der Zugang zu den Akten geöffnet werden, so wird dadurch zweifellos eine Fülle neuer und interessanter Details zutage gefördert werden können. Daß aber auch dann die grundsätzlichen Ergebnisse dieselben bleiben werden, läßt sich mit ziemlicher Bestimmtheit voraussagen, und ebenso wird die Darstellung, um zu ihren Schlüssen zu kommen, auch in Zukunft den hier betretenen Weg einzuschlagen haben.

Allgemein gültige Regeln und Ratschläge für die Gegenwart und für unsere Lage wurden aus dem Verhalten der französischen Regierung nicht abgeleitet, so lebhaft die Versuchung dazu gewesen wäre. Sie ergeben sich im übrigen, namentlich wenn man die wachsende Bedeutung einer immer mehr verfeinerten und reicher verzweigten exodromischen Politik scharf genug erkennt und praktisch zu verwerten versteht, schon aus den Lehren der „staatlichen Theorie" von selbst. Von ihr aus lassen sich etwa Fragen wie die nach der Bedeutung des Reichskriegsschatzes in seiner jetzigen Gestalt und nach einer nicht nur kapitalistisch, sondern auch währungspolitisch und finanzwirtschaftlich besseren Verwendung dieses Münzbestandes ohne weiteres beantworten.

Aber auch an dieser Stelle wollen wir es uns versagen, zu Problemen der Gegenwartspolitik Stellung zu nehmen, so wichtig es uns auch erscheint, daß die sogenannte finanzielle Mobilmachung auch einmal mit Rücksicht auf die Beziehungen zwischen Währung und Finanzwesen geprüft werde. So fern diese Arbeit aktuellen Interessen zu liegen scheint, vielleicht läßt sich von diesem Bedürfnis aus die Brücke zu den Forderungen des Tages schlagen. —

Die Arbeit ist, so wie sie heute vorliegt, schon vor mehr als einem Jahre abgeschlossen gewesen. Persönliche Verhältnisse haben dann ihre Drucklegung verzögert. In der prinzipiellen Stellungnahme zu den hier behandelten Fragen hat sich aber auch seitdem nichts geändert. —

Franz Gutmann.

INHALT.

I. Kapitel.

DIE GELDVERFASSUNG FRANKREICHS BEI BEGINN DES KRIEGES IM JAHRE 1870.

Am 19. Juli 1870 übergab der französische Geschäftsträger in Berlin dem preußischen Minister der auswärtigen Angelegenheiten eine Note, die die formelle Kriegserklärung Frankreichs an Preußen enthielt. Schon einige Tage vorher wurden in der französischen Kammer von der kaiserlichen Regierung Kredite für Heer und Marine verlangt. Für die Mobilisierung der Kriegsmacht waren die Einnahmen des ordentlichen Friedensbudgets ungenügend. Man forderte daher Mittel für außergewöhnliche Zwecke. Was für Geldzeichen der Staatsschatz durch die Bewilligung des Antrags erhielt, richtete sich nach dem Währungszustand, der in diesem Zeitpunkt in Frankreich herrschte.

Im französischen Geldsystem vom Jahre 1870 gab es Münzen (metallisches Geld) und Scheine (Papiergeld).

§ 1.
DIE MÜNZEN BIS ZUR GRÜNDUNG DES LATEINISCHEN MÜNZBUNDES [1]).

Nach langen Jahren der Papierwirtschaft hatte das Gesetz vom 7. Germinal des Jahres XI der Republik [2]) das französische Geldwesen wieder endgültig auf eine metallische Basis gestellt [3]).

1) Zur pragmatischen Darstellung des französischen Geldwesens vgl. stets Georg Friedrich Knapp, Staatliche Theorie des Geldes, insbesondere die zusammenhängende Uebersicht im vierten Kapitel § 17.

2) D. i. 28. März 1803.

3) Loi sur la fabrication et la vérification des monnaies.

Es schloß sich dabei an Bestimmungen an, die schon durch das Gesetz vom 28. Thermidor des Jahres III erlassen worden waren, und befaßte sich ausschließlich mit den Münzen. Es wurde gesagt, aus welchem Metall und in welcher Mischung die Stücke geschlagen werden sollten, wie sie heißen und aussehen sollten. An der Spitze des Textes steht als disposition générale der Satz, daß der Franken die Rechnungseinheit im Münzwesen sein solle [1]). Der Franken ist zugleich eine Münze, die ausgeprägt wurde und als solche 5 Gramm Münzsilber von der Feinheit $^{9}/_{10}$ enthielt.

Der Name der Geldeinheit wurde aus den bestehenden Einrichtungen übernommen. Früher war der Anschluß des Frankens zum alten Livre auf Grund des Geltungsverhältnisses 81 : 80 vermittelt worden [2]). So vollzog sich ohne weiteres der Uebergang ins neue System. Alle auf eine bestimmte Anzahl Franken lautenden Schulden waren mit einem gleichen Betrag neuer Frankenzeichen zu tilgen. Alle übrigen Münzen waren auf das Vielfache oder auf Teilbeträge des Frankens begültigt. Der hundertste Teil eines Frankens wurde Centime genannt.

Es wurden Münzen aus Gold und Silber geschlagen. Ihre Feinheit betrug in beiden Fällen $^{9}/_{10}$. Für Gewicht und Feinheit der Stücke wurden nach oben und unten genaue Fehlergrenzen festgesetzt [3]).

Aus Silber wurden hergestellt Stücke im Nennwert von 1,2 und 5 Franken und Stücke im Nennwert von ¼, ½ und ¾ Franken. Das Gewicht der Stücke verhielt sich allgemein zum Gewicht der Frankenmünze, wie sich ihr Nennwert zur Werteinheit des Frankens verhielt. Die einzelnen Münzen wogen soviel mal mehr oder weniger als der Franken, enthielten so viel mal mehr oder weniger Münzstoff als der Franken, als sie mehr oder weniger galten

1) Cinq grammes d'argent au titre de neuf dixièmes de fin constituent l'unité monétaire qui conserve le nom de franc.

2) Gesetz vom 25. Germinal des Jahres IV.

3) Tolérance de poids und tolérance du titre. Bei Goldmünzen gelten die Fehlergrenzen für alle Stücke gleichmäßig. Bei Silbermünzen ist die Feinheitstoleranz für alle Stücke gleich; die Gewichtstoleranz ist für die einzelnen Stücke gruppenweise verschieden. Die tolérance du titre für Silbermünzen wurde vom 1. Januar 1850 an geändert.

als er. 2 Franken enthielten 10 Gramm, 5 Franken 25 Gramm, ¾ Franken $3^{75}/_{100}$ Gramm Münzsilber usw. Ein Kilogramm Münzsilber lieferte so immer 200 Franken in der gesetzlich zugelassenen Stückelung.

Aus Gold wurden Münzen im Nennbetrag von 20 und 40 Franken geprägt. Ein Kilogramm Münzgold ergab 155 20-Franken- und 77 ½ 40-Frankenstücke, im ganzen also 3100 Franken in verschiedener Stückelung. Bei gleichem Nennwert der Zeichen überstieg das Gewicht der Silbermünze das der Goldmünze um das 15 ½ fache. Aus einem Kilogramm Münzgold wurden 15 ½ mal so viele Franken ausgebracht wie aus einem Kilogramm Münzsilber, weil damals auf dem Edelmetallmarkt gegen eine Gewichtseinheit Silbers 15 ½ mal weniger Gewichtseinheiten Goldes gegeben wurden. Nach diesem zufälligen, veränderungsfähigen Mengenaustauschverhältnis des Marktes wurde die Begültigung der Stücke vorgenommen. Es geschah zunächst nicht in der Absicht,daß dies immer so bleiben solle, wenn man auch an die Beständigkeit der Relation glaubte. Es war das Verhältnis, das zum ersten Male im Jahre 1785 von Calonne für die Umprägung des Louisdors nach dem Satze: 1 Kilogramm Gold gleich 15 ½ Kilogramm Silber aufgestellt worden war.

Es wurden endlich Kupfermünzen geschlagen im Nennwert von $^2/_{100}$, $^3/_{100}$ und $^5/_{100}$ Franken. Sie sollten 4, 6 und 10 Gramm schwer sein. Auch für sie bestand hinsichtlich des Gewichts eine feste, für alle Stücke gleiche Toleranz.

Der Durchmesser sämtlicher Münzen sollte durch eine besondere Verordnung bestimmt werden, die am 28. Germinal erlassen wurde und alle Sorten betraf.

Die Münzen des ancien régime und der Revolutionszeit blieben zunächst in Umlauf. Der rekurrente Anschluß zu ihnen war durch Gesetz geregelt. In den nächsten Jahren war man aber bemüht, die äußere Einheit des Münzwesens herzustellen. Ein kaiserliches Dekret [1]) verbot die Einfuhr fremder Kupfer- und Billonmünzen. Man konnte damit an öffentlichen Kassen weder

1) Vom 11. Mai 1807.

Steuern noch Abgaben bezahlen. Sie waren kein französisches Geld. Die alten 6-, 12- und 24-Sousstücke wurden aus dem Verkehr gezogen. War ihr Gepräge noch erkennbar, so wurden sie bei Zahlungen an den Staat angenommen und galten dabei ¼, ½ und 1 Franken [1]). Dann wurden sie nicht mehr ausgegeben. Den Inhabern dieser Münzen stand es aber auch frei, sie einzuliefern und nach ihrem Gewichte behandeln zu lassen. Sie erhielten dann für das Kilogramm dieser Stücke 180, 197,22 und 195 Franken. Also nach Wahl des Inhabers wurden in diesem Augenblick die Zeichen zirkulatorisch, als nominal bewertetes Geld, oder real, als Ware, angesehen. Im Jahre 1829 [2]) wurden die genannten Sousstücke, ferner die silbernen 3- und 6-Livresstücke und die goldenen 12-, 24- und 48-Livresstücke verrufen. Ihr gesetzlicher Nennwert, der sich aus der Anschlußrelation zum Franken ergab, trat am 1. April 1834 außer Kraft. Bis dahin wurden sie von den verschiedenen Steuerbehörden für Rechnung des Staates zu ihrem gegenwärtigen Nennbetrag angenommen. Von da an konnte man sie nur noch als Barren von tarifierter Feinheit zu festem Preise an die Münzstätten nach ihrem Gewicht verkaufen [3]). Sie hörten auf Geld zu sein und wurden nur mehr nach ihrem stofflichen Gehalt betrachtet. Später [4]) folgte die Einziehung und Außerkurssetzung anderer Billonmünzen [5]). Sie verloren, wie man sich ausdrückte, die Eigenschaft des cours légal et forcé [6]). Auch von der Annahme an öffentlichen Kassen wurden sie ausgeschlossen.

Man suchte ferner in der Stückelung der Münzen dem Dezimalsystem reineren Ausdruck zu verleihen. Aus diesem doktrinären Grunde beseitigte man alte, aber schon in Franken be-

---

1) Kaiserliches Dekret vom 18. August 1810.

2) Gesetz vom 14. Juni.

3) Silbermünzen als Barren von der Feinheit 907/1000 für 198,53 Franken das Kilogramm, Goldmünzen als Barren von der Feinheit 900/1000 für 3091 Franken das Kilogramm.

4) Gesetz vom 10. Juli 1845.

5) 6-Liardsstücke, 10-Centimesstücke mit dem Buchstaben N, 15- und 30-Sousstücke.

6) Vom 31. Dezember 1845 und vom 31. August 1846 an.

gültigte Stücke und führte neue ein, denen zum Teil jede praktische Umlauffähigkeit abging.

So schuf man zuerst die 100- und 10-Frankenstücke [1]). Ihre Prägung erfolgte ganz nach dem Vorbild der vorhandenen Goldmünzen [2]). Nach einem Dekret der provisorischen Regierung von 1848 [3]) zerfielen die nationalen Münzen in goldene 40-, 20- und 10- Frankenstücke, in silberne Stücke zu 5, 2, 1 Franken und zu 50 und 20 Centimes, in Kupfermünzen zu 10, 5, 2 und 1 Centimes. Einige Münzen waren also ausgeschaltet, andere neu erwähnt [4]).

Das Gewicht der Kupfermünzen wurde in ein genaues Verhältnis zu ihrer Geltung gebracht, in der Weise, daß die Stücke, vom Eincentimestück zu einem Gramm ausgehend, 1, 2, 5 und 10 Gramm wiegen sollten. Die alten Stücke [5]) wurden eingezogen und später verrufen [6]). In den Motiven hieß es, sie seien so schwer, unförmig und in ihrem Aeußern so verschiedenartig, daß sie weder künstlerischen Rücksichten noch dem Verkehrsinteresse genügten. Auch sei es ein allgemeiner und berechtigter Wunsch, daß man auf den am häufigsten verwendeten Münzen das Bildnis der Republik sehen wolle. Die Neuemission wurde in ihrem Umfang

1) Ordonnance du roi vom 8. November 1830.

2) Die 100-Frankenstücke haben ein Gewicht von 32,258 g. Aus einem Kilogramm des Münzgutes wurden 31 Stück geschlagen. Das 10-Frankenstück wiegt 3,2258 g. Aus einem Kilogramm Münzgold werden davon 310 Stück geschlagen. Die Gewichtstoleranz für das 100-Frankenstück beträgt nur 1/1000.

3) Vom 3. Mai 1848.

4) Nicht genannt war das goldene 100-Frankenstück. Ferner fehlten die silbernen ¾- und ¼-Frankenstücke und die 3-Centimesmünzen. Neu aufgeführt war das silberne 20-Centimesstück, das entsprechend seinem Geltungsverhältnis zum Franken 1 g Münzsilber enthalten sollte, und die 10- und 1-Centimesmünze aus Kupfer. Einige Jahre später erst (Dekret vom 30. April 1852) wurde die Verrufung über die 25-Centimesstücke ausgesprochen. Der cours légal et forcé ihres Nominalwertes erlosch am 1. Okt. 1852. Oeffentliche Kassen nahmen sie bei Bezahlungen von Abgaben aller Art noch einige Zeit länger an.

5) Aus Kupfer, Bronze und métal de cloche.

6) Vom 1. Juli 1856 an hatten die Stücke, die auf 1 und 2 Liards und 1 und 2 Sous lauteten, keine Geltung mehr. Sie konnten dem Staat in Zahlung gegeben oder an seinen Kassen umgetauscht werden.

beschränkt [1]). Dann wurden die Kupfermünzen in ihrer bisherigen Stückelung durch Bronzemünzen ersetzt [2]). Für Gewicht und Feinheit wurden Fehlergrenzen aufgestellt. Die übrige Beschaffenheit der Stücke, die dem Dezimalsystem streng angepaßt war, änderte sich nicht. Das Kontingent der Bronzemünzen wurde später noch einmal erhöht, so daß davon schließlich gegen 60 Millionen Franken umliefen [3]).

Ein kaiserliches Dekret vom 12. Januar 1854 befahl die Einführung eines goldenen Fünffrankenstückes, dessen stoffliche Eigenschaften sich aus denen der übrigen Goldmünzen ableiten ließen [4]). Es war vor allem als Ersatz für das silberne 5-Frankenstück gedacht, das damals aus dem Verkehr geflohen war [5]). Die Ausprägung des goldenen 40-Frankenstückes, dessen Existenz als Schönheitsfehler im dezimalen System empfunden wurde, wurde dafür beseitigt [6]). Das 100-Frankenstück dagegen, das wieder, und das 50-Frankenstück, das neu eingeführt wurde, sollten die Lücken in der dezimalen Gliederung ausfüllen [7]).

Das Gesetz vom 25. Mai 1864 war wichtig, weil es in die französische Geldverfassung einen neuen Münztypus hineinbrachte.

---

1) Die neu emittierten Stücke durften zusammen den Betrag der abgeschafften Münzen keinesfalls um mehr als 5 Millionen übersteigen.

2) 95 % Kupfer, 4 % Zinn, 1 % Zink.

3) Es wurden im ganzen für $48^1/_2$ Millionen Franken geprägt, eine Menge, die mit dem bisherigen Umlauf übereinstimmte. Trotz besserer Verteilung erwies sich die Summe einige Jahre später als zu klein. Nachdem das Gesetz vom 18. Juli 1860 eine Neuemission bis zu 12 Millionen Franken genehmigt hatte, brachte man die Gesamthöhe auf 59 300 000 Franken (vgl. Journal officiel v. 18. Febr. 1873).

4) Es wog 6,129 Gramm. Aus einem Kilogramm des Münzgutes wurden 620 Stück geschlagen.

5) Tatsächlich wurde das goldene 5-Frankenstück seit dem Jahre 1869 nicht mehr geschlagen. Im Jahre 1878 wurde seine Prägung gesetzlich suspendiert. Seit 1886 wurde es durch Ministerialverordnung auch für den Umlauf gesperrt und nach und nach in 10- und 20-Frankenstücke umgewandelt.

6) Dekret v. 12. Dez. 1854.

7) Das 50-Frankenstück hatte ein Gewicht von 16, 129 g. Aus einem Kilogramm Münzgold wurden 62 Stück ausgebracht.

Für die silbernen 50- und 20-Centimesstücke sollte in Zukunft die Feinheit des Münzgutes nicht mehr 900/1000, sondern 835/1000 betragen. Die alten Stücke dieser Geltung verloren ihren cours légal und wurden aus dem Verkehr gezogen, eine Bestimmung, die der Ordnung wegen zwar notwendig, aber praktisch für den Augenblick ganz unerheblich war [1]).

Das Gesetz vom Jahre 1864 war zugleich das letzte, in dem der französische Staat unabhängig und für sich allein über Einrichtungen des staatlichen Münzwesens entschied. Die ganze nun folgende Münzgesetzgebung war das gemeinsame Werk des lateinischen Münzbundes, in den Frankreich Ende des Jahres 1865 als gründende und führende Macht eintrat, allerdings nicht als diejenige, von der bedeutsame Anregungen im Sinne des währungspolitischen Fortschrittes weiterhin ausgegangen wären. Von diesem Augenblick an entstanden die Münzgesetze nicht mehr auf Grund einseitiger Beschlüsse der inländischen Gesetzgebung. Formell wurden sie als Landesgesetze behandelt und erlassen. Ihr Inhalt aber war bestimmt durch zwischenstaatliche Verabredungen völkerrechtlicher Verträge und durfte nur im Einverständnis aller Teilnehmer verändert werden. Ihr Wortlaut war das Ergebnis von Kongreßsitzungen staatlich instruierter Bevollmächtigter.

In diesem Zeitpunkt setzte sich das französische Münzwesen aus folgenden Stücken zusammen:

---

1) Mit dem Wechsel der Regierungen wurden jedesmal auch für Bild und Aufschrift abändernde Bestimmungen erlassen. So unter Napoleon I., Ludwig XVIII., Karl X., Louis Philipp, von der Interimsregierung des Jahres 1848, unter dem Konsul Louis-Napoleon-Bonaparte und unter Napoleon III.

Von untergeordneter Bedeutung waren schließlich auch Anordnungen, durch die der Durchmesser der Stücke abgeändert wurde. Sie verfügten meistens auch die Einziehung der alten Stücke zu ihrem Nennwert bei den Regierungs- und Steuerkassen bis zu einem Termin, von wo an sie nur mehr an die Pariser Münzstätte und zwar nach ihrem Gewicht eingeliefert werden konnten. (10-Frankenstücke gemäß Dekret vom 7. April 1855; goldene 5-Frankenstücke gemäß Dekret vom 19. Febr. 1859.)

1. Goldmünzen, Feinheit $^9/_{10}$, Stückelung 5, 10, 20, 50, 100 Franken.
2. Silbermünzen a) mit Feinheit $^9/_{10}$ in Stücken zu 1, 2 und 5 Franken,
   b) mit Feinheit $^{835}/_{1000}$ in Stücken zu 20 und 50 Centimes.
3. Bronzemünzen in Stücken zu 1, 2, 5 und 10 Centimes.

Nach dem Gesetze des Jahres XI konnte Gold und Silber von jedermann unbegrenzt in Münze verwandelt werden. Der Private hatte nur die Prägekosten zu tragen, die zunächst für das Kilogramm Münzgold auf 9 Franken, für das Kilogramm Münzsilber auf 3 Franken festgesetzt wurden. Die Herstellung der Münzen erfolgte in einer Reihe Prägeanstalten [1]). Die Betriebe waren in Händen privater Unternehmer [2]). Der Staat ließ sie durch eine eigene Behörde überwachen [3]). Durch Gesetz war genau vor-

1) 1827 waren noch 13 im Betrieb. 1870 blieben nur noch Paris und Straßburg übrig. Bordeaux wurde in der Kriegszeit wieder geöffnet, 1879 aber neuerdings geschlossen. Straßburg fiel durch die Annexion weg.

2) In diesem Unternehmer, der directeur de la fabrication genannt wurde, verbanden sich mit den Eigenschaften eines unabhängigen Industriellen einzelne Verpflichtungen des Beamten. In der Hauptsache aber erscheint er als gewerblicher Unternehmer. Er regelte das Arbeitsverhältnis, die Löhne, den gesamten Betrieb in der Absicht, für sich Gewinn zu erzielen.

3) Die königliche Verordnung vom 26. Dez. 1827 setzte als oberste Verwaltungsinstanz über das Münzwesen die dreigliedrige commission des monnaies et médailles, die aus einem Präsidenten, meist einem bedeutenden Chemiker, und zwei Generalkommissären gebildet wurde. Diese Behörde wurde durch Dekret der Regierung der nationalen Verteidigung vom 10. Januar 1871 beseitigt. Die administration des monnaies et médailles wurde einem Direktor untergeordnet, dem ein Unterdirektor beigegeben wurde. In technischen Fragen wurde er vom vérificateur en chef des essais beraten. Gleichzeitig wurden die Reglements mit der neuen Organisation in Einklang gebracht (25. Juni 1871). Die Aenderung hatte mehr persönliche und politische als sachliche Gründe. Der Aufgabenkreis blieb der gleiche wie bisher. Durch Gesetz vom 31. Juli 1879 übernahm der Staat die Münzprägung selbst. An der Spitze der Münzverwaltung steht jetzt der directeur de l'administration des monnaies et médailles. Seine Befugnisse sind administrativer und entscheidender Art. Ihm ist als Kontrollorgan eine Kommission übergeordnet, der Mitglieder der Legislativgewalt

geschrieben, wie Gewicht und Feinheit der Münzen geprüft werden mußten und welche Formalitäten vor Ausgabe der Stücke zu erledigen waren [1]). Erst im Jahre 1879, nachdem bereits früher einmal [2]) ein Anlauf dazu gemacht worden war, übernahm der Staat die Münzprägung selbst und vereinigte sie für das ganze Land in Paris [3]).

Solange das Schlagen von Münzen ein persönliches Gewerbe war, nutzte man absichtlich aus Gewinnrücksichten den Spielraum aus, den die gesetzlich erlaubte Fehlergrenze bei der Münzemission ließ. Auch wurde, wie aus der Ordonnanz vom Jahre 1835 hervorgeht, der für die Prägegebühr geltende Tarif nicht immer eingehalten. Die einzelnen Münzanstalten machten sich Konkurrenz und gewährten den Ueberbringern großer Rohmetallmengen Vorzugsätze. Bald ermöglichten auch die Fortschritte in der Produktionstechnik eine Verminderung des Schlagschatzes für Gold und Silber. Schon im Jahre 1835 [4]) wurde er deshalb beim Golde auf 6 Franken, beim Silber auf 2 Franken für das Kilogramm des Münzgutes ermäßigt. Als aber die Einführung des kleinen goldenen 5-Frankenstücks die Prägekosten wieder vermehrte,

angehören, die ihrem Beruf nach der Finanz-, Gelehrten- und Handelswelt entnommen zu werden pflegen (Ducrocq, Cours de droit administratif . . . . Bd. II. pag. 569 ff.).

1) Am Ende jedes Jahres mußten die Vorstände der Münzanstalten nachweisen, daß sie aus dem zur Ausprägung eingelieferten Metall Münzen in Beträgen der gesamten gesetzlichen Stückelung hergestellt hatten. Das Verhältnis, in dem dies zu geschehen hatte, wurde im Voraus festgesetzt. Nur wenn sie diese Vorschriften eingehalten hatten, wurde ihnen die Prägegebühr ohne Abzug zugebilligt. Sonst behielt der Staat einen Teil davon zurück. So ordnete der Staat in Uebereinstimmung mit dem Verkehrsbedürfnis an, welche Stücke dem Umlauf zugeführt werden sollten. Auf diese Weise wurde die Einstellung der Prägung von goldenen 5-Frankenstücken vom Jahre 1869 an bewirkt.

2) Im Jahre 1843.

3) Heute ist es so, daß nur mehr Goldbarren mit Kupferlegierung im Mindestgewicht von 6 bis 7 Kilogramm von der Mindestfeinheit 994/1000 angenommen werden. Fremde Münzen unterliegen einem vom Staat aufgestellten Normaltarif. Gewerbliche Gegenstände müssen den amtlichen Stempel tragen.

4) Ordonnanz vom 25. Februar.

wurde er für Gold nachträglich wieder auf 6,7 Franken erhöht [1]), während er für Silber inzwischen noch einmal auf 1,5 Franken herabgesetzt worden war [2]). Für ein Kilogramm Feingold mußte man 7,44 Franken, für ein Kilogramm Feinsilber 1,67 Franken Prägegebühr entrichten.

Wenn man also Gold von der Feinheit $^9/_{10}$ an die Münzstätte brachte, erhielt man tatsächlich aus dem Kilogramm 3093,30 Franken in Goldmünzen ausbezahlt. In Wirklichkeit prägte die Anstalt aus dieser Metallmenge Stücke im Nennbetrage von 3100 Franken. Lieferte man Feingold ein, so bekam man 3437 Franken für das Kilogramm. Wer ein Kilogramm Münzsilber einreichte, erhielt von der Münzstätte 198,50 Franken in Silbermünzen verschiedener Stückelung. Nach der hylogenischen Norm [3]) wurden daraus 200 Franken geschlagen. Für ein Kilogramm Feinsilber zahlte die Prägeanstalt 220,56 Franken in silbernen Frankenstükken aus.

Die Münzstätte händigte dem Ueberbringer die entsprechende Summe nicht sofort in Münzen aus, sondern gab ihm gewöhnlich nur einen Münzschein [4]). Dieser lautete auf die Höhe seines Geldanspruchs. Der Schein war entweder auf den Namen oder auf den unpersönlichen Inhaber gestellt und durch Indossierung übertragbar. Die Einlösung erfolgte nach einer bestimmten Frist, die vom Finanzminister festgesetzt wurde. Sie sollte der Herstellungsdauer der Stücke angemessen sein und in der Regel einen Monat nicht überschreiten. Je nach dem Verfalltermin des Scheines erlitt also der Inhaber einen größeren oder geringeren Zinsverlust. So lange er nicht unmittelbar über die Stücke verfügte, waren sie seiner kapitalistischen Verwertung entzogen. Wenn er sich sofort in den Besitz der Münzen setzen wollte, so mußte er den Schein irgendwo diskontieren. Er mußte sich also ebenfalls einen Abzug vom erwarteten Nennbetrag gefallen lassen, den die Münzen

---

1) Kaiserliches Dekret vom 22. März 1854.

2) Arrêté vom 22. Mai 1849.

3) Vgl. hierzu und zu allen derartigen technischen Ausdrücken Knapp, l. c. pag. 75 und Register.

4) Bon de monnaie.

ergaben. Indem der Staat die Fälligkeitsfrist der Münzscheine hinausschob und so den mit der Prägung verbundenen Zinsentgang vergrößerte, konnte er möglicherweise einen allzu starken Andrang von Ausmünzungsbegehren abwehren.

Ein Ausweg bot sich dem Besitzer von Rohmetall jedoch dadurch, daß die banque de France, das französische Zentralnoteninstitut [1]), für Barrenmetall einen gleichen Nennbetrag in Franken herausgab wie die Münzstätte. und zwar gewöhnlich sofort und ohne jeden Abzug. Erhielt man von der Bank ihre einlösbaren Noten, so konnte man sie augenblicklich in die metallischen Zeichen verwandeln, die die Bank bei ihren Zahlungen verwendete.

Dadurch, daß man für die Ausmünzung des Rohmetalls einen, für Gold und Silber verschieden hohen, Schlagschatz berechnete, erhielt der private Ueberbringer in den zurückgelieferten Münzen nicht so viele Werteinheiten, wie der Staat aus den ausgeprägten Gewichtsmengen herstellte. Aus einer Gewichtseinheit Gold erzielte man ferner nicht dem gesetzlichen Begültigungsverhältnis entsprechend 15 ½ mal mehr Franken als aus der Gewichtseinheit Silber, sondern je nach den wechselnden Prägegebühren zuerst 15,69, dann 15,62 und endlich 15,59 mal so viel. Von diesen Ziffern ging die Spekulation der Edelmetallhändler aus, von der bald die Rede sein soll.

Gold und Silber wurden auf dem Pariser Edelmetallmarkt nicht nach der Beschaffenheit des Münzgutes, sondern für das Kilogramm des feinen Metalles notiert. Dabei hielt man beim Silber noch an dem Grundbetrage von 218,89 Franken fest, der sich nach Abzug eines Schlagschatzes von 3 Franken auf das Kilogramm des Münzguts ergab. Dies machte eine kleine Rechenkorrektur notwendig. Die Preise wurden so ausgedrückt, daß man bestimmte, um wie viel Tausendstel sie die Normalsätze des Prägetarifes überstiegen oder hinter ihnen zurückblieben. Je nachdem stellte man die Tatsache von „prime“ oder „perte“ fest [2]). Die Normal-

1) Sie wird im folgenden immer kurzweg Bank genannt.

2) Vgl. Arnauné, La monnaie, le crédit et le change (das Hauptwerk

sätze zeigten eben die ständig gleichen Beträge von Werteinheiten an, die man durch die Münzanstalten aus dem eingereichten Rohmetall erhielt.

Ein Passiergewicht, das heißt eine Rechtsregel, wonach die Münzen von Privaten zurückgewiesen werden konnten, wenn sie durch den Gebrauch einen Teil ihres gesetzlichen Gewichts verloren hatten, bestand im französischen Münzwesen nicht. Mochten die Stücke noch so abgenutzt sein, der Gläubiger war verpflichtet, sich damit befriedigen zu lassen. Es galt hier der Grundsatz, daß man in den Stücken Wertbeträge, die durch den Umlauf nicht vermindert werden können, zu sehen hat, und nicht Metallbarren von gewisser Schwere. Nur wenn das Gepräge so vollständig verschwunden war, daß man an dem Ursprung der Stücke zweifeln konnte, durfte man ihre Annahme verweigern.

Der Vollgehalt der Münzen wurde jedoch dadurch gesichert, daß der Staat defekte Münzen, sofern sie nicht in offenbar betrügerischer Absicht verschlechtert waren, zwar annahm, aber nicht mehr in Verkehr setzte, sondern umprägte. Er bestritt so tatsächlich die Kosten, die aus der Bewahrung des Münzgehaltes erwuchsen, obwohl die Gesetze diesen Punkt nicht ausdrücklich geregelt hatten [1]).

Wie stellt sich nun das französische Geldsystem, soweit es die Münzen betraf, nach seinem inneren Wesen in dem Augenblick dar, in dem es als rein nationale Einrichtung seinen Abschluß fand? [2])

In den französischen Münzgesetzen wurde der Annahmezwang unter Privaten, mit dem die Geldzeichen durch den Staat ausgestattet werden, allgemein als cours légal bezeichnet. Am Anfang verwendete man dafür auch den erweiterten Ausdruck

---

über französisches Geldwesen, das aber die Noten ganz außer acht läßt) pag. 32, 86.

1) Dumas in der Münzenquête von 1869/70. Bd. 2. 1872. pag. 334. — Die staatliche Münzanstalt verwendet seit dem Jahre 1889 einen Teil ihres Ueberschusses zur Wiederherstellung abgenutzter Goldmünzen (Rapport de l'administration des monnaies et médailles au ministre des finances 1896, pag. XII.).

2) Vgl. Knapp, l. c. pag. 305 ff.

cours légal et forcé. Doch wurde der zweite Teil des Zusatzes später fortgelassen und drückte für sich allein den Zustand des uneinlösbaren Papiergeldes aus. Vom cours légal sprach man, gleichviel ob die Münzen in jeder Höhe oder nur bis zu einer oberen Grenze ihres Nennbetrages aufgedrängt werden konnten. Man unterschied im Gesetzestext nicht den cours légal limité vom cours légal illimité. Ausreichende und genügend durchgebildete Begriffsbestimmungen fehlten. Man legte bei der Betrachtung der Stücke das Hauptgewicht auf ihre stoffliche Beschaffenheit.

Nach dem Wortlaute des Grundgesetzes vom Jahre XI war man zur unbeschränkten Annahme der Münzen aller drei Metalle verpflichtet. Erst das kaiserliche Dekret vom 18. August 1810 erklärte, daß französische Kupfer- und Billonmünzen bei einzelnen Zahlhandlungen nur immer bis zum Höchstbetrage von 5 Franken angenommen werden mußten. Versuchte man größere Summen in solchen Stücken zu tilgen, so konnte man sich dem widersetzen und Stücke von anderer stofflicher Beschaffenheit verlangen. Ob diese Regel sich auf alle möglichen Zahlungen beziehen sollte oder nur auf Zahlungen unter Privaten wurde zunächst nicht gesagt.

Die Kupfer- und Bronzemünzen waren so Scheidegeld [1]), und zwar waren sie lange Zeit hindurch das einzige Scheidegeld der französischen Währung. Es gab nur Scheidemünzen [2]). Der Staat hatte sich von Anfang an das selbstverständliche Recht ihrer ausschließlichen Herstellung vorbehalten. Denn der Wert des Münzmetalles war auf dem Markte um 60% geringer als der Nennbetrag, auf den die Münzen vom Staate her begültigt waren, und deshalb wurden die Münzen als Scheidegeld behandelt.

Bis zum Jahre 1864 stand dieser kleinen Scheidegeldgruppe die Gesamtheit aller goldenen und silbernen Zeichen als definitives Münzkurantgeld gegenüber. Diese Eigenschaft hatten Gold- und Silbermünzen, weil sie ohne Rücksicht auf den Zahlbetrag angenommen werden mußten und weil sie von seiten des Staates nicht

1) Vgl. Knapp, l. c. pag. 90.

2) monnaie de convention, monnaie d'appoint, monnaies divisionnaires, monnaies subsidiaires.

mehr weiter, etwa die eine Münzart in die andere, einlösbar waren [1]).

Als jedoch der Feingehalt der silbernen 50- und 20-Centimesstücke auf das Verhältnis $^{835}/_{1000}$ herabgesetzt wurde, bestimmte man gleichzeitig, daß ihre Annahme nur bis zur kritischen Höhe von 20 Franken erzwingbar sein solle. Dabei wurde dieses Mal nicht zu sagen vergessen, daß diese Begrenzung sich nur auf den Zahlungsverkehr unter Privaten erstrecke, nicht auch dem Staat gegenüber wirksam sei. Diese Entscheidung mußte in gleicher Weise für die Bronzemünzen gelten. Es geht nicht an, daß derStaat das Geld, das er schafft, sich selbst gegenüber mit einer Annahmebeschränkung umgibt. Der Scheidegeldcharakter bezieht sich nur auf den Zahlungsausgleich unter Privaten.

Es wurde jetzt auch dem Staat das alleinige Recht zur Prägung dieser 50- und 20-Centimesstücke zuerkannt. Auch wurde ihm, wie man es bei den Bronzemünzen getan hatte, ein Emissionsmaximum auferlegt, das er nicht überschreiten durfte [2]).

Es gab also vom Jahre 1864 an Scheidegeld aus Bronze- und Silbermünzen. Sie bildeten zusammen das metallische Notalgeld des Systems [3]). Denn die Stücke waren nicht nach der Norm beschaffen, die für die Herstellung der frei ausprägbaren Zeichen festgesetzt war.

Alle übrigen Gold- und Silbermünzen waren in diesem Zeitpunkte noch unterschiedslos definitives Kurantgeld. Sie waren ferner bares Geld, da sie nach bestimmten Regeln in unbegrenzter Menge von Privaten aus Rohmetall zur Ausprägung gebracht werden konnten [4]). Diese Regeln gaben an, wie viel Werteinheiten aus der Gewichtseinheit des Metalles geschlagen werden sollten.

Weil Gold und Silber gemeinsam für die Oeffentlichkeit in Geld verwandelbar waren [5]), nicht weil die Ausprägung der beiden

1) Vgl. Knapp, l. c. pag. 90.

2) Die Gesamtsumme der neuen Münzen sollte der der eingezogenen Stücke gleich kommen. Doch konnte der Finanzminister, wenn der Verkehr es verlangte, darüber hinaus noch 30 Millionen Franken prägen lassen.

3) Knapp, l. c. pag. 57.

4) Ibidem pag. 53.

5) Ibidem pag. 105.

Metalle in einem festen Wertverhältnis erfolgte oder weil zwei metallische Kurantgeldarten nebeneinander bestanden, hatte Frankreich damals als Zustand seiner Geldverfassung den Bimetallismus [1]).

Das Vorhandensein von zwei definitiven Kurantgeldsorten enthielt Möglichkeiten, aber keine Gewißheit, welches im gegebenen Augenblick die herrschende Währungsmünze des Staates war [2]). Die Regel war, daß immer nur eine der beiden Münzarten vom Staate bei den Zahlungen, die er vornahm, unbedingt geleistet wurde. Sie allein war stets erlangbar und erfüllte den Verkehr. Sie war die valutarische Geldart, und nach ihr bestimmte sich die staatliche Valuta [3]).

Die andere Geldart befand sich in der Stellung, die man akzessorisch nennt [4]). Sie konnte zu definitiven Zahlungen im privaten Verkehr verwendet werden, sie konnte in die Staatskassen einfließen, aber sie verließ die staatlichen Kassen nicht in dem Umfang und mit der Sicherheit, daß sie unter allen Umständen für jedermann erreichbares definitives Kurantgeld war. Demnach entschied die Zahlpraxis des Staates, ob Gold- oder Silbermünzen gerade valutarisches Geld waren.

Valutarisch war nun in Wirklichkeit stets die Münze, deren Stoff vorteilhaft für die Geschäftsleute in Geldzeichen verwandelt wurde. Akzessorisch war stets die Münze, deren Stoff vorteilhaft als Ware auf den Edelmetallmarkt gebracht wurde. Dies war die Wirkung der Spekulationsberechnung des Edelmetallhändlers, der etwa in folgender Weise überlegte:

Gold- und Silberbarren sind durch freie Ausprägbarkeit für alle in Münzen verwandelbar. Eine Gewichtseinheit des einen oder anderen Metalls ergibt stets den nämlichen Nennbetrag in Münzen

---

1) J. Landesberger, Währungssystem und Relation 1891, pag. 7 bezeichnet als Charakteristikum der Doppelwährung die Eigenschaft, daß in zwei Geldsorten nach einem fixen, vorher bestimmten Wertverhältnisse gezahlt werden könne.

2) Knapp, l. c. pag. 294.

3) Ibidem pag. 95.

4) Ibidem pag. 95, 98.

des einen oder anderen Metalles. Die Gewichtseinheit Gold wird bei der Ausmünzung durch den Staat immer in 15 ½ mal so vielen Franken begültigt als die gleiche Gewichtseinheit Silber. Dem Metall Gold wird in dem staatlichen Münzgeld ein 15 ½ mal größerer Nominalwert beigelegt als dem Metall Silber. Das Ausmünzungsverhältnis und die für Gold und Silber verschiedenen Prägegebühren, die bewirken, daß der Private aus einer Gewichtsmenge Goldes tatsächlich 15,59 mal so viel Franken erzielt wie aus der gleichen Gewichtsmenge Silbers, sind fest. Dies ist so kraft staatlicher Einrichtungen.

Auf dem Edelmetallmarkt in London erhält man für eine bestimmte Menge Silbers in einem gegebenen Augenblick eine Anzahl Sovereigns, die eine ganz bestimmte, durch staatliche Aufsicht garantierte Gewichtsmenge Goldes umschließen. Man kann nach London Silberbarren in irgendwelcher Form bringen und sie dort gegen goldene Sovereigns verkaufen. Man kann aber auch mit goldenen Sovereigns, die etwa aus Goldfranken durch Umprägung hergestellt sind, Silberbarren kaufen. In beiden Fällen hat man dann bestimmte Mengen des einen Metalles gegen bestimmte Mengen des anderen Metalles hingegeben. Die Preise, die auf dem internationalen Edelmetallmarkt für Barrensilber in Goldmünzen gezahlt werden, lassen sich so immer auf das Mengenverhältnis reduzieren, in dem dabei Gewichtsmengen Feingoldes gegen Gewichtsmengen Feinsilbers ausgetauscht werden. Dieses Verhältnis ist demnach jeweils mit dem Mengenverhältnis vergleichbar, an dem der Staat bei der freien Ausprägung der Metalle und der Begültigung der Münzzeichen festhält.

Der Edelmetallagioteur weiß nun aus Erfahrung, daß, wer Silber mit Goldmünzen erwirbt, nicht immer die nämliche Silbermenge erzielt. Wer sein Silber gegen Goldmünzen abtritt, erlangt bei dem verschiedenen Preise des Metalles in den erhaltenen Münzen nicht immer die nämliche Goldmenge. Das Wertverhältnis des Marktes ist veränderlich.

Der Spekulant überlegt sich nun, ob er nicht aus dem unveränderlichen Mengenverhältnis, das für die freie Ausprägung durch den Staat gilt, und dem veränderlichen Mengenverhältnis auf dem Metallmarkt für sich gelegentlich einen Gewinn ziehen könne. Er fragt sich nach den Chancen der Edelmetallagiotage. Er will Metallmengen zu veränderlichem Mengenverhältnis gegeneinander austauschen und die erworbene Metallmenge gegen ein festes Ergebnis an Werteinheiten absetzen. Er wird dazu Münzen des einen Metalls, die zugleich einen bestimmten Nominalbetrag in heimischen Werteinheiten und eine bestimmte Gewichtsmenge Edelmetalls darstellen, nehmen und sie gegen Gewichtsmengen des anderen Metalles auf dem Markte austauschen. Er hat dann Werteinheiten und Gewichtsmengen des einen Metalles aufgegeben, Metallmengen des anderen Stoffes empfangen. Die erworbene Gewichtsmenge dieses Metalles wird er an die Münzstätte oder an die Bank tragen. Dafür bekommt er einen Nominalbetrag in Werteinheiten, dessen Höhe durch gesetzliche Vorschrift bestimmt ist. Er besitzt jetzt wieder eine gewisse Anzahl Werteinheiten in Münzen. Nun vergleicht er die Summe der Werteinheiten, die er aufgewendet hat, mit der Summe der Werteinheiten, die ihm die Münzanstalt oder die Bank ausbezahlt hat. Ist diese größer als jene, so ist das Geschäft gelungen.

Ist Silbergeld reichlich genug vorhanden, so daß man es in beliebiger Menge zum Absatz auf den Edelmetallmarkt bringen könnte, so hat es für den Händler dann keinen Sinn, es gegen Goldgeld zu verkaufen, wenn man für das in 3 437 Silberfranken enthaltene Silber eine Anzahl Goldstücke bekommt, die gerade ein Kilogramm Feingold liefern. Denn für ein Kilogramm Feingold garantiert der Staat bei der freien Ausprägung ebenfalls nur eine nominale Geldsumme von 3 437 Franken. Würde der Agioteur das Gold bei der Münzstätte einreichen, so würde er im besten Falle, wenn nämlich die Stücke sofort herausgegeben würden, augenblicklich wieder einen Nennbetrag von 3 437 Franken in Goldmünzen haben. Würde er sein Gold der Bank anbieten, so würden ihm ebenso 3 437 Franken in valutarischen Zeichen ausbezahlt. Einen Kapitalgewinn — und er will doch die Summe der Werteinheiten seines Kapitals vermehren — würde er nicht machen. Dazu träfe ihn der Zinsverlust aus dem Kapital während der Dauer des Geschäftes. Er hat mit der Silbermenge, die in den geleisteten

Silberfranken enthalten ist, gerade eine 15,59 mal geringere Goldmenge erworben. Aus dieser Goldmenge aber stellt der Staat für Private einen gleichen Nominalbetrag in goldenen Frankenstücken her, wie beim Verkauf in silbernen hingegeben wurde. Das Kapital des Händlers hat lediglich einen Kreislauf durch stofflich verschiedene Geldsorten hindurch gemacht.

Der nämliche Erfolg würde sich ergeben, wenn man auf dem Markte ein Kilogramm Feinsilber mit 220,56 Franken in Goldmünzen kaufte und zur Ausprägung brächte. Metallgeschäfte lohnen sich so für den Händler nicht, wenn er mit der in den abgetretenen Münzen enthaltenen Metallmenge gerade so viel Franken aufgibt, wie er nach Ausprägung der erworbenen Metallmenge besitzen würde. Dieser Fall liegt dann vor, wenn auf dem Metallmarkt die eine Metallart gegen die andere in dem Mengenverhältnis ausgetauscht wird, nach dem sich bei der freien Ausprägung für Private die Begültigung in Werteinheiten vollzieht.

Dies ist der Zustand, wie er vom Gesetzgeber ursprünglich als bleibend gedacht war. Dann würde sich der Goldfranken gemeinsam mit dem Silberfranken in den Umlauf teilen. Keiner von beiden nähme eine ausgesprochen valutarische Stellung ein. Für den Schuldner wäre es gleichgültig, in welcher Kurantmünze er sich befreite. Kein wirtschaftlicher Vorteil veranlaßte ihn, die eine zu Zahlzwecken zu bevorzugen, die andere aus Spekulationsmotiven ihres Stoffes wegen zurückzuhalten. Es wäre der Zustand, bei dem der stoffliche Gehalt des Geldes überhaupt keine Rolle spielt, sondern lediglich Nominalbeträge für den Ausgleich von Schulden und die Einziehung von Forderungen in Betracht kommen.

In Wirklichkeit lag die Sache aber anders. Da beherrschte in wechselnden Zeitabschnitten immer nur eine der beiden Barkurantgeldarten infolge der Wirkung der Edelmetallarbitrage so überwältigend die Zirkulation, daß sie vom Staate aus die Position der valutarischen Geldart erhielt.

Bekam man auf dem Edelmetallmarkt für eine Gewichtseinheit Gold mehr als 15,59 Gewichtseinheiten Silber, so suchte man allgemein gegen Goldmünzen Rohsilber zu gewinnen. Die

Goldmünzen lauteten auf einen bestimmten Geldbetrag und umschlossen zugleich eine bestimmte Gewichtsmenge Gold. Man erwarb damit mehr als 15,59 mal so viel Gewichtsmengen Silber, ließ es ausprägen und erzielte dabei einen größeren Nennbetrag in Silbergeld, als man in Goldgeld vorher aufgegeben hatte. Denn die Münzstätte lieferte schon für 15,59 Gewichtseinheiten Silber die gleiche Geldsumme wie für eine Gewichtseinheit Gold. Das Kapital des Händlers hatte unter solchen Bedingungen mit Nutzen gearbeitet.

Wurden im Edelmetallgeschäft für eine Gewichtseinheit Gold nicht mehr 15,59 Gewichtseinheiten Silber gegeben, sondern weniger, so war Gold dem Silber gegenüber auf der Börse geringer bewertet, als dies beim Ausprägungsverhältnis für Private an den französischen Münzstätten der Fall war. Es trafen auf eine Gewichtseinheit Silber mehr Bruchteile der Gewichtseinheit Gold. Für die Silbermenge, die in 3 437 Silberfranken enthalten war, erlöste man jetzt eine Anzahl Goldmünzen, in denen mehr als ein Kilogramm Feingold enthalten war. Die Münzstätte bewilligte aber schon für ein Kilogramm Feingold einen Nennbetrag von 3 437 Franken in goldenem Kurantgeld. So konnte man durch Hingabe von Silbermünzen einen größeren Nennbetrag heimischen Geldes in Goldmünzen hervorbringen, als man zu der Operation verwendet hatte.

Ein Geschäft war also immer dann möglich, wenn das Verhältnis des einen Metalles zum anderen auf dem freien Markt sich ungünstiger gestaltete, als dem unveränderlichen Ausmünzungsverhältnis für Private durch den Staat entsprach. Dann nahm man die Kurantmünzen, die aus dem auf dem Markte höher bewerteten Metall bestanden, tauschte gegen ihren Stoff eine verhältnismäßige Menge des anderen Metalls ein und verwandelte sie auf der Grundlage der bisherigen Ausprägungsrelation in Werteinheiten der Valuta. Das Ergebnis war ein Kapitalgewinn.

Die Spekulationsbedingungen des Edelmetallmarktes waren nun so, daß sie zunächst eine der beiden Metallarten mit Gewalt in die Stellung der valutarischen brachten. Die Münzen der anderen Sorte verschwanden aus dem innerstaatlichen Zahlungsverkehr. Dann kamen die Verhältnisse einige Zeit zur Ruhe, um endlich in die entgegengesetzte Konjunktur umzuschlagen. Die valutarische Herrschaft ging von der einen Münzart, die im Verkehr unbedingt zu haben war, auf die andere über. In den Zeiten, in denen die Agiotage möglich war, verwendete man die Münzen nicht gleichgültig. Man achtete auf ihren Stoff. Die Stücke, die aus dem höher bewerteten Material des Edelmetallmarktes bestanden, wurden gesammelt. Man verlangte für sie in Zeichen der anderen Geldart mehr Werteinheiten, als ihrer nominalen Begültigung entsprach. Sie wurden von Leuten gekauft, die hofften, die Stücke mit Gewinn weitervertreiben zu können und daraus ein Gewerbe machten.

Die Münzen aus dem Metall, das für den Handel gesucht war, verschwanden so nach und nach vollständig aus dem Zahlungsverkehr der großen Plätze. Man benützte den Rohstoff nicht mehr zur Münzprägung. Denn die Geldeigenschaft trat an diesen Stükken gar nicht mehr in die Erscheinung. Sie gewannen die Seltenheitsstellung der akzessorischen Geldart. Sie behielten zwar rechtlich ihren Geldcharakter, brachten ihn aber in Wirklichkeit nicht mehr zur Geltung.

Die anderen Münzen, deren Material auf dem Markte vergleichsweise geringer eingeschätzt wurde, blieben in Umlauf. Sie äußerten in dieser Lage lediglich ihre chartale Natur. Ihre Zahl vermehrte sich beständig durch die Barren, die die Händler an den Münzstätten einreichten, um ihren Gewinn zu realisieren. Sie übernahmen die Funktion der akzessorisch gewordenen Geldzeichen. Durch Steuern und Abgaben strömten sie in die staatlichen Kassen. Der Staat entnahm sie den Kassen und bezahlte damit Gehälter und Schulden und teilte sie so dem Verkehr wieder mit. Damit wurden sie valutarisch. Allmählich wurde es überall bemerkbar, daß sich der Zustand der Valuta verändert hatte [1]). —

Die Anschauungen, die man in Frankreich damals vom Gelde hatte und über die man auch heute noch nicht hinausgekommen ist [2]), äußerten sich in den Einrichtungen des Münzwesens in

1) S. den Anhang am Schluß des Paragraphen.

2) Vgl. Arnauné, l. c. pag. 178 f.

doppelter Beziehung. Zunächst ist die Wertschätzung technischer Einzelheiten merkwürdig. Man achtete streng auf Aeußerlichkeiten der Prägung und Stückelung, obwohl sie mit dem durch die Münze erfüllten Zahlzweck nur lose zusammenhängen. Dann fällt die unverhüllte Art metallistischen Denkens auf, mit der man die Wirksamkeit der Münzen begründete.

Vor allem war man bemüht, in der Stückelung der Zeichen die dezimale Linie nirgends zu stören und fühlte sich geradezu berufen, sie in größter Reinheit durchzubilden. Rechnerische Klarheit und einen leicht durchsichtigen Aufbau hielt man für den vollendeten Sinn und den eigentlichen Schönheitsreiz eines Systems. Zugleich sah man in diesen formalen Fragen den deutlichsten Ausdruck der währungspolitischen Idee, von der die gesetzliche Ordnung des Geldwesens geleitet wurde.

Man glaubte, daß das Geld seine rechtliche Eigenschaft als Zahlungsmittel auf seine stoffliche Beschaffenheit zurückführe. Man wollte in den Stücken eine bestimmte Edelmetallmenge bereitstellen. Das Metall und nicht eine Anzahl staatlich begültigter Werteinheiten erschien als Gegenwert beim Warenkauf. Die Geltungshöhe sollte sich nach dem Metallgewicht abstufen und die Aufschrift genau den Wert bezeichnen, den der Münzstoff hatte. Während die Bewertung einer Sache in französischen Werteinheiten erst möglich war, nachdem die Bewertungsgrößen durch den Staat eingeführt worden waren, war es nach der damaligen Anschauung, als ob das Verhältnis von Stoffgehalt und Geltung der Münze wie von Natur feststehe. Die Benennung der Münze wurde nicht als die rechtlich vollzogene nominale Begültigung des allgemeinen Zahlungsmittels aufgefaßt, sondern als Maßangabe für die in der Münze eingeschlossene Gewichtsmenge eines Metalles von vorgeschriebener Feinheit. Der Franken wurde definiert als bestimmter Teil eines Pfund Silbers von der Feinheit $^{900}/_{1000}$.

Alle Stücke, die auf das Vielfache oder auf Teilbeträge der Werteinheit lauteten, mußten demnach gerade die Metallmenge aufweisen, die ihrer Geltung als Mehrheiten oder Teilen der Werteinheit entsprach. Das 2-Frankenstück galt so viel, weil es das

Doppelte an Edelmetall enthielt als der Franken. Es mußte das Doppelte an Edelmetall enthalten, weil es das Doppelte des Frankens galt. Dieser Grundsatz wurde bis auf die niedersten Stücke herab angewandt.

Dabei übersah man, daß sich die Werteinheit in stofflicher Beziehung gar nicht immer gleich blieb. Durch die Tatsache des Valutawechsels konnte an den Platz des Silberfrankens, der als Geldeinheit durch Prägung dargestellt wurde, auch der Goldfranken treten. Der Goldfranken wurde als Münze nicht geschlagen. Sein stofflicher Gehalt folgte aus den Goldmünzen höherer Geltung. War Gold valutarisch und waren die im Ausprägungsverhältnis festgelegten Beziehungen zum Kurantsilber durch Agiotagegelegenheit tatsächlich unterbrochen, so war die Werteinheit stofflich ganz anders definiert, wie wenn Silber valutarisch war [1]).

Wie der Anschluß des neuen Münzgeldes zum alten auf der Grundlage seines stofflichen Gehaltes bewirkt wurde, so geschah die Begültigung der Goldmünzen mit Rücksicht auf das Mengenverhältnis, unter dem bei Erlaß des Münzgesetzes Gewichtsmengen Gold und Silber auf dem Edelmetallmarkt gegeneinander ausgetauscht wurden. Dann waren gleich benannte Stücke wirklich gleich viel wert. Eine Gewichtsmenge Gold, die im Handel einer 15 ½ mal größeren Gewichtsmenge Silber gleichgeschätzt wurde, sollte so als Münze 15 ½ mal so viele Franken gelten als die Münze, die die nämliche Gewichtsmenge ebenso feinen Silbers enthielt. Würde sich das Marktverhältnis zwischen Gold und Silber ändern, so sollte damit, wie man ursprünglich vorhatte, die staatliche Begültigung der goldenen Frankenstücke in Einklang gebracht werden. In einem bestimmten Nennbetrag, dargestellt in Goldmünzen, hätte man dann immer auch eine ebenso wertvolle Sache besessen wie in dem nämlichen Nennbetrag, dargestellt in Silbermünzen. Man hatte sogar einmal die Absicht, die Goldmünzen nicht mit der bleibenden Aufschrift ihres Nennwertes,

1) Dies wird auch von Le Touzé, Traité théorique et pratique du change des monnaies . . . . 3. Aufl. 1883, pag. 165 angedeutet. Vgl. ferner Landesberger, l. c. pag. 6.

sondern mit der ihres Gewichtes zu versehen. Daraus sollte dann in jedem einzelnen Fall die augenblickliche Geltung der goldenen Stücke in Franken auf Grund der Marktrelation errechnet werden. Selbst das Gewicht der Kupfermünzen stieg genau mit ihrem Nennwert.

Einzelne Münzarten, die außer Kurs gesetzt wurden, zog man bisweilen nicht ein für alle Male im Umtausch gegen die neuen Stücke ein. Bald wurden sie nach Wahl des Inhabers als nominal begültigte Zeichen oder als Metallmengen von ermittelter Schwere betrachtet, bald wurden sie von einem bestimmten Zeitpunkt an allgemein nur noch nach dem Werte angenommen, den ihr Stoff in der herrschenden Valuta hatte. Der Münzstoff wurde von den staatlichen Kassen gekauft. Dies Verfahren beobachtete man selbst dann, wenn an den Stücken nichts weiter als ihr Durchmesser geändert worden war.

So faßte man die Stücke nicht als nominale Zahlungsmittel auf, bei denen der Stoff etwas Zufälliges ist, sondern als Metallbarren, deren Gewicht und Feinheit staatlich beglaubigt und deren Geltung als Zeichen durch den Stoff bedingt und erklärt ist.

Die Münzarten wurden unter dem Gesichtspunkt der stofflichen Vollwertigkeit eingeteilt und erhielten hiernach ihre Funktion. Man unterschied die Scheidemünzen von den Münzen, deren sachlicher Wert mit ihrer Begültigung übereinstimmte. Das Metall, das die Scheidemünzen enthielten, war weniger wert als die Geltung, die ihnen beigelegt war. Deshalb konnten sie nur durch den Staat allein geschaffen werden. Ihre Zahlkraft war beschränkt, weil der Empfänger in den Münzen nicht, wie es grundsätzlich sein sollte, ein stofflich hochwertiges Gut erlangte. Die freie Ausprägung der baren Metallsorten war selbstverständlich, weil die Münzen nur den Wert ausdrückten, den ihr Stoff ohne sie hatte.

Diese Vorstellungen hatte man, obwohl sich der code civil ausdrücklich zur Nominalität der Geldleistungen bekannte [1]) und damit aussprach, daß das Geld seine Kraft nicht aus der Stoff-

1) Artikel 1895. Vgl. Arnauné, l. c. pag. 178.

qualität der Zeichen herleitet, sondern aus einem durch den Staat vollzogenen Rechtsakt.

In manchen Einrichtungen des Münzwesens war jedoch, ohne daß man sich dessen bewußt war, die metallistische Idee, wonach Schulden nur durch vollwertiges Münzgut ausreichend befriedigt werden können, nicht ganz rein durchgeführt. Da es kein Passiergewicht gab, so war der Gläubiger auch bei definitiven Kurantmünzen keineswegs sicher, eine unveränderliche Menge Goldes oder Silbers zu bekommen. Nichtsdestoweniger konnte er Zahlungen, die in solchen Stücken geleistet wurden, nie zurückweisen. Die Schuld wurde auch durch stofflich schlechte Zeichen getilgt. Ein Geldverlust machte sich für den Inhaber aber auch gar nicht fühlbar, da er ja die Münzen im chartalen Sinn weiterverwenden konnte.

Bewahrung des Nennwertes bis zur Unkenntlichkeit des Gepräges trotz mangelhaften Gewichtes der Stücke läßt sich jedoch nur vom Chartalstandpunkt aus begreifen. Für den Metallisten muß dies einen Widerspruch bedeuten.

Durch die Tatsache, daß nicht alle Silbermünzen die nämliche Gewichtstoleranz hatten, wurde ferner der Grundsatz verletzt, daß alle Münzen im Verhältnis zu ihrer Geltung genau gleich viel Metall enthalten sollten. Auch bei der Einziehung von außer Kurs gesetzten Zeichen ging die chartal handelnde Praxis häufig anders vor, als man nach der metallistisch denkenden Theorie hätte erwarten sollen. Endlich entfernte man sich auch durch die Ausprägung kleiner silberner Scheidemünzen von der bisher bewahrten Auffassung, indem man ihre Feinheit verminderte, ohne zugleich ihren Nennwert zu ändern. Die stofflich verschiedenen Stücke galten durch einfachen rekurrenten Anschluß so viel wie früher und man bezahlte ohne weiteres mit notalen Zeichen Waren, deren Gegenwert man in der Beschaffenheit des Münzgutes erblickte. —

Nach dem Erlaß des Münzgesetzes vom Jahre XI lagen die Verhältnisse auf dem Edelmetallmarkt derart, daß man zunächst Goldmünzen gegen Silber eintauschte und das gewonnene Silber mit Gewinn in französische Münzen ausprägen ließ. Später wurde es vorteilhaft, mit Silbermünzen Goldbarren zu erwerben und daraus Franken herzustellen. Infolgedessen war zuerst, vom Jahre 1803 bis ungefähr zur Mitte der Fünfzigerjahre, Silber [1]), von da an Gold in valutarischer Stellung [2]).

Während der Periode der Silberwährung verfügte der Verkehr über ausreichend gestückelte Münzen auch für kleine Zahlbeträge. Weniger angenehm empfand man den Mangel handlicher Zeichen für größere Summen. Das schwerfällige silberne 5-Frankenstück war die höchste Münze, die sich im Umlauf hielt. Wollte man Goldmünzen haben, etwa um englische Schulden durch Verwandlung von Goldfranken in Sovereigns zu begleichen, so mußte man dafür über ihren Nennwert hinaus ein Aufgeld in valutarischen Silbermünzen leisten. Die Goldproduktion war gering [3]). England, das seinerseits nach Frankreich billig gekaufte Silberbarren schicken und in Franken ausmünzen lassen konnte, und Portugal waren die einzigen Staaten mit Goldwährung in Europa.

Die Goldmünzen, und ebenso Goldbarren, wenn man das Ergebnis der freien Ausprägung an der Münzstätte zugrunde legte, erzielten ein wechselndes Agio. So betrug der im Kurszettel verzeichnete Aufschlag für Napoleons im Jahre 1833 21‰ und im Jahre 1847 20 ½‰ [4]). Im Jahre 1842 hatte er mit 8 ½‰ für den Zeitraum von 1831 bis 1850 seinen niedersten Stand erreicht [5]). Nach Lexis [6]) bewegte sich die Prämie für 20-Frankenstücke in den Dreißiger- und Vierzigerjahren gewöhnlich zwischen 1 und 2% [7]).

---

1) Vgl. Lexis, Die deutsche Silberkommission i. Jahrb. f. Nat. und Stat. 3. F. Bd. 8. pag. 749.

2) Abgesehen von der vorübergehenden Zwangskursperiode, worauf bei Besprechung des Papiergeldes zurückzukommen ist.

3) Vgl. Karl Helfferich in der Einleitung zu: Ludwig Bamberger, Ausgewählte Reden über Geld- und Bankwesen, pag. 16.

4) Rapport de l'administration . . . 1896, pag. XV.

5) Vgl. Helfferich, Beiträge zur Geschichte des deutschen Geldwesens, pag. 24 ff.

6) l. c. pag. 749.

7) Die Zeit des Zwangskurses erzeugte für beide Münzsorten ein außerordentliches Agio, das an dieser Stelle nicht berücksichtigt werden soll, da

Gleichzeitig mit der Erschließung der reichen kalifornischen und australischen Goldlager um die Mitte des Jahrhunderts erhob sich der oft geschilderte Silberbedarf für Indien. Die Austauschbeziehungen zwischen Gold und Silber an der Edelmetallbörse verschoben sich. Die Edelmetallagiotage, beruhend auf Silberentzug und Goldzufuhr, fand auf dem Gebiete der französischen Münzverfassung ein weites Feld. Frankreich war eine Quelle für Silber. Man bemächtigte sich der bisher valutarischen Silbermünzen. Die daraus erwachsende Geldschuld bezahlte man mit Goldfranken, die man aus importierten Goldbarren oder fremden Goldmünzen hergestellt hatte. Die Masse der Goldfranken, die in den Umlauf eindrangen, vermehrte sich. Der Londoner Kaufmann schickte seinem Pariser Korrespondenten Wechsel auf Paris, um sie bei der Bank von Frankreich diskontieren zu lassen. Dabei sollte er sich Silberfranken geben lassen und sie dann an ihn remittieren [1]). Die Händler sammelten die Silbermünzen, zunächst an der Grenze des Landes, von wo aus die Transportkosten ins Ausland geringer waren, dann überall und brachten sie auf den Silbermarkt.

Man forderte für Silbermünzen und ebenso für Silberbarren, wenn man das Ergebnis der freien Ausprägung an der Münzstätte zugrunde legte, ein Agio. Selbst die banque de France suchte Silberstücke gegen Prämie und stärkte dadurch die Nachfrage [2]). Kurz vorher zur Ausfuhr gebrachtes Silber machte den Weg von Amsterdam nach Valenciennes zurück. Von 1855—1858 soll die Bank 14 Millionen Franken als Agio bei der Silberbeschaffung gewährt haben. Den ersten Umschwung der Marktlage aber konnte Frankreich durch das Angebot seines Vorrates an den bisher valutarischen Münzen mildern.

---

es sich hier um die Beziehungen zwischen der akzessorischen und valutarischen Münzart handelt.

Nähere Zahlenangaben bei Clément Juglar im Journal de la société de statistique de Paris 1874, pag. 201. — Vgl. auch Juglar im Journal des économistes 1876. Sitzung der société . . . vom 6. März 1876.

1) Vgl. Ludwig Bamberger, Ausgewählte Reden, pag. 203.

2) Vgl. Bamberger, Die Gold- und Silberfrage, pag. 175 f.

Von 1851—1870 genoß Silber stets eine Prämie [1]). Sie lag von 1851—1860 im Durchschnitt zwischen dem Minimum von 6,36‰ und dem Maximum von 30,85‰, das die früheren Prämiensätze für Gold übertraf. Von 1861—1870 betrug der tiefste Durchschnittssatz des Silberagios 9,18‰, der höchste 24,42‰. Das Silberverlangen war am lebhaftesten, als in den Sechzigerjahren die Baumwolle aus Indien bezogen und durch Silbersendungen beglichen werden mußte. Vom Jahre 1867 an begann der Silberpreis wieder zu weichen. Die Bank gab jedoch, auch nachdem das Silberagio auf der Börse verschwunden war, silbernes Kurantgeld zu Ausfuhrzwecken nur gegen Berechnung eines wechselnden Aufschlages heraus [2]). Sie verkaufte also akzessorische Kurantsilbermünzen in Paris ½ bis 1 ½‰ über ihrem Nennwert. An Provinzorten mußten außerdem noch die Frachtkosten vergütet werden. Besançon und Straßburg waren die hauptsächlichen Absatzplätze. Besonders umfangreich scheinen derartige Geschäfte jedoch nicht mehr gewesen zu sein. Von 1868 bis 1870 wurden insgesamt nur für 3 628 000 Franken in alten und

---

1) Nach den Notizen des Rapport de l'administration . . . 1896, pag. XV war die Silberprämie

	am höchsten mit	am niedersten mit
1852	12 ‰	9,5‰
1853	13 ‰	5 ‰
1854	15 ‰	8,5‰
1855	20 ‰	13 ‰
1856	24,5‰	19 ‰
1857	32,5‰	24,5‰
1858	19 ‰	10 ‰
1859	24 ‰	10 ‰
1860	25 ‰	15 ‰
1861	21,5‰	11,5‰
1862	26 ‰	17,5‰
1863	26 ‰	18 ‰
1864	38 ‰	13 ‰
1865	13,5‰	11 ‰
1866	27,5‰	11 ‰
1868	9,5‰	8,5‰
1869	10,5‰	8,5‰

2) Münzenquête von 1869/70. Bd. II, pag. 202.

neuen Frankentalern zum Export gebracht, vor allem nach der Schweiz für ihre Schmuck- und Uhrenindustrie [1]). Immerhin hielt wenigstens die Agioneigung an und dies hatte ein Zusammenhalten des Silberbestandes zur Folge.

Mit dem Eintritt der Goldvaluta kamen zwar Zeichen in Verkehr, die auch für größere Beträge bequem waren. Aber die Zahlungen im kleinen stießen dafür auf große Schwierigkeiten. Die baren Silbermünzen niederer Stückelung, die für den Umlauf unentbehrlich waren und ihre Aufgabe völlig erfüllten, solange Silber valutarisch war, wanderten nunmehr ab. Sie waren weder durch Goldmünzen noch durch das bisherige Scheidegeld geringster Begültigung zu ersetzen. Der Vorschlag einer im Jahre 1857 durch das Finanzministerium einberufenen Kommission, einen Ausfuhrzoll auf Silber zu erheben, wurde abgelehnt. Eine neue Kommission empfahl, für alle Silbermünzen unter 5 Franken die Feinheit herabzusetzen. Man entschloß sich aber nur zu der bereits erwähnten Minderung im Gehalte der silbernen 20- und 50-Centimesstücke, die auf diese Weise zustande kam. Die nunmehr notalen Münzen dieser Nennhöhe wurden zu Scheidegeld erklärt.

Das Abströmen der neuen Münzart, deren stoffliche Beschaffenheit bei platischer Verwendung keine Gewinnaussichten mehr bot, wurde so allerdings verhindert. Aber die größeren bar gebliebenen Silberfranken, deren Rolle in der Zirkulation nicht minder bedeutend war, wurden ununterbrochen zu Agiotagegeschäften weiter benutzt. Der Mangel, der im Umlauf immer stärker empfunden wurde, konnte nur dadurch gut gemacht werden, daß man die Maßnahme, die man mit den kleinsten Silbermünzen vorgenommen hatte, auch auf die größeren Stücke ausdehnte.

Belgien, Piemont, das übrige Italien und die Schweiz hatten in ihrem Münzwesen das französische nachgeahmt. Die baren Kurantmünzen dieser Länder waren den Stücken französischer Herkunft an Gewicht und Feinheit gleich. Italien und die Schweiz hatten aus eigenem Antrieb den französischen Kurantzeichen für ihr Gebiet sogar gesetzliche Zahlkraft verliehen und waren

---

1) Ibidem, pag. 222.

so vom Homochartismus zum einseitigen Synchartismus vorgeschritten [1]).

In Frankreich hatten sich die Kurantmünzen dieser Staaten nur die tatsächliche Aufnahme in den Umlauf errungen. Die Werteinheit führte überall den äußerlich gleichen Namen, und zu diesem Nennwert setzte sich die Annahme der Stücke von selbst durch. Bekam man doch in ihnen stets ein stoffliches Gut von einheitlichem Werte und damit war die gleichmäßige Behandlung all dieser Münzen für die öffentliche Meinung erklärt. Entscheidend war natürlich, daß man die Stücke, nachdem sie sich einmal Zutritt verschafft hatten, ohne Schaden zu erleiden, zu eigenen Zahlungen weiterverwenden konnte.

Die fremden Frankenstücke konnten so in Frankreich ihre Annahme nicht auf einen gesetzlichen Befehl stützen. Sie waren hier nicht staatliches Geld. Der Staat konnte sie von seinen Kassen ausschließen. Auch Italien und die Schweiz konnten durch gewöhnliches Landesgesetz den französischen Kurantmünzen den Geldcharakter, den sie innerhalb ihrer Grenzen hatten, jederzeit wieder entziehen. Jeder einzelne Staat war in Münzangelegenheiten sein eigener Herr.

Das Nebeneinanderbestehen goldener und silberner Barkurantmünzen, von denen jeweils die einen valutarisch waren, und die Vollhaltigkeit auch der kleinen Stücke riefen nun auch in den anderen Frankenländern dieselben Störungen hervor wie in Frankreich. Als Gegenmaßregel beseitigten zuerst Italien und die Schweiz die Barverfassung der kleinen Silbermünzen und statteten die Stücke mit geringerer Feinheit aus. Damit war die tatsächliche Einheit des Münzumlaufes, die sich aus der Münzgleichheit herausentwickelt hatte und die Länder des Frankensystems gegenüber anderen Staaten als verbundene Gruppe erscheinen ließ, teilweise verloren gegangen. Auch die Münzsicherheit litt unter der Gefahr, daß man von einer Seite des Verkehrsgebietes aus die baren Silbermünzen an sich ziehen und dafür stofflich minderwertige Stücke von gleichem Nennbetrag und gleichem

1) Vgl. Knapp, l. c. pag. 318; 68; 257; 363.

Aussehen dem an Gemeinsamkeit gewöhnten Umlauf zurückgeben konnte. Vor allem aber verspürte man überall das Fehlen der aus der Zirkulation geflohenen 1- und 2-Frankenstücke.

Diese Reihe von Ursachen, durch politische Wünsche Frankreichs in ihrer Bedeutung gestärkt, führte zur Gründung des lateinischen Münzbundes. —

Anhang: Anmerkung 1 zu pag. 20:

In dem Augenblick, in dem die valutarischen Münzzeichen zu inländischen Zahlungen verwendet werden, wird ihre stoffliche Seite gar nicht beachtet. Die große Menge der sich im Verkehr gegenüberstehenden Personen wird durch nichts zur Erinnerung veranlaßt, daß sie in den Münzen auch Gewichtsmengen eines kostbaren Metalles besitzen. Die valutarischen Münzen geben sich in diesem Zusammenhang nur als Träger und Vermittler einer bestimmten Anzahl nominaler Werteinheiten, abstrakter Rechnungsgrößen.

Wer Sachen und Leistungen anzubieten hat, verlangt dafür nominale Werteinheiten. Die daraus hervorgehenden Schuldbeziehungen werden durch Hingabe valutarischer Stücke, die einen entsprechenden Wertbetrag darstellen, endgültig beglichen.

Alle Gegenstände, die im entgeltlichen Güterverkehr gegen eine feste, in valutarischen Zeichen erfüllbare Summe von Werteinheiten veräußert werden, die also selbst nicht valutarische Stücke sind, werden im Verhältnis zur valutarischen Geldart als Ware bezeichnet. Die Menge Werteinheiten, die als Gegenwert für die Uebertragung von Waren gefordert und gewährt wird, ist der Preis der Ware.

Der Preis wird zahlenmäßig in nominalen Größen ausgedrückt und letzten Endes durch die valutarischen Zeichen der staatlichen Geldverfassung erfüllt. Ihr stofflicher Gehalt ist für den ganzen Zahlungsakt unerheblich. Aendert sich daher die stoffliche Zusammensetzung der valutarischen Geldsorte und wird zum Beispiel der Goldfranken an Stelle des Silberfrankens valutarisch, so ist dieser Wechsel ohne Einfluß auf die Höhe der Preise. Es wird dann eben auf Grund des stillschweigenden rekurrenten Anschlusses ein bestimmter Nennbetrag von Frankeneinheiten, der bisher durch silberne Stücke dargestellt wurde, durch eine gleiche Anzahl goldener Stücke dargestellt.

In den Besitz von Geldzeichen fremder Staaten gelangt man, indem man sie mit heimischen Werteinheiten kauft. Eine fremde Werteinheit, dargestellt in Zeichen der dort herrschenden Valuta, kostet eine bestimmte Anzahl eigener Werteinheiten, geleistet in

Zeichen der augenblicklichen Valuta. Das ausländische Geld tritt so dem inländischen Währungsgeld ebenfalls als Ware gegenüber und hat in diesem wechselnde Preise. Das aus diesem Preise abgeleitete Geltungsverhältnis zwischen zwei Währungseinheiten ist deren jeweiliger intervalutarischer Kurs.

So wie er sich bildet, ist er das Ergebnis komplizierter Ausgleichsbeziehungen von verschiedenerlei Schulden und Forderungen von Staat zu Staat. Mit der stofflichen Beschaffenheit der gegebenen Geldzeichen hat der intervalutarische Kurs an sich nichts zu tun. Eine Aenderung, die allein den Stoff einer valutarischen Geldart betrifft, wird daher nie von sich aus auf die intervalutarischen Kursverhältnisse einwirken. Aendert sich gleichzeitig mit dem Stoffe der valutarischen Zeichen das intervalutarische Kursverhältnis zwischen den Werteinheiten zweier Länder, so ist dieses zufällige Zusammentreffen verursacht durch Vorgänge in den gegenseitigen Schuldbeziehungen.

Wenn also etwa Frankreich aus dem Ausland Waren erhält, die dadurch bezahlt werden müssen, daß man mit valutarischen Franken Geld des Exportstaates kauft, um es in das Gläubigerland zu remittieren, so wird der Preis jener Waren nicht beeinflußt durch die Tatsache der Stoffveränderung des valutarischen Frankens. Die Preise der eingeführten Waren werden in diesem Augenblick nur dann eine Aenderung erfahren, wenn sich gleichzeitig auch der Preis der fremden Valuta, die für die Bezahlung der Waren beschafft werden muß, in der französischen Werteinheit verändert. Diese Bewegung des intervalutarischen Kurses könnte aber nur die Folge anders gelagerter Ausgleichsbeziehungen zwischen den Staaten sein. So kann es vorkommen, daß die Schuldbeziehungen eines Staates zum Ausland, während er aus irgendwelchen Gründen die Zeichen seiner Valuta stofflich verschlechtert, so günstig liegen, daß er für fremde valutarische Zeichen nur geringere Preise leisten muß, als vorher in der Zeit einer stofflich hochwertigen Valuta.

Die stoffliche Zusammensetzung der valutarischen Münzart kommt erst dann wieder in Betracht, wenn man aus ihrem Metall bestimmt begültigte Zeichen einer auswärtigen Valuta herstellen lassen kann. Man verliert damit eine feste Anzahl eigener Werteinheiten und gewinnt dafür eine feste Anzahl von Werteinheiten fremder Benennung. Dieses Verfahren wird man dann einschlagen, wenn man dadurch einen Betrag fremder Werteinheiten mit einem geringeren Aufwand heimischer Werteinheiten erzielt, als wenn man die fremde Valuta kauft. Infolge der stofflichen Beschaffenheit der überall vorhandenen valutarischen Zeichen wird in diesem Falle der Preis der auswärtigen Werteinheit in inländischem Gelde nicht über eine gewisse Höhe steigen. Vorausgesetzt ist dabei, daß der stoffliche Gehalt der Münzen durch staatliche Maßnahmen aufrechterhalten wird.

In ähnlicher Weise achtet man auf den Stoff der valutarischen Münzart, wenn man das in ihr enthaltene Metall technisch verwenden will. Man kann Gewichtsmengen des gesuchten Metalls als Barren auf dem Markte kaufen. Vielleicht bekommt man von dem Metall im Rohzustand mehr, als von dem nämlichen Stoff in den geformten valutarischen Münzen eingeschlossen ist, die man als Preis bezahlt und die jetzt nur als eine nominal bestimmte Wertsumme angesehen werden.

Allerdings wird man in einem Staate, der, wie damals Frankreich, die Ausprägbarkeit der valutarischen Metallsorte zu einem festen Satze allgemein zusichert, für eine Menge des Barmetalles nicht weniger Werteinheiten zu bezahlen brauchen, als an der Münzstätte aus eingebrachten Barren von gleichem Gewicht ausgeprägt werden. Aber andererseits ist man auch nicht gezwungen, beim Barrenkauf mehr Werteinheiten für eine Gewichtsmenge des Metalles zu geben, als die Summe beträgt, auf die man verzichten muß, um aus Münzen eine gleiche Gewichtsmenge des Metalles zu gewinnen. Wo also der Staat das Gewicht der Münzen aufrecht erhält, geht der Preis des valutarischen Metalls infolge der valutarischen Stellung der betreffenden Münzsorte über eine gegebene obere Grenze nicht hinaus (vgl. hierüber Knapp, l. c. § 5).

War gerade der Goldfranken valutarisch, so konnte man aus valutarischem Gelde im Nennbetrag von annähernd 3437 Franken ein Kilogramm Feingold herstellen. Man brauchte nur so viel valutarische Münzen einzuschmelzen. Auf die gleiche Weise ließ sich in Zeiten, in denen Silber das valutarische Metall war, aus ungefähr 220,56 Franken in Silberfranken ein Kilogramm Feinsilber erzielen. Der Private, der valutarisches Metall suchte, mußte für eine solche Gewichtsmenge keinesfalls mehr Werteinheiten aufgeben.

Dies galt jedoch immer nur für das Metall der unbestritten valutarischen Münzart. Denn nur von ihr konnte unbedingt eine so große Menge aufgebracht werden, daß beliebige Mengen Rohmetalls daraus gewonnen werden konnten. Man hätte weder Gold noch Silber als valutarisches Metall ausschließlich bezeichnen können, wenn die öffentlichen Kassen einmal beide Münzsorten in vollwichtigen Stücken gleichmäßig zu Zahlungen verwendet hätten und die zwei Kurantgeldarten sich nebeneinander im Umlauf gehalten hätten. Nimmt man an, dies wäre zufällig einmal eine Zeitlang so gewesen, so hätten die Beschaffungskosten für beide Metalle zugleich eine obere Grenze gehabt. Der höchste Preis, der für eine bestimmte Gewichtsmenge auf dem Markte erzielt werden konnte, war dem Nennwert der Münzen gleich, die eine gleich schwere Menge desselben Metalles ergaben.

Wie stark die oberen Preise für das valutarische Metall um die angegebenen Sätze schwankten, stand nicht genau fest, da es ja in Frankreich kein gesetzliches Passiergewicht gab. Da aber der Staat beschädigte Münzen ausschied, so konnte es sich nur um sehr unbedeutende Abweichungen handeln.

Die Preisbegrenzung, die beim Bezug von valutarischem Metall wirksam war, ging nicht etwa aus dem Wesen des Münzstoffes hervor, sondern war eine Folge bewußt getroffener staatlicher Einrichtungen.

Wer das valutarische Metall im Inlande kaufte und dafür Geld schuldete, leistete in dem ausbedungenen Nennbetrag den Preis für die gelieferte Sache. Der Preis war im Zweifel in valutarischen Zeichen fällig. Wer eine Anzahl Münzen einschmolz, um ihren Stoff zu verarbeiten, zerstörte in ihnen die Geltung, die ihnen der Staat als chartalen Zeichen verliehen hatte. Indem er ihre Geldeigenschaft vernichtete, hörte er auf über Werteinheiten zu verfügen, wie jemand Werteinheiten verlor, die er einem anderen als Kaufpreis übertrug. Im einen Fall wurde den Münzzeichen ihre chartale Umlaufsfähigkeit überhaupt genommen, während sie im andern Falle weiterbestand und sich nur in den Händen eines neuen Eigentümers geltend machte. So verschieden beide Handlungen tatsächlich verliefen und so verschieden sie juristisch zu beurteilen sind, wirtschaftlich war der Erfolg für den bisherigen Inhaber der Münzen derselbe. Ein Vermögensbestand verminderte sich um zirkulatorisch verwertbare, nominale Geldbeträge und vermehrte sich um real verwertbare Sachen.

Praktisch konnte man für den Bezug des gerade valutarischen Münzmetalls noch ein anderes Verfahren einschlagen. Der Edelmetallhändler, der sich etwa valutarisches Gold möglichst vorteilhaft, unter einem möglichst geringen Aufwand an Werteinheiten, verschaffen wollte, wußte natürlich sehr gut, daß er mit dem Ankauf von Werteinheiten eines Goldwährungslandes zugleich in den Besitz technisch brauchbaren Münzstoffes gelangte. Die englischen Sovereigns zum Beispiel, die er als Werteinheiten einer fremden Valuta an der Börse kaufte, konnte er, nachdem er sie eingezogen hatte, als Material benutzen. Der Preis des Sovereigns in Franken richtete sich nach dem zwischen den zwei Staaten sich augenblicklich ergebenden Verpflichtungsverhältnis, dessen Ausdruck der intervalutarische Kurs ist. Der Preis der im Sovereign eingeschlossenen Goldmenge, auf die es dem Metallhändler ankam, war also der Preis der englischen Werteinheit in Franken, wie er sich nach dem gegenwärtigen intervalutarischen Kurse stellte. Gegenstand des Kaufes war die Werteinheit

Sovereign, die dem valutarischen Goldfranken gegenüber als Ware erschien, und nicht der mit ihr verbundene Geldstoff.

War der Sovereign an der Pariser Börse so teuer, daß das mit ihm gewonnene Gold leichter war als die Goldmenge, die in den als Preis des englischen Geldes gelieferten valutarischen Goldfranken enthalten war, so kaufte natürlich niemand englische Werteinheiten, um Gold zu bekommen. Man nahm dann besser die eigenen valutarischen Münzen zur Goldgewinnung, um so mehr, wenn auch für das aus anderen Goldwährungsstaaten eingeführte Münzgold bei den herrschenden intervalutarischen Kursen vergleichsweise mehr Franken aufgeboten werden mußten.

Voraussetzung für einen auf solche Weise bewirkten Goldimport der Händler war demnach, daß die intervalutarischen Kurse zu diesen Ländern, insbesondere zu England, für Frankreich günstig standen. In dieser Lage war ja ohnehin die Neigung vorhanden, daß englische Sovereigns in Natura nach Frankreich gebracht wurden, um zum Ausgleich von Schulden in frei ausprägbares französisches Goldkurantgeld verwandelt zu werden. —

Zwischen dem Metall der akzessorischen Münzen und der valutarischen Geldart bestehen die gleichen Beziehungen wie zwischen anderen Metallen und der Valuta. Es erscheint ihr gegenüber als Ware, deren Preis nominal gemeint ist und in valutarischen Zeichen erfüllt wird.

Da die eine Metallsorte regelmäßig akzessorisch war, während die andere in den valutarischen Münzen enthalten war, so ergab sich, daß man als Preis für akzessorisches Silber valutarische Goldfranken, als Preis für akzessorisches Gold valutarische Silberfranken bekam.

Soweit die akzessorischen definitiven Kurantzeichen ihre Funktion als Geldzeichen eingestellt hatten, traten sie selbst nicht mehr als staatlich begültigte Werteinheiten im Zahlungsverkehr auf, sondern ihres stofflichen Gehaltes wegen als körperliche Sachen. Als solche waren sie ebenfalls Ware. Der dafür verlangte Preis wurde entrichtet in valutarischen Zeichen, deren Metall den akzessorischen Stücken entgegengesetzt war. Beim Verkauf akzessorischer Silbermünzen erhielt man valutarische Goldfranken, beim Verkauf akzessorischer Goldmünzen valutarische Silberfranken.

Die Preisnotierung geschah jedoch nicht in der Art, daß man angab, wie viel Werteinheiten die in den Stücken übertragene Gewichtsmenge Edelmetalls kostete. Sondern man berechnete ihr Agio. Das Agio verzeichnete in Prozenten, um wie viel der Nominalpreis, den die akzessorischen Münzen in ihrer Eigenschaft als zugewogene Metallbarren erzielten, den Nennbetrag überstieg, der ihnen als Geldzeichen vom Staate her verliehen war. Ein Agio war also vorhanden, wenn für die akzessorischen Stücke in valutarischen Zeichen mehr bezahlt wurde, als ihrer Begültigung als Münzen entsprach. Um dieses Agios willen gingen sie von der Geldseite zur Warenseite über und darauf beruhte ihre akzessorische Stellung.

Das Agio der akzessorischen Münzen und der Preis ihres Münzstoffes konnten sich grundsätzlich unbeschränkt ausdehnen. Das akzessorische Metall konnte nicht in beliebiger Menge aus Münzen gewonnen werden, die eine bestimmte Anzahl Werteinheiten darstellten. Deshalb fiel hier die Grenze weg, die den möglichen Preisen des valutarischen Metalles durch die bloße Tatsache der valutarischen Verfassung nach oben von selbst gezogen war.

So lange die freie Ausprägbarkeit der mit Agio gehandelten akzessorischen Kurantmünzen bestand, hätte man wohl aus einer bestimmten Gewichtsmenge dieser Metallart jedenfalls einen Mindestertrag an Werteinheiten erzielen können, der dann für die geforderten Preise des freien Marktes die Wirkung einer unteren Preisgrenze gehabt hätte. Die Münzanstalten fuhren fort Stücke zu prägen, gleichviel, ob das eingebrachte Metall das der valutarischen oder akzessorischen Kurantsorte war. Je nachdem hätte man akzessorische oder valutarische Kurantstücke zurückerhalten. Nur die verschieden bemessene Lauffrist der Münzscheine änderte den geschäftlichen Erfolg. Die Bank hätte für beide Metallarten immer nur valutarische Stücke herausgegeben, die sie auch zum Ankauf von Münzscheinen verwendete.

Unter den gegebenen Umständen machte aber das akzessorische Metall natürlich keinen Gebrauch von der Prägemöglichkeit. In einer Lage, in der die Münze als Stoff höher bewertet wurde als als Geldzeichen, dachte niemand daran, Rohmetall in Münzform zu bringen und begültigen zu lassen und sich mit den unnützen Kosten des Schlagschatzes zu belasten.

Die inländische Nachfrage nach dem einmal akzessorisch gewordenen Metall konnte von mannigfachen Ursachen ausgehen. Sie konnte auf technischem Bedarf beruhen oder besonders deshalb vielleicht rege sein, weil das Metall auch zur Herstellung frei ausprägbarer Zeichen eines fremden Staates tauglich war, an den gerade Zahlungen zu leisten waren. Von zahlreichen Seiten versuchte man, ob man sich auf diese Art seiner Verpflichtungen nicht vorteilhafter entledigen könne.

Bei dem internationalen Charakter der Edelmetallagiotage beobachtete die Spekulation mit besonderer Schärfe die Gewinnaussichten, die sich aus den Beziehungen der valutarischen Verhältnisse und dem Stande des großen Edelmetallmarktes eröffneten.

Die akzessorische Haltung des Goldfrankens und die valutarische des Silberfrankens beruhte in einem bestimmten Augenblick darauf, daß man Gold mit Nutzen nach England absetzen konnte. Das Silber, das an der Londoner Börse gegen Sovereigns verkauft wurde, war zu billigen Preisen zu haben, etwa unter dem Einfluß günstiger Ausgleichsverhältnisse zwischen England und den Silberländern. Man verwandelte also die aussortierten und aufbewahrten Goldfranken in Sovereigns, erwarb mit ihnen Silberbarren und ließ das Metall in Silberfranken ausprägen. Aus der eingeführten Silbermenge erhielt man mehr Frankeneinheiten, als man in den aufgegebenen Goldfranken besessen hatte oder als man gewonnen hätte, wenn man Barrengold statt in die zum Silberkauf notwendigen Sovereigns in Goldfranken hätte ausmünzen lassen.

Der Preis des Rohsilbers war diejenige Frankensumme, die sich ergab, wenn man den aus dem Gold erzielten und zum Silberankauf verwendeten Sovereignsbetrag nach dem gegenwärtigen intervalutarischen Kurse in Franken umrechnete.

Hatte Silber Agio und war Gold valutarisch, so brachte man die gesammelten Silbermünzen nach London und verkaufte sie hier als Barren gegen Sovereigns. In den Sovereigns erwarb man Münzstoff, aus dem man an der Pariser Münzstätte Goldfranken herstellen ließ. Der Preis des Goldes war die Summe der bei dem Silberverkauf erzielten englischen Geldeinheiten, deren Wert in Franken aus dem augenblicklichen intervalutarischen Kurs erkannt wurde.

Die Sovereigns, die man in London für das zugewogene Silber erhielt oder forderte, umschlossen eine durch staatliche Einrichtungen gesicherte Menge Goldes. Das zum Verkauf gebrachte Silber stellte in London ohnehin stets nur Gewichtsmengen dar. Man konnte daher leicht angeben, wie viel Gewichtseinheiten Silber im Einzelfall auf eine Gewichtseinheit Gold trafen. Dies war das Verhältnis, in dem Mengen des einen Metalles in Mengen des anderen ausgetauscht wurden. Es zeigte, wie bereits ausgeführt wurde, an, ob die Agiotage mit Rücksicht auf die feste Prägenorm der Metalle einen Nutzen abwarf und wie sie sich jeweils für die besondere Metallart äußern mußte. —

§ 2.
DAS METALLGELD UNTER DEM EINFLUSS DES LATEINISCHEN MÜNZBUNDES.

Am 23. Dezember 1865 kam zwischen Frankreich, Belgien, Italien und der Schweiz als souveränen Staaten ein völkerrechtlicher Vertrag zustande, der die wichtigsten Teile des Münzwesens dieser Länder betraf. Man bezeichnete ihn als das Mittel, die münzgesetzlichen Einrichtungen dieser Staatengruppe noch einheitlicher zu gestalten und die Unzuträglichkeiten zu beseitigen, die sich aus dem verschiedenen Feingehalt der Silbermünzen für die Verkehrsbeziehungen ergaben. Er sollte die Gleichheit in Münze, Maß und Gewicht fördern, ein Ziel, das den Franzosen immer als eine Art staatsphilosophisches Ideal vorschwebte und von dem man glaubte, es müsse den Handel anregen und die Warenausfuhr erleichtern.

Am 14. Juli 1866 wurden die Abmachungen der Konvention vom französischen Parlament genehmigt, am 20. Juli wurden sie durch kaiserliches Dekret promulgiert und am 1. August 1866 traten sie in Kraft.

Die vier Staaten schlossen sich zu einem völkerrechtlichen Verband zusammen mit dem Zweck, Münzen aus Gold und Silber nach gleichmäßigen Vorschriften technisch herzustellen und zu begültigen, feste Regeln für ihre Annahme im eigenen Land und im Bundesgebiet zu erlassen und ihren Umlauf in gewissem Umfang zu überwachen. Die Münzen aus Billon wurden nicht einbezogen, sondern sollten auch in Zukunft von jedem Staat für sich geordnet werden [1]).

Unter den Vereinsmünzen unterscheidet man Münzen mit freier Ausprägbarkeit und unbeschränktem Annahmezwang im privaten Zahlungsverkehr des Emissionslandes und Münzen, die nur durch den Staat hergestellt werden können und im privaten

---

1) Vgl. zu Folgendem auch: Kurt Blaum, Das Geldwesen der Schweiz seit 1798. Straßburg 1908.

Zahlungsverkehr ihres Ursprungslandes nur begrenzte Zahlkraft haben.

Zur ersten Klasse gehörten alle Goldmünzen und von den Silbermünzen das 5-Frankenstück. Aus Gold durften nur Münzen im Nennbetrag von 100, 50, 20, 10 und 5 Franken geprägt werden. Alle Einzelheiten wie Gewicht, Feinheit, Durchmesser der Stücke, die doppelte Fehlergrenze für Gewicht und Feinheit wurden genau festgesetzt. In allen diesen Punkten wurde am bisherigen Zustand nichts geändert [1]). Aus Silber sollte im Gegensatz zu früher nur noch das 5-Frankenstück nach dem Münzfuß $^{900}/_{1000}$ geschlagen werden [2]).

Die vorschriftsmäßig ausgebrachten Münzen dieser Art sollen von nun an in allen Vertragsstaaten an den öffentlichen Kassen bis zu jeder Höhe angenommen werden. Aus welchem Lande sie stammen, ist für diese Zulassung gleichgültig. Sie können nur zurückgewiesen werden, wenn ihr Gepräge verschwunden ist oder wenn sie so abgeschliffen sind, daß das Gewicht der Goldmünzen um ½%, das der Silbermünzen um 1% unter die aufgestellte Fehlergrenze gesunken ist.

Die zweite Klasse wurde gebildet durch die Silbermünzen, deren Nennwert 1 und 2 Franken und 20 und 50 Centimes beträgt. Diese Stücke erhielten nur noch die Feinheit $^{835}/_{1000}$ [3]). Ihr Gewicht folgte auch jetzt wieder dem Geltungsverhältnis.

Im Gebiete des prägenden Staates haben diese Stücke unter Privaten nur bis zu 50 Franken gesetzliche Zahlkraft. Der Ausgabestaat selbst ist natürlich zu unbedingter Annahme aller Beträge gezwungen. An den öffentlichen Kassen der übrigen Vertragsstaaten können Zahlungen bis zu 100 Franken in diesen Münzen

---

1) Feinheit 900/1000; Gewicht 32,25806; 16,12903; 6,45161; 3,22580; 1,61290 g. Feinheitstoleranz für alle Stücke 2/1000; Gewichtstoleranz für 100- und 50-Frankenstücke 1/1000, für 20- und 10-Frankenstücke 2/1000, für 5-Frankenstücke 3/1000.

2) Gewicht 25 g; Gewichtstoleranz 3/1000; Feinheitstoleranz 2/1000.

3) Gewicht 10, 5 , 2, 5 und 1 g. Gewichtstoleranz für das 2- und 1-Frankenstück 5/1000, für 50-Centimesstücke 7/1000; für 20-Centimesstücke 10/1000. Feinheitstoleranz für alle Stücke 3/1000.

geleistet werden [1]). Ohne Rücksicht auf den Zustand der Stücke muß jede Regierung die von ihr geprägten notalen Silbermünzen gegen einen gleichen Nennbetrag in Goldmünzen oder silbernen Frankentalern umwechseln. Der Umtausch kann sowohl von Privaten als auch von den öffentlichen Kassen jedes anderen Vertragsstaates verlangt werden. Nur muß von den Stücken mindestens eine Summe von 100 Franken eingereicht werden. Diese Verpflichtung sollte beim Erlöschen des Vertrages noch zwei Jahre in Kraft bleiben.

Kein Staat durfte von silbernem Notalgeld mehr als 6 Franken auf den Kopf der Bevölkerung in Verkehr bringen. Auf Frankreich traf hiernach ein Betrag von 239 Millionen Franken [2]). In das dem einzelnen Staate zugewiesene Kontingent waren die Summen einzubeziehen, die von ihm schon vorher in gleichartigen Stükken ausgegeben worden waren [3]). Sinkt das Gewicht der Münzen durch den Gebrauch um 5% unter die erlaubte Fehlergrenze, so müssen sie von ihrem Prägestaat umgeschmolzen werden. Notales Silbergeld, das die im Vertrag geforderten Bedingungen nicht erfüllte, durfte nur noch bis zum 1. Januar 1869 im Verkehr bleiben [4]). Bis dahin hatten die Staaten die von ihnen ausgegebenen Stücke einzuziehen.

Die Regierungen der Münzbundländer versprachen sich einander davon in Kenntnis zu setzen, wie viel Gold- und Silbermünzen in jedem Jahr neu in Umlauf gebracht und wie viel alte Stücke eingezogen und umgeschmolzen worden seien. Verwaltungsmaß-

1) Diese Bestimmung galt bis zum 1. Januar 1878 auch für die 1- und 2-Frankenstücke der Schweiz, die im Sinne des Gesetzes vom 31. Jan. 1860 geprägt waren.

2) Auf Belgien trafen 32 Millionen Franken,
„ Italien 141 „ „
„ die Schweiz 17 „ „

3) Auf die Emissionssumme Frankreichs kamen dadurch etwa 16 Millionen Franken in 20- und 50-Centimesstücken in Anrechnung, auf Italien gegen 100 Millionen Franken und auf die Schweiz ungefähr 10,5 Millionen Franken.

4) Diese Frist wurde für schweizerische Ein- und Zweifrankenstücke, die dem Gesetze vom 31. Januar 1860 gemäß geprägt worden waren, bis zum 1. Januar 1878 verlängert.

nahmen und Schriftstücke, die sich auf das Münzwesen beziehen, hat jeder Staat dem anderen mitzuteilen, ebenso alle Tatsachen, die den Umlauf seiner Gold- und Silbermünzen betreffen.

Der Vertrag sollte bis zum 1. Januar 1880 gelten. Sollte er ein Jahr vor diesem Zeitpunkt nicht gekündigt werden, so wurde er auf weitere 15 Jahre in Kraft gesetzt und so fort, bis einmal eine rechtswirksame Kündigung erfolgen würde. Jedem Staat, der sich den Bestimmungen des Vertrages unterwerfen und das System der Union für alle Geldzeichen aus Gold und Silber übernehmen würde, stand der Beitritt offen.

Von diesem Anschlußrechte machte Griechenland Gebrauch. Es wurde vom 1. Januar 1869 an Mitglied des Bundes, dessen Einflußgebiet sich dadurch noch erweiterte, was Frankreich vor allem aus politischen Gründen befriedigte. Nach der griechischen Deklaration sollten die neuen Münzen dieses Landes in Frankreich geschlagen werden.

Der völkerrechtliche Verband, der als état d'union, als union monétaire bezeichnet wurde, griff mithin zwingend in das Münzwesen der Teilnehmerstaaten ein, soweit es aus Gold- und Silberstücken bestand. Es regelte nicht das gesamte Münzwesen der geeinigten Länder, noch viel weniger das gesamte Geldwesen. Denn das Papiergeld, das die Münzen an Bedeutung übertreffen konnte, war völlig übergangen.

Aber auch da, wo die metallischen Zeichen die Geldverfassung beherrschten, wurde durch den Vertrag die unbedingte Einheit nicht verbürgt. Denn die mannigfache funktionelle Verwendbarkeit der Münzen wurde nicht so geordnet, daß sie überall gleichzeitig dieselbe Stellung hatten. Mit den gleichartigen Kurantmünzen des Bundes konnte sich in den einzelnen Staaten möglicherweise ein durchaus verschiedener Valutazustand herausbilden.

Der wesentliche Erfolg war der, daß bestehende Gewohnheiten allseitig rechtlich befestigt und gewisse Mißstände bekämpft wurden, die aber auch durch identische Maßnahmen der getrennten Staaten hätten beseitigt werden können. Weitere Ziele, von denen man glaubte, sie würden durch den Zusammenschluß erfüllt, lagen außerhalb der Macht der Verabredungen.

Man war jedoch in den Inhalt der Dinge, um die es sich handelte, nicht tief genug eingedrungen, um zu erkennen, ob die Hoffnungen, die man hatte, mit den angewandten Mitteln erreichbar und ob sie überhaupt erreichbar seien. Die ganze Art, mit der diese Fragen gefühlsmäßig erledigt wurden, war zu einseitig und stand einer notwendigen nüchternen Ueberlegung entgegen.

Der Vertrag ordnete in erster Reihe die Prägetätigkeit der Staaten. Jedes Mitglied durfte nur Gold- und Silbermünzen von der Beschaffenheit herstellen, wie sie der Bund zuließ. Damit war die Zusammensetzung des heimischen Münzsystems aus Edelmetall genau vorgezeichnet. Gleichzeitig wurde aber auch bestimmt, welche von diesen Stücken im eigenen Lande Kurantgeld und welche Scheidegeld sein sollten [1]).

Zu den definitiven Kurantmünzen, die zugleich bares Geld waren, gehörten alle Goldmünzen und der silberne Frankentaler. Für sie bestand wie bisher freie Ausprägbarkeit und unbegrenzter Annahmezwang. Ein Passiergewicht und die gesetzliche Möglichkeit, die eine Kurantart in die andere umzutauschen, wurden nicht eingeführt. Die silbernen Scheidemünzen umfaßten alles Silbergeld mit Ausnahme der 5-Frankenstücke. Bei ihnen wurde der jetzt erhöhte kritische Betrag normiert, der innerhalb des Prägestaates für alle privaten Zahlungen gelten sollte. Ihre Ausgabe wurde durch eine nicht überschreitbare Emissionsziffer begrenzt.

Baute also einer der Staaten seine Geldverfassung auf metallischen Zeichen auf, so hatte er in den genannten Punkten die Vorschriften des Vertrages zu beobachten und durfte darin nicht selbständig vorgehen.

Im Gebiet der anderen Vertragsstaaten erlangten die in den einzelnen Ländern hergestellten Bundesmünzen nur einen gesetzlich gesicherten Kassenkurs. Er erstreckte sich bei Kurantsorten auf alle Beträge. Dem fremden Staat gegenüber hatten die Kurantmünzen eines verbündeten Staates die nämliche Stellung wie gegen-

1) Vgl. Artikel 8. — „monnaie courante“ — „monnaie d'appoint“. —

über den Privaten seines eigenen Gebietes. Auch erhielt der fremde Staat die Garantie annähernder Vollwichtigkeit durch das Recht der Zurückweisung allzusehr abgenutzter Stücke. Von den silbernen Scheidemünzen fremder Gliedstaaten brauchten die öffentlichen Kassen bei jeder Zahlung nicht mehr als 100 Franken anzunehmen, also doppelt so viel, als sich der einheimische Private in Scheidemünzen seines Landes gefallen lassen mußte. Für den fremden Staat sind diese Münzen ebenso Scheidegeld wie für den Privaten des Emissionslandes. Er konnte das auswärtige Scheidegeld in Kurantmünzen verwandeln, indem er es in die Kasse seines Emissionsstaates zurückbrachte.

Gesetzliche Zahlkraft unter Privaten, sei es mit beschränktem oder unbeschränktem Annahmezwang, wirksam im ganzen Vertragsgebiet, genossen die Vereinsmünzen nicht. Die besondere Stellung, die die französischen Zeichen in Italien und in der Schweiz einnahmen, war eine innere Angelegenheit dieser Staaten und lag nicht innerhalb der bindenden Vereinbarungen. Der unwiderrufliche Kassenkurs, den die im Vertrag aufgeführten Zeichen überall fanden, genügte aber, um sie in das Geldwesen der einzelnen Staaten eintreten zu lassen. Damit war das Gepräge der Münzen für den Geldcharakter und den Zahlungsvorgang bedeutungslos geworden und der Synchartismus für alle Unionsmünzen hergestellt. Die Möglichkeit, die fremden Münzen an alle öffentlichen Kassen absetzen zu können, machte die Stücke für jeden Inhaber verwendungsfähig. Man wies sie nicht zurück, gab sie ohne Verlust weiter und so stieß die Aufnahme des fakultativen Geldes nirgends im Umlauf auf Bedenken und Hindernisse.

Ein wirklich einheitliches Währungsgebiet wäre jedoch erst dann geschaffen worden, wenn in allen Gliedstaaten immer die gleiche Geldart valutarisch gewesen wäre. Diese Gewißheit aber bot das Münzabkommen schon deshalb nicht, weil es nicht das gesamte Geldwesen umspannte. Der Bund hatte kein Mittel dagegen, daß einer seiner Teilnehmer zur Papiervaluta überging, während die anderen die Metallvaluta bewahrten. Da ferner Gold- und Silbermünzen nebeneinander definitives und bares Kurantgeld waren, konnte auch innerhalb der Staaten mit metallischer

Valuta in dem einen Gold, in einem anderen Silber valutarisch sein. Dann mußte, obwohl der belgische, italienische oder Schweizerfranken als nominal definierte Werteinheit mit dem französischen Franken ohnehin niemals identisch war, auch die stoffliche Beschaffenheit der valutarischen Zeichen, in denen diese Werteinheiten jeweils übertragen wurden, in den einzelnen Ländern voneinander abweichen.

Welches Metall sich gerade in valutarischer Stellung befand, hing immer noch allein von dem Entschluß der einzelnen Staatsverwaltungen ab. Vom Bund aus geschah nichts, um eine Münzart in die allgemeine valutarische Rolle zu bringen und sie darin zu erhalten. So konnte sich der periodische Wechsel des valutarischen Metalles in den verschiedenen Staaten verschieden äußern, wenn auch die Staaten mit metallischer Valuta im ganzen denselben Einflüssen unterlagen, die durch die Beziehungen zwischen den gesetzlichen Währungseinrichtungen und den Verhältnissen auf dem Edelmetallmarkt bestimmt waren.

Die Vertreter der Schweiz, Belgiens und Italiens hatten gehofft, daß durch den Bund der Goldfranken zur einzigen, definitiven Barkurantsorte gemacht werde. Nun waren diese Länder, da sie in Münzsachen nicht mehr unabhängig waren, noch fester an das bimetallistische Prinzip gefesselt worden. Denn die von den Ideen Wolowskis inspirierte offizielle Meinung Frankreichs war immer noch von der Güte der bimetallistischen Verfassung überzeugt, und sie hatte innerhalb der Union als die mächtigste gesiegt.

Was nun das französische Geldwesen im besonderen anlangt, so wurde vor allem die Zahl der zum staatlichen Münzwesen gehörigen Sorten durch die Zulassung der synchartalen Bundesstücke an den öffentlichen Kassen sehr vermehrt. Es gab jetzt auch französisches Geld mit dem Hoheitszeichen anderer Staaten und fremdländischer Aufschrift. Andererseits wurden die französischen Münzen mit Synchartalcharakter, soweit sie es nicht schon vorher gewesen waren, Geld der übrigen Vertragsstaaten.

An den französischen Bronzemünzen ging die Konvention spurlos vorüber. Sie blieben wie bisher ausschließlich französisches

Geld. Dem Billon der anderen Länder war der Zutritt nach Frankreich verboten.

An Münzen eigener Prägung fertigte Frankreich jetzt neben den Bronzescheidemünzen alter Art silbernes Scheidegeld von der Feinheit $^{835}/_{1000}$ in Stücken zu 20 und 50 Centimes und zu 1 und 2 Franken. Der Staat nahm es unbegrenzt in Zahlung und wechselte Beträge von mindestens 100 Franken in Kurantmünzen um, während die kritische Höhe unter Privaten 50 Franken betrug. Die 1- und 2-Frankenstücke hatten so ihre Eigenschaft sowohl als Bargeld wie als definitives Kurantgeld verloren. Die Klasse der notalen Münzen breitete sich dagegen mit dem Anwachsen der Scheidegeldarten aus. Die Stückelung der Münzen, die dem Kleinverkehr dienten, genügte wieder den Anforderungen des Verkehrs. Ihre platische Beschaffenheit entzog sie dem Umlauf nicht mehr.

Definitive Kurantmünzen mit Barcharakter waren die goldenen Frankenstücke im Nennwert von 100, 50, 20, 10 und 5 Franken und der silberne Frankentaler. Damit hatte sich an der wesentlichen Grundlage des Währungssystems nichts geändert. Von den beiden Metallen befand sich auch weiterhin Gold in valutarischer, Silber in akzessorischer Stellung. Bald nach Inkrafttreten des Vertrages begann jedoch die Nachfrage nach Silber nachzulassen. Das Agio des Silberfrankens fiel, je weniger sein Stoff gesucht wurde.

Die durch die Konvention geforderten Anordnungen wurden in einem Ausführungsgesetz zum Münzvertrag getroffen [1]). Die silbernen Scheidemünzen sollten innerhalb der bestimmten Bedingungen nach den neuen Vorschriften geprägt werden. Soweit es nötig war, sollten sie umgeschmolzen werden. Die ehemaligen 1- und 2-Frankenstücke und die 50- und 20-Centimesstücke, die der Konvention zuwider waren, waren spätestens bis zum 1. Januar 1869 einzuziehen. Als untrennbare Folge ihrer Scheidemünznatur konnten die 1- und 2-Frankenstücke in Zukunft nur noch durch den Staat entstehen. Die obere Grenze ihrer Zahlkraft im

1) Loi relative à la convention monétaire conclue, le 23 décembre 1865, entre la France, la Belgique . . . vom 14. Juli 1866.

privaten Zahlungsverkehr wurde für alle Scheidemünzen neu festgelegt.

Ausdrücklich aber wurde betont, daß nach dem im Jahre XI aufgestellten Grundsatz der Franken auch fernerhin die Basis für das französische Münzsystem bilden solle [1]). Der betreffende Satz, der sich wie ein Bekenntnis zum bisherigen Währungsprinzip ausnimmt, kann praktisch nur als Formel für den rekurrenten Anschluß des neuen Frankens zum alten ausgelegt werden. Dem metallistisch Denkenden mußte ja gerade die veränderte stoffliche Zusammensetzung des Frankenstückes bedeutsam erscheinen. Denn wer im Frankenzeichen lediglich eine Edelmetallmenge von bestimmtem Gewicht sah, für den war der Franken in seiner jetzigen Gestalt in der Tat nicht mehr das gleiche Gut wie früher. Man bekam jetzt auch nicht mehr in den Kurantmünzen die ihrer Geltung entsprechende, aus dem Silberfranken abgeleitete Menge des Zahlstoffes.

Im Verhältnis zu seinem bisherigen Gehalt und der Norm gegenüber, nach der die höheren Stücke ausgebracht wurden, war der gegenwärtige Franken minderwertig. Er sank deshalb auch vom Rang einer Kurantmünze zum Scheidegeld herab. Er konnte nicht mehr durch freie Ausprägung gewonnen werden, und selbst wenn Silber valutarisches Metall war, deckte sich der Franken, wie er als Münze beschaffen war, nicht mit der körperlich dargestellten Werteinheit des Systems.

Dagegen war der Franken, so wie er nach seinem wirklichen Wesen aufgefaßt werden muß, unverändert geblieben. Der Franken als nominal zu verstehender Betrag, der durch die Stücke ausgedrückt wird, die vom Staate her so benannt und begültigt werden, gleichviel, aus welchem Stoff sie gemacht sind, war auch in Zukunft die Werteinheit. Diese Werteinheit ließ sich aber im Gegensatz zu der Anschauung, die das erste Münzgesetz geäußert hatte und die auch bei dieser Gelegenheit wieder in die Erscheinung trat, nie metallisch definieren.

1) Art. 9. Il n'est pas dérogé aux dispositions de la loi du 7 germinal an XI, en ce qui concerne la définition du franc considéré comme base du système monétaire en France.

Ein kaiserliches Dekret vom 17. Juni 1868 befaßte sich mit der endgültigen Einziehung und Verrufung der alten Silbermünzen im Betrage von 2 und 1 Franken und 50 und 20 Centimes. Ihre Zahlkraft im Privatverkehr hörte mit dem 1. Oktober 1868 auf. Bis zum Jahresschluß konnten sie an die öffentlichen Kassen bei Leistung von Steuern und Abgaben gebracht oder an den vom Finanzministerium bezeichneten Stellen umgetauscht werden. Von dieser Möglichkeit machten die Besitzer der ohnehin schon stark verschwundenen alten 1- und 2-Frankenstücke natürlich nur dann Gebrauch, wenn sie sie stofflich nicht besser zu verwenden wußten. Von den vor dem Jahre 1866 geprägten Silbermünzen aller Beträge wurden nur 125 Millionen Franken eingeliefert, während davon gegen 200 Millionen Franken ausgegeben worden waren.

Die vermehrte Zahl der Geldarten mußte sich am stärksten und schnellsten an den staatlichen Kassen Frankreichs zeigen. Schulden an den Staat konnten auf alle Fälle und ohne Rücksicht auf ihren Betrag beglichen werden in heimischem Scheidegeld und heimischen Kurantmünzen, aber auch in Kurantmünzen der anderen Unionsländer, wobei kein späterer Umtausch dieser Stücke in solche des eigenen Landes erfolgte. Dem Staate gegenüber waren so die Kurantmünzen aller Bundesglieder definitives Kurantgeld. Silberne Vereinsscheidemünzen auswärtiger Herkunft brauchte sich die Regierung nur bis zu 100 Franken aufdrängen zu lassen. Sie waren dem Staat gegenüber also ebenfalls nur Scheidegeld mit beschränktem Annahmezwang und Verwandelbarkeit in Kurantgeld. Bis zu einer bestimmten Summe war die Annahme dieser Zeichen, bei denen der Staat ausnahmsweise die nämliche Stellung hatte wie sonst ein Privater gegenüber dem Scheidegeld, für die Kassen obligatorisch, darüber hinaus fakultativ. Die Pflicht zum Umtausch hatte das Emissionsland gegen die fremden Verwaltungen von einem vereinbarten Betrag an ebensosehr wie gegen die privaten Inhaber.

Da die öffentlichen Kassen die von den auswärtigen Unionsstaaten kommenden Kurantmünzen bei unvollkommenem Gewicht zurückweisen konnten, so war der empfangende Staat durch eine Passiergewichtsgrenze geschützt, mit der die eigenen Stücke im Inlandsverkehr nicht umgeben waren. Bei fremden Münzen entschied so für die Akzeptation nicht allein ihre Begültigung, sondern auch ihr Vollgehalt. Der letzte Inhaber, der mit leichteren Stücken zahlen wollte, hatte allenfalls die Folgen des Stoffverlustes zu tragen. Die französischen Kurantmünzen wurden im Inland nach chartalen, die fremden Münzen, wenn sie an die staatlichen Kassen gelangten, nach pensatorischen Grundsätzen behandelt.

Die unversehrten Stücke suchten sich daher ihren Umlauf mit Vorliebe jenseits der staatlichen Grenzen. Die beschädigten verrichteten in der Heimat den gleichen Dienst wie die fehlerlosen, im Ausland versagten sie. Der Annahmestaat aber erzielte auf diese Weise mit Gewißheit aus einem bestimmten Höchstbetrag derjenigen fremden Kurantmünzen, die er in seinen Kassen sammelte, eine bestimmte Gewichtsmenge Edelmetall. Was an den französischen Regierungskassen in fremden Scheidemünzen einging, konnte ebenfalls in unveränderliche Edelmetallmengen verwandelt werden, wenn beim Umtausch Auslandkurantmünzen gegeben wurden, die einwandfrei sein mußten. Deshalb wurde bei fremden Scheidemünzen im Sinne proklamatorischer Geltung nur auf den Nennwert der Stücke gesehen. Doch mußte jeder einzelne Staat seine Stücke in gutem Zustand erhalten. Ein Zwangsmittel allerdings, das die strenge Durchführung dieser Vorschrift gesichert hätte, fehlte [1]).

Für den inländischen privaten Zahlungsverkehr waren alle nicht französischen Kurant- und Scheidemünzen des Bundes fakultativ. Man hielt aber diese Stücke überhaupt nicht für französisches Geld, indem man immer noch das Gepräge als das eigentliche Kennzeichen für die Geldeigenschaft der Münzen betrachtete. Als einmal ein Franzose ein silbernes 5-Frankenstück schweizerischen Ursprungs zurückwies, beschuldigte man ihn einer Verletzung des code pénal. Hiernach [2]) wird mit einer Geldbuße von 6—12 Franken bestraft, wer die Annahme echter und

1) Vgl. Blaise in der Münzenquête 1869, Bd. I, pag. 591.

2) Art. 475, Nr. 11.

unbeschädigter einheimischer Münzen zu ihrem Nennwert verweigert. Der Kassationshof [1]) sprach den Angeklagten frei. Das Urteil wurde aber nicht nur mit den Bestimmungen der Münzkonvention begründet und etwa damit, daß die Akzeptationspflicht sich eben nur innerhalb der Bedingungen des gesetzlichen Annahmezwanges verstehe, sondern es wurde ausdrücklich erklärt, daß der Inhalt des Artikels in diesem Fall überhaupt nicht in Frage komme. Denn es handle sich um auswärtige Münzen, und es sei unvereinbar mit der staatlichen Souveränität, diese Stücke unter das Recht der eigenen zu stellen. Daß es Zeichen gibt, die ohne Rücksicht auf ihre Herkunft zum innerstaatlichen Geld gehören, deren Eigentümlichkeit aber andererseits auf dem rein epizentrischen, für den Privatverkehr also unverbindlichen Annahmezwang beruht, das waren Tatsachen, die man noch nicht erkannt hatte.

Neben den heimischen Gold- und Silbermünzen drangen nun die gleichartigen Zeichen der Vereinsstaaten mit noch größerem Nachdruck wie früher in den französischen Umlauf ein. Auch die banque de France, die als private Anstalt in ihren Entschlüssen frei war, widersetzte sich den bei ihr einlaufenden Münzen der Unionsländer nur ausnahmsweise.

Innerhalb des französischen Zahlgebietes traf man zunächst diejenigen Münzsorten an, die auch in den Unionsländern mit metallischer Valuta den Umlauf versorgten. Neben den synchartalen Scheidemünzen war dies die Gruppe der dort gerade valutarischen Kurantmünzen. Teils kamen sie von der Grenze her auf dem Wege zahlreicher alltäglicher Kleingeschäfte ins Land und verbreiteten sich von da aus einzeln immer weiter ins Innere, teils wurden sie in größeren Zahltransporten von dem auswärtigen verschuldeten Vertragsstaat an die Punkte befördert, wo sich der Zahlungsausgleich vollzog. Dazu wurden natürlich solche Stükke verwendet, die infolge ihrer valutarischen Stellung im leistenden Staat überall zu haben waren und als Kurantmünzen mit Kassenkurs in Frankreich untergebracht werden konnten. Die Einfuhr der nach ihrem Gewicht geprüften Stücke bewegte sich

1) Urteil v. 29. Dezember 1882.

zwischen den zwei Plätzen, wo sie am wenigsten Kosten verursachte. Außerdem wanderten französische Münzen aus valutarischem Metall, die sich in fremden Unionsstaaten befanden, nach Frankreich zurück.

Von dieser Seite aus erhielt so Frankreich einen Zufluß auswärtiger Bundeskurantmünzen von ganz bestimmtem, einheitlichem Stoff. Münzen, die ihres Stoffes wegen in allen Vertragsländern mit metallischer Valuta ein Agio erzielten und deshalb akzessorisch waren, wurden nicht überschickt. Bei ihnen ruhte in Wirklichkeit der rechtlich vorhandene Synchartismus.

Italien war noch im Jahre 1866 gezwungen, die metallische Valuta zu verlassen und zur Papiervaluta überzugehen. Die stoffliche Gleichheit zwischen den valutarischen Kurantgeldarten Frankreichs und Italiens war damit beseitigt. Man konnte nicht mehr, wenn es notwendig war, eine Schuld in französischen Werteinheiten zu tilgen, dies ohne weiteres mit italienischen Kurantmünzen tun, die man zur Zeit der Metallvaluta überall zur Hand hatte. Damit war auch der höchste Preis, den man in Italien für die französische Werteinheit zu gewähren brauchte, nicht mehr durch die zwischen den Kurantmünzen der beiden Länder bestehende Münzparität begrenzt. Der Preis, der für französisches valutarisches Geld in italienischen Währungszeichen bezahlt werden mußte, konnte sich, wenn er nicht künstlich beeinflußt wurde, beliebig steigern. Er hing allein von dem Verhältnis der gesamten Verbindlichkeiten zwischen den zwei Staaten ab, die so lagen, daß die Italiener fortwährend französisches Geld kaufen und ihren französischen Gläubigern übersenden mußten. Die französische Werteinheit, ausgedrückt in valutarischen Metallfranken, erreichte so im Vergleich zur Münzparität ein Agio in italienischer Papiervaluta.

Da nun in Frankreich alle Arten von Unionsgeld zu ihrem Nennbetrag Aufnahme fanden, so erzielten alle diese Bundesmünzen in Italien das nämliche Agio, das mit ihrer stofflichen Beschaffenheit in keinerlei Zusammenhang stand. Das Agio, das alle Unionsmünzen in Italien hatten, auch die Stücke eigener Prägung, beruhte auf ihrer besonderen Verwendbarkeit im internationalen

Ausgleichsverkehr und richtete sich nach der Stärke dieser Beziehungen. Der Vorrat an Bundesgeld, der von Anfang an noch im Lande war, wirkte dem ersten Verfall der italienischen Papiervaluta entgegen. Was an Vereinsmünzen in Umlauf gewesen war, mied nun wegen des Agios den inneren Verkehr und strömte in die Vertragsstaaten ab, insbesondere nach Frankreich, dem gegenüber die Verbindlichkeiten am größten waren. Die italienische Note mußte sogar die niederen Beträge der bisher synchartalen silbernen Scheidemünzen ersetzen, die gleichfalls das Land verließen.

Dadurch war der zwischen Italien und den übrigen Bundesgliedern vertragsmäßig hergestellte Synchartismus praktisch zu einem einseitigen abgeschwächt worden. Das valutarische Notalkurantgeld Italiens und sein papiroplatisches Scheidegeld waren ausschließlich inländische Zahlungsmittel und hatten nichts Gemeinsames mehr mit der Barvaluta und den notalen Scheidemünzen des Bundes. Das metallische Unionsgeld nahm ohne Unterschied der Herkunft allgemein in Italien akzessorischen Charakter an. Man konnte mit dem valutarischen Geld der Unionsstaaten zwar Schulden an Italien bezahlen, Italien selbst aber war nicht in der Lage, die Zeichen seiner Valuta zur Tilgung auswärtiger Forderungen zu exportieren.

Der französische Münzumlauf erhielt so auch einen beträchtlichen Zuwachs von Stücken italienischen Gepräges. Der italienische Staat ließ sein volles Kontingent an silbernen Scheidemünzen schlagen und zog daraus den Münzgewinn. Dann gingen sie zusammen mit den Kurantmünzen außer Landes, nachdem sie auch noch dem inländischen Wechsler den Agionutzen in heimischer Valuta gebracht hatten.

Aehnlich, aber noch einfacher, machte es die griechische Regierung. Sie trat gegen eine feste Abfindungssumme einem Pariser Bankier das Recht ab, die Emissionsquote, die ihr in Höhe von sieben bis acht Millionen Franken zugeteilt war, ausprägen zu lassen und im unmittelbaren Anschluß daran in Frankreich in Verkehr zu setzen. Der Bankier übernahm von der Pariser Münzstätte die fertigen Stücke und richtete, um den aus dem Scheidegeld sich ergebenden Münzgewinn sogleich verwirklichen zu können, einen förmlichen Ausgabedienst ein, bis das französische Finanzministerium dagegen einschritt [1]. —

Wie sich die einzelnen Münzsorten nach erfolgter Prägung auf den französischen Inlandsumlauf verteilten, läßt sich nicht genau angeben. Die Prägungsausweise boten dafür keinen sicheren Anhalt. Denn die Stücke traten nach dem Verlassen der Münzanstalt nicht ohne weiteres in die Zirkulation ein und erhielten sich darin, sondern wurden mit verschiedener Bestimmung daraus abgelenkt. Ein Teil verfiel bei ergiebiger Konjunktur der Agiotage und büßte durch den Metallhandel seine Geldeigenschaft ein, ein anderer entging dem Verkehr, weil er zu Sparzwecken angesammelt wurde. Große Beträge suchten das Ausland auf und wurden dort als Kapitalanlagen investiert oder sie gelangten dahin als Ergebnis einer im Inland aufgelegten Anleihe und kamen vielleicht nie mehr zurück.

Vom Metallkurantgeld sicherten sich die Goldmünzen unter dem zweiten Kaiserreich immer mehr ihren Platz im Umlauf. Sie waren handlich. Ihre Stückelung war für mittlere und größere Zahlungen geeignet. Zum Ausgleich internationaler Verbindlichkeiten und zu großen internationalen Finanzoperationen waren sie um so begehrter, je mehr sich das Gebiet der Goldvaluta ausdehnte.

Am meisten verbreitet war das 20-Frankenstück. Michel Chevalier bezeichnete es bei der Münzenquête des Jahres 1869 [2] als die vorherrschende Münzart, die man sich unter allen Umständen verschaffen könne und deren überragende Stellung durch die Prägungen gesichert werde. Das goldene 5- und 10-Frankenstück war außer durch den allgemein gesteigerten Bedarf an Zahlungsmitteln durch den Mangel an Kurantsilber in der Zeit des Silberentzuges gefordert worden. Doch scheint es ihnen nicht ganz gelungen zu sein, sich im Umlauf zu befestigen [3]. Die Goldmünzen zu 100, 50 und 40 Franken waren zwar, wenn man alle

1) Münzenquête 1869/70, Bd. 2, pag. 47.

2) Münzenquête 1869/70, Bd. 1, pag. 38.

3) Bankgouverneur Rouland in der Münzenquête, Bd. 1, pag. 94.

seit dem Jahre 1795 geprägten Stücke nimmt, in beträchtlichen Summen hergestellt worden [1]), doch kamen sie nur selten zum Vorschein [2]). Sie wurden tatsächlich mehr als staatlich beglaubigte Metallbarren behandelt, deren eigentlicher Zweck war, als Metallreserve aufbewahrt zu werden oder internationale Zahlungen zu vermitteln.

Die Einfuhr fremden Goldes, auf die der Umschwung in der Valuta zurückzuführen war, pflegte sich in den Kassen der Bank zu sammeln. Sie hatte gegen Ende der 60er Jahre nachgelassen und betrug im Jahre 1869 nur noch 63 841 780 Franken [3]).

Vom Silbergeld dienten die unterwertig ausgebrachten Scheidemünzen selbständig oder ergänzend dem Kleinverkehr. Das Eindringen von Scheidemünzen aus Italien, von denen um das Jahr 1870 gegen 80 Millionen Franken in Frankreich umliefen [4]), sättigte den Bedarf in dem Maße, daß der französische Staat sein eigenes Kontingent nicht ganz ausprägen ließ. Man stellte von den erlaubten 239 Millionen Franken nur 170 Millionen her, und auch diese Stücke fanden nur zum Teil Unterkommen im Verkehr. Der mögliche Münzgewinn wurde so nicht voll verwirklicht [5]). Man machte daher den Vorschlag, die italienischen Stücke aus dem Verkehr zu ziehen und sie bei ihrem Emissionsstaat gegen Kurantmünzen umzutauschen.

Der bare silberne Frankentaler, der Kurantgeld war, war infolge seines Agios akzessorisch geworden. Als nun der Silberpreis wieder zu weichen begann, kehrte er gleichwohl nicht in Massen in den Umlauf zurück. Man begegnete ihm in den einzelnen Teilen des Landes mit wechselnder Häufigkeit. Im Elsaß und bei der Arbeiterbevölkerung von Rouen zum Beispiel wurde er stark bevorzugt. Auf dem offenen Land und in der Provinz, wo Geschäfte von geringerer Höhe abgeschlossen wurden, sah

---

1) Je 43, 46 und 204 Millionen Franken.

2) La crise monétaire en France, (anonym) Paris 1871, pag. 4 f.

3) Von 1866—1868 waren die entsprechenden Ziffern noch 451, 264 und 242 Millionen Franken gewesen.

4) Finanzminister Buffet im corps législatif am 25. Febr. 1870.

5) Vgl. Senator Dumas in der Münzenquête, Bd. 1, pag. 40.

man ihn lieber als in Gegenden mit lebhaft entwickeltem Handel. Für die internationalen Ausgleichsbeziehungen kam er kaum in Betracht. Große Summen in silbernen 5-Frankenstücken bei sich zu tragen, war unbequem. Bei den kleinen Sparern, die in Frankreich eine ganze zahlreiche Klasse ausmachten, waren sie dagegen aus Gewohnheit besonders geschätzt. Bei diesen Leuten wurde eine außerordentliche Menge von Münzen in primitiver Weise unbeweglich festgehalten. Diese Vorliebe war in der Periode des Silberagios durch die Aussicht auf Wertsteigerung des Barvorrates noch heftiger geworden [1]).

Auch die metallischen Vorräte der Bank nahmen in den Jahren vor dem Krieg, etwa vom Jahre 1867 an, offenbar an Silberkurant zu [2]). Das Verhältnis von Gold und Silber in den Kassen der Bank fing an, sich zuungunsten des Goldes zu verschieben. Die Hausse auf dem Silbermarkt war zum Stillstand gekommen und vereinzelt sagte man bereits ein erhebliches Schwinden des Goldbesitzes und ein lästiges Anschwellen des kurz vorher noch behüteten Silbers voraus. Man stieß die großen Silbermünzen an die Kassen der Bank ab, wo sie, ohne in den Umlauf wieder zurückzufinden, unbegehrt liegen blieben.

In Belgien wandte man sich schon im Jahre 1870 mit Eifer der Ausprägung des von den Händlern eingelieferten Barsilbers zu. Von hier aus kamen dann die Stücke teils zur Tilgung von regelmäßig entstandenen Forderungen, teils durch die Tätigkeit der Arbitrage nach Frankreich. An einzelnen Kassen zahlte man absichtlich nur in belgischen Frankentalern, die für den Staatsschuldner ungefährlich waren, und gab in solchen Münzen heraus [3]). Auch diese Münzen flossen schließlich der Bank zu und blieben dort, soweit sie nicht durch den Verkehr aufgenommen wurden. Wollten sich dann noch italienische 5-Frankenstücke in den Kellern der Bank lagern, so machte sich das Anwachsen des Silberbestandes doppelt fühlbar. Es war deshalb schon vor der Zeit des großen Silbersturzes ab und zu vorgekommen, daß sich die Bank dem

1) La crise monétaire en France, pag. 9.

2) Rouland in der Münzenquête, Bd. 1, pag. 86 f.

3) Münzenquête, Bd. 1, pag. 442.

Eingang von silbernem Unionskurantgeld nichtfranzösischen Ursprungs widersetzte. Sie konnte dies tun. Denn obwohl sie im Auftrage des Staates die Aufgaben einer öffentlichen Kasse erfüllte, war sie für sich doch ein privates Erwerbsinstitut und darum in ihrer Wahl bei der Annahme fremder Bundesmünzen frei wie jeder Private. —

Als Fremdkörper mischten sich unter die gesetzlich anerkannten Zahlungsmittel Frankreichs die Münzen des Kirchenstaates. Durch Edikt vom 16. Juni 1866 hatte man hier mit geringen Abweichungen die Grundsätze des Vereinsmünzsystems nachgeahmt [1]). Der Union selbst schloß sich die päpstliche Regierung jedoch deshalb nicht an, weil sie sich nicht an die kontingentierte Ausgabe der Scheidemünzen binden wollte. Sie hatte nämlich den Betrag, der sie in diesem Falle getroffen hätte, längst überschritten und verlangte eine Prägeziffer, die der Bevölkerung nicht nur ihres damaligen Gebietes, sondern auch ihrer römischen mit Italien vereinigten Provinzen entsprochen hätte. Während nach dem Maßstab der Münzkonvention dem Kirchenstaat gegen 6—7 Millionen Franken silbernes Scheidegeld zugefallen wären, waren 20—22 Millionen, nach anderen Mitteilungen 30—40 Millionen Franken mit einer Feinheit von nur $^{831,76}/_{1000}$ geschlagen worden.

Die päpstlichen Münzen waren so weder französisches noch Bundesgeld. Es gab kein schriftliches oder mündliches Abkommen zwischen der päpstlichen und der französischen Regierung. Der Kirchenstaat wurde mehrere Male erfolglos zum Eintritt in den Münzbund aufgefordert. Für sich allein konnte Frankreich nach den Vorschriften der Konvention unmöglich handeln. Da nun aber die römischen Münzen ähnlich aussahen wie die heimischen Zeichen und da man zudem in der metallistischen Begründung des Geldwesens befangen war, so gelang es ihnen, sich in die

1) Art. 1. bestimmte nach der französischen Uebersetzung des Textes: La nouvelle unité monétaire de l'Etat pontifical est basée sur la valeur de 5 g d'argent et de 0,32258 g d'or, l'une et l'autre au titre de 9/10 de fin et elle prend le titre de livre pontificale.

innerfranzösische Zirkulation einzuschleichen [1]). Mindestens 9 bis 10 Millionen Franken waren davon innerhalb Frankreichs im Umlauf. Stücke, die in der Schweiz zurückgewiesen worden waren, kamen nach dem Elsaß, wo sie, wie behauptet wurde, allgemein verbreitet waren.

Einen Anspruch auf Zulassung im Verkehr hatten die Münzen, wie gesagt, nicht. Weder die öffentlichen Kassen noch die Privaten waren auch nur dem beschränkten Annahmezwang irgend einer päpstlichen Münze unterworfen. Auch eine vertragsmäßige Pflicht des Ausgabestaates, seine Scheidemünzen gegen Gold- oder Silberkurantgeld des Bundes einzulösen, bestand in diesem Falle nicht. Man war also vor Verlusten nicht geschützt. Die päpstlichen Münzen hatten sich auf Grund eines unvollkommenen Homochartismus eigenmächtig in den französischen Umlauf eingedrängt. Sie nahmen zwar ihren Platz nur geduldet ein, waren aber schwer daraus zu vertreiben. Ihre Akzeptation war durchaus fakultativ. Der rechtliche Zustand des Synchartismus lag nicht vor. Tatsächlich traten die Münzen ungehindert im privaten Zahlungsverkehr auf, sie erschienen an den Schaltern der Eisenbahnen und gelangten so auch in die Kassen des Staates. Nur die Zweiganstalten der Bank von Frankreich und die übrigen großen Banken hatten sich ihnen frühzeitig versperrt.

Man hatte zunächst diese Vorgänge nicht beanstandet. Zu Anfang des Jahres 1870 glaubte endlich der Finanzminister dagegen einschreiten zu müssen und verbot in einer Verfügung den Generalsteuereinnehmern und allen unteren Finanzbeamten der Monarchie die Annahme dieser Zeichen. Die päpstliche Regierung war in zuvorkommender Weise von dieser Maßnahme vorher benachrichtigt worden.

Damit war der Entwicklung eines Gewohnheitsrechtes mit den Mitteln der Administrative vorgebeugt. Der Gebrauch der Stücke war aber schon so eingewurzelt, daß man den Befehl des Ministers wie einen Eingriff in das bestehende Münzsystem ansah und die Kammer wenigstens die übliche Verrufungsfrist verlangte. Besonders hob man die Nachteile des Erlasses für Lyon,

1) Vgl. Sitzung des corps législatif vom 25. Febr. 1870.

Grenoble, Marseille und Nizza hervor. In Marseille erlitten die Münzen, wenn man sie an die Wechsler verkaufen mußte, ihrem Nennwert gegenüber einen Verlust von 10%. Die dortige Handelskammer wandte sich in einem Schreiben an das Ministerium. Der Staat solle die römischen Münzen an seinen Kassen sammeln, nach Italien schicken und damit den Sold der französischen Besatzungstruppen leisten. Sei dies unzulässig, so solle man selbst den Schaden tragen und die Stücke einschmelzen.

Der wirkliche Preis der päpstlichen Münzen richtete sich unter diesen Umständen nach dem Bedarf an Werteinheiten des Kirchenstaates, der aus der Gesamtheit der pantopolischen Beziehungen zwischen den Ländern hervorging. Bestand keine derartige Nachfrage, so waren die Stücke noch immer platisch verwendbar. Aber nach ihrer stofflichen Beschaffenheit blieb ihr Wert in französischer Valuta hinter ihrer nominalen Geltung zurück.

Man forderte von der Regierung Unbilliges. Allerdings waren im Journal officiel vom 5. Januar 1869 in einer Uebersicht der Münzen, die an den öffentlichen Kassen Kurs hatten, durch einen Irrtum auch die päpstlichen Münzen aufgeführt worden. Doch wurde dieser Fehler alsbald dahin berichtigt [1]), daß es sich bei den römischen Stücken lediglich um eine freiwillige Annahme handle, die so lange widerruflich sei, als die päpstliche Regierung dem Bund nicht beigetreten sei. Offenbar wollte man durch dieses Entgegenkommen dem Anschluß des Kirchenstaates vorarbeiten. Bei dieser rein fakultativen und provisorischen Zulassung wurde denn auch kein Grenzbetrag als kritische Höhe festgesetzt, wie dies bei den Scheidemünzen der wirklichen Bundesglieder der Fall war.

Durch die amtliche Erklärung war also deutlich ausgesprochen, daß die päpstlichen Münzen nicht zum staatlichen Geld gehörten und auf eine unbedingte Akzeptation durch die staatlichen Kassen

1) Journal officiel vom 14. Jan. 1869: Ces monnaies n'ont en France qu'une circulation de simple tolérance . . . Leur admission dans les caisses publiques est purement facultative, et elle ne deviendra légale et obligatoire qu'après l'accession du gouvernement pontifical à la convention de 1865.

nicht zu rechnen hätten. Jeder private Inhaber war damit darauf aufmerksam gemacht, daß er für die Stücke, die er sich gefallen ließ, im Staat möglicherweise keinen sicheren Abnehmer mehr finden werde. Man konnte vom Staate demnach nicht verlangen, daß er, statt sein Ablehnungsrecht zu verwirklichen, auch noch den Schaden übernahm, der den Besitzern freiwillig empfangener Geldzeichen erwuchs. Rom war zu einem Umtausch seiner Stücke nicht verpflichtet. Der Sold der Truppen in Italien und die Lieferungsverträge lauteten auf französische Franken. Der Staat hätte an den angesammelten Münzen nichts anderes gehabt wie zu teuer erworbenes Rohmetall.

Dies war auch der Standpunkt, den die Regierung den Beschwerden der Kammer gegenüber vertrat. Im Journal officiel vom 27. Februar 1870 wurde jedoch bekannt gegeben, daß an den Wechselbureaus der Pariser und Straßburger Münzstätte die päpstlichen Münzen zum festen Satze von 91 Centimes für den Franken ihrer Geltung eingeliefert werden könnten. Alle staatlichen Finanzbeamten wurden angewiesen, hierbei mitzuhelfen und die Stücke kostenlos an die bezeichneten Stellen zu befördern[1]). Ein im corps législatif eingebrachter Antrag, die päpstlichen Münzen durch die staatlichen Kassen zu ihrem Nennwert einzuziehen und die Minister, durch deren Schuld sie nach Frankreich gelangen konnten, für den erlittenen Verlust haftbar zu machen, verschwand in der Initiativkommission. —

§ 3.

DIE INTERVALUTARISCHEN BEZIEHUNGEN DER FRANZÖSISCHEN METALLVALUTA.

Trotz der engen Verwandtschaft, die zwischen dem französischen und dem Münzwesen der übrigen Unionsstaaten bestand, gab es doch kein Land, zu dem Frankreich unveränderlich feste intervalutarische Kurse[2]) gehabt hätte. Die Preise, die man an

1) Der Bischof von Périgueux erbot sich den Gläubigern und Priestern seiner Diözese, die päpstlichen Münzen zum Parisatz gegen französisches Geld einzulösen (vgl. Allgemeine Zeitung vom 20. März 1870).

2) Vgl. Knapp, l. c. pag. 203 ff.

der Pariser Börse in valutarischen Franken für valutarische Geldzeichen auswärtiger Zahlgebiete gewährte, waren schwankend. Waren die Preise für Güter, die aus dem Ausland bezogen wurden, in fremden Werteinheiten verabredet, und war dadurch eine Nominalschuld entstanden, zahlbar in valutarischen Stücken des fremden Staates, so wußte beispielsweise der Importeur nie genau, wie teuer ihn die Ware im Augenblick der Zahlung zu stehen kommen werde und wieviel Werteinheiten er in valutarischen Franken aufwenden müsse, um die Schuldsumme zu begleichen.

Allerdings, der Spielraum, innerhalb dessen sich die Preise der ausländischen Werteinheiten bewegen konnten, war verschieden weit. Er hing davon ab, mit welchem Staate jeweils abgerechnet werden mußte und wie dessen valutarische Geldart beschaffen war.

Die Preise eines bestimmten auswärtigen Zahlungsmittels in Frankreich bildeten sich unter dem Einfluß der gerade fälligen Verbindlichkeiten diesem Lande gegenüber. Aus dem gesamten wirtschaftlichen Gegenseitigkeitsverkehr zwischen Frankreich und einem anderen Staate ergaben sich Schulden und Forderungen, die sich im Zeitpunkt ihrer Fälligkeit als vergleichbare Größen gegenüberstanden. Blieb bei einem solchen Abwägen ein Forderungsüberschuß des Auslandes an die französische Volkswirtschaft übrig, so mußte sich die Nachfrage nach den Zahlungsmitteln dieses Forderungsstaates so lange geltend machen, bis der notwendige Bedarf daran gedeckt war. Die Nachfrage richtete sich auf die valutarischen Zeichen der fremden Werteinheit und trieb die Preise dafür in französischer Valuta in die Höhe. Der individuelle Schuldner bot in diesem Fall für den Betrag, den er in ausländischem Gelde brauchte, eine wachsende Summe Franken in den gerade valutarischen Stücken. Je nach dem Marktpreise der fremden Werteinheit in der eigenen Valuta mußte er mehr oder weniger Franken dafür ausgeben.

Das konkrete Zahlungsmittel, das er erwarb, konnte ein Wechsel sein, der auf die betreffende Valuta lautete und dem Gläubiger bei Verfall eine bestimmte Menge valutarischen Geldes seines Staates einbrachte, oder eine in dieser Valuta einlösbare Banknote oder unmittelbar Zeichen der fremden valutarischen Geldart. Der intervalutarische Kurs zwischen den zwei Ländern folgte hier aus der überwiegenden Nachfrage nach den Zahlungsmitteln des anderen Staates. Er war der Preis einer außerfranzösischen Werteinheit, geliefert in valutarischen Stücken, in der französischen Werteinheit, gegeben in valutarischen Stücken.

Zeigte sich dagegen beim Abmessen der gegenseitigen Verbindlichkeiten, daß Frankreich der Gläubiger eines anderen Landes war, so erhob sich auf französischer Seite keine Nachfrage nach den Zahlungsmitteln dieses Staates. Die auswärtigen Schuldner dagegen suchten sich jetzt in den Besitz französischen valutarischen Geldes oder von Anweisungen darauf zu setzen und bezahlten für den Franken steigende Preise in der eigenen Werteinheit. In dieser Lage folgte der endgültige intervalutarische Kurs zwischen den beiden Ländern aus der überragenden Nachfrage des Auslandes nach französischen Zahlungsmitteln. Ihr Wert in der fremden Valuta nahm zu. Er war der Preis der französischen Werteinheit, geliefert in valutarischen Stücken, in der Werteinheit eines bestimmten fremden Staates, gegeben in valutarischen Stücken.

Von einem intervalutarischen Pari konnte man nur bei historischer Auffassung der Beziehungen sprechen. Man erklärte dann eben willkürlich das in einem gewissen Augenblick vorhandene Kursverhältnis zwischen der fremden und der eigenen Werteinheit als Pari und bezog die später sich ergebenden Kurse auf diese gewählte Parität. Ein natürliches intervalutarisches Pari, das sich noch dazu immer wieder von selbst hergestellt hätte, gab es, wie gesagt, zwischen keiner der auswärtigen nominalen Werteinheiten und der stofflich ebenfalls unabhängigen französischen Werteinheit.

Aber für die valutarischen Zeichen derjenigen Staaten, in denen vor dem Jahre 1870, wie damals in Frankreich, Gold das Metall der Barvaluta war, waren nicht unbeschränkt hohe Preise in französischem valutarischem Gelde möglich.

Hatte man von Frankreich aus an ein solches Land eine Zahlung zu leisten, so war es am angenehmsten, man erwarb in Paris mit französischer Valuta einen Wechsel auf Werteinheiten des Gläubigerstaates und schickte ihn dorthin. Die Spesen dieser sehr sicheren Sendung waren gering. Der Preis, zu dem dieser Wechsel gekauft wurde, konnte verschieden hoch sein. Keinesfalls aber betrug er erheblich mehr als der Preis, den man für die Goldmünzen des fordernden Landes einschließlich der gesamten Transportkosten zu entrichten hatte, falls diese Stücke gerade auf der Börse zu haben waren.

Der Preis dieser Zeichen aber hatte wieder seinerseits eine obere Grenze. Sie leitete sich aus dem zwischen den beiden baren Goldmünzen bestehenden Münzpari ab, ohne indessen mit ihm zusammenzufallen. Da Gold im anderen Staat frei ausprägbar und im Schuldnerland valutarisch war, war es nämlich möglich, aus einer bestimmten Anzahl valutarischer Goldfranken eine immer gleiche Summe fremder Werteinheiten herzustellen. Die stets erreichbaren französischen Goldmünzen enthielten eine durch staatliche Tätigkeit gesicherte, fast unveränderliche Gewichtsmenge Goldes. Man suchte die besten Stücke aus, brachte sie mit einem im voraus berechenbaren Aufwand für Fracht und Versicherung ins Ausland und verwandelte sie, wo ein Schlagschatz erhoben wurde gegen eine feste Gebühr, in die Zeichen der fremden Valuta. Dazu kam noch der Geldentgang für die Zeit, in der das verwendete Kapital durch die Umprägung zinsbringender Anlage entzogen wurde. Mit den gewonnenen Stücken konnten im Gläubigerstaate Schulden in jeder Höhe endgültig beseitigt werden.

Der Aufwand an französischen Werteinheiten und das Ergebnis an fremden war bei Vollwichtigkeit der benutzten Münzen immer gleich. Er war etwas größer, wenn die Stücke abgeschliffen waren. Aus diesem Verfahren folgte die Relation, die angab, wieviel fremde Werteinheiten oder Teile von solchen in baren Stücken aus dem valutarischen Franken erzielt werden konnten. In einem Lande mit Barverfassung des Goldes lieferte der unversehrte Goldfranken als Metallbarren von bekanntem Gewicht und bekannter Feinheit einen festen Mindestertrag an fremden Werteinheiten.

Der Preis, den man in Paris für die fremde Werteinheit, sei

es in Form von Wechseln auf das betreffende Land, sei es in Münzen gewährte, überschritt daher niemals das bezeichnete um die gesamten Versendungs- und Prägespesen vermehrte Münzpari. Denn sonst war es vorteilhafter, anstatt die fremden Zahlungsmittel zu kaufen, französische Goldmünzen auszuführen und umzuschmelzen. In der technischen Sprache sagte man, daß in diesem Augenblick der intervalutarische Kurs am Goldausfuhrpunkt für Frankreich angekommen sei.

Die obere Grenze, die dem Preise fremder Goldmünzen in französischer Goldvaluta gezogen war, hielt so lange stand, als die vorhandene Währung in Kraft blieb. Man mußte, selbst wenn unausgesetzt starke Metallentziehungen zur Schuldenzahlung an das Ausland notwendig wurden, sicher sein, aus dem heimischen Münzgoldvorrat stets schöpfen zu können. Gelang dies nicht mehr und versagte also einmal die herrschende Goldwährung bei der Goldabgabe, so konnte man nicht voraussehen, wie sich die Preise für fremde Werteinheiten in der neuen heimischen Valuta gestalten würden. Es kam dann alles auf die Größe des fremden Zahlungsmittelbedarfes und auf die Umstände an, die diese Bedarfsgröße bestimmten.

War ein auswärtiger Staat mit Goldvaluta an Frankreich verschuldet, wo der Goldfranken bar war, so entledigte er sich seiner Verbindlichkeiten ganz in der eben geschilderten Stufenfolge. Für Frankreich konnte sich dann unter günstigen Verhältnissen ein Valutakurs herstellen, der eine Einfuhr fremder Goldmünzen, die in französische Stücke umgewandelt werden sollten, mit sich brachte. Der fremde Staat war zunächst jedenfalls bestrebt, seinem Gläubiger französisches Geld in Wechseln auf Frankreich zu übersenden. Die Wechsel waren Anweisungen auf französische valutarische Zeichen, die in Frankreich eingelöst wurden, und waren deshalb so gut wie diese Stücke selbst. An den fremden Börsenplätzen wurden dafür wechselnde Preise verlangt, die mit der Dringlichkeit der Nachfrage und der Seltenheit des Wechselmaterials steigen mußten.

Auch hier wurde für den baren Goldfranken, wenn er in Wechseln übermittelt wurde, niemals mehr bewilligt als für die im Ausland zufällig vorhandenen Frankenstücke selbst, zuzüglich der durch den Transport nach Frankreich geforderten Kosten. Für diese Stücke brauchte aber wieder nur eine begrenzte Anzahl heimischer Werteinheiten abgetreten zu werden. Es war höchstens diejenige Menge, die aufgegeben werden mußte, um den gewünschten Frankenbetrag dadurch zu erzielen, daß man unmittelbar valutarische Münzen nach Frankreich schickte und aus ihrem Stoff Goldfranken schlagen ließ. Die hierzu erforderliche Summe war leicht zu finden.

Das Verfahren war möglich, da im Schuldnerland vollwichtige Goldmünzen valutarisch waren und im Gläubigerstaat Gold bar war. So war der höchste Preis des Frankens für den betreffenden Auslandstaat dadurch bestimmt, daß man feststellte, wieviel bare Goldfranken unter Berücksichtigung aller Kosten bei der herrschenden Valuta aus der heimischen Werteinheit gewonnen werden konnten. Ehe der Preis für französische Wechsel diesen Punkt überstieg, zog man es selbstverständlich vor, die valutarischen Münzen des eigenen Gebietes nach Frankreich zu senden und umzuprägen. Nach der technischen Sprache war dann für Frankreich der Goldeinfuhrpunkt erreicht.

Solange in diesen Ländern die Valuta nicht geändert wurde und die Barverfassung des Goldes fortbestand, ließ sich die Tatsache der Metallein- und -ausfuhr, insofern sie in den Fälligkeiten begründet war, aus den intervalutarischen Kursen ablesen. Der Goldexport aus Frankreich trat ein mit den üblichen Grenzpreisen des fremden Wechsels in Paris, der Goldimport nach Frankreich mit den Grenzpreisen des Frankens auf den auswärtigen Plätzen der Goldwährungsländer.

Ebenso verliefen die Zahlbeziehungen zwischen Frankreich und den Silberländern in den Perioden, in denen in Frankreich das bare Silber valutarisch war. Auch hier fehlten völlig stabile intervalutarische Kurse zwischen diesen Staaten. Da jedoch die valutarischen Stücke beider Länder in Münzen der fremden Benennung verwandelt werden konnten, so erhoben sich die Preise, die man an der Börse des Schuldnerstaates für die gesuchten Zahlungsmittel des Gläubigerstaates gewährte, nicht über eine im voraus berechenbare Höhe. Dann fand, je nachdem man am Silbereinfuhr- oder Silberausfuhrpunkte anlangte, der entsprechende Metalltransport statt.

War in Frankreich Goldgeld valutarisch und Silber infolge eines inneren Agios akzessorisch, so war man als Schuldner der Silberländer trotz des vielgerühmten Bimetallismus nicht besser gestellt als irgendein anderer monometallistischer Goldwährungsstaat. Hier wie dort war nur die valutarische Goldmünze unbedingt erlangbar, die ihre besondere Eigenschaft im internationalen Verkehr nur gegenüber Staaten mit gleicher Valuta äußerte. Silber dagegen war nicht mit Sicherheit in jeder gewollten Menge in Münzen aufzutreiben.

Man hätte also, um valutarisches Bargeld des Silberlandes aus eigenen Geldstücken herstellen zu können, die dazu tauglichen akzessorischen Silberfranken wie Barrenmetall als Ware kaufen müssen. Ihr Preis hätte den Nennwert der Stücke überschritten, da sich in ihm das Agio ausdrückte. Bis zu welcher Höhe das Agio des Silberfrankens aber steigen werde, war ungewiß. Es war ja selbst mitveranlaßt durch die intervalutarischen Kurse, wie sie sich zwischen Frankreich und den Silberländern, namentlich aber auch, wie sie sich zwischen England und den Silberländern entwickelt hatten. Man war bereit, für das in fremdes Geld verwandelbare Silber jedenfalls so viel valutarische Franken zu geben, als dem Preis dieser ausländischen Werteinheit entsprach. Je mehr der intervalutarische Kurs gegenüber dem Gläubigerstaat in die Höhe ging, um so teurer wurde das bei ihm frei ausprägbare Metall. Der Preis des einmal aus dem Umlauf geflohenen akzessorischen Silberfrankens folgte dem intervalutarischen Kurs.

Das Münzpari, das theoretisch zwischen der auswärtigen Silbervaluta und dem ebenfalls baren akzessorischen Silberfranken bestand, war in dieser Lage für Frankreich ohne Bedeutung. Denn tatsächlich erschien der Silberfranken jetzt gar nicht als Münze, die nach ihrem Nennwert galt, sondern er wurde in valutarischem Goldgeld nach seinem stofflichen Gehalt als Ware bewertet. Das Münzpari erlangte erst dann wieder praktische

Geltung, wenn Frankreich zu der möglichen Silbervaluta zurückkehrte.

Für Silberwährungsstaaten dagegen wurde das Vorhandensein des Münzparis stets sichtbar, wenn sie Zahlungen an Frankreich zu leisten hatten. Sie konnten den Ausgleich auf die nämliche Weise bewirken, wie wenn auch in Frankreich Silber noch valutarisch gewesen wäre. Denn die freie Ausprägbarkeit des Metalles war nicht aufgehoben. Man konnte die überall dargebotenen valutarischen Silbermünzen zu Zahlzwecken in Franken verwandeln. Dazu mußte eine stets gleiche Anzahl heimischer Werteinheiten aufgewendet werden. Es gab also für den Preis des französischen definitiven Kurantgeldes in diesem Auslandstaat einen Punkt, den man nicht zu überschreiten brauchte.

Das Nämliche wiederholte sich zwischen Frankreich und den Goldländern in den Fällen, wo dort Silber valutarisch und Gold akzessorisch geworden war. Da der Goldfranken wegen seines Agios aus dem Umlauf verschwand, so konnte man aus ihm nicht mehr zu einem unveränderlichen Satze Werteinheiten des fremden Staates, in dem Gold bar war, herstellen. Die erforderlichen Goldmünzen des Auslandes, die man jetzt hätte kaufen müssen, hätten einen gleichen Aufwand an Frankeneinheiten verursacht wie der Erwerb derjenigen Anzahl Werteinheiten, die man aus der Umprägung von Napoleons gewonnen hätte. Fremde Werteinheiten kosteten gleich viel, ob man sie in Wechseln erwarb oder mittels akzessorischer Goldfranken beschaffte. Das Agio des goldenen Frankenstücks richtete sich gerade nach dem intervalutarischen Kurs der auswärtigen Goldvaluten und konnte sich mit ihm unbegrenzt vermehren.

Das theoretische Münzpari zwischen dem baren Goldfranken und den baren valutarischen Goldmünzen des Auslandes war in diesem Augenblick für Frankreich nicht aktuell und für seine internationalen Verpflichtungen unerheblich. Der Goldwährungsstaat allerdings, der Frankreich gegenüber Fälligkeiten zu decken hatte, konnte auch weiterhin aus seinen valutarischen Zeichen französisches Goldkurantgeld prägen lassen, da diese Münzen bar geblieben waren. Er war daher in den Preisen, die er für die französische Werteinheit anlegen mußte, durch die Grenzpreise geschützt, die auf dem für ihn wirksamen Münzpari beruhten. Wurde diese Grenze im intervalutarischen Kurse überschritten, so wuchs durch die Goldeinfuhr die Menge akzessorischer Goldfranken innerhalb des französischen Zahlgebietes.

Ebenso verhielt es sich grundsätzlich mit dem intervalutarischen Verkehr zwischen Frankreich und den Münzbundstaaten. Seine Bedingungen waren nie beständig. Die Preise, zu denen der belgische und Schweizer Franken oder die italienische Werteinheit gegen valutarische Stücke Frankreichs zu haben waren, waren durchaus nicht einheitlich. Wenn man etwa von Frankreich aus Schulden einem Unionsland gegenüber zu tilgen hatte, suchte man zunächst Wechsel in der Valuta dieses Staates zu erwerben und überschickte sie dem Gläubiger. Mit dem Erlös des Wechsels wurden die auf valutarische Zeichen gerichteten Ansprüche befriedigt. Dies war am einfachsten und billigsten. Die Kosten der Wechsel in französischer Valuta waren durch den intervalutarischen Kurs der betreffenden Werteinheit ausgedrückt. Sie waren um so größer, je umfangreicher die gerade zu erfüllenden Verbindlichkeiten Frankreichs waren.

Wenn nun alle Unionsstaaten immer unter sich die gleiche Metallvaluta gehabt hätten, so hätte eine gegebene Schuldsumme im ungünstigsten Fall mit einem Höchstbetrag heimischer Werteinheiten abgetan werden können, bis zu dem der für die Zahlung notwendige Geldaufwand steigen konnte. Man mußte dann nie mehr ausgeben, als die Schuld ihrem Nennbetrag nach in Franken, geleistet in valutarischen Stücken, zuzüglich der Transportauslagen, ausmachte, da in allen Vereinsstaaten die Bundeskurantmünzen ohne Unterschied auch von Privaten angenommen wurden. Die Stücke galten dort, wo ihr Stoff valutarisch war, überall so viel, als ihrem Nennwert entsprach. Als valutarisches Geld konnte man sie leicht in beliebigen Beträgen erhalten und dann von einem Land ins andere überführen. Es war dann geradeso, wie wenn man einem beliebigen Forderungsland gegenüber am Metallausfuhrpunkt angelangt war. Nur war die Lage noch dadurch vereinfacht, daß die dem Ausgleich dienenden

Münzen nicht erst mit Kosten und Zinsverlust in Geldzeichen des empfangenden Staates umgeprägt werden mußten, sondern dort schon Geld waren. Auch der Transport der Stücke war bei der räumlichen Nähe des Bestimmungsortes billiger. Die Metallbewegung begann so vergleichsweise früher.

Erstreckte sich also die valutarische Herrschaft des gleichen Metalles über den ganzen Bund, so wurden die allgemein valutarischen Bundeskurantmünzen nach Frankreich eingeführt, wenn die französische Werteinheit in den Unionsländern einen bestimmten Kursstand erreicht hatte. Umgekehrt verließen dieselben Stücke Frankreich, wenn der Preis der Werteinheiten der einzelnen Bundesländer in Frankreich selbst über die festgesetzte Grenzhöhe hinausging.

Innerhalb des Münzbundes war nun, wie erwähnt, mit der Einheit der metallischen Zeichen keineswegs auch die Einheit der Valuta unbedingt verbürgt. Vorausgesetzt also, es wären in allen Teilnehmerstaaten zwar Münzen valutarisches Geld gewesen, so hätte doch die Valuta in Frankreich stofflich anders sein können wie in irgendeinem andern Münzbundland. Es hätte etwa in Frankreich der Goldfranken valutarisch und der Silberfranken akzessorisch, in Belgien aber gleichzeitig Gold akzessorisch und Silber valutarisch sein können. Aber selbst dann hätte die Werteinheit des einen Staates an der Börse des anderen nicht unbeschränkt hohe Preise erreichen können. Es hätte nämlich immer noch jedes dieser Länder seine Verbindlichkeiten dem anderen gegenüber mit seinen valutarischen Münzen erledigen können.

Tatsächlich befand sich aber in allen Bundstaaten mit metallischer Valuta dasselbe Metall in valutarischer Stellung. Bot sich nämlich für den Edelmetallhandel, der sich der staatlichen Münzeinrichtungen bediente, eine besonders gewinnreiche Gelegenheit, so wurde sie im gesamten Bundesgebiet ausgenutzt, und dies bewirkte allenthalben die gleichen Folgen für die Valuta.

Das in London aus pantopolischen Gründen begehrte Silber konnte aus dem Vorrat valutarischen Silbers bezogen werden, der sich innerhalb der Union darbot. Silber in Form von Bundeskurantmünzen wurde nach England verschickt. Durch die bedeutenden Silberbezüge wurde England stark verschuldet, und nun gelangten große Mengen Sovereigns zum Ausgleich in die Unionsländer. Hier wurden sie in frei ausprägbare Goldfranken verwandelt, kamen in den Zahlungsverkehr und erschienen immer häufiger. Sie traten an die Stelle der wegen ihres inneren Agios nur mehr stofflich betrachteten Kurantsilberfranken. Gold wurde im ganzen Unionsgebiet valutarisch, Silber akzessorisch.

Staute sich dagegen auf dem Londoner Silbermarkt das vernachlässigte Silber, so konnte es immer noch nach den Ländern abgesetzt werden, in denen es bares Münzmetall war. Dazu gehörte vor allem der Kreis der Unionsstaaten. Man sandte Silberbarren dorthin und ließ sie an den Münzstätten in silberne 5-Frankenstücke ausprägen. Aus dem eingebrachten Silber empfing man stets einen bestimmten Nennbetrag von Franken, und Anweisungen auf Frankenbeträge wurden in London mit der Anzahl Sovereigns bezahlt, die dem intervalutarischen Kurs der Werteinheiten der einzelnen Unionsländer entsprach. Für eine Gewichtsmenge Silbers bekam man so doch noch so viele Sovereigns, als der aus dem Silber gewonnene Frankenbetrag als nominale Summe an der Börse kostete. War man mit diesem Ergebnis zufrieden, so eröffnete man diese Art des Silberabflusses, und der Metallexport nach der Union nahm seinen Lauf.

Aus diesem Anlaß verschuldeten sich jedoch die Bundesländer an England. Das Pfund Sterling stieg im Verhältnis zum Franken im Kurs; solange der Goldfranken valutarisch war, allerdings nicht über den Punkt, von dem an die heimischen Valutamünzen nach England befördert wurden. War dies nun fortgesetzt der Fall, so drohte sich der Bestand an Goldstücken nach und nach zu erschöpfen. Man hielt die Goldfranken bewußt zurück, und da sie nicht mehr ohne weiteres anzutreffen waren, forderte man ein durch den Sterlingkurs beeinflußtes Agio. Sie wurden akzessorisch. In die entstandene Lücke schoben sich die überall auftauchenden Silberfranken. Silber wurde jetzt valutarisch.

Da sich nun dieser Verlauf innerhalb des Bundes gleichmäßig

vollzog, so war immer die gleiche Metallsorte allgemein valutarisch. Folgte aus dem Kurse der Werteinheiten ein Münztransport zwischen den Unionsstaaten, so gelangten stets die stofflich gleichen Stücke zur Versendung. Es waren diejenigen Stücke, die sich als Valuta im Bundesgebiet durchgesetzt hatten.

Es wurde bereits darauf hingewiesen, daß schon am Anfang ein Mitglied des Bundes die metallische Valuta aufgeben mußte und der Papierwährung verfiel. Ein derartiges Land mußte den metallischen Kurantfranken in Stücken oder Anweisungen mittels valutarischer Zeichen seiner Werteinheit kaufen, um damit Schulden an Frankreich tilgen zu können. Die dafür geforderten Preise konnten sich völlig frei entwickeln. Sie stiegen mit der Größe der fälligen Verbindlichkeiten womöglich weit über alle früheren Verhältnisse hinaus und wurden daran durch das Dazwischentreten eines eigenen Münzvorrates nicht gehindert. Denn die Bundesmünzen, die das valutarische oder akzessorische Kurantgeld des französischen Zahlgebietes bildeten, waren hier ausnahmslos akzessorisch geworden. Wollte man etwa die noch im Lande vorhandenen und angesammelten Stücke zum Ausgleich verwenden, so mußte man für sie ein Agio leisten, das sich nach dem intervalutarischen Kurs der französischen Werteinheit bemaß. Erst dann konnte man die erforderliche Stückmenge aufbringen.

Anders stand Frankreich den Papierwährungsländern der Union gegenüber da. Hatte man Zahlverpflichtungen nach dieser Seite, so konnte man sie im Bedarfsfall mit allen im Umlauf vorkommenden Bundeskurantmünzen erfüllen, deren Zahlkraft im Vertragsstaate mit dem Eintritt der Papiervaluta ja nicht aufgehört hatte, und die im Gegenteil dort doppelt willkommen waren. Man griff also unter diesen Umständen zu den gerade valutarischen Stücken und beschränkte damit den Höchstpreis, zu dem man sich eine bestimmte Summe beschaffen konnte, auf den um die Versendungskosten vermehrten Nominalbetrag der Schuld.

Grundsätzlich war demnach der intervalutarische Kurs zwischen Frankreich und allen auswärtigen Staaten beweglich.

Während der Periode der baren Goldvaluta regelten sich jedoch die intervalutarischen Beziehungen zu den Goldwährungsländern mit Barverfassung so, daß von einem gewissen Punkt im intervalutarischen Kursverhältnis an entweder eine Goldeinfuhr oder eine Goldausfuhr unter diesen Staaten bewirkt wurde. Zu dieser Staatengruppe zählten vor allem England und die Unionsländer mit unversehrter Metallvaluta.

Aus einem Pfund Feingold schlug man in England 136,568 £, in Frankreich 3444,44 Franken. Die Gewichtsmenge Feingold, die dort an nominalen Werteinheiten ein Pfund Sterling ergab, lieferte hier an nominalen Werteinheiten 25,221 Franken. Der Münzstoff des Sovereigns erbrachte in Frankreich infolge der hier bestehenden Barverfassung immer 25,221 Franken. Aus dem Metall, das in einem Betrag von 25,221 französischen Goldfranken eingeschlossen war, ließ sich auf Grund der englischen Münzgesetze stets ein Sovereign herstellen. Das Münzpari zwischen England und Frankreich beruhte somit auf der Relation: 1 Pfund Sterling = 25,221 Franken.

Die Transportspesen für Gold zwischen Paris und London betrugen 1 ½%, also bei 25,22 Franken 0,037 Franken. Ueberstieg der Kurs des Sovereigns in Paris diese 25,258 Franken, so war es wirtschaftlich, Sovereigns zu schicken, die sich zufällig in Frankreich befanden und hier den Wert von 25,221 Franken als Metallbarren hatten. Weitere Kosten waren mit dieser Form der Zahlung nicht verbunden. Uebertrug man französische Goldmünzen nach England, so mußte neben den Wechselgebühren unter Umständen der Gewichtsverlust der Stücke berücksichtigt werden. In diesem Maße verschob sich dann die Relation des auf Vollwichtigkeit der Stücke gegründeten Münzparis.

Reichte der Vorrat an Sovereigns nicht mehr aus und ging deshalb ihr Preis auf mehr als 25,287 Franken, so trat vorteilhaft der Export ungebrauchter 20-Frankenstücke ein. Uebertraf der Kurs den Satz von 25,30 Franken, so verließ Barrengold, das erst noch mit Kosten geprüft werden mußte, das Inland. Bei einer Notiz von über 25,372 Franken für den Sovereign griff man zur Ausfuhr von 20-Frankenstücken, die schon im Umlauf gewesen waren und so an Gehalt gelitten hatten [1]). Alle Goldmünzen nichtenglischer Herkunft, die von Frankreich nach England wanderten, wurden in London wie Rohgold lediglich als Barrenmetall behandelt. Nominal bewertet wurden sie erst nach dem Prägungsvorgang, der unter bestimmten Normen stattfand. Das Gepräge, das sie mitbrachten, war ohne Bedeutung. War dagegen der Stoffgehalt der Münzen durch den Gebrauch verschlechtert worden, so kam dies voll zur Geltung.

Die intervalutarischen Kurse der Werteinheiten fremder Staaten wurden in Paris in der Weise verzeichnet, daß man angab, wieviel die einzelne Werteinheit der auswärtigen Valuta in valutarischen Stücken der Frankenwährung kostete. Das, was in diesem Zusammenhange wechselte, war die Zahl der gebotenen oder geforderten Franken. Die Frankenmenge war der bewegliche Kaufpreis für die abstrakte Rechnungsgröße der auswärtigen Werteinheit, die gewissermaßen einen feststehenden Warentypus bildete und deren Erwerb den Inhalt des Geschäftes ausmachte.

Man sagte, daß Paris, d. h. der valutarische französische Franken, das „Ungewisse" stellte. Vom Münzpari aus beurteilt stieg der Preis der fremden Werteinheit, wenn die Summe der dafür verlangten Franken wuchs. Dann genoß die fremde Valuta im Verhältnis zu dieser Relation ein Agio. Der Sovereign war in Hausse. Eine Goldausfuhr trat jedoch erst dann ein, wenn sich die Hausserichtung noch eine Zeitlang fortgesetzt hatte. Die fremde Valuta sank in ihrem Werte, wenn man weniger Franken für die Einheit bezahlen mußte, als dem Münzpari entsprachen. Sie erlitt von diesem Standpunkt aus ein Disagio. Der Sovereign war jetzt in Baisse. Eine Goldeinfuhr kam aber erst dann zustande, wenn die rückläufige Bewegung noch etwas länger angehalten hatte. Die Annahme des Münzparis als einer Art natürlichen intervalutarischen Paris, von dem aus man ein Agio oder Disagio der auswärtigen Geldeinheit feststellte, war an sich ebenso willkürlich, wie wenn man diese Eigenschaft einem der beiden Goldpunkte beigelegt hätte. Sie beruhte auf der Gewohnheit, die Tendenz der intervalutarischen Beziehungen von einer hierzu er-

1) Vgl. Loubet, La Banque de France et l'escompte 1900, pag. 121 f.

wählten Grundlage aus zu erkennen. Es konnte dann etwa eine exodromische Politik auf eigenen Entschluß hin Maßnahmen treffen, um diesen Paristand dauernd zu erhalten.

Im Gegensatz zu Paris und zu andern Plätzen pflegte man in London den Kurs einer fremden Werteinheit so zu bestimmen, daß man angab, wie viel Stücke dieser Geltung man jeweils für ein Pfund Sterling bekam. Hier war das Fixe innerhalb der Relation nicht wie in Frankreich die Einheit der auswärtigen, sondern die der eigenen Valuta. Die Höhe des in Sovereigns erstatteten Kaufpreises war bei dieser Ausdrucksweise immer die nämliche. Die Menge der mit der bleibenden Größe erworbenen fremden Werteinheiten war verschieden je nach dem augenblicklichen Stande der pantopolischen Fälligkeiten. Der Wert des Sovereigns hob sich gegenüber dem valutarischen Franken, wenn die Zahl der Franken, die man für einen Sovereign empfing, zunahm. Dagegen verminderte sich im entgegengesetzten Fall der Wert des Sovereigns gegenüber den Zeichen der französischen Valuta, weil man für einen Sovereign nur noch eine geringere Anzahl valutarischer Franken erhielt. Während also in Paris das Steigen der beweglichen Größe der Relation anzeigte, daß die heimische Werteinheit im Verhältnis zur fremden sank, bedeutete in London das Steigen der beweglichen Größe der Relation eine Wertzunahme der heimischen Geldeinheit im Verhältnis zur fremden. In London konnte man auf Metalleinfuhr allenfalls rechnen, wenn die bewegliche Zahl genügend stark in die Höhe ging. In Paris war dies ein Merkmal dafür, daß man sich der Möglichkeit der Goldausfuhr näherte.

Wenn der englische Schuldner valutarische Sovereignsstücke nach Frankreich verbrachte, so konnte er mit einem Sovereign immer einen Betrag von 25,12 ½ Franken decken. In dieser Weise veränderte sich bei den aufzuwendenden Gesamtkosten das Verhältnis der Münzparität für den wirklichen Zahlungsfall. Bekam man an der Londoner Börse für einen Sovereign eine größere Frankensumme, so übertrug man nicht die englischen Münzzeichen nach Frankreich, sondern man kaufte sich französisches Geld, namentlich in Form von Wechseln. Mit weniger als

25,12 ½ Franken brauchte man sich aber nicht zu begnügen. Man schritt dann eben zu dem ergiebigeren Versand von Sovereigns und ließ sie in die baren Goldfranken umprägen. Bevor jedoch Goldmünzen fremder Valuten nach Frankreich gelangten, die an den französischen Münzstätten nach dem Tarif jedesmal nur mit einer kleinen Reduktion ihres gesetzlichen Feingehaltes eingeliefert werden konnten [1]), kehrten die im Ausland sich aufhaltenden Goldfranken der Unionsländer zurück. Außer daß man bei ihnen Prägespesen ersparte, wurden sie ohne Rücksicht auf ihre stoffliche Beschaffenheit zu dem ihnen vom Staat beigelegten Nennwert angenommen, während die auswärtigen Zeichen nach ihrem stofflichen Gehalt bewertet wurden.

Man hätte auch an eine andere Art des Ausgleichs mit Frankreich denken können. Das Verfahren wäre das gewesen, auf dem Londoner Edelmetallmarkt Rohsilber zu kaufen, es nach dem Kontinent zu befördern und hier in bare Frankentaler ausprägen zu lassen. Dann wäre man im Besitz von Kurantmünzen gewesen, mit denen man in Frankreich definitive Zahlungen leisten konnte. Die Frage war nur, ob sich diese Maßnahme durch eine Ersparnis von Sovereigns empfohlen hätte.

Der Preis des Frankens folgte für London aus dem augenblicklichen Stande der pantopolischen Fälligkeiten unter den Staaten. Durch ein mehr oder weniger reiches Angebot von Barrensilber auf dem Londoner Edelmetallmarkt wurde er nicht unmittelbar beeinflußt [2]). War Frankreich gerade an England verschuldet, so war der Franken in London, soweit Zahlungszwecke in Betracht kamen, in keiner Form begehrt. Es war also in dieser Hinsicht ganz unwesentlich, ob viel oder wenig

1) So betrug die Minderung, die sich an der Pariser Münzanstalt der Feingehalt der deutschen Mark später gefallen lassen mußte, ½ ‰. Dazu kam als Abzug vom Münzpari für Prägegebühren 2,65 ‰. Die Mark wurde also nicht zum Münzpari, 1 Mark = 1,2346 Franken, angenommen, sondern es wurden 2,66 ‰ oder 0,0033 Franken abgerechnet. Der Tarifpreis, zu dem die Mark an der Münzstätte als Metallbarren angekauft wurde, betrug so 1,2313 Franken (1 Franken = 0,8121 Mark). — Vgl. Arnauné, l. c. pag. 95.

2) Vgl zu folgendem Knapp, l. c. § 13.

Silber am Markt war. War England der verpflichtete Teil, so brauchte es Franken. Man erwarb dann Frankeneinheiten mit der geringsten Mühe in Wechseln auf Paris, bis die Preisstufe erreicht war, von wo an man besser die stets verfügbaren valutarischen Sovereignsstücke in Anspruch nahm. Ueber den Satz von 25,12 ½ Franken hinaus war damit ein Steigen des Frankenkurses unmöglich gemacht. An diesem Grenzpunkt angelangt, kostete die französische Werteinheit gleich viel, in welcher Gestalt sie auch übertragen wurde.

Dieselbe Sovereignssumme erforderte auch der Aufwand für den Münzstoff und die gesamten Herstellungsspesen, wenn man sich bei der französischen Münzanstalt silberne Kurantfranken mit aus England eingebrachtem Barrenmetall beschaffen wollte. Der Silberpreis in London hing in gewissen Lagen nämlich aufs engste mit dem intervalutarischen Kursverhältnis des Frankens zum Sovereign zusammen. Mochte auch die übrige Nachfrage nach Silber völlig ruhen, so konnte man noch Franken daraus machen, solange es in Frankreich bar war. Der Preis der Silbermenge, die alle notwendigen Auslagen eingerechnet einen Silberfranken ergab, stimmte daher im schlechtesten Falle mit dem Londoner Preis des Frankens selbst überein als einer nominalen Werteinheit, ging aber nie unter ihn herunter. Da sich aber der Frankenpreis aus den erwähnten Gründen nicht über den Kurs von 25,12 ½ erheben konnte, so war auch der Silberpreis in verhältnismäßigen Schranken eingeschlossen, wenn das Silber allein auf den Absatz nach Frankreich angewiesen war. War also der Franken in London eine gesuchte Ware, so zog dieser Umstand jedenfalls auch den Silberpreis in die Höhe, ohne daß jedoch das vorrätige Silber ohne weiteres auf den Frankenkurs drückte.

Nun verursachte aber die Spekulation der Händler, sooft sie es für geraten hielt, in größerem Umfang zu operieren, bedeutende Metallverschiebungen von Land zu Land, auf die hier noch einmal hingewiesen sei. Sie erfolgten unabhängig von den Transporten, die dem gegenseitigen Ausgleich dienten. Die übertragenen Posten, deren Wert in Geld ausgedrückt wurde, erschienen aber nun ihrerseits in der zwischen den Staaten sich bildenden pantopolischen Bilanz und hatten damit Anteil daran, wie sich das intervalutarische Kursverhältnis in Zukunft entwickelte.

Angenommen, der Silberpreis auf dem Markt in London lag darnieder. Er litt unter dem Mangel irgendeiner Nachfrage. Frankreich war an England bereits verschuldet, und diese Verbindlichkeiten erreichten immer höhere Beträge. Obwohl nun England keinerlei Bedarf an Franken hatte, so konnte dennoch ein lebhafter Export von Silberbarren stattfinden, um in Franken umgesetzt zu werden. Die Anweisungen darauf wurden in London verkauft und mit Sovereigns vergütet.

Dieser Vorgang trat dann ein, wenn der Eigentümer von Rohsilber seine Ware anderwärts nicht anbringen konnte, sich ihrer aber dennoch unbedingt entledigen wollte. Aus dem nach Frankreich geschickten Silber erzielte er wenigstens so viel, als dem augenblicklichen Frankenkurs in London entsprach. Dieser Kurs betrug vielleicht gerade 25,34. Dann bekam er für eine Silbermenge, aus der er 25,34 Franken erhielt, noch ein Pfund Sterling. Denn diese Frankensumme wurde in diesem Zeitpunkt mit einem Sovereign bezahlt. Möglicherweise erbrachte bald nur noch eine Silbermenge, aus der 25,37 Franken gewonnen werden konnten, einen Sovereign, oder die bisher noch mögliche Art des Silberabsatzes drohte am Ende in kurzem ganz beseitigt zu werden. Fürchtete also der Arbitrageur, der intervalutarische Kurs könnte sich noch lange und noch stärker zuungunsten des Frankens wenden, oder es könnte schließlich für das Silber durch Aufhebung seiner Bareigenschaft in Frankreich auch die letzte Absatzgelegenheit verloren gehen, so rief dies eine weitere Zunahme der Silberausfuhr nach Frankreich hervor. Denn mit dem drohenden Sturz des Frankenkurses mußte dann auch der Silberpreis fallen. Es galt daher, die vorerst noch bessere Konjunktur nach Kräften auszunutzen.

Das nach Frankreich verladene Silber äußerte sich beim Abwägen der pantopolischen Fälligkeiten in dem Maße, als in London die Frankenguthaben gegen Sovereigns überlassen wurden. Fehlte es Frankreich an einem Gegengewicht von Forderungen gegenüber dieser steigenden Silberflut, so lud es eine immer größere Sovereignsschuld auf sich. Um eine Schuld im Betrage eines Sovereigns entstehen zu lassen, mußte man aber jetzt immer größere Silbermengen abtreten. Denn die Barren waren nur so zu verwerten, daß man sie nach der festen Norm in Frankenmünzen umwandelte, und der nominal betrachtete Franken ging mehr und mehr zurück. Der Vorrat an silbernen Kurantmünzen innerhalb Frankreichs wurde mit dem immer stärker zur Ausprägung eingelieferten Silber von Tag zu Tag mächtiger. Die Ueberschuldung, die zuungunsten Frankreichs eintrat, hinderte den Lauf des eindringenden Silbers nicht, das bezahlt werden mußte. Der Franken sank immer weiter und mit ihm der Silberpreis. Die Agiotage mußte bei solchen Aussichten immer schneller und eifriger am Werk sein und verschlechterte sich so selbst ihre Gewinnmöglichkeiten.

Unter solchen Verhältnissen mußte man zur Tilgung einer Sterlingsschuld eine gesteigerte Anzahl französischer Werteinheiten aufbieten. Der Preis des Sovereigns in Paris wurde teurer. Längst war er an dem Punkt angelangt, bei dem die Goldmünzen des Bundes das Gebiet verließen. Aber auch dieser Kurs war auf die Dauer nicht zu halten. Der Goldfranken war nicht mehr im ganzen Inland zu haben. Je stärker der Sovereign begehrt war, um so stärker mußte auch der Goldfranken gesucht sein, aus dem jener gewonnen werden konnte. Wenn man aus seinem Metall Sovereigns herstellen ließ, so konnte man damit Silbermünzen kaufen, die mehr als 15,59 mal soviel Franken in Silberkurantgeld abwarfen, als in den Goldmünzen aufgegeben worden waren. Der französische Agioteur nahm diese Gelegenheit wahr. Er führte mit dem Goldvorrat, über den er verfügte, entweder dieses Geschäft selbst durch, oder er trat seinen Stückbesitz nur dann ab, wenn er dafür so viel Silberfranken erhielt, als ihm ein solches Geschäft eingebracht hätte oder in Zukunft erwarten ließ. So erzielte der Goldfranken ein Agio, das durch die Silbereinfuhr, die die pantopolische Ueberschuldung Frankreichs erzeugte, veranlaßt und unterstützt wurde. Er wurde akzessorisch; der Silberfranken dagegen, den man in Massen als Gegenwert dieser Fälligkeiten empfangen hatte, wurde valutarisch.

Ergab sich für England ein Ueberschuß von Schulden im pantopolischen Verkehr mit Frankreich, so konnte es dennoch zu beträchtlichen Silberexporten nach dem Bundesgebiet kommen, obwohl dann im Verein mit dem Franken der Silberpreis auch bei großem Marktvorrat hoch stand. Diese Metallsendungen entsprangen jedoch nicht Zahlungszwecken, sondern der selbständigen Tätigkeit eines besonderen Handelszweiges. Aus Angst etwa, die für das Silber gerade günstige Lage könnte bei mangelndem anderweitigen Bedarf ins Gegenteil umschlagen, schickte man von vielen Seiten Barren nach Frankreich. Die Anweisungen auf die hieraus geprägten Franken verkaufte man an der Londoner Börse, wo sie zunächst noch gut bezahlt wurden. Durch die Silbersendungen wurden nun die englischen Verbindlichkeiten zum Teil aufgewogen. Wenn die Transporte sich in bedeutendem Umfang fortsetzten, so konnte England sogar zum übermächtigen Gläubiger Frankreichs werden. Dann sank allerdings der Frankenkurs im Verhältnis des Verschuldungsstandes, und dies beschleunigte den Rückgang des Silbers, das nur in Frankreich zu festen Erträgen Aufnahme fand, für die die Preise in Sovereigns jedoch schwankten. Auch durch das Silber, das in einer solchen Periode nach Frankreich gelangte, wurde die valutarische Stellung des silbernen Kurantfrankens entweder befestigt oder vielleicht erst vorbereitet und begründet.

Auf anderen Spekulations- und Marktbedingungen beruhten die Fälle, in denen das silberne Bundeskurantgeld nach England übergeführt wurde. Man erhielt dann für die in London nach ihrem Gewicht als Barren abgesetzten Silberfranken, wie bereits hervorgehoben wurde, eine Sovereignssumme, die, in Form von Wechseln an der Pariser Börse verkauft oder in ihrer Substanz in Goldfranken verwandelt, mehr als 15,59 mal soviel Werteinheiten einbrachte, als jene Silbermünzen betragen hatten.

War Frankreich im Zeitpunkt der Silbervaluta der pantopolische Schuldner Englands und standen in London trotz des niederen Frankenkurses die Silberpreise aus irgendeinem Anlaß hoch, so strömten große Mengen der reichlich vorhandenen Silberfranken nach England ab. Die dafür gewährte Anzahl Sovereigns war bedeutend. Das englische Pfund wurde in Paris, wo es infolge der pantopolischen Konjunktur und wegen der Seltenheit des Goldfrankens sehr gesucht war, gut bezahlt. Das Geschäft warf also einen ansehnlichen Nominalgewinn ab.

Die Lage Frankreichs besserte sich durch die von ihm erworbenen Gegenforderungen. Dauerten die Silbertransporte noch länger an, so reichten die dabei erzielten und in Paris veräußerten Anweisungen auf Sovereigns nicht nur aus, um die eigenen Verbindlichkeiten an England zu decken. Es kamen jetzt vielleicht auch englische Goldmünzen zum Import nach Frankreich, und dies unaufhaltsam und in immer wachsendem Maße. Sie dienten zum Ausgleich der nunmehr entstandenen englischen Schulden in Franken, deren Kurs in London die Goldausfuhr bewirkte. Der Sovereign trug in Paris nicht mehr soviel Franken ein wie früher, weil man ihn nicht mehr zu Zahlungen an England brauchte. Aber die Vorteile, die die Umprägung der Sovereigns bot, die für die nach London verschickten Silberfranken eingingen, hielt die Metallbewegung in Gang. Die Silbersendungen nach London vermittelten aber keine Zahlungen Frankreichs. Sie waren eine Folge der für den Agioteur günstigen Spekulationsbedingungen. Unter solchem Einfluß trat dann die französische Valuta vom Silber zum Gold über. Der Besitzer des Silberfrankens verlangte für seine Stücke ein Agio, das sich aus dem Nutzen der Edelmetallagiotage berechnete.

Als in den 50er Jahren des 19. Jahrhunderts der Londoner Silbermarkt den Silberschatz, über den Frankreich in seiner Valuta verfügte, in Anspruch nahm, wurden dadurch die pantopolischen Beziehungen zwischen den Ländern entscheidend beeinflußt. England kam in pantopolische Abhängigkeit von Frankreich. Dies fand im intervalutarischen Kursverhältnis seinen deutlichen Ausdruck. Von Mai bis Dezember 1850 wich der Sterlingkurs in Paris von 25,70 auf 24,87. Der Sovereign wurde zur Schuldtilgung benutzt. Die vorerst noch akzessorischen Goldfranken erschienen immer zahlreicher im Umlauf, bis sich endlich ein vollständiger Wechsel der Valuta vom Silber zum Gold verwirklicht hatte.

Dieser Zustand blieb dann bis zum Krieg bestehen. Im Besitze der Goldvaluta regelte sich der Zahlungsverkehr und das intervalutarische Kursverhältnis zwischen Frankreich und den Silberstaaten, zu denen damals namentlich auch die deutschen Staaten gehörten, in der bereits geschilderten Weise. Wie sich der Ausgleich mit Papierwährungsländern wie Oesterreich und Italien vollzog, wurde ebenfalls schon erwähnt. Für Frankreich war es wichtig, ob auch diese Staaten eine Barverfassung hatten.

Aus allen Gebieten mit metallischer Valuta konnte Frankreichs Vorrat an baren Münzsorten vermehrt werden, wenn sich eine Möglichkeit dazu aus dem intervalutarischen Kurs ergab. England und die Gruppe der Unionsländer mit Metallvaluta schickten unter diesen Umständen, wenn die Zahlung von Schulden wirklich verlangt wurde, Goldmünzen, die deutschen Staaten Silber. Außerdem aber unterlag die Zusammensetzung der französischen Valuta in hohem Grade der Konjunktur des großen englischen Silbermarktes. Frankreich seinerseits konnte damals an Länder mit Barverfassung des Goldes Stücke seiner Valuta abtreten, wenn ihre überragenden und tatsächlich auch eingezogenen Forderungen den Kurs bis zum Metallausfuhrpunkt gesteigert hatten.

Die bisher bewahrte Metallvaluta wurde in der Zeit vor dem Kriege aus pantopolischen Gründen nicht erschüttert. Auch zu besonderen Maßnahmen, um etwa das gefährdete Kursverhältnis des Frankens zu einer anderen Werteinheit künstlich zu regulieren, lag damals keine Notwendigkeit vor.

§ 4.
DAS FRANZÖSISCHE PAPIERGELD VOR DEM KRIEGE.

Die Papierzeichen unter den französischen Zahlungsmitteln waren die Noten der banque de France. Seit dem Jahre 1849 besaß die banque, wie sie schlechthin genannt wird, das Recht der Notenemission allein, das sie vorher mit einer Reihe von Provinzialbanken geteilt hatte.

Die Bank von Frankreich ist ein auf Aktien gegründetes privates Erwerbsinstitut mit selbständiger juristischer Persönlichkeit. Ihre Angelegenheiten werden jedoch ihrer eigenartigen Vorzugsstellung wegen, und weil sie zugleich Aufgaben von Bedeutung für die Allgemeinheit übernommen hat, durch staatliche Organe mitbestimmt und überwacht. Das Verhältnis zwischen Staat und Bank ist durch Vertrag geregelt. Die Verfassung der Bank und der Kreis ihrer Geschäfte sind gesetzlich geordnet.

Der Staat ernennt den obersten Beamten, den Gouverneur, und die zwei Untergouverneure und besetzt die Direktorstellen an den Sukkursalen [1]), die an gewissen Plätzen des Landes errichtet werden mußten. Die Generalversammlung der Aktionäre beruft die 15 Regenten des conseil général und die drei Zensoren. Drei Mitglieder des Ausschusses müssen aber trésoriers-payeurs généraux, also staatliche Beamte, sein. Ihre Wahl soll zwar rechtlich frei sein, doch verständigt man sich über die Persönlichkeiten vorher mit der Regierung. Der conseil général, der wieder in verschiedene Spezialkommissionen zerfällt, ist in seinen Beschlüssen unabhängig. Aber die Regierung besitzt mit der Stimme des Gouverneurs, die sie in ihrer Gewalt hat, ein tatsächliches Veto. In dieser Weise greift der Staat in die Verwaltung der selbständigen, in ihren Aufgaben jedoch die allgemeinen Interessen berührenden Anstalt ein, deren Vermögen vom Fiskus völlig getrennt ist.

Der Staat betrachtete die Bank als eine zu seiner finanziellen Unterstützung geschaffene Einrichtung. Er verlangte von ihr zahlreiche Darlehen und übertrug ihr, damit sie diesen Beistand leichter gewähren konnte, durch Gesetz vom 24. Germinal des Jahres XI [2]) das ihm selbst zustehende Recht der Notenausgabe zur Ausübung. Nach Artikel 17 des Gesetzes vom 22. April 1806

---

1) Auf Bericht des Finanzministers und nach Vorschlag von drei Kandidaten durch den Gouverneur. — Vgl. zu folgendem: Pommier, La Banque de France et l'Etat 1904.

2) D. i. 14. April 1803.

gehörte es zu den Obliegenheiten des conseil général, die einzelnen Maßnahmen, die für die Notenemission erforderlich waren, zu beschließen [1]).

Die Noten konnten dem öffentlichen Verkehr übergeben werden, mußten aber auf Verlangen des Inhabers in staatlichen Kurantmünzen eingelöst werden. Praktisch waren dies die Stücke aus dem gerade valutarischen Metall. An einen bestimmten Höchstbetrag war die Notenausgabe von Anfang an nicht gebunden. Sie war unbegrenzt möglich. Die Bank war in dieser Beziehung ganz sich selbst überlassen und nur im allgemeinen hatte sie die Pflicht, sich innerhalb der Schranken zu halten, die sich aus dem geordneten Geschäftsbetrieb an und für sich ergaben und die stetige Einlösbarkeit der Noten sicherten [2]). Auch war nicht verlangt, daß die Noten in einem festen Verhältnis zu den ausgegebenen Beträgen durch vorgeschriebene Garantiemittel gedeckt wurden. Man begnügte sich in richtiger Erkenntnis damit, daß man die Zahl der Geschäfte, die die Bank gewerbsmäßig pflegen durfte, als Korrelat zum Notenprivileg gesetzlich beschränkte.

Nach den Statuten war es der Bank, die jede Woche eine Bilanzübersicht zu veröffentlichen hatte, erlaubt, Wechsel zu diskontieren und Wertpapiere zu lombardieren. Die Wechsel bedurften zur Zulassung der Unterschrift von drei als zahlungsfähig anerkannten Personen und durften die Verfallfrist von drei Monaten nicht überschreiten. Trug ein Wechsel nur zwei Unterschriften, so mußten dafür bis zu seiner Einlösung französische Rententitres oder andere bezeichnete Effekten von gleicher Sicherheit bei der Bank hinterlegt werden. Die Klasse der Wertpapiere, auf die Darlehen für höchstens drei Monate genehmigt wurden, war sorgfältig begrenzt. Es gehörten zu ihr die Anteil-

---

1) „. . . à statuer sur la création et l'émission des billets de la Banque, payables au porteur et à vue . . . .; à régler la forme de ces billets, à déterminer les signatures dont il devront être revêtus; . . ."

2) „. . . des proportions telles que le numéraire en caisse et les échéances des effets du portefeuille assurent toujours le remboursement des billets présentés à ses guichets".

scheine an der französischen Staatsschuld, heimische Eisenbahnfonds, Anleihen der Stadt Paris, Obligationen des crédit foncier und der société Algérienne. Die Güte dieser Anlagewerte sicherte ihren Besitzern die ständige Absatzmöglichkeit an der Börse und den Eingang der Zinsen. Die Ziffern der Lombardposten blieben im Ausweis immer weit hinter denen für Diskont zurück. Die wechselnden Diskont- und Lombardsätze wurden von der Bank nach gewissen, gewohnheitsmäßig entwickelten Prinzipien festgesetzt, die mehr einem innerpolitischen Programm als Motiven der Valutaerhaltung entsprangen. Der Lombardsatz war in der Regel 1 Prozent höher als der Diskontsatz.

Außerdem gewährte die Bank Vorschüsse auf Edelmetallbarren und Münzgeld fremder Staaten, die ja im Notfall durch Umprägung einen bekannten Mindestertrag heimischer Werteinheiten lieferten. Der dafür geforderte Zins betrug unveränderlich 1% und wurde wenigstens auf die Dauer von 36 Tagen berechnet.

Blankokredit durfte die Bank ihren Kunden nicht einräumen. Damit war ihr die riskante Teilnahme an der Gründertätigkeit und die spekulative Unterstützung des Unternehmertums versagt. Dagegen bestand eine ihrer wichtigsten Aufgaben darin, freiwillige Depositengelder von Privaten und öffentlichen Anstalten oder Kassen an sich zu ziehen. Ein Zins wurde dafür nicht vergütet. Die Bank errichtete in ihren Büchern den Deponenten ein Konto, empfing darauf Einzahlungen für Rechnung dieser Kunden, schrieb sie ihnen gut und leistete daraus für sie Zahlungen bis zur Höhe ihres Guthabens. Durch das Netz ihrer Zweigstellen erstreckte sich dieser Giroverkehr mit Zu- und Abschreibungen von Nennbeträgen, deren Rest in valutarischen Zeichen geschuldet wurde, über das ganze Land. Er vereinfachte das Zahlungswesen gerade innerhalb der finanziellen Kreise, bei denen es sich um ausgedehnte Verbindungen und bedeutende Summen handelte, und erhielt der Kasse der Bank beträchtliche Zahlungsmittelmengen.

Das Geld, das der Bank bei ihrer Gründung durch die Aktienausgabe zugeflossen war, ging an den Staat über, der dafür

Schuldtitel an sie abtrat. Ebenso verfuhr man, als im Jahre 1857 [1]) das Kapital auf das Doppelte, 182 500 000 Franken, gebracht wurde [2]). Durch die Art, in der die Geschäftsgewinne verteilt und verwendet werden mußten, wuchs der Rentenbesitz der Bank immer mehr an. Der Staat setzte so Bestände seiner Anleihen ab, ohne in seinem Geldbedarf die breite Oeffentlichkeit aufsuchen zu müssen und so den Anleihemarkt zu belasten, und zugleich war die Bank ein Renteninhaber, der die Ruhe des Fondsmarktes nicht durch plötzliche, aus Kursrücksichten veranlaßte Verkäufe störte.

Das auf diese Weise gebundene Grundkapital konnte von der Bank nicht zur Aufnahme und Unterhaltung ihres Geschäftsbetriebes verwendet werden. Die Geldsummen, die durch das Zinsergebnis einer erstklassigen Anleihe alljährlich mit Bestimmtheit eingingen, sollten vielmehr einen für die Dividendenverteilung unbedingt verfügbaren Ertrag sichern. Die Form der Anlage galt als Schutz dafür, daß die der Bank überlassenen Vermögenswerte nicht verschwinden und in ihrer ursprünglichen Gestalt immerwieder hergestellt werden konnten.

Lombard- und Diskontgeschäft hatten den Zweck, Personen, die in Zukunft fällige Geldforderungen oder Wertpapiere besaßen, die durch Verkauf an der Börse in Geld verwandelt werden konnten, die Zahlungsmittel zu verschaffen, deren sie in der Gegenwart bedurften. Sie erhielten sie von der Bank und traten dafür an sie die Rechte des Wechselgläubigers ab oder verpfändeten bei ihr bis zur Rückzahlung der Summen die Wertpapiere. Wurden die Wechselschulden getilgt und die Effekten wiederausgelöst, so gelangte die Bank wieder zu den Zeichenmengen, die sie geliefert hatte. Da die Lauf- und Beleihungsfristen zwingend beschränkt waren, so konnte sich ihre Rückkehr nicht allzulang verzögern.

---

1) Gesetz vom 9. Juni 1857.

2) Im Jahre 1847 hatte die Bank fast 50 Millionen ihres in Rente angelegten Kapitals an die russische Regierung veräußert. Doch kehrte man bald zur alten Form der Kapitalanlage zurück. — Im Jahre 1869 kaufte die Bank 3%ige Rente, die einen Zinsvertrag von 1 697 352 Franken lieferte.

Von Zeit zu Zeit erneuerten sich so die Betriebsmittel der Bank von selbst. Der Rückfluß der Zeichen wurde gewährleistet durch die Eigenschaften, die die diskontierten Wechsel und die beliehenen Effekten hatten. Im Falle des Wechselprotestes konnte der Regreßanspruch gegen eine genügende Reihe von Vorleuten geltend gemacht werden. Versäumte Effekten fanden stets Absatz, ohne daß geringe Kursrückgänge einen Verlust verursachten. Denn die Papiere wurden nicht voll beliehen. Edelmetallbarren und fremde Münzen konnten, da sie bares Münzgut enthielten, in Franken ausgebracht werden. Neben anderen kleinen Zuschlägen verlangte die Bank als Entgelt im wesentlichen Ersatz der Summen, die sie durch verzinsliche Verwendung der ausstehenden Nennbeträge zu anderen Geschäften hätte erzielen können.

Zur Erfüllung ihrer Tätigkeit brauchte die Bank flüssige Mittel, um sie in einzelnen Beträgen nach verschiedenen Seiten hin auszuteilen. Was bei ihrer Entstehung als Aktienkapital eingezahlt worden war, kam hierfür, wie gesagt, nicht in Betracht. Die Betriebsmittel wurden ihr vielmehr dadurch geboten, daß sie das ihr verliehene Notenemissionsrecht ausübte und daß ihr aus den eingelieferten Depositeneinlagen Zeichen zur Verfügung standen.

Wer sich um Zahlungsmittel an die Bank wandte, erhielt von ihr Noten, die auf einen bestimmten Nennbetrag heimischer Werteinheiten lauteten, und hatte nun Stücke, mit denen er Zahlungen leisten konnte. Die Noten wurden von der Bank selbst hergestellt. Sie waren für den Inhaber so gut wie metallisches Kurantgeld. Denn sie waren sofort bei der Bank in valutarischen Münzen einlösbar. Zudem konnte man mit den Scheinen stets Schulden an die Bank in der auf ihnen verzeichneten Höhe tilgen, weshalb sie jedenfalls von den Leuten, die in Beziehungen zur Bank standen, nicht zurückgewiesen wurden. Wurden die Noten vom Verkehr aufgenommen, so konnte sich die Bank unter einem geringen Aufwand von Generalunkosten einen beliebigen Vorrat von Zahlungsmitteln verschaffen, mit denen sie Gewinn erzielen konnte.

Ein Umtausch, der verlangt wurde, noch bevor die Noten durch Zahlungen an die Ausgabestelle zurückkamen, wurde vor allem mit Hilfe der bei der Bank hinterlegten fremden Gelder bewirkt. Unter ihnen befanden sich große Mengen valutarischer Kurantmünzen, die nicht in gleichen Stücken, sondern nur ihrem Nennwert nach zurückgeliefert werden mußten. Da nun erfahrungsgemäß nie alle Depositen auf einmal abgehoben wurden und dies oft selbst in Noten geschah, während immer wieder neue Deponierungen erfolgten, so konnte die Bank die Scheine mit Stücken des so durch Depositeneinlagen gewonnenen Münzbestandes einlösen. Beträge hieraus, die über diesen Bedarf hinaus vorhanden waren, konnten dann aber auch noch unmittelbar zu Lombarddarlehen und Wechseldiskontierungen benutzt werden.

Die Staatskasse, der trésor public, Bankinstitute aller Art, die Eisenbahngesellschaften, Großunternehmungen hatten stets bedeutende Summen bei der Bank stehen. Teils bildeten sie für sie eine augenblicklich fällige, stets bereite Geldreserve, teils den Grundstock für Zahlungsübertragungen, die die Bank an Stelle einer fehlenden Clearingzentrale für sie besorgte. Durch den ausgebreiteten Girodienst und das Inkassogeschäft vermehrte sich der Zahlungsmittelvorrat, der sich bei der Bank zu sammeln pflegte. Der gewöhnliche Private, der vorübergehend unangelegte Gelder aufzubewahren hatte, gab sie lieber einer der Banken, die Depositen verzinsten. Aber auch aus diesen Beträgen kamen Geldzeichen, wenn auch nur für kurze Zeit, auf Umwegen in die Bank.

Für die Bank boten sich so zahllose Gelegenheiten gemünztes Geld einzunehmen und davon soviel als möglich zu behalten. Nachdem sich aber die Note einmal in den Umlauf eingefügt und ihre Vorzüge gezeigt hatte, fing man auch an, Münzen der Bank lediglich in der Absicht zu übermitteln, sich dafür Noten zu holen.

Der Betrieb der Bank wurde demnach geführt mit den Scheinen eigener Emission. Die Depositen ermöglichten diese Emission, indem sie die für die Einlösung erforderlichen valutarischen Münzen herbeischafften. Außerdem konnten aber die deponierten Geldzeichen auch selbst in derselben Weise wie die Noten verwendet werden.

Soweit die Ausgabe der Scheine nicht andere Zahlungsmittel in den Kassen der Bank festhielt und dadurch gewinnbringenden Anlagen entzog, war sie eine Quelle selbständiger Erträge für die Aktionäre. Dies galt deutlich von derjenigen Notensumme, die den Nennwert des gesamten Münzbestandes überstieg. Wie die mit den deponierten Geldern unternommenen Geschäfte ihren Gewinn auf die unentgeltliche Ueberlassung von Kapitalien an die Bank zurückführten, so beruhte der mit jenen Noten erzielte Nutzen allein auf der fast kostenlosen Erzeugung brauchbarer Zahlungsmittel durch die Bank. Am besten war es für den Jahresabschluß der Bank, wenn sie zu Lombard- und Diskontzwecken sowohl von ihren Depoteinlagen als auch von ihren Noten zugleich so hohe Beträge wie möglich herausgeben konnte.

Wenn jedoch die Note neben dem verfügbaren Münzbestand keine eigene Beschäftigung mehr fand, sondern nur mehr an seiner Stelle in Umlauf gesetzt wurde, so kam die ihr innewohnende Gewinnerzeugungsmöglichkeit nicht zur Wirksamkeit. Sie bildete dann lediglich einen Ersatz für vorhandene Zahlungsmittel, die selbst brach lagen und sich im Verkehr durch Zeichen von anderer Beschaffenheit vertreten, aber nicht ergänzen ließen.

Die herrschende Anschauung hielt je nach der Aufgabe, die sie die Noten ausüben sah, zwei Gruppen äußerlich gleicher Scheine auseinander. Zur einen wurden die Scheine gerechnet, die die Münzen, die sich in die Bank zurückgezogen hatten, im Umlauf vertraten. Mit ihnen fielen die Scheine zusammen, die an Stelle geschäftlich verwertbarer metallischer Depositen zur Emission gelangten. Ihre Zahl nahm zu, wenn jemand Kurantmünzen einlieferte und dafür sofort oder später Noten abhob, oder wenn jemand Noten in Zahlung nahm und seine Schulden dann mit valutarischen Münzen tilgte. Diese Scheine waren durch den Münzvorrat der Bank gedeckt. Seine ständige Bereitschaft für den Umtausch der Noten rechtfertigte ihre Annahme im Zahlungsverkehr.

Auf der anderen Seite standen die Noten, deren Betrag über

den Münzbesitz der Bank hinausging. Ihre Umlauffähigkeit gründete man auf die Art und Sicherheit der Geschäfte, zu denen sie ausschließlich verwendet wurden. Die Bank erwarb dabei das Eigentum an Forderungen oder den Besitz von Pfändern, deren Geldwert den Nennbetrag der ausgegebenen Noten sogar noch übertraf. Nach einiger Zeit kamen entweder die eigenen Noten oder eine gleiche Summe von Münzen an die Bank zurück, die damit eine neuerdings auftretende Nachfrage nach Zahlungsmitteln befriedigen konnte. Es lag in der Natur der mit Hilfe der Noten betriebenen Geschäfte, daß der Ausgabe der Scheine sehr bald eine Gelegenheit zu Zahlungsleistungen an die Bank folgte, bei der die Stücke wieder an die Bank zurückgelangten. Dem Einblick in diesen Verlauf schrieb man es zu, daß sich die Note im Verkehr hielt und nicht vor Ablauf der Zahltermine an die Bank zurückkehrte. Flossen bei diesem Anlaß valutarische Münzen in die Kassen der Bank, während die zu jenen Geschäften benutzten Noten im Umlauf blieben, so gingen die damals ausgegebenen Scheine zur Gruppe der metallisch gedeckten Noten über. Sollte die Note noch vor Verfall des Wechsels oder der Lombardpfänder eingelöst werden, so geschah dies aus dem Münzvorrat, dessen Beziehungen zur Notenemission durch das Ergebnis fälliger Forderungen in kürzester Zeit ins Gleichgewicht gebracht wurden.

Die Uebersättigung des Verkehrs mit Noten stellte man an bestimmten Symptomen fest. Starkes Anschwellen des Wechselportefeuilles, Nachlassen des Münzschatzes und vermehrter Andrang zur Einlösung sollten für die Bank die allerdings wenig stichhaltigen Zeichen sein, die Verwendung der Noten einzuschränken. Denn wenn man schon die Umlauffähigkeit der Note auf die Besonderheit der Geschäfte zurückführte, die die Unterlage ihrer Emission bildeten, so war ihre Ausgabe erlaubt, solange sich Gelegenheiten von gleicher Art und gleicher Sicherheit boten. Die Note wurde dadurch nicht schlechter, daß sich bereits eine große Menge Scheine im Verkehr befanden. Das Anwachsen von Noten und Wechseln war dann lediglich hervorgerufen durch den wirtschaftlichen Aufschwung und den häufigen Gebrauch eines vorgeschritteneren Zahlungsmittels in der inländischen Zirkulation.

Die gesteigerte Nachfrage nach Münzen aber im Umtausch gegen Scheine hing von dem Stand der intervalutarischen Kurse ab, abgesehen von besonderen Stimmungserscheinungen, die so rasch vergehen, als sie auftreten. Eignete sich die valutarische Kurantmünze zum Ausgleich für fremde Gläubigerländer, so wandten sich die dem Ausland verpflichteten Noteninhaber bei einem gewissen Preis der auswärtigen Werteinheit an die Bank um Münzgeld. Genügte die Note den Zahlungsbedürfnissen des Inlandes, so machte sich ein allgemeines Einlösungsverlangen nur in dieser Lage geltend. Die intervalutarischen Verhältnisse aber wurden nicht dadurch geregelt, daß man die Notenemission mehr oder weniger reichlich handhabte.

Es war jedoch überflüssig, durch diesen ganzen komplizierten Gedankengang die Aufnahme der Note in den Zahlungsverkehr erklären zu wollen. Sobald nämlich die Note von den staatlichen Kassen akzeptiert wurde, war dies allein dafür ein ausreichender Grund. Denn damit war die Note staatliches Geld geworden. Jedermann ließ sie sich gefallen, weil sie immer wieder zu Zahlungen an den Staat verwendet werden konnte. Der Staat erkannte den der Note beigelegten Nennwert an, der sich infolgedessen allgemein durchsetzte. Wie irgendeine heimische Münze stellte sie ohne Rücksicht auf ihre stoffliche Beschaffenheit eine bestimmte Anzahl Werteinheiten dar. Als Geldzeichen des staatlichen Systems hatte die Note ihre besonderen Eigenschaften. Eine ihrer Eigenschaften war zum Beispiel die Möglichkeit, sie augenblicklich in valutarische Kurantzeichen verwandeln zu können, wenn auch noch der strenge Zwang der Annahme wie bei anderen Stücken fehlte. Innerhalb der beschränkten außerstaatlichen Zahlgemeinschaft, der allein die Banknote zunächst als Zahlungsmittel gedient hatte, mochte die Einlösbarkeit mit ein Grund für ihre Annahme gewesen sein. Dann aber war diese Einlösbarkeit, ebensowenig wie es Vorschriften für Deckung oder Emissionsbegrenzung gewesen wären, weder für den Geldcharakter der Note noch für ihre Umlauffähigkeit entscheidend.

Es fragt sich also nur, ob die Note innerhalb des französischen Staates wirklich die Geldeigenschaft gehabt hat, die dann ihren Eintritt in die Zirkulation ohne weiteres rechtfertigte.

Zweifellos waren die Noten der Bank in der Zwangskursperiode der Jahre 1848—1850 französisches Geld. Am 15. März 1848 verlieh die Regierung den Noten den allgemeinen Annahmezwang, hob ihre Einlösbarkeit auf, begrenzte aber dafür ihre Ausgabe auf 350 Millionen Franken.

Der Staat mußte sich in finanzieller Bedrängnis damit helfen, sich eines großen Teiles seiner Verbindlichkeiten endgültig mit Scheinen zu entledigen. Je mehr er dies tat, desto stärker war der Rückfluß von Noten in seine Kassen und auf diese Weise wurde die Note mit einem Schlage zur valutarischen Geldart der staatlichen Zahlgemeinschaft. Sie vereinigte in sich das höchste Maß wirksamer Eigenschaften, das für ein Geldzeichen überhaupt erreichbar war.

Die Note war damals ein Zahlungsmittel von privater Emission und staatlicher Akzeptation. Denn die Bank hörte nicht auf, die einzelnen Stücke ins Leben zu rufen. Die Annahme an den öffentlichen Kassen zu einem festen Nennwert kam dem staatlichen Begültigungsakt gleich. Die Einlösbarkeit der Note wäre jetzt ein begrifflicher Widerspruch zu ihrer Eigenschaft als valutarischer Geldsorte gewesen. Die Deckungspflicht in dem Augenblick einzuführen, wo die Note ihre Stellung vervollkommnete, wäre unmöglich gewesen. Hätte man über genügend Metallgeld verfügt, so hätte man nicht seine Zuflucht zum Zwangskurs nehmen müssen. Die Beschränkung der Notenemission war eine vorbeugende Maßregel, die die Regierung hindern sollte, die Notenpresse jederzeit in Tätigkeit zu setzen.

In der Note erfüllten sich so damals alle Bedingungen des definitiven valutarischen Kurantgeldes. Obwohl sie im Verhältnis zu den baren Kurantmünzen notales Geld war, mußte sie ohne Rücksicht auf den Zahlbetrag angenommen werden. Es gab keine gesetzliche Anordnung, wonach sie auf Wunsch des Inhabers in eine andere definitive Geldart verwandelbar war. Die silbernen Kurantmünzen, die damals auch Stücke unter 5 Franken umfaßten, wurden akzessorisch, wie es schon vorher die Goldfranken dem valutarischen Silber gegenüber gewesen waren. Die Goldmünzen blieben akzessorisch. Beide Stücke konnten gegenüber der valutarischen Note ein Agio erlangen, dessen Größe sich für jede Münzart selbständig bestimmte, und hielten sich dann vom Umlauf fern. Ihr Preis richtete sich nach den intervalutarischen Beziehungen zu den Ländern mit Gold- und Silberwährung. Das goldene 20-Frankenstück brachte es entsprechend seiner Vergangenheit auf eine Prämie von 12%. Silber erreichte nur ein Agio von durchschnittlich 2,4‰ und höchstens 3‰.

Am 25. März 1848 wurde auch den Noten der neun Departementalbanken [1]) der Zwangskurs beigelegt. Er galt jedoch nur für das Gebiet ihres eigenen Bezirkes. Im ganzen durfte ihre Notenemission den Betrag von 102 Millionen Franken nicht übersteigen. Diese Noten waren also nur innerhalb ihres Departements definitives Kurantgeld neben den räumlich weiter reichenden Scheinen der Bank und den Münzsorten. In Lyon gab es so teilweise andere Zeichen als in Toulouse, Lille oder Marseille. Vielleicht wurden einzelne lokale Noten unter den kleinen Verhältnissen des departementalen Verkehrs innerhalb ihres Geltungsbezirkes sogar valutarisch behandelt. Wollte man nach einer anderen Gegend des Inlandes Zahlung leisten, so mußte man möglicherweise das für diesen Landesteil brauchbare Geld erst kaufen. Frankreich zerfiel so fast in eine Anzahl von Provinzen mit ungleicher Geldverfassung, die sich hierin wie Auslandstaaten zueinander verhielten. Dieser Zustand war dann unerträglich.

Durch Dekret vom 27. April und 2. Mai 1848 wurden deshalb die Departementalbanken aufgehoben und der banque de France als Filialen angegliedert. Damit war für das Staatsgebiet erst die Einheit der Zeichen hergestellt, die einige Wochen hindurch gestört war, und auch für später war die Mannigfaltigkeit der Notentypen beseitigt. Zugleich wuchs der Emissionsbetrag der früheren Departementalbanken dem der Zentralbank zu, der

1) Zu Rouen, Lyon, Le Havre, Lille, Toulouse, Orléans, Marseille, Nantes, Bordeaux.

infolgedessen auf 452 Millionen Franken stieg. Das Aktienkapital der Bank wurde durch die Verschmelzung auf 91 250 000 Franken erhöht.

Die mißliche Finanzlage des Staates dauerte nicht lang. In den Kassen der Bank sammelte sich wieder Metallgeld, dessen Summe dem Betrag der Notenausgabe beinahe gleichkam. Am 22. November 1849 hatte die Bank einen Vorrat von 413 Millionen Franken in baren Kurantmünzen. Er deckte die umlaufenden 442 Millionen Franken Banknoten fast ganz. Die Grenze der erlaubten Emission wurde hart gestreift. Schon Ende des Jahres 1848 hatte die Bank damit begonnen, Silbermünzen in Verkehr zu bringen, so daß die Note ihre ausgeprägt valutarische Position nicht mehr vollkommen behauptete. Die niederen Silbermünzen, die namentlich für den Kleinverkehr unentbehrlich waren und auch in genügendem Umfang von der Bank bereitgestellt wurden, verloren ebenso wie die Frankentaler ihr Agio gegenüber der Note.

Das Goldagio bestand jedoch fort. Die Note hatte unterdessen Gelegenheit gehabt, ihre Vorzüge darzutun und sich beliebt zu machen. Man wollte statt mit Silbergeld mit ihren Abschnitten bezahlt werden. Die pantopolischen Beziehungen zu den Silberstaaten ergaben nicht die Notwendigkeit zu Metallremittierungen. Man hätte das erforderliche Silber ohne Aufschlag gegen Noten bekommen können, aber was man aus intervalutarischen Gründen begehrte, waren die Goldfranken, und die Bank war nicht geneigt, Goldgeld im Wechsel gegen Scheine auszuliefern.

Noch einmal, am Ende des Jahres 1849 [1]), wurde die Emissionsgrenze für Noten auf 525 Millionen Franken erweitert. Die Nachfrage nach Papiergeld war so stark geworden, daß ihr durch das alte Ausgaberecht nicht mehr genügt werden konnte. Die Bank sah sich gezwungen, Beträge unter 5000 Franken in Silbergeld zu leisten und Gesuche um Scheine abzuweisen.

Als man den Zwangskurs am 6. August 1850 gesetzlich wiederaufhob, nachdem er in Wirklichkeit schon vorher beseitigt

1) Gesetz vom 22. Dez.

war, kehrte die Note zu der Stellung zurück, die sie vorher innegehabt hatte. Sie mußte nicht mehr unbedingt unter Privaten angenommen werden und wurde wieder einlösbar. Die Schranken, die ihrer Emission in der letzten Zeit gezogen gewesen waren, fielen. Damit war der Note ihre Eigenschaft als definitives Kurantgeld genommen und deshalb mußte auch ihre valutarische Herrschaft selbstverständlich aufhören. Aber das Notenprivileg der Bank hatte sich mittlerweile zum Notenmonopol verdichtet.

Ihren Geldcharakter, den sie auch schon vor der Zwangskurszeit besessen hatte und in dieser Gestalt dann bis zum Jahre 1870 beibehielt, bewahrte die Note. Die staatliche Akzeptation der Scheine war gesetzlich nicht ausgesprochen. Sie beruhte auf einer Gewohnheit, die die staatliche Verwaltung beständig beobachtete. Ein „décret impérial portant règlement général de la comptabilité publique" [1]) verzeichnete die Note ausdrücklich unter den Geldarten, die den Bestand der staatlichen Zentralkasse ausmachten: „le numéraire se compose exclusivement d'espèces et de billets de la Banque de France."

Bei den lebhaften und engen Beziehungen, die zwischen den staatlichen Kassen und der Bank fortwährend spielten, verstand sich die Aufnahme der Note unter das staatliche Geld eigentlich von selbst. Die staatliche Finanzverwaltung hatte bei der Bank ein besonderes Konto. Sie war ihr bedeutendster Deponent. Unausgesetzt bewegten sich hohe Summen zwischen beiden Stellen hin und her. Durch die Zahlungen, die der Staat an die Bank leistete, konnte er immer wieder die Noten, die an seinen Kassen eingingen, zu ihr zurückbringen. Wollte er Beträge, die er von seinem Guthaben abhob, in Münzen geliefert bekommen, so konnte er stets nach Belieben die valutarischen Stücke fordern. Denn die Noten waren einlösbar.

Der Staat selbst hatte ferner das größte Interesse daran, daß die Scheine im inländischen Verkehr Fuß faßten. Denn dadurch wurde der Bank die Ansammlung eines Metallschatzes erleichtert, an dem die Regierung besonders in Zeiten überraschen-

1) Vom 31. Mai 1865. Chapitre XVI § 3.

den Bedarfs an auswärtigen Zahlungsmitteln einen festen Rückhalt hatte. Die Bank aber erhielt auf diese Weise das wirksamste Mittel zur Erfüllung nationaler Währungsaufgaben.

Die Banknoten gehörten nach ihrem Stoff zum notalen Geld. Da es keine staatlichen Kassenscheine, wie etwa später im Deutschen Reich, gab, waren sie das einzige Papiergeld im französischen Geldwesen. Daß die nominale Geltung der Zeichen auf dem proklamatorischen Einverständnis des Staates beruhte, ihren Nennwert anzuerkennen, mit dem sie der Emittent ausgestattet hatte, trat bei der Note offen zutage. Die Note erschien so in vollkommener Reinheit als chartales Zahlungsmittel von notaler Beschaffenheit. Den Gegensatz zu ihr bildeten die baren Münzen. Während die Kurantmünzen Bundesgeld waren, waren die Scheine im Umlauf auf das eigene Gebiet allein angewiesen. Sie waren neben den Scheidemünzen aus Bronze das ausschließlich französische Geld.

Die Note war eine autogenische Geldart [1]). Denn eine gesetzlich geforderte Deckung der emittierten Summe durch frei ausprägbares Münzmetall war nicht vorhanden. Da kein Zwang vorlag, die Noten im privaten Verkehr anzunehmen, waren sie fakultatives Geld. Niemand brauchte sich Bezahlung in Noten gefallen zu lassen. Auch der Staat hätte durch einfachen Verwaltungsbeschluß die Gewohnheit der Akzeptation beseitigen können, ohne das Gesetz zu verletzen. Es war jedoch an eine derartige Maßnahme nicht zu denken. So übersah man auch unter Privaten den Mangel der Annahmepflicht ebenso wie bei den baren Münzen, die aus fremden Unionsstaaten stammten.

Eine Folge der Einlösbarkeit der Scheine war ihre provisorische Geldnatur, die sie auch mit begrifflicher Notwendigkeit in die Reihe der akzessorischen Geldsorten stellte. Solange die Noten in Kurantmünzen umgetauscht werden mußten, war ihre valutarische Verwendung ausgeschlossen. Aus demselben Grunde konnte sich für die Note ein Agio gegenüber den valutarischen Kurantmünzen nicht entwickeln. Denn sie konnte stets ohne weiteres in diese Zeichen verwandelt werden. Gegen-

1) Vgl. Knapp, l. c. pag. 30.

über fremden Werteinheiten fiel ihr Kurs mit dem Verhältnis der eigenen Valuta zur auswärtigen zusammen.

Im Status der Bank äußerten sich die Noten als Passivposten. Wenn man auch von der Einlösungsmöglichkeit keinen Gebrauch machte, so bestand doch die rechtliche Pflicht, jeden einzelnen Abschnitt auf Verlangen umzuwechseln. Die Bank wurde deshalb gegenüber der unpersönlichen Menge der Noteninhaber theoretisch als Schuldnerin einer Summe von Kurantmünzen betrachtet, die der Emissionshöhe entsprach. Die Fälligkeit der Schuld ruhte.

Die Bank selbst konnte natürlich von niemand den Umtausch der Note in Metallgeld fordern und ihre eigenen Scheine nicht zurückweisen. Die Noten mußten von ihr jedenfalls in definitivem Kurantgeld, also baren Münzen, eingelöst werden, wenn sie in dieser Absicht zu ihr gebracht wurden. Nun gab es aber im französischen Geldwesen zwei stofflich verschiedene Sorten von Kurantmünzen. Der Münzvorrat der Bank konnte sich also aus Stücken von beiderlei Art zusammensetzen. Was für Münzen die Bank auf Verlangen gegen Noten leistete, lag in ihrem Belieben. Ihre eigenen Kassenverhältnisse und ihr von bestimmten Zielen geleiteter, zweckbewußter Entschluß waren dafür entscheidend. Die von der Bank in den Umlauf gelassenen Münzen beeinflußten nun wieder die Zusammensetzung der staatlichen Kassen. Vor allem hingen die Geldarten der öffentlichen Kassen aber auch von jenen Münzen ab, die die Regierung von der Bank erhielt, wenn sie Beträge ihres deponierten Guthabens abhob. Die Bank hatte es so zu einem wesentlichen Teil in ihrer Macht, wie die Münzen in den staatlichen Kassen beschaffen waren, die dann von der Finanzverwaltung bei ihren Zahlungen valutarisch behandelt wurden.

Ziel des Einlösenden war die Erwerbung von Münzmetall, das infolge der augenblicklichen intervalutarischen Lage, vielleicht auch um eine Gelegenheit zur Edelmetallarbitrage auszunutzen, ins Ausland geschickt werden sollte. Die Münzen, die man von der Bank zu erhalten wünschte, mußten sich also stofflich zu dieser Verwendung eignen. Dies war jedoch bei den Kurantzeichen, zu deren Herausgabe die Bank verpflichtet war, nicht immer in gleichem Maße der Fall. War zum Beispiel der Ausfuhrbedarf auf Gold gerichtet, so wurde der Zweck des Umtausches nicht erreicht, wenn die Bank gerade Goldfranken zurückhielt und ihren Notenwechsel mit silbernen Kurantfranken bewirkte. Die pantopolischen Beziehungen zu den Silberländern standen im nämlichen Zeitpunkt vielleicht so sehr zu gunsten Frankreichs, daß von ihnen aus sogar Silber eingeführt wurde, oder die Edelmetallagiotage brachte Silber zur Ausprägung nach Frankreich und suchte zur Bezahlung dafür Gold. Versagte die Bank beim Austauschbegehr die für den Ueberbringer allein brauchbare Münzart, so veranlaßte sie durch dieses Verhalten einen großen Teil der Noteninhaber zum Verzicht auf ihre ursprünglichen Umtauschabsichten.

Brachte man schon den Münzvorrat der Bank in Zusammenhang mit der Notenemission, so war er nicht an sich schon, weil er aus Metall bestand, eine gute Deckung für die Scheine. Er mußte vielmehr aus einem ganz bestimmten Metall bestehen und zwar aus dem, das bei den herrschenden pantopolischen Umständen die größte exodromische Verwendungsfähigkeit hatte. Trotz der Fülle von funktionellen Eigenschaften, die sie innerhalb des eigenen Geldwesens hatten, gab es Münzen, deren Stoff nur im Inland oder aber in Staaten, denen gegenüber keine überwiegenden Fälligkeiten vorhanden waren, Beziehungen zum Geld hatte. Es fehlte also entweder an der Möglichkeit oder am Bedürfnis, fremde Werteinheiten aus ihnen herzustellen. War ausschließlich Gold zum pantopolischen Ausgleich brauchbar und gesucht, so hatte man den Wert des Münzschatzes nach der Menge der darin enthaltenen Goldzeichen zu beurteilen. Wurde der Staat zum plötzlichen Schuldner von Silberländern, so richtete sich der Maßstab nach dem Vorrat an Kurantmünzen aus Silber, welches im übrigen ihre Eigenschaften waren.

Betrachtete man den Münzbestand der Bank losgelöst von den Tatsachen der Notenemission als selbständiges Werkzeug der äußeren Währungspolitik, so mußte seine Zusammensetzung unter demselben Gesichtspunkt geprüft werden. Die Stücke mußten in Geld der pantopolisch wichtigsten Auslandstaaten verwandelbar sein. Zur Wirkung war die stärkste Konzentration dieser Zeichen anzustreben. Je zahlreicher sich die exodromisch tauglichen Zeichen an einer Stelle vereinigten, je mehr die Zerstreuung, bei der sie ihre besonderen Kräfte nicht entfalten konnten, beseitigt wurde, um so sicherer waren sie für ihre Aufgaben auf die Dauer bereit und um so rascher war der Erfolg.

Von diesem Standpunkt aus war die Verbreitung der Noten im Umlauf und die Zunahme des Münzvorrates bei der Bank sehr wertvoll. Ergab sich einmal die Notwendigkeit, zu irgendwelchen Zwecken über einen mächtigen Metallschatz verfügen zu müssen, so waren die erforderlichen Mittel vorhanden. Man konnte sie nun nach bestimmten Regeln planmäßig ausnutzen oder nur versuchsweise, von Fall zu Fall, nach Art der Praktiker, die, ohne nach den Gründen zu fragen, das scharfe Gefühl für den Erfolg haben.

Man hatte in Frankreich ursprünglich nur Banknoten in Abschnitten von 500 Franken. Im Jahre 1847 [1]) wurde die geringste zulässige Höhe auf 200 Franken ermäßigt. Zugleich mit dem Zwangskurs wurden die 100-Frankennoten eingeführt, und als im Jahre 1857 der Bankvertrag erneuert wurde, wurden die Stücke zu 50 Franken geschaffen. Die Vorschriften des Staates, die die Notenemission betrafen, bezogen sich lediglich auf die Stückelung.

Die Noten drangen in der Zeit vor dem Krieg namentlich an den lebhaftesten Stellen des Zahlungsverkehrs immer mehr durch. Dadurch erweiterte sich die Gruppe der notalen Zeichen auf Kosten der baren Sorten, die sich deutlich aus dem Umlauf zurückzogen, um für besondere Aufgaben aufgespart zu werden.

Um das Jahr 1870 gab es innerhalb des französischen Zahlgebietes an notalen Geldarten die Scheidemünzen aus Bronze [2])

1) Gesetz vom 10. Juni 1847.

2) Sie stammten ausschließlich aus französischer Prägung durch den Staat. Unter Privaten war ihre Annahme auf bestimmte Beträge beschränkt. Sie waren provisorisch und deshalb ohne weiteres akzessorisch. Sie wurden nur zu den kleinsten Geschäften verwendet.

und Silber [1]) und die Noten der Bank [2]). Das Gemeinsame der notalen Geldarten bestand damals noch darin, daß sie alle für Private in die valutarische Kurantmünze verwandelbar waren. Keine von ihnen war definitiv oder hatte Kurantgeldeigenschaft.

Im publizistischen Leben Frankreichs war man damals in der Diskussion über die Beschaffenheit der zukünftigen Valuta noch zu keiner einmütigen Ansicht gelangt. Seit etwa zwanzig Jahren war man darüber noch nicht zur Ruhe gekommen. Die Regierung, die den alten Zustand bewahren wollte, legte sich nach außen hin für keine Meinung fest. Die Partei der reinen Goldwährung unter de Parieu, Garnier, Chevalier, Clément Iuglar hatte in den Bimetallisten Gegner von äußerster agitatorischer Geschicklichkeit, wie Wolowski und später Cernuschi.

Man verband in Frankreich mit der Frage der Valutareform weitausschauende politische Projekte. Unter der natürlichen Führung Frankreichs wollte man eine einheitliche, auf das metrische System gegründete Münze für alle zivilisierten Länder schaffen. Diesen unfruchtbaren Gedanken pflegte man mit größter Beharrlichkeit und Hingebung. Man erstrebte ein Einheitsgeld, dessen Wertgleichheit in allen Staaten durch die gleiche Gewichtsmenge des verabredeten Geldstoffes gesichert sei. Im Münzbunde erblickte man die ersten verheißungsvollen Ansätze.

---

1) a) Silberne Scheidemünzen französischer Herkunft. Sie konnten unter Privaten nur bis zu einer bestimmten kritischen Höhe aufgedrängt werden. An den öffentlichen Kassen wurden genügend große Mengen in Kurantgeld umgewechselt. Sie waren provisorisch und akzessorisch.

b) Silberne Scheidemünzen der übrigen Unionsstaaten waren im privaten Verkehr fakultativ. Dem Staat gegenüber hatten sie Kassenkurs, der aber an einen festen kritischen Betrag gebunden war. Sie waren auch für den Staat, der vom Emissionsland für vereinbarte Mengen den Umtausch in bare Kurantmünzen verlangen konnte, provisorisch und akzessorisch.

Diese beiden Münzsorten dienten zu kleineren und mittleren Zahlungen.

2) Der Private war in ihrer Annahme völlig frei, der Staat akzeptierte sie gewohnheitsrechtlich. Die Bank war zu ihrer Annahme verpflichtet. Sie waren einlösbar und daher provisorisch und akzessorisch. Ihrer Stückelung entsprechend traten sie im Umlauf bei größeren Zahlungen auf.

Man glaubte, daß mit der Münzgleichheit ein Weltgeld hergestellt sei und erwartete davon für die Beziehungen der großen Handelsnationen zueinander die segensreichsten Folgen. Und doch hätte man gerade aus dem Beispiel des Münzbundes Lehren ziehen können, die die unklaren Pläne auf ihr richtiges Maß zurückgeführt hätten. Es entging den Anhängern der Weltgeldutopie völlig, daß mit der Münzeinheit keineswegs auch die intervalutarischen Kurse zwischen den verschiedenen Ländern stabilisiert wurden. Sie wußten nicht, daß dieses Ziel noch eine bewußte exodromische Politik des Staates erfordert hätte und daß eine dem Handel nützliche Stetigkeit der Preise fremder Werteinheiten der Münzidentität gar nicht bedurfte. Andere Geldarten neben den metallischen und baren würdigte man ebensowenig wie den fortgesetzt möglichen Wechsel, dem die valutarischen Zeichen unterlagen. Die Lösung der Münzfrage selbst dachte man sich so, daß man eine Stückeinheit wählen wollte, die sich an bestehende Münztypen anderer Staaten rechnerisch leicht anschloß und zugleich einfache Beziehungen zwischen Gewicht und Geltung im Sinne der metallistischen Auffassung bot. Aus diesen Gründen empfahlen insbesondere die Vertreter der Goldwährung, die auch die Wünsche der übrigen Unionsländer aussprachen, das Gold als einheitliches Metall für die Gesamtwährung.

So gingen damals auch die Absichten der Theorie nicht darauf hinaus, die Geldnatur als solche zu erfassen. Die feststehende Voraussetzung aller Erörterungen war, daß das Metallgeld die stofflich vollendetste Geldart sei. Sie sollte nun in ihrer brauchbarsten Form allgemein eingeführt werden. Dies hielt man für die letzte Stufe in der Entwicklung des Geldwesens. Man überlegte sich nur noch, welches Metall hierzu am geeignetsten sei, und wie die Stücke technisch beschaffen sein sollten. Diese Ziele waren so durchaus extensiv, für Laien bestechend und politisch von großer Zugkraft.

Eine Kommission, die im Jahre 1850 unter dem Vorsitz von Thiers zusammentrat, sollte die Ursachen untersuchen, die auf die bestehenden Wertverhältnisse zwischen Gold und Silber verändernd einwirkten. Nachdem sie ohne Ergebnis auseinandergegangen war, berief Napoleon III. im Jahre 1858 eine neue, in der der gleiche Gegenstand noch einmal beraten werden sollte. In ihr machte de Parieu den Vorschlag, Frankreich solle die englischen Geldeinrichtungen nachahmen. Auch diese Kommission vertagte sich ohne Beschlußfassung. Auf der Konferenz, die im Jahre 1865 der Gründung des Münzbundes voranging, waren Italien, Belgien und die Schweiz, die in Feer-Herzog einen lebhaften Verteidiger der Goldwährung hatte, zunächst für die Goldvaluta. Sie fügten sich aber der Ansicht des französischen Ministers, die im Widerspruch zu der seiner eigenen Delegierten stand.

Im Jahre 1867 tagte in Paris eine Münzkonferenz, die von 19 europäischen Staaten und der nordamerikanischen Union beschickt war [1]). Die Pläne von der monnaie universelle wurden mit einer gewissen Feierlichkeit eingeführt. Sie hatten das Interesse des Kaisers gewonnen, kamen der für solche Dinge gestimmten Presse entgegen und schmeichelten der Oeffentlichkeit. Mit einigen Regierungen war man schon vorher in einen Meinungsaustausch eingetreten. England, Holland und Deutschland zeigten sich zurückhaltend. Die überragende Mehrheit der Delegierten [2]), die übrigens nur ihre persönlichen Anschauungen vertraten, bezeichnete die Goldwährung als die einzig mögliche Voraussetzung eines denkbaren internationalen Münzsystems. Man riet, als Typus eine Goldmünze zu schlagen, die auf 25 Franken begültigt werden sollte und damit am ehesten den bei anderen großen Handelsvölkern vorhandenen Münzeinheiten ähnlich wäre. Sie hätte mit geringem Unterschied dem Gehalt eines Sovereigns, von fünf amerikanischen Dollars und zehn österreichischen Goldgulden entsprochen, deren Schaffung geplant war [3]).

Oesterreich unternahm zuerst und allein einen Schritt, der

---

1) Vgl. Helfferich in der Einleitung zu Bambergers Ausgewählten Reden und Aufsätzen über Geld- und Bankwesen, pag. 16 f.

2) 43 von 45 Stimmen.

3) Dumas im Senat am 18. Januar 1870; Feer-Herzog vor dem conseil supérieur am 24. März 1870.

mit dem Inhalt dieser Beschlüsse übereinstimmte, indem es eine sich hierauf beziehende convention préliminaire mit Frankreich vereinbarte. Aber es war nichts weiter als ein schwacher Versuch, der höchstens einen Wunsch oder Gedanken ausdrücken konnte. Denn da Oesterreich noch tief im Zustand der Papiergeldwirtschaft steckte, konnte es sich bei ihm nicht darum handeln, eine Metallvaluta nach bestimmtem Muster ins Leben zu rufen.

Die Regierung und die Stimme der banque de France blieben der bimetallistischen Anschauung treu, für die sich auch die Majorität einer Vorbereitungskommission zur großen Konferenz ausgesprochen hatte. Von diesen einflußreichen Seiten aus hielt man die Vorteile der Goldvaluta noch nicht für erwiesen. Man fuhr infolgedessen mit den Vernehmungen fort, die sich aber bereits erschöpft hatten, und bei dem engen Gesichtskreis, über den man nicht hinauskam, immer nur Wiederholungen brachten. Im Jahre 1868 äußerte sich die Mehrheit der trésoriers-payeurs généraux und der Handelskammern zugunsten der Goldwährung. Sie wurde auch im Bericht einer commission administrative im Jahre 1869 und im Ergebnis der Enquête, die im Jahre 1870 vor dem conseil supérieur du commerce stattfand, gefordert. Mit der Goldvaluta sollte auch das silberne 5-Frankenstück, das als bare Münze beseitigt werden sollte, zum Scheidegeld erklärt werden.

Im französischen Senat kam es noch einmal zu einer Münzdebatte [1]). Man schlug dabei vor, eine Goldmünze im Gewicht von zehn Gramm zur Münzeinheit zu machen. Die Gründe, mit denen man diese Neuerung bekämpfte, zeigten, daß man noch ganz am Anfang metallistischer Ideen stand. Die Verhandlungen endigten damit, daß man der Regierung nahelegte, die Prägung eines goldenen 25-Frankenstückes als internationaler Münze zu berücksichtigen [2]). Ueber alle weiteren Anträge ging man zur Tagesordnung über.

Das Urteil der letzten Enquête wurde gefaßt, als der Krieg mit Deutschland bereits ausgebrochen war. Der Krieg bereitete

1) Sitzung vom 18. Januar 1870.
2) Sitzung vom 28. Januar 1870.

nun allen Zukunftsplänen notgedrungen ein rasches Ende. Der Uebergang zur Goldwährung wäre damals leicht gewesen. Man hätte nur die Silberprägung zu sperren brauchen und die unbeschränkte Annahme der so notal gewordenen silbernen Kurantmünzen aufheben müssen. In den vorhandenen Goldfranken hätte man einen Vorrat an Kurantgeld zu valutarischer Verwendung gehabt. Noch waren keine so bedeutenden Silbermassen angesammelt, daß es allzu schwierig und verlustbringend gewesen wäre, sie abzustoßen [1]).

Allein die Aufgaben, die man in diesem Augenblick an das Geld und die staatliche Währungspolitik stellte, waren mit einem Male andere geworden.

---

1) Vgl. Helfferich, Geschichte der deutschen Geldreform I.

II. Kapitel.

DIE WIRKUNG DES STAATLICHEN FINANZBEDARFES AUF DAS FRANZÖSISCHE GELDWESEN WÄHREND DES KRIEGES.

§ 5.

DIE ANWENDUNG FINANZPOLITISCHER DEKKUNGSMITTEL DURCH DIE FRANZÖSISCHE FINANZWIRTSCHAFT.

So verhielt es sich mit den Einrichtungen des französischen Geldwesens, als der Krieg mit Deutschland begann.

Die außerordentlichen Anforderungen, die der Krieg an die Tätigkeit des Staates stellte, riefen bei der staatlichen Finanzverwaltung einen Bedarf an Zahlungsmitteln hervor, dem das Ergebnis der normalen Einkünfte bei weitem nicht genügte. Die vermehrten Ausgaben für Gehalte, Sold, Kriegsmaterial, der Ankauf von Proviant und Fourage, Transport und Verpflegung der Truppen, diese Unzahl von Geschäften, die getan werden mußten, bis die militärische Macht zusammengetreten, ausgerüstet und in Bewegung gesetzt war, verlangten plötzlich große, sofort fällige Geldsummen. Möglicherweise waren bald gesteigerte Ansprüche für den Schuldendienst des Staates zu erwarten. Auch die bestehenden Zinsverbindlichkeiten mußten trotz der Geldknappheit auf alle Fälle pünktlich erledigt werden, und das ganze staatliche Leben konnte in seinen übrigen Teilen nicht mit einem Male zum Stillstand kommen.

Die Geldarten, die der Staat mit Rücksicht auf die herrschenden Valutaverhältnisse aus den gewöhnlichen Einnahmequellen des Inlands gewinnen konnte, waren für seine Zwecke vollkommen brauchbar. Die auf französischem Gebiet als chartale Zeichen ohne weiteres tauglichen Goldmünzen konnten auch zur Bezahlung von Auslandstaaten verwendet werden, die gerade jetzt an Bedeutung für Frankreich noch zunahmen. Die Regierung hatte ein Interesse daran, den alten Währungszustand aufrechtzuerhalten, solange es ging. Die Schwierigkeit lag nur darin, ob es auch gelang, diese Geldzeichen ohne besondere Anstrengung in genügender Menge aufzubringen.

Für den Staat handelte sich alles darum, mit größter Schnelligkeit einen Vorrat an heimischen Zahlungsmitteln verfügbar zu machen, mit dem man die unerwarteten Ausgaben des Augenblicks bestreiten konnte. Wie die neuen Ausgaben und Einnahmen im Staatshaushalt formell ausgewiesen wurden, war zunächst ganz unerheblich. Es konnte ein besonderer Kriegsetat aufgestellt werden, oder die Posten konnten selbständig an das ordentliche Budget angeschlossen oder mit ihm zu einem verschmolzen werden.

Der Geldvorrat zur Befriedigung der dringlichsten Bedürfnisse ließ sich auf mancherlei Art erzielen. Die Regierung hatte zu entscheiden, welche von den verschiedenen möglichen Deckungsmethoden, mit deren Hilfe gegebene Geldbeträge für den staatlichen Finanzbedarf bereitgestellt werden, am geeignetsten war. Das einzelne Mittel, mit dem die Deckung ganz oder zum Teil erreicht werden sollte, konnte für sich allein und im Zusammenwirken mit andern angewendet werden.

Das Nächstliegende war, daß die Finanzverwaltung die vorhandenen Gelder ergriff und sie auf eigene Verantwortlichkeit den Aufgaben zuführte, die im gegenwärtigen Zeitpunkt unbedingt erfüllt werden mußten. Die Regierung konnte nicht zulassen, daß durch eine Verzögerung solcher Notwendigkeiten aus etatrechtlichen Bedenken das Staatswohl Schaden litt. Erst später fällige Geldansprüche des Fiskus mußten womöglich jetzt schon flüssig gemacht werden.

Am 1. Januar 1870 hatte der französische Staat in seinen

eigenen Kassen 106 776 558 Franken, bei der Bank hatte er ein Guthaben von 198 408 934 Franken, sein Wechselportefeuille umfaßte 159 712 451 Franken. Man verwendete also die aus den ordentlichen Einnahmen stammenden Geldsummen, über die durch das Budget bereits verfügt war, zum Teil nicht zu den Zwecken, für die sie ursprünglich vorgesehen waren. Diese Ausgaben wurden vorläufig zurückgestellt und erst dann wieder aufgenommen, wenn inzwischen die ausgegebenen Beträge von neuem beschafft waren. Man konnte sich ferner bemühen, durch Einsparen an einzelnen bewilligten Posten einiges Geld frei zu bekommen. Aber diese Maßnahmen lieferten doch nur verschwindend kleine Summen, oder ihr Erfolg war lediglich ein Zeitgewinn. Denn wenn die entlehnten Beträge an der alten Stelle nicht endgültig gestrichen und dauernd für den außerordentlichen Verwendungszweck bestimmt wurden, so mußten sie eben später doch wieder ersetzt werden, um die eine oder andere Ausgabe zu decken.

Mehr Wirkung versprach die Erhöhung der bisherigen Steuererträge im Verhältnis zum gesteigerten Bedarf oder die Erhebung besonderer Kriegssteuern. Allein selbst wenn dazu die Steuerkraft des Landes ausgereicht hätte, so wäre das Mittel doch nicht schnell genug wirksam und auch zu unsicher gewesen. Das Steuersystem war verwickelt und der parlamentarische Apparat für rasche Gesetzgebungsarbeit zu schwerfällig. Solche Angelegenheiten mußten durchgeprüft und überlegt werden. Es wäre ökonomisch falsch und ungerecht gewesen, die gegenwärtigen Steuerzahler mit dem ganzen Ausnahmebedarf des Krieges zu belasten und die einzelnen Wirtschaften über alles Maß heranzuziehen.

Diese Art der Geldbeschaffung bot also vorerst nur geringe Aussichten. Selbst bei den regelmäßigen Einnahmen mußte man sich gegenüber den Voranschlägen in den Budgets der Jahre 1870 und 1871 auf einen starken Steuerausfall gefaßt machen. Zwar wurden, wie eine Kundgebung der Regierung hervorhob [1]), die Steuerschulden für das Jahr 1870 pünktlich bezahlt, und

1) Journal officiel vom 6. Januar 1871.

den Beiträgen der Pariser verdankte der Staatsschatz nach seinen Aussagen seine größten Hilfsmittel während der Belagerung. Aber in vielen Gegenden des Landes war es infolge der Okkupation unmöglich, die Steuern an die Lokalbehörden und an die Zentrale abzuführen. Die Steuerpflicht für das Jahr 1871 konnte nur bei der Grund-, Tür- und Fenstersteuer rechtzeitig festgesetzt werden. Bei der Personal-, Mobiliar- und Patentsteuer verzögerte sich der Abschluß.

Der Staat ersuchte zwar die Steuerschuldner, ihre Restbeträge abzuliefern und für die kommenden Termine im voraus Einzahlungen zu leisten. Aber selbst wenn man von vielen Seiten dieses Verlangen befolgte, so wurden damit die Einnahmen doch nicht gesteigert, sondern höchstens das gewonnen, was man in gewöhnlichen Zeiten brauchte.

Am besten war es vielleicht für den Staat, wenn er es unternahm, die erforderlichen Summen durch den inländischen oder internationalen Geldmarkt zu erlangen. Er erhielt dann, ohne auf seine Untertanen einen drückenden Zwang auszuüben, die nötigen Frankenbeträge von einer Klasse von Geldbesitzern, die sie ihm freiwillig zur Verfügung stellten. Sie hatten in diesem Fall die Zeichen aufzubringen, die die gewünschten Kapitalsummen ergaben. Aber auch die Anleihen bedurften einer Vorbereitung und gingen nur langsam ein. Der Augenblick, in dem der Staat mit seinem Begehren hervortreten konnte, mußte günstig gewählt sein.

Reichlicher und ebenso rasch wie mit den disponiblen Vorräten seiner eigenen Kassen wurde dem Staat geholfen, wenn sich die Bank dazu verstand, ihm mit ihren Geldbeständen beizuspringen. Statt bei der großen Oeffentlichkeit des Landes konnte sich der Staat allenfalls bei seiner ersten Bank, der er das Notenemissionsrecht übertragen hatte, um ein Darlehen bewerben. Kam es dazu, so gab er sich aber wohl auch mit ihren Noten zufrieden.

Damit hatte er sich jedoch bereits einem Deckungsmittel zugewandt, das für die Verfassung seines Geldwesens die wichtigsten Folgen haben mußte. Sobald er in dieser Lage zu den Noten der Bank seine Zuflucht nahm, mußten ihnen Eigenschaften beigelegt werden, die sie bisher nicht besessen hatten. —

Der Norddeutsche Bund verschaffte sich die außerordentlichen Mittel für den Krieg, abgesehen von den im Feindesland erhobenen Geldkontributionen und Naturalleistungen, in der Hauptsache durch Aufnahme von Anleihen [1]).

Eine 5%ige Bundesanleihe und die Ausgabe von 5%igen Schatzscheinen mit fünfjähriger Verfallfrist erbrachten zusammen 200 122 200 Taler. Daneben erzielte er durch Begebung kurzfristiger verzinslicher Schatzanweisungen 62 240 300 Taler. Er bezog ferner Vorschüsse aus dem preußischen Staatsschatz [2]), einen größeren Geldbetrag [3]) gegen Verpfändung von Schatzscheinen und Schuldverschreibungen durch die Darlehenskassen und von Kreisen und Gemeinden einzelne Naturallieferungen. An freiwilligen Spenden gingen im ganzen 394 Taler ein.

In Frankreich gab sich die Teilnahme für den Krieg in viel reicheren Geldgeschenken an den Staat kund. Sie liefen beim Finanzministerium und an der Zentralkasse in großer Anzahl ein [4]), so daß man dafür im ganzen Lande und in Algier Annahmestellen errichtete [5]). Die Namen der Geber wurden, um als Beispiel zu wirken, veröffentlicht. Es wurde sogar der Vorschlag gemacht, eine Kasse zu gründen, aus der diejenigen leihweise

---

1) Vgl. Adolf Wagner i. Jahrb. f. Gesetzgebung, Rechtspflege und Volkswirtschaft 1874, pag. 65.

2) 30 Millionen Taler.

3) 17 Millionen Taler.

4) Z. B.

Rochechouart, duc de Mortemart	100 000	Franken,
Der Maire von Vitry-sur-Seine	110 000	Franken,
Lloyd Rouennais	10 000	Franken,
duc de Vicence	15 000	Franken,
Anonym	10 000	Franken,
colonel Barzin	1 000	Franken usw. —

Die verschiedenen Listen wiesen eine lange Reihe von ansehnlichen Spenden auf: 133 710 Franken, 102 945 Franken, 174 684 Franken, 70 744 Franken und viele Ziffern zwischen 10 000 und 50 000 Franken.

5) Journal officiel vom 21. Juli 1870.

Gelder beziehen könnten, die Beiträge zu leisten wünschten, aber dazu keine vorrätigen Mittel hätten.

Aber so sehr diese Opfer die erste begeisterte Erregung einer gewissen gesellschaftlichen Schicht bezeugten, so hatten sie doch nur den Wert eines politischen Sympathiebeweises. Gegenüber dem ungeahnt großen Aufwand, der von der staatlichen Finanzwirtschaft verlangt wurde, kamen sie kaum in Betracht und erleichterten die Deckungstätigkeit der Regierung nur in sehr bescheidenem Umfang.

Dem Staat mußten sofort ausgiebige Einnahmen erschlossen werden. Die Deckungsmittel, die dazu von Frankreich angewandt wurden, waren mannigfaltiger als die Deutschlands, und was besonders hervortritt, ist der Einfluß, der durch die Geldbeschaffung auf die Lage der Geldverfassung selbst ausgeübt wurde. Man begann die Deckung mit provisorischen Verfahren, die sich jedoch in raschem Uebergang zu definitiv wirksamen Deckungsformen steigerten.

Am 15. Juli 1870 forderte der Justizminister Ollivier namens der Regierung im corps législatif 50 Millionen Franken. Die Beziehungen zu Preußen hatten sich zugespitzt. Die ersten Vorbereitungen für den Ausbruch der Feindseligkeiten mußten finanziell ermöglicht werden. Am 18. Juli folgte ein zweiter Gesetzentwurf, durch den die Kredite für Heer und Marine auf 500 Millionen Franken ergänzt werden sollten. Aus diesem Anlaß sollte das Maximum, wonach für das Etatsjahr 1870 bis zu 150 Millionen Franken in Schatzscheinen ausgegeben werden durften, auf 500 Millionen Franken erhöht werden. Die Einzelheiten der Emission wurden dem Ermessen des Finanzministers überlassen. Doch durfte die Laufzeit der Anweisungen zehn Jahre nicht überschreiten.

Zugleich wurden im Budgetvoranschlag für das Jahr 1871 verschiedene Positionen auf der Ausgabenseite gestrichen und neue, durch den Krieg begründete dafür eingesetzt. Einzelne Beträge wurden so nicht ihrer ursprünglichen Bestimmung, sondern den Kriegsbedürfnissen zugeführt. Auch suchte man den Ertrag aus bereits erschlossenen definitiven Deckungsmitteln zu steigern. Die Zölle auf Tee, Kakao und Kaffee, die im Jahre 1860 ermäßigt worden waren, sollten in Zukunft wieder nach dem alten Tarif erhoben werden. Am 21. Juli wurde die Regierungsvorlage unverändert Gesetz.

Der neue Finanzminister Magne reichte am 11. August bei der Kammer einen Dringlichkeitsantrag ein, wonach die vorher bewilligte Anleihesumme auf eine Milliarde Franken gebracht wurde. In Detailfragen erhielt die Regierung völlig freie Hand. Es wurde nur grundsätzlich gefordert, daß durch die Dringlichkeit der Deckung nicht allgemeine Finanzinteressen vernachlässigt werden sollten. Noch am nämlichen Tage durchlief das Gesetz ohne Widerspruch die Kommission und wurde vom Plenum einstimmig und ohne Debatte angenommen.

Es wurden zunächst für den nötigsten Bedarf Schatzscheine ausgegeben [1]), und zwar in zwei Typen, von denen der eine rein provisorischen Deckungscharakter hatte, während der andere von der Finanzleitung zwar ebenfalls vorläufig gedacht war, immerhin aber eine viel dauerhaftere Wirkung ausübte. Das eine Deckungsmittel waren gewöhnliche Schatzscheine mit verschieden abgestufter Verfallfrist von drei Monaten bis zu einem Jahr [2]). Bereits nach so kurzer Zeit mußte der gleiche Betrag, womöglich durch bleibende Deckung, wieder verfügbar gemacht werden. Da die Scheine nach und nach untergebracht wurden, wechselten die Zinssätze, die vom Finanzminister im Anschluß an den Marktzinsfuß jedesmal aufgestellt wurden und die je nach dem Einlösungstermin verschieden waren [3]). Vom 17. September 1870 an wurden alle Gruppen einheitlich mit 5½% verzinst.

Daneben wurden nun Schuldverschreibungen emittiert, die man ebenfalls als Schatzanweisungen bezeichnete, bei denen

1) Vgl. Georg Sydow, Theorie und Praxis in der Entwicklung der französischen Staatsschuld seit dem Jahre 1870.

2) Bons de 3 à 5 mois;
de 6 à 11 mois;
de 1 an.

3) Er betrug beispielsweise am 28. Juli 1870 für die 1. Gruppe 3½%, für die zweite 4½% und für die dritte 5%.

aber die Bedingungen der gewöhnlichen kurzfristigen Anleihe nicht mehr ganz zutrafen. Sie trugen 5% Zinsen, die in halbjährlichen Raten ausbezahlt wurden. Das ihnen Eigentümliche war, daß die Rückzahlung erst nach zehn Jahren fällig wurde. Doch hatte der Staat, wenn er drei Monate vorher kündigte, das Recht, die Titres bereits nach Ablauf von zwei, drei oder fünf Jahren zu tilgen, je nachdem dies auf den Stücken vermerkt war. Durch die Ausgabe dieser Anweisungen, die zum Lombard bei der Bank zugelassen wurden, wurden Gelder gewonnen, die obligatorisch wenigstens erst nach längerer Pause verfielen und so keine unmittelbare Ersatzdeckung verlangten. Die frühere oder spätere Rückzahlung wurde in das Belieben des Staates gestellt, der sein Verhalten nach der finanziellen Gesamtlage einrichten und in der Zwischenzeit die nötigen Vorkehrungen für die Tilgung treffen konnte.

Eine ausgesprochen langfristige Anleihe sollte zur Schonung des Kurses der dreiprozentigen Rente für den Augenblick vermieden werden [1]). Für den Fall einer solchen Emission sollten die Inhaber der eben genannten Schatzanweisungen beim Zuschlag des Subskriptionsergebnisses bevorzugt werden. Auf diese Weise hoffte man dann diese Bons bald wieder beseitigen zu können und die durch sie erzielten Beträge zu einem unbedingt dauernden Deckungsergebnis zu machen. In der Tat verschwanden die Bons zum größten Teil bei den nun folgenden Anleiheemissionen, wo sie in Renten umgewandelt wurden.

Im ganzen sollten von dieser Gattung Schatzscheine nicht mehr als 350 Millionen Franken aufgelegt werden, ohne daß die volle Summe erreicht zu werden brauchte [2]). Im Gegensatz zu

---

1) Journal officiel vom 6. August 1870.

2) Sie wurden nach einer Veröffentlichung vom 30. Mai 1877 auf 1. September 1877 gekündigt und beim Erwerb langfristiger obligations du trésor, die vom 21. Juni 1877 an ausgegeben wurden, in Zahlung genommen. Also auch der Rest der Bons wurde durch eine Finanzaktion mit definitiver Wirkung abgelöst, indem durch einfachen Austausch der Titres ein neues, dauerhafteres Rechtsverhältnis begründet wurde. Oder die durch die anfängliche Deckung entstandenen Verbindlichkeiten wurden

diesen nach amerikanischem Muster geschaffenen Bons bedeuteten die Schatzanweisungen, die der Staat während der Belagerung von Paris auszugeben begann [1]), in erhöhtem Grade ein Provisorium [2]). Es waren Scheine mit nur ein- und zweimonatlicher Verfallfrist, die mit 5 und 5 ½% verzinst wurden [3]). Sie mußten also noch rascher durch erneute Deckungsmaßnahmen abgelöst werden als die gewöhnlichen Schatzscheine. Was von der bewilligten Milliarde nicht durch die ersten Schatzscheinemissionen eingegangen war, wurde von Anfang an in definitiver Deckung durch ein einheitliches Anleiheunternehmen aufgebracht, an das man schon nach kurzer Zeit herantrat.

Die Geldzeichen, die beim Staat durch die Ausgabe von Schatzscheinen einliefen, kamen von der zerstreuten Menge der an der Emission beteiligten Privaten. Soweit die Zeichner die Stücke für die schuldigen Frankensummen nicht schon bei sich vorrätig hatten, mußten sie suchen, durch geschäftliche Mittel in ihren Besitz zu gelangen. Dabei wurden sie von der Bank unterstützt, die ihnen Wechsel diskontierte und Effekten, darunter auch Schatzanweisungen selbst, lombardierte, während sich die Regierung zunächst nicht unmittelbar an den Beistand der Bank wandte. Anlagewerte wurden im Inland verkauft oder gingen in das Ausland, das auch seinerseits Posten der Schatzanweisungen aufnehmen konnte — ebenfalls lauter Möglichkeiten, die Geldzeichen aufzubringen, die schließlich der Regierung überwiesen wurden.

In die staatlichen Kassen flossen so neben den im inländischen Umlauf befindlichen Kurantfranken aus Gold und Silber die Noten der Bank, die teils bereits im Verkehr waren, teils von der Bank im Zusammenhang mit der Schatzscheinemission auf normale Weise ausgegeben wurden, also definitive oder in definitive

---

durch Zahlung der Geldbeträge beendigt, die durch ein definitives Deckungsverfahren aufgebracht wurden.

1) Bis zum August 1872.

2) Journal officiel v. 29. September 1870.

3) Bei den gewöhnlichen Schatzscheinen betrug der Einheitszinssatz 6 Prozent.

Zeichen verwandelbare Sorten. Da für Gold und Silber die Barverfassung bestand, so konnten zur Bezahlung vom Ausland übernommener Effekten fremde Gold- und Silbermünzen eingeführt und in französische Kurantmünzen umgeprägt werden. —

Der französische Staat erhält aber auch von gewissen Organisationen des Inlandes, auf die er durch seine Gesetzgebung oder als Vorgesetzter und Aufsichtsbehörde Einfluß hat, Gelder zu provisorischer Verwendung. Kraft rechtlicher Vorschriften stehen ihm Teile des Kassenvorrates von Anstalten zeitweilig zur Verfügung, die er durch amtliche Zwischenstellen an sich zieht. Da er zur Rückgabe der geliehenen Gelder verpflichtet ist, ist der Zwang, den er ausübt, nur unvollkommen, zeitlich begrenzt und befreit ihn nicht von der Notwendigkeit anschließender definitiver Deckungsmaßnahmen. Der Staat tritt in diesen Fällen in ein Schuldverhältnis zu ganz bestimmten juristischen Einzelpersonen.

Zu dieser Klasse von Deckungsmitteln gehören die Vorschüsse der Generaleinnehmer, Fonds, die der Staatskasse überlassen werden müssen, wie Depositengelder von Gemeinden und öffentlichen Anstalten, freie Bestände der caisse des dépôts et consignations und die nicht fundierten Einlagen der Sparkassen [1]).

Von solchen Gelegenheiten der Geldbeschaffung, die sich dem Staat im Augenblick gesteigerten und dringenden Geldbedarfes als doppelt wertvoll erwiesen, mußte der Staat den ausgiebigsten Gebrauch machen.

So gewährte zum Beispiel der crédit foncier de France immer einige Hilfe. Er betrieb zwar in der Hauptsache das Hypothekengeschäft und erteilte Darlehen an die Selbstverwaltungskörperschaften. Außerdem war er aber auch zur Annahme verzinslicher und unverzinslicher Depositen bis zum Höchstbetrage von 80 Millionen Franken berechtigt. Ein Viertel davon mußte aber zu einem vom Finanzministerium festgesetzten Zinsfuß an den Staat abgeführt werden. Der Staat konnte also von dieser Seite aus im besten Fall auf einen provisorischen Zuschuß von 20 Millionen Franken rechnen, der sich aber im gleichen Verhältnis,

---

1) Vgl. Kimmich, Die Ursachen des niedrigen Kursstandes deutscher Staatsanleihen pag. 200, Anm. 1.

als die Depositen bei der Bank zurückgezogen wurden, vermindern mußte.

Auch die Tätigkeit der staatlichen caisse des dépôts et consignations beruhte in bestimmter Hinsicht auf der Vereinigung von unplazierten Geldern Privater im Interesse der staatlichen Ausgabewirtschaft. Schon durch Ordonnanz vom 3. Juli 1816 hatte die caisse die Erlaubnis erhalten, freiwillig hinterlegte Depositen aufzubewahren, die dann vom Staat zur Deckung von Ausgaben benützt werden konnten. Da sie aber in kürzester Zeit zurückgefordert werden konnten und vom Staat sofort geliefert werden mußten, hatten sie nur die Wirkung eines provisorischen Deckungsmittels.

Das Publikum hatte die Deponierungsgelegenheit nie ganz vernachlässigt, wenn auch die caisse mit der Entwicklung großer Banken immer mehr zurücktrat und die bei ihr eingelieferten Geldbeträge abnahmen. Immerhin wurden bisweilen noch ziemlich bedeutende Summen bei ihr vereinigt. Noch im Jahre 1868 wurden so viele Einzahlungen gemacht, daß man mit dem Zinsfuß herunterging und die Kündigungsfrist verlängerte, da man die Gelder nicht beschäftigen konnte. Der Rückschlag, der infolgedessen erfolgte, hielt auch noch im nächsten Jahre an. Nachdem im ganzen etwa 80 Millionen Franken zurückgezogen worden waren, verfügte die caisse am Ende des Jahres 1869 nur noch über einen Depositenbestand von 18 423 582 Franken.

Für den sinkenden Umsatz auf diesem Gebiete wurde die caisse dadurch entschädigt, daß sie im Jahre 1837 mit der kapitalistischen Verwertung der in den Sparkassen des Landes angesammelten Gelder betraut wurde. Bei dem starken Sparsinn auch der unteren Bevölkerung wurden hier ständig wachsende Geldbeträge zusammengebracht. Ein Teil davon wurde von der caisse fest angelegt, indem sie damit Darlehen an Departements und Gemeinden gewährte oder besonders sichere Effekten, namentlich Staatspapiere, anschaffte, deren Kurs und Absatz stets unter dem Einfluß dieser Nachfrage stand. Die von den Deponenten eingelieferten Geldzeichen aber kehrten auf diesem Wege wieder in den Verkehr zurück.

Der Rest der Depositengelder, der für die laufenden Abhebungen bereitgehalten werden mußte, wurde als jederzeit fälliges Guthaben auf das Konto übergeführt, das der Staatsschatz der caisse eröffnet hatte. Da die Gelder nicht sofort und auf einmal zurückgefordert wurden, bildeten sie für die Regierung eine immer fließende Quelle provisorischer Deckungsmittel für augenblicklich zu leistende Ausgaben. Der Staat war diesen Summen gegenüber etwa in der Lage einer Bank, die mit den bei ihr deponierten Geldern leicht realisierbare Geschäfte betreiben kann. Die Höhe dieses allgemeinen provisorischen Dispositionsfonds wechselte. Seine Rückzahlungsfrist war praktisch unbestimmt. Zurückerstattete Beträge wurden durch die erneuten Eingänge wieder ausgeglichen.

Am Schlusse des Jahres 1869 hatten die Sparkassen bei der caisse 694 551 507 Franken stehen, im Juni 1870 710 Millionen Franken. Davon befanden sich 198 336 392 Franken und 210 Millionen Franken auf dem Kontokorrentkonto des trésor public. Das übrige war teils in Renten, teils in Eisenbahnobligationen angelegt. Die Pariser Sparkasse allein schuldete ihren Deponenten am Anfang des Jahres 1869 54 180 747 Franken.

Schon vor Ausbruch des Krieges wurden weniger Gelder an den Sparkassen eingeliefert und von da an die caisse gebracht. Aber nicht nur, daß die für die staatliche Finanzwirtschaft jetzt so erwünschte Unterstützung nachließ, es vermehrten sich auch aus mancherlei Gründen die Abhebungen um das Doppelte und Dreifache, und diese Abnahme mußte auch die staatliche Kasse empfindlich treffen. Die Sparkassen griffen auf die caisse zurück und die caisse auf den trésor.

Der Staat hätte nun beträchtliche Summen der Zeichen zurückgeben müssen, die ihm nur widerruflich übertragen und von ihm in die staatliche Verwaltung hineingesteckt worden waren. Um rasch Deckung zu schaffen, hätte er ein besonderes Deckungsverfahren veranstalten müssen. Die Ergebnisse der vom Staat verwendeten Deckungsmittel genügten nur mit Mühe den notwendigsten Ansprüchen, die von allen Seiten auf ihn einstürmten. Der Staat entzog sich deshalb der Rückzahlung der Depositengelder durch eine Zwangsmaßnahme, indem er seinerseits die Sparkassen von der Pflicht entband, die Gesamtheit der zurückgeforderten Beträge in Geld zu leisten.

Am 17. September 1870 ordnete ein Dekret der Regierung der nationalen Verteidigung an, daß die Sparkassen höchstens 50 Franken auf jedes Buch in Geldzeichen zurückzuliefern hätten. Darüber hinaus sollten die Deponenten für ihre Einlagen auf Verlangen fünfprozentige, nach drei Monaten fällige Schatzscheine erhalten. Die Schatzanweisungen hatten ebensowenig Geldqualität wie andere staatliche Schuldverschreibungen. Wer von seinem einbezahlten Vermögen mehr als 50 Franken in Geld wiederhaben wollte, mußte die Schatzscheine verkaufen, die er bei der Abhebung seines Guthabens bekommen hatte. Blieb ihr Kurs hinter ihrem Nennwert zurück, so erlitt er unter Umständen einen Kapitalverlust. Durch diese Gefahr wurden die Rückziehungen auf die äußersten Fälle beschränkt. Auch waren die Leute für ein derartiges Verfahren nicht geschäftsgewandt genug.

Die Regierung schuf so mit Rücksicht auf die Finanzlage ein eigenes Notstandsrecht. Dadurch entging sie der unmittelbaren Deckungspflicht provisorisch erworbener Zahlungsmittel durch valutarische Geldzeichen. Es wurde für die Sparkassen erlassen, wirkte aber für sie selbst. Die Sparkassen konnten jetzt durch Vermittlung der caisse nur mehr einen Teil der abgelieferten Stücke vom Staat zurückverlangen. Der Staat mußte nur unbedeutende Zahlungsmittelmengen für diese Bedürfnisse bereithalten. Die Schatzanweisungen aber, die man für die Kunden brauchte und deren Einlösungsfrist allenfalls weiter prolongiert werden konnte, wurden ohne Schwierigkeiten ausgestellt. So verwandelte der Staat vermöge seiner souveränen Autorität ein provisorisches, unmittelbar ersatzbedürftiges Deckungsmittel in ein solches von längerer Dauer. Er anerkannte zwar die aus der ursprünglichen Deckung hervorgegangenen Geldschulden, änderte aber einseitig die Rückzahlungsbedingungen, von denen seine weiteren finanziellen Aufgaben abhingen, zum Nachteil gerade des kleinen Publikums. Die definitive Deckung war aber doch nicht erreicht.

Vergebens erhob der diplomatische Vertreter Italiens im

Interesse seiner Staatsangehörigen Einspruch gegen diesen Eingriff. Fremde Untertanen könnten von einer Zwangsanleihe des Inlandes nicht erfaßt werden. Die Regierung, die die Maßregel als durch höhere Gewalt geboten begründete, erwiderte, daß es sich lediglich um einen Zahlungsaufschub handle [1]).

In der Provinz wurde das Dekret streng durchgeführt. Für Paris räumte man in Anbetracht der besonderen örtlichen Verhältnisse noch einige Effektivrückzahlungen in Geld ein [2]), wobei man dem Inhaber eines Buches jedesmal bis zu 50 Franken erteilte. Die Pariser Sparkasse, bei der im Laufe des Jahres 1870 für 24 697 389 Franken in staatlichen Zahlungsmitteln zurückgezogen worden waren, gab während des nächsten Jahres 9 379 019 Franken in Stücken und Schatzscheinen an ihre Deponenten heraus. Ihr Guthaben bei der caisse betrug am 30. Dezember 1871 noch 36 857 454 Franken.

Einzelne Kundenkreise wie die sociétés de secours mutuels wurden von vornherein nicht von der Anordnung betroffen. Auch galt sie nicht für diejenigen Summen, die nach Erlaß des Dekretes einbezahlt wurden. Diese Einlagen waren vielmehr in ihrem ganzen Betrage in Geldzeichen fällig. Offenbar sollten nur diejenigen Stücke von der Rücklieferung ausgenommen werden, die bereits vom Staate aufgebraucht waren und nun nicht mehr ohne weiteres aufgebracht werden konnten.

Durch Gesetz vom 12. Juli 1871 wurde der alte Zustand wiederhergestellt. Nun hatten alle Summen, die von den Sparkassen aus an den Staat gelangten, wieder den Charakter einer rein provisorischen, sofort kündbaren Ueberlassung von Geldzeichen.

Im Dezember 1871 hatten die Sparkassen bei der caisse nur mehr ein Depositenguthaben von 27 Millionen Franken, so daß sich dieses Konto seit Beginn des Krieges um 180—190 Millionen Franken vermindert hatte. Weder sah sich die caisse zur Erfüllung der Abhebungen gezwungen, einen Teil ihres Effek-

1) Journal officiel vom 13. Januar 1874.

2) Z. B. am 16. Oktober, 17. November, 17. Dezember 1870, 17. Januar 1871.

tenbesitzes zu veräußern, noch geriet der Staat dadurch in Deckungsschwierigkeiten. Als staatliche Anstalt mußte sie ihre geschäftlichen Ziele stets mit Mitteln verwirklichen, die sich mit den Finanzinteressen des Staates vertrugen. Daß die caisse die kritischen Verhältnisse überwand, ohne den Staat in stärkerem Maße heranzuziehen, verdankte sie der Intervention der Bank. Die Bank gewährte ihr gegen Verpfändung von Effekten ein Darlehen von 40 Millionen Franken, mit denen sie die Ansprüche der Sparkassen befriedigte. Die Zinsdifferenzen, die sich hierbei ergaben, fielen allerdings der caisse zur Last, die sie aus ihrer Spezialreserve deckte.

Aehnlich wie sie sich der Geldforderungen der Sparkassen entledigt hatte, versuchte die Regierung auch einzelne Lieferanten abzufinden. Sie bot ihnen an Zahlungsstatt sechsprozentige Schatzscheine im Nennbetrag der Warenschuld an und überließ es ihnen, sie durch Verkauf in Geldzeichen umzusetzen [1]).

Auch dadurch wurde eine provisorische Deckung augenblicklich schuldiger Summen erreicht. Der Staat gelangte dabei jedoch nicht in den vorübergehenden Besitz von Geldzeichen, die durch das Deckungsmittel zuerst in seine Kassen kamen und dann weiter übertragen wurden, sondern er ersparte sich für die nächste Zeit überhaupt jede Leistung und Beschaffung von Zahlungsmitteln für einen bestimmten Ausgabezweck. Das Deckungsverfahren wurde insofern vereinfacht, als die Schatzanweisungen gleich bei den Personen untergebracht wurden, denen der Zeichenertrag einer zur Deckung emittierten kurzfristigen Anleihe hätte abgetreten werden müssen. Die Warengläubiger geduldeten sich mit dem Eingang des Geldes bis zum Verfall der Scheine und ließen sich bis dahin Zinsen entrichten. Zum versprochenen Termin mußte die Regierung die Zeichen liefern oder ein neues Abkommen mit definitiver oder prolongierender Wirkung abschließen. Bei der Einlösung der Schatzscheine stand sie nicht mehr bestimmten Warengläubigern, sondern allgemein Inhabern rückzahlbarer Schuldtitres gegenüber. Brauchten die Schatzschein-

1) Journal officiel v. 13. Jan. 1874: Bericht der Enquêtekommission über die Tätigkeit der Regierung der nationalen Verteidigung.

inhaber die Geldzeichen vorher, so konnten sie aus den Anweisungen ebenso Geld erzielen wie jemand aus der Diskontierung später fälliger Wechsel.

Mit dieser Zahlweise hatte die Regierung jedoch wenig Glück. Man ließ sie sich gewöhnlich nur für einen Teil der Forderung gefallen, und so wurden nur für 26 Millionen Franken Schatzscheine zu diesen Zwecken ausgegeben. Auch die banque de France erschwerte diese Art der Deckung, die ihr offenbar zu wenig solid erschien und den Staat auf eine gefährliche Bahn der Finanzgebahrung lockte. Auf Befehl des conseil des finances verweigerte sie 15 Millionen sechsprozentiger Schatzscheine die Diskontierung, als eine einheimische Bank die Bons realisieren wollte, die sie für Vermittlung von Auslandzahlungen vom Staat erhalten hatte [1]).

So behalf sich die Regierung vorläufig mit Anleiheoperationen mehr oder weniger flüchtiger Art, die teils durch Vertrag teils unter dem rechtlichen Zwang staatlicher Gewalt zustandekamen. Während Paris belagert wurde, wurde dafür in Tours ein selbständiger Emissionsdienst eingerichtet. Allen diesen zersplitterten Maßnahmen fehlte der zielbewußte, energische Deckungswille, ein einheitlicher, auf das Ganze gerichteter Zug, der sich über die endgültigen Mittel der Geldbeschaffung im klaren war. Die Gelder, die der Staat von außen her gewann, mußten ersetzt werden, oder man ergriff neue Deckungsformen manchmal nur, um die Rückzahlungen für kurze Zeit hinauszuschieben. Dazu und für die oft hohen Zinsen brauchte man am Ende wieder valutarische Zeichen. Alles trieb den Staat, wenn er schon auf diesem Wege vorging, zu starken, wirksamen, definitiven Deckungsformen.

Auch hier mußte er für die periodischen Zinsvergütungen valutarische Stücke aufbringen. Dies war aber unter allen Umständen unvermeidlich. Entscheidend war, daß er dann die eigentlichen Anleihebeträge nicht noch einmal zu decken hatte. Am

1) 23 500 000 Franken wurden dadurch wieder verfügbar, daß man Kolonialwaren, mit denen man das belagerte Paris verproviantierte, wieder an das Publikum verkaufte.

stärksten zeigte sich dieser Vorteil bei der Rentenanleihe, der sich der Staat zuerst zuwandte.

Die Milliarde Franken, die von den Kammern bewilligt worden war, wurde nur zu einem kleinen Teil durch die erwähnten Schatzanweisungen beschafft. Ein kaiserliches Dekret vom 19. August 1870 befahl daher die Emission einer dreiprozentigen Rentenanleihe in Höhe von 805 Millionen Franken. Davon sollten 750 Millionen Franken für Kriegszwecke verwendet werden, der Rest für die Kosten der Emission und als Fonds für die ersten Rentenzahlungen. In der Hauptsache wurde so mit der einmaligen Einnahme ein einmaliger Bedarf befriedigt. Die Anfangsrate einer stetigen Ausgabe sollte nur deshalb aus dem Anleiheertrag bestritten werden, weil man noch — was späterhin unvermeidlich war — kein periodisch wirksames, einkommenartiges Deckungsmittel hatte, das schon bis zur Fälligkeit der ersten Zinsen die erforderlichen Summen geliefert hätte.

Bei den Bedingungen und den formalen Einzelheiten der Emission mußte man die augenblicklichen Verhältnisse des Kapitalmarktes und die Gewohnheiten des Zeichnerpublikums beachten. Es fragte sich, wie der von der Regierung erstrebte rasche und ergiebige Erfolg am besten erreicht würde, und ob man ferner schon jetzt eine spätere Minderung der bleibenden Lasten vorbereiten oder von vornherein eine derartige Notwendigkeit beseitigen könne [1]).

Die Anleihe wurde zum Kurs von 60,60 Franken ausgegeben, was einer tatsächlichen Verzinsung von 4,95% gleichkam. Die Zeichenstellen für die öffentliche Subskription befanden sich in Paris und im ganzen übrigen Frankreich. Ein Fünftel der Beträge mußte sofort einbezahlt werden und wurde bei der Zuteilung als erste Rate zurückbehalten. Der Rest wurde in acht Monatsraten geliefert. Zur Beschleunigung des Geldeinganges wurden für Vorauseinzahlungen 5% in Abzug gebracht. Dieser Satz wurde durch Dekret vom 3. Oktober 1870 auf 6% und schließlich durch die Regierung in Bordeaux auf 8% gesteigert. Da-

1) Vgl. hierüber Sydow, l. c.

durch wurde zwar der Ertrag der Anleihe etwas verringert, aber der definitive Zweck der Deckung wurde um so eher verwirklicht. Der Staat entging für die Zwischenzeit der Aufgabe provisorischer Geldbeschaffung, für die er ebenfalls Zinsen hätte aufwenden müssen.

So strömte an bestimmten Zeitpunkten eine bedeutende Anzahl Franken in die Kassen des Staates, vor allem in valutarischen Kurantzeichen. Akzessorische Barsorten waren in größerer Menge nur dann darunter, wenn sie kein erhebliches positives Agio genossen. Waren Auslandstaaten mit Metallvaluten an der Anleihe und ihren sonstigen pantopolischen Begleiterscheinungen beteiligt, so wich dadurch vielleicht das Agio der betreffenden Metallfranken zurück und es erfolgte schließlich sogar eine Einfuhr fremder valutarischer Münzen. Nur so wurde der Vorrat der heimischen Barsorten von außen her allenfalls vermehrt.

Die Renten, die der Staat zu leisten hatte, lauteten auf Franken und wurden in den jeweils valutarischen Stücken entrichtet.

Der Erfolg der Subskription war groß. Nach der Notiz des Journal officiel drängten sich die Menschen den ganzen Tag hindurch an den Zeichnungsstellen. Trotzdem, und obwohl in Paris von September bis Oktober 90 179 000 Franken im voraus einbezahlt wurden, wurde dem augenblicklichen Geldbedarf des Staates doch nicht genügt. Die Anleihebeträge wurden nur langsam verfügbar. Bis zum 23. Februar 1871 waren davon erst 418 Millionen Franken in die Kassen gelangt. Mit mehr als 65 Millionen Franken war man für bereits verfallene Raten im Rückstand. Auch sonst standen die Einnahmen keineswegs im Verhältnis zu den Ausgaben.

Es tauchten daher bald Gerüchte von neuen Deckungsabsichten des Staates auf. Die Regierung widersprach zwar in der Presse, aber bald darauf mußte man doch damit hervortreten. Man bereitete eine zweite Anleihe vor, zu der von Anfang an auch das ausländische Kapital herangezogen wurde. Der Pariser Geldmarkt war vom Verkehr abgeschnitten. Auch war der Ertrag der Anleihe zum Teil für das Ausland selbst bestimmt, zur Bezahlung englischer und amerikanischer Lieferanten[1]). Man wollte durch die Deckungsaktion, die hinsichtlich des Kapitalerwerbs definitiv wirksam sein sollte, unmittelbar zur Tilgung auswärtiger Werteinheiten geeignete Stücke erwerben, ohne daß eine Umprägung oder eine Versendung von Zeichen an den Erfüllungsort notwendig würde.

Das beschämende Angebot von Bellot des Minières kam nicht weiter in Betracht. Er verlangte für das Kapital, das er gegen Schatzscheine liefern wollte, eine Gesamtverzinsung von nicht weniger als 16%. Dazu hätte die Regierung für 12 Millionen Franken Lebensmittel abnehmen müssen, deren Preis auf die Anleihe angerechnet werden sollte. Die französischen Unterhändler wurden daher nach London geschickt. Mit dem englisch-amerikanischen Bankhaus Morgan und Compagnie wurde ein Anleihevertrag geschlossen, zu dem der Finanzminister durch Dekret vom 25. Oktober 1870 ermächtigt wurde.

Die Anleihe bestand aus 500 000 Obligationen im Nennbetrag von je 500 Franken, die auf den Inhaber ausgestellt waren und zu 6% verzinst wurden. Sie sollten vom 1. April 1874 an durch Verlosung innerhalb 34 Jahren gelöscht werden. Vorherige Einlösung der Titres zu ihrem Nennwert war zulässig. Die Firma Morgan selbst übernahm gegen eine hohe Kommissionsgebühr 125 000 Obligationen zum festen Kurs von 400 Franken. 375 000 Obligationen wurden zum Kurs von 425 Franken in Frankreich und England zur öffentlichen Subskription aufgelegt. Für die Durchführung der Emission und für die Vermittlung aller damit zusammenhängenden Zahlungen erhielt das Bankhaus ebenfalls Provisionen.

In Frankreich erbrachte die Anleihe 93 921 000 Franken. Die englischen Zeichnungen wurden durch das Emissionshaus selbst gesichtet und erfuhren dadurch solche Abstriche, daß am Ende fast 50 000 Obligationen unplaziert blieben. Nach langen Verhandlungen, die sich bis in den Dezember hinzogen, übernahm der englische Bankier den Rest zum Kurs von 415 Franken. Die Delegation wurde von der völlig überraschten Regierung

1) Bericht der Enquêtekommission: Journal officiel v. 13. Jan. 1874.

in Paris heftig getadelt, weil sie sich so ungünstigen Bedingungen unterworfen hatte [1]). Da aber alle Mittel erschöpft waren, fügte man sich auch solchen Forderungen, durch die der Staat in seiner Notlage ausgebeutet wurde. Das Anerbieten eines Amerikaners, Edgerton, aber, in seiner Heimat eine gleiche Anleihe wie die Morgansche auszugeben, wurde abgewiesen.

Die in London vereinbarte Anleihe hatte im Unterschied zu der vorausgegangenen Rentenemission die Form einer langfristigen Kapitalanleihe. Sie verfiel nach einer Reihe von Jahren, ließ aber gleichwohl die Möglichkeit offen, ihre Härten durch einen vorteilhafteren Deckungsersatz schon vorher auszugleichen. Inwieweit der Staat die Deckung als definitiv betrachten wollte, lag bei ihm. Für die nächste Zeit war er nur gezwungen, Zinsen durch Deckung zu beschaffen. Durch die Rückzahlungspflicht, die noch dazu ein größeres Kapital erforderte, als durch die Anleihe aufgebracht worden war, wurde er wenigstens nicht unmittelbar belastet.

Die Stücke, die aus dem Inland in die staatliche Kasse kamen, folgten aus der augenblicklichen Geldverfassung Frankreichs. Es waren überwiegend Zeichen der valutarischen Kurantgeldart, die jedenfalls im eigenen Zahlgebiet zu ihrem vollen Nominalwert definitiv wirkten. Zur Herstellung fremden Bargeldes waren nur bestimmte Kurantmünzen tauglich. Gingen solche Stücke ein, so konnten sie zu diesem Zwecke ausgeschieden werden.

Die englischen Teilnehmer an der Anleihe machten ihre Einlagen nicht in Franken, sondern in Werteinheiten ihrer Valuta. Sie lieferten valutarische Sovereigns, Goldmünzen von bekannten Gewichts- und Feinheitsverhältnissen, und erhielten dafür die auf Franken gestellten Schuldtitres. Die in London erscheinenden französischen Obligationen riefen also dort keine Nachfrage nach Franken hervor. Wieviel Franken des Anleihe-

1) Aus jeder Obligation im Nennwert von 500 Franken erzielte der Staat einen Durchschnittsertrag von 404 Franken. Die wirkliche Verzinsung der Anleihe stellte sich auf etwa 8%. Im ganzen gingen durch die Anleihe nominal 202 024 770 Franken ein.

betrages durch Hingabe eines Sovereigns erworben wurden, bestimmte sich nicht nach dem intervalutarischen Tageskurs, sondern wurde sofort verabredet. Es sollte dafür allgemein das Wertverhältnis 1:25 gelten, bei dem der französische Staat äußerlich gewiß nicht zu kurz kam. Es konnte dieser Umstand jedoch nur im Zusammenhang mit den übrigen Anleihebedingungen gewürdigt werden, wobei das Urteil weit weniger günstig ausfallen mußte. Für jedes Pfund Sterling wurden dem englischen Zeichner 25 Franken auf einen Anteilschein angerechnet. Das Emissionshaus schrieb dem französischen Staatsschatz einen Sovereign gut, so oft 25 Franken von der Anleihe untergebracht waren.

So gelangte der französische Staat in den Besitz eines Guthabens von Sovereigns, das er in London beließ. Er konnte damit Schulden tilgen, die er in englischen Werteinheiten hatte, ohne die im Einzelfall erforderlichen Stücke in irgendeiner Form erst kaufen zu müssen und dadurch einen Druck auf den intervalutarischen Kurs des Frankens gegenüber dem Sovereign auszuüben. Die Stücke waren an dem Platze, wo man sie brauchte, und konnten nach Bedarf abgehoben werden. Dadurch sank dann der Vorrat der französischen Regierung an englischem Gelde. Die noch nicht aufgebrauchten Summen bildeten einen Posten in der Forderungsbilanz zwischen Frankreich und England, der jederzeit eingezogen werden konnte. Ausländische Kapitalisten stellten dem französischen Staat die Gelder zur Verfügung, mit denen die ausländischen Händler bezahlt wurden. Diese vom Ausland gelieferten Waren waren zwar in den Einfuhrziffern des französischen Zollverkehrs enthalten, wirkten aber pantopolisch wie der Import von Gütern, der keine Ausfuhr von Werteinheiten zur Folge hatte.

Wurden die dem Staat gehörigen Sovereigns nach Frankreich übertragen, so konnten sie in bare Goldkurantfranken verwandelt werden. Auf eine Mehrung ihres Metallschatzes, um dann die Stücke wieder in den inländischen Umlauf zu verstreuen, konnte es aber die Regierung nicht abgesehen haben. Weit wichtiger war, was das Sterlingsguthaben allenfalls für die

Regulierung der intervalutarischen Kurse hätte bedeuten können. Der Staat hatte die Möglichkeit durch Abgabe von Devisen, die er auf seinen Sterlingsvorrat zog, die Nachfrage nach englischen Zahlungsmitteln zu erleichtern und damit ein Steigen des Sovereignpreises in französischer Valuta zu verhindern.

Das Recht der englischen Gläubiger auf Rückzahlung des geliehenen Kapitals berührte die gegenwärtigen Kursbeziehungen zwischen den beiden Ländern nicht. Erst später, wenn Anweisungen auf Franken nach London geschickt werden mußten, um die verfallene Anleihesumme oder fällige Zinsen zu erstatten, war infolge des großen Angebotes von Franken eine Schwächung der französischen Valuta auf der Londoner Börse zu erwarten. Denn Kapital und Zinsen waren, wenn nichts anderes vereinbart war, in Franken zu entrichten und wurden tatsächlich mit den augenblicklich valutarischen Frankenstücken geleistet. Suchte dagegen der englische Zeichner jetzt seine Verbindlichkeiten aus der Anleihe in Franken zu erfüllen, so wirkte dies belebend auf die Haltung des französischen Frankens in London ein.

Der Entschluß des Staates, Titres wieder auszugeben, um die er seine Schulden durch Rückkauf bereits vermindert gehabt hatte, stand auf einer Stufe mit der Neuaufnahme einer Anleihe. Je nach dem Markt, auf den sie gebracht wurden, erlöste er Zahlungsmittel einer bestimmten Valuta zu bleibendem Besitz der Summen. Dafür traten aber die Zinsverbindlichkeiten, die er bei der früheren Emission der Anleihe eingegangen und teilweise schon wieder beseitigt gehabt hatte, in ihrem alten Umfang wieder zutage. Wie beim ersten Mal hatte man es mit einer definitiven Geldbeschaffung zu tun. Ein neues Anleihegeschäft wurde dabei nicht unternommen. Es wurde nur auf ein vorher verwendetes Deckungsmittel, dessen definitive Wirkung freiwillig abgekürzt worden war, zurückgegriffen.

Ebenso konnte das aus Effekten bestehende Sondervermögen von Staatsanstalten veräußert und die daraus gewonnenen Beträge zu außerordentlichen Staatsausgaben benutzt werden. So verfuhr die Regierung mit dem Rentenbesitz der caisse de la dotation de l'armée, der 92 197 000 Franken betrug [1]). Die caisse wurde aufgelöst und die Renten wurden an der Börse verkauft. Die Privaten, die die Effekten gegen dauernde Abtretung von Kapitalsummen aufnahmen, erhielten in Zukunft den Zinsbetrag, der, durch periodische definitive Deckung aufgebracht, bisher den Zwecken der Anstalt zugeführt worden war. —

Alle die bisher genannten Deckungsmittel lassen sich als finanzpolitische zusammenfassen: der Staat bringt die Summen, deren er zur Deckung von Ausgaben bedarf, durch bestimmte finanztechnische Maßnahmen auf, indem er die Geldzeichen dazu da aufbietet und sammelt, wo sie, in kleineren Beträgen zerstreut, bereits vorrätig daliegen oder von den Inhabern vorhandener Vermögenswerte hervorgerufen werden können. Der Staat selbst hat die dabei eingehenden Stücke nicht selbst aus Anlaß des Deckungsbedarfes für sich geschaffen. Dieses Heranziehen der Geldzeichen von außerstaatlichen Wirtschaften in den Verfügungsbereich der staatlichen Finanzwirtschaft ist das Entscheidende. Es kann, wie bei der Emission von Anleihen oder Schatzanweisungen, erfolgen durch freiwillige Beteiligung geldbesitzender Kreise des Inlandes oder Auslandes oder, wie bei Steuern und bei der zwangsweisen Ablieferung von Depositengeldern an staatliche Kassen, auf Grund gesetzlicher Vorschriften.

Die Zeichen, die der Staat dabei aus dem Inland erhält, sind die des heimischen Geldwesens, insbesondere, soweit sie von ihm bisher valutarisch behandelt worden sind. Akzessorische Stücke mit positivem Agio werden nur dann darunter sein, wenn ihre Besitzer von der günstigeren Verwendungsmöglichkeit nichts wissen. Die innere Organisation des Geldsystems wird auf diese Weise nicht verändert, der Zeichenvorrat bei den staatlichen Kassen konzentriert, aber in seinem Gesamtbestand nicht vermehrt. Höchstens daß durch den mit diesen Vorgängen zusammenhängenden gesteigerten allgemeinen Bankverkehr eine größere Anzahl von Banknoten ausgegeben wird, deren Wesen aber hierdurch nicht berührt wird.

Werden die Schatzanweisungen oder Anleihetitres im Aus-

1) Vgl. Thiers i. d. Sitzung der Nationalversammlung v. 8. März 1871.

land untergebracht, so wird, wenn die Lieferung heimischer Werteinheiten ausbedungen ist, das Ausland so lange solche Zeichen in Form von Wechseln kaufen und remittieren, als dies vorteilhaft ist. Die Verschuldung des Auslandes kann jedoch durch die Uebernahme der Anleihe so stark werden, daß seine valutarischen Münzen ins Emissionsland verschickt werden, um hier in bares Kurantgeld verwandelt zu werden — vorausgesetzt, daß dies durch währungspolitische Einrichtungen möglich ist. Hieraus ergibt sich eine Bereicherung des inländischen Metallgeldvorrates, der, an den staatlichen Kassen vereinigt, unter Umständen zu einer Veränderung der bisherigen metallischen oder nichtmetallischen Valuta benutzt werden kann, — weshalb ja auch ausschließlich zur Gewinnung von Geldstoff für Errichtung einer Metallvaluta Auslandanleihen in den Staaten aufgenommen werden, die in den Münzen ihrer Valuten das gewünschte Prägematerial abgeben können.

Auch wenn die Anleihe in fremden Werteinheiten zahlbar ist, kann ihr Stückertrag, falls er dazu stofflich geeignet ist, in inländische Geldzeichen verwandelt werden, wodurch der Metallbesitz des Emissionsstaates wächst. Oder das Anleiheergebnis dient zur Bezahlung von Schulden, die auf jene Valuta lauten, und verhindert so eine Entwertung der heimischen Werteinheit in intervalutarischer Beziehung, die durch den sonst notwendigen Ankauf jener fremden Werteinheiten allenfalls eintreten könnte.

Diese Geldzeichen werden sowohl den Stücken als auch dem Betrage nach endgültig erworben bei den definitiven finanzpolitischen Deckungsmitteln. Der Staat braucht hier die erhaltenen Geldsummen überhaupt nicht mehr oder erst nach so langer Zeit zurückzuleisten, daß ein unmittelbar anschließender Deckungsersatz nicht erforderlich ist. Jenes gilt bei den periodisch wie Einkommen eingehenden Steuern und beim einmaligen Ergebnis einer ewigen Rentenanleihe, bei der der Anleihezeichner gegen unbedingte Hingabe einer größeren Geldsumme einen veräußerlichen und so wieder in Zeichen realisierbaren Anspruch auf dauernden Bezug kleinerer Rentenbeträge erwirbt. Dieses ist der Fall bei der Kapitalanleihe, bei der der Private dem Staate gegen Vergütung von Zinsen eine Kapitalsumme überläßt, die nach Ablauf einer größeren Anzahl von Jahren zurückzugeben ist.

Bei der finanzpolitischen provisorischen Deckung werden zwar auch die dabei eingehenden Geldzeichen bleibendes Eigentum des Staates, der die gerade fälligen Ausgaben im richtigen Zeitpunkt erfüllen kann. Aber der Summenbetrag muß entweder sofort wieder zurückerstattet werden, wie etwa bei Depositen, wo das dem Staat übertragene Geld beliebig zurückgezogen werden kann, oder doch so schnell, daß augenblicklich für die Beschaffung einer dauernd wirksamen Deckung gesorgt werden muß, wie bei kurzfristigen Schatzanweisungen. Im Fall dieser provisorischen, nur temporär wirksamen Deckung geht also die sich unmittelbar wieder erhebende Deckungsnotwendigkeit auf die zeitlichen Bedingungen des Summenerwerbes zurück. Mit den Eigenschaften der aufgebrachten Geldzeichen hat sie nichts zu tun. —

§ 6.

DIE UMGESTALTUNG DER FRANZÖSISCHEN VALUTA ALS FOLGE STAATLICHER DECKUNGSPOLITIK.

Dem finanzpolitischen Deckungsprinzip steht das geldpolitische gegenüber. Seine Eigentümlichkeit liegt darin, daß der Staat vermöge seines Geldhoheitsrechtes die Geldzeichen, die er zur Deckung eines bestimmten Geldbedarfes braucht, selbst herstellt. Die der geforderten Summe entsprechende Zeichenmenge wird also nicht von anderen Seiten herangezogen, sondern aus dem Deckungszweck heraus unmittelbar durch ihn geschaffen. Sie war bisher überhaupt noch nicht vorhanden, und da gerade jede finanzielle Belastung bei der Deckung vermieden werden soll, wie sie auch durch die Erwerbung kostbaren Prägemetalls entstehen würde, so werden die Zeichen aus einem stofflich wertlosen, keine Kosten verursachenden Material hergestellt. Der Staat gibt Noten aus.

Bei diesem geldschöpferischen Deckungsverfahren vermehrt

sich auf alle Fälle der Bestand an inländischen Geldzeichen, gleichviel, ob die Noten im heimischen Geldsystem schon vorher vertreten waren oder jetzt erst eingeführt werden. Da diese Art Deckung insbesondere in Zeiten finanzieller Bedrängnis angewendet wird, die Bereitstellung metallischer Stücke für die Einlösung also unmöglich ist, so werden die Noten, falls dies nicht schon bisher so gewesen ist, mit Annahmezwang und Uneinlösbarkeit ausgestattet. Sie werden zum definitiven Kurantgeld gemacht oder gleich als solches in das Geldwesen aufgenommen. Erst dadurch wird die selbständige Erzeugung von Noten zu einem definitiven Deckungsmittel für den Staat, der weder für die aufgebrachten Summen noch aus Gründen der Stückbeschaffenheit Deckungsersatz leisten muß [1]).

Mit diesen Eigenschaften ist für die Note aber auch die Möglichkeit der valutarischen Funktion gegeben, und da sich in diesem Augenblick große Notenmengen in den staatlichen Kassen befinden, so trifft vielleicht mit der bloßen Vermehrung staatlicher Geldzeichen eine Aenderung der Valuta zusammen: der Staat verfällt der Papierwährung.

Aeußerlich kann sich diese Zeichenbeschaffung in doppelter Weise vollziehen. Die eine ist die unverhüllte Ausgabe staatlichen Papiergeldes. Der Staat stellt die Zeichen her, begültigt

---

1) Auch das geldpolitische Deckungsprinzip läßt ein nur provisorisch wirksames Verfahren zu. Es ist dann gegeben, wenn zur vorübergehenden Beschaffung von Geldmitteln einlösbares Papiergeld mit obligatorischem oder fakultativem Annahmezwang ausgegeben wird. Da dieses immer akzessorisch ist, so wird durch die Emittierung die Valuta selbst nicht beeinflußt, sondern nur der Stückvorrat vermehrt. Wegen der unvollkommenen Wirkung der Geldzeichen, mit denen der Staat in diesem Fall seine Zahlungen leistet, muß eine der Einlösungspflicht genügende Menge definitiv befreiender Stücke bereitgestellt werden, wozu eine besondere Deckungsaktion notwendig ist, selbst wenn diese Aktion nur in der juristischen Verwandlung provisorischer Kassenscheine in uneinlösbares Papierkurantgeld besteht. In seiner Wirkung für die Finanzwirtschaft verhält sich so das provisorische geldpolitische Deckungsverfahren zum definitiven geldpolitischen, wie sich die provisorische finanzpolitische Deckungsweise zur definitiven finanzpolitischen Deckungsart oder wie sich der einlösbare Kassenschein zur Zwangskursnote verhält.

sie, bekennt sich im Text der Noten offen als ihren Emittenten und setzt sie in Umlauf.

Bei der anderen Form benutzt der Staat die Scheine seiner Zentralnotenbank, auf denen diese als Emittentin der Stücke erscheint. Es geschieht dies etwa in der Art, daß der Staat in Geldnot von der Notenbank ein Darlehen verlangt. Da die Bank auf ihren Besitz an Kurantmünzen nicht verzichten kann, muß er sich mit der Gewährung des Darlehens in Noten begnügen, dessen Betrag er bis zu einem bestimmten Termin zu tilgen verspricht.

Bisher pflegten die einlösbaren Noten der Bank nur gelegentlich des Diskont- und Lombardgeschäftes zu entstehen, in deren Verlauf die ausgegebenen Scheine — oder an ihrer Stelle Münzgeld — nach einiger Zeit immer wieder an die Bank zurückkehrten. Blankokredit durfte die Bank nicht erteilen; es gingen also auch keine Noten in diesem Zusammenhang aus der Bank. Der Staat muß dieses seinem Darlehensverlangen entgegenstehende Verbot erst beseitigen, wodurch sich nun die ganze bisherige Grundlage der Notenemission verändert. Dieser vom Staat bewirkte rechtliche Eingriff ist die erste Voraussetzung für die Schaffung von Noten in Verbindung mit dem Deckungszweck.

Mit diesen von der Bank gelieferten Noten will nun der Staat Zahlungen leisten. Sie gleichen äußerlich ganz jenen im regelmäßigen Bankbetrieb hervorgebrachten Stücken, die auch weiterhin ausgegeben werden. Sie vermischen sich mit ihnen im Umlauf und sind zunächst ebenfalls einlösbar, ohne aber, wie sie, nach einiger Zeit aus dem Verkehr wieder in die Bank zurückzuströmen oder den Eingang eines ihnen entsprechenden Kurantmünzbetrages zu veranlassen. Sie halten sich vielmehr in der Zirkulation, während das Einlösungsversprechen doch noch an ihnen hängt.

Da sich nun die Bank bei der vermehrten, innerlich ungleichartigen Notenemission einem etwaigen Einlösungsandrang gegenüber nicht mehr unbedingt gewachsen fühlt, dem Staat aber die Beschaffung von Münzkurantgeld zur Sicherung der

Einlösung im Augenblick unmöglich ist — gerade deshalb nimmt er ja die Noten der Bank in Anspruch — verhängt er über alle von der Bank ausgegebenen Scheine ohne Unterschied des Emissionsgrundes den Zwangskurs, unbeschränkten Annahmezwang und Uneinlösbarkeit.

Also nicht nur ihre Entstehungsmöglichkeit führen die zur Deckung verwendeten Noten auf den Staat zurück, sondern auch die wichtigen Eigenschaften, die sie als staatliches Geld äußern, das sie vorher vielleicht noch gar nicht gewesen sind. Auch die Verleihung dieser Eigenschaften ist eine Folge der Deckungsabsicht. Denn nur dadurch, daß der Staat die Bank in den Stand setzt, ihm in den Noten definitives Kurantgeld zu liefern, sind die damit geleisteten Zahlungen endgültig für ihn erledigt.

Weil der Staat die Noten von der Bank bezieht, einer ihm gegenüberstehenden Rechtspersönlichkeit, der er sich in der Höhe des Gesamtbetrages der ausgegebenen Scheine verschuldet, liegen scheinbar die Merkmale definitiver finanzpolitischer Deckung vor. Es handelt sich aber von vornherein nicht darum, bereits vorhandene Geldzeichen im Wege der Anleihe zu gewinnen, sondern so einfach und unauffällig wie möglich neue Werteinheiten ins Leben zu rufen. Die Beziehungen zwischen Staat und Bank dienen nur dazu, diesen Tatbestand durch das sachlich bedeutungslose Beiwerk eines Vertrages zu verschleiern, die öffentliche Meinung über die Dauer des Zwangskurses zu beruhigen, den Staat vor unmäßiger und leichtfertiger Notenproduktion zu bewahren und einen moralischen Druck auf ihn auszuüben, die Wiederaufnahme der Metallzahlungen anzustreben.

Sollen die Banknoten mit Zwangskurs beseitigt werden, was die zeitliche Begrenzung des Bankdarlehens erreichen will, so muß der Staat die Scheine an die Bank zurückgeben oder er muß ihr das für die Einlösung erforderliche Metallkurantgeld zur Verfügung stellen. Die Mittel zu diesem Umtausch muß er ebenso durch finanzpolitische Deckungsmaßnahmen aufbringen, wie wenn er unmittelbar von ihm hergestelltes valutarisches Papiergeld durch valutarische Metallzeichen ersetzen will.

Die Zinsen, die die Bank etwa für das dem Staat erteilte Darlehen erhält, können nicht eigentlich als Entschädigung für die entgangene Anlagemöglichkeit der dem Staat überlassenen Geldsumme aufgefaßt werden. Denn die Werteinheiten, die der Staat bezieht, wären ohne ihn überhaupt nicht im Besitz der Bank und werden so auch keiner anderen Verwendung entzogen. Die Zinsen sind vielmehr eine Art Entgelt für die vermittelnde Tätigkeit, die der Bank bei der Emission des Papiergeldes zufällt. Ihre Mitwirkung erleichtert das Gelingen der gewählten Deckungsmethode besonders auch deshalb, weil sie noch mehr wie früher die jetzt leichter gefährdete intervalutarische Stellung der heimischen Valuta zu sichern hat, zu deren Stücken sie nach außen hin in engster Beziehung steht. —

Die Deckungspolitik der französischen Regierung veränderte, solange sie sich mit den zuerst erwähnten finanzpolitischen Mitteln vollzog, den Zustand der herrschenden Geldverfassung nicht. Sie bediente sich weder währungsrechtlicher Einrichtungen noch beachtete sie überhaupt, von einzelnen Momenten der Morganschen Anleihe abgesehen, die eigentümlichen Beziehungen zwischen dem finanziellen Verlauf der Deckung und ihrem Stückertrag. Der Staat schien diese Beziehungen weder bewußt zu beeinflussen noch auszunutzen.

Auf diesen Zusammenhang stieß er mit Notwendigkeit, als er daran ging, das Notenprivileg der Bank seinen Deckungszwecken unterzuordnen. Die wichtigste Folge dieses Schrittes war, daß die französische Geldverfassung damit eine neue Geldsorte eingefügt erhielt, die den ganzen weiteren Charakter der Valuta umgestalten sollte.

Um bei der Bank ein Darlehen in Noten erheben zu können, mußte die Regierung vor allem Vorschriften des Statutes entfernen, die dieser Absicht entgegenstanden. In dem Darlehensvertrag zwischen Staat und Bank war die Erlaubnis eingeschlossen, daß das Noteninstitut in dem besonderen Fall ein Darlehen erteilen und dazu die von ihm emittierten Noten verwenden durfte. Damit die auf diese Weise erzielten Geldzeichen aber für staatliche Zahlungen auch definitiv wirken konnten, wurde ihnen vom Staat aus zur Vollendung der geldpolitisch-definitiven Deckung der Zwangskurs verliehen. Nun konnte auch die Bank nicht mehr in eine Lage kommen, in der sie, durch die Verhältnisse gezwungen, die Einlösung der Scheine hätte verweigern oder besondere Maßnahmen zur Aufrechterhaltung der Noteneinlösbarkeit hätte treffen müssen. Zugleich wurde ihr die Bewahrung ihres Metallbestandes leicht gemacht, wodurch ihr möglicherweise ein Mittel geliefert wurde, mit dem sich der Rückgang des Frankenkurses gegenüber anderen Valuten bekämpfen ließ.

Die Bank war für die ihr zufallende Aufgabe wohlvorbereitet. Frankreich selbst galt vor dem Krieg als das Land, das die reichsten Metallreserven hatte. Einschließlich des Münzvorrates bei der Bank schätzte man ihren Gesamtwert auf etwa 5 Milliarden Franken, wovon etwa der sechste Teil aus silbernen 5 Frankenstücken bestand [1]). Die banque de France allein, deren Barschatz seit dem Jahre 1866 fortwährend zugenommen hatte, hatte in ihren Kassen für 1300 Millionen Franken Münzen liegen.

Nun zeigte es sich, wie günstig es für die Geldverfassung war, daß im inneren Verkehr die Note an Verbreitung gewonnen hatte. Die Bank verfügte über den größten Metallvorrat, den je ein gleiches Institut vereinigt hatte. Wurde jetzt der Zwangskurs über ihre Noten verhängt, so brauchte sie nichts davon herauszugeben. Allerdings war mit dieser vorgeschrittenen Metallkonzentration noch nicht alles getan. Sie war nur eine Vorbedingung. Man mußte es auch verstehen, sie so folgerichtig wie möglich im Dienste einer bestimmten währungspolitischen Idee zu verwenden.

Am 14. Februar 1870 setzte sich der Metallvorrat der Bank folgendermaßen zusammen:

1. Gold:

Stücke	zu	100 und 40	Franken	im	Gesamtbetrage	von	4 437 000	Franken
„	„	50	„	„	„	„	2 000 000	„
„	„	20	„	„	„	„	326 079 000	„
„	„	10	„	„	„	„	127 288 000	„
„	„	5	„	„	„	„	29 381 000	„

1) Soetbeer, Die fünf Milliarden, pag. 14.

Der Stoffwert der vorhandenen fremden Goldmünzen und Goldbarren betrug im ganzen 167 868 000 Franken (9 036 000 und 158 832 000 Franken).

2. Silber.

Stücke zu 5 Franken	im Gesamtbetrage	von	458 019 000	Franken
Französische Scheidemünzen	„	„	29 371 000	„
Scheidemünzen Italiens	„	„	16 430 000	„
„ Belgiens	„	„	670 000	„
„ der Schweiz	„	„	1 120 000	„

Es war ferner bei der Bank Silber vom Fiskus deponiert, das aus der Demonetisierung von Silbermünzen mit der Feinheit $^{9}/_{10}$ stammte und einen Wert von 57 776 000 Franken hatte.

Der Metallbestand, der für Operationen gegenüber Goldwährungsländern in Betracht kam, umfaßte so 657 053 000 Franken. Vorzüglich geeignet dazu waren neben den eigenen Goldmünzen dieser Länder und neben Goldbarren die barrenähnlichen hochbegültigten Frankenmünzen und die unversehrten 20-Frankenstücke. Zum Verkehr mit Unionsländern konnten alle Bundesmünzen des Goldvorrates unmittelbar verwendet werden.

Für den Ausgleich gegenüber Silberstaaten waren 515 795 000 Franken vorhanden, die innerhalb des Gebietes der Union größtenteils ohne weiteres brauchbar waren. Aus 18 220 000 Franken Scheidemünzen konnte die Bank durch Umtausch silbernes oder goldenes Unionskurantgeld gewinnen. Der einzige Fehler des Metallschatzes war, daß er mit Silber etwas überladen war und daß das Gold nicht noch in stärkerem Maße den Silberanteil übertraf.

Auf diesem Metallfonds und auf der bedeutenden Menge ausländischer Effekten, die im Besitz des französischen Kapitals waren, beruhte die finanzielle Kriegsbereitschaft Frankreichs. Denn dadurch war es dem Staat möglich, seinen Geldbedarf ohne Gefahr für die intervalutarischen Wertbeziehungen des Frankens auf geldpolitischem Wege zu decken.

Die Metallmengen, die in bare Sorten fremder Länder umgeprägt werden konnten oder schlechthin im Ausland umlauffähig waren, konnten den Zahlungsverkehr mit auswärtigen Staaten in einer den Valutastand des Frankens schonenden Form vermitteln. Sie lieferten ferner das Material für etwaige Aktionen der exodromischen Verwaltung. Der Metallvorrat der Bank spielte für die Staatsfinanzen nicht deshalb eine so wichtige Rolle, weil er eine große Anzahl heimischer Werteinheiten enthielt. Diese Stücke wurden von der Regierung gar nicht in erster Linie in Anspruch genommen, und für das Inland war man nicht auf stofflich wertvolles Geld angewiesen. Daß aber jene Summen stofflich wertlosen Geldes, auf das der Staat seine Deckung gründete, weiterhin erzeugt werden konnten, ohne allenfalls schädliche Nebenwirkungen für das Geldwesen befürchten zu lassen, setzte eine beträchtliche Metallkonzentration bei der Stelle voraus, die sich der intervalutarischen Interessen der Valuta annahm. Die Bank hatte die notwendigen Mittel, wenn sie sich zu dieser Tätigkeit berufen fühlte.

Die auswärtigen Effekten konnten unter Umständen als Gegengewicht gegenüber überragenden Forderungen des Auslandes ins Feld geführt werden.

Der Rückhalt, den die geldpolitische Deckung auf diese Art fand, war nicht nur um der Valuta selbst willen erwünscht. Er sicherte dem Staat auch günstige Verhältnisse für den Fall, daß er später wieder zur finanzpolitischen Deckung greifen sollte. Eine Anleihe konnte nur dann vorteilhaft im Ausland untergebracht werden, wenn man gewiß war, daß die als Zinsen gelieferten Franken beim Verkauf einen Mindestertrag fremder Werteinheiten ergaben. Hatte man nicht dieses Vertrauen zum Franken, so verschlechterte das mit der Zeichnung verbundene Risiko die allgemeinen Bedingungen einer Emission.

Die banque de France fühlte zuerst die wirtschaftlichen Folgen des Kriegsausbruches an dem überall gesteigerten Bedarf nach Zahlungsmitteln.

Es ist dies das Schicksal jeder Zentralnotenbank [1]). Gegen die Unbestimmtheit der Lage glaubt man sich allgemein mit einem möglichst großen Vorrat an Geldzeichen rüsten zu müssen.

1) Vgl. J. Riesser, Finanzielle Kriegsbereitschaft und Kriegsführung, 1909, pag. 2.

Außenstände werden eingezogen, teils als Vorsichtsmaßnahme, teils um in den durch den Krieg angeregten Gewerben die Betriebsmittel zu verstärken. Hat dieser Vorgang einmal begonnen, so zieht er immer weitere Kreise unter den gegenseitig verknüpften Wirtschaften. Man sucht künftige Forderungen vor Verfall zu Geld zu machen oder zeitweilig mit Vorschüssen in Geld auszukommen. An der Notenbank drängt sich die Nachfrage nach Geld im Diskont- und Lombardgeschäft zusammen. Aus Angst vor höheren Leihsätzen nutzt man auch da, wo kein augenblickliches Bedürfnis nach Geldzeichen vorhanden ist, die gegebenen Zinsbedingungen aus.

Auch die Bank wurde zunächst von Privaten innerhalb der Grenzen des Statutes um Geld angegangen. Kleinhandel und Rentner ließen sich Effekten beleihen, Banken und Handelshäuser diskontierten Wechsel in wachsender Anzahl und mit größeren Durchschnittsbeträgen. Giroguthaben und Depositen wurden, insbesondere auch nach den Ereignissen des Augusts und Septembers, abgehoben. Die privaten Banken wie die société générale und der crédit Lyonnais nahmen bei der Bank Rediskontierungen vor und erneuerten so ihre Kassenbestände.

Das Verlangen richtete sich jedoch häufig nicht nur nach Geldzeichen überhaupt, sondern vor allem nach Kurantmünzen, um die Stücke dann zu thesaurieren. Es zeigte sich gerade die umgekehrte Bewegung wie in den vorausgegangenen Jahren. Man lieferte die Noten bei der Bank ein und ließ sich dafür Metallgeld herausgeben. Münzbesitz machte zuversichtlich.

So nahm jetzt sowohl die Emission der akzessorischen und provisorischen Banknoten als auch der Entzug von valutarischem Münzkurantgeld zu. Gegenüber einer gesteigerten Notenfrequenz hatte der Metallvorrat der Bank die Neigung sich zu verringern. Andererseits strömten der Bank als Depositen Beträge von Kunden zu, denen es weniger darum zu tun war, sofort Gelder für den Gebrauch flüssig zu machen oder bestimmte Geldsorten zu erzielen, als vielmehr unter den momentanen Bedingungen Kapital bereitzustellen, um es jederzeit bei der Hand zu haben.

Dieser ganze geschäftliche Aufschwung, bei dem außerordentlich starke Verschiebungen unter den einzelnen Sukkursalen stattfanden, hielt sich sachlich in gewohnten Geleisen. Die Bank bemühte sich, der Lage nach bestem Können gerecht zu werden. Sie ließ die angesammelten Wechsel bis zum Inkasso in ihrem Portefeuille und erregte, indem sie ihrerseits von Diskontierungen absah, nicht selbst noch mehr Unruhe.

Sie nahm sogar Wechsel an, die auf Plätze ohne Bankfilialen gezogen waren. Diese Stücke wurden von einem eigenen, aus Fachmännern gebildeten Komitee geprüft und mit 50—75% ihres Nennwertes beliehen, wenn das Gutachten sie dazu für fähig erklärte. Zwölf Tage vor Verfall wurden sie dann dem comptoir d'escompte übergeben, das dem Abkommen gemäß die Einlösung zu besorgen hatte [1]).

Gegen den übermäßigen Andrang nach Zahlungsmitteln ging die Bank mit Diskontsteigerungen vor. Die privaten Banken mit entwickeltem Depositenverkehr wie crédit foncier, crédit agricole, crédit industriel verlangten und boten höhere Zinsen und veranlaßten so das private Kapital, sich kurzfristigen Anlagen zuzuwenden. Die Bank wurde dann durch die Geldvorräte, die sich bei den verschiedenen Instituten bildeten, wieder entlastet.

War die Edelmetallarbitrage schon durch die gesteigerte Diskontrate getroffen, so konnte ihr die Bank noch wirksamer durch eine besondere Oekonomie der Zeichenverwendung entgegentreten, indem sie ihre Noten immer in diejenigen Kurantmünzen umwechselte, die für Zahlungen an das Ausland und für die Pläne der Agioteure ungeeignet waren. Sie erfüllte dann zwar formell ihre Umtauschpflicht, schützte aber dennoch ihren Metallbestand und dann weiterhin ihren Zeichenbestand überhaupt. Denn wenn sie anstatt des begehrten Goldfrankens grundsätzlich nur Silberkurant hergab, das für den intervalutarischen Verkehr gerade nicht gesucht war, im inneren Umlauf aber nichts vor der Note voraus hatte, so hatte es keinen Sinn, die Scheine einzulösen. Zur Ergänzung dieses Verhaltens hätte die Bank

1) L'Epargne v. 3. September 1870.

allerdings durch eine systematische exodromische Devisenpolitik die Preise fremder Valuten in Franken so beeinflussen müssen, daß die Nachfrage nach Münzen für Auslandzahlungen ganz ausgeschaltet worden wäre.

Auch die Beziehungen zwischen Staatsschatz und Bank blieben inhaltlich zunächst die gleichen wie bisher, wenn sich auch durch den Krieg die Umsatzziffern steigerten. Die Regierung hob vor allem von dem Depotguthaben ihres Bankkontos größere Summen ab, verwendete also eigene Gelder, die die Bank verwahrte. Da ihre Ansprüche dabei nur auf nominal bestimmte Beträge lauteten, so mußte die Bank lediglich die entsprechende Menge Werteinheiten liefern. Sie konnte dazu stets diejenige Kurantgeldart nehmen, die sich mit den Interessen der Valuta am besten vertrug. Ebenso verfuhr sie, wenn die zur Zahlung benutzten Noten wieder zur Einlösung bei ihr eingereicht wurden.

Die Bank trat ferner im einfachen Diskont- und Vorschußgeschäft Geldzeichen an den Staat ab. Ein Teil der ordentlichen Einnahmen strömte beim trésor public stets in Form von Effekten und Wechseln ein [1]). Hierher gehörten die durch Kautionen garantierten „obligations des receveurs généraux“ und die „bons à vue der receveurs des contributions indirectes“. Ferner bestanden die Erträge aus Zöllen sowie aus der Zucker-, Bier- und Salzsteuer und aus anderen Fabrikatsteuern häufig aus Wechseln; von den im Ausland stationierten diplomatischen Beamten und Konsuln kamen die sogenannten traites consulaires an die Zentralkasse, aus der Forstverwaltung die traites de bois souscrites par les redevables de revenus des forêts domaniales. Wurden solche Anweisungen auf Werteinheiten an die Bank gebracht, so hatte dies den Zweck, normale Einkünfte, über die im Etat bereits verfügt war, sofort verwendungsfähig zu machen. Die Mittel des Staates wurden dadurch nicht vermehrt. Die Bank aber erhielt wie sonst nach Ablauf einer bestimmten Zeit die abgetretenen Summen wieder zurück. Die ganze Aktion hatte für den Staat die Bedeutung einer finanzpolitisch-provisorischen Deckung, deren Ersatz gesichert war.

1) Vgl. Pommier, l. c. pag. 150.

Die Bank wurde jedoch auch noch in anderer Weise von der Regierung zur Deckung herangezogen. Den Anstoß dazu gab das Recht des Staates, von der Bank während der Dauer ihres Privilegs bis zu 60 Millionen Franken als Darlehen zu verlangen. Dieses Recht war ihm durch Vertrag vom Jahre 1857 zugestanden worden [1]). Die Gesamtsumme dieser Eventualanleihe blieb schon damals hinter dem zurück, was der trésor auf seinem Kontokorrent bei der Bank in der Regel stehen hatte. Um die statutenmäßige Unverzinslichkeit dieses Guthabens auszugleichen, sollte die Anleihe nur insoweit verzinst werden, als sie den Depositensaldo des Staates übertreffen würde. Der Zinsfuß richtete sich dann nach der augenblicklichen Bankrate, durfte jedoch nie höher als 3% sein. Für diese Vorschüsse wurde dem Staatsschatz ein Spezialkonto eröffnet, das in den Ausweisen unter dem Titel „avances au trésor, convention 10 juin 1857" erschien. Sie waren erst mit Ablauf des Bankprivilegs zurückzuzahlen. Für die Beträge, die der Staat abhob, mußte er Schatzscheine bei der Bank hinterlegen, die unveräußerlich waren und alle drei Monate erneuert wurden. Aus ihnen war ersichtlich, welche Summen die Bank aus diesem Anlaß geliefert hatte.

Diese permanente Anleihemöglichkeit, deren Bedingungen im voraus festgesetzt waren, konnte so vom Staat als definitives Deckungsmittel ausgenutzt werden. Machte er davon in vollem Umfang Gebrauch, so mußte die Bank außer dem Depositenguthaben 60 Millionen Franken an ihn abführen. Um diesen Betrag wurden dann die einmaligen Einnahmen des Staates verstärkt. Schon dieses Darlehen lief dem gewöhnlichen Geschäftsgang der Bank zuwider, aber es war wenigstens von Anfang an gesetzlich vorgesehen. Wäre es bei dieser einen Ausnahme geblieben, so hätte man wohl darauf verzichten können, im Zusammenhang mit der Verwendung der Note zu solchen Darlehenszwecken ihre rechtliche Stellung zu verändern.

Etwas anderes war es, als sich die Regierung grundsätzlich darauf einließ, die Bank als Schöpferin von Werteinheiten für die Deckung des staatlichen Finanzbedarfs zu betrachten und von

1) Vgl. Pommier, l. c. pag. 205.

ihr Mengen in Auftrag gegebener Noten in die öffentlichen Kassen zu übernehmen.

Im Jahre 1857 hatte sich der Staat in der Weise Zahlungsmittel durch die Mithilfe der Bank verschafft, daß er ihr Stammkapital erhöhte und die hierauf eingegangenen Zeichen in Renten anlegen ließ, die er selbst emittierte. Jetzt wurde der Bank eine andere Rolle zugeteilt. Sie wurde vom Staat vorgeschoben, um Papiergeld mit definitiver Zahlkraft herzustellen und so durch geldpolitische Deckung Einkünfte für die Finanzwirtschaft zu erschließen. Der Form nach vollzog sich die Angelegenheit so, daß die Noten der Bank zum definitiven Kurantgeld gemacht wurden [1]) und dann dem Staat Darlehen in Noten erteilt wurden.

Daß sich die Tatsachen nun auch ganz in der zeitlichen Folge vollzogen, wie sie sich vielleicht im Gedankengang des Regierungsplanes darstellten, war nicht notwendig.

Nachdem die Bank durch den Staat selbst die Fähigkeit erhalten hatte, solche Darlehensverträge einzugehen, erschien sie ihm gegenüber als selbständige Kontrahentin. Auch innerhalb ihrer Organisation nahm das Verfahren den ordnungsmäßigen Verlauf. Das „comité des relations avec le trésor“ berichtete an die Generalversammlung, und diese ermächtigte die Bankleitung, mit der Regierung die Verträge zu schließen.

Monatelang war der Staat nur auf diese Art geldpolitischer Deckung angewiesen. Bei jedem Anlaß feierte man später die Unterstützung der Bank, als ob die Tätigkeit, die sie dabei übte, ihr alleiniges Werk gewesen wäre [2]).

Zum erstenmal ging die französische Regierung die Bank unmittelbar nach dem Beginn der Feindseligkeiten um ein Darlehen an, am 18. Juli 1870 [3]). Es wurden ihr 50 Millionen Franken gewährt, wogegen sie Schatzscheine hinterlegen mußte, die alle drei Monate erneuert werden sollten. Ein fester Zinssatz wurde

1) Vgl. hierzu auch Adolf Wagner, System der Zettelbankpolitik, pag. 417 ff.

2) Vgl. Thiers in der Nationalversammlung, Sitzung v. 15. März 1872.

3) Vgl. „Les avances de la Banque de France au Trésor“ im Bulletin de statistique 1880. I. pag. 247 ff.

nicht vereinbart. Es sollte der wechselnde Bankdiskontsatz berechnet werden. Einen Monat später wurde die Bank vom Finanzminister mündlich um weitere 50 Millionen Franken unter den nämlichen Bedingungen ersucht, und gleich am folgenden Tage überließ sie, wie bereits ausgeführt, der caisse des dépôts et consignations 40 Millionen Franken zu dem Zwecke, die ihr anvertrauten Sparkassengelder zurückliefern zu können, ohne die dem Tresor übertragenen Summen zurückzufordern. Die caisse deponierte dafür Wertpapiere und der Staat übernahm die Garantie.

Es war ein großer Nachteil, als durch die Belagerung der Hauptstadt das Finanzwesen seine einheitliche Spitze verlor. In Paris hatte die Zentralgewalt ihren Sitz, in Tours die Delegation, die den Widerstand in der Provinz organisierte und dafür die Mittel aufzubringen hatte [1]). Sie wurde von einem besonderen conseil des finances beraten [2]). Beide Instanzen handelten auf eigene Faust, keine war von der Tätigkeit der anderen genau unterrichtet. Auch darüber, wie die Hilfskräfte der Bank zu verteilen seien, kam es zu keinem rechten Einverständnis. Als die gemeinsame Leitung bei der Bank ebenfalls unterbrochen war, verzögerten sich alle Maßnahmen.

Da die Delegation in Tours für ihre Ausgabezwecke von dem noch ausstehenden staatlichen Kontokorrentguthaben 150 Millionen Franken beanspruchte, reichte der Rest für Paris nicht mehr aus. Der Finanzminster Picard erbat daher von der Bank ein Darlehen von 100 Millionen Franken [3]). Der conseil géneral genehmigte 75 Millionen Franken gegen Hinterlegung von Schatzscheinen. Zinsen sollten nach dem laufenden Diskontsatz der Bank

---

1) Vgl. Journal officiel v. 13. Januar 1874 (Bericht der Enquêtekommission).

2) Bestehend aus de Roussy, directeur général de la comptabilité publique, Cuvier, sous-gouverneur de la Banque, Roy, directeur général de l'enregistrement, Libon, administrateur, chargé du service de la direction générale des postes, Salvador, ancien inspecteur des finances. Am 8. Oktober wurde der zuletzt genannte ersetzt durch Dumoustier de Frédilly, directeur du commerce intérieur.

3) 23. September 1870.

vergütet werden. Am 5. Dezember wurden der Regierung weitere 200 Millionen Franken unter den üblichen Bedingungen überlassen. Inzwischen hatte die Delegation bei den Sukkursalen der Bank ebenfalls ein Darlehen zu erlangen gewußt [1]). Es betrug 100 Millionen Franken und war nach zehn Tagen erschöpft. Als Gambetta die Führung der Landesverteidigung übernahm, verdoppelte sich der Eifer, aber auch der Geldbedarf. Jeder Tag kostete jetzt statt fünf zehn Millionen Franken.

Gegen Ende des Jahres 1870 schien es einen Augenblick, als nehme die Deckungspolitik der Regierung eine andere Wendung. Die Bank lehnte damals alle Anleihewünsche des Staates ab. Gambetta, der es nicht ertrug, daß sich seinen hochfliegenden Plänen finanzielle Hindernisse entgegenstellten, dachte daran, die levée en masse durch Ausgabe eigenen staatlichen Papiergeldes zu ergänzen [2]). Seine Vorstellungen in diesem Punkt waren abenteuerliche Eingebungen eines heißen Willens und für die Wirklichkeit nicht reif. Vielleicht verfolgte er mit seinen Aeußerungen auch nur taktische Ziele. Seine Projekte wurden nie ernsthaft in Angriff genommen. Sie wurden auch entbehrlich. Denn unterdessen hatte die Delegation in Bordeaux bei den Provinzfilialen der Bank aufs neue Unterstützung gefunden. Ehe man eine Staatsbank gründete und besondere Noten schuf, zog man es vor, die Emissionsgrenzen der Bank zu erweitern [3]).

---

1) Dieses Darlehen wurde von dem Untergouverneur Cuvier auf eigene Verantwortlichkeit genehmigt. Er wurde durch ein Dekret der Delegation von Tours gedeckt.

2) Vgl. Journal officiel v. 13. Januar 1874.

3) Der Vertreter der Bank in Bordeaux, Cuvier, war zu einem Darlehen nur zu bewegen, wenn er dazu von der Zentralregierung, der Bank und dem Finanzminister ermächtigt würde. Am 15. Dezember kam eine Depesche vom 9. Dezember nach Paris, in der die Finanznot in der Provinz geschildert wurde. Aber noch am 25. Dezember wußte man in Bordeaux nicht, was man in Paris beschlossen hatte. Man wollte daher durch ein Dekret die Bank zur Hergabe von 100 Millionen Franken zwingen. Cuvier wich dem aus, indem er um seine Entlassung einkam. Es wurde ihm aber nur ein Urlaub bewilligt. Sein Nachfolger, Legrand de Villiers, der kurz darauf durch O'Quin ersetzt wurde, gewährte freiwillig 50 Millionen Franken für die dringendsten Bedürfnisse. Das Dekret trat nicht in Kraft. Nach

Zu Beginn des Jahres 1871 brachte man endlich Klarheit in die Schuldbeziehungen zwischen Staat und Bank. Bisher

---

Paris ging eine neue Depesche ab. Man verlangte entweder wieder ein Bankdarlehen in Noten oder die Schaffung eigenen Papiergeldes durch den Staat. Als am 3. Januar noch keine Antwort eingetroffen war, entwarf O'Quin, ein Gegner der Emissionspläne, die Punkte für einen neuen Vertrag zwischen Regierung und Bank: Darlehensgewährung durch die Bank in Beträgen von 100 Millionen Franken je nach den Anforderungen des Krieges; Verpfändung der Staatswaldungen; wechselnder Zinsfuß, jedoch nicht über 6% und nicht unter 3%; Verbot Schatzscheine an Zahlungsstatt zu verwenden. Durch Depeschen der Regierung und des Bankgouverneurs erfuhr man jedoch in Bordeaux von den Verhandlungen, die zwischen Staat und Bank schwebten.

Der Bericht der Enquêtekommission (Journal officiel v. 13. Januar 1874) machte den Männern der Regierung der nationalen Verteidigung zum Vorwurf, daß sie aus politischen Gründen und aus Furcht vor Verlust ihrer Popularität das wirksame Mittel einer Kriegsbesteuerung versäumten. — Ein Gesetzesvorschlag Gambettas, Zahlungen anstatt mit Geld mit Rententitres zu leisten, wurde vom conseil des finances einstimmig abgelehnt. —

Aus einzelnen Depeschen geht hervor, was für merkwürdige Projekte man hinsichtlich der Ausgabe eigenen staatlichen Papiergeldes hegte. Laurier schickte am 30. Dezember 1870 an Gambetta nach Lyon eine Depesche mit Plänen, deren Urheber Gilberton war. Er schlug vor, ein durch Pfandbestellung garantiertes Zahlungsmittel zu schaffen: „Cette création est toute trouvée. Il suffit de mobiliser la nue-propriété des chemins de fer français en décrétant une émission des titres qui en seraient la représentation. Ces titres seraient sans intérêt et auraient cours forcé comme les billets de la banque de France. Ils seraient divisés en coupures de 5000, 1000, 100, 50, 10 et 5 francs. Il serait créé pour 3 milliards de ces valeurs qui seraient émises au fur et à mesure des besoins du service public. Les chemins de fer qui ont coûté jusqu'ici une trentaine de milliards vaudront des sommes incalculables, le jour où ils reviendront aux mains de l'Etat, les compagnies ne restant propriétaires que du matériel de l'exploitation." Sei Gambetta gegen diese Idee, so müsse man von der Bank im Wege einer Requisition die Ausgabe einer neuen Serie von Noten erzwingen. Diese Beträge sollten ihr dann nach dem Kriege mittels einer mit dem Mechanismus der Bank kombinierten Anleihe zurückgezahlt werden. Einzelheiten würden später festgesetzt. — Am 23. Dezember 1870 telegraphierte Gambetta an Crémieux nach Bordeaux: „je suis résolu à tout. Nous briserons la banque, s'il la faut, et nous émettrons du papier d'Etat . . ." Sein Vorschlag ging dahin „de créer une caisse de la Défense nationale chargée d'émettre des obligations

waren alle Abmachungen mündlich oder durch einfachen Schriftwechsel getroffen worden. Nun faßte man die verschiedenen Ergebnisse in einem einzigen formellen Vertrag zusammen, der durch Regierungsdekret ratifiziert wurde [1]). Die Gesamthöhe der von der Regierung bis dahin aufgenommenen Gelder wurde mit 375 Millionen Franken anerkannt, und neuerdings ein Darlehen von 400 Millionen Franken eingeräumt. In dieser Summe sollten alle Beträge inbegriffen sein, die die Delegation seit dem 5. Dezember 1870 von den Provinzfilialen erhalten hätte. Wie sonst hatte die Regierung Schatzscheine bei der Bank zu hinterlegen. Für den Zinsfuß war der Bankdiskont jeweils maßgebend, doch durfte der jährliche Durchschnittssatz, der bisher im Maximum 6% erreichen durfte, 3% nicht überschreiten. Würde sich aus den geleisteten Zahlungen des Staates eine Mehrverzinsung ergeben, so sollte der Ueberschuß von der Kapitalschuld abgezogen werden, die im übrigen getilgt werden sollte, sobald dazu die ersten Mittel verfügbar seien.

Ohne Beispiel war, daß die Regierung die auf 200 Millionen Franken geschätzten Wälder der alten Zivilliste als Pfand bestellte. Ihr Reinertrag sollte zur Amortisation der Bankdarlehen verwendet werden.

Am 13. März hob man für Paris 50 Millionen, am 30. März noch einmal 90 Millionen Franken ab. Alles übrige wurde von der Delegation aufgebraucht.

Ein weiterer Vertrag zwischen Bank und Staat wurde am 15. April 1871 geschlossen, und dazu sollte so schnell wie möglich die Zustimmung der Nationalversammlung eingeholt werden. Der Regierung wurden gegen die Bedingungen des letzten Vertrages wieder 75 Millionen Franken zugesagt. Sie dienten für

---

d'Etat et d'assurer au Trésor, au moyen d'un papier-monnaie ayant cours forcé, les ²/₃ du montant des obligations.“ (Depesche der Delegation in Bordeaux an die Pariser Regierung vom 27. Dezember 1870) — „créer une banque d'Etat émettant des obligations d'Etat à 99 ans et avançant au trésor, au moyen d'un papier-monnaie ayant cours forcé, ²/₃ du capital nominal des obligations.“ (Depesche vom 27. Dezember 1870 der MM. de Roussy und Roy an Picard).

1) Vertrag v. 22. Januar 1871.

Verpflegung und Unterhalt der deutschen Truppen. Denn bevor die Ordnung in Paris wiederhergestellt war, ließen sich die nötigen Mittel dafür nur schwer auf andere Weise beschaffen.

Auf diese Summen war bis zum Frieden die vertragsmäßige Darlehensschuld des Staates gegenüber der Bank angewachsen. Am 17. Mai und 10. Juni 1871 lieferte die Bank abermals Vorschüsse in Beträgen von 150 und 50 Millionen Franken an den Tresor ab. Im Verlauf des Krieges hatte sie außerdem den trésoriers-payeurs généraux von Straßburg und Metz zusammen 30 Millionen Franken übergeben. Rechnete man dazu noch das der caisse erteilte Darlehen, für das der Staat gutstand, so betrugen die durch den Krieg bis dahin beanspruchten Kredite der Regierung 1260 Millionen Franken. Von der Bank von Algier bekam der Tresor 10 Millionen Franken. Sie konnten der Verwaltung der Kolonie zugeführt werden und verminderten so den Aufwand, den der Staat dafür hätte treffen müssen.

Faßt man den Deckungsvorgang so, wie er sich nach außen gab, so erhielt der Staat von der Bank leihweise Geldzeichen, die ihrem Nennwert nach an einem bestimmten Termin zurückbezahlt sein mußten und bis dahin zu wechselnden Sätzen verzinst wurden. Während die Note einlösbar war, konnte die Bank die definitiven Beträge in einer der beiden Kurantmünzen leisten. Trat sie Noten ab, so hatte sie gleichfalls die Wahl, welche Sorte sie gegen die etwa zur Einlösung präsentierten Scheine herausgeben wollte. Insofern sich der staatliche Kassenbestand von ihr herleitete, war so seine Zusammensetzung durch die Zahlpraxis der Bank bedingt. Von der Zeit an, wo die Noten Zwangskurs hatten, konnte die Bank, ohne daß die Abschnitte zum Umtausch zurückkommen konnten, die vollen Anleihesummen in Scheinen liefern. Je mehr Noten sie neben ihrer bisher geübten Emission für das gewinnbringende Geschäft mit dem Staate zur Entstehung brachte, um so stärker wuchsen ihre Erträge. Die Steuer, die der Staat von den Noten erhob, vermochte die Gewinne nur wenig abzuschwächen [1]).

---

1) Die Steuer betrug vom 23. August 1870 an 1 Franken ‰, ab 19. Februar 1873 1,5‰.

Die Schatzscheine, die der Bank bei jeder Geldentnahme überwiesen wurden, waren unveräußerlich. Sie konnten also von ihr nicht wieder durch Verkauf in Geldzeichen verwandelt werden. Sie hatten lediglich die Bedeutung von Beweispapieren, indem sie anzeigten, wie hoch im Augenblick die staatliche Darlehensschuld war. Sie bildeten daher auch im Bankausweis einen besonderen Posten, der von den gewöhnlichen Bons, die die Bank in ihrem Portefeuille hatte und die sie an der Börse verkaufen konnte, scharf zu trennen war.

Ueber die juristische Tragweite der Klausel, wonach ein Gegenstand aus staatlichem Vermögen als Pfand für die Anleihe bestellt wurde, war man sich nicht klar [1]). Der Wert der verpfändeten Sache stand in keinem Verhältnis zur Größe der Schuld, und schon aus diesem Grunde konnte es sich nach Auffassung der Regierung nicht um eine Garantie im wörtlichen Sinne handeln. Die betreffende Stelle war nichts weiter als eine allgemeine Redewendung, der der präzise juristische Inhalt fehlte [2]). Dadurch, daß sich der Staat die Aufnahme einer so unerhörten Bestimmung gefallen ließ, gab er zu verstehen, daß er sich so bald wie möglich der Verbindlichkeiten wieder entledigen wolle, bei denen er sich solchen Formen hatte unterwerfen müssen. Die Verwirklichung einer derartigen Bedingung aber hätte an der Souveränität des Staates notwendig scheitern müssen. Es war auch keine Anordnung darüber getroffen, unter welchen Voraussetzungen das Pfandrecht praktisch werden und wie die Exekution technisch durchgeführt werden solle. Da sich der Staat im Notfall immer noch durch geldpolitische Deckung definitive Kurantgeldzeichen in beliebiger Menge selbst hätte beschaffen können, hätte auch der Vollzug durch regelrechte Zahlung stets umgangen werden können.

Die Bankschuld des Staates wurde erst nach einer Anzahl

---

1) Vgl. Pommier, l. c.

2) „. . . sans lui refuser au besoin telles conséquences que de droit, il ne paraissait pas nécéssaire de le préciser davantage et l'on tomba d'accord pour n' employer dans le traité que des termes du langage usuel et courant pris dans leur sens le plus général."

von Jahren fällig. Um die erforderlichen valutarischen Stücke aufzubringen, mußte dann ein neues Deckungsverfahren in Kraft treten. Vielleicht konnte aber die Regierung, wenigstens zum Teil, auch mit einer buchmäßigen Tilgung auskommen, indem sie bei der Bank ein Darlehen aufnahm, dessen Ergebnis nicht ausbezahlt, sondern auf die alte Verbindlichkeit übertragen wurde. Die Schuld wurde durch diesen Zahlungsprozeß formell allerdings beseitigt, aber der Geldbestand änderte sich in diesem Fall weder beim Staat noch bei der Bank, der lediglich ein erwarteter Rückfluß von Zahlungsmitteln entging.

Der größte Teil der Darlehen wurde erst verlangt, nachdem der Zwangskurs über die Noten bereits verhängt war, so daß scheinbar kein Zusammenhang zwischen der Deckungsmaßnahme und dem währungspolitischen Ereignis bestand. Dies widerspricht jedoch nicht der Tatsache, daß der Staat den Zwangskurs gerade deshalb eingeführt hat, um seinen Finanzbedarf mit geldpolitischen Mitteln definitiv zu decken.

Das Deckungsverfahren, das man einschlug, setzte sich aus einer Reihe einander folgender Einzelhandlungen zusammen. Davon war die Erklärung des Zwangskurses die erste und wichtigste. Daß sie den übrigen Vorgängen bei der Deckung, die durch ihre Isolierung mit Absicht in den Vordergrund gerückt wurden, aber gegenüber der einen, alles bestimmenden Maßregel nur eine zufällige Form waren, etwas vorauseilte, lag an der besonderen Art des staatlichen Vorgehens. Man wollte, daß sich die Bank währungspolitisch auf die beabsichtigte Deckungsmaßnahme einrichten solle, ehe der Augenblick da war, wo das für den Staat hergestellte Papiergeld in die Kassen der Regierung gelangte. Da man wußte, daß man in Bälde von dieser Art Deckung ausgiebig Gebrauch machen müsse, wollte man der Bank so früh wie möglich den Schutz ihres gesamten Barbestandes ermöglichen.

Damit wurde nicht nur eine unter Umständen geforderte wirksame exodromische Tätigkeit vorbereitet, sondern man konnte auch das Vertrauen des Publikums erwecken, indem man auf den großen, noch unberührten Metallschatz hinwies, über den man trotz des Zwangskurses verfügte. Bis der Staat mit seinen Anleihegesuchen, durch die der ganze Gang der Notenemission verändert wurde, hervortrat, gewöhnte man die Leute, die die Stücke im normalen Geschäftsverkehr mit der Bank erhielten, an die neuen Eigenschaften der Scheine. Der Staat erschien nach außen nicht als der eigentliche Urheber des Zwangskurses.

Der bisherige Verlauf der Notenzirkulation war aber noch auf andere Weise gestört worden. Man hatte ein Wechselmoratorium erlassen. Während also die private Nachfrage nach den Scheinen bei der Bank besonders groß war, strömten die ausgegebenen Beträge nicht mehr mit der alten Regelmäßigkeit an die Bank zurück. Auf Ausfälle in dieser Beziehung mußte man gefaßt sein. Die Deckung der ausgegebenen Noten durch leicht realisierbare Aktivposten, in der man die Grundlage der Notenemission erblickte, verlor an Güte. Die Wechsel waren nicht mehr so sicher wie früher, und die Schatzscheine, die die Bank für die Darlehen vom Staat bekam, genügten nur äußerlich der Forderung, bei der Ausgabe der Noten einen aktiven Gegenwert sichtbar zu machen. Aber sie waren weder verkäuflich, noch wurden sie vom Staat in nächster Zeit eingelöst.

Am 10. August 1870 wurde im corps législatif von verschiedenen Seiten beantragt, die Fälligkeitsfristen für Handelswechsel zu verlängern und keine Vollstreckung von Protesten und Regreßansprüchen vorzunehmen [1]). Die Regierung legte am folgenden Tag einen ähnlichen Gesetzentwurf vor. Aus der Kommission ging eine Fassung hervor, die am 13. August Gesetz wurde. Der Verfalltermin wurde zwar nicht allgemein hinausgeschoben, aber Erhebung und Durchführung von Protesten wurden mit prolongierenden Fristen umgeben. Während dieser Zeit waren Zinsen zu vergüten. Diese Bestimmungen wurden dann

---

1) Anträge von vicomte Drouot, Argence und Crémieux. — Zu den gleichen Maßnahmen war man im Jahre 1848 unter kleineren Verhältnissen geschritten.

unter der Regierung der nationalen Verteidigung noch öfters wiederholt und auch auf Algier ausgedehnt [1] [2].

Auch für Mietschulden wurde innerhalb des Seinedepartements ein gesetzlicher Zahlungsaufschub von drei Monaten gewährt, der dann noch einmal erneuert wurde [3].

---

1) Les délais dans lesquels doivent être faits les protêts et tous actes conservant les recours, pour toute valeur négociable souscrite avant la promulgation de la présente loi sont prorogés d'un mois.

Le remboursement ne pourra être demandé aux endosseurs et aux autres obligés pendant le même délai. . . . . .

Aucune poursuite ne pourra être exercée pendant la durée de la guerre contre les citoyens appelés au service militaire. . . . .

Ueber die Beendigung dieses Zustandes vgl. Journal officiel v. 12. März 1871 und Gesetz v. 4. Juli 1871.

2) Die Bank verzeichnete vom 22. August 1870 an in einem besonderen compte des effets prorogés die Wechsel, die am Verfalltag nicht eingelöst wurden. Er enthielt für das Pariser Portefeuille am 24. Dezember 1870 im ganzen 527 400 000 Franken (am 2. August 1871 noch 531 800 000 Franken), für das Portefeuille der Sukkursalen am 8. Dezember 1870 209 845 000 Franken, für beide zusammen am 21. Dezember 1870 733 800 000 Franken. Vom 13. August 1870 bis zum 12. Juli 1871 machten in Paris 416 000 Effekten mit einem Nennbetrag von 630 Millionen Franken von der Wohltat des Gesetzes Gebrauch. Hiervon wurden später 105 000 Wechsel mit zusammen 361 Millionen Franken vorzeitig getilgt, 255 100 000 Franken wurden an den ordentlichen Terminen eingelöst, 13 900 000 Franken blieben noch weiter im Rückstand. In den Sukkursalen betrug die Gesamtsumme der prorogierten Wechsel 238 760 000 Franken. Zum Ausgleich dauernder Verluste bildete die Bank eine Spezialreserve von 14 Millionen Franken. Neben diesen effets prorogés gab es bei der Bank noch eine große Anzahl von Wechseln, bei denen auf Grund besonderer Uebereinkunft auf die Einhaltung des ursprünglichen Verfalltermins verzichtet worden war. Auch dabei traf der Hauptanteil auf Paris.

3) Journal officiel vom 3. Oktober 1870. Dekret der Regierung der nationalen Verteidigung. . . . . Art. 1. Un délai de trois mois est accordé aux locataires, habitant le département de la Seine, qui déclareront être dans la nécessité d' y recourir pour le paiement du terme de loyer échéant le 1er octobre prochain et des termes précédemment échus qui ne seraient pas encore acquittés.

Art. 2. Le même délai est accordé aux locataires en garni pour tout paiement de loyer courant ou en retard.

Das Dekret vom 3. Januar 1871 bestimmte die abermalige Verlängerung

Während der Belagerung von Paris fielen endlich an einzelnen Terminen die Eingänge von Zinsen und Dividenden aus bestimmten Anlagen weg [1]). Man wandte sich nicht nur an die Bank, um die Lücken, die dadurch im Bezug privater Einkommen entstanden, auszufüllen, sondern die Bank kam dabei selbst um Depositengelder, die ihr unter normalen Verhältnissen zugeflossen wären, und soweit sie aus dem Ausland eingeführt wurden, ihren Metallvorrat vielleicht bereichert hätten.

Noch ehe der Zwangskurs erklärt wurde, bemühte sich die Bank um die Konzentration der exodromisch ausschlaggebenden Goldmünzen in besonderem Maße. Einen allgemeinen Run der Noteninhaber mußte sie nicht aushalten. Nur an der Zweigstelle des Departements Aube wurden auf die Nachricht von der Niederlage Mac Mahons größere Notenmengen zur Einlösung gebracht. Am 8. August wurde für 600 000 Franken Münzkurantgeld im Umtausch gegen Noten ausbezahlt; am folgenden Tage mußte man die Schalter schließen; am 10. August wurden wieder für 755 000 Franken Münzen verlangt. Die eingelieferten Scheine wurden beim Herannahen des Feindes verbrannt, nachdem ihre Nummern notiert worden waren [2]).

---

der Maßnahmen unter besonderen Kautelen gegen mißbräuchliche Ausnutzung.

1) Allgemeine Zeitung vom 7. Februar 1871. Nach dem Journal de Genève wurden beispielsweise die Kuponszahlungen vertagt: im Oktober 1870 von seiten folgender Anstalten: Ostbahn, société générale, Orléansbahn, Obligationen der Italie méridionale, 1863er Victor Emmanuel, neue Simplon- und italienische Linie, Suezkompagnie, domaniales Italiennes, Stadt Florenz. Im November 1870: Westbahn, compagnie générale des transports maritimes, Stadt Bordeaux, bons ottomans, Aktien der lombardisch-venetianischen Eisenbahn, Bank der Niederlande usw. Im Dezember 1870: Algerische Bank, messageries impériales, römische Anleihe von 1870, Aktien der Creuzotwerke. Im Januar 1871 blieben die Zahlungen u. a. bei folgenden Emissionen aus: 5% italienische Rente, 3% spanische, 2½% belgische, 5% osmanische Schuld; türkische, 1868er ungarische, ägyptische Anleihe; Obligationen des ägyptischen Vizekönigs und der italienischen Tabakregie; österreichische Bodenkreditanstalt; russische Bahnen; ungarische Ostbahn; spanischer crédit mobilier; Obligationen der römischen Bahnen; süditalienische Bons. — 2) S. n. S.

Die Bank entledigte sich ihrer Einlösungspflicht vor allem mit silbernen 5 Frankenstücken [1]). Alle Niederlassungen waren von der Zentrale aus angewiesen worden, ihre Zahlungen zur Hälfte in Silber zu leisten und Gold niemals in größerem Umfang herauszugeben [2]). Weiterhin bewilligte die Bank nur mehr 5% der schuldigen Beträge in Gold und 95% in Silber und bot schließlich einen Teil des Zahlbetrages in Silber, den Rest in 50-Frankenscheinen an, für die man im Einlösungsfalle ebenfalls nur Silber erhielt. Metallkurantgeld sollte immer weniger in Umlauf gesetzt werden und der Abfluß allmählich ganz aufhören. Dafür wurden Noten noch mehr als bisher in Verkehr gebracht. Schon jetzt verstanden sich Händler bei dringenden Geschäften zu einem Aufgeld von 5—6‰ für Goldfranken [3]).

Der Staat ging in dem geschilderten Bestreben Hand in Hand mit der Bank. Die direction du mouvement général des fonds unterrichtete die trésoriers-payeurs généraux des Landes sehr frühzeitig von den Anordnungen, die die Bank zum Zweck der Goldkonzentration erlassen hatte [4]). Zugleich wurden alle Beamten der staatlichen Finanzverwaltung aufgefordert, das gleiche Verhalten zu beobachten. Die trésoriers-payeurs généraux wurden angewiesen, sich soviel wie möglich der Banknoten und der Silberfranken zu bedienen. Den Umtausch von Banknoten in Münzen, zu dem sie ja gesetzlich nicht verpflichtet waren, sollten sie nicht vermitteln. Kassenüberschüsse waren an den Tresor oder an die Bankfilialen in den Stücken abzuführen, die bei ihnen eingelaufen waren. An alle Unterorgane mußten diese Vorschriften weitergegeben werden.

Auch der crédit foncier, der seine Hypothekendarlehen in Geldzeichen zu liefern pflegte, gab damals bekannt, daß er sich

---

2) Vgl. Victor de Swarte, Le trésor public pendant la guerre de 1870/71. 1890, pag. 59.

1) L'Epargne vom 13. August 1870.

2) Vgl. de Swarte, l. c. pag. 19.

3) M. J. Bonn, Die Vorgänge am Edelmetallmarkt i. d. J. 1870—1873. pag. 28 f.

4) Circulaire vom 27. Juli 1870.

in Zukunft die Wahl zwischen Obligationen und Geldzeichen vorbehalte [1]).

Mit großer Strenge überwachte man die Metalltransporte, um Goldsendungen nach dem Ausland abzufangen. Aus Paris, Lyon und Mühlhausen gelangte nur mehr Silber in die Schweiz [2]). Vor allem fürchtete man, es möchte Preußen gelingen, Gold aus Frankreich heranzuziehen. Man hatte eine Anzahl großer Bankhäuser im Verdacht, daß sie dieses Geschäft für Deutschland betrieben [3]). Für das Ausland bestimmte Edelmetallieferungen wurden von der Polizei mit Beschlag gelegt [4]).

Staat und Bank wirkten so zusammen, daß sich an einer Stelle ein möglichst umfassender Goldvorrat anhäufen konnte, die Bank, indem sie ihren Besitzstand an Gold aufrecht erhielt, der Staat, indem er die metallischen Stücke, die sich in den einzelnen Kassen ansammelten, vereinigte und der Bank übergab. Die zu diesem Zweck erteilten Direktiven sollten bis in die untersten Zweige der Finanzverwaltung durchgreifen und sich so im ganzen Gebiet Geltung verschaffen. Durch Aufträge an Arbitrageure sollte das vorhandene Silber in Gold verwandelt werden.

---

1) L'Epargne vom 30. Juli 1870.

2) Frankfurter Zeitung vom 29. Juli 1870.

3) ibidem, vom 28. Juli 1870. Dieser Verdacht richtete sich insbesondere gegen die Firma Bischoffsheim, die 18 Millionen Franken in Metall aus der Bank genommen hatte. Ferner wurden als „Mitglieder des preußischen Kriegsrates von Paris“ öffentlich bezeichnet Bamberger, der Direktor der banque des Pays-Bas, der aber in einem Schreiben an die Regenten der Bank von Frankreich erklärte, lediglich 1 500 000 Franken in Frankentalern im Auftrag der belgischen Regierung verlangt zu haben; ferner Vernes, Sourdis, Raphael, Berend, Lion, Allemand u. a. Die Bank verweigerte ihren Wechseln die Diskontierung.

4) ibidem vom 9. August 1870. Pariser Meldung vom 5. August. Es handelte sich um einen Betrag von 14 Millionen Franken, die hauptsächlich vom Bankhaus Hirsch herrührten. Geschäftsräume und Bücher wurden unter Siegel genommen. Hirsch rechtfertigte sich ebenfalls in einem Schreiben an die Verwaltung der Bank. Er habe lediglich mit der Bank, in deren Interesse es liege, ihren Silbervorrat durch Gold zu ersetzen, derartige Wechseloperationen im Betrage von 4—5 Millionen Franken gemacht, die eine Metallsendung nach dem Ausland hervorgerufen hätten.

Die Geldzeichen, die in die Zirkulation hinausgelassen wurden, wurden nach einem einheitlichen Plan gesichtet. Der inländische Umlauf sollte durch notale Zahlungsmittel, durch die höheren Stücke der silbernen Scheidemünzen und die provisorischen, fakultativen Scheine der Bank versehen werden; wollte jemand für die provisorischen Geldzeichen definitive haben, so erhielt er ohne Ausnahme silbernes Kurantgeld. Durch Entschluß der staatlichen Behörden wurde das silberne 5-Frankenstück schließlich unbedingt valutarisches Geld. Der Goldfranken wurde akzessorisch und erzielte in größeren Beträgen bereits ein Agio gegenüber der valutarischen Geldart. Die Valuta blieb immer noch metallisch. Da die valutarische Münze aber für den hauptsächlichen intervalutarischen Verkehr nicht verwendbar war, so hatte die Metallvaluta ihren eigentlichen Zweck, die mögliche Begrenzung der Preise fremder Werteinheiten, verloren.

Der Note hatte man zunächst noch keine andere rechtliche Stellung innerhalb der Geldverfassung gegeben. Aber schon erörterten die Tageszeitungen, die Finanzpresse und die wissenschaftlichen Fachzeitschriften die Vorteile und Schäden des Notenzwangskurses [1]). Von einzelnen Seiten forderte man den Zwangskurs, um den Metallschatz der Bank desto besser verteidigen zu können. Man dürfe nicht zulassen, daß das Ausland aus dem französischen Metallreichtum Gewinn ziehe. In Börsenblättern wurde das Verlangen nach hohen Diskontsätzen ausgesprochen, damit Preußen nicht durch Vermittlung holländischer oder englischer Bankiers Metallgeld zu niedrigem Zinsfuß in Frankreich erwerben und dann ausführen könne. Wolle man aber, was im Interesse der heimischen Erwerbswirtschaft liege, eine starke Diskontsteigerung vermeiden, so müsse der Zwangskurs der Note proklamiert werden. Der Kurs der Wertpapiere müsse gedrückt werden, um zu verhindern, daß Deutschland international marktgängige Effekten zu günstigen Preisen in Paris absetzen könne. Die Anschauung jedoch, daß der Metallbesitz der Bank namentlich in Zwangskurszeiten für die Regelung der intervalutarischen Kursbeziehungen notwendig sei, und ein starker Gold-

1) Vgl. Messager de Paris (= M. d. P.) vom 21. Juli 1870.

vorrat mithin die Möglichkeit gewähre, den staatlichen Finanzbedarf durch geldpolitisch beschaffte Zahlungsmittel zu decken, trat nirgends zutage.

Andere behaupteten, die Bank könne weder durch Staat noch Gesetz von der Pflicht entbunden werden, von der auf den Noten selbst die Rede sei. Wolowski nahm in einem offenen Briefe [1]) und in einem wissenschaftlichen Artikel [2]) gegen den Zwangskurs Stellung, der bei der majestätischen Metallreserve der Bank entbehrlich sei. Im gleichen Sinne äußerten sich in der Augustsitzung alle Mitglieder der société d'économie politique.

Der Regierung waren anfangs die Gerüchte von der bevorstehenden Einführung des Zwangskurses, da sie als Zeichen der Schwäche gedeutet werden konnten, unangenehm. Noch am 29. Juli trat ihnen eine Notiz im Journal officiel mit Nachdruck entgegen. Die Bank, gestützt auf ihren ansehnlichen Kassenvorrat, getragen von dem Vertrauen von Handel und Industrie, würde eine derartige Zumutung energisch zurückweisen. Sie halte unter den augenblicklichen Verhältnissen den Zwangskurs nicht für geboten, ja für gefährlich. In der nächsten Nummer gab das Blatt eine Meldung des Soir wieder, in der die finanzielle Krisis beim Feind geschildert wurde, die einem völligen wirtschaftlichen Zusammenbruch gleichkomme. Im Gegensatz dazu wurde die Ruhe und Stetigkeit des französischen Geschäftslebens und die sichere Lage des heimischen Geldmarktes hervorgehoben.

Diese optimistische Auffassung wich mit den ersten Niederlagen der Armee und dem immer aufs neue anwachsenden Geldbedarf der Regierung.

Am 10. August legte der Deputierte Le Cesne der Kammer einen Gesetzantrag vor, in dem für die Noten der Bank der Zwangskurs, für die Diskontierung von Handelswechseln erleichterte Bedingungen verlangt wurden. Der zweite Teil des Antrages wurde von der Kommission abgelehnt. Der erste erledigte

1) An die Zeitung La France.

2) Im Juliheft 1870 des Journal des Economistes: „Le maintien de la circulation à base métallique, c'est la condition première de la régularité des transactions, des ressources du crédit, de la sécurité du capital national."

sich durch einen dringlichen Gesetzentwurf, den die Regierung mittlerweile selbst vor die Kammer brachte [1]) und der den gleichen Zweck verfolgte.

Die Noten der banque de France sollten in Zukunft öffentlichen Kassen gegenüber und unter Privaten den gesetzlichen Annahmezwang genießen und bis auf weiteres uneinlösbar sein. Durch diese Fassung wurde die Abschaffung der Einlösbarkeit als provisorische Maßregel hingestellt. Gleichzeitig sollte jedoch das bisher unbeschränkte Notenemissionsrecht der Bank auf einen Maximalbetrag von vorerst 1800 Millionen Franken begrenzt werden. Dieselben Vorschriften sollten auch für die Scheine der banque de l'Algérie gelten mit der Emissionserlaubnis bis zu 18 Millionen Franken. Die Stückelung der Noten sollte sich von jetzt an auf Abschnitte bis zu 25 Franken herab erstrecken dürfen.

Der Bericht der Kommission wies noch einmal darauf hin, daß bei der vorzüglichen Lage der Bank der Zwangskurs nicht unmittelbar gefordert werde. Wenn man ihn einführe, so geschehe es aus Vorsicht. Die Bank werde in den Stand gesetzt, die heimische Nachfrage nach Geld noch wirksamer zu befriedigen. Gegner des Gesetzes empfahlen, die Goldankäufe durch die Bank weiterhin vornehmen zu lassen und auf diese Weise den Zwangskurs zu vermeiden. Der Finanzminister sah die Verhältnisse ernster an. Das Vertrauen, das bisher den Notenumlauf ermöglicht habe, beginne nachzulassen. Man müsse handeln, bevor sich der Metallschatz der Bank zu erschöpfen drohe. Das Metallgeld solle der Armee, der Einfuhr von Lebensmitteln aus dem Ausland zugute kommen und schon jetzt die Wiederaufnahme der Metallvaluta vorbereiten. Auch den Silbervorrat dürfe man nicht preisgeben. Dem Staat schädliche Edelmetallspekulationen müsse man durch den Zwangskurs unterdrücken. Vor allem aber fühlte man das verschwiegene Motiv heraus, daß die Regierung den Zwangskurs aus finanziellen Gründen brauche.

Der Gesetzesvorschlag wurde genehmigt, und kurz darauf die Grenze für die Notenemission einem Regierungsantrag gemäß

1) Am 11. August 1870.

auf 2400 Millionen Franken erhöht. Auch die Bank von Algier wurde bald nachher ermächtigt, ihre Notenausgabe auf 24 Millionen Franken zu erweitern. Sie durfte ferner ebenfalls Scheine im Nennwert von 25 Franken herstellen, was man vorher zu bestimmen versäumt hatte. Die Zahlkraft der Noten griff jedoch nicht auf das gegenseitige Gebiet hinüber. Durch Gesetz vom 12. Dezember 1870 wurden endlich die 25-Frankenscheine beseitigt und dafür die niedersten Abschnitte auf 20 Franken begültigt.

Für die staatlichen Kassenbeamten wurde eine Instruktion zum Zwangskursgesetz herausgegeben [1]). Sie durften bei ihren Zahlungen Münzen lediglich zum Abrunden der Beträge benutzen. Jeder Austausch von Noten in Metallgeld war untersagt. Auch den Versuchen des Publikums, sich dadurch Kurantmünzen zu verschaffen, daß man zur Bezahlung kleiner Summen hohe Notenabschnitte einreichte, sollte entgegengetreten werden [2]). Scheidemünzen sollten ausgiebig verwendet und in genügenden Mengen zur Verfügung gestellt werden. Ebenso wurde ihre ausreichende Versorgung mit 100- und 50-Frankennoten in Aussicht gestellt. Um den Zudrang an den staatlichen Kassen überhaupt abzuwehren, wurde den receveurs des finances nahegelegt, nur einen einzigen Schalter zu öffnen und nur wenige Ordnungsmarken an die Wartenden zu verteilen [3]). Die Erhaltung des Vorrates an Kurantmünzen war das letzte Ziel aller Maßnahmen.

Das Zwangskursgesetz vom 12. August 1870 gestaltete das französische Geldwesen im novatorischen Sinne um. Vom metallistischen Standpunkt aus wurde die Neuerung als Ausnahmezustand betrachtet, wie er schon einmal in den Jahren von 1848 bis 1850 geherrscht hatte. Der Zwangskurs war auch von Anfang

1) Vom 13. August 1870.

2) „pour éviter que les caisses publiques deviennent indirectement des bureaux d'échange où, en acquittant une dette de peu d'importance, les particuliers pourraient abusivement se procurer des espèces, les billets ne devront être reçus qu' autant que leur admission n' obligerait pas à rendre en numéraire une somme supérieure à 25 francs."

3) Anweisung vom 28. Dezember 1870.

an nur vorübergehend gemeint und sollte so rasch wie möglich durch eine Restauration der Geldverfassung wieder verschwinden.

Die Note, die bisher zwar auch schon Geld gewesen war, aber nur eine fakultative, provisorische und daher lediglich akzessorische Geldart, wurde zu einer definitiven Kurantsorte erhoben [1]). Es war das erstemal seit langer Zeit, daß ein nichtbares und unmetallisches Zeichen zu dieser Stellung kam. Die notalen Zahlungsmittel gewannen damit an Boden und an Bedeutung. Aus einer Notlage heraus wurde der inländische Zahlungsverkehr zu natürlicher Fortentwicklung gebracht. Die Note, die auch weiterhin von der Bank hergestellt wurde und von ihr ausging, ihre Geltung als allgemeines Zahlungsmittel aber und ihre.

---

1) Daß der Zwangskurs über die Note verhängt wurde, wurde von der französischen Finanzwissenschaft als eine unverzinsliche Zwangsanleihe aufgefaßt, die bei der Allgemeinheit als anonymem Geldgeber aufgenommen worden sei (vgl. Leroy-Beaulieu, Traité de la science des finances Bd. 2, pag. 194 und 617 ff.). Geschehe die Geldbeschaffung im Gegensatz zur Ausgabe rein staatlichen Papiergeldes vermittels der Noten der Bank, so bilde die Forderung der Bank an den Staat einen Gegenwert zu den in Noten emittierten Beträgen.

In dieser Formulierung, die höchstens die Bedeutung eines Vergleiches haben kann, erschien der wissenschaftlichen Theorie der Tatbestand der geldpolitischen Deckung. Der Staat erzielt die seinem Bedarf entsprechenden Summen, indem er sein Geldrecht umgestaltet. Dieser Zwangsakt hat einen selbständigen, ausschließlich währungspolitischen Inhalt, wenn auch die Motive dazu finanzwirtschaftlichen Ursprungs sind. In Wahrheit handelt es sich nicht im geringsten, sei es im juristischen oder im technischen Sinne, um eine Anleihe bei den Empfängern der Scheine. Der Staat bezahlt vielmehr seine Schulden ganz regelrecht mit nominal definierten Zeichen des staatlichen Geldsystems, deren stofflicher Charakter unwesentlich ist. Die Ansprüche dem Staat als Schuldner gegenüber gehen auf Werteinheiten und nicht auf ein bestimmtes, real verwendbares Zahlgut, und diese Ansprüche werden erfüllt. Der Staat übernimmt keine Verpflichtungen den Noteninhabern gegenüber. Das Einlösungsversprechen auf der Note ist bedingungslos beseitigt. Weder Kapital noch Zinsen werden geschuldet. Mit der Leistung der Scheine erlöschen alle auf Geld lautenden Verbindlichkeiten durch Zahlung. Eines Gegenwertes in Sachen oder Forderungsrechten bedürfen die notalen Geldarten nicht. Da sie auf Werteinheiten proklamiert sind und deshalb zu juristisch wirksamem Schuldausgleich tauglich sind, sind sie selbst wertvoll.

funktionellen Eigenschaften vom Staat ableitete, mußte überall und unbedingt angenommen werden. Da sie nicht mehr gegen Geldzeichen von anderer stofflicher Beschaffenheit umgetauscht werden mußte, konnte sie zur valutarischen Geldart Frankreichs werden, eine Möglichkeit, die sich auch sofort verwirklichte.

Zahlreicher als andere Stücke gelangten die Noten in die Kassen des Staates. Der Geldvorrat Privater setzte sich mehr und mehr aus Noten zusammen. Die Geschäftsleute bekamen, wenn sie diskontierten, Depositen abhoben oder Zinsen einzogen, Noten und gaben sie wieder weiter. Bis die Abschnitte an den Staat übertragen wurden, sei es anläßlich freiwilliger Einzahlungen auf die Anleihen oder zwangsweise bei der Entrichtung von Steuern, konnten sie nicht in Münzen verwandelt werden. Auch der Staat selbst hatte dazu kein gesetzliches Mittel. Die Summen, die er unmittelbar von der Bank erhielt, wenn er aus seinem Kontokorrentguthaben oder einem Darlehensvertrag zufolge Gelder erhob, bestanden ebenfalls aus Noten. Indem er mit diesen Notenmengen seine inländischen Verbindlichkeiten erfüllte, traten die Scheine wieder in den Umlauf ein, kehrten dann aufs neue zu ihm zurück und bestimmten seinen Kassenvorrat, um als valutarische Zeichen den begonnenen Kurs fortzusetzen.

Werteinheiten in Noten waren nicht in beliebiger Anzahl herstellbar. Wenn der Staat für sich Noten hervorbringen lassen wollte, so konnte dies nicht ohne vorherige Erfüllung gewisser rechtlicher Formen geschehen. Außerdem mußten die Stücke dem Kontingent entnommen werden, auf das die Bank für ihren gesamten geschäftlichen Betrieb angewiesen war. Damit war der Umfang, in dem die Bank Noten an den Staat überlassen konnte, beschränkt, und gerade in dieser Absicht wurde die Notenemissionsgrenze errichtet.

Auch die Stückelung der Note mußte ihrer Verwendung als valutarischer Geldsorte angepaßt werden. Sollten die Noten alle Aufgaben übernehmen, die von den bisherigen valutarischen Münzen versehen worden waren, so mußten ihre Abschnitte für alle Beträge verwendbar sein, für die vorher besondere Geldzeichen im Gebrauch waren. Die ehemaligen valutarischen Stücke hatten zum großen Teil auch dem kleineren und mittleren Zahlungsverkehr gedient. Nun setzte man zwar den Nennwert der niedersten Noten auf 25 und dann auch auf 20 Franken herab, aber noch fehlte es an einem Ersatz für geringere Summen. Verschwanden die Münzen, die hierfür vorher vorhanden waren, durch Thesaurierung oder Konzentration bei der Geldzentrale aus dem Umlauf, so standen für solche Zahlungen nur noch die in ihrer Zahl nicht ohne weiteres vermehrungsfähigen akzessorischen Scheidemünzen von 2 Franken und darunter zur Verfügung.

Das silberne 5-Frankenstück und alle Goldfranken blieben bar und behielten die Kurantgeldnatur, so daß es im französischen Geldsystem von jetzt an drei definitive Kurantsorten gab. Zwei davon waren aus Metall und für jedermann frei ausprägbar. Auch jetzt noch erzielte man vermöge staatlicher Einrichtungen aus einer bestimmten Gewichtsmenge Goldes oder Silbers von der Feinheit des Münzgutes einen stets gleichen Nennbetrag in Gold- oder Silbermünzen, der dem Besitzer von Edelmetall allenfalls einen festen Mindesterlös für seine Barren sicherte.

Wurden die Kurantmünzen vom Staat akzessorisch behandelt, so konnte man nicht mehr mit Bestimmtheit darauf rechnen, jede gewünschte Anzahl Münzen zu bekommen. Bei besonders starker Nachfrage konnten die Stücke ein Agio erwerben. Es wurden dann für sie in valutarischen Noten Preise bewilligt, die über ihren Nennwert, der mit dem gleichbegültigter Scheine übereinstimmte, hinausgingen. Je dringlicher die Münzen gesucht wurden und je seltener das Angebot war, um so größer wurde das Agio.

Wurden die Münzen ihres Stoffes wegen gekauft und unabhängig von ihrer Geltung bewertet, so wurden auch von Privaten keine Barren mehr an die Münzstätten gebracht. Rohmetall wurde nicht mehr mit einem Aufwand von Kosten in Werteinheiten verwandelt. Da die Geldeigenschaft bei den Münzen nicht mehr zum Ausdruck kam, hätte es keinen Sinn gehabt, sie noch besonders herzustellen. Nun ruhte neben dem allgemeinen Geldcharakter der mit Agio gehandelten Kurantmünzen auch die bare Verwendung des Münzmetalles.

Innerhalb des französischen Geldwesens vollzog sich also insofern ein Wechsel, als die Valuta von einem Zahlungsmittel aus real verwendbarem Stoff auf ein anderes, real unverwertbares Zahlungsmittel überging, nachdem es vom Staat die dazu erforderlichen Eigenschaften verliehen erhalten hatte. Die Werteinheit des Frankens wurde von diesem Wechsel nicht berührt, und so schlossen sich die neuen Verhältnisse in natürlicher Fortsetzung an den alten Zustand an. Schulden und Forderungen, die auf eine gewisse Frankensumme lauteten, gingen auch weiterhin auf dieselbe Frankensumme und wurden durch die entsprechende Anzahl Stücke beglichen. Die Angabe einer besonderen Geltungsrelation war nicht notwendig, da sich die Geltung nicht verändert hatte. Die Zahlungen erfolgten letzten Endes statt in Gold- oder Silberfranken in Frankenscheinen.

Die baren Kurantstücke wurden nunmehr beide akzessorisch, während früher jeweils nur eine akzessorisch gewesen war. Da man nicht mehr jede gewollte Anzahl Gold- oder Silberfranken unbedingt auftreiben konnte, so waren die Gewichtseinheiten dieser Metalle nicht mehr unbedingt mit einem bestimmten Höchstaufwand staatlicher Werteinheiten erreichbar. Die hylophantische Norm trat außer Kraft. Die hylogenische Norm bestand zwar grundsätzlich fort, da die Hylogenie nicht abgeschafft wurde. Aber sie kam praktisch nicht zum Vorschein, wenn ein Agio der baren Kurantmünzen sich bildete oder zu erwarten war.

Die französischen Scheidemünzen wurden von diesen Vorgängen nur insoweit betroffen, als eingelieferte Beträge dieser Zeichen vom Staat nicht mehr in valutarisches Metallkurantgeld, sondern in valutarisches Notalkurantgeld umgetauscht wurden. Im übrigen blieben sie akzessorisches, provisorisches Geld, das unter den alten Bedingungen hergestellt und angenommen wurde.

Die Vereinbarungen mit den Unionsstaaten galten genau so fort wie bisher, sowohl für Frankreich als auch für die anderen Länder. Die Umlaufsgewohnheiten der Bundeskurantmünzen innerhalb Frankreichs schlossen sich jedoch eng an die der französischen Stücke an. Da sie stofflich ebenso beschaffen waren wie die Goldfranken und Frankentaler französischen Gepräges, so teilten sie mit ihnen ein sich etwa entwickelndes positives Agio und mieden die Zirkulation. Scheidemünzen fremder Unionsländer, die in Frankreich Eingang gefunden hatten, erhielten sich im Zahlungsverkehr, wo sie jetzt gute Dienste leisteten.

Die Bestimmungen des Münzvertrages waren, nachdem in Frankreich die außerhalb aller Verabredungen stehende Note valutarisch geworden war, gerade an dem wichtigsten Punkte außer Wirkung gesetzt, ohne daß auch nur das Mindeste an ihnen geändert worden wäre. Nun zeigte es sich an einem zweiten Beispiel, das an Klarheit nichts zu wünschen übrig ließ, daß Münzgleichheit noch lange nicht Währungsgleichheit bedeutete und die Stabilität der intervalutarischen Beziehungen garantierte. Außer Italien hatte nun auch Frankreich eine Papiervaluta eingeführt, deren Zeichen zu Zahlungsübertragungen im Bundesgebiet nicht verwendet werden konnten.

Einige auswärtige Häuser versuchten in die auf Frankreich gezogenen Wechsel die Klausel aufzunehmen, daß die Wechselsumme in akzessorischen Kurantmünzen fällig sein solle [1]). Dadurch wollten sie sich, wie man italienische und amerikanische Wechsel teils auf Papiergeld, teils auf Münzsorten stellte, vor Verlusten schützen, die sich etwa aus dem Sinken des Frankenkurses ergeben würden. In Frankreich protestierte man mit vollem Rechte gegen diese Praxis, durch die das Vertrauen auf die Note erschüttert werde. Es gebe in Frankreich nur einerlei Wechsel auf Franken, die nach dem Gesetz zahlbar seien. Hiernach könne der Schuldner die Beträge in Noten, Gold- oder Silbermünzen erfüllen. Die Bank verweigerte derartig bedingten Wechseln die Diskontierung.

Ebenso urteilte die Rechtsprechung der französischen Gerichte und hielt sich damit an die einzig mögliche Auffassung. Abmachungen, wonach die valutarische Note für Zahlungen ausgeschaltet werden sollte, wurden als der öffentlichen Ordnung

---

1) Vgl. M. d. P. vom 9. Januar 1873.

zuwider für nichtig erklärt [1]). Damit wurde der nominale Charakter aller Geldverbindlichkeiten bestätigt und dem Staat die Fähigkeit zuerkannt, zu bestimmen, welche Zeichen jeweils zwingende Zahlkraft haben sollten.

Der Gerichtshof in Aix verkündete in einer Sache [2]), in der ein Wechselgläubiger Noten zurückwies und dafür Kurantmünzen forderte, „que la loi peut donner à un papier de crédit une valeur obligatoire, équivalente à celle des espèces qui ont cours légal; que la loi qui crée cette obligation est d'ordre public et qu'elle peut être invoquée en France, chaque fois qu'il s'agit de réaliser le payement d'une lettre de change indiquant qu'elle doit être payée en numéraire . . .“. In einem anderen Falle handelte es sich um ein Zahlungsversprechen „en espèces d'or et d'argent et non en aucune autre valeur ou papier monnaie représentatif de numéraire, dont le cours même forcé serait introduit en France . . .“. Das Urteil des Kassationshofes lautete im Gegensatz zu dem des Gerichtes in Douai dahin [3]), daß auf die Einhaltung des Zwangskurses weder im voraus noch nach Erlaß eines solchen Gesetzes verzichtet werden könne. Es stützte sich dabei auf Artikel 6 des code civil, der verbietet, daß gesetzliche Maßnahmen von allgemeinem Interesse durch private Verträge aufgehoben werden.

Es ergab sich aber schon allein aus den rechtlichen Eigenschaften der Note und aus der bindenden Wirkung dieser Normen, daß die mit Noten geleistete Zahlung allen Geldansprüchen endgültig genügte. Die Note war keine Anweisung mehr auf andere Stücke, sondern eine selbständige Geldart, die für sich allein, ohne Anlehnung an die Münzen galt. Es war ein Geldwesen denkbar, das sich ausschließlich aus Noten zusammensetzte. Die Note konnte als Zahlungsmittel dieselben und sogar wesentlichere Funktionen üben als stofflich wertvolle Zeichen,

---

1) E. Désert, Traité théorique et pratique de l'émission de la monnaie fiduciaire 1882.

2) 23. November 1871.

3) Urteil vom 11. Februar 1873; vgl. L'Economiste français, 1873, pag. 67.

und das war mit dem damals valutarischen französischen Papierfranken der Fall. —

Nachdem in Frankreich die Note das alleinige jederzeit erlangbare Kurantgeld geworden war, hielten sich die Preise, die man beim Ausgleich französischer Auslandschulden für gewisse fremde Valuten bezahlen mußte, nicht mehr innerhalb fester oberer Grenzen. Der fremde Gold- oder Silberwährungsstaat allerdings, der an Frankreich verschuldet war, konnte, wenn der Kurs des Frankens in seiner Valuta eine bestimmte Höhe überschritt, seine valutarischen Gold- oder Silbermünzen nach Frankreich schicken und daraus Franken herstellen. Denn Gold und Silber waren in Frankreich bar geblieben. Es bestand eine Münzparität zwischen dem auswärtigen valutarischen Kurantgeld und dem akzessorischen Kurantgeld Frankreichs. Die Münzbundländer mit metallischer Valuta übertrugen in solchen Fällen ihre valutarischen Münzen nach Frankreich und brauchten sie nicht weiter umprägen zu lassen. Wurde zum Beispiel in Brüssel für den französischen Franken in belgischen valutarischen Stücken $^1/_8$% über die Münzparität verlangt, so wurden entweder goldene 20-Frankenstücke oder silberne 5-Frankenstücke nach Frankreich gebracht [1]).

Für Staaten mit Papiervaluta, auch für Münzbundländer, die sich in dieser Lage befanden, war keine solche Zahlungsmöglichkeit gesichert. Sie mußten an ihrer Börse für Frankennoten oder in Frankennoten fällige Wechsel so viel Werteinheiten abtreten, als dem unbeschränkt beweglichen intervalutarischen Kurs entsprach. Der Vorrat Frankreichs an baren Kurantmünzen vermehrte sich also nur dann, wenn es für Länder mit metallischer Valuta vorteilhaft war, ihre eigenen valutarischen Zeichen nach Frankreich zu senden. Unionskurantmünzen oder Wechsel auf Unionsstaaten mit Metallvaluta kaufte man an diesen Plätzen auch nur so lange, als es billiger war, diese Zahlungsmittel statt eigener Münzen nach Frankreich zu übertragen. Sinken konnten die Preise des Frankens auf allen Auslandmärkten unbegrenzt.

1) Vgl. L'Economiste français vom 1. Juli 1876 und vom 13. April 1878.

Frankreich konnte seinerseits aus den theoretischen Münzparitäten, die zwischen seinen Gold- und Silberfranken und ausländischen Barkurantzeichen bestanden, keinen Nutzen ziehen. Denn die Stücke, aus denen sich fremde Werteinheiten durch Umprägung gewinnen ließen, waren akzessorisch geworden. Man mußte für die Valuten aller Staaten, auch für diejenigen der Münzbundländer, die Preise bezahlen, die sich auf Grund der pantopolischen Verhältnisse gebildet hatten. Je beträchtlichere Fälligkeiten an Gold- und Silberländer zu entrichten waren, um so ungünstiger wurde der Kurs für Frankreich. Das Agio der betreffenden Metallfranken, das in der Notierung $^0/_{00}$ ausgedrückt wurde, nahm in demselben Maße zu, da sie nicht als heimische Werteinheiten, sondern nach ihrer Verwendbarkeit für Auslandzahlungen bewertet wurden. Sie hielten sich vom Umlauf fern und verschlechterten dadurch die Stellung der französischen Valuta noch mehr. Auch die ungemünzten Metallbarren wurden nicht mehr nach der hyloleptischen Norm des französischen Münzwesens geschätzt, sondern mit Rücksicht auf ihre Ergiebigkeit bei der Gewinnung fremder Werteinheiten. Gegenüber dem tarifmäßigen Ausprägungsverhältnis konnte man ebenfalls ein wechselndes Agio feststellen, das nicht von der Emissionshöhe der Noten, sondern von den Zahlbeziehungen zu den Metallländern abhing.

Der Wert der Frankennote konnte gegenüber der Parität sinken, die zwischen den metallischen Kurantfranken und fremden Bargeldarten in bezug auf die Umprägung herrschte. Von dieser Parität aus betrachtet konnte die ausländische Werteinheit ein Agio in valutarischen Frankennoten erzielen. Der Sovereign zum Beispiel konnte in Frankennoten teurer zu stehen kommen als dies unter der valutarischen Stellung des Goldfrankens der Fall war, wo sein Kurs durch die Münzparität begrenzt war [1]).

Das Agio des Silberfrankens als akzessorischer Sorte unterlag, abgesehen von den pantopolischen Beziehungen Frankreichs zu den Silberländern, den Einflüssen des Silbermarktes in London.

1) Vgl. Knapp, l. c., pag. 312.

Ging dort etwa Silber in die Höhe, so wurde von den Händlern der Frankentaler hingebracht und gegen Sovereigns verkauft. Je nachdem man mit ihm mehr Sovereigns erzielte als mit der gleichen Anzahl Franken in Noten, bestimmte sich das Agio des Silberfrankens, das erreicht wurde, ohne daß die Silbermünze zu Zahlungen Frankreichs an Silberländer gesucht sein mußte. Erhielt man für den Silberfranken weniger Sovereigns als aus dem Goldfranken, so blieb sein Agio hinter dem des Goldfrankens zurück; erhielt man ebensoviel Sovereigns, so war sein Agio dem des Goldfrankens gleich. Durch derartige Metalltransporte bekam dann der Sovereign und mit ihm das Agio des Goldfrankens selbst eine sinkende Tendenz.

Wie französisches Metallgeld gegenüber der Note ein Agio erzielte, weil daraus ausländische mit Agio gehandelte Metallvaluten gemacht werden konnten, so wurden unter Umständen auch die Wechsel auf Länder die in einem für den intervalutarischen Ausgleich Frankreichs stark gefragten Metall einlösbar waren, gesucht und deshalb mit steigendem Agio bezahlt. Denn wenn auch gerade keine Zahlungen an die Staaten dieser Valuten zu leisten waren, so konnte doch der Ertrag der Wechsel zur Bezahlung von Gläubigerländern mit Metallvaluten verwendet werden. Man kaufte im Wechsel keine Werteinheiten des betreffenden Staates, sondern Anweisungen auf Metallmengen, die mit Rücksicht auf den intervalutarischen Kurs zu Forderungsländern bewertet wurden.

Valutarische Noten Italiens waren in Paris nicht gefragt, da Italien stets an Frankreich verschuldet war. Die auf gewöhnliche italienische Valuta gestellten Devisen standen daher in Paris auch stets unter der theoretischen zwischen den Barsorten vorhandenen Parität. Nun gab es aber auch Wechsel auf Italien, deren Valuta durch besonderen Vertrag auf Gold- oder Silberkurantgeld lautete. Diese Wechsel erzielten je nach dem Agio des Gold- oder Silberfrankens einen höheren Preis, der sich vielleicht als Prämie gegenüber der theoretischen Parität darstellte. Denn bei Verfall des Wechsels erhielt man Stücke, die stofflich wie die heimischen Gold- oder Silberfranken beschaffen waren, die in französischer Valuta über ihrem Nennwert bezahlt wurden. Diese Devisen erwarb man nicht, um Zahlungsmittel gegenüber Italien zu haben, sondern zum Ausgleich gegen Gläubigerländer mit Metallvaluta.

Der pantopolisch verursachte Rückgang des Frankens im Vergleich zu fremden Valuten konnte höchstens durch Eingriffe eines exodromischen Verwaltungsorganes aufgehalten werden. Er wurde gemildert, wenn noch zahlreiche, intervalutarisch taugliche Kurantmünzen in der Zirkulation erschienen. Ziel einer intervalutarischen Kurspolitik mußte sein, die Kursrelationen zu bewahren, die früher als natürliche Paritäten betrachtet worden waren. Wie sich im Inland die Zahlbeziehungen durch einfachen rekurrenten Anschluß regelten, so sollte auch im intervalutarischen Verkehr der alte Zustand, wenn ein solcher früher gleichmäßig vorhanden war, fortdauern [1]). Weiterhin forderte man vom Staat die Rückkehr zu einer Valuta, aus deren Zeichen sich Münzparitäten zu den Werteinheiten der handelspolitisch wichtigsten Staaten von selbst ergaben.

Für den intervalutarischen Kursstand des Frankens machte es viel aus, daß Frankreich beim Kriegsbeginn seine Staatsschuld nicht im Ausland untergebracht hatte, sondern im Gegenteil fremde Anleihen bei sich aufgenommen hatte. Neben den intervalutarischen Vorzügen, die der Zinsbezug aus dem Ausland vor der Zinslieferung nach dem Ausland voraushatte, entging man dadurch der Gefahr der Rückwanderung von Effekten inländischen Ursprungs, für die dann die vorher empfangenen Kapitalien hätten zurückgegeben werden müssen. Frankreich hatte vielmehr selbst die Möglichkeit, an das Ausland übertragene Gelder von dort zurückzuholen.

---

1) Die Kosten, die durch Befolgung einer solchen Politik für den Staat erwachsen wären, waren etwa dem Aufwand zu vergleichen, den er zur Wiedereinrichtung einer Metallvaluta hätte machen müssen. Im einen Fall hätte er auf seine Kosten Geld aufgewendet, damit das Publikum fremde Valuten zu festen Preisen hätte beziehen können, im anderen Fall, damit das Publikum Metallmengen, die zur Gewinnung fremder Valuten geeignet waren, zu festen Preisen aus den Münzen hätte beziehen können. —

Im Handelsverkehr waren in den Jahren vor dem Krieg die Einfuhrziffern im ganzen stets etwas größer als die Zahlen für die Ausfuhr [1]). Gegenüber den großen benachbarten Handelsstaaten der alten Welt und den Vereinigten Staaten von Nordamerika überwog der französische Export oder die Zahlen glichen sich annähernd aus. Spanien und Algier, das als Ausland aufgeführt wurde, erhielten mehr, als sie selbst lieferten. Der Einfuhrüberschuß rührte vor allem von der ganzen Reihe exotischer

1) Commerce spécial:

	Einfuhr:			Ausfuhr:		
1867	3026,5	Millionen	Franken	2825,9	Millionen	Franken
1868	3303,7	„	„	2789,9	„	„
1869	3153,1	„	„	3074,9	„	„
1870	2867,4	„	„	2802,1	„	„

Nach den einzelnen Ursprungs- und Bestimmungsländern gesondert betrug im Jahre 1870

	Die Einfuhr Frankreichs aus			Die Ausfuhr Frankreichs nach		
England	523	Millionen	Fr.	843	Millionen	Fr.
Belgien	272	„	„	311	„	„
Rußland	188	„	„	28	„	„
Türkei	133	„	„	64	„	„
Britisch-Indien	123	„	„	—	„	„
Rio de la Plata-Länder	104	„	„	62	„	„
Schweiz	102	„	„	263	„	„
Zollvereinsgebiet	85	„	„	81	„	„
Spanien	74	„	„	91	„	„
Brasilien	65	„	„	54	„	„
Peru	53	„	„	20	„	„
Algier	47	„	„	109	„	„
Italien	232	„	„	194	„	„
Verein. Staaten von Nordamerika	218	„	„	307	„	„
Spanische Besitzungen in Amerika	45	„	„	17	„	„
Schweden	45	„	„	—	„	„
Norwegen	42	„	„	—	„	„
China	41	„	„	—	„	„
Aegypten	88	„	„	41	„	„
Uruguay	37	„	„	23	„	„
Niederlande	33	„	„	34	„	„
Oesterreich	29	„	„	14	„	„
Japan	27	„	„	—	„	„

und kapitalarmer Staaten her, die mit französischem Gelde erschlossen worden waren, und von jenen Ländern, die ihren Anleihebedarf in Frankreich zu decken pflegten. Während so der französischen Mehrausfuhr keine aus Anlagegeschäften verursachten Gegenforderungen der Bestimmungsländer gegenüberstanden, hatte Frankreich an die Länder mit überragendem Import seinerseits Gegenansprüche auf Zinsen, Kapitalbeträge und Beteiligungsgewinne. Wenn die Warenbezüge der erstgenannten Ländergruppe nicht selbst wieder mit Geldern bezahlt wurden, die in Frankreich leihweise aufgenommen wurden, so ergaben sich hieraus unter Umständen Fälligkeiten, die von den Staaten mit metallischen Valuten durch Uebersendung von Münzmetall beglichen wurden [1]). In der pantopolischen Bilanz zwischen Frankreich und den Gebieten mit stärkeren Warenlieferungen wurde dieser Teil durch Gegenforderungen anderer Art zugunsten Frankreichs kompensiert. Es erhob sich infolgedessen keine so große Nachfrage nach fremden Werteinheiten, daß dadurch ein Abfluß französischer Kurantmünzen bewirkt worden wäre. Die Kursbeziehungen zum Ausland waren im allgemeinen für Frankreich günstig.

Durch den Krieg änderten sich gerade die Austauschverhältnisse Frankreichs zu den Ländern, auf die es in intervalutarischer Hinsicht am meisten ankam, wie etwa zu England und Belgien. Der Handelsverkehr mit den spezifisch französischen Artikeln nahm ab. Die Schulden Frankreichs aus auswärtigem Warenbezug stiegen und außerdem mußte Frankreich wenigstens zunächst die Stellung aufgeben, die es bisher unter den großen Kapitalmächten und diesen gegenüber innegehabt hatte. All dies mußte den intervalutarischen Kurs des Frankens beeinflussen,

---

1) Commerce spécial: Numéraire

	Einfuhr			Ausfuhr		
1867	849	Millionen	Franken	253	Millionen	Franken
1868	687	„	„	365	„	„
1869	647	„	„	264	„	„
1870	416	„	„	261	„	„

obwohl auch jetzt noch einzelne Momente mit entgegengesetzter Wirkung sich äußern konnten. —

Die französischen Geldbesitzer verwendeten die bei ihnen vorrätigen Münzen und Noten verschieden, je nachdem sie es verstanden, die Besonderheiten der einzelnen Geldsorten kapitalistisch auszunutzen. Die einen hielten es für das beste, so viel Münzen wie möglich anzusammeln, die ihnen als Geld von zweifellos höherer Art erschienen. Sie wechselten ihre Noten in Münzkurantgeld um und ließen die Beträge zinslos in ihren Kästen und Verstecken liegen. Diese Summen waren für das Bestreben des Staates, die Münzen bei der Bank zu konzentrieren, verloren, wenn sie sich nicht bei den Anleiheemissionen doch wieder hervorwagten. Auch sonst leisteten sie nichts, was den Franken intervalutarisch stützen konnte.

Andere Kreise suchten sich zwar ebenfalls eine gewisse Verfügung über Metallgeld zu erhalten, wollten aber trotzdem aus ihrem Kapital einen Anlagegewinn erzielen. Die Anlagegelegenheiten für die freien Geldbestände ihrer Kassen waren mannigfaltig. Man richtete sich bei der Auswahl nach der stofflichen Beschaffenheit der vorhandenen Zeichen. Die Noten wurden in der Hauptsache zum Ankauf heimischer Werte, von Wechseln, Staatspapieren, Eisenbahnobligationen und anderen inländischen Effekten verwendet. Diese Werte wurden mit valutarischen Franken bezahlt, sie konnten im Inland wieder in valutarische Franken umgesetzt werden und verzinsten sich bei den herrschenden Kursen und Leihsätzen sehr günstig. Alle aus einer derartigen Kapitalverwendung sofort und später hervorgehenden Zahlungen bezogen sich auf Frankeneinheiten schlechthin. Der Berechnungsmodus der Vermögensgröße und des Zinsertrages hatte sich dem rekurrenten Anschluß gemäß nicht geändert. Die kapitalistische Nutzbarmachung von Geldsummen heimischer Valuta im Inlande geschah unter den von jeher maßgebenden Gesichtspunkten und mit dem prinzipiell gleichen Erfolg wie bisher. Mit dem intervalutarischen Kursstand des Frankens hingen die Vorgänge auf diesem Gebiet nur dadurch zusammen, daß die Anlage, die sich im Inlande hielt und keine auswärtigen

Werte suchte, auch keine Nachfrage nach fremden Geldzeichen hervorrief.

Wollte sich der Inhaber von Noten einen Vorrat von Goldmünzen sichern, so kaufte er englische Wechsel, die in Sovereignsstücken eingelöst wurden. Allerdings wurde dadurch der Preis des Pfund Sterlings in die Höhe getrieben, und die Anweisungen, die man für eine bestimmte Anzahl Franken erwarb, ergaben immer geringere Sovereignsbeträge und damit geringere Goldmengen. Aber man entbehrte doch nicht vollständig des Zinsgenusses, wie wenn etwa ebenfalls mit Agio bezahlte Goldfranken einfach thesauriert wurden.

Die Goldfranken, die man von Anfang an in den Kassen hatte und deren Stoffgut man sich bewahren wollte, legte man daher auch am besten in Devisen auf London an. Bei hohen Sovereignskursen erzielte man mit Goldfranken bedeutend mehr englische Werteinheiten als mit valutarischen Frankennoten. Der Eigentümer von Sterlingswechseln verfügte nun über ein Guthaben in englischem Goldgeld wie jemand, der seine Goldfranken nach England übertrug, sie in Sovereigns verwandelte und gegen Zinsen deponierte. Damit hatte er, statt sich die fremden Werteinheiten später zu ungünstigen Kursen beschaffen zu müssen, einen bereiten verzinslichen Fonds von Zahlungsmitteln für das Ausland, oder er konnte, wenn er den Augenblick zum Abschluß eines vorteilhaften Arbitragegeschäftes für gekommen hielt, die Anweisungen auf englisches Geld oder den Goldstoff selbst mit einem bedeutenden Nominalgewinn gegen valutarische Franken in Paris verkaufen.

Mit den steigenden Sterlingskursen wurden so die aus den Geldbeständen ausgesonderten Goldfranken in bedeutendem Umfang nach England verschickt, wo sie als Guthaben französischer Kapitalisten einen in Zukunft fälligen Forderungsposten für Frankreich bildeten [1]). Die Goldsendungen wurden nicht gegen Warenlieferungen für immer abgetreten; sie waren veranlaßt durch die Erwerbung von vorübergehenden Anlagemitteln, die sich wieder in Gold realisierten und so wie eine Aufbewahrung

1) Vgl. The Economist vom 20. und 27. August; 10. September 1870.

bestimmter Geldsorten wirkten. Die großen Geldsummen aber, die in London Unterkunft suchten, drückten hier auf die Leihsätze, so daß sich die Güte der Anlage hinsichtlich der Verzinsung verschlechterte, während sich die spekulativen Aussichten, falls das Goldagio noch weiter stieg, noch besserten.

Der Besitz Frankreichs an Englandwechseln wurde auch dadurch vermehrt, daß man von Frankreich aus Effekten an der Londoner Börse veräußerte. Die daraus erlösten Sovereignsbeträge ließ man im Depot in London stehen [1]) und nahm dafür Sterlingdevisen ins heimische Portefeuille, die man bei Verfall prolongierte.

Die société générale und andere Häuser brachten nach der Schlacht bei Sedan alle absatzfähigen Werte nach London und verkauften sie hier in Fällen des Geldbedarfes. Mußte die Bank eine Zahlung in Sovereigns leisten, so erhielt sie dadurch die Geldzeichen, die sie brauchte, und da sie sich so die englische Valuta nicht mehr in Paris gegen Franken beschaffen mußte, schonte sie den Kurs des Frankens. Mußte sie Franken haben, so legte sie der Bank von Frankreich einen Ausweis über das aus den Verkäufen in London gewonnene Sterlingsguthaben vor und bekam hierauf den erforderlichen Vorschuß in Frankennoten. Auf diese Art tilgte die société in der Zeit vom Juli 1870 bis zum März 1871 Verbindlichkeiten im Betrage von 5 200 000 £. Erst nach dem Friedensschluß zog sie die in England deponierten Gelder zurück und glich ihre Schulden bei der Bank aus [2]).

In den wenigsten Fällen führte man wohl den Erlös solcher Effektentransporte sofort in Münzform nach Frankreich ein, obwohl der Bankgouverneur noch am 24. August 1870 im Senat von Goldimporten sprach, die durch Waren- und Effektensendungen nach England und durch Lieferungen von Lyon und anderen Plätzen nach den Vereinigten Staaten veranlaßt worden seien [3]). Die Folge dieser Vorgänge war vielmehr eine Zunahme

1) Ibidem vom 10. September 1870.

2) Vgl. The Economist vom 15. April 1871.

3) Das Agio für Gold sei deshalb auf 7—8 °/₀₀, das für Silber auf 5 °/₀₀ zurückgegangen.

der langfristigen Wechsel auf London. Dieser Vorrat wurde noch dadurch verstärkt, daß die französischen Exportfirmen von ihren auswärtigen Kunden immer häufiger mit Sterlingdevisen bezahlt wurden. An den größeren Handelsplätzen gingen Sterlingdevisen aus Chile, Brasilien, Kuba, Indien und aus den Vereinigten Staaten in solchen Mengen ein, daß das Agio des Sovereigns verschwinden konnte und der Sterlingpreis sogar bisweilen unter den vorher als Parität zwischen den beiden Valuten betrachteten Satz sank. In Bordeaux, wo der Sovereign durchschnittlich mit 25,25 Franken notiert wurde, sollen nur noch 24,60 Franken für ihn gegeben worden sein [1]). Erst durch die umfangreichen Käufe, die die Regierung vornahm, wurde der Sterlingkurs wieder gesteigert [2]).

Der Pariser Devisenmarkt hatte in den Monaten vor dem Kriegsausbruch im ganzen wenig Bewegung gezeigt. Die Kursunterschiede waren gering und nicht sehr zahlreich. Dem Silberfranken gegenüber, der sich in der valutarischen Stellung befestigte, erreichte der Goldfranken eine unbedeutende Prämie, die sich nur selten veränderte und mit den wechselnden Preisen der Sterlingdevise nicht völlig gleichen Schritt hielt [3]).

---

1) Vgl. The Economist vom 26. Oktober 1870.

2) Ibidem, vom 3. Dezember 1870.

3) Im Januar 1870 hatte der Dreimonatwechsel auf Berlin, in 100 Talern notiert, mit den Sätzen 365½—364½ Franken für langes und 366 bis 365 Franken für kurzes Papier eröffnet und war dann auf 366—365 (lang, 366½—365½ kurz) gestiegen, woran er den ganzen Februar hindurch festhielt. Der Guldenwechsel auf Frankfurt, der zu Beginn des Jahres in Beträgen von 100 Gulden 209¼—209 und 209⅛—208⅞ Franken notiert hatte, hob sich nach mehreren Schwankungen auf 209⅝—209⅜ und 209¼—209 und blieb dann im Februar fast beständig auf 209⅛—209⅞ und 208⅞ bis 208⅝. Der Sovereign wurde im Sichtwechsel auf London zunächst mit 25,20—25,15 Franken und am Ende des Monats mit 25,21—25,16 notiert, nachdem er einmal bis zum Kurs 25,22½—25,17½ gekommen war. Obwohl dies noch nicht der Punkt war, wo Frankreich mit Vorteil seine Goldfranken zur Zahlung verwendete, erzielte feines Barrengold im Verhältnis zum Prägetarif doch eine Prämie von 1—1½‰.

Im Februar behauptete der Sovereign in der Regel den Kurs des letzten Monats, ging aber am Schluß auf 25,23—25,18, während sich die Goldprämie

Trotz der hohen Diskontrate in Berlin, die infolge der Kriegserklärung auf 8% gebracht worden war, ermäßigte sich der Talerpreis nach einer kurzen Aufwärtsbewegung im zweiten Drittel des Julis (367—367½) am Ausgang des Monats (365 bis 366 bzw. 365—367 k.). Der Verkehr mit Norddeutschland kam zum Stillstand. Der Guldenwechsel wurde mit dem auf 5% erhöhten Diskontsatz allmählich teurer (210—211 l.; 212 bis 214 k.). Der Sovereign sank beträchtlich (25,12—25,17), obwohl man auch in London den Diskont auf 3½% gesteigert hatte. Offenbar wurden die Guthaben, die man in England hatte, zunächst zurückberufen, einzelne Effekten in London veräußert und vielleicht englisches Leihkapital in Paris angeboten. Die Prämie auf feines Barrengold, die wohl deshalb, weil man im Innern die Goldvorräte durch Ankäufe von Barren vermehren wollte, eine Zeitlang 2—3‰ erreicht gehabt hatte, sank wieder auf 1 — ½‰. Solange ein so starkes Material an billigen Sterlingdevisen vorlag, war weder der intervalutarische Kurs des noch metallischen Frankens gefährdet noch eine Goldausfuhr notwendig.

Auch später wurden keine Geschäfte in Wechseln auf Deutschland gemacht, zu dem alle Zahlbeziehungen unterbrochen waren.

---

nicht veränderte. Nachdem er im März zunächst etwas zurückgegangen war, stieg er weiter auf 25,25—25,20. Im Widerspruch hierzu fiel die Goldprämie auf ½—1‰. Gleichzeitig waren die Wechsel auf Deutschland durch die Herabsetzung des Zinsfußes in Berlin und Frankfurt billiger geworden (364½—364 und 208¾—208¼; 208⅜—208⅛). Der Talerwechsel erholte sich jedoch wieder bis zum Schlusse des Monats.

Im April wechselten die Devisenpreise nur unbedeutend, dagegen kehrte die Goldprämie wieder zum Satz von 1—1½‰ zurück. Auch im folgenden Monat stellte sich der Talerwechsel nur wenig höher (366—365 lang, 365½ bis 364½ kurz), der Guldenwechsel (209—208¾ lang, 208½—208¼ kurz) und die Goldprämie hatten den alten Stand und Sterlingdevisen gingen auf 25,24½—25,19 zurück. Gegen Ende des Monats Juni zeigte sich beim Talerwechsel (366¼—366¾ lang; 366—366½ kurz) eine leichte Hausse, ebenso beim Sterlingwechsel, der nach einem Kursmaximum von 25,23½—25,26 mit 25,20—25,25 notiert wurde. Barrengold war auch bei diesen Kursen für Ausfuhrzwecke nicht gefragt, weshalb es seine frühere Prämie nicht steigerte.

Sie blieben im August und September unbeweglich auf den zuletzt erreichten Kursen stehen (365—366 l.; 369—370 k.; 210—211 l.; 212—214 k.). Das Verhältnis zu England gestaltete sich im August erheblich anders. Der schlimmen Wirkung, die der Rückzug französischer Gelder aus England für den Sterlingkurs und den Geldstand in London hatte, trat die englische Bank durch wiederholte Steigerung ihres Diskonts entgegen. Am 8. August betrug ihr Zinsfuß 6% und machte so die kurzfristige Anlage von Kapital in England vorteilhaft. Dazu kam noch das allgemeine Bestreben, sich in den Besitz von Anlagen zu setzen, die zugleich eine Goldreserve darstellten. Die im vorigen Monat angewandte Praxis schlug infolgedessen ins Gegenteil um. Die Sterlingdevisen wurden so lebhaft gefragt, daß ihr Preis den Goldausfuhrpunkt für Frankreich erreichte. Als dann weiterhin der Notenzwangskurs erklärt wurde und die schon vorher akzessorisch gewordenen Goldfranken noch mehr zurückgehalten wurden, überschritt der Sterlingkurs diese Grenze und die Goldfranken erzielten ein wachsendes Agio. Wer Goldfranken hatte, brachte sie nach England und bezog dafür Sterlingdevisen. Dieser Zufluß erleichterte den Geldmarkt in London, und man setzte den Bankdiskont wieder herab [1]). Nun war der Anreiz für das französische Kapital, nach England auszuwandern, nicht mehr so groß, und auch im Zusammenhang mit der Anleiheemission erschienen Londonwechsel wieder zahlreicher auf der Pariser Börse. Sie wurden teils von Franzosen angeboten, die die kurzfristige Anlage aufgaben und sich dafür Renten kauften, teils waren sie das Ergebnis englischer Zeichnungen. So konnte sich der Franken dem Sovereign gegenüber wieder erholen.

Der Sterlingkurs, der sich am 9. August plötzlich verteuert hatte (25,42—25,55) fiel wieder (auf 25,30—25,40 und am Ende des Monats auf 25,20—25,30). Dementsprechend bewegte sich das Agio des Goldfrankens und des Barrengoldes. Am 18. August betrug die Goldprämie 2%. Für Silber dagegen war das Aufgeld ganz unbedeutend.

Im September wurde der intervalutarische Kurs des Frankens

1) 16. August 5½%, 20. August 4½%, 25. August 4%.

im Verhältnis zum Sovereign wieder sehr erschüttert. Vom 4. September an begann das Pfund Sterling, dessen Preis in den ersten Tagen des Monats bei einem Londoner Diskontsatz von 3 ½% gesunken war (auf 25,10—25,17) und sich dem Goldeinfuhrpunkt aus England stark genähert hatte, unaufhaltsam zu steigen [1]).

Unter diesen Bedingungen wurde auch für den Goldfranken wieder ein höheres Agio bezahlt. Man erhielt für eine bestimmte Menge goldener Frankenstücke so viel Franken in valutarischen Noten, als die Sovereigns kosteten, die man aus ihnen nach Abzug aller Kosten herstellen konnte.

Durch die Einschließung von Paris war der Verkehr der Hauptstadt mit den auswärtigen Börsenplätzen abgeschnitten. Es fehlten alle Unterlagen und Beziehungen, auf deren Grundlage sich Preise für fremde Valuten hätten bilden können. Vom 22. September 1870 an nahm man daher von einer offiziellen Festsetzung der Preise für Devisen, Barrengold und Münzen Abstand und kehrte erst wieder am 12. Juni 1871 dazu zurück, nachdem die Ordnung in Paris wieder vollkommen aufgerichtet war.

Das Wertverhältnis des Frankens zu auswärtigen Werteinheiten war während dieser ganzen Zeit allein aus den natürlichen pantopolischen Fälligkeitsbeziehungen zwischen Frankreich und dem Ausland gefolgt. Exodromische Eingriffe von nennenswerter Bedeutung sind seitens des Staates nicht erkennbar. Die geldpolitische Tätigkeit der Regierung wurde ausschließlich von finanzwirtschaftlichen Motiven geleitet. Einzelne Handlungen wie der ungeregelte Ankauf fremder Wechsel standen sogar in offenbarem Widerspruch zu den intervalutarischen Interessen des Frankens. Aber wenn auch von einer geschlossenen exodromischen Verwaltung schon deshalb nicht die Rede sein konnte, weil man von ihren Aufgaben und Methoden noch gar keinen deutlichen Begriff hatte, so erfüllte man doch in einzelnen Fällen mehr unbewußt gefühlte exodromische Ziele.

---

1) Nachdem es bis zur Notierung 25,65—25,75½ gekommen war, stand es von der Mitte des Monats an durchschnittlich auf 25,40—25,60.

Dazu gehörte vor allem die durch die staatliche Kassenführung entschieden geförderte Konzentration metallischer Kurantzeichen bei der Bank. Absichtlich hatte man Mittel bereitgestellt, mit denen sich exodromische Maßnahmen hätten betreiben lassen. Aber zu positiven Vorkehrungen, um den Kurs des Frankens zu heben oder auf einer bestimmten Höhe zu erhalten, scheint der Barvorrat nicht benutzt worden zu sein.

Die Beschaffung eines staatlichen Devisenportefeuilles wurde damals noch nicht als eine notwendige Mobilisierungsangelegenheit betrachtet wie in jüngster Zeit, wo Rußland und Japan oder Oesterreich bei der drohenden Kriegsgefahr des Jahres 1909 darauf besonders Gewicht legten. Man unterließ es, die angesammelten Münzbestände in Auslandwechsel zu verwandeln und machte von der damit gegebenen Möglichkeit, bei steigenden Kursen auswärtiger Valuten Devisen auf den Markt zu werfen oder an Private zu Preisen abzugeben, die einen stärkeren Rückgang des Frankens verhüteten, keinen Gebrauch.

Man sah in dem Metallschatz mehr eine allgemeine Reserve und schon jetzt hob man seine Bedeutung für die künftige Rückkehr zur metallischen Valuta hervor. Namentlich sollte er aber auch verhindern — und dies war jedenfalls eine, wenn auch nur präventiv gedachte exodromische Verwendungsart —, daß der Franken unter einer vom Staat selbst ausgehenden Nachfrage nach fremden Werteinheiten zu leiden hatte. Hatte der Staat Zahlungen an das Ausland zu leisten, so konnte er den Devisenmarkt vermeiden, wenn er Münzen hernahm, die in Werteinheiten des Gläubigerlandes umgeprägt werden konnten. Schulden an England konnte er in der Art tilgen, daß ihm die Bank die Summen, die er zu diesem Zweck von seinem Konto abhob, in Goldfranken gewährte. Allerdings war er dabei auf den guten Willen der Bank angewiesen, doch scheint sie, wie aus ihren Ausweisen hervorgeht, solchen Wünschen Gehör geschenkt zu haben [1]). Vom 14. Juli 1870 bis zum 8. September 1870 [2]) verminderte sich

1) Vgl. Frankfurter Zeitung vom 25. August 1870.

2) Von da an bis zum 29. Juni unterblieb die Veröffentlichung des Bankstatus.

der Besitz der Bank an Metallgeld und Barren trotz des Anwachsens der Notenemission von 1 245 221 711 Franken auf 808 002 713 Franken. Dafür erhielt sie dann wieder die Münzen, die bei den staatlichen Kassen einliefen.

Um nicht ganz von dem Entgegenkommen der Bank abhängig zu sein, hatte der Staat bei ihr ein Depot von Barren und Kurantmünzen errichtet, das ihm in den hinterlegten Stücken zurückzugeben war. In derselben Weise hatte er für einen gewissen Reservefonds in Scheidegeld gesorgt [1]).

Verfügte die Regierung für ihre auswärtigen Verbindlichkeiten über eine ausreichende Menge derartiger Zahlungsmittel, die sie zu ihrem Nennwert einnahm oder die ihr von der Bank zu ihrem Nennwert angerechnet wurden, so ersparte sie damit zugleich die Mehrkosten, die ihr durch den Ankauf der fremden Werteinheiten mit valutarischen Noten erwachsen wären.

Zur Schonung des Frankenkurses trugen auch die Guthaben bei, die der Staat an auswärtigen Plätzen in ausländischer Valuta oder in stofflich gleichwertigem Münzgut unterhielt. Ihnen konnten die Summen entnommen werden, die man an das Ausland zu zahlen hatte. Während des Krieges hatte das französische Schatzamt 100 Millionen Franken bei auswärtigen Häusern liegen [2]). Mit Regierungsgeldern, die sich in London befanden, wurden Lebensmittel und Proviant beschafft; allein bei der Firma Coulon, Berthond und Compagnie für 20 Millionen Franken [3]). Die Beträge in englischem Gelde, die durch die Morgananleihe in London aufgebracht worden waren, ließ man bei der Emissionsbank stehen und hob sie für englische und amerikanische Lieferungen von Waffen und Kriegsmaterial ab [4]).

Wurden dagegen die Auslandzahlungen der Regierung durch französische Privatbanken vermittelt, die, wie es beim comptoir d'escompte de Nantes der Fall war, die nötigen Summen gegen

1) Rouland im Senat, Sitzung vom 23. August 1870.
2) Journal officiel vom 11. Januar 1874, pag. 306.
3) Ibidem vom 18. August 1874.
4) Ibidem vom 11. Januar 1874.

Schatzscheine vorschossen [1]), so hatte der Staat keine Kontrolle darüber, ob bei der Erwerbung der fremden Zahlungsmittel die Rücksichten auf den intervalutarischen Kurs des Frankens genügend gewahrt wurden.

Auch die Bank selbst hatte schließlich in ihrer Diskontpolitik ein Mittel, mit dem sie auf den Stand des Frankens gegenüber ausländischen Valuten einwirken konnte. Beherrschte ihre Haltung den gesamten inneren Geldmarkt, so konnte sie durch die für kurzfristige Anlagen allgemein gewährten Bedingungen auch fremdes Kapital zum Ankauf französischer Wechsel bewegen. Dadurch stieg nicht nur der Kurs des Frankens, sondern es konnte vielleicht sogar zu einer Einfuhr von Münzmetall kommen, durch die der Metallschatz der Bank ebenso gestärkt wurde wie durch das durch den Silberexport nach Belgien bezogene Gold [2]). Handelte es sich nicht um sogenannte Pensionen, so hatte das Ausland bei Verfall der Wechsel nur Anspruch auf valutarische Noten. Das übermäßige Angebot fälliger Frankenwechsel an den auswärtigen Börsen konnte durch Prolongierung der Wechsel vermieden werden, bis sich wieder bessere Ausgleichsverhältnisse herstellten. Der französische Kapitalist, der durch die hohen heimischen Zinssätze veranlaßt wurde, seine disponiblen Gelder im Inland zu belassen, erhob in diesem Fall ebenfalls keine preissteigernde Nachfrage nach auswärtigen Werteinheiten. Die Bank selbst aber wurde, seit sie nur noch die in anderen Zahlgebieten nicht verwendbaren uneinlösbaren Noten herausgab, in ihren östlichen Filialen nicht mehr von der Schweiz als Bezugsquelle für Leihgeld in Anspruch genommen [3]). —

Die größten Schwierigkeiten, die zunächst aus den Veränderungen im Geldwesen hervorgingen und die unmittelbare Aufmerksamkeit der Regierung erregen mußten, zeigten sich jedoch im inneren Umlauf. Es wurde schon darauf hingewiesen, daß die Stückelung der Noten, von denen die geringste auf 25 Franken lautete, dem Verkehrsbedürfnis nicht genügte. Aber

1) Ibidem vom 13. Januar 1874.

2) Rouland im Senat, Sitzung vom 23. August 1870.

3) Vgl. Blaum, l. c., pag. 104.

man schien von der unbegründeten Furcht, die man nun einmal vor Noten minderer Beträge hatte, nicht loszukommen. Die alte Anschauung, daß solche Scheine von dem großen Publikum ferngehalten werden müßten, paßte erst recht nicht zu den jetzigen Aufgaben des Papiergeldes. Man kam daher mit der Einführung kleiner Noten viel zu spät.

Es war ferner mißlich, daß die neuen Scheine nicht schnell genug hergestellt werden konnten. Obwohl Paris noch nicht belagert wurde, gelangten von der Emission der 25-Frankennoten nur unbedeutende Mengen in die Provinz [1]), und infolge der Gerüchte von Fälschungen stieß ihre Annahme auf Widerstand. Die Pariser Omnibusgesellschaften wiesen die Stücke zurück, angeblich, weil sie zu schlecht erkennbar seien.

So trat, sobald sich die Kurantmünzen aus dem Umlauf zurückgezogen hatten, im Kleinverkehr ein Mangel an Zeichen ein, der um so fühlbarer war, als infolge des Krieges die Komptantgeschäfte an Zahl zunahmen. Da ein großer Teil sofort fälliger Zahlungen nicht mehr mit valutarischen Stücken geleistet werden konnte, so wurden an das Scheidegeld erhöhte Anforderungen gestellt.

Aber besonders in Paris gab es zu wenig Scheidemünzen. Durch die Provinz konnte die Hauptstadt nicht unterstützt werden. Gegenüber den unablässigen Beschwerden rechtfertigte sich die Bank durch Veröffentlichung von Zahlen [2]). In nicht ganz einem Monat habe sie für 265 Millionen Franken Noten emittiert, darunter für 15 Millionen 50-Frankenscheine und für 50 Millionen 100-Frankenscheine. Unausgesetzt werde an neuen Mengen niederer Notenabschnitte gearbeitet. Auf die Vollendung der 25-Frankennoten verwende man den größten Eifer. Für 103 Millionen Franken Münzen seien in die Departements gegangen. Dem Pariser Handel habe man 233 600 000 Franken in Gold oder Silber zugeführt.

Als bei der Bank von allen Seiten schriftliche Gesuche um

---

1) M. J. Bonn, l. c., pag. 28 ff.

2) Journal officiel vom 16. August 1870.

Ueberlassung von Kurant- und Scheidemünzen für Lohnzahlungen einliefen, verlangte sie persönliche Meldung und richtete zu diesem Zweck an bestimmten Tagen einen eigenen Spezialdienst ein. Die Formen die dabei erfüllt werden mußten, waren aber viel zu lästig und verzögerten den ohnehin nur unbedeutenden Erfolg noch mehr. Es mußte ein umständlicher Ausweis vorgelegt werden, in dem der Polizeikommissar des Bezirkes die Angaben über den Verwendungszweck des geforderten Geldes bestätigte. Stundenlang mußte man vor der Bank auf Einlaß warten. Für den nächsten Tag wurde man wieder bestellt. Dann wurde erst geprüft, der Bescheid hinausgeschoben, und nachdem dies alles vorüber war, erhielt man für je vierzig Angestellte 100 Franken, natürlich nur in Silbermünzen, Scheidegeld oder kleinen Noten. Als diese Vorgänge im Senat zur Sprache kamen [1]), erklärte der Bankgouverneur die Bank sei zwar bereit, die hohen Noten umzuwechseln, obwohl sie dazu gesetzlich nicht verpflichtet sei. Da aber für das Uebermaß der Gesuche nicht einmal ihr Vorrat an 50-Frankenscheinen ausreiche, so habe man nach dem Vorbild des Jahres 1848 auf diese Weise verfahren müssen.

Man wendete verschiedene kleine Mittel an, um den Störungen im Zahlungsverkehr abzuhelfen. An einzelnen Sukkursalen gelang es dem Publikum, wie es scheint, trotz des Zwangskurses, Münzen zu gewinnen. So in Havre, wo die Bankstelle fortwährend eine beschränkte Anzahl Noten in Kurantmünzen umwechselte, bis durch die Belagerung von Paris jede Zufuhr von der Zentrale her aufhörte [2]). Dagegen mußten sich andere Plätze gegen die übertriebene Entziehung von Münzen und kleinen Noten wehren. Die Deponenten wußten sich dadurch niedere Zeichen zu verschaffen, daß sie von ihren Guthaben Beträge abhoben, bei denen sie viele solcher Stücke erhalten mußten. Die Bankfiliale in Bordeaux ließ daher nur mehr Abhebungen von mindestens 500 Franken und dem Vielfachen davon zu [3]).

1) Sitzung vom 23. August 1870.
2) The Economist vom 24. September 1870.
3) Ibidem vom 22. Oktober 1870.

Andere große Betriebe wie die Eisenbahnen nahmen nur Zeichen in Zahlung, auf die nicht mehr als einige Franken herausgegeben werden mußten [1]).

Die Anstrengungen der Bank, ein größeres Tagesquantum von Noten herauszubringen, waren für die Provinz vergeblich, als die Verbindungen mit Paris unterbrochen waren. Man errichtete daher in Clermont ein besonderes Atelier, in dem für das übrige Land 25-Frankennoten hergestellt wurden. Diese Scheine, die so abseits von der Pariser Regierung, der Delegation und der Bankzentrale entstanden, hatten im ganzen Staatsgebiet die gleiche Zahlkraft wie die von Paris ausgehenden Stücke. Nur äußerlich unterschieden sie sich etwas von ihnen [2]). Eine neue Geldart bildeten sie nicht. Es gab jetzt eben zwei Typen von valutarischem Notalkurantgeld dieser Geltung. Wie die Bank zu Ende September 1870 bekannt machte [3]), hatte sie schon eine beträchtliche Anzahl 25-Frankennoten in Verkehr gebracht. Die Ausgabe neuer Mengen stand bevor. Auf Grund der verbesserten Organisation hoffte man, jeden Tag 10 000 25-Frankennoten, 12 000 50-Frankennoten und 6000 100-Frankennoten emittieren zu können.

Auch Scheidemünzen wurden in vermehrtem Umfang ausgeprägt [4]). An der Münzstätte in Bordeaux wurde der Betrieb wieder aufgenommen. Neben silbernen 5-Frankenstücken wurden hier hauptsächlich 2-Frankenstücke geschlagen [5]). Ein Dekret der Regierung der nationalen Verteidigung genehmigte [6]),

---

1) Ibidem vom 10. September 1870.

2) Die Kontrollnummer der Zentrale auf der Mitte der Note fehlte. Oben links und unten rechts waren die fortlaufenden Emissionsnummern nicht gedruckt, sondern geschrieben. Fälschungen wurden dadurch erleichtert.

3) Journal officiel vom 30. September 1870.

4) Rouland im Senat, Sitzung vom 23. August 1870.

5) Journal officiel vom 13. Januar 1874.

6) Vom 8. Oktober 1870. „Le Gouvernement . . . considérant que l'argenterie trouvée aux Tuileries est aujourd'hui sans utilité . . . decrète:
Art. 1. Le ministre des finances est autorisé à faire convertir immé-

daß alles Silbergerät der früheren Zivilliste, soweit es nicht künstlerischen Wert hatte, in Münzgeld verwandelt werden dürfe. In der Tresorerie von Lyon fanden sich für 31 000 Franken päpstliche Münzen. Obwohl sie weder vorher französisches Geld waren, noch jetzt dazu gemacht wurden, wurden sie dennoch dem Verkehr übergeben [1]). Es wurden ferner Silbermünzen, die man nach und nach aus der Zirkulation genommen hatte und die niemand mehr kannte, wieder in Umlauf gesetzt [2]). An manchen Plätzen war deutsches Silbergeld in den Verkehr eingedrungen und wurde weiter darin geduldet [3]). Endlich konnte die Regierung jetzt auch die bei der Bank hinterlegte Reserve von Scheidemünzen heranziehen.

In der Kammer wurde der Antrag auf Ausprägung von 5- und 10-Centimesstücken im Betrage von 18 Millionen Franken abgelehnt [4]) und ebenso wurde der Vorschlag, einzelnen Briefmarkensorten Geldeigenschaft zu verleihen, weiter nicht beachtet.

Die silbernen 5-Frankenstücke wurden von der Bank auch jetzt noch nicht in den Verkehr gelassen. Die Verwaltung hielt

---

diatement en monnaie, au type de la République, l'argenterie provenant des palais et résidences qui faisaient partie de l'ancienne liste civile.

2. Les objets d'art en or, argent ou vermeil sont exceptés de cette mesure."

1) Journal officiel vom 13. Januar 1874.

2) M. d. P. vom 11. März 1871. — Sie waren nicht beliebt. Der Staat gab die Stücke, die Ende der 70er Jahre noch nicht verrufen waren, wenn sie in seine Kassen zurückkamen, nicht mehr aus. Es waren wohl zum größten Teil Silbermünzen von der Feinheit $^9/_{10}$, die auf die gewöhnlichen Beträge des späteren silbernen Scheidegeldes lauteten. Im Journal officiel vom 21. Juni 1877 wurden unter diesen Stücken „par tolérance admises de nouveau dans la circulation" besonders genannt:

toutes les pièces	nationales	antérieures	à 1864
„ „ „	belges	„	à 1866
„ „ „	italiennes	„	à 1863
„ „ „	suisses frappées de 1850—1853.		

3) Bailleux de Marisy, Moeurs financières de la France i. Revue des deux mondes, 1873.

4) Sitzung vom 27. August 1870.

an dieser Uebung fest, weil sie in dem eigentümlichen Glauben befangen war, sie erhöhe damit die Umlauffähigkeit der Zwangskursnote und die Kreditwürdigkeit der Bank.

Endlich, durch Dekret vom 12. Dezember 1870, wurde die Bank ermächtigt, ihre niedersten Notenabschnitte auf 20 Franken zu begültigen und dafür die Ausgabe der erst im August geschaffenen 25-Frankennoten einzustellen.

Derartig vereinzelte Maßnahmen, die teils zu belanglos waren, teils nicht rechtzeitig getroffen wurden, vermochten die herrschenden Mißstände weder überall noch gründlich genug zu beseitigen. Man schritt daher in manchen Gegenden des Landes zur Selbsthilfe, so daß der Staat nicht mehr die einheitliche Leitung des Zahlungsmittelverkehrs in Händen hatte. Es fehlte nicht an Geld, wohl aber an den geeigneten Geldzeichen. Da sie vom Staat aus nicht geliefert wurden, so bildeten sich besondere außerstaatliche Zahlgemeinschaften, die dafür einen Ersatz herstellten und ihn unter sich benutzten.

Diese Zahlverbände, die im Herbst des Jahres 1870 entstanden, waren lokal begrenzt. Ihr Zweck war die Verwendung verabredeter Zahlungsmittel von bestimmter Nennhöhe, ohne natürlich die staatlichen Geldzeichen gleicher Geltung auszuschließen. Für Beträge, die in der Stückelung der besonderen Zahlungsmittel nicht vertreten waren, blieb allein das staatliche Geld im Gebrauch. Die vereinbarten Zahlungsmittel waren kein Geld. Innerhalb des großen staatlichen Zahlgebietes, in dem als allgemeines Zahlungsmittel nur staatliche Geldzeichen verwendet wurden, gab es gesonderte Kreise, in denen neben dem staatlichen Gelde eigene Konventionszeichen für bestimmte Zahlbeträge eingeführt wurden. Die staatlichen Zeichen wirkten überall gleich stark, je nachdem sie durch Gesetz beschränkten oder unbeschränkten Annahmezwang erhalten hatten. Die Zahlkraft der privaten Zahlungsmittel beruhte nicht auf Gesetz, sondern auf freiwilliger Uebereinkunft unter räumlich Vereinigten. Ihre Akzeptation an den staatlichen Kassen, die sie zum Geld gemacht hätte, war weder durch rechtliche Vorschriften noch durch tatsächliche Uebung gesichert.

Die Emittenten der Zeichen waren Kommunen, Berufskorporationen oder Organisationen, die lediglich für diese Aufgabe gegründet wurden. Die Summen, die ausgegeben werden durften, waren entweder von vornherein beschränkt oder richteten sich allgemein nach dem Bedürfnis, waren aber nie sehr groß. Häufig war ein gleicher Betrag in valutarischem Geld zu hinterlegen. Dann versahen sie den Umlauf für die deponierten Geldzeichen, etwa wie in Fällen, wo die den Umlauf besorgenden staatlichen Noten durch Mengen hylischen Metalls oder durch Münzen, die selbst nicht in den Verkehr gelangen, voll gedeckt sind.

Den Eingaben der Handelskammer von Lille und mehrerer Großunternehmer folgend erlaubte der Präfekt des Departements Nord den Industriellen seines Bezirkes, die Löhne vorübergehend mit eigenen bons de circulation zu bezahlen [1]). Die Scheine wurden in Beträgen von 1, 2, 5, 20 und 40 Franken von den Arbeitgebern selbst hergestellt und trugen die von der Ortsbehörde beglaubigte Unterschrift des Emittenten. Wurden von den Inhabern Bons im Nennwert von 1000 Franken eingereicht, so mußten sie sofort in valutarische Noten umgetauscht werden. Dafür haftete der Aussteller persönlich. Die Scheine waren so unmittelbar fällige Anweisungen auf Noten, auf runde Summen lautend und an Zahlungs Statt verwendet. Sie waren jedoch nicht einzeln, sondern nur als Teile einer bestimmten Gesamtstückzahl einlösbar.

Aehnliche Scheine wurden von den bedeutendsten Fabrikanten in Elboeuf benutzt, die sich zusammenschlossen und für die Einlösung gemeinschaftlich gutstanden. Jede Woche wurde die Menge der ausgegebenen Bons festgestellt. In Havre [2]) wurde auf Veranlassung der Handelskammer unter dem Namen banque d'exchange eine besondere Organisation ins Leben gerufen, die die Ausgabe der Bons vermittelte. Der Präfekt stimmte der Gründung mit Rücksicht auf die augenblickliche Lage zu. An der Spitze stand ein aus den Hauptinteressenten gebildeter Aus-

1) The Economist vom 1. Oktober 1870.

2) Ibidem vom 8. Oktober 1870.

schuß von 15 Mitgliedern. Kosten und allenfalls Verluste sollten von der Handelskammer und den Beteiligten getragen werden. Die Scheine lauteten auf 5 und 10 Franken und mußten in ihrem gesamten Umfang durch staatliches Kurantgeld gedeckt sein. Summen von 1000 Franken waren in valutarischen Noten einlösbar. Bei einem genügenden Vorrat kleiner Noten sollten jedoch auch geringere Beträge zum Austausch zugelassen werden.

Am Anfang fanden die Bons leicht Eingang [1]). Als aber bekannt wurde, daß sie in einigen Tabakläden auf Befehl der Aufsichtsbehörde zurückgewiesen worden waren, verweigerten die Kleinhändler und Arbeiter die Annahme. Das Vertrauen kehrte erst wieder zurück, nachdem die Handelskammer mitgeteilt hatte, daß der trésorier-payeur général in Rouen das Verbot für die ihm untergeordneten Stellen aufgehoben habe. Mit dem Aufhören der Umlaufsstörungen wurde die nunmehr überflüssige Emission eingestellt, die Scheine wurden zurückberufen und die Anstalt selbst wurde aufgelöst [2]). So verschwanden diese Zahlungsmittel, eine Art notaler Zahlungsmittel zweiten Grades, wieder, die eine Zeitlang das Monopol der Bank durchbrochen hatten. Ihre Annahme stützte sich auf ihre Einlösbarkeit, auf die Deckung in valutarischem Gelde, dessen Chartalnatur sich hierbei deutlich zeigte, vor allem aber auf die Möglichkeit, die Scheine selbst wieder innerhalb eines bestimmten Zahlkreises verwenden zu können, der sich bis hart an die staatlichen Kassen erstreckte.

Die Emissionen, zu denen es noch in einer Reihe anderer Städte kam, gingen aus den gleichen Ursachen hervor. Nur die Form der Durchführung war in den einzelnen Fällen verschieden.

In Rouen wurde mit Genehmigung des Präfekten eine „banque de bons divisionnaires" errichtet, die, unterstützt von den städtischen Behörden, Scheine zu 1, 2, 5 und 10 Franken ausgab. Im November waren davon 672 696 Franken im Um-

---

1) The Economist vom 15. Oktober 1870.

2) Ibidem, 1. April 1871.

lauf [1]). In Dieppe wurde die Aktion von einer privaten Unternehmung geleitet. Die Firma Osmont, Dufour und Compagnie stellte unter dem Namen einer „caisse commerciale" auf eigene Rechnung Bons auf 5 und 25 Franken her, die gegen Präsentation von mindestens 100 Franken in valutarische Noten umgewechselt wurden. Die Kommunalverwaltung von Evreux emittierte Bons in Abschnitten von 1, 2, 5, 10 und 20 Franken, jedoch nicht für mehr als 150 000 Franken. In Bolbec, einer kleinen Stadt in der Nähe von Havre, leistete die Gemeinde einzelne Zahlungen mit selbstgefertigten Scheinen im Nennwert von 1, 2, 5 und 10 Franken [2]). Staatliches Geld wurde dafür nicht hinterlegt, und die Einlösung wurde erst nach dem Kriege fällig.

Auch Fécamp [3]) und Amiens [4]), das bei der Banksukkursale in Lille einen besonderen Garantievorrat stehen hatte, veranstalteten städtische Emissionen. In Le Mans ging die Initiative zur Ausgabe von 1- und 5-Frankenscheinen von der Handelskammer aus. Die Emission erfolgte gegen Deponierung von Kurantmünzen und Noten. Zur Einlösung mußten wenigstens 100 Franken auf einmal gebracht werden [5]). Die lokalen Zahlungsmittel für Bordeaux kamen erst nach längeren Schwierigkeiten zustande [6]). Vergebens hatte man hier auf Hilfe durch die wiedereröffnete Münzanstalt gehofft. Dann schlug die Firma Calvet und Compagnie ein unter den damaligen Verhältnissen kaum begreifliches Projekt vor. Sie wollte mit anderen Häusern Sovereigns aus London einführen, die dann einen festen Kurs in französischen Werteinheiten erhalten sollten. Der Sovereign sollte 25 Franken, der halbe Sovereign 12,5 Franken gelten, während doch, abgesehen von dem Agio, das die Goldmünzen erzielten, aus einem Sovereign durch Umprägung bedeutend mehr in französischem

1) The Economist vom 10. Dezember 1870.
2) Ibidem vom 28. Januar 1871.
3) Ibidem vom 28. Januar 1871.
4) de Swarte, l. c., pag. 36.
5) The Economist vom 28. Januar 1871.
6) Ibidem vom 15. Oktober 1870.

Geld gewonnen werden konnte. Endlich griff die Handelskammer ein [1]) und gab Bons im Nennbetrag von 10 Franken aus. Die Emissionshöhe wurde auf eine Million Franken beschränkt, doch wurden nur 700 000 Franken, die später wiedereingezogen wurden [2]), in Umlauf gesetzt.

In Chalons-sur-Saône stellte ein Syndikat von Bankiers und Gewerbetreibenden, das bei der Bankfiliale 100 Tausendfrankennoten hinterlegt hatte, 1-, 5- und 10-Frankenbons in der Gesamtsumme von 100 000 Franken her [3]). Die Stücke waren auf der einen Seite vom Präsidenten und vom Sekretär unterzeichnet und trugen neben der Wertangabe die Aufschrift: „Syndicat du commerce de Chalons s. Saône. Coupure de billets de Banque déposés à la succursale de Chalons-sur-Saône.“ Auf der anderen Seite wurde noch einmal der Notendeckung Erwähnung getan: „La Banque de France est dépositaire de billets de mille francs pour une somme égale à celle de l'émission des coupures. Les signatures d'autre part sont apposées pour la constatation de ce dépôt.“ Am Rande standen an den Seiten die Worte: „remboursable en billets de banque“ und oben und unten die Geltungsbeträge der Abschnitte.

Wie sich die Bank, die sich nie von der gesetzlichen Stückelung der Noten entfernte, bei der Akzeptation der lokalen Zahlungsmittel an den betreffenden Filialkassen verhielt, läßt sich im einzelnen nicht feststellen. Nur aus Lille wird gemeldet, daß die Banksukkursale angewiesen wurde, die dort in Umlauf gebrachten Bons anzunehmen. Dadurch verhinderte man weitere Verwirrungen. Der conseil des finances der Delegation in Tours riet, die bereits veranstalteten Emissionen zu dulden, soweit sie durch Noten voll gedeckt seien [4]). Außerdem empfahl er, neue Zahlverbände zu bilden, von deren privatem Charakter man nicht

---

1) The Economist vom 29. Oktober 1870.

2) Ibidem vom 7. Oktober 1871.

3) M. Patron, La Banque de France et le crédit national et international, Dissertation von Dijon, 1908.

4) Vgl. de Swarte, l. c., pag. 36.

abgehen solle. Weder die Bank noch die Generalsteuereinnehmer sollten sich amtlich daran beteiligen.

Trotzdem haben in manchen Bezirken staatliche Finanzbeamte bei der Ausgabe solcher Ersatzzahlungsmittel mitgewirkt. In Limoges organisierte der trésorier-payeur général zusammen mit einem lokalen Bankinstitut ihren Umlauf [1]). Im Departement Indre bekam man die Scheine sogar unmittelbar von ihm, wenn man für 1000 Franken Noten einlieferte, die dann zur Hälfte in seiner Kasse, zur Hälfte bei Gericht hinterlegt wurden [2]).

Besonders zerfahren waren die Verhältnisse in Lyon, wo sogar von Privaten silberne Luxusgegenstände zu den Goldschmieden gebracht worden sein sollen, um durch sie daraus Münzen machen zu lassen. Auch hier hatte man Scheine im Nennwert von 1, 10 und 20 Franken ausgegeben. Das Eigenartige aber war, daß die Emission durch den Präfekten verfügt, also durch eine staatliche Behörde veranlaßt wurde, und daß die Stücke die Unterschriften des Präfekten und des trésorier-payeur général trugen [3]). Im Widerspruch zu dem von der Zentralgewalt erlassenen Zwangskurs wurde die Einlösung der Bons in Metallgeld zugesagt. Als die Regierung davon erfuhr, glaubte sie den Dingen ihren Lauf lassen zu müssen und ordnete nur an, daß der auf die Rückzahlung bezügliche Hinweis aus dem Texte der Scheine zu streichen sei. —

Eine ganz andere rechtliche Stellung nahmen die Zeichen ein, die damals in einigen von den Deutschen belagerten Plätzen verwendet wurden [4]). Sie wurden als „monnaie obsidionale" bezeichnet und waren keine unbekannte Form staatlichen Geldes mehr.

Der Kommandant, der innerhalb des Festungsgebietes die höchste Staatsgewalt ausübte, stellte die für seine Bedürfnisse erforderlichen Werteinheiten selbst her, da er sie von auswärts

---

1) The Economist vom 29. Oktober 1870.

2) Ibidem vom 8. Oktober 1870.

3) Journal officiel vom 13. Januar 1874.

4) Vgl. M. d. P. vom 19. Juli 1871.

nicht bekommen konnte. Er verfuhr dabei geradeso wie der Staat überhaupt, wenn er sich die notwendigen Geldmittel auf geldpolitisch-definitive Weise beschafft.

Das Organ, das jeweils für den Staat die Geldhoheit ausübt, bringt die Geldzeichen hervor und legt ihnen die Eigenschaften bei, welche es will, und es entscheidet auch über die Art, wie das eingeführte Hilfsgeld wiederbeseitigt werden soll.

Die nämliche einheitliche Staatsgewalt schuf so für den von dem übrigen Territorium abgeschnittenen Bezirk ein Sondergeld von zeitlich begrenzter Wirksamkeit, das neben den normalen Zeichen in Kraft trat. Da es uneinlösbar war und unbedingt angenommen werden mußte, seinem Stoff nach aber notal war, so war es, wie es durch den finanziellen Deckungszweck gefordert war, definitives Notalkurantgeld. Leistete der Staat seine Zahlungen letzten Endes mit solchem Gelde, so versah es innerhalb dieses isolierten Gebietsteiles die Funktion der valutarischen Geldart. Die Begültigung geschah im Anschluß an die Werteinheit des Gesamtsystems.

Die Ausgabe von „bons en billets délivrés au nom de l'Etat et ayant cours forcé jusqu' au rétablissement des communications" beruhte auf besonderen staatlichen Befehlen, deren Fassung manchmal für die Entstehung staatlicher Zahlungsmittel überhaupt äußerst bezeichnend ist.

Das Belagerungsgeld, das man beispielsweise in Belfort einführte, umfaßte Stücke von 5 und 10 Franken und hatte Zwangskurs [1]). Da es sich hier offenbar nur darum handelte, dem Mangel an Kleingeld abzuhelfen, so wurden entsprechende Beträge in gewöhnlichen Noten deponiert. Im Gegensatz zu den lokalen Zahlungsmitteln privater Emission waren aber diese Scheine hinsichtlich ihres Ursprunges und ihrer Akzeptation staatliches Geld, das durch eine andere Sorte staatlichen Papiergeldes gedeckt wurde. Während die Deckung aus valutarischen von der Bank hergestellten Noten bestand, wurden die in lokalen Umlauf gebrachten Noten vom Staat selbst ausgegeben und waren vermutlich nur akzessorisch.

1) The Economist vom 21. Januar 1871.

Die in Besançon verwendeten Stücke wurden zweifellos aus finanziellen Gründen geschaffen [1]). Der Erlaß des Kommandeurs sprach diese Motive deutlich aus.

---

1) Arrêté du général commandant de Besançon Rolland; 10. Februar 1871, bei Blanche, Au-dessus le code pénal, Bd. 7, pag. 469.

„Le général de division commandant la 7e division militaire

considérant que l'investissement de la place ne permet plus au gouvernement d'alimenter la caisse de la Trésorerie de département; que les ressources locales sont insuffisantes pour assurer le paiement des dépenses à la charge de l'Etat; qu'il importe de pourvoir à tous les besoins de la défense, ainsi qu'au fonctionnement régulier des services publics;

qu'il y a également nécessité de fournir aux créanciers de l'Etat les moyens de remplir leurs obligations envers des tiers; que c'est le cas de créer un signe d échange et de lui donner temporairement cours légal et forcé en l'entourant d'ailleurs des garanties d'ordre et de contrôle indiquées par l expérience;

vu les lois, règlements et décrets sur l'état de siège; en vertu des pouvoirs qu'il lui confère

arrête:

Art. 1. Le Trésorier Payeur Général du Doubs émettra, au nom et pour le compte de l'Etat, au fur et à mesure des besoins de sa caisse, sous le contrôle du préfet du département, des bons provisoires de 10, 20, 50, 100 et 500 francs non productifs d'intérêt.

2. Ces bons seront donnés et reçus en paiement dans toutes les caisses publiques de la ville.

3. Ils auront cours légal et forcé et devront être acceptés par le public dans l'étendue de la circonscription du commandement militaire de la place, pendant la durée de l'investissement augmentée de 30 jours à partir du rétablissement des communications.

4. A l'expiration de ce délai le remboursement des bons deviendra exigible. Il sera effectué pour le compte du trésor public, à la diligence du trésorier-payeur général des finances du département.

5. Tout bon non présenté au remboursement dans les 3 mois à partir de l'exigibilité sera perimé, et la somme qu'il représente définitivement acquise à l'Etat, sauf décision contraire du gouvernement.

6. Les bons seront extraits de registres à souche, cotés et paraphés par le préfet. Ils seront signés soit par le trésorier-payeur général soit par l'un de ses fondés de pouvoir. Ils seront visés au contrôle par le préfet ou un délégué et porteront l'empreinte des timbres de la préfecture et de la trésorerie générale.

7. Tout trafic des bons contre le numéraire ou les billets de banque

Den Zeichen war von Anfang an nur beschränkte Dauer zugemessen, aber während dieser Zeit hatten sie in dem vom Belagerungszustand erfaßten Rayon die Stellung einer definitiven Kurantgeldart, deren normale Stücke sie ersetzen sollten. Auch der Modus für die Einziehung der Scheine, die von selbst eintreten sollte, war bereits vorgesehen, vorbehaltlich anderer Verfügungen durch die ordentliche Regierung. Mit der Emission wurde der trésorier-payeur général des Departements beauftragt. Der Präfekt hatte die Kontrolle. Die Emissionssumme bestimmte sich nach dem finanziellen Bedarf. Die als bons provisoires bezeichneten Scheine zerfielen in Abschnitte von 10, 20, 50, 100 und 500 Franken, also auch in Stücke höherer Geltung. Sie stimmten zum Teil, da sie Deckungszwecke verfolgten, mit dem Nennwert des ordentlichen Geldes, das natürlich keine seiner Eigenschaften verlor, überein, zum Teil gingen sie, da man ihnen möglichste Umlauffähigkeit verleihen wollte, unter diese Beträge herunter.

Die Gesetzmäßigkeit dieses Vorganges, durch den reines staatliches Papiergeld geschaffen wurde, das aber durch die allgemein valutarischen Noten vom Staat wieder abgelöst werden sollte, wurde auch durch die Gerichte anerkannt. Denn der militärische Befehlshaber war nicht etwa nur Vertreter der Zivilbehörden, sondern vereinigte in sich kraft eigenen Rechtes die gesamte staatliche Autorität. Aber die Annahmeverweigerung der Belagerungsnoten wurde merkwürdigerweise nicht als Vergehen gegen den Artikel des code pénal, in dem die Zurückweisung heimischen Geldes unter Strafe gestellt wird, ausgelegt [1]),

---

que le mouvement des opérations amèneront dans les caisses publiques est formellement interdit aux agents de l'Etat.

8. Quiconque aura contrefait ou falsifié les bons émis, ou fait usage avec connaissance de bons contrefaits ou falsifiés sera poursuivi suivant la rigueur des lois.

9. Le préfet et le trésorier-payeur général demeurent chargés d'exécuter le présent arrêté. Il est enjoint aux agents de la force publique d' y prêter main-forte lorsqu'ils en seront requis."

1) Art. 475. 11. „Seront punis d'amende depuis six francs jusqu'à dix francs inclusivement. . . . ceux qui auraient refusé de recevoir les

sondern nur als Verstoß gegen einen obrigkeitlichen Befehl [1]). In einem anderen Fall dagegen wurde die Fälschung von Belagerungsgeld folgerichtig als Fälschung staatlichen Papiergeldes aufgefaßt und im Gegensatz zu einer zweiten Ansicht [2]) auch als solche geahndet [3]). —

Alle diese Sonderbildungen von Zahlungsmitteln, die sich im Verlaufe des Krieges an einzelnen Punkten Frankreichs zeigten, verschwanden wieder schnell und hatten bei weitem nicht die Tragweite wie die eine große Tatsache des Valutawechsels. In ihr äußerten sich die Folgen des Krieges und seiner finanzwirtschaftlichen Anforderungen in tiefgreifender und noch lange nachwirkender Weise. Während des Krieges selbst, wo die Beziehungen zu den auswärtigen Ländern litten und keine besondere Beachtung fanden, schien ihr Hauptgewicht in dem veränderten Gebrauch von Zeichen im inneren Umlauf zu liegen. Die eigentliche Bedeutung des Ereignisses, die die Herstellung des intervalutarischen Wertverhältnisses des Frankens betraf, trat nach außen zurück. Sie kam in ihrer Schwere erst in der Zeit nach dem Krieg ganz zum Ausdruck [4]).

---

espèces et monnaies nationales, non fausses ni altérées, selon la valeur pour laquelle elles ont cours."

1) Art. 471. 15. „Seront punis d'une amende depuis un franc jusqu'à cinq francs inclusivement. . . . ceux qu' auront contrevenu aux règlements légalement faits par l'autorité administrative et ceux qui ne se seront pas conformés aux règlements ou arrêtés publiés par l' autorité municipale . . ."

2) Sie wollte Art. 147 angewendet wissen: „seront punis des travaux forcés à temps. . . . . toutes autres personnes qui auront commis un faux en écriture authentique ou publique."

3) Nach Art. 139 des code pénal: „ceux qui auront contrefait ou falsifié soit des effets émis par le Trésor public avec son timbre, soit des billets de banque autorisés par la loi, ou qui auront fait usage de ces effets ou billets contrefaits ou falsifiés, ou qui les auront introduit dans l'enceinte du territoire français seront punis des travaux forcés à perpetuité. — Vgl. zur französischen Rechtsprechung Dalloz, Supplément au répertoire, 1871. 3. 104; 1872. 2. 19. — Dutruc, journal du ministère public T. XIV. 1871. Art. 1496. 1872. 1. 473.

4) Alle Vermögens-, Forderungs- und Schuldbeziehungen, die nach Franken bewertet wurden, wurden, wie schon hervorgehoben, in ihrer ab-

soluten Höhe von dem Valutawechsel nicht berührt. In Fällen, in denen mit dem Franken außerfranzösische Werteinheiten erworben werden mußten, hatte der stoffliche Wechsel der Valuta ebenfalls keinen unmittelbaren Einfluß auf das Geltungsverhältnis des Frankens. Es hing ausschließlich von pantopolischen Bestimmungsgründen ab. Die stoffliche Beschaffenheit des Frankens war kein pantopolischer Bestimmungsgrund. Sie veranlaßte daher keine Veränderung des Frankenkurses. Es war damit nur die Möglichkeit gegeben, daß auswärtige Werteinheiten dem Franken gegenüber in Zukunft andere Preise erreichen konnten wie bisher.

Alle Schulden in Franken waren nominal zu verstehen, und da die nominale Einheit die alte blieb, so vollzog sich der Uebergang zur neuen Valuta innerlich unmerklich. Eine Schuld von 100 Franken wurde mit Zeichen getilgt, deren Nennwert 100 Franken betrug. Der Empfänger dieser Stücke konnte damit seinerseits 100 Franken bezahlen.

Angenommen, alle Geldleistungen, die mit der Produktion einer gegen Franken verkauften Ware irgendwie in Verbindung standen, hätten sich auf Franken bezogen: Sämtliche Roh- und Hilfsstoffe seien im Inland gewonnen und verarbeitet worden, Maschinen und Werkzeuge seien nur inländischen Ursprungs gewesen. Die ausschließlich inländischen Arbeiter hätten wieder nur im Inland und mit inländischen Arbeitern auf die nämliche Weise hergestellte Gegenstände verbraucht. Dieser Zustand hätte die nationale Volkswirtschaft nach allen Seiten hin beherrscht. Die Konsumenten hätten dann die Händler, die Händler die Produzenten, die Produzenten ihre Lieferanten und Arbeiter, die alle wieder Konsumenten waren, in valutarischen Franken bezahlt.

Mitten im Verlauf der Produktion geht nun die Valuta von einem Geldzeichen auf ein andres von gleichem Nennwert über. In diesen Stücken werden von nun an alle Geldschulden erfüllt, sowohl die noch schwebenden, als auch die aus zukünftigen Verträgen hervorgehenden. Ohne daß sich irgendeine Stelle genötigt sieht, gegen erlittene Schäden zu reagieren, wird der gesamte Zahlungsverkehr in die neuen Verhältnisse hinübergehoben.

Der Arbeiter, dessen Wochenverdienst etwa 30 Franken beträgt, erhält nach wie vor seine 30 Franken. Auch sein Reallohn vermindert sich nicht, wenn sich nicht zufällig gleichzeitig die Absatz- und Produktionsbedingungen der von ihm konsumierten Waren und aus diesem Grunde ihre Preise geändert haben. Der Rohstoffproduzent, der für 1000 Franken Rohmaterial geliefert hat, bekommt seine 1000 Franken und bezahlt damit seine sich wie vorher berechnenden Verbindlichkeiten. Ebenso befreit sich der Fabrikant von allen übrigen fälligen Verpflichtungen. Die Zahlungsmittel, die er bei dieser Gelegenheit ausgibt, mag er seinerseits von seinen Kunden erhalten haben oder von einer Bank gegen Diskontierung von Wechseln oder auf Kredit. Er mag sich vielleicht beim Diskontieren von Wechseln schlechter stellen wie früher und sich für den aus dieser Ursache entstandenen Entgang von Werteinheiten im Warenpreis zu entschädigen suchen. Da aber durch die neuen Zeichen allein weder seine Einnahmen nominal geringer werden noch die Auslagen nominal größer, so braucht er selbst mit den überlieferten Preisen seiner Produkte nicht aufzuschlagen. Dies gilt sowohl von den Waren, die noch aus der Zeit des Metallfrankens vorrätig sind, als auch von den erst jetzt hergestellten Produkten.

Die Bedingungen ferner, unter denen er Ueberschüsse seines Einkommens anlegen kann, sind prinzipiell die gleichen wie sonst geblieben. Ihrem Ertrag nach sind sie bei den steigenden Zinssätzen eher günstiger geworden. Kapitalistisch verwaltetes Vermögen wird weiter nominal nach Franken bemessen; die Größe des Vermögenszuwachses wird im Verhältnis zum Kapital in der gleichen Werteinheit ausgedrückt.

Auf dieser Grundlage setzt sich nun das Geschäft in allen Betrieben fort. In die Kassen gelangen jetzt hauptsächlich Noten statt Münzen und Noten werden zur Bezahlung der Ausgaben und der Anlagewerte weiter verwendet. Würde jemand die mit Agio gehandelten Metallfranken zu ihrem Nennwert in Zahlung erhalten, so wäre daran juristisch zwar nichts auszusetzen, da die Münzgesetze fortgelten. Aber tatsächlich würde er durch die Realisierung des Agios einen durch nichts gerechtfertigten Mehrgewinn erzielen.

Werden im Inland erzeugte Waren an das Ausland abgesetzt und ist der Preis in Werteinheiten dieses Zahlgebietes verabredet, so richtet sich der Erlös des exportierenden Kaufmanns in valutarischen Franken nach dem Kurse, den die auswärtige Werteinheit gerade an der Börse hat. Dieser Kurs hat jedoch mit dem Stoff der valutarischen Zeichen nichts zu tun. Steht die pantopolische Fälligkeitsbilanz zuungunsten Frankreichs, so kann das metallische Geld des Auslandes unter Umständen einen bedeutend höheren Preis erreichen, als dies früher bei der Verwandlungsfähigkeit von valutarischen Kurantmünzen in auswärtige Werteinheiten möglich war. Dann wird der Kaufmann, der so in Franken höher bewertetes Geld einnimmt, mit dem Preise der Ware in ausländischer Valuta allenfalls herabgehen können. Die pantopolische Konjunktur kann aber auch so sein, daß gleiche Warenmengen, die im Inland mit gleichem Kostenaufwand wie bisher hergestellt werden, gleiche oder auch geringere Einnahmeergebnisse abwerfen wie früher. Die Preise derselben Gegenstände im Inlande werden hiervon nur dann berührt, wenn die Absatzverhältnisse im Inland dadurch verändert werden.

Die Preise der Güter, die aus dem Ausland eingeführt werden und in fremder Valuta bezahlt werden müssen, brauchen beim Weiterverkauf im Inland mit Aenderung der Valuta im Preise nicht zu steigen, ebensowenig wie sich die Kosten von Produkten, in die aus dem Ausland bezogene Materialien als Teile eingegangen sind, erhöhen müssen. Dies tritt nur dann ein, wenn durch die pantopolischen Verhältnisse die Preise der auswärtigen Werteinheiten teurer werden, wofür sich der Importeur in den Verkaufspreisen der Ware schadlos halten muß. Es kann aber auch gerade die entgegengesetzte Bewegung erfolgen und die ausländische Valuta billiger werden.

Aber alle diese Vorgänge bieten nichts prinzipiell Neues. Die nämlichen Einflüsse waren auch früher vorhanden, nur daß sie sich einzelnen Valuten gegenüber nicht in der Stärke geltend machten, wie es jetzt der Fall sein kann.

Ist der Preis der Ware in französischer Valuta verabredet, so wird der fremde Exporteur nur aufschlagen, wenn infolge pantopolischer Beziehungen der Franken an seiner Börse sinkt und sein Erlös aus der Ware in der Valuta seines Landes deshalb geringer ausfällt. Der Frankenkurs wird jetzt in Ländern mit Metallvaluta tiefer stehen können als es früher möglich war. Der Ausländer versteht sich zu einer Minderung der Preise, wenn der Franken im Ausland in die Höhe geht. —

III. Kapitel.

DIE KRIEGSENTSCHÄDIGUNGSSCHULD IN IHREN BEZIEHUNGEN ZUM FRANZÖSISCH. GELDWESEN.

§ 7.

DIE ZAHLUNGSMITTEL DER KRIEGSENTSCHÄDIGUNG.

Die Kontribution, die die Stadt Paris für sich allein zu leisten hatte, war eine Art Vorspiel zu der Geldentschädigung, die dem französischen Staat beim Friedensschluß auferlegt wurde.

Nach Artikel 11 des Waffenstillstandsvertrages vom 28. Januar 1871 mußte Paris 200 Millionen Franken an die Deutschen zahlen [1]). Einer gemischten Kommission war die Bestimmung der Zahlungsmittel vorbehalten, mit denen diese Schuld getilgt werden sollte. In der Konvention vom 11. Februar 1871 wurde dann festgesetzt, daß 50 Millionen Franken in französischen Noten, ebensoviel in französischen Kurantmünzen und die übrigen 100 Millionen Franken in Form von Wechseln auf Berlin und London geliefert werden mußten [2]).

Im kleinen zeigte sich hier bereits, was für Aufgaben der staatlichen Finanzwirtschaft noch bevorstanden. Von einer öffentlichen Körperschaft wurde die Uebertragung von Wert-

1) Vgl. Aegidi und Klauhold, Das Staatsarchiv, Bd. 20, pag. 397.

2) Vgl. hierzu den Rapport von Léon Say bei Goschen, Théorie des changes étrangers (franz. Uebers.) pag. 285 f. — Messager de Paris vom 17. Februar 1871.

einheiten gefordert, zu denen nur zum geringsten Teil die Zeichen der gerade herrschenden heimischen Valuta brauchbar waren.

Die Tätigkeit, durch die sich die Gemeindeverwaltung der an sie gestellten Ansprüche erledigte, hatte somit ein zweifaches Ziel. Da sie keine disponiblen Kassenvorräte hatte, mußte sie zunächst die Mittel finanztechnisch verfügbar machen, um die im Vertrag verlangten Zahlungsmittel beschaffen zu können. Dann mußte sie die währungstechnische Seite der Schuld erfüllen und die ausbedungenen Werteinheiten in der vorgeschriebenen Form für die Uebergabe bereitmachen.

Die Leistung von 200 Millionen Franken bedeutete nicht, daß valutarische Stücke im Nennbetrag von zusammen 200 Millionen Franken abzutreten seien. Von diesen Zeichen war nur eine Summe von 50 Millionen Franken zugelassen. 50 Millionen Franken sollten in akzessorischem Metallkurantgeld beigebracht werden. Obwohl die Münzen im Vergleich zu den valutarischen Scheinen im Verkehr ein Agio hatten, wurde ihr Nominalwert als französisches Geld in Anschlag gebracht. Für 100 Millionen Franken waren Werteinheiten zu liefern, die überhaupt nicht auf Franken lauteten, sondern in ihrer Gesamtheit einen Wert von 100 Millionen Franken hatten. Die Feststellung des Wertes sollte jedoch nicht nach dem Tageskurs geschehen, zu dem man an der Börse für 100 Millionen Franken Sovereigns- und Talerwechsel bekam, so daß sich eine vorerst noch ungewisse Anzahl von Sovereigns und Talern ergeben hätte; sondern es wurde von vornherein im Anschluß an die zwischen den akzessorischen Kurantfranken und den fremden Valuten bestehenden Münzparitäten vereinbart, daß bei den Wechseln der Taler mit 3,75 Franken und das Pfund Sterling mit 25,20 Franken angerechnet werden sollten. Durch jeden Taler, der in Zahlung gegeben wurde, verminderten sich die 100 Millionen Franken um 3,75 Franken, durch jeden Sovereign um 25,20 Franken, und zwar sollten auf diese Weise 37 Millionen Franken durch Taler und 63 Millionen Franken durch Sovereigns beglichen werden. Außerdem war für die Qualität der Wechsel vorgeschrieben, daß die Talerdevisen eine Verfallfrist von zwei Monaten, die

Sterlingdevisen eine Verfallfrist von 6 (für 22 680 000 Franken Wechsel) und 14 Tagen (für 40 320 000 Franken Wechsel) haben mußten.

So stand es schon jetzt fest, wieviel Sovereigns- und wieviel Talerwechsel die deutsche Regierung zu erwarten hatte. Die Stadt Paris wußte zwar, welche Taler- und Sovereignsbeträge sie beschaffen mußte, aber sie konnte nicht voraussehen, wieviel valutarische Franken sie selbst für die Erwerbung der englischen und deutschen Werteinheit werde anlegen müssen. Von dem Preise, den sie im Verhältnis zur verabredeten Relation bezahlen mußte, hing es ab, ob sie mehr oder weniger als 100 Millionen Franken aufzuwenden hatte. Die Gefahr lag nahe, daß sie, wenn sie sich nicht selbst wieder durch feste Abmachungen sicherte, durch schroffes Vorgehen bei Einzelkäufen von Wechseln die Devisenpreise in die Höhe treiben könnte.

Die Aktion, durch die die Stadt ihre Verbindlichkeiten Deutschland gegenüber erfüllte, vollzog sich in zwei Etappen. Da es niemand gab, bei dem sie ein Darlehen unmittelbar in den geforderten Zahlungsmitteln aufnehmen konnte, mußte sie vor allem die Frankenmenge aufbringen, mit der sie dann ihre weiteren Operationen zum Ankauf der fremden Valuten treffen konnte.

Bei der Eile, die geboten war, griff sie zu diesem Zweck zur nächstliegenden finanzpolitischen Deckungsmöglichkeit. Sie wandte sich um einen kurzfristigen Vorschuß an die Bank und erhielt von ihr 210 Millionen Franken in valutarischen Noten. Damit war die Summenbeschaffung bis zu dem Augenblick erledigt, in dem die geliehenen, provisorisch gedeckten Beträge an die Bank zurückzuliefern waren, und man konnte zur Stückbeschaffung der Zahlungsmittel übergehen.

Die 50 Millionen Frankennoten, die sofort geleistet werden mußten und von den deutschen Besatzungstruppen in den okkupierten Gebietsteilen zu ihrem Nennwert wiederausgegeben werden konnten, verursachten keinerlei Mühe. Denn sie waren in dem Moment verfügbar, wo das finanzpolitische, valutarische Franken liefernde Deckungsmittel gefunden war. Waren unter den von der Bank überlassenen Frankenbeträgen nicht auch Kurantmünzen, so mußten die 50 Millionen Franken, die in Metallgeld fällig waren, in ihrem ganzen Umfang durch besondere Maßnahmen bereitgestellt werden. Sie waren in Anbetracht dessen auch erst etwas später zu übergeben und wurden vorläufig, wie verlautete [1]), durch ein Garantiedepot aus Noten ersetzt, für dessen Ablösung eine Reihe von Pariser Bankfirmen haftete [2]).

Die Münzen, die die deutsche Regierung erhielt, kamen ebenfalls aus der Bank. Damit die Stadt wenigstens Deutschland gegenüber nicht in Verzug geriet, hatte ihr die Bank die erforderliche Menge Metallgeld zum Nominalwert vorgestreckt. Die Münzen, die für die Bank in dieser Zeit doppelte Bedeutung hatten, mußten jedoch sofort zurückgeliefert werden, so daß die Stadt doch noch für die Beschaffung dieser Summe Metallkurantzeichen, jetzt ausschließlich in Goldfranken, zu sorgen hatte. Sie übertrug die Lieferung einem Bankiersyndikat, wofür sie im Durchschnitt ein Agio von 4,9‰ entrichten mußte. Die Stücke wurden von dem Syndikat zum größten Teil aus Deutschland bezogen. Es waren die nämlichen Münzen, die der Bank am Anfang entnommen worden waren und die nun im weiteren Verlauf mit einem Zwischengewinn für ihren Empfänger zu ihr zurückkehrten [3]).

Durch die Wechsel erhielt die deutsche Regierung Anweisungen auf bestimmte Beträge englischer und deutscher Valuta, ohne daß diese Beträge im Vertrag in solchen Werteinheiten ausgedrückt gewesen wären. Die Taler, die aus den deutschen Wechseln eingingen, konnten von ihr zu Inlandzahlungen verwendet werden. In den Sterlingdevisen besaß sie ein Zahlungsmittel gegenüber dem pantopolisch wichtigsten Ausland.

Nach den Mitteilungen der Presse war die städtische Finanzverwaltung gezwungen, die Wechsel von dem Konsortium von

1) Vgl. M. d. P.

2) Allgemeine Zeitung vom 2. März 1871. Bismarck soll die betreffenden Häuser: Rothschild, Hottinguer et Cie, Mallet frères, A. Fould et Cie. Sellières, Pillet, Walt et Cie, Marcuard, André et Cie selbst bestimmt haben.

3) Vgl. The Economist vom 12. August 1871.

Bankhäusern zu beziehen, von dem soeben die Rede war. Bismarck habe verlangt, daß jeder Sterlingwechsel das Indossament eines dieser sieben Häuser trage, und habe selbst die auf die einzelne Firma treffenden Summen festgesetzt. An der Ausstellung der Talerwechsel hätten dagegen nur zwei Bankiers des Syndikats mitwirken müssen. Diesen Angaben zufolge bestellte die Stadt Paris bei dem Konsortium kurzfristige Devisen, die zusammen dem Nennbetrag in Talern und Sovereigns, den sie auf Grund der vereinbarten Wertrelation zu leisten hatte, entsprachen. Soweit die Bankiers keine geeigneten Stücke in ihrem Portefeuille hatten, zogen sie auf ihre Korrespondenten im Ausland, und so entstanden die Wechsel, die den geforderten Bedingungen genügten. Sie lauteten auf Taler und Sovereigns und trugen die Unterschrift einer Syndikatsfirma, auf die im Regreßfall zurückgegriffen werden konnte.

Die Stadt war damit ihrer Verbindlichkeiten Deutschland gegenüber ledig. Die Banken hatten jedoch ihren Korrespondenten gegenüber Taler- und Sovereignsschulden in Höhe der Wechselsummen eingegangen, die an einem bestimmten Termin fällig wurden, und die Stadt hatte sich verpflichtet, ihnen die zur Deckung notwendigen Devisen zu liefern. Sie kaufte diese Wechsel nicht selbst, sondern beauftragte das nämliche Syndikat mit ihrer Beschaffung. Das Syndikat erwarb die Wechsel zum Tageskurs, behielt sie und ließ sich den Preis, den die Stücke in valutarischen Noten gekostet hatten, von der Stadt bezahlen, die das Geld dafür ihrer Bankanleihe entnahm.

So legte die städtische Verwaltung alle börsengeschäftlichen Aufgaben in die Hände von Fachleuten, die als geschlossenes Konsortium auftraten. Trotz der Provisionen, die sie dafür gewähren mußte, fuhr sie damit wahrscheinlich doch noch besser, als wenn sie bei der ihr ungewohnten Tätigkeit sich selbst überlassen gewesen wäre. Der Sovereign kam sie im Durchschnitt auf 25,3448 Franken, der Taler auf 3,7325 Franken zu stehen. Während sie beim Taler im Vergleich zum verabredeten Kurs 1 ¾ Centimes ersparte, mußte sie für den Sovereign 14,88 Centimes mehr anlegen. Die Sovereignswechsel, die für 63 Millionen

Franken bei der Kontribution angerechnet wurden, bewirkten so in Wirklichkeit einen größeren Entgang von Franken für die Stadt. Bei den Talerwechseln war das Gegenteil der Fall.

Bis Ende Juni 1871 war mit einem Kostenaufwand von 1 965 240 Franken alles zu Ende geführt. Der Saldo von 98 400 Franken, der sich aus der Devisenübertragung zugunsten der Stadt Paris ergab, wurde bei der Milliardenzahlung des Staates verrechnet, so daß die Stadt beim Tresor diese Summe zugut hatte. Das Einzige, was für die Gemeinde noch zu tun war, war die definitive Deckung der Gelder, die sie bei der Bank provisorisch aufgenommen hatte. Als außerstaatlicher Organisation standen ihr nur finanzpolitische Deckungsmittel offen. Sie mußte fremde Gelder für sich verwendbar machen.

Vorübergehend gab sie Bons auf die caisse municipale aus [1]. Bleibende einmalige Einnahmen verschaffte sie sich in der Hauptsache durch Emission langfristiger Anleihen und durch hypothekarische Belastung städtischen Grundeigentums. Um höhere fortlaufende Einkünfte zu erzielen, erhob sie außerordentliche Abgaben auf Verzehrungsgegenstände. In dieser Beziehung wurden an die Stadt durch den Krieg zwar gesteigerte und durch die besonderen Zeitverhältnisse erschwerte Ansprüche gestellt, aber es waren keine Anforderungen mehr, deren Inhalt ihrer Finanzverwaltung bisher fremd war. —

Für den Staat begannen mit dem Frieden die finanziellen Aufgaben erst recht. In kürzester Zeit waren für damalige Begriffe ungeheure Mittel aufzubringen.

Die Verluste, die Frankreich durch den Krieg erlitt und die nun wiedergutzumachen waren, wurden verschieden hoch geschätzt, je nachdem man die Wirkungen des Krieges mehr oder weniger weit verfolgte und die finanzwirtschaftliche Tätigkeit des Staates in Zusammenhang mit dem Krieg brachte. Im Jahre 1815 hatte die Kontribution, die Frankreich binnen 5 Jahren an die vereinigten Mächte zu zahlen hatte, nur 700 Millionen Franken betragen. 663 Millionen Franken hatte der Unterhalt

---

1) Vgl. Journal officiel vom 11. Februar 1871.

der feindlichen Okkupationstruppen gekostet und 500 Millionen Franken hatten als Schadenersatz an fremde Staatsangehörige entrichtet werden müssen. Die durch den Krieg verursachten Gesamtausgaben hatten sich damals auf 2480 Millionen Franken beziffert.

Jetzt brauchte man ungeachtet der Abtretung von Elsaß-Lothringen ungefähr 6 Milliarden Franken allein, um das Geldverlangen des Gegners zu befriedigen, und der Aufwand, der nötig war, um die Zustände im eigenen Lande und namentlich die militärischen Kräfte wieder herzustellen, erreichte gegen 4 Milliarden Franken [1]). Der Geldbedarf beruhte so nur zum Teil auf inneren Bedürfnissen des Staates. Zum Teil wurde er durch die einseitige Forderung einer auswärtigen Macht veranlaßt, Beträge von Werteinheiten an sie abzutreten. Die einzige Gegenleistung bestand darin, daß diese ihre Soldaten aus französischem Gebiet zurückzog. In beiden Fällen mußten bedeutende Anstalten für die Geldbeschaffung getroffen werden. Für die Summen, die an Deutschland übertragen werden mußten, kam als besonders wesentliches Moment noch hinzu, daß in diese Operation in hohem Maße währungspolitische Interessen mithineinspielten.

Die Geldschuld Frankreichs an Deutschland wurde in den Friedenspräliminarien vom 26. Februar 1871 begründet [2]). Zunächst wurde ganz allgemein bestimmt, daß Frankreich an Deutschland 5 Milliarden Franken zu zahlen habe. Der Tilgungsgang wurde in großen Zügen festgesetzt, und für die am spätesten fälligen Raten wurden 5% Zinsentschädigung vereinbart. Als Grundsatz wurde aufgestellt, daß nach jeder Teilzahlung Strecken des okkupierten Gebietes freizugeben seien, und es wurde hierfür ein genauer Räumungsplan entworfen. Anstatt der territorialen Garantien sollte der deutsche Kaiser auch finanzielle Sicherheiten zulassen können, wenn die von der französischen Regierung

1) Im Bericht des Finanzministers Magne an den Präsidenten der Republik (28. Oktober 1873) wurden die durch den Krieg verursachten Ausgaben auf 8 739 318 000 Franken angegeben.

2) Vgl. Aegidi und Klauhold, l. c., Bd. 20, pag. 412 ff.

etwa gemachten Anerbieten als ausreichend erachtet würden.

Dieses allgemein gehaltene Uebereinkommen mußte jedoch durch eingehende Vollzugsvorschriften erst noch bestimmtere Gestalt gewinnen. Dies geschah durch den Frankfurter Friedensvertrag.

Einzelnen Punkten, die sich mit der Art der Zahlungsmittel befaßten, wurde jedoch schon durch die Konvention von Ferrières vom 11. März 1871 vorgegriffen [1]).

Nach der Konvention waren die öffentlichen Kassen Frankreichs verpflichtet, die von der deutschen Intendantur und den Truppenteilen der Besatzungsarmee dargebotenen deutschen Münzen und Banknoten in Zahlung zu nehmen und auf Verlangen auch in französische Valuta umzuwechseln. Dabei sollte der Taler immer zu 3,75 Franken, der süddeutsche Gulden zu 2,15 Franken gerechnet werden.

Die deutschen Geldzeichen hatten so bei den Beziehungen zwischen den deutschen Militärbehörden und der französischen Finanzverwaltung vorübergehend Kassenkurs in Frankreich und galten dabei stets die gleiche Anzahl Franken, obwohl die Preise ihrer Werteinheiten in Franken veränderlich waren. Im Verkehr mit amtlichen Kassen hatten die Deutschen die Wahl, ob sie deutsche oder französische Geldzeichen geben wollten. Für die nämlichen Stellen waren die deutschen Stücke in valutarische Franken einlösbar wie französisches provisorisches Geld. Die Franken, die sich die Deutschen auf diese Weise beschafften, kosteten sie immer gleich viel Taler und Gulden, und damit hatte für sie, solange der Umtauschzwang bestand, die französische Valuta eine obere Preisgrenze.

In die französischen Staatskassen gelangten so Zeichen fremder Zahlgebiete, die sie zu Zahlungen im eigenen Lande nicht benutzen konnten, die sie aber selbst akzeptieren und einlösen mußten. Der Stoff, aus dem die Zeichen waren oder in den sie verwandelt werden konnten, war in Frankreich bar. Man konnte also aus den Stücken französische Kurantmünzen her-

---

1) Vgl. Martens, Nouveau recueil général de traités, Bd. 20.

stellen, die deutschen Werteinheiten an der Börse verkaufen oder damit selbst Zahlungen in Deutschland leisten.

Diese Verwendungsgelegenheit eröffnete ihnen auch als Korrelat zu ihrer Annahme die Konvention, indem sie bestimmte, daß anläßlich der Entschädigung Taler und Gulden zu demselben Wertverhältnis, das für ihre Akzeptation an den französischen Kassen maßgebend war, geliefert werden dürften.

Damit waren bereits außerfranzösische Geldsorten bezeichnet, in denen die Frankenschuld tilgbar sein sollte, und da ihre Beträge nicht auf Franken lauteten, so mußte ihr Wert, der nicht nach dem wechselnden intervalutarischen Tageskurs angesetzt werden sollte, in Franken tarifiert werden. Diese Abmachungen waren bindend, wenn sie nicht durch gegenteilige im Friedensvertrag aufgehoben wurden.

In der endgültigen Fassung der Friedensbedingungen wurde die Höhe der Summe, die dem Reich als Entschädigung zufiel, nicht mehr wiederholt. Sie ergab sich, wenn man die einzelnen Teilbeträge addierte, in denen die Schuld stufenweise abgetragen werden mußte.

Die erste Rate mit 500 Millionen Franken war innerhalb 30 Tagen von dem Zeitpunkte an gerechnet fällig, wo die französische Regierung in der von der Kommune beherrschten Hauptstadt wieder Fuß gefaßt hätte. Eine Milliarde war im Laufe des Jahres 1871 und eine halbe Milliarde bis zum 1. Mai 1872 zu leisten. Diese zwei Milliarden bildeten bei der Tilgung für sich eine engere Gruppe, die sich insofern von den übrigen drei Milliarden unterschied, als sie keiner Verzinsung unterlag, während dieser zweite bis zum 2. März 1874 zu liefernde Gesamtposten vom 2. März 1871 an mit 5% verzinst werden mußte. Die Zinsen von den noch nicht abbezahlten Beträgen mußten am 3. März jedes Jahres entrichtet werden und hörten für die im voraus erstatteten Summen sofort auf [1]).

Die französische Regierung mußte jede Rate drei Monate vorher ankündigen und durfte Gegenforderungen und Sach-

1) Deutschland gewährte seinerseits für Vorauseinzahlungen 5% Diskont (Konvention vom 12. Oktober 1871).

leistungen, deren Wert auf die Entschädigung angerechnet werden sollte, bei der ersten halben Milliarde noch nicht geltend machen. Als Abnahmeorte wurden allgemein die Haupthandelsplätze Deutschlands bezeichnet.

Die Zahlung sollte in vorgeschriebenen Zahlungsmitteln erfolgen. Nach dem Friedensvertrag konnten lediglich verwendet werden: Metall, Gold oder Silber, Noten der Bank von England, der Preußischen Bank, der Königlichen Bank der Niederlande und der Nationalbank von Belgien, Anweisungen auf Order und diskontierbare, sofort zahlbare Wechsel ersten Ranges [1]).

Was im einzelnen gewollt war, kam nicht klar zum Ausdruck. Deutlich ging nur die Zulassung einer Reihe von Banknoten hervor, die in außerfranzösischen Valuten einlösbar waren und dabei verschiedenerlei valutarisches Metallgeld aus Gold und Silber ergaben, englische und niederländische Münzen und von deutschem Geld den Taler, während die Noten, die auf süddeutsche Gulden lauteten, nicht genannt waren. Die Metallfranken, die der Inhaber aus den Scheinen der belgischen Nationalbank erhielt, waren akzessorisches Geld Frankreichs.

Unbestimmt war, ob unter dem aufgeführten Metall ausschließlich Münzen oder auch Barren oder schließlich nur Barren zu verstehen seien, und ob, wenn damit Münzen gemeint waren, sich dies auf akzessorische Münzen französischen Gepräges, auf Unionskurantmünzen schlechthin, auf deutsche Sorten oder auf alle Stücke bezog, in die die für zulässig erklärten Banknoten verwandelbar waren. Fraglich war ferner, auf welche Valuten die Zahlungsmittel ausgestellt sein mußten, die nur Anweisungen auf Geldzeichen waren. Es war nichts darüber gesagt, ob nur Anweisungen genommen werden sollten, die dieselben Stücke

---

1) „Tous les payements ne pourront être faits que dans les principales villes de commerce de l'Allemagne et seront effectués en métal, or ou argent, en billets de la banque d'Angleterre, billets de la banque de Prusse, billets de la banque royale des Pays-Bas, billets de la banque nationale de Belgique, en billets à ordre ou en lettres de change négociable de premier ordre valeur comptant." — Vgl. die deutsche Uebersetzung des Friedensvertrages im Reichsgesetzblatt.

lieferten wie die einlösbaren Noten, und ob demnach Wechsel auf Frankreich inbegriffen waren oder nicht. Endlich enthielt der Vertrag kaum Angaben darüber, in welchem Verhältnis die fremden Werteinheiten an der Tilgung der Franken mitwirken sollten, in denen die Entschädigungssumme abgefaßt war.

Es ließ sich vermuten, daß französische Wechsel ausgeschlossen sein sollten. Denn es war auf den ersten Blick zweifellos, daß sich die valutarische Frankennote nicht unter den Zahlungsmitteln für die Entschädigung befand, obwohl die Entschädigung selbst in Franken ausgedrückt war und die Note für Frankenschulden das normale definitive Kurantzeichen war. Diese Tatsache wurde außerdem durch den Vertrag vom 21. Mai 1871 bestätigt, in dem die Erlaubnis erteilt wurde, daß bei der ersten Rate ausnahmsweise auch Noten der Bank von Frankreich geliefert werden durften, und zwar im ganzen für 125 Millionen Franken.

Auf diesen einzigen Fall war die Leistung der Zeichen beschränkt, die von der französischen Regierung am leichtesten beschafft werden konnten und deren Nominalwert mit der für die Benennung der Entschädigungssumme gewählten Werteinheit zusammenfiel. Sonst waren die Noten als definitives Notalgeld eines an Deutschland verschuldeten Staates, dessen Ertrag in Talern offenbar zu unsicher gewesen wäre, nicht gestattet.

Von der Summe, die in Noten bezahlt werden konnte, waren 40 Millionen Franken bis zum 1. Juni 1871 abzuliefern, weitere 40 Millionen Franken bis zum 8. Juni und der Rest bis zum 15. Juni. Soweit es möglich war, sollten sie aus niederen Abschnitten zu 100, 50 und 20 Franken bestehen. Solche Stücke waren am ehesten in den von den Truppen besetzten Bezirken und in den neuerworbenen Reichslanden wiederverwendbar, und wohl mit Rücksicht darauf hatte man auch als Erfüllungsort für diese Zahlungen Straßburg, Metz oder Mülhausen ausbedungen.

Es war anzunehmen — und es wurde auch in Wirklichkeit so gehalten —, daß jedenfalls alle die Werteinheiten, deren valutarische Münzen man durch die Noten erzielte, auch durch Anweisungen übertragen werden konnten, wie sie, ohne selbst Geld zu sein, im Zahlungswesen allgemein üblich waren. Sie erfüllten denselben Zweck wie die Noten. Denn gleiche Wertbeträge bedeuteten in beiderlei Form nicht nur nominal gleich viel, sondern ergaben auch stofflich betrachtet gleiche Edelmetallmengen. Im Bewußtsein dieser Identität, der der französische Wechsel ebenso zuwiderlief wie etwa der italienische Wechsel, hatte man die Länder, auf deren Valuten die Anweisungen lauten mußten, nicht noch einmal besonders aufgezählt. Dies schien auch deshalb entbehrlich zu sein, weil bei der Bestimmung der Entschädigungszahlungsmittel die Anweisungen auf valutarisches Geld sofort nach den in valutarischem Geld einlösbaren Noten genannt wurden.

Demnach konnte es sich nur um Wechsel auf England, Deutschland, Holland, und Belgien handeln. Wechsel auf die Schweiz kamen nicht in Frage, weil man auch die Schweizer Banknoten, vor allem wohl ihrer mangelnden Einheitlichkeit wegen und infolge der Krisis, die das Geldwesen der Schweiz eben erst durchgemacht hatte [1]), übergangen hatte.

Mit der Angabe der Valuten, die in Form von Noten und Wechseln Entschädigungszahlungsmittel waren, war aber noch nichts über die Bedingungen, zu denen sie geliefert werden konnten, ausgesagt und über die Art, wie der Nominalwert ihrer Valuten in der Werteinheit der Entschädigungsschuld verrechnet wurde.

Zu den Münzen, die unter dem an der Spitze der Zahlungsmittel aufgeführten „Metall“ zu verstehen waren, gehörten prinzipiell — wenn auch bei einer so riesigen Zahlung einige Ausnahmen durchgelassen wurden — nicht alle die Arten, die gerade durch die bezeichneten Noten und Wechsel vertreten wurden. Man hätte zwar in den Münzen dieser Staaten die gleichen Werteinheiten erlangt wie durch Noten und Wechsel und außerdem unmittelbar über den Stoff verfügt, der durch den Besitz von Noten und Wechseln vermittelt wurde. Aber der Ausschluß etwa der Sovereignsstücke und der holländischen Guldenstücke selbst entsprach dem grundsätzlichen Verfahren, das

1) Vgl. Blaum, l. c.

Deutschland bei der Abnahme der Entschädigungsschuld beobachtete.

In der Konvention von Ferrières waren deutsche Münzen und Noten, „argent en espèces ou en billets de banque allemands ou prussiens", wie es bei den Noten in nicht ganz treffender Gegenüberstellung hieß, als Entschädigungszahlungsmittel genannt worden. Damals war neben dem Taler ausdrücklich auch der Gulden erwähnt worden. Der Frankfurter Vertrag wollte von den Abmachungen der Konvention nicht abweichen, und so konnten Münzen beider Werteinheiten verwendet werden. Beide Werteinheiten waren auch in Noten möglich, und da sich die Valuta der Wechsel nach den Noten richtete, auch in Wechseln. Waren im Friedensvertrag selbst nur die Talerscheine der preußischen Bank aufgeführt, so war dies lediglich ein redaktionelles Versehen, aber keine absichtliche Zurücksetzung der Guldenvaluta. Als dann später die Mark, die beim Friedensschluß noch nicht existierte, die gemeinsame Werteinheit Deutschlands wurde, war es selbstverständlich, daß ihr in jeder Beziehung die nämliche Tilgungsfähigkeit beigelegt wurde wie dem Gulden und Taler.

So konnten von Münzen deutschen Ursprungs Taler des norddeutschen Talergebietes, auch in Doppel- und Teilstücken, Vereinstaler, die nach dem Münzvertrag vom Jahre 1857 im Zollverein und in Oesterreich geprägt werden durften, süddeutsche Guldenzeichen und endlich die Stücke des Marksystems als Zahlungsmittel bei der Entschädigung geliefert werden. Von Münzen anderer Staaten waren nur die französischen Barkurantsorten zugelassen, also die in Frankreich akzessorischen silbernen 5-Frankenstücke und alle Goldfranken. Ob als französisches Münzgeld rein äußerlich nur die Zeichen mit französischem Gepräge zu gelten hätten, oder ob, wie unter den tatsächlichen Verhältnissen, zwischen den gleichartigen Stücken der Unionsländer kein Unterschied gemacht werden sollte, wurde nicht entschieden.

Rohes Barrenmetall, dessen Wert nach der Prägenorm für Franken oder Taler und Mark hätte veranschlagt werden können, war als Zahlungsmittel nicht verwendbar. Um dazu tauglich zu werden, mußte es erst in Geldform gebracht werden. Hatte die französische Finanzverwaltung Gold oder Silber, das sie zur Entschädigungszahlung benutzen wollte, so mußte sie zuvor bare Silber- oder Goldfranken daraus herstellen. Bei sinkenden Silberpreisen mochte es für Frankreich unter Umständen vorteilhaft werden, Silber anzuschaffen, große Mengen Silberfranken, die unbegrenzt in Zahlung gegeben werden konnten, zu prägen und an das Reich zu übertragen. Solange die Silberprägung in Deutschland noch nicht gesperrt war, konnte die französische Regierung allenfalls auch deutsches Geld aus Rohsilber schlagen lassen, und wenn die freie Goldprägung früh genug eröffnet wurde, konnte sie auch Barrengold in deutsche Münzen verwandeln. Auch in der Weise konnte sie etwaige Goldbestände rasch für die Entschädigung verwerten, daß sie das Gold beispielsweise bei der Bank von England einlieferte und die Noten, die sie dafür erhielt, oder die Wechsel, die sie darauf zog, an Deutschland in Zahlung gab.

Die regelmäßigen Zahlungsmittel der Kriegsentschädigung zerfielen so in metallische und in nichtmetallische.

Metallische Zahlungsmittel waren die Münzen deutscher Einzelstaaten, deutscher Münzverbände und des Reiches sowie die akzessorischen Kurantsorten Frankreichs.

Nichtmetallische Zahlungsmittel waren die Noten bestimmter Länder sowie formal gebundene Anweisungen auf Beträge ihrer Valuten. In den beiden letzten Fällen war Frankreich selbst grundsätzlich ausgeschlossen.

Geldeigenschaft hatten die metallischen Zahlungsmittel und von den nichtmetallischen die Noten. Von französischem Geld waren nur Münzen, von deutschem Geld Münzen und Scheine, von den übrigen Staaten nur Scheine zugelassen. Alle notalen Zeichen waren provisorisches Geld und in Münzen einlösbar. In den gleichen Metallsorten waren die Anweisungen auf valutarisches Geld fällig.

Alle Zahlungsmittel, die den Bedingungen des Vertrages entsprachen, waren obligatorisch. Sie mußten von der deutschen Regierung in jeder Höhe angenommen werden, und es stand Frankreich frei, in welchem Umfang es die einzelnen Sorten zur Zahlung heranziehen wollte.

Aber nicht alle Zahlungsmittel waren definitiv in dem Sinne, daß sie in der Gestalt, in der sie eingingen, nun auch ohne weiteres an der Tilgung der Entschädigung mitwirkten. Gewisse Sorten waren in dieser Hinsicht nur provisorisch. Sie wurden zwar akzeptiert, aber bevor sie auf den Schuldbetrag angerechnet wurden, wurden sie vom Empfänger selbst auf Kosten des Schuldners in Stücke umgewandelt, die auf die Werteinheit eines definitiven Entschädigungszahlungsmittels lauteten.

Definitiv waren, abgesehen von den französischen Noten, die kein ordentliches Zahlungsmittel für die Entschädigung waren, sämtliche Münzen und von den nichtmetallischen Zahlungsmitteln die Noten und Wechsel, denen eine deutsche Werteinheit zugrunde lag [1]). Alle übrigen Sorten, auch die etwa verwendeten Anweisungen auf Mark Banko, waren provisorisch und mußten in eine der Zahlungsmittelformen mit deutscher Valuta übergeführt werden, so daß die deutsche Regierung am Ende jeder Zahloperation nur über definitive Zahlungsmittelsorten, über französische und deutsche Kurantmünzen und deutsche Noten und Wechsel verfügte [2]).

---

1) Die Markbankowechsel wurden zum Kurs in Talern genommen.

2) „Protocole faisant suite aux Conventions conclues le 12 octobre 1871, entre l'Allemagne et la France, signé à Berlin, le 12 octobre (Martens l. c. Bd. 20).

Art. 3. Il a été convenu que les lettres de change domiciliées autre part qu'en Allemagne, que la France a remises ou remettra au Gouvernement allemand, ne passeront en compte que pour les sommes formant le produit net de leur réalisation, déduction faite des frais de recouvrement.

Le cours du change des valeurs remises servant de base au calcul à établir entre les deux pays, sera celui du jour de la réalisation par l'Allemagne des lettres de change."

„Convention entre l'Allemagne et la France pour l'anticipation des payements d'indemnité stipulés par la Convention de Berlin du 12 octobre 1871; signé à Paris le 28 février 1872 (Martens l. c., Bd. 20). . . . Des billets de banque, valeur en thalers ou en florins, à l'exception de ceux du Luxembourg, seront considérés comme argent comptant.

Durch Münzen und Noten verminderte sich die Schuld für den französischen Staat durch die Uebergabe endgültig um irgendeine Summe; die in Zahlung gegebenen Wechsel befreiten Frankreich erst dann dauernd von einem Teil der Schuld, wenn die Wechsel auch wirklich eingelöst wurden. So lange blieb es in der Schwebe. Denn noch immer konnten von den Wechselgläubigern, in deren Besitz ein Wechsel vom Reich aus gelangt war, Regreßansprüche gegenüber Deutschland geltend gemacht werden, das dann seinerseits, wie wenn es unmittelbaren Wechselprotest erhob, von Frankreich Deckung forderte.

Das Unfertige, das in dem Gegensatz von definitiven und provisorischen Zahlungsmitteln hervortrat, äußerte sich auch darin, daß die nominale Wirkung der einzelnen Sorten auf die Entschädigung teils von Anfang an feststand, teils unsicher war. Die gleichen Sorten, die sich als definitive und provisorische Zahlungsmittel in bezug auf ihre Form gegenüberstanden, unterschieden sich auch dadurch voneinander, daß das nominale Ergebnis ihrer Werteinheiten bestimmt oder veränderlich war.

Die definitiven Zahlungsmittel der Entschädigung waren nicht nur ohne weiteres für die Tilgung brauchbar, sondern auch ihr Zahlungserfolg war immer der gleiche, im voraus normierte. Die provisorischen Zahlungsmittel wechselten, um endgültig verwendbar zu werden, ihre Form, und im Zusammenhang damit wechselte der Zahlungserfolg ihrer Valuten.

Durch die Werteinheit eines definitiven Zahlungsmittels kam immer der gleiche, bekannte Frankenbetrag von der Entschädigungsschuld in Wegfall. Dies war auch bei den bedingt zugelassenen Frankennoten der Fall, die im übrigen alle Eigenschaften des nach Form und Wirkung definitiven Zahlungsmittels hatten. 125 Millionen Franken in Noten tilgten 125 Millionen Franken der Entschädigung. Die Gold- und Silberfranken galten immer so viel, als der ihnen beigelegte Geldwert angab. Das Agio, das sie ihres Stoffes wegen erzielten, wurde wie bei der Pariser Spezialkontribution nicht berücksichtigt.

Les billets de banque et toutes autres valeurs seront considérés comme lettres de change à vue."

Hätte der Friedensvertrag über die Zahlungsmittel nichts Besonderes verfügt und so der Entschädigungsschuld einen völlig anderen Inhalt verliehen, als er sich nach der bloßen Benennung der Schuldhöhe darstellte, so hätte auf Grund des bestehenden Geldrechtes die ganze Schuld im Zweifel durch valutarische Frankenscheine beseitigt werden können. So aber erschienen die metallischen Kurantfranken als die normalen Zeichen der französischen Geldverfassung, die unter dem Franken der Entschädigung gemeint waren, und nach deren Nennwert die Entschädigungssumme bemessen war. Und zwar wurde dabei an der Annahme des beständigen Wertverhältnisses zwischen Gold- und Silberfranken, von der auch das Münzgesetz ausging, festgehalten. Gleiche Nennbeträge von Gold- und Silbermünzen waren einander gleichwertig. Oder es verschaffte sich vielmehr in dieser Beziehung die chartale Geltung der Stücke Anerkennung, die dem valutarischen Notalfranken gegenüber, dem die stofflich wertvollen Münzen vorgezogen wurden, nicht geübt wurde. Die Frankennote wurde dem Metallkurantgeld gegenüber nicht als eigentliches Frankenzeichen angesehen und blieb daher außer Betracht.

Vom Münzgesichtspunkte aus wurde auch der Wert der deutschen Valuta in Franken vertragsmäßig fixiert. Schon in der Konvention von Ferrières war vereinbart worden, daß der Taler immer zu 3,75 Franken, der Gulden zu 2,15 Franken genommen werden solle. Der Frankfurter Friede wiederholte diese Gleichung für den Taler. Der Taler wurde hiernach nicht zu dem Satze angerechnet, den er je nach dem Tageskurs in valutarischen Noten hatte, sondern nach dem festen theoretischen Münzpari, das zwischen ihm und dem Silberfranken bestand, der französischen akzessorischen Geldart, die ihrerseits als ein definitives Entschädigungszahlungsmittel behandelt wurde. Nach dem nämlichen Maßstab bestimmte sich der Wert der übrigen deutschen Valuten, die im Frankfurter Vertrag stillschweigend als gleichberechtigt mit dem Taler anerkannt wurden. Der Gulden wurde entsprechend seiner theoretischen Parität zum Taler, die sich wie 7 : 4 verhielt, mit 2,15 Franken bewertet.

Später wurde die Mark als der dritte Teil eines Talers unveränderlich zu 1,25 Franken verrechnet. Diese Relation fiel mit dem theoretischen Münzpari zusammen, das die Mark mit dem Goldfranken, dem anderen definitiven Entschädigungszahlungsmittel französischer Herkunft, verband. Denn der rekurrente Anschluß der Goldmünzen zum Silber beruhte im deutschen Münzsystem auf demselben Verhältnis, nach dem in Frankreich Gold- und Silberkurantmünzen begültigt wurden.

Das Ergebnis der deutschen Werteinheiten für die Entschädigungstilgung war in jeder Form, in der sie übertragen wurden, gleich groß, in Münzen, Noten und Wechseln. Wenn sie im Wechsel nicht mit der ganzen Höhe ihrer Nennbeträge wirkten, so lag dies nicht etwa an einer unterschiedlichen Berechnung der Valuta, sondern an den Kosten, die die Verwendung der Wechsel verursachte.

Man hätte auch nach dem Beispiel der Pariser Kontribution für den Sovereign und auch für den holländischen Gulden und die Zahlungsmittel in belgischer Valuta ein festes Geltungsverhältnis in Franken annehmen können. Dabei hätte man sich wie beim Taler an die Münzparität halten können, die zwischen den akzessorischen Gold- und Silbersorten Frankreichs und den valutarischen baren Zeichen der betreffenden Länder bestand. Besonders für die belgischen Devisen lag ein solches Verfahren nahe.

Man bestimmte aber, daß die indirekt zugelassenen Zahlungsmittel zum Tageskurs in deutsche Valuten verwandelt und die so gewonnenen Taler, Gulden oder Mark nach der vereinbarten Relation in Franken veranschlagt werden sollten [1]). Damit war der nominale Erfolg der provisorischen Zahlungsmittel für die Entschädigungsschuld ungewiß. Denn es hing nun davon ab, wieviel Taler man bei den schwankenden Kursen aus den außerdeutschen Werteinheiten erzielte. Ein theoretisches Münzpari, auf das man sich für die Festsetzung einer unveränderlichen Wertgleichung zwischen der deutschen und den übrigen Valuten

---

1) Vgl. pag. 207 Anm. 2.

hätte stützen können, fehlte zur Zeit des Vertragsabschlusses gerade gegenüber der wichtigsten Werteinheit, dem Sovereign.

Durch diese Zahlweise trat der Taler so sehr in den Vordergrund, daß es fast eigentümlich erscheinen muß, daß die Schuld, die allerdings eine Verbindlichkeit Frankreichs war, in Talern nicht auch ausgedrückt war. Der Taler hatte seinen gegebenen Nominalwert. Die Guldeneinheit und die Mark standen dazu in einem festen Verhältnis. Holländische, belgische und englische Valuten wurden nach ihrem Kurs in Talern in Zahlung genommen. Statt daß man die vielen Zahlungsmittel, die auf Taler lauteten oder in Taler verwandelt werden mußten, auf die wenigen verwendbaren Frankensorten bezog, hätte man die Franken in Talern tarifieren und die Gesamtsumme der Schuld in der Werteinheit angeben können, die für die Entschädigung tatsächlich am wesentlichsten war [1]).

Die Absicht der deutschen Regierung war, durch die Entschädigung Zahlungsmittel zu gewinnen, mit denen sie selbst wieder Zahlungen leisten konnte. Dazu waren vor allem die Geldzeichen ihrer Bundesstaaten geeignet, die Taler und Gulden, und denselben Zweck erfüllten später die Stücke der neuen Reichswährung. Dadurch erhielt der Staat außerordentliche Einnahmen in den Werteinheiten, mit denen er auch sonst seinen Ausgabenbedarf deckte. In den deutschen Münzen empfing die

---

1) Es ergab sich somit folgendes Schema für die Zahlungsmittel der Entschädigung:

I. Metallische Zahlungsmittel: 1. Französ. Silber- und Goldfranken.
2. Deutsche Kurantmünzen.

II. Nichtmetallische Zahlungsmittel:
1. Noten: a) deutsche,
b) englische, holländische, belgische,
c) französische, nur bedingt zugelassen.
2. Anweisungen auf:
a) deutsche Valuten,
b) englische, holländische, belgische Valuta.

Definitive Entschädigungszahlungsmittel sind I. 1. 2. II. 1. a) c) 2. a).
Provisorische „ „ II. 1. b) 2. b).
Geldeigenschaft haben I. II. 1. a) b) c).

deutsche Regierung unmittelbar valutarisches Kurantgeld ihres Landes. Die nämlichen Stücke erwarb sie durch Einlösung der deutschen akzessorischen Noten und durch Einziehung der in deutscher Valuta fälligen Wechsel. Soweit die Wechsel nicht mit dem Zahltermin für die Entschädigung die schuldigen Stücke ergaben, war sie zu einem Diskontabzug von 5% berechtigt [1]).

Mit den Noten und Anweisungen auf außerdeutsche Valuten wurden börsenmäßige Operationen vorgenommen, die aus ihnen ebenfalls deutsche Münzen, Noten oder Wechsel herstellten, so daß auch durch diese Zahlweise der Vorrat der Reichskasse an heimischen Werteinheiten anwuchs.

Nur wenn man aus den abgelieferten französischen Geldsorten deutsche Werteinheiten gewinnen wollte, war das Verfahren anders. Um die französischen Noten, soweit man sie nicht zu Zahlungen in Frankreich oder in den annektierten Provinzen [2])

---

1) „Pour les payements qui n'auront pas été effectués en argent comptant, mais en billets à ordre ou en lettres de change, le Trésor français bonifiera à l'Allemagne 5 p. 100 d'intérêts . . . jusqu' au jour où le payement aura été effectué.

Il est entendu que, pour les lettres de change tirées en thalers ou en florins sur des places allemandes, on considérera comme jour de payement:

1° Le second jour après remise, si ces lettres de change sont payables à vue.

2° Le second jour après la date d' échéance résultant de l'acceptation pour les lettres de change sujettes à l'acceptation.

3° Le second jour après la date de l'échéance, si les lettres de change sont payables à échéance fixe.

Pour toutes les valeurs qui ne sont pas tirées sur des places allemandes, le jour de l'échéance ne sera pas considéré comme le jour de l'encaissement.

Le jour sera fixé par l'encaissement du produit, soit de la vente, soit des opérations qui auront amené la réalisation des dites lettres de change dans le Trésor allemand.

Les intérêts que la chancellerie allemande percevra sur la réalisation des dites valeurs seront portés au crédit du Trésor français . . .“ (Convention . . du 12 octobre 1871; signé à Paris, le 28 février 1872. — Martens, l. c. Bd. 20).

2) Ueber die eigentümliche Lage der Geldverfassung, die sich für Elsaß-Lothringen aus der Annexion ergab, enthält die Arbeit von Lumm, Die Entwicklung des Bankwesens in Elsaß-Lothringen seit der Annexion (1891),

verwenden konnte, allenfalls in deutsches Geld umzusetzen, mußte man sie auf eigene Rechnung verkaufen. Bei steigendem

---

interessante Hinweise. Durch den Uebergangszustand wurden die Verhältnisse mannigfaltig und verwickelt. Die französische Gesetzgebung blieb vorerst weiter in Kraft und erhielt den einzelnen Sorten ihre rechtliche Stellung. Gleichzeitig wurden die deutschen Zeichen durch regiminale Verordnung zugelassen.

Die französische Note war demnach in Elsaß-Lothringen definitives Kurantgeld, und dies war auch der Standpunkt der Gerichte (vgl. Allgemeine Zeitung vom 11. Oktober 1871). Solange die Bestimmungen des französischen Geldrechtes nicht abgeschafft seien, werde der Inhaber einer Geldforderung durch Zahlung in Noten ausreichend befriedigt. Im Widerspruch hierzu verweigerten die öffentlichen Kassen tatsächlich die Annahme der französischen Scheine (v. Lumm, pag. 64), während sie selbst vermutlich die Stücke aufdrängten. Die im Lande neuerrichteten Zweiganstalten der Preußischen Bank waren ausdrücklich davon entbunden, andere als ihre eigenen Noten in Zahlung zu nehmen. Dies bezog sich zwar offenbar als Ausschließungsmaßregel auf die Noten der Bank von Frankreich, aber man mußte doch bedenken, daß diese Noten über viel wirksamere Geldeigenschaften verfügten als die Scheine des preußischen Institutes. Die wirklichen Verhältnisse wurden so nicht mehr durch gesetzliche Vorschriften, sondern durch die praktische Verwaltungstätigkeit bestimmt, und zwar war dabei von der Praxis noch mehr abhängig als die Wahl der valutarischen Geldart.

Am 14. Oktober 1871 wurde durch Gesetz vom 28. September 1871 der Zwangskurs der französischen Noten im Gebiet der Reichslande beseitigt. Aber die Noten wurden damit doch nicht völlig aus dem Umlauf entfernt. Das Gesetz vom 7. Januar 1872, das die Verwendung außerdeutschen Papiergeldes, außerdeutscher Banknoten und ähnlicher Zeichen bei Zahlungen ausschloß, nahm von diesem Verbot ausdrücklich die Noten der Bank von Frankreich in Abschnitten von 50 Franken und darüber aus. Die Zeichen der französischen Valuta waren demnach mit vermindertem Zahlzwang zugelassen, aber nicht in vollem Umfang der Stückelung nach. Die verschiedene Behandlung erstreckte sich auch auf Stücke, die in Frankreich noch vor der faktischen Einverleibung der Reichslande die gleiche Stellung wie die höheren Abschnitte erlangt hatten.

Weil man nicht mehr ganz sicher war, die Noten zu ihrem Nennwert anzubringen und die pantopolischen Beziehungen zu Frankreich eine Nachfrage nach Franken nicht erzeugten, erlitten sie ein allerdings nur unbedeutendes Disagio gegenüber den im Lande herrschenden valutarischen Zeichen. Die abgewanderten Notalfranken, zu deren Verschwinden auch die Beteiligung der Bevölkerung an den französischen Anleihen beigetragen hatte, wurden durch Talernoten ersetzt. Die Werteinheit, nach der gerech-

Angebot waren dann aber nur sinkende Beträge zu erwarten, für die es in den Einrichtungen des französischen Geldwesens

---

net wurde, blieb bis auf weiteres der Franken. Der Taler wurde nach Franken bewertet.

Umgekehrt pflegten die Niederlassungen der Preußischen Bank die französischen Frankenstücke aus Gold und Silber auch bei Talerschulden in Zahlung zu nehmen, und zwar auf Grund eines festen Kursverhältnisses, wonach 80 Taler 300 Franken galten. Wenn man infolge der dem Franken ungünstigen intervalutarischen Beziehungen gegenüber Frankreich und Belgien für die große Menge des im Umlauf vorhandenen Kurantsilbers keine Verwendung hatte, konnte man die Silberfranken zu einem billigeren Preise ankaufen und gab sie für Talerschulden, die in Berlin fällig waren, in Straßburg zum Taxwert in Zahlung (vgl. v. Lumm, pag. 60 f.). Den Schaden hatte die Bank, die in Berlin nur mit Talern bezahlen konnte. Lag ihrer Ansicht nach ein solches Arbitragemanöver vor, so lehnte sie auch die Annahme des französischen Münzgeldes ab, wie sie die Diskontierung von Wechseln zurückwies, hinter der sich ein ähnlicher Zweck verbarg. Sie benutzte dann selbst zu ihren Zahlungen nur französisches Silber und hielt ihre Noten, die sie stets in Talern einlöste, zurück. Der Verkehr war damals mit französischen Silberfranken übersättigt. Die öffentlichen Kassen verwendeten es ausschließlich. Im Laufe des Jahres 1874 wanderten sie dann in großen Mengen nach Frankreich. Die französischen Goldmünzen erreichten ihres Stoffes wegen ein Agio und zogen sich daher aus dem Umlauf zurück. Ein Versuch süddeutscher Zettelbanken, ihre Noten in den Reichslanden heimisch zu machen, mißlang. Mit dem 1. Januar 1876 wurde die Mark zur Werteinheit erhoben und der Franken dieser Stellung entsetzt, nachdem schon vom 1. Oktober 1875 an die Silber- und Billonmünzen ihre Geldeigenschaft verloren hatten, ohne daß eine Einziehung der Stücke vom Reich aus erfolgt wäre.

Bevor dieser Zeitpunkt erreicht war, war der Zustand der, daß in einem Teil des Reichsgebietes französische Zeichen Geldeigenschaft hatten und zwar zunächst mit der Wirkungskraft, die sie in ihrem Ausgabestaat hatten: Noten, Gold- und Silberfranken waren in gleicher Weise definitives Kurantgeld, bis der Zwangskurs der Noten aufgehoben wurde und die niederen Abschnitte der französischen Noten ganz ausgeschaltet wurden. Die französischen Noten gerieten, soweit sie überhaupt zugelassen waren, in eine andere Stellung wie in Frankreich selbst, so daß sie unmöglich valutarisch sein konnten. Barcharakter hatten die Kurantmünzen in den Reichslanden nicht, doch konnte die freie Ausprägbarkeit in Frankreich ausgeübt und die gewonnenen Stücke im Elsaß in Umlauf gebracht werden. Valutarisch wurde der Silberfranken behandelt. Das deutsche Verkehrsgebiet des Frankens gehörte nicht zum Münzbund. Vielgestaltig wurde der Umlauf dadurch,

keine untere Grenze gab. Die Gold- und Silberfranken, für die keine Ausgabegelegenheit vorhanden war, konnten in Kurantmünzen der gegenwärtigen oder künftigen Valuta umgeprägt werden und lieferten dabei ein festes Ergebnis in deutschen Werteinheiten. Da die alte Valuta in Deutschland noch nicht abgeschafft war und die neue Goldvaluta erst vorbereitet wurde, ferner der Sturz der Londoner Silberpreise noch nicht eingetreten war, so ließ man sowohl Gold- als auch Silbermünzen als Entschädigungszahlungsmittel zu. Aus Silber konnte zunächst noch der Taler, aus Gold vorerst nur eine Handelsmünze, die Zollvereinskrone, später die valutarische bare Mark geschlagen werden.

Immerhin war es ein Fehler, Silbermünzen, die nicht schon die Form deutscher Münzen hatten, unbeschränkt in Zahlung zu nehmen, nachdem man bereits im Jahre 1871 Gold zum hylischen Metall machte und die freie Silberprägung sperrte. Für die Herstellung der silbernen Scheidemünzen des zukünftigen deutschen Geldsystems hätten die früheren Kurantmünzen ausgereicht. Alles, was man über dieses Maß hinaus an Silber erhielt, vermehrte die Last der deutschen Silberbestände, wenn auch Deutschland von übergroßen Silbersendungen verschont blieb.

Hätte man die außerdeutschen und außerfranzösischen Noten selbst zur Einlösung gebracht oder den Verfall der Wechsel auf außerdeutsche Valuten abgewartet, so wäre das Reich in den Besitz fremden Münzgeldes gelangt, aus dem man ebenfalls feste Beträge deutscher Kurantzeichen hätte prägen können. Die Zahlungen, die die deutsche Regierung mit Goldmünzen leistete, die etwa aus englischen Sovereigns gewonnen waren, beseitigten dann nicht nur eine Nominalschuld des Staates, sondern es wurden dann zugleich die Zeichen der neuen Valuta in Umlauf gesetzt.

Nun waren zwar die auf außerdeutsche Werteinheiten lautenden Noten und Wechsel in der deutlichen Absicht ausgewählt, aus dem Stoff ihrer Valuten auch deutsche Münzen prägen zu

daß die Frist, in der die französischen Zeichen noch galten, zeitlich beschränkt war und daß nun nach und nach der Boden für die deutschen Geldsorten bereitet wurde. —

können. Ueber die endgültige Wahl des Barmetalls war man sich dabei allerdings noch nicht ganz im Klaren. Vielleicht aber hatte die deutsche Regierung daran gedacht, daß die Herstellung der neuen deutschen Münzen, zu denen die Entschädigungsmittel das Material liefern sollten, womöglich nicht auf Kosten des Staates allein erfolgen sollte. Deshalb vielleicht hatte sie die Umwandlung der provisorischen Entschädigungszahlungsmittel in deutsches Geld zu Lasten Frankreichs ausbedungen und die Münzen selbst, auf die die Wechsel lauteten, wenigstens prinzipiell ausgeschlossen. Angenommen, man hätte die freie Ausprägbarkeit des zukünftigen Barmetalles frühzeitig genug eröffnet, so wäre folgender Vorgang denkbar gewesen.

Wenn man die fremden Noten und Anweisungen an Banken verkaufte, erhielt die deutsche Regierung von ihnen den Preis in deutscher Valuta und erreichte so ihr erstes Ziel, Werteinheiten, mit denen sie ihre eigenen Zahlungen leistete. Die Banken veräußerten die Devisen weiter, solange eine Nachfrage nach ausländischen Werteinheiten zur Remittierung in die betreffenden Staaten bestand. Die fremden valutarischen Münzen, deren Stoff in Deutschland Barmetall war, konnten aber auch in deutsches Barkurantgeld verwandelt werden. Die Banken traten daher die Anweisungen auf solche Valuten nicht gegen eine geringere Anzahl deutscher Werteinheiten ab, als sie aus der Umprägung der fremden Münzen erzielten. Sank der Preis für auswärtige Devisen unter dieses Verhältnis, und die Tendenz zu niederen Preisen lag bei dem starken Wechselbesitz vor, so zog man die valutarischen Zeichen im Ausland ein, überführte sie nach Deutschland und ließ daraus gegen Entrichtung eines Schlagschatzes deutsche Kurantmünzen herstellen. Der Gewinn der Banken ergab sich daraus, daß sie für die fremden Werteinheiten weniger in deutschem Gelde aufwenden mußten, als sie durch den Verkauf der Wechsel oder durch die Umprägung der valutarischen Münzen erhielten. Mit dem Vorrat neuer Münzen unternahmen die Banken wieder Wechselkäufe bei der Regierung, in deren Kassen so die frisch geprägten Stücke kamen, bis sie von da aus in den Verkehr eintraten. —

Aufgabe der französischen Regierung war es, bis zu einem bestimmten Termin eine solche Menge vertragsmäßiger Zahlungsmittel an Deutschland zu übertragen, daß dadurch die Entschädigungssumme samt Zinsen getilgt wurde. Die Zeichen, die bei ihr in der Hauptsache eingingen, wenn sie ihren Geldbedarf im Inland auf geldpolitischem oder finanzpolitischem Wege deckte, waren für den größten Teil der Entschädigung unbrauchbar. Auch wenn also der Staat schon über einen Geldbesitz in heimischer Valuta verfügt hätte, dessen Nennbetrag der nominalen Höhe der Entschädigungsschuld gleichgekommen wäre oder zur Beschaffung der vertragsmäßigen Zahlungsmittel genügt hätte, blieb eben immer noch diese Beschaffungstätigkeit selbst übrig. Mit der Bereitstellung der Zahlungsmittel um jeden Preis war es dabei nicht getan. Der Staat mußte womöglich sein Verhalten so einrichten, daß die ungünstigen Nebenwirkungen insbesondere auf den Stand seiner Valuta vermieden wurden, die die Gewinnung der Zahlungsmittel ausüben konnte. Die Beschaffungsweise hatte aber auch ihre finanzielle Seite für den Staat. Die Zahlungsmittel mußten unter Bedingungen aufgebracht werden, die einen möglichst geringen Geldaufwand vom Staat verlangten.

Von den definitiven Entschädigungszahlungsmitteln konnten allenfalls Gold- und Silberfranken an den staatlichen Kassen zu ihrem Nennwert eingehen. Sollten darüber hinaus akzessorische Kurantfranken zur Zahlung verwendet werden, so mußten sie wie Rohmetall zur Herstellung der baren Münzsorten gekauft werden. Deutsche Münzen und Noten erhielt die Regierung, der Konvention von Ferrières zufolge, zum Teil zu festen Kursen. Die übrigen Stücke und Wechsel mußte man zu wechselnden Preisen beschaffen.

Die provisorisch zugelassenen Zahlungsmittel, die das französische Schatzamt erwarb, konnten zur Umwandlung in deutsches Geld an das Reich übergeben werden. Vielleicht stellte sich aber auch Frankreich besser, wenn es diese Operationen an den verschiedenen Börsenplätzen selbst vornahm. Zu diesem Verfahren entschloß sich die französische Regierung im späteren

Verlauf des Zahlungsprozesses [1]) und daraus erklärte sich das starke Anschwellen der Markwechsel unter den übergebenen Zahlungsmitteln in dieser Zeit im Vergleich zu früher.

Die französische Regierung konnte aber auch zum Zweck der Entschädigungstilgung Zahlungsmittel irgendwelcher Art erwerben, die weder zu den definitiven noch zu den provisorischen Zahlungsmitteln des Vertrages gehörten, sondern nur der leichteren Gewinnung der vertragsmäßigen Zahlungsmittel überhaupt dienen sollten. Der Vorgang, durch den solche nicht vertragsmäßige, auch für Frankreich provisorische Zahlungsmittel in obligatorische Zahlungsmittel der Entschädigungsschuld verwandelt wurden, sei es zunächst wieder in provisorische oder sofort in definitive, war für die Beziehungen zwischen den beiden Staaten ohne Bedeutung. Er war nach außen ebensowenig sichtbar, wie wenn Frankreich die provisorischen obligatorischen Zahlungsmittel selbst in definitive überführte.

Für den französischen Staat handelte es sich darum, die Werteinheiten, die er an Deutschland übertrug, so billig wie möglich zu kaufen. Die Sovereigns, holländischen Gulden, belgischen Franken, Taler und Gulden sollten dem heimischen Franken gegenüber nieder im Kurs stehen. Dem Taler gegenüber sollte die englische, holländische und belgische Valuta dagegen hohe Kurse aufweisen, damit schon eine geringere Anzahl dieser Werteinheiten viele Taler ergab. Das nämliche Verhältnis war für die Erwerbung der nicht vertragsmäßigen provisorischen Zahlungsmittel erwünscht. Mit den valutarischen Franken sollte man möglichst viele Werteinheiten dieser Art erzielen können und mit ihnen wieder möglichst viele obligatorische Zahlungsmittel. Der intervalutarische Kurs der nichtvertragsmäßigen Werteinheiten sollte für den Franken günstig sein, der der obligatorisch wirksamen Werteinheiten für das nichtvertragsmäßige Zahlungsmittel.

Der hohe intervalutarische Kursstand des Frankens gegenüber den als Zahlungsmittel für die Entschädigung benutzten Valuten war aber nicht allein für die staatliche Finanzwirtschaft von größter Wichtigkeit. Er lag auch im allgemeinen Interesse der

1) Vgl. Say, l. c. pag. 204.

französischen Volkswirtschaft. Der intervalutarische Kurs erforderte in einer Periode, wo er durch die ungewöhnliche Nachfrage des Staates als Devisenkäufers beeinflußt wurde, die besondere Achtsamkeit der Regierung. —

Von dem Grundsatz der Schuldentilgung durch Uebertragung von Geld und Anweisungen auf Geld wurde nur ausnahmsweise abgegangen.

Nach den Zusatzartikeln zum Friedensvertrag wurden an Deutschland die Vermögensrechte an den auf elsaß-lothringischem Gebiet gelegenen Eisenbahnlinien der Ostbahngesellschaft abgetreten. Ihr Wert wurde bei der zweiten halben Milliarde mit 325 Millionen Franken auf die Entschädigungssumme angerechnet.

Der französische Staat beseitigte so einen Teil seiner Geldschuld durch Uebergabe einer Erwerbsunternehmung mit ihren Rechten und Sachen, deren Kapitalwert in Geld veranschlagt wurde. Der Betrag, der dafür eingesetzt wurde, brauchte nicht in Zahlungsmitteln geleistet zu werden, ebensowenig wie die 98 400 Franken, die Deutschland, wie wir sahen, an die Stadt Paris schuldete und die nun bei dieser Gelegenheit kompensiert wurden.

So verringerte sich die Geldschuld des französischen Staates an Deutschland. Gleichzeitig übernahm er jedoch nach einer anderen Richtung neue Verbindlichkeiten. Wie er sich dann in diesen Fällen befreite, war aber für die Beendigung des Schuldverhältnisses Deutschland gegenüber ohne Belang. Die Forderung des Reiches in vertragsmäßigen Zahlungsmitteln betrug außer den Zinsen im ganzen 4 674 901 600 Franken. Da nur 125 Millionen Franken in französischen Noten geliefert werden durften, so mußte Frankreich 4 549 901 600 Franken der Entschädigung durch Zahlungsmittel tilgen, die mit den Zeichen seiner Valuta nicht übereinstimmten. —

Der französische Staat verwahrte noch Gelder von Personen, die durch die Annexion der Reichslande deutsche Untertanen wurden. Die Ueberführung dieser Summen nach Deutschland, die nach Artikel 4 des Friedensvertrages zu erfolgen hatte, stand in keinem Zusammenhang mit der Entschädigungsschuld. Es handelte sich dabei beispielsweise um Anwerbungs- und Stellvertretungsprämien von Soldaten und Seeleuten, die aus Elsaß-

Lothringen stammten und nun für Deutschland optiert hatten, um Kautionen von Finanzbeamten u. dgl. Außerdem mußten Depositen, die Eigentum der Departements, von Gemeinden und öffentlichen Anstalten waren, ausgehändigt werden.

Die Beträge, die aus solchen Anlässen nach Deutschland gebracht werden mußten, bildeten keine Einnahmen des Reiches. Andererseits wirkten sie auch im Staatshaushalt Frankreichs nicht als Ausgaben eigener Gelder, und da sie als Depositen bereitlagen, machten sie keinerlei Beschaffungsmaßnahmen erforderlich. Sie wechselten nur den Hinterlegungsort. —

Die später noch abgeschlossenen Sonderkonventionen, die sich auf die Entschädigung bezogen, änderten an den Zahlungsmitteln nichts mehr. Sie hatten die Zahltermine zum Gegenstand, die zuerst weiterhinausgeschoben wurden, als ursprünglich vereinbart war, dann aber zeitlich näher gerückt wurden. Man hatte auf französischer Seite die Zuversicht gewonnen, die Zahlungsaufgabe in kürzerer Zeit bewältigen zu können, und der Präsident der Republik setzte seinen Ehrgeiz darein, das Land so bald wie möglich von der deutschen Besatzungsarmee zu befreien.

Am 28. Mai 1871 war die reguläre Regierungsgewalt in Paris wieder in Tätigkeit getreten. Nach einem Monat war die erste Rate fällig, die bis zu 125 Millionen Franken aus Frankennoten bestehen durfte. Im Juni wurden die Noten und im Juli 375 331 939 Franken geleistet. Von der Milliarde, die im Laufe des Jahres 1871 abzubezahlen war und bei der die Kompensationen geltend gemacht wurden, wurden im August 175 059 770 Franken und im September und Oktober 510 006 825 Franken übertragen.

Die vierte halbe Milliarde, deren Zahlung auf den 1. Mai 1872 festgesetzt worden war, wurde mit den 150 Millionen Franken, die als Zinsen von den 3 Milliarden zum erstenmal am 2. März 1872 erhoben werden sollten, nachträglich zu einer Gesamtsumme zusammengefaßt, die in einer Reihe von Teilzahlungen getilgt werden sollte [1]). Vom 15. Januar 1872 bis zum 15. April sollten

1) Separatkonvention zu Artikel 3 des Präliminarfriedens v. 26. Februar 1871, geschlossen am 12. Oktober 1871; Aegidi, l. c. Bd. 21, pag. 307.

am 1. und 15. jedes Monats je 80 Millionen Franken, am 1. Mai 90 Millionen Franken geliefert werden.

Die französische Regierung hielt sich jedoch nicht an diese Raten und machte nur von ihrem Rechte der Zahlungsleistung im voraus Gebrauch. Im Januar 1872 wurden 161 123 250, im Februar 257 912 704, im März 82 367 439 Franken an Deutschland abgetreten. Am 6. März gingen beim Reich für Zinsen 150 058 171 Franken ein. Vom Juni 1871 bis zum März 1872 wurde ein Betrag von 1 836 860 098 Franken in vertragsmäßigen Zahlungsmitteln übergeben. Nur vom Oktober 1871 bis zum Januar 1872 wurden die Zahlungen unterbrochen, so daß der Regierung lediglich diese eine Pause zur Sammlung blieb.

Schon im August 1872 wurden die Uebertragungen für die letzten 3 Milliarden aufgenommen, die nach dem Frankfurter Frieden am 2. März 1874 hätten beendet sein müssen. In einem Spezialvertrag [1]) wurde diese Frist um ein Jahr verlängert und bestimmt, daß eine halbe Milliarde zwei Monate nach der Ratifikation der Konvention, eine weitere halbe Milliarde am 1. Februar 1873 und je eine Milliarde am 1. März 1874 und 1. März 1875 abzuliefern seien. Dadurch kam auf die Periode eines Jahres immer eine Milliarde. Vor den Terminen waren Abzahlungen in Beträgen von mindestens 100 Millionen Franken sowie Vollzahlungen zulässig. Doch mußten vorzeitige Uebertragungen dem Reich einen Monat vor Eintreffen angekündigt werden [2]).

Diese neue Regelung geschah nur aus Vorsicht. Im Notfall sollte der Regierung die Verteilung der Zahlungen auf einen längeren Zeitraum ermöglicht und dadurch verhütet werden, daß aus der Kürze der Verfallfrist Verlegenheiten für sie entstehen könnten. Im übrigen hatte man, wie auch Thiers in der Budgetkommission bemerkte [3]), das Bestreben, die Zahlungen ohne Rücksicht auf diese Möglichkeit mit größtem Nachdruck zu betreiben.

1) Separatkonvention die Zahlung des Restes der Kriegsentschädigung betr. vom 29. Juni 1872; Aegidi, l. c. Bd. 22, p. 151 ff.

2) Auch wurde wiederholt, daß für die letzte Milliarde nebst Zinsen an Stelle der territorialen finanzielle Garantien geboten werden könnten, wenn sie Deutschland genügend erschienen. —

3) Vgl. Le Temps v. 12. Juli 1872.

Ohne Unterbrechung wurden in jedem Monat bedeutende Beträge nach Deutschland geschickt, bis die Schuld völlig getilgt war. Es wurden einbezahlt:

im Jahre 1872	vom 29. August bis 5. September	250 831 965 Fr.
	am 6. und 7. September	255 922 497 Fr.
	im Oktober	200 390 422 Fr.
	vom 6. bis 10. November	100 010 215 Fr.
	vom 6. bis 10. Dezember	200 542 542 Fr.
im Jahre 1873	vom 11. bis 17. Januar	150 089 286 Fr.
	vom 6. bis 8. Februar	200 071 022 Fr.
	vom 6. bis 8. März	150 058 320 Fr.

Als nur noch 1 ½ Milliarden Franken ausstanden, glaubte die Regierung eine neue Uebereinkunft eingehen zu können, wodurch sie die vollständige Räumung ihres Gebietes erreichte. Sie verpflichtete sich [1]), 500 Millionen Franken in Teilsummen von mindestens 100 Millionen Franken, die einen Monat vorher anzumelden waren, bis zum 10. Mai 1873 zu übergeben. Die letzte Milliarde, die ursprünglich erst im März 1875 fällig gewesen wäre, sollte nun schon bis zum 5. September 1873 fertig abgetragen sein. An vier Terminen waren vom 5. Mai an je 250 Millionen Franken abzuliefern. Die vierte Rate sollte außerdem die von März an geschuldeten Zinsen enthalten.

Auch diesen Vertrag erfüllte Frankreich. Es leistete:

im Jahre 1873	vom 1. bis 3. März	128 864 058 Fr.
	vom 1. bis 10. April	250 118 002 Fr.
	vom 5. bis 10. Mai	250 604 016 Fr.
	vom 29. Mai bis 5. Juni	250 410 716 Fr.
	vom 24. Juni bis 5. Juli	252 197 428 Fr.
	am 5. August	250 223 130 Fr.
	vom 3. bis 5. September	240 264 912 Fr.
	am 5. September	23 201 555 Fr.

Frankreich gelang es so, innerhalb eines Jahres 3 153 800 086 Franken der Entschädigungsschuld an Deutschland zu übertragen.

1) Konvention geschlossen zu Berlin den 15. März 1873.

Als am 5. September 1873, also früher als der Vertrag und die Zusatzkonvention es vorgesehen hatten, die Zahlungen zum Abschluß gebracht waren, waren einschließlich der Kompensationswerte im ganzen 5 315 758 584 Franken, ohne diese 4 990 660 184 Franken an Deutschland gelangt. Da samt Zinsen nur 5 301 145 078 Franken zu leisten waren, ergab sich ein Ueberschuß von 14 613 506 Franken. Davon wurden 700 000 Franken zurückbezahlt. Der Rest wurde durch die Kosten absorbiert, die aus der Einziehung der Wechsel und aus der von Deutschland selbst vorgenommenen Umwandlung provisorischer Entschädigungszahlungsmittel in definitive erwuchsen. Der Diskontabzug für Wechsel, deren Beträge erst nach dem Zahltermin eingingen, machte allein 2 412 317 Franken aus. Andererseits hatte sich die Schuldsumme durch die für Vorauseinzahlungen gewährten Nachlässe und die ebenfalls dadurch bedingte Ersparnis für Zinsen vermindert.

Jede Teilzahlung galt als einheitlicher Zahlungsakt. Sie setzte sich aus vertragsmäßigen Zahlungsmitteln zusammen, die am Zahltermin entweder schon in Deutschland bereitlagen oder von verschiedenen Seiten dort eintrafen. Nachdem die Beträge von den deutschen Behörden gezählt und geprüft waren, wurde der französischen Regierung der Empfang formell bestätigt. Im Journal officiel erschien darüber jedesmal eine kurze Notiz etwa folgenden Inhalts: „Le ministre des finances a reçu du gouvernement allemand les quittances du versement de deux cent millions qui a été effectué dernièrement."

Ueber die Art, wie die Zahlungen in Straßburg, wohin sie namentlich am Anfang gerichtet wurden, abgenommen wurden, besitzen wir einige genauere Mitteilungen [1]).

In Straßburg befand sich ein Bevollmächtigter der französischen Regierung, der die Zahlungsmittel an Deutschland übergab, französische Noten und silberne und goldene Kurantmünzen, deutsche Münzen, Noten, Wechsel und Kassenanweisungen, englische, holländische und belgische Noten und Wechsel.

1) Vgl. hierüber Giesecke, Die Abnahme d. franz. Kriegsentschädigung 1870/71 in Straßburg i. E. 1906.

Die Münzen waren in Säcken verpackt, wofür die französische Regierung das Reich belastete. Auf die 194 844 850 Franken, die in Straßburg bis Ende des Jahres 1871 in Münzen einliefen, kamen 24 974 Franken für Verpackungsspesen in Anrechnung. Die Münzen wurden einzeln gezählt und dies verzögerte die Abnahme sehr. Die Franzosen beklagten sich, daß man an einem Tage nur einen Wertbetrag von 800 000 Franken in deutschen Münzen bewältigte [1]). Hätte man die Säcke mit ihrem Inhalt abgewogen und daraus die Summe der gelieferten Stücke berechnet, so wäre dies keine pensatorische Zahlweise, sondern nur ein abgekürztes Zählverfahren gewesen. Bei den Stücken waren auch einzelne Zeichen anderer Länder darunter gemischt. Päpstliche Münzen wurden zurückgewiesen.

Goldmünzen wurden zur Umprägung an die Münzstätten nach Karlsruhe, Frankfurt und Berlin gebracht. Deutsches Silbergeld schickte man nach Berlin, zum Teil nach Bayern. Silberne 5-Frankenstücke blieben in Straßburg, um hier zu Zahlungen des Reiches verwendet zu werden. Einzelne Mengen wurden auch an Berliner Banken verkauft und dorthin transportiert. Die größte Menge französischen Kurantsilbers, die durch die Entschädigungsleistung in Straßburg vereinigt wurde, erreichte 226 Millionen Franken.

Seit April 1873 wurden mit dem Silber Ankäufe goldener 20- und 10-Frankenstücke unternommen [2]). Im Februar und März 1874 wurden silberne Kurantfranken in Posten von 10 und 5 Millionen Franken an französische und belgische Bankhäuser überlassen, so daß sich in dieser Zeit im Reichslande ein Mangel an diesen Stücken zeigte, die bis dahin im Münzumlauf vorgeherrscht hatten. Deutsche Gold- und Silbermünzen fehlten noch und wurden erst gegen Mitte des Jahres 1874 zugeführt. Nur preußische Banknoten waren in der Zwischenzeit im Ueberfluß vorhanden.

1) Vgl. Say, l. c. pag. 261.

2) Man bezahlte dabei im April und Mai 1873 für 8 400 000 Goldfranken 4 und 4½‰ Prämie, im Juni 1873 für 2 240 000 Franken 2‰ und im Oktober und November 1873 für 2 670 000 Franken 5‰ Prämie.

Die Noten der Bank von Frankreich wurden nicht, wie verabredet worden war, vorzüglich in niederen Abschnitten geliefert. 40 Millionen Franken wurden der elsässischen Landeshauptkasse überwiesen. 85 Millionen Franken gingen an die preußische Seehandlung, die sie an mehrere Privatbanken weiterverkaufte [1]).

Die Wechsel ließen erkennen, daß sie zum Teil dem gewöhnlichen Handelsverkehr entstammten, zum Teil durch besondere Transaktionen eigens für die Entschädigung geschaffen worden waren. Dementsprechend waren die Beträge, auf die sie lauteten, verschieden abgestuft, und die Unterschriften der Wechsel waren für diese Beziehungen meist sehr bezeichnend. Die Stücke wurden mittels Indossaments an die deutsche Regierung übertragen und waren vom französischen Finanzminister unterschrieben [2]). Trat ein neuer Finanzminister sein Amt an, oder wurde das Finanzministerium vom Minister eines anderen Ressorts interimistisch verwaltet, so mußten den Wechseln die offiziellen Akten, die dies beglaubigten, beigefügt werden — „la chancellerie allemande ayant toujours été très-observatrice des formes".

Die in Straßburg eingezahlten Wechsel waren meist nach 30 Tagen fällig, doch waren auch Sichtwechsel darunter und bei den letzten Zahlungen Stücke, die erst nach 2 ⅓ Monaten zahlbar waren. Alle Wechsel wurden an die Reichshauptkasse nach Berlin abgeführt [3]).

1) 79 Millionen Franken erhielt die Diskontogesellschaft in Berlin, 4 Millionen Franken die Firma Dreyfus-Jeidels in Frankfurt, 2 Millionen Franken Straßburger Banken, die für 375 Franken 100 Taler gaben.

2) Vgl. Say, l. c. — In der Botschaft von Thiers vom 7. Dezember 1871 hieß es: „. . . . L'Allemagne nous demandait des effets à six, sept ou huit mois, effets négociables, qu'elle promettait toutefois de ne pas négocier, tant que le gouvernement resterait dans les mains où il se trouve aujourd'hui. Cette réserve répugnait à notre loyauté . . . . l'empereur d'Allemagne . . . appréciant nos scrupules . . . n'a pas insisté et renonçant à toute intervention des banquiers s'est contenté de la signature du ministre des finances et du Président de la République". Es scheint, daß damals die deutsche Regierung von Frankreich formale Zahlungsversprechen in Gestalt unveräußerlicher Wechsel erhalten hat, die dann an den Fälligkeitsterminen durch vertragsmäßige Zahlungsmittel ersetzt wurden.

3) Von Juni bis Oktober 1871 wurden in Straßburg 4372 Wechsel ein-

Unter den an Deutschland im ganzen übertragenen Zahlungs-

---

geliefert, die mit 717 771 593 Franken berechnet wurden. Davon wurden 13 209 Franken nicht eingelöst.

Auf englische Plätze lauteten 1930 Stück; der niederste Wechsel betrug davon 4 £, der höchste 1 265 000 £

„ holländ. „	„	584	„	; niederste Wechselsumme 355 holl. fl. höchste Wechselsumme 2 500 000 holl. fl.
„ belgische „	„	315	„	; niederste Wechselsumme 55 Franken höchste Wechselsumme 8 000 000 Franken
„ Taler- „	„	1056	„	; niederste Wechselsumme 47 Taler höchste Wechselsumme 2 518 385 Taler
„ Gulden- „	„	39	„	; niederste Wechselsumme 4 000 fl. höchste Wechselsumme 5 000 000 fl.
„ Hamburg	„	418	„	; niederste Wechselsumme 111 Mk. Bko. höchste Wechselsumme 1 800 000 Mk. Bko.

Vom 13. Januar 1872 bis April 1872 wurden abgeliefert:

		niederster Betrag	höchster Betrag
68 englische	Wechsel;	50 000 £	100 000 £
976 holländische	„	284 fl.	2 000 000 fl.
1715 belgische	„	100 Fr.	2 000 000 Fr.
727 Taler-	„	48 Tlr.	4 000 000 Tlr.
14 Gulden-	„	100 000 fl.	900 000 fl.
1013 Markbanko-	„	181 Mk. Bko.	2 950 000 Mk. Bko.

Vom 29. August bis 10. Dezember 1872 liefen in Straßburg nur Wechsel auf deutsche Plätze ein:

3263 Taler-	Wechsel;	niederster	Betrag	52 Tlr.
		höchster	„	1 314 185 Tlr.
364 Gulden-	„	niederster	„	110 fl.
		höchster	„	21 057 940 fl.
1480 Markbanko-	„	niederster	„	82 Mk.Bko.
		höchster	„	24 701 357 Mk.Bko.

Vom 16. Januar 1873 bis 13. September 1873 gelangten zur Ablieferung:

mitteln waren [1]) für 742 334 075 Franken französische Noten und Münzen und deutsche Münzen und für 4 248 326 374 Franken Anweisungen auf valutarische Zeichen.

Auf die beiden Perioden, in die der Zahlungsvorgang zerfiel, verteilten sie sich in folgender Weise:

I. Französische (akzessorische) Goldfranken (or français)	109 001 502	Fr. [2])
Französische (akzessorische) -Silberfranken (argent français) . . .	63 061 695	Fr.
Französische (valutarische) Noten	125 000 000	Fr.
Deutsche Münzen und Noten (numéraire et billets de banque allemands)	62 554 115,93	Fr.
Taler-Wechsel	312 650 509,01	Fr.
Südd. Gulden-Wechsel	25 816 752,37	Fr.
Mark Banko-Wechsel	116 575 592,13	Fr.
Holl. Gulden-Wechsel	250 540 821,46	Fr.
Belgische Franken-Wechsel . . .	147 004 546,40	Fr.
Sovereigns-Wechsel	624 699 832,28	Fr.

5 Sterlingwechsel zu je	100 000 £		
7914 Taler-Wechsel;	niederster	Betrag	13 Tlr.
	höchster	„	1 107 360 Tlr.
576 Gulden-	niederster	„	32 fl.
	höchster	„	2 343 500 fl.
2039 Mark-	niederster	„	108 M.
	höchster	„	3 120 000 M.

Auffallen muß dabei die verhältnismäßig geringe Anzahl Guldenwechsel und ihr besonders am Anfang hoher Durchschnittsbetrag, sowie der Rückgang in der Verwendung fremder Valuten als Zahlungsmittel. Die Finanzwechsel kamen besonders aus England, worauf neben den hohen Wechselsummen die runden Ziffern hinweisen, die für alle hohen Wechselbeträge charakteristisch sind.

1) Nach Say, Journal officiel v. 2. Dezember 1874.

2) Die Angaben über die Zahl der gelieferten Kurantsilberfranken stimmen mit den von Giesecke gemachten, die allein die nach Straßburg gegangenen Zahlungen betreffen und nach denen im ganzen für mehr als 285 Millionen Franken silberner 5-Frankenstücke übertragen wurden, nicht überein.

II. Französische Goldmünzen . . .	164 001 555,25	Fr.
Französische Kurantsilbermünzen .	176 275 180,75	Fr.
Deutsche Münzen und Noten . .	42 485 029,25	Fr.
Wechsel auf Taler	2 172 663 212,03	Fr.
Wechsel auf südd. Gulden . . .	209 311 400,42	Fr.
Wechsel auf Mark Banko . . .	148 641 398,27	Fr.
Wechsel auf Reichsmark	79 072 309,89	Fr.
Wechsel auf belgische Franken .	148 700 000	Fr.
Wechsel auf Sovereigns	12 650 000	Fr. [1])

Die französische Regierung hatte die Uebertragungen begonnen, ohne Erfahrungen zu besitzen. Sie sah sich einfach vor die Notwendigkeit des Handelns gestellt. Erst allmählich bildete sie eine bestimmte Tilgungstechnik heraus. Ihre Maßnahmen wurden weitschauender und gingen über den nächstliegenden Zweck hinaus. Man erreichte eine solche Gewandtheit, daß man imstande war, die geforderten Zahlungsmittel in einer kürzeren Zeit aufzubringen.

Hauptzahlungsmittel blieb nach wie vor der Wechsel. Während aber am Anfang der Pfund Sterlingwechsel am häufigsten gewesen war, wurden bei den letzten 3 Milliarden vor allem deutsche Wechsel geliefert. Der Talerwechsel trat an die Spitze und die Guldenwechsel vermehrten sich stark. Zum erstenmal erschienen die Anweisungen auf Reichsmark. Alle diese Stücke rührten hauptsächlich aus der Verwandlung von Sovereignsdevisen her, die Frankreich selbst besorgte. Während dieser ganzen Zeit wurden nur fünf Sovereignsdevisen zu je 100 000 £ übergeben. Die holländischen Guldenwechsel verschwanden ganz, die belgischen Devisen hielten sich auf der alten Höhe. Die Menge der deutschen Münzen nahm in dem Maße ab, als die französischen Kassen ihre Bestände an deutschem Gelde entleert hatten und die deutschen Besatzungstruppen, die immer heimisches Geld in Frankreich zurückließen, zurückgezogen wurden. Daß in der zweiten Zahl-

1) Bisweilen sind die von Frankreich gelieferten Devisen zweimal aufgeführt. Zuerst als Sovereigns-, holländische Gulden-, Markbankowechsel, dann noch einmal als Taler- oder Markwechsel, in die sie verwandelt worden waren.

periode französisches Kurantsilber in gesteigertem Umfang an die deutsche Regierung übertragen wurde, so daß der Goldfranken dagegen zurücktrat, entsprang offenbar den Absichten einer von ganz bestimmten Ursachen beherrschten Politik. —

§ 8.

DIE FINANZIELLE DECKUNG DER ENTSCHÄDIGUNGSSCHULD.

Die Aufgabe der Entschädigungszahlung konnte von der französischen Regierung nicht durch eine einzige große Operation erschöpfend gelöst werden. Sie mußte dadurch vereinfacht werden, daß man verschiedene Maßnahmen nacheinander ergriff, deren selbständige Teilziele schrittweise zu dem geforderten Endziel führten.

Das erste, was zu geschehen hatte, war die Aufbringung der Geldsummen, mit denen die für die Schuldentilgung verlangten Zahlungsmittel beschafft werden konnten. Erst wenn dieser finanzielle Teil im ganzen oder in mehreren Abschnitten erledigt war, konnte man daran gehen, die Zahlungsmittel bereitzustellen, von denen einige schon bei der Kapitalbeschaffung in den Besitz des Staates kommen konnten.

Mit den Mitteln, die für die Entschädigungsschuld, ihre Zinsen und Beschaffungskosten aufgeboten werden mußten, war aber noch nicht der volle, durch den Ausgang des Krieges verursachte Finanzbedarf des Staates gedeckt. Die Verpflegung der Okkupationsarmee [1]), die gesteigerten Zinsenlasten, die in Zukunft immer größer wurden, die Austeilung von Unterstützungen an die eigenen vom Krieg betroffenen Departements und Gemeinden, an Eisenbahngesellschaften und Private und endlich die notwendige Neuorganisation des Landes bewirkten eine ungeheure Zunahme der noch ungedeckten Ausgaben. Das Verhältnis, mit dem die einzelnen staatlichen Zwecke am Gesamtaufwand beteiligt waren, änderte sich vollständig. Mit den Einkünften zweier reicher Provinzen war nicht mehr zu rechnen.

1) Mit einem Aufwand von 340 737 000 Franken. —

Für die inländischen Zahlungen genügten Deckungsmittel, die den erforderlichen Nominalbedarf in valutarischen Franken lieferten. Eine gesonderte Zeichenbeschaffung brauchte nicht einzutreten. Hier kam es nur darauf an, für jeden Ausgabenkreis das geeignete Deckungsmittel von singulärer oder periodischer Wirkung zu finden und dabei im allgemeinen die für die staatliche Finanzwirtschaft beste Vereinigung verschiedener möglicher Deckungsverfahren anzuwenden.

Hierauf konnte sich der Staat dann damit befassen, die finanzielle und geldpolitische Lage, in die er durch den Krieg und seine Folgen gebracht worden war, wieder zu heilen. In der Zwischenzeit wurde die politische Tätigkeit durch die verfassungsrechtlichen Probleme und die Festigung und Entwicklung der inneren Zustände in Spannung erhalten.

Die Seele bei der Bewältigung der finanziellen Arbeit war Thiers. Sein energischer Wille ruhte nicht eher, bis das, was er, wenn auch nicht immer frei von Doktrin, als richtig für das Land erkannt hatte, erreicht war. Er hatte Erfolge mit der Politik, die Verhältnisse aufzurichten, ohne den Zusammenhang mit der Tradition aufzugeben. Dabei war sein Wirken durchaus persönlich. Alle Fäden liefen in seiner Hand zusammen. Er griff nicht nur im Parlament ein, sondern erschien auch in den Kommissionen und nahm unmittelbaren Anteil an ihren Arbeiten. Er verhandelte mit den Bankdirektoren, Finanzleuten, den agents de change und den Regenten der Bank und sicherte damit der Regierung die Beihilfe der sachkundigsten Elemente [1]). Seine Berater in finanziellen Angelegenheiten waren Joubert [2]), Rouland, Dutilleul, Moreau, Alfons von Rothschild. —

Schon durch den Krieg war die Staatsschuld, der man seit dem zweiten Kaiserreich bei der Deckung des staatlichen Geldbedarfes den Vorzug vor den Steuern gegeben hatte, bedeutend gewachsen [3]). Bei Ausbruch des Krieges hatte sie 13 788 231 796

1) Vgl. Bamberger im Deutschen Reichstag am 16. November 1874.

2) Brief an Teisserenc de Bort vom 28. August 1872. „. . . très intélligent financier qui nous a donné des avis utiles plus d'une fois."

3) Sie hatte sich im Jahre 1852 auf 231 Millionen Franken be-

Franken mit einem jährlichen Zinsaufwand von 511 748 217 Franken betragen [1]). Nun stellte sie sich auf 15,7 Milliarden Franken, einschließlich der kurzfristigen Anleiheschulden auf 16,5 Milliarden Franken [2]). Die Gesamtausgaben des Staates waren von 1904 Millionen Franken im Jahre 1869 auf 3173 Millionen Franken im Jahre 1870 gestiegen.

Ueber flüssige Gelder verfügte der Staat nicht. Die Lage, die er bei seinem Amtsantritt im Februar 1871 vorfand, charakterisierte der Finanzminister Pouyer-Quertier, wenn auch mit einiger Uebertreibung, mit den Worten: „... le directeur du mouvement général des fonds de France m'apportait dans son chapeau le seul million qui restait dans notre caisse" [3]). Durch den Brand des Ministerialgebäudes wurden die Archive zerstört und mußten erst mit großer Mühe wiederhergestellt werden. Dies erschwerte die Verwaltung. Die Zeit drängte so sehr, daß eine eingehende Beratung des Budgets auf spätere Etatsjahre verschoben wurde. Gewaltsame Reformen wollte man vermeiden [4]). Namentlich widerstrebte man unter dem ganzen Einfluß der Anschauungen von Thiers einer Abkehr vom alten Steuersystem.

Da Frankreich neben den Monopolen über größere Einkünfte aus staatlichem Besitz [5]) und staatlichen Erwerbsanstalten [6])

---

ziffert. Während der zwanzig Jahre des zweiten Kaiserreiches wurden acht Anleiheoperationen unternommen.

1) Hiervon waren 11 661 906 177 Franken Rentenschuld, für die 362 451 952 Franken Jahreszinsen erforderlich waren. Noch im Jahre 1870 übertraf die englische Staatsschuld die französische um etwa 5 Milliarden. Vgl. Sydow, l. c. pag. 45 f.

2) Vgl. Sydow, l. c. pag. 64.

3) Nationalversammlung, Sitzung v. 9. März 1872. Journal officiel 1872, I.

4) Vgl. Bericht der Budgetkommission für das Jahr 1872. Journal officiel 1872, I.

5) Das einzige produktive Immobiliareigentum des Staates — domaine privé de l'Etat im Gegensatz zum domaine public, dem staatlichen Eigentum, das den Untertanen zur Benutzung offensteht, aber keine Einkünfte liefert — waren die Waldungen. Sie umfaßten im Jahre 1872 957 490 ha und erbrachten im Jahre 1879 einen Reinertrag von 25 Millionen Franken. Große Waldflächen waren dem Staate durch den Verlust der

nicht verfügte, so mußte man, wenn man sich in den Grenzen finanzpolitischer Deckung halten wollte, den einmaligen Geldbedarf durch Anleihen befriedigen. Dauernde Mehreinnahmen mußten dadurch erzielt werden, daß man die Ergiebigkeit der bisherigen Steuern steigerte und neue Steuerarten in den Rahmen des vorhandenen Systems einfügte. Das Land war dazu leistungsfähig genug, und die Gewohnheit der Steuerpflichtigen, die direkten Steuern im voraus zu entrichten, kam den staatlichen Kassenbeständen sehr zustatten [1]).

Einzelnen Ausgabeposten gegenüber entzog sich der Staat der Notwendigkeit unmittelbarer Geldbeschaffung. So erstattete er die Beträge, die für erlittene Kriegsschäden im Inland ausgesetzt wurden, nicht in Geldzeichen, sondern mittels sogenannter bons de liquidation, die dem im Budget gesondert aufgeführten compte de liquidation entsprachen. Es waren dies auf den Inhaber gestellte übertragbare Scheine, die auf je 500 Franken lauteten und zu 5% verzinst wurden. Durch Verlosung wurden sie nach einem bestimmten Tilgungsplan zu ihrem Nennwert eingelöst. Entschädigungen unter 500 Franken wurden in bons provisoires zu 5, 10, 15, 20, 25, 100, 200, 300 und 400 Franken geleistet. Für die Zinserhebung mußten aber diese Abschnitte in definitive Bons zu 500 Franken zusammengefaßt werden [2]).

So mußte der Staat vorerst überhaupt nichts von der Hauptsumme dieser Entschädigungen in Geldzeichen aufbringen, und weiterhin vollzog sich die definitive Geldbeschaffung nicht mit einem Male. Für den Augenblick hatte man nur die mit der Zeit abnehmenden Beträge für die Zinsen und die Amortisations-

---

Reichslande und durch die Rückerstattung von Domanialbesitz an das Haus Orléans entzogen worden.

6) Im Jahre 1886 gab es in Frankreich nur 2269 km staatliche Eisenbahnlinien gegenüber den 29 980 km, die Gesellschaften gehörten.

1) Am 30. September 1873, wo $^{8}/_{10}$ der Beträge aus den direkten Steuern, 446 563 000 Franken, fällig gewesen wären, waren z. B. bereits 485 060 000 Franken geleistet. In der gleichen Zeit des Vorjahres betrug der Ueberschuß obwohl er geringer war, immer noch mehr als 25 Millionen Franken. Vgl. Journal des Débats (= J. d. D.) v. 24. Oktober 1873.

2) Vgl. Journal officiel v. 28. März 1874.

quoten des Kapitals in valutarischen Franken bereitzustellen. Das Kapital wurde von denselben Kreisen, denen die Entschädigung zuerkannt wurde, gestundet. Wer sofort in den Besitz von Geld gelangen wollte, brauchte nur die Bons auf eigene Rechnung zu veräußern, wie der Hypothekenschuldner, der von einer Bank statt Geld Pfandbriefe erhalten hat, selbst die Realisierung der Papiere übernimmt. Es war die Begründung einer unpersönlichen Schuld des Staates, für die man im Gegensatz zu Anleihen Gegenleistungen in Geld nicht empfangen hatte.

Die Subventionen, die die Regierung an die Eisenbahngesellschaften zu zahlen hatte, wurden ebenfalls nicht in Geldzeichen gewährt, die durch eigene Deckungstätigkeit des Staates hätten gewonnen werden müssen. Man überließ es den Gesellschaften, sich diese Summen für Rechnung des Staates selbst zu beschaffen, indem man sie zur Ausgabe so vieler Obligationen ermächtigte, als die Subvention ausmachte. Der Staat lieferte dafür die nötigen Zinsen und Amortisationsbeträge [1]). Er nahm also zur Deckung einer fortlaufenden Ausgabe unter dem Namen der Kompagnien versteckte Anleihen auf. Das Budget aber wurde auf diese Weise verschleiert.

Auch das Schuldverhältnis, in das der Staat speziell der Ostbahn gegenüber geraten war, wurde nicht durch Zahlung von Geld ausgeglichen. Die Linien, die Frankreich an Deutschland abgetreten hatte und die dabei mit 325 Millionen Franken bewertet wurden, mußte Frankreich von der Gesellschaft zurückkaufen. [2]) Der Vertrag, durch den dies geschah [3]), setzte zugleich den Zahlungsmodus fest. Die Gesellschaft erhielt eine jährliche Rente von 20 500 000 Franken, die einem Kapitalbetrag von 325 Millionen Franken gleichkam. Der Rentenanspruch war unveräußerlich und mußte mit Ablauf des Konzessionsrechtes abgelöst sein.

---

1) Gegen dieses Verfahren wandte sich, geichzeitig Mittel zur Abhilfe zeigend, der Deputierte Germain in der Nationalversammlung (15. März 1872); Wilson in der Sitzung vom 25. März 1872.

2) Vgl. Say, Rapport und Bericht der Budgetkommission von 1872.

3) Vom 17. Juni 1873.

Der Staat half sich so auch hier wieder durch Aufnahme einer Anleihe gerade bei der Stelle, der er einen entsprechenden Geldbetrag schuldete. Die Kapitalschuld, die in eine bestimmt befristete Rentenschuld umgewandelt wurde, beruhte in diesem Falle auf einer sachlichen Gegenleistung des künftigen Rentenbeziehers. Der Staat hatte nur für Zinsen aufzukommen, während er die Kaufsumme selbst erst später zu beschaffen hatte. Den Schuldtitres fehlte die Umsatzfähigkeit, und es wurde ihnen damit etwas von persönlichen Schuldbeziehungen gegeben. —

Ueber die Erzielung einer größeren Menge bleibender Einnahmen wurden im Parlament lange Debatten geführt. In wenigen Monaten entstanden Gesetze, die für fast 500 Millionen Franken neue Steuererträge liefern sollten. Aber damit war der Bedarf noch nicht gestillt, und erst nach Jahren wurden die Reformen beendet, die aber stets im engen Anschluß an die bestehenden Steuern erfolgten [1]). Die Regierung feierte das Erreichte als außerordentliche Tat [2]).

Der Etat sollte ferner übersichtlicher gestaltet und das Extraordinarium im Budget unterdrückt werden. Die Sitte der virements, wodurch Posten aus dem Kapitel eines Ministeriums in das eines anderen Ressorts übertragen wurden, wurde aufgegeben. Steuerhinterziehungen wurden erschwert. Die caisse d'amortissement wurde beseitigt [3]). Die Beträge für normale Ausgaben wurden herabgesetzt [4]).

---

1) Vgl. hiezu Matthieu-Bodet, Les finances françaises.

2) Der Minister des Auswärtigen in der Sitzung der Nationalversammlung v. 1. Februar 1872: „. . . . Cela ne s'est jamais vu dans l'histoire: c'est un fait unique, un fait effrayant, qui paraîtrait impossible, s'il ne se réalisait pas sous nos yeux. 650 millions d'impôts nouveaux dans un pays qui a fait la plus grande des révolutions pour un déficit de 42 millions".

3) Gesetz v. 16. Oktober 1871. Sie war im Jahre 1866 gegründet worden. Von 1867—1870 waren zwar 100 Millionen Franken auf den Rückkauf von Renten verwendet worden, dafür hatte man aber für 429 Millionen Franken neue Anleihen ausgegeben.

4) Z. B. für Marine und öffentliche Arbeiten. — Das Budget für das Jahr 1870 schloß mit einem Fehlbetrag von 645 449 000 Franken, das für das Jahr 1871 mit 1 005 727 735 Franken Defizit. Der Ueberschuß, den

Das weite Gebiet des Enregistrements und des droit de timbre wurde ausgebaut und die Tarife wurden erhöht [1]). Die indirekten Steuern wurden vermehrt [2]) und, nachdem zuerst nur eine Reihe von Steuern mit höheren Sätzen belegt worden waren [3]), wurden alle Arten des Systems vom Aufschlag durch centimes additionnelles betroffen.

Die von Wolowski vertretene, von Thiers aber bekämpfte allgemeine Einkommensteuer sowie die Besteuerung einzelner Einkommensquellen drang nicht durch. Andere Projekte ähnlicher Art waren schon von der Kommission abgewiesen worden. Dagegen wurde vorübergehend das Einkommen aus hypothekarischen Guthaben besteuert und unabhängig von Stempel- und

---

das Budget für das Jahr 1872 ergab, war nur fiktiv. Der Amortisationsbetrag, der an die Bank gezahlt werden mußte, wurde zum Teil durch neue Kredite bei der Bank beschafft. In den compte de liquidation wurden Posten aus dem ordentlichen Budget aufgenommen, und unter den Einnahmen befanden sich Gelder, die durch die Anleihe aufgebracht worden waren. Auch der Ueberschuß von 92 Millionen Franken im Budgetentwurf für das Jahr 1873 war nur scheinbar und wurde durch die Fassung der Zahlen künstlich hervorgerufen.

Außerordentliche Einnahmen stellten im Jahre 1871 folgende drei Positionen: contingent des départements et des communes dans les dépenses de la garde nationale mobilisée (34 453 000 Franken); complèment de la vente des rentes provenant de la dotation de l'armée (21 250 000); retenue proportionelle sur les traitements. — Einzelne Ausgaben wie für den Hof und die Zivilliste fielen jetzt ganz weg. —

1) Darunter fielen Erhöhungen betr. den droit de timbre des récépissés des chemins de fer, des quittances de sommes envoyées par la poste, des reconnaissances de valeurs cotées et des quittances de produits ou revenus délivrées par les comptables publics; droit proportionnel de timbre sur les effets de commerce; droits de mutations sur les transmissions à titre gratuit des valeurs mobilières étrangères usw.

2) Z. B. Zündholzsteuer, die später in ein Monopol verwandelt wurde; Papier- und Zichoriesteuer; Fabrikatsteuer auf Schieferöl; droit de statistique.

3) U. a. Steuer auf Wein und alkoholische Getränke, Fabrikatsteuer auf Bier, Spielkartensteuer; droit de circulation; droit de mutation auf Aktien und Obligationen unter Erweiterung der von der Steuer erfaßten Werte; Erhöhung der Pulverpreise und der Tabakpreise in Grenzdistrikten; Portoerhöhungen; Steigerung der Lizenzabgaben.

Uebergangsabgaben wurden gewisse Werte des beweglichen Besitzes einer neuen Steuer unterworfen, von der jedoch die heimische Rente und auswärtige Anleihen befreit waren [1]). Handel und Industrie wurden durch später wieder verminderte Zuschläge auf die Grundtaxe der Patentsteuer herangezogen, die im Budget für das Jahr 1874 auf alle direkten Steuern ausgedehnt werden sollten [2]).

Die Einfuhrzölle auf Zucker, Tee, Kakao, Wein, Liqueure, Branntwein, Oele, Tabak und auf die verschiedenen Kolonialprodukte wurden erhöht. Die von der Regierung aus finanziellen Gründen immer wieder beantragte und mit äußerstem Nachdruck verteidigte Aufhebung der Zollfreiheit für Rohstoffe und fertige Textilwaren, die seit den Handelsverträgen vom Jahre 1860 bestanden hatte, stieß in den Kommissionen und im Plenum der Nationalversammlung sowie bei den Interessentenvertretungen auf heftigsten Widerstand. Die ganze Finanzreform drehte sich um diese eine Frage. Als es endlich der Regierung gelang, das modifizierte Tarifgesetz durchzubringen [3]), wurde es nicht ausgeführt. Die Handelsverträge mit England und Belgien waren gekündigt worden, aber die neuen Verträge fanden keine günstige Aufnahme. Es ergaben sich alle möglichen Schwierigkeiten und Komplikationen, die auf die Beseitigung des Zollgesetzes hinausliefen [4]). Die zuletzt geschlossenen Verträge mit den beiden Ländern setzten die vom Jahre 1860 an geschaffenen Beziehungen wieder in Kraft.

Auch die Ausfuhrzölle, die die Regierung für Wein, Butter, Eier, Früchte und andere Verzehrungsgegenstände vorgeschlagen hatte, wurden abgelehnt.

Seit dem Zusammentritt der Nationalversammlung in Bordeaux bis zum Jahre 1874 wurden die Einnahmen aus den Steuern um etwa 639 Millionen Franken vermehrt [5]). Durch

1) Gesetz v. 30. Juni 1872.

2) Ferner Einführung der Pferde-, Wagen-, Klub- und Billardsteuer.

3) Gesetz v. 26. Juli 1872.

4) Gesetz vom 25. Juli 1873.

5) Vgl. Ernst Hendlé im Journal des Economistes 1875. IV.

periodische finanzpolitisch-definitive Deckungsmittel, die in der Hauptsache den eigenen Untertanen Franken abnahmen und so namentlich valutarische Frankenzeichen in die staatlichen Kassen brachten, begegnete der Staat den im Etat ständig erscheinenden Ausgaben [1]). —

1) Die ordentlichen Einnahmen des Budgets setzten sich folgendermaßen zusammen (Annuaire de l'économie . . . 1871 ff.):

	1871 Franken	1872 Franken	1873 Franken
1. Contributions directes (fonds généraux)	314 887 541	340 375 776	415 415 232
Darunter: contribution fonçière	161 792 631	167 683 000	169 300 000
contribution personelle et mobilière	51 345 561	52 901 550	54 639 000
contribution des portes et fenêtres	36 676 101	37 911 762	38 516 238
contributions des patentes	64 515 668	70 627 764	112 046 000
taxe annuelle sur les biens de main morte		3 300 000	4 569 600
redevance des mines		1 300 000	1 300 000
droit de vérification des poids et mesures		1 750 000	1 681 000
Pferde- und Wagensteuer		2 112 300	6 659 000
Billardsteuer		1 000 000	800 000
Klubsteuer		1 000 000	1 100 000
taxe sur le revenu des valeurs mobilières			24 000 000
2. Enregistrement, timbre et domaines	388 212 163	575 914 000	564 428 400
Darunter: droits d'enregistrement, de greffe, d'hypothèques et perceptions diverses	311 326 861	435 399 000	428 899 000
droits de timbre	65 008 926	125 875 000	122 875 000
revenus et prix de vente de domaines		4 841 000	5 771 000
Ertrag aus dem Verkauf von Mobiliargegenständen aus den Ministerien		8 738 000	5 738 000
3. Produit des forêts (Bruttoertrag)	44 449 617	63 485 500	42 622 500
4. Douanes et sels	167 318 000	238 435 000	341 126 000
Darunter: Einfuhrzölle auf versch. Waren	100 285 000	133 470 000	236 162 000
Einfuhrzoll auf Kolonialzucker	33 331 000	46 295 000	
Einfuhrzoll auf fremden Zucker	15 220 000	24 672 000	
droit de statistique		6 000 000	

Die Mittel zur Beschaffung der Zahlungsmittel für die Kriegsentschädigung waren nur durch Anleihen zu gewinnen.

Die verschiedenen Ansichten über die Form, die man dieser Anleihe geben solle, kamen in den zahlreichen Anträgen und Projekten zum Ausdruck, die im Laufe dieser Zeit in den Kommissionen verschwanden. Einzelnen Vorschlägen sprachen ihre Urheber eine so umfassende Wirkung zu, daß dadurch nicht nur die Entschädigungsschuld, sondern alle finanziellen Schwierigkeiten überwunden werden könnten. So empfahl man die Ausgabe patriotischer unverzinslicher Anleihen [1]), die Erhebung

	1871 Franken	1872 Franken	1873 Franken
droit de navigation		4 301 000	
taxe de consommation des sels perçue dans le rayon des douanes	16 907 000	21 971 000	
5. Indirekte Steuern	568 165 000	875 932 000	897 332 000
Darunter: Getränkesteuern	217 947 000	330 839 000	350 839 000
Salzsteuer (perçue hors du rayon des douanes)	6 738 000	8 715 000	
Zuckersteuer	63 170 000	100 090 000	
droits divers et recettes à différents titres	63 719 000	35 295 000	36 695 000
Tabakmonopol	205 555 000	287 270 000	
Pulvermonopol	11 036 000	15 831 000	
Zündholzsteuer		15 000 000	
Zichoriesteuer		5 000 000	
Papiersteuer		10 000 000	
produit du dixième du prix de transport des voyageurs		67 700 000	
6. Ertrag der Postverwaltung	88 755 000	114 128 000	
7. Divers revenus	34 356 049	50 733 064	54 366 810

Der größte Teil der Zunahme bei den direkten Steuern war der Patentsteuer und der neuen taxe sur le revenu des valeurs mobilières zu danken. Die anderen neueingeführten Steuern kamen nur als Ganzes in Betracht. Stärker als die direkten Steuern vermehrte sich der Ertrag der Gruppe 2: enregistrement usw. Er hatte neben den indirekten Steuern den Hauptanteil an der Einnahmesteigerung. Auch Posten 4 wuchs bedeutend.

1) Sitzung der Nationalversammlung v. 24. Januar 1872; Deputierter Claude.

außerordentlicher Zwangsabgaben [1]), die Emission verzinslicher Zwangs- [2]), Prämien- [3]) und Lotterieanlehen [4]), die Verbindung einer Emission von langfristigen Schatzscheinen mit einer Rentenanleihe [5]).

Alle diese zum Teil recht phantastischen, zum Teil aber ungenügenden und unausführbaren Entwürfe kamen nicht in Betracht [6]).

Fest stand, daß die Gelder, die man nur einmal brauchte, durch finanzpolitische singuläre Deckungsmaßnahmen von außen her gesammelt werden sollten. Die Frage war nur, ob die Anleihe als Kapital- oder Rentenanleihe und ob sie im Inland oder auch im Ausland aufzulegen sei.

---

1) Vgl. z. B. die Anträge Denfert-Rocherau; Nationalvers. v. 21. März 1872; de Carayon la Tour und Philippoteaux, Sitzung v. 18. März 1872; Brunet v. 18. Januar 1872.

2) Antrag Adrieu, Nationalvers. v. 31. Januar 1872. Der Staat solle dabei nicht nur Geldzeichen, sondern Rententitel, Aktien, Obligationen, Pfandbriefe zum Börsenkurs in Zahlung nehmen. Er empfahl ferner die Gründung einer großen Gesellschaft, die die Ausfuhr der in französischem Besitz befindlichen Auslandwerte vermitteln sollte.

3) Deputierter Bartholony. Die nominal auf 1000 Franken lautenden Titres sollten innerhalb 99 Jahren mit 2000 Franken zurückbezahlt werden.

4) de Soubeyran, Nationalvers. v. 3. Februar 1872. — Derartige Anleihen waren schon deshalb unmöglich, weil ihnen der ausländische Markt verschlossen gewesen wäre.

5) Haentjens, Nationalvers. v. 15. Februar 1872.

6) Clément Laurier, Nationalvers. v. 3. Februar 1872 beantragte den Rückkauf der Eisenbahnen und daran anschließend ihre hypothekarische Beleihung. — Naquet und Millaud verlangten, die Güter des Louis Napoleon Bonaparte, „alors empereur des Français", sollten konfisziert und der Ertrag zur Entschädigungszahlung verwendet werden. — Boysset und Girerd empfahlen den Verkauf der Staatswaldungen. — Buisson stellte in der Nationalversammlung am 27. Januar 1872 den Antrag auf Eröffnung einer großen freiwilligen Subskription (impôt facultatif). Natürlich mußten solche Beiträge völlig wirkungslos bleiben. Die Sammlung, die die Regierung eingeleitet hatte, hatte, obwohl einzelne beträchtliche Spenden darunter waren, wie man selbst zugab, keinen Erfolg. (Vgl. Le Temps v. 2. Mai 1872). Es gingen im ganzen nur 6 053 869 Franken ein. Ein in St. Franzisko gebildetes Komitee überschickte 320 000 Franken, ein Straßburger Damen-Komitee 84 000 Franken; die Frauen von Kolmar sandten 17 000, die von Saargemünd 12 000 Franken.

Den zwei großen Zahlperioden der Entschädigung entsprechend zerfiel die Kapitalbeschaffungsaktion ebenfalls in zwei große Abschnitte. Zunächst sollten die Mittel aufgebracht werden, die für den Teil der ersten 2 Milliarden erforderlich waren, der durch Entschädigungszahlungsmittel getilgt werden mußte. Dann folgte die Bereitstellung der nötigen Summen für die Bezahlung der letzten 3 Milliarden.

In der Zeit, als der französische Staat mit seinen Anleihen hervortrat, war auch eine große Anzahl französischer Städte und Provinzen gezwungen, den Geldmarkt aufzusuchen, so daß die Regierung mit ihren eigenen Unterverbänden konkurrierte. Schon durch Dekrete der Regierung der nationalen Verteidigung hatten viele Gemeinden die Erlaubnis erhalten, Anleihen zu wechselnden Zinssätzen aufzunehmen [1]). Die Mittel für die Zinsen durften sie sich in der Regel durch Oktroizuschläge verschaffen. Nach dem Kriege dauerte diese Emissionstätigkeit, oft unter schweren Bedingungen, an [2]). Zum Teil wurden diese Emissionen auch von ausländischen Häusern übernommen [3]).

Am 6. Juni 1871 legte der Finanzminister Pouyer-Quertier der Nationalversammlung den Entwurf eines Gesetzes vor, das ihm die Vollmacht zum Abschluß einer Anleihe bis zum Nominalbetrag von 2500 Millionen Franken gab. Zwei Milliarden Franken sollten für die Bezahlung der Entschädigung verwendet, außerdem aber das voraussichtliche Defizit der Etatsjahre 1870 und 1871 ausgeglichen werden.

Das Gesetz vom 20. Juni 1871 bestimmte die Emission einer fünfprozentigen Rentenanleihe, durch die in öffentlicher Subskription ein Kapitalbetrag von 2 Milliarden Franken nebst den mit der

---

1) 5—8%.

2) U. a. wurden Anleihen aufgenommen von Orléans (4 700 000 Franken), Le Mans, Blois, Beauvais, Chartres, Troyes, Lyon (8 000 000), Niort, Saint-Germain-en-Laye, Bar-leDuc, Nantes, Puy, St. Quentin, Epernay, Fontainebleau. Allen voran ging Paris (1871: 350 Millionen Franken).

3) Die Stadt Amiens schloß mit dem Bankhaus M. Oppenheim in Brüssel einen Anleihevertrag über 5½ Millionen Franken. Die Verzinsung betrug 7%, die Provisionsgebühr 500 000 Franken (vgl. Journal officiel v. 15. und 17. Mai 1871).

Anleiheoperation zusammenhängenden Kosten aufgebracht werden sollte. Gleichzeitig fand eine Sonderausgabe von Rententitres für die Deponenten der Sparkassen statt [1]). Die Einzelheiten blieben dem Minister überlassen. Der Emissionskurs wurde auf 82,5 Franken festgesetzt, so daß sich hiernach ein in Rente angelegtes Kapital mit 6,29% verzinste. Das war zwar weniger wie bei der Morgananleihe, aber immer noch bedeutend mehr als bei der Anleihe vom August 1870. Die vierteljährlich fälligen Zinsen liefen schon vom 1. Juli 1871 an [2]).

Die Subskription wurde am 27. Juni eröffnet und sollte bis zur völligen Deckung des Anleihebetrages dauern, aber nicht über den 30. Juni hinaus. Zeichenstellen waren in Paris und im Seinedepartement die caisse centrale du Trésor, die recette centrale de la Seine, die Mairien der Arrondissements und die hervorragenderen Banken, in der Provinz die Kassen der verschiedenen Finanzbehörden [3]). Der kleinste Betrag, der gezeichnet werden konnte, war die Kapitalsumme für 5 Franken Rente. Weiterhin waren Beteiligungen für 10 Franken Rente und das Vielfache von 10 Franken möglich. Für je 5 Franken Rente waren bei der Zeichnung 12 Franken zu hinterlegen. Dies war die Summe, die beim endgültigen Zuschlag der Renten gleich zurückbehalten wurde. Der Rest war in 16 Monatsraten, wovon die fälligen Zinsen abgezogen wurden, bis zum 21. November 1872 einzubezahlen. Im Moment der Zeichnung wurden Vorauseinzahlungen, die mit 6% vergütet wurden, nur für den ganzen Zeichnungsbetrag entgegengenommen [4]). Nachdem die Zutei-

1) Art. 2. „En sus des rentes à créer pour la somme de 2 milliards et les frais le ministre des finances est autorisé à remettre aux déposants des caisses d'épargne, qui en feront la demande avant la clôture de la souscription, un titre libéré de l'emprunt par multiple de 5 francs de rentes pour une somme n'excédant pas le montant de leurs livrets, et aux conditions stipulées pour la souscription de l'emprunt.“

2) Vgl. Kimmich, l. c. pag. 211.

3) Caisse des trésoriers-payeurs généraux, des receveurs particuliers des finances, des percepteurs; in Algier caisse des trésoriers-payeurs.

4) Für solche Teilnehmer modifizierte sich demgemäß der Emissionskurs.

lung erfolgt war, konnte man die Zahlungen für einen oder mehrere Termine und für die schuldige Gesamtsumme im voraus leisten. Bis zum 31. Dezember 1871 wurden dafür ebenfalls 6% abgerechnet. Von da an war der in Zukunft vom Ministerium bestimmte Satz veränderlich.

Die Begebung der Anleihe zog das ganze Interesse der um diese Jahreszeit sonst stillen Börse auf sich. Die Zeichenstellen waren über das ganze Land verstreut und jedem zugänglich, der sich durch die tätige Reklame gewinnen ließ. Von Anfang an bemächtigte sich die Spekulation des neuen Papiers [1]) und wirkte auf das Rentengeschäft anregend. Dann kam die Anleihe als bleibende Anlage in die Kreise des Sparkapitals. Aber immerhin vergingen Jahre, bis sie völlig klassiert war.

Der Zeichnungserfolg, den sich die Regierung gegen eine ansehnliche Kommissionsgebühr hatte garantieren lassen, war über Erwarten groß [2]). 45% der gezeichneten Summen wurden zugeteilt. Der Staat erhielt eine Summe von 2 225 994 000 Franken, wogegen er sich mit 138 897 640 Franken Rente verpflichtete [3]). Von dem Rechte der Sparkassengläubiger, ihr Guthaben in Rente zu verwandeln, machten 102 975 Personen Gebrauch. Ihr Anteil mit 3 840 939 Franken Rente entsprach einem

---

1) Die neue Rente stand am Tage nach der Emission auf 84,60, erreichte am 1. Juli den Kurs von 86,25 und war bis Ende Oktober auf 94,95 gestiegen. Vgl. Sydow, l. c. pag. 65 ff.

2) Auch das Ausland beteiligte sich. Wie der Finanzminister in der Nationalversammlung, Sitzung vom 28. Juni 1871, mitteilte, wurden von allen europäischen Banken und selbst in Bombay und Calcutta, wo sich Filialen französischer Banken befanden, Renten gezeichnet. In London wurde der Prospekt von den Häusern Baring und Rothschild ausgegeben.

3) Die 225 994 000 Franken, die über den Betrag von 2 Milliarden hinausgingen, wurden folgendermaßen verwendet:

arrérages en 1871 (un trimestre et demi)	52 058 793	Fr.
attribution au budget de 1872	55 000 000	„
frais de l'emprunt au 10 novembre y compris 20 millions de garantie et les escomptes	106 263 412	„
règlement du payement des 2 premiers milliards à l'Allemagne	12 215 281	„
disponible	456 519	„

Kapital von 63 375 000 Franken. Die Vorauseinzahlungen erreichten 84% [1]).

Die Kosten der Anleihe einschließlich der für Vorauseinzahlungen gewährten Abzüge, die durch die Mehrausgabe von Titres wiedereingebracht werden mußten, waren bedeutend. Auch die ersten Zinsleistungen wurden, da der dafür erforderliche Steuerertrag noch nicht verfügbar gemacht war, dem geltenden Deckungsprinzip zuwider durch die Anleihe selbst vermittelt. Die Spesen, die aus der Uebertragung des Teiles der Entschädigungsschuld erwuchsen, für den die Anleihe bestimmt war, waren ebenfalls in der Anleihesumme inbegriffen.

Zu einem noch größeren Ereignis gestaltete sich die Emission der Dreimilliardenanleihe. Sie wurde vorbereitet nach der Ablieferung der ersten 2 Milliarden, während die Zahlungen ruhten und die Unterhandlungen mit Deutschland geführt wurden, die eine neue Festsetzung der Termine für den Rest der Schuld bezweckten. Da man nicht damit rechnete, daß es vor dem Herbst zu einer Verständigung zwischen dem Botschafter Arnim und der französischen Regierung kommen würde, erwartete man die Emission erst um diese Zeit. Im Juni gingen allerlei Nachrichten durch die Presse. Thiers werde von englischen, holländischen, belgischen und österreichischen Bankiers, deren Konsortium bereits perfekt sei, umworben [2]). Eine Gruppe von Finanzleuten, an deren Spitze Herr Borie und der Chef eines der größten Hamburger Häuser ständen, sei mit der Regierung in Verbindung getreten, um ihr einen Teil der noch ausstehenden 3 Milliarden sofort vorzuschießen. Bismarck habe den Ausschluß der Firma Rothschild von den Finanzoperationen verlangt, um sich an Baron Gustav von Rothschild zu rächen, der bei Ausbruch des Krieges als norddeutscher Generalkonsul in Paris eine offen feindliche Haltung gegen Deutschland einge-

1) Die Zweimilliardenanleihe war vollkommen abgewickelt am 31. Juli 1874. Die Regierung verschaffte sich die letzten Rückstände durch Verkauf der Titres, die noch nicht gedeckt waren. — Vgl. Say, Rapport.

2) Frankfurter Zeitung v. 2. Juni 1872.

nommen hatte [1]). Der gut informierte Bien public meldete, daß die Regierung dahin neige, die neue Anleihe mit einem mächtigen Bankiersyndikat zu machen, um antipatriotischen Einflüssen auf den Rentenkurs zu entgehen [2]).

Aus allen diesen Gerüchten und aus der Reise, die Baron Alfons von Rothschild zur Besprechung mit den englischen Finanzkreisen unternahm, war ersichtlich, daß auch im Falle einer Subskription den vereinigten Bankhäusern eine besondere Rolle zugedacht war. Auch daß man sich für die Anleihe und die damit zusammenhängenden Transaktionen auf die internationalen Beziehungen der Hochfinanz werde stützen müssen, lag zweifellos im allgemeinen Bewußtsein.

In den Unterredungen, die Thiers mit den Leitern der bedeutenderen Banken hatte, gab sich fast einmütig die Ansicht kund, daß eine einzige großzügige Emission einer Anzahl kleinerer Anleihen vorzuziehen sei. Der Regierung stellten sich die heimischen Geldinstitute in zwei Gruppen zur Verfügung, von denen jede ihr eigenes Gefolge im In- und Ausland hatte. Auf der einen Seite stand die Rothschildgruppe, die das alte Emissionshaus führte und zu der beispielsweise auch die société générale gehörte. Acht Pariser Banken, crédit foncier, crédit agricole, comptoir d'escompte, banque de Paris et des Pays-Bas, crédit industriel et commercial, crédit Lyonnais, société des dépôts et comptes courants, société financière de Paris taten sich zu einem engeren Verband zusammen und wählten Vertreter [3]), um sich mit dem Präsidenten der Republik und dem Hause Rothschild ins Benehmen zu setzen.

Alles rüstete sich für die Beteiligung an der Anleihe. Schon Ende Juni wurden Geschäfte inszeniert, bei denen die Subskriptionsresultate der noch unbekannten Anleihe bereits mit Prämien gehandelt wurden.

1) Ibidem 18. Juni 1872.

2) 17. Juni 1872.

3) Germain vom crédit Lyonnais, Daru von der société financière, Joubert vom crédit foncier und Administrator der banque de Paris et des Pays-Bas. Vgl. Frankfurter Zeitung v. 19. Juni 1872 und Le Temps v. 21. Juni 1872.

Nachdem die neue Konvention mit Deutschland verabschiedet war, verlas der Finanzminister Goulard in der Sitzung der Nationalversammlung vom 8. Juli 1872 den Gesetzesantrag für die Anleihe. Das Kapital, das durch die Ausgabe fünfprozentiger Rententitel aufgebracht werden und zur Entschädigungszahlung dienen sollte, betrug 3 Milliarden Franken. Dazu wurden noch die erforderlichen Summen verlangt, um die in den Jahren 1872 und 1873 fälligen Zinsen und alle übrigen mit der Emission irgendwie verbundenen Auslagen zu decken [1]). In den Details wurde der Regierung wieder volle Freiheit zugestanden. Nur die Bedingung der öffentlichen Subskription, auf die man nach den Aussagen des Präsidenten und Ministers nicht verzichten konnte, wurde in das Gesetz selbst aufgenommen.

Der fünfprozentige Typus wurde beibehalten, weil er der Motivierung der Regierung zufolge überall beliebt sei und den Rückkauf der Titres, die vom Pari weniger abwichen als die dreiprozentigen, eher gestatte. Der Kommissionsbericht hob zwar hervor, daß man mehr Wert auf solide Zeichner bei mäßigen Subskriptionen und mittleren Kursen lege als auf die übertriebene Teilnahme der Spekulation, und auch in der Debatte wurde dieser Punkt betont; aber die bevorzugte Behandlung jener Elemente wurde doch abgelehnt. Die Regierung stellte ihren Beamtenapparat in den Werbedienst für die Anleihe, die mit Stolz als „la plus grande opération financière qui ait jamais été accomplie dans le monde“ bezeichnet wurde. Die percepteurs wurden beauftragt, sich der Bevölkerung anzubieten und sie zur Zeichnung zu animieren. Am Sonntag vor der Subskription wurde in allen Gemeinden ein Anschlag angebracht, in dem die Vorteile und Bedingungen der Anleihe auseinandergesetzt wurden.

Am 15. Juli wurde der Entwurf Gesetz. Am 21. Juli wurde das Gesetz im Journal officiel publiziert.

Man wagte im ganzen etwas schärfere Bedingungen, ohne die Mittel außer acht zu lassen, die eine besondere Anziehungskraft auf das zeichnende Publikum ausübten. Der Emissionskurs

---

1) „. . . et pour couvrir les dépenses matérielles de l'emprunt, ainsi que les frais d'escompte, de change, transport et négociations. . . . .“

war mit 84,50 Franken höher wie bei der vorigen Anleihe, und demgemäß die Verzinsung, die dieses Mal erst mit dem 16. August 1872 begann, etwas niedriger. Zeichnungstage waren der Sonntag der 28. und Montag der 29. Juli von 9 bis 5 Uhr. Die Zeichnungsstellen waren ebenso wie die Bestimmungen über die Zeichnungssummen dieselben wie das letztemal. Für je 5 Franken gezeichneter Rente mußten 14,50 Franken als Garantieeinlage einbezahlt werden, die beim festen Zuschlag als erste Rate zurückbehalten wurde. Der übrige Betrag war in zwanzig Terminen abzuliefern [1]). Die Zinsen wurden, solange die Einzahlungen noch nicht beendet waren, von den zu leistenden Teilsummen abgerechnet. Denn sie wurden in der gleichen nominalen Einheit geschuldet, auf die der Anspruch des Staates lautete. Jedem, der sich nach erfolgter Zuteilung für eine oder mehrere Raten oder für das Ganze im voraus befreien wollte, wurde wieder ein bis zum 31. Oktober 1872 unveränderlicher Nachlaß von 6% gewährt. Andererseits waren aber auch Verzugszinsen ausbedungen.

Der Erfolg war um vieles gewaltiger als bei der Zweimilliardenanleihe. Nach den Berichten der Zeitungen [2]) warteten in Paris die Leute trotz schlechten Wetters von abends 9 Uhr an vor den Kassen der Mairien. Die Banken wurden umlagert. Am Tage wurde der Zudrang an den 250 Zeichenstellen der Hauptstadt noch größer. Das Gesamtergebnis war, daß ein Kapital von über 41 Milliarden Franken gezeichnet wurde, das die geforderte Summe um mehr als das Zwölffache überstieg [3]). Der Rente

1) Der erste Termin fiel auf den 21. September 1872, die folgenden auf den 11. jedes Monats vom 11. Oktober 1872 bis zum 11. April 1874.

2) Vgl. Frankfurter Zeitung, Meldungen aus Paris v. 28. 29. 30. Juli 1872; Le Temps v. 30. Juli 1872; J. d. D. v. 29. Juli 1872.

3) Nach den Mitteilungen des Finanzministers in der Nationalversammlung am 30. Juli 1872. Er faßte seinen Eindruck in folgende Worte zusammen: „Je ne sais pas si les impressions que vous éprouvez sont semblables aux miennes, mais j'avoue que c'est avec une sorte de trouble d'esprit, de stupéfaction, que j'ai vu apparaître ces chiffres formidables, qui n'avaient jamais figuré dans aucun temps, dans aucun pays, dans aucun emprunt, dans aucune des grandes affaires financières de ce monde . . ."

nach wurden 2464 Millionen Franken angemeldet. Davon kamen auf Frankreich selbst 1 Milliarde 37 Millionen Franken, auf Paris allein 790 886 000 Franken, auf die Departements 246 460 000 Franken.

In Anbetracht der Garantiebeträge, die für solche Zeichnungsziffern aufgeboten werden mußten, war dieses Ergebnis nur dadurch möglich, daß lediglich ein Teil der Einlagen in Geldzeichen geleistet werden mußte, während im übrigen bestimmte Effekten hinterlegt werden konnten. Nur durch einen derartigen Vollzug ließen sich Störungen vermeiden, die ein übermäßiger Zeichenbedarf hervorgerufen hätte, sowohl im Umlauf als auch an der Börse, an der sich sonst die Verkäufe und Reportierungen von Effekten in unnatürlich überstürzten Baissebewegungen geäußert hätten. Die einfache Deckung der Anleihesumme hätte, die Volleinzahlungen ungeachtet, allein schon eine Konzentration von 600 Millionen Franken in Zeichen bewirkt. Das Garantiedepot der compagnie des agents de change in Paris, die die Anleihe, wie verlautete, dreimal überzeichnete, bestand zu einem Viertel aus Geld, valutarischen Noten, zu drei Vierteln aus Börsenwerten. Der Anteil der banque de Paris et des Pays-Bas erreichte nach derselben Quelle das 1 ½fache des Anleihebetrages [1]).

Auch vom Ausland kamen im Gegensatz zur Zweimilliardenanleihe außerordentlich hohe Ziffern, die allerdings zum großen Teil auch wieder durch französische Bankinstitute mitverursacht worden waren [2]). Der Rentensumme nach waren es 1 426 779 Millionen Franken. In England und in einzelnen Städten Deutsch-

---

Nach Say (Budgetgesetz für das Jahr 1874) wurde im ganzen ein Kapital von 43 816 096 551 Franken gezeichnet. Paris stellte 34 324 Subskribenten mit 13 252 455 931 Franken, das übrige Frankreich 792 340 Subskribenten mit 4 513 445 566 Franken, das Ausland 107 612 Subskribenten mit 26 050 195 054 Franken. Eine Vergleichung zeigt deutlich, wo die Bank- und Konzertzeichnungen vorgenommen wurden und wo sich mehr das große Publikum beteiligte.

1) M. d. P. v. 30. Juli 1872.

2) Hier wurden nur Zeichnungen von mindestens 50 Franken Rente berücksichtigt. Man wollte hier nur das Großkapital durch Vermittlung der Banken heranziehen.

lands [1]) wurde die Subskription erst am zweiten Tage veranstaltet, was aber nichts zu bedeuten hatte, da alle Zeichnungen durch die Banken gingen, die schon längst ihre Vorkehrungen getroffen hatten [2]).

Für 100 Franken gezeichneter Rente erhielt man schließlich

---

1) In Frankfurt wurde die Emission von den Häusern M. A. v. Rothschild und Söhne und Jakob S. H. Stern besorgt, in Berlin von der Diskontogesellschaft und S. Bleichroeder, in Hamburg von der Norddeutschen Bank.

2) Berlin und die norddeutschen Plätze zeichneten zusammen ein Kapital von 4½ Milliarden Mark, Berlin allein 3 Milliarden. Die einzelnen Beträge waren hoch. Ziffern von 1 Million waren selten, von 10—50 Millionen häufiger. Eine Bank war mit 500 Millionen beteiligt. Auch Pariser Bankhäuser hatten im Ausland subskribiert (vgl. Frankft. Ztg. v. 30. Juli 1872; L'Economiste français v. 20. September 1873; M. d. P. v. 30. Juli 1872; J. d. D. v. 19. August 1872).

Von den beiden Emissionshäusern in Frankfurt hatte nur die Firma Stern Erfolg. Das Haus Rothschild blieb trotz eifriger Reklame weit hinter der konkurrierenden Zeichnungsstelle zurück. Dies war die Wirkung gegenüber dem Verhalten, das das Haus zur Zeit des Kriegsausbruches bewiesen hatte (Frankfurter Zeitung v. 2. August 1872).

Der Temps (v. 31. Juli 1872) hob unter den Auslandszeichnungen hervor: Die Nationalbank in Genua und Mailand mit 2 Millionen Franken Rente, Belgien mit 9 Milliarden, wozu die banque de Paris et des Pays-Bas allein 6 Milliarden beitrug, das Haus Bleichroeder, Wien, Amsterdam und Bombay mit 22 Millionen Franken. Durch Rothschild in London gingen 110 Millionen £, durch Baring brothers 44 Millionen £ ein. Auf Metz, Colmar, Mülhausen und Straßburg trafen höhere Summen als auf die entsprechenden größeren Provinzstädte Frankreichs.

Nach anderen Aufstellungen kamen auf die einzelnen Länder der Rentensumme nach:

		Franken			Franken
auf	Deutschland	471 154 815	auf die	Schweiz	32 481 285
	Belgien	396 044 320		Türkei	32 917 790
	England	334 151 215		Italien	31 078 090
	Elsaß-Lothringen	87 737 015		Oesterreich	30 370 440
	Holland	82 986 865		Rumänien	5 792 765
	Dänemark	34 402 390		Asien	2 314 670

Nordamerika nahm damals auf dem Geldmarkt noch eine ganz andere Stellung ein wie heute.

7,88 Franken [1]. Im ganzen verschaffte die Anleihe dem Staate einen Nennbetrag von 3 498 744 639 Franken. Die Höhe der Garantiesumme betrug 600 376 299 Franken, und jeder Zahlungstermin sollte 144 918 417 Franken liefern [2]. In den letzten Tagen des Augusts und im September 1872 wurden 781 000 000 Franken, im Oktober 1872 369, im November 232, im Dezember 148, im Januar 1873 235 Millionen Franken einbezahlt, so daß am 31. Januar 1873 bereits 2 365 376 229 Franken geleistet waren. Als der letzte Termin vorüber war, waren noch 22 704 230 Franken rückständig. Eine Garantierung des vollen Zeichnungserfolges hatte die Regierung in richtiger Voraussicht diesmal für entbehrlich gehalten.

Es ist klar, daß die ungeheuren Zahlen, auf die man nach der Subskription hinweisen konnte, nur zum Teil ernsthaft gemeint waren. Sie waren das gewaltsame Werk der Spekulation und bezeugten die in gewissem Sinne unvergleichliche Art, wie die Emission betrieben wurde. Jahre waren nötig, um die Titres bleibende Unterkunft in Anlegerkreisen finden zu lassen [3].

Dieser Prozeß vollzog sich jetzt unaufhörlich. Die Banken waren, was den Effektenhandel anbelangte, anfangs ausschließlich mit dem Absatz der Rente beschäftigt [4]. Sie verschickten an ihre Kundschaft Prospekte, in denen die Vorzüge der französischen Anleihe prinzipiell erörtert wurden [5].

Je mehr die Rententitres von der eigentlichen Rentnerklasse aufgenommen wurden, um so sicherer gingen die fälligen Geldzeichen an den staatlichen Kassen ein. Die stofflich andersartige Beschaffenheit der herrschenden valutarischen Zeichen hatte zusammen mit der für die Rente tätigen Agitation die bisherigen Spargewohnheiten mancher Bevölkerungsschichten verändert. Man bewahrte jetzt nicht mehr, wie man es oft mit den Münzen

---

1) Journal officiel v. 11. August 1872.

2) Say, Budgetgesetz für das Jahr 1874.

3) Leroy-Beaulieu, Traité des finances pag. 224 gibt diese Frist auf 7 bis 8 Jahre an.

4) Vgl. z. B. Jahresbericht des crédit Lyonnais für das Jahr 1872.

5) J. d. D. v. 31. Januar 1873; crédit Lyonnais.

gemacht hatte, Geld im Vorrat auf, sondern brachte es sogleich zur Anlage. Die ratenweise Einzahlungsmöglichkeit beförderte den Kauf von Renten. Täglich wurden durch die trésoriers-payeurs und die Sparkassen für dem Börsenverkehr fernstehende Kreise Rentenkäufe vorgenommen [1]). Die Erwerbungen der chambre syndicale, die in dem der Anlage günstigen Monat Januar in den Jahren 1873 und 1874 je 80 Millionen Franken betrugen, stellten etwa die Hälfte aller Komptantgeschäfte in Rente dar [2]). Die Sparkassen und die caisse de retraites pour la vieillesse vermittelten fortwährend die Plazierung von Renten, und auch von der Bank wurden Renten als Anlage der neuen Reserven endgültig aufgenommen.

Die Renten wurden noch entschiedener als bisher der führende Wert, nach dessen Haltung sich der ganze Markt orientierte. Auch ein lebhaftes Zeitgeschäft spielte sich in Renten ab. Andere Anlagemöglichkeiten blieben in dieser Zeit, zumal auch die Steuergesetzgebung die heimische Anleihe begünstigte, vernachlässigt. —

So groß das Interesse war, das den Staat sowohl aus besonderen anleihepolitischen Gründen als auch aus allgemeinen Rücksichten für den Hauptanlagewert seines Landes mit dem Schicksal seiner Anleihen, ihrer Kursentwicklung und Klassierung für immer verband, der nächste Zweck war erreicht, wenn durch

1) Vgl. auch J. d. D. v. 7., 14. Juli; 1. Dezember 1873.

2) Es wurden für Rechnung der Provinzialbevölkerung gekauft während der ersten neun Monate der Jahre

1869	für	4 299 425	Franken	Rente	=	101 736 502	Franken	Kapital
1870	„	4 858 216	„	„	=	112 761 210	„	„
1871	„	5 205 700	„	„	=	92 552 816	„	„
1872	„	17 398 538	„	„	=	323 862 919	„	„
1873	„	24 272 094	„	„	=	436 350 000	„	„

verkauft:

1869	für	2 222 601	Franken	Rente	=	52 547 570	Franken	Kapital
1870	„	2 178 698	„	„	=	50 521 838	„	„
1871	„	237 045	„	„	=	4 210 016	„	„
1872	„	1 630 989	„	„	=	31 069 292	„	„
1873	„	3 190 240	„	„	=	37 289 000	„	„

vgl. Leroy-Beaulieu, Traité des finances II, pag. 224 f.

die Emission der augenblickliche staatliche Geldbedarf gedeckt werden konnte.

Die Mittel, die der Staat zur Lösung einer Schuldverbindlichkeit beschaffen mußte, gewann er durch finanzpolitisch-definitive Deckung. Er verpflichtete durch Ausgabe von Anleihen fremde, auch ausländische Geldbesitzer zur Lieferung nominal bestimmter Einzelbeträge, und dadurch wurde ein Kapital erzielt, mit dem sich die Tilgung seiner Schuld bewirken ließ und das nicht zurückerstattet werden mußte. Die Urkunden, die man gegen Vollbezahlung der zugewiesenen Anleihesummen erhielt, machten den Inhaber nicht in einem zukünftigen Zeitpunkt zum Gläubiger eines Kapitalbetrages, sondern berechtigten ihn zum dauernden Bezug einer nominal bestimmten Geldrente. Die juristische Form, in die dieses Verhältnis gebracht war, bewirkte seine Verkehrsfähigkeit. Durch Verkauf der Urkunde konnte man wieder in den Besitz von Werteinheiten gelangen, wie man sie auf die Anlage verwendet hatte. Die Rententitres konnten stets in eine Summe valutarischer Geldzeichen umgesetzt werden.

Für die staatliche Finanzwirtschaft verwandelte sich so die einmalige Kapitalschuld dem einen bestimmten Staat gegenüber in eine bleibende Rentenschuld gegenüber der individuell unbestimmten Menge der sich legitimierenden Zinsberechtigten. Der Staat forderte von den Zeichnungsschuldnern, die gleichzeitig seine Rentengläubiger wurden, Frankenbeträge, die zunächst einmal jedenfalls durch die Zeichen seiner Geldverfassung, vorzüglich durch die Zeichen der valutarischen Geldart, beglichen werden konnten. Auch sein Zinsversprechen, für dessen Erfüllung er durch periodisch wirksame, definitive Deckungsmittel zu sorgen hatte, bezog sich auf nominal definierte Frankensummen, worunter im Zweifel die Stücke der jeweiligen Valuta zu verstehen waren. Die Zeichen, die für die Zinslieferung im Inland aufgebracht wurden, waren so ohne weiteres für den beabsichtigten Zweck verwendbar, während die Franken, die bei den Anleihen eingingen, nur zum kleinsten Teil sogleich an die Stelle übertragen werden konnten, um deren Ansprüche willen die Anleihe aufgenommen wurde.

Für das Budget des Landes äußerte sich die Kriegsentschädigung in einem sehr bedeutenden Anwachsen des durch Anleihen [1]) begründeten Geldbedarfes für Zinsen. Die Folgen waren gesteigerte Anforderungen an die periodische finanzpolitisch-definitive Deckungstätigkeit und eine bleibende Mehrbelastung der Bevölkerung durch Steuern [2]).

Die Anleiheemissionen veränderten ferner den Anlagebestand des französischen Sparkapitals. Man verwandelte, wie wir sehen werden, angelegtes Kapital in Zahlungsmittel und diese Zahlungsmittel, die dabei an den Staat abgetreten wurden, wieder in anderweitige Anlagen. Wenn ausländische Effekten für immer nach dem Ausland abgeschoben wurden, um durch heimische Rente ersetzt zu werden, so rührte das Zinseinkommen des französischen Rentenbeziehers nicht mehr von fremden Staaten, sondern von seinem eigenen Staate her, der den nötigen Geldbetrag von seinen Untertanen erhob. Soweit die neue Anlage eine prozentual bessere Verzinsung des privaten Kapitals ergab, stiegen die aus dieser Quelle fließenden privaten Einkünfte, da ja der Nominalwert des als Zins gelieferten Frankens nicht verringert wurde. Vielleicht gewannen diese Einkünfte auch an Sicherheit. Demgegenüber wurde aber der einheimische Besitzer von Rente bei der Einkommensverwendung dadurch betroffen, daß auch seine Lebenshaltung den Einflüssen der neuen und erhöhten Steuern namentlich indirekter Art unterlag.

Die wichtigste zukünftige Aufgabe der staatlichen Finanzwirtschaft war die Verminderung des Zinsaufwandes, mit dem der Etat durch die Entschädigung beschwert worden war. Wenn

---

1) Seit dem Jahre 1872 stand Frankreich mit seinen Anleihen an der Spitze aller zivilisierten Nationen:

1869	13 415	Millionen	Franken
1872	22 541	„	„
1873	23 274	„	„
1874	24 382	„	„

2) Das Budget der Jahre 1872 und 1873 erforderte für Zinsen 301 145 078 Franken.

man ihre Lösung solange wie möglich verschob, so geschah dies vor allem mit Rücksicht auf die Einkommensverhältnisse der politisch zu gewinnenden Masse der kleinen Rentenbezieher. —

Weit schwieriger und eigenartiger als die Anleiheemissionen, die eigentlich nur ihrer riesigen Ziffern wegen ungewohnt, als Deckungsvorgang aber etwas Bekanntes waren, war die Aufgabe, den Anleiheertrag seinem Zweck zuzuführen [1]). Hier wurden zum Teil Leistungen verlangt, die nicht zur bureaukratischen Technik der staatlichen Finanzverwaltung gehörten.

Zweierlei war für den Staat notwendig: Der Eingang der für die Entschädigung bestimmten Anleihesummen vollzog sich stückweise, in Raten. Die Entschädigung selbst mußte in zeitlich festgesetzten Abschnitten übertragen werden, die die Regierung womöglich noch überholen wollte. Es sollten aber nicht nur die Zahlungen an den Fälligkeitsterminen und im voraus erstattet werden können, sondern überhaupt beständig Gelder verfügbar sein, um günstige Umstände für die Beschaffung von Entschädigungszahlungsmitteln ausnützen und einen Vorrat vertragsmäßig definitiver oder provisorischer Zahlungsmittel sammeln zu können. Es kam also alles darauf an, das Ergebnis, das durch die Anleihe der Summe nach erzielt wurde, in dem Augenblick bei der Hand zu haben, wo man es für die Entschädigungsoperation in irgendeinem Stadium brauchte. Das zweite Erfordernis für den Staat war darauf gerichtet, aus dem Zeichenertrag der Anleihen eben jene Zahlungsmittel herzustellen, die für die Tilgung der Entschädigung vorgeschrieben und geeignet waren.

Die erste Rate der Entschädigung war in einem Zeitpunkt fällig, wo die Zweimilliardenanleihe weder genehmigt noch begonnen war. Konnte man von der Bank ein Darlehen in valutarischen Noten erhalten, die noch dazu in diesem Fall als Zeichen unmittelbar zur Zahlung an das Reich verwendet werden durften, so konnte die erste Milliarde leicht aufgebracht werden [2]). Für

1) Dies wurde auch immer wieder von Thiers betont; vgl. Nationalversammlung v. 19. Juli 1872; Botschaft v. 13. November 1872.

2) Vgl. Thiers in der Nationalversammlung, Sitzung v. 20. Juni 1871.

die erste halbe Milliarde sollten noch 300 Millionen Franken den bis dahin gemachten Einzahlungen auf die Anleihe und der Rest den im voraus geleisteten Zeichnungssummen entnommen werden. Bei der zweiten halben Milliarde wurden dann die 325 Millionen Franken für die Ostbahnlinien angerechnet, und das übrige wollte man durch die laufenden Einnahmen aus der Anleihe decken.

Wie schon erwähnt, erlangte die Regierung im Mai und Juni noch einmal 200 Millionen Franken zu den üblichen Bedingungen von der Bank. Der Staat gewann so die Mittel für den nächsten Bedarf, indem er über den ursprünglich erlaubten Betrag hinaus valutarische Noten für sich selbst erzeugen ließ. Der eigentliche Inhalt des Vorganges wurde dabei wieder hinter einem Darlehensvertrag mit der Bank verborgen. Lagen aber später die Einkünfte aus der Anleihe vollständig vor, so konnten die Teile des Bankdarlehens, die zur vorläufigen Deckung der Entschädigungsschuld verwendet worden waren, den Aufgaben zugeführt werden, für die sie dann endgültig bestimmt wurden.

Daß schon im voraus weit größere Summen in die staatlichen Kassen flossen, als nach den fälligen Einzahlungen zu erwarten waren, wurde durch das bereits mitgeteilte Zugeständnis eines Diskontabzuges erreicht. Die Höhe des Diskontes war so bemessen, daß es die Privaten vorzogen, mit den Geldern, die sie etwa an Kuponsterminen einnahmen, die Anleihe voll zu bezahlen, als sie anderwärts anzulegen. Das Arbitragegeschäft, das sich dabei entwickelte, regte noch mehr zu Vollzahlungen an. Der Bankier kaufte noch nicht liberierte Anleihetitres, deckte den ganzen Betrag und verkaufte die nunmehr befreite Rente weiter, wobei er sich für den geleisteten Vorschuß entschädigen ließ.

Die Zweimilliardenanleihe lieferte abgesehen von den Kosten für die Entschädigung 1 561 958 767 Franken, 70% der durch die Emission überhaupt eingegangenen Summe [1]). Die größten Beträge wurden durch die Subskription selbst und in den ihr folgenden Monaten beigebracht. Doch hielten sie sich noch bis

1) Vgl. Say, Rapport, Journal officiel v. 2. Dezember 1874.

zum Mai des Jahres 1872 auf beträchtlicher Höhe, um von da an dann stark zurückzugehen.

Die an Deutschland übertragenen Summen überschritten zwar niemals die g e s a m t e n, auf die Anleihe gemachten Einzahlungen. Hinter dem s p e z i e l l für die Entschädigung bestimmten Teil des Anleiheertrages blieben sie im wesentlichen nur in der Zeit zurück, wo die Zahlungen unterbrochen wurden, und sie übertrafen ihn dafür am Anfang und namentlich am Schluß dieser Zahlperiode [1]). Aber nicht nur die Tilgung selbst nahm bisweilen mehr in Anspruch, als dafür tatsächlich verfügbar war. In noch viel höherem Grade war dies der Fall hinsichtlich der Beschaffung eines für die Entschädigung brauchbaren Devisenvorrates, und dies galt auch für die Zeit, in der die an Deutschland effektiv geleisteten Zahlungen die dazu vorhandenen Mittel nicht erschöpften [2]). Was von den eingelaufenen

---

1) Am 30. September 1871 waren auf die Anleihe einbezahlt 1450 Millionen Franken; davon trafen auf die Entschädigung 1015 Millionen Franken; an Deutschland waren bezahlt 1060 Millionen Franken.

Am 31. Oktober 1871 waren auf die Anleihe eingezahlt 1585 Millionen Franken; davon trafen auf die Entschädigung 1109 Millionen Franken; an Deutschland waren bezahlt 1060 Millionen Franken. Die entsprechenden Zahlen waren:

	Millionen Franken		Millionen Franken		Millionen Franken
am 30. November 1871	1654	—	1157	—	1060
„ 31. Dezember 1871	1750	—	1225	—	1060
„ 31. Januar 1872	1829	—	1280	—	1221
„ 28. Februar 1872	1873	—	1311	—	1379
„ 31. März 1872	1938	—	1356	—	1561

2) Der Vorrat an Wechseln betrug nach Say am

30. September 1871	90	Millionen	Franken
31. Oktober 1871	247	„	„
30. November 1871	305	„	„
31. Dezember 1871	320	„	„
31. Januar 1872	444	„	„
28. Februar 1872	344	„	„
31. März 1872	101	„	„

Say berechnet aus der Gegenüberstellung dieser Zahlen mit den in der vorigen Anmerkung gegebenen Ziffern die Beträge, die der Tresor aus seinen

Entschädigungsgeldern noch nicht an Deutschland abgeführt wurde, hätte nicht genügt, um damit Wechselkäufe in dem bewirkten Umfang vorzunehmen.

Der Staatsschatz mußte daher die Beträge zu Operationen, für die das bisher erzielte Ergebnis ihres besonderen Deckungsmittels nicht ausreichte, vorläufig anderen Beständen entlehnen oder durch schnell wirksame, provisorische Deckungsmaßnahmen ergänzen.

Von den 3 498 744 639 Franken der zweiten Anleihe waren 87% für Entschädigungszwecke vorbehalten. Auch hier fielen die Haupteinkünfte auf die Anfangsmonate, etwa bis zum Januar 1873 [1]). Dann bewegten sich die Monatsraten bis zum August durchschnittlich zwischen 90 und 100 Millionen Franken, und während die Entschädigungszahlung im September 1873 beendigt wurde, liefen die Anleiheeingänge mit Beträgen von 40 bis 90 Millionen Franken bis zum April 1874 weiter und schlossen mit den noch fehlenden kleineren Summen ab.

Zunächst wurden große Beträge des für die Entschädigung bereitliegenden Anleiheergebnisses zurückbehalten und in Wechseln angelegt. Als dann später die Einzahlungen zurückgingen, konnten die Uebertragungen mit den angesammelten Vorräten gleichmäßig fortgesetzt werden. Aber außerdem mußten doch noch anläßlich der Devisenbeschaffungen bedeutende Vorschußoperationen bewirkt werden, und als am Ende der Tilgungsperiode die Fälligkeiten an Deutschland den bisherigen Gesamtertrag der Anleihe überstiegen [2]), waren außerordentliche Maßnahmen

---

Mitteln über den aus der Anleihe treffenden Anteil hinaus zur Verfügung stellte. Die Summen, zu denen er dabei kommt, sind jedenfalls nur zum Teil richtig. Denn der Wechselvorrat wurde nicht in jedem Monat vollständig aufgebraucht und wiedererneuert. Vom Oktober 1871 bis zum Januar 1872 wurden beispielsweise überhaupt keine Devisen an Deutschland abgetreten. Um der Wirklichkeit entsprechende Berechnungen machen zu können, müßte man vor allem wissen, welche Wechselbeträge in einem Monat in Wegfall kamen und welche dafür hinzutraten.

1) 600 376 000; 781 311 000; 368 559 000; 232 300 000; 148 322 000; 234 650 000. — Vgl. Say, Rapport, l. c.

2) Um 394 Millionen Franken.

nötig, damit der Märzvertrag vom Jahre 1873 erfüllt werden konnte [1]).

Einen Teil der Gelder, die für die Bezahlung Deutschlands und den Ankauf von Entschädigungszahlungsmitteln erforderlich waren, erhielt man, indem man auch diejenigen Einkünfte aus der Anleihe, die für andere Ausgaben bestimmt waren, für die Entschädigungsaktion heranzog und dafür einen entsprechend größeren Betrag der später eingehenden Raten für die übrigen Deckungszwecke verwendete. Einem solchen Verfahren war die Entnahme von Mitteln aus den allgemeinen Geldbeständen

1) Am 30. Sept. 1872 waren auf die Anleihe einbezahlt

	1381	Millionen	Franken
davon kamen auf die Entschädigung	1201	„	„
an Deutschland waren übertragen	506	„	„

Die entsprechenden Zahlen für spätere Termine waren:

	Millionen Franken		Millionen Franken		Millionen Franken
31. Oktober 1872	1750	—	1522	—	707
30. November „	1982	—	1724	—	807
31. Dezember „	2130	—	1853	—	1007
31. Januar 1873	2365	—	2057	—	1150
28. Februar „	2463	—	2143	—	1350
31. März „	2554	—	2222	—	1500
30. April „	2642	—	2298	—	1750
20. Mai „	2704	—	2352	—	2000
30. Juni „	2804	—	2439	—	2250
31. Juli „	2897	—	2520	—	2500
31. August „	2998	—	2608	—	3002

Der Wechselvorrat betrug

am 30. September	1872	679	Millionen	Franken
„ 31. Oktober	„	749	„	„
„ 30. November	„	819	„	„
„ 31. Dezember	„	883	„	„
„ 31. Januar	1873	932	„	„
„ 28. Februar	„	828	„	„
„ 31. März	„	820	„	„
„ 30. April	„	772	„	„
„ 20. Mai	„	600	„	„
„ 30. Juni	„	493	„	„
„ 31. Juli	„	425	„	„

Say, Rapport l. c.

gleichzuachten, die sich in den staatlichen Kassen oder als Guthaben bei der Bank befanden und aus verschiedenerlei Deckungsquellen zusammengeströmt waren. So waren einmal 244 Millionen Franken aus den Fonds des Staatsschatzes für die Entschädigung zur Verfügung gestellt worden [1]). Wie diese Lücken dann wieder durch Ueberführung von Anleihegeldern ausgeglichen wurden, war eine Sache interner Rechnungslegung, die sich nach außen nicht bemerkbar machte.

Weiterhin bediente man sich wie auch sonst in ähnlichen Lagen finanzpolitisch-provisorischer Deckungsverfahren.

In dieser Richtung war auch jetzt wieder, wenn auch nur mit bescheidenem Erfolg, die caisse des dépôts et consignations tätig, die für freiwillige Depositen wechselnde Zinsen vergütete [2]).

Viel bedeutender waren die durch Ausgabe von Schatzscheinen erzielten Beträge. Um die Gelder, die eine kurzfristige Anlagegelegenheit suchten, zu gewinnen, mußte der Zinsfuß der Schatzbons, ohne die Bank dabei in ihren besonderen Absichten zu beeinträchtigen, in enger Fühlung mit ihrem Diskontsatz stehen [3]).

---

1) Vgl. Say, l. c.

2) Vgl. Journal officiel v. 23. März 1872, Zinssatz 3%; ab 1. April 1876 wurde der Zinssatz auf 2 % ermäßigt.

3) Im Januar 1892 betrug die Verzinsung der Schatzscheine mit einer Laufzeit von 1 Monat 4%, von 2 Monaten 4½%, von 3—5 Monaten 5½%, von 6—12 Monaten 6%. Der Banksatz war 6%. — Am 27. Februar wurde die Bankrate auf 5% herabgsetzt und im März wurde der Zinsfuß für bons du trésor ebenfalls um je ½% vermindert. Im Juni und August fanden nochmals Ermäßigungen statt. — Im Jahre 1873 wurden Schatzscheine mit drei verschiedenen Verfallfristen emittiert (3—5 Monate 3½%, 6—11 Monate 4%, 12 Monate 4½%), deren Zinsfuß im März um 1% erhöht wurde. Der Geldbedarf des Staates war wieder größer geworden. Nachdem die Entschädigungszahlungen beendet waren, sanken die Zinssätze der bons in mehreren Etappen. Als sie 3, 4 und 5% erreicht hatten, wurde die Ausgabe der Scheine mit kürzester Laufzeit suspendiert. Die Zinsen gingen noch weiter zurück. — Im Jahre 1875 wurde ein neuer 5%iger Typus mit fünfjähriger Frist eingeführt, der beim Publikum großen Anklang fand. Die Bank lombardierte ihn nicht. Als bereits am 14. August der Zinsfuß auf 4½% ermäßigt wurde, kehrte man wieder zur Rente zurück, die eine

Die Geldzeichen, die der Staat dabei von inländischen Geldbesitzern bekam, waren dieselben wie die von inländischen Anleihezeichnern gelieferten. Wurde durch den hohen Zinssatz ausländisches Kapital angezogen, so besserte sich dadurch gleichzeitig das intervalutarische Kursverhältnis des Frankens zu ausländischen Werteinheiten, die man nun für die Entschädigungszahlung zu günstigeren Preisen kaufen konnte. Der bedeutende Aufwand, den die Verzinsung verursachte, wurde auf diese Weise wieder ausgeglichen.

Zinsfußerhöhungen für Schatzscheine waren in dieser Zeit durchaus nicht ein ausschließliches Symptom allgemeinen Geldmangels in den staatlichen Kassen, sondern hatten ihren Grund namentlich auch in dem Bestreben der Regierung, vorteilhafte intervalutarische Kurssituationen rasch auszunützen [1]). Mit dem Ergebnis der Schatzscheinemissionen, die dann mit den mittlerweile eingegangenen Summen der Anleihetermine zurückbezahlt wurden, konnte die Wechselbeschaffung fortgesetzt werden. Auch konnten mit Schatzscheinen unmittelbar Devisenkäufe vorgenommen werden [2]), was das Verfahren erheblich abkürzte. Der Lieferant von Entschädigungszahlungsmitteln stundete gegen Verzinsung den Kaufpreis, der dem Inhaber der Bons nach Verfall in valutarischen Franken geleistet wurde.

In den Budgetgesetzen wurde dem Finanzminister regelmäßig die Ermächtigung erteilt, in jeder Etatperiode bis zu 400 Millionen Franken Schatzscheine auszugeben [3]).

Neben diesen Hilfsmitteln blieb der Regierung der Beistand der Bank, die die Abwicklung der Operationen schon dadurch erleichtern konnte, daß sie innerhalb ihres gewohnten Betriebes den an der Anleihe beteiligten Kreisen entgegenkam. Was der

---

Zeitlang vernachlässigt worden war. Im ganzen sollen etwa für 60 Millionen Franken zur Ausgabe gebracht worden sein.

1) Vgl. J. d. D. v. 10. März 1873.

2) M. d. P. v. 7. März 1873.

3) „Ne sont pas compris dans cette limite les bons déposés en garantie à la banque de France, les bons créés spécialement pour prêts à l'industrie ni les bons de 2—10, 3—10 et 5—10.“

Staat von ihr verlangte, ging auch jetzt wieder über das Maß alltäglicher Geschäftsbeziehungen, etwa über die Annahme börsenfähiger Schatzscheine und diskontierbarer Effekten, hinaus.

Schon das erste Anleihegesetz hatte in dieser Hinsicht vorsorgend Bestimmungen getroffen [1]) und dem Finanzminister erlaubt, mit der Bank Sonderverträge zu diesem Zweck abzuschliessen. Die Vorschüsse, die er hiernach bei der Bank erheben würde, sollten jedoch unmittelbar aus den Erträgnissen der Anleihe wiederzurückbezahlt werden [2]). Von der Zusage, die die Regierung von der Bank erhielt, „de pourvoir aux mouvements de trésorerie de l'emprunt de 2 milliards, de manière à en rendre les produits disponibles aux échéances de l'indemnité de guerre, à condition toutefois que le découvert ne dépasserait pas 300 millions et que l'avance ainsi faite serait rétablie dans ses caisses au fur et à mesure des versements ultérieurs sur l'emprunt" [3]), machte sie aber keinen Gebrauch.

Auch dem folgenden Anleihegesetz war wieder ein Artikel beigefügt [4]), wonach der Finanzminister mit der Bank und anderen Gesellschaften Vereinbarungen treffen durfte, um die später fälligen Anleiheergebnisse schon früher für die Tilgung der Ent-

---

1) Art. 4 und 5.

2) Art. 4. „Dans le but d'assurer plus promptement d'évacuation du territoire le ministre des finances pourra passer avec la banque de France des conventions particulières destinées à rendre plus rapidement disponible les produits à réaliser sur l'emprunt et à faciliter les anticipations des payements."

Art. 5. „Le total des avances que le ministre des finances aura la faculté de se procurer en vertu de l'article précédent, sera successivement remboursé à la Banque sur les produits de l'emprunt au fur et à mesure de leur réalisation."

3) Bulletin de statistique 1880, I. pag. 247 ff.

4) Art. 3 des Ges. v. 15. Juli 1872: „Afin d'assurer aux époques fixées le payement de 3 millards restant dus aux gouvernement allemand et d'accélérer la libération du territoire, le ministre des finances pourra passer avec la banque de France et autres associations financières, des conventions particulières destinées à rendre promptement disponibles les produits de l'emprunt et à faciliter les anticipations de versement."

schädigungsschuld verwerten zu können [1]). Dieses Mal sah sich die Regierung zu einem solchen Schritt gezwungen. Auf Grund der allgemeinen Erlaubnis kam es zu einer Spezialkonvention mit der Bank [2]).

Der Regierung wurde ein Darlehen von 200 Millionen Franken eingeräumt, das mit den vom Dezember an eingehenden Anleiheerträgen zurückbezahlt werden sollte. Die Darlehenssumme war nicht lediglich nominal bestimmt und damit in valutarischen Noten erfüllbar, mit denen man die Entschädigungszahlungsmittel erst hätte beschaffen müssen. Sie sollte vielmehr bis zu 150 Millionen Franken aus Gold, im übrigen aus Gold oder Noten bestehen, wodurch die Regierung nicht nur rechtzeitig Mittel zur Fortführung der Zahlungen erhielt, sondern zugleich in den Besitz von Zeichen gelangte, die ihr als definitive Entschädigungszahlungsmittel weitere umständliche Verwandlungen ersparten. Die Bank selbst, deren Notenvorrat knapp geworden war, zog es vor, die noch vorhandenen Noten im Diskontgeschäft mit Privaten zu verwenden und der Regierung Goldmünzen anzubieten. Die Regierung beanspruchte von der bewilligten Summe in Wirklichkeit nur die 150 Millionen Franken, die auf alle Fälle in Goldfranken zahlbar waren. Da dieser Betrag als Nominalschuld auch mit der Hingabe valutarischer Zeichen getilgt gewesen wäre, hatte sich die Bank ausdrücklich für später die Rückzahlung in stofflich gleichartigen Zeichen ausbedungen und stellte so den Vorrat der für sie wertvollsten Münzen wieder her [3]).

Die Regierung hinterlegte in der Höhe des Darlehens Schatzscheine, die nicht weiter begeben werden durften und mit 1% verzinst wurden. Für ihre Einlösung hafteten die letzten 300 Millionen Franken, die aus der Anleihe eingingen. Diese Verpfändung hatte um so geringere Bedeutung, als das Bankdarlehen

1) Ueber den Inhalt dieser Sonderabmachungen äußerte sich der Kommissionsbericht nicht: „Vous comprenez que nul ne peut le dire".

2) Vertrag v. 2. Juni 1873.

3) „Le gouvernement s'obligeait à rétablir dans les caisses de la banque les espèces d'or et d'argent qu'il en aurait retirées en vertu de ce traité et ce à partir du complet payement de l'indemnité de guerre" (vgl. Say, Rapport).

nur als Vorschuß eine Ausgabe ermöglichen sollte, die durch ein bestimmtes, seiner Verwendung nach gesetzlich gebundenes Deckungsmittel bereits finanziell gesichert war.

Der Staat hatte aber nicht nur bei diesem besonderen Anlaß einen Rückhalt an der Bank, die ihm mit dem Ergebnis eines provisorischen und, soweit es Goldgeld lieferte, finanzpolitischen Deckungsverfahrens sofort auch brauchbare Entschädigungszahlungsmittel lieferte. Er bediente sich der Bank auch fernerhin, um einen Teil seines Ausgabenbedarfes definitiv und geldpolitisch durch Erzeugung valutarischer Noten zu decken, wie er es seit Beginn des Krieges getan hatte. Jeder neue Vertrag, den er mit der Bank schloß, erweiterte die Zahl der Noten, die im Unterschied von den übrigen Noten lediglich für staatliche Deckungszwecke hervorgebracht wurden. Vermehrten sich aber so die allgemeinen Geldeinnahmen des Staates, so waren auch damit die Bestände größer geworden, denen man zeitweilig Mittel für die raschere Erledigung der Entschädigungsschuld entnehmen konnte.

Im Zusammenhang mit der Zweimilliardenanleihe hatte man der Regierung die Genehmigung gegeben, die Gelder, die sie bisher von der Bank erhalten hatte, auf eine Gesamtsumme von 1530 Millionen Franken zu bringen. Vom 1. Januar 1872 ab sollte dieser Betrag durch jährliche Amortisationen von mindestens 200 Millionen Franken zurückbezahlt werden. Die Folge davon war ein neues Abkommen mit der Bank nach dem Vorbild der vorausgegangenen [1]). Die Verzinsung sollte vom nächsten Jahre an neu geordnet werden [2]). Die Regierung konnte demnach bei der Bank weitere 210 Millionen Franken erheben [3]), und da die

1) Vertrag v. 3. Juli 1871. — Hinterlegung von Schatzscheinen, die unveräußerlich waren und alle drei Monate erneuert werden sollten. Verzinsung nach dem täglichen Banksatz, doch im Durchschnitt nicht über 3%. Sollten die für Zinsen geleisteten Zahlungen einem höheren Zinsfuß entsprechen, so sollte der Ueberschuß auf die Amortisation des Kapitals angerechnet werden.

2) Vgl. Bulletin de statistique. 1880. I.

3) Sie wurden erst am 10. Januar und 14. Juli 1872 in Anspruch genommen.

40 Millionen Franken, für die der Staat gutgestanden hatte, von der caisse des dépôts zurückgegeben, aber von der endgültigen Schuldhöhe nicht abgezogen worden waren, so blieb auch diese Summe zur Verfügung des Staatsschatzes.

Vom Januar 1872 an wurde der Zinsfuß für das Darlehen auf 1% herabgesetzt [1]). Man hatte auf einen Satz von 0,60% gehofft, erreichte es aber nicht [2]). Allerdings war der Staat selbst der eigentliche Urheber dieser Deckungssummen, die die Bank nur vermittelte. Aber trotz dieser Vergütungen bedeutete das Verfahren eine wesentliche Ersparnis für ihn im Vergleich zu den Lasten, die er im Falle finanzpolitischer Deckung seines Geldbedarfes durch eine reine Anleihe hätte übernehmen müssen [3]). —

Die in dieser Zeit an die Bank gestellten Anforderungen machten eine Erweiterung der zulässigen Notenemission notwendig und beeinflußten so unmittelbar die Einrichtungen der Geldverfassung. Nur so konnte die Bank ihren Geldvorrat auf die Höhe bringen, die es ihr ermöglichte, dem Staat Zeichen zu liefern, ihrem sehr angewachsenen Geschäftsbetrieb zu genügen und dabei währungspolitische Ziele zu berücksichtigen, lauter Aufgaben, die gleichermaßen im Interesse des Staates lagen.

Im Dezember 1871 reichte die Höhe der ausgegebenen Scheine hart an die Emissionsgrenze heran [4]), so daß die Bank vor der Alternative stand, entweder ihre Dienstleistungen einzuschränken oder ihren Metallschatz anzugreifen und für den Verkehr mit dem Publikum zu verwenden.

Die Regierung hatte noch vertragsmäßige Geldansprüche an die Bank und sie hatte die Absicht, sie zu verwirklichen. Sie war daher für Ausdehnung der Notenausgabe. Wolowski empfahl als Gegenprojekt die Aufnahme einer Staatsanleihe, deren Ertrag

1) Die Bezahlung der Amortisationssummen sollte in den folgenden Jahren monatlich oder vierteljährlich geschehen.

2) Bericht der Budget-Kommission, Journal officiel 1872. I.

3) Vgl. Rede des Finanzministers in der Nationalversammlung, Sitzung vom 18. Januar 1872.

4) Als die Diskussion in Bezug auf die Emmissionserweiterung in der Nationalversammlung begann, betrug der Notenumlauf 2389 Millionen Franken.

den Staat zum Verzicht der Gelder hätte bestimmen können, die er bei der Bank noch abheben konnte. Aber auch so wäre die Bank den Geschäften nicht gewachsen gewesen, die sich im Gefolge einer Anleiheoperation bei ihr zusammendrängen mußten. Wenige Stunden, nachdem die erhöhte Emissionsziffer genehmigt worden war, wurde die alte Grenze um 50 Millionen Franken überschritten.

Die Regierung hatte beantragt [1]), das Emissionsmaximum auf 3 Milliarden Franken festzusetzen, jedoch die Ausgabe der letzten 200 Millionen im ganzen oder in Teilbeträgen erst durch Dekret des Präsidenten der Republik eintreten zu lassen. Das Gesetz vom 29. Dezember 1871 erweiterte die Umlaufgrenze auf 2800 Millionen Franken und gestattete zugleich die Herstellung kleiner Notenabschnitte im Nennwert von 10 und 5 Franken, die zu einem Verkehrsbedürfnis geworden waren [2]).

Eine weitere Expansion erfuhr die Emissionsziffer im Zusammenhang mit der Auflage der Dreimilliardenanleihe. Um zu verhindern, daß die Bank unter den Einwirkungen dieser Operation [3]) in ähnliche Bedrängnis geriet wie im Vorjahre, sah das Anleihegesetz selbst die provisorische Erhöhung der Emission auf 3200 Millionen Franken vor [4]).

---

1) Journal officiel 1872, I. pag. 284.

2) Die zur Prüfung des Entwurfes eingesetzte Kommission wollte ursprünglich nicht so weit gehen. Die Emission sollte provisorisch auf 2700 Millionen Franken erhöht und in dem Maße wieder vermindert werden, als der Geldbestand durch die Rückzahlungen des Staatsschatzes und der Stadt Paris gestärkt würde. 5- und 10-Frankennoten sollten nur bis zum Gesamtbetrage von 100 Millionen Franken ausgegeben werden dürfen.

3) Vgl. den Bericht der Budgetkommission vom Juli 1872. Eine Notwendigkeit zu einer Emissionserhöhung liege augenblicklich nicht vor, doch könne sie sich im weiteren Verlauf der Operationen ergeben. Auf diesen Moment solle man nicht warten. — Die Bank war anfangs gegen eine Ausdehnung ihres Privileges. Auch später hätte sie es lieber gesehen, wenn die Regierung zwar dazu ermächtigt worden wäre, aber das Recht erst durch besonderes Dekret ausgeübt hätte.

4) Art. 4 des Ges. v. 15. Juli 1872. — Auch die Bank von Algier hatte schon im Oktober 1871 die erhöhte Emissionsziffer von 34 Millionen Franken erreicht, die ihr durch Dekret der Delegation von Tours eingeräumt worden

Dadurch kam deutlich zum Ausdruck, von welcher Seite der Anstoß zu diesen Maßnahmen ausging, zumal das Gesetz ja auch die Erlaubnis zu besonderen Abmachungen mit der Bank enthielt. Insofern also der Staat der Bank in den zu schaffenden Noten einen Ersatz bot für das Metallgeld, das sie ihm überließ, hatte er auch an dieser Notenausgabe unmittelbaren Anteil.

Diese Vermehrungen des Notenumlaufs waren die eine Folge der Entschädigungszahlung auf das Geldwesen. Sie waren keine qualitative, sondern nur eine quantitative Neuerung, indem sie die Gesamtsumme der valutarischen Zeichen und ihre Stückzahl steigerte und daneben ihre Stückelung fortbildete. Durch jede Emissionserhöhung wurden zwar die Gesetze verändert, auf denen die Notenproduktion der Bank numerisch beruhte, aber der wichtige Eingriff in die Stellung der Note als Geldart war schon mit der Einführung des Zwangskurses geschehen. Die Geltung des Frankens wurde von der erhöhten Ausgabe valutarischer Noten ebensowenig wie durch die Zwangskurserklärung betroffen. Für die intervalutarischen Beziehungen des Frankens ferner war es völlig unerheblich, ob mehr oder weniger valutarische Noten umliefen. Diese Beziehungen kamen erst in Frage, als es sich darum handelte, mit den Franken Zeichen anderer Werteinheiten zu gewinnen.

Dies war der zweite und um vieles empfindlichere Punkt, wo die Entschädigungszahlung mit den Verhältnissen der französischen Valuta in Berührung kam.

---

war. Sie war bereits genötigt, französische Wechsel vom Diskont zurückzuweisen, hatte sich entschlossen, die zweite Hälfte ihres Aktienkapitales einzuberufen und suchte nun vom Ministerium die Verdoppelung ihres Notenumlaufs zu erwirken. Ihr Wechselportefeuille übertraf die Emissionsziffer ihrer Scheine. Die Regierung beantragte Erweiterung der Emission auf 48 Millionen Franken, was von der Nationalversammlung genehmigt wurde (vgl. Journ. off. 1872 I.).

§ 9.

DIE BESCHAFFUNG DER ENTSCHÄDIGUNGSZAHLUNGSMITTEL.

Waren die finanziellen Mittel für regelmäßige Ratenzahlungen, vorgreifende Tilgungen und vorbereitende Ankäufe von Entschädigungszahlungsmitteln im erforderlichen Augenblicke vorrätig, so mußten sie in Werteinheiten von der für die Zahlung tauglichen nominalen oder stofflichen Beschaffenheit verwandelt werden.

Zum Teil gingen solche Stücke schon bei der allgemeinen Deckungstätigkeit selbst ein [1]), namentlich durch die Anleihen. Daß dies der Fall war oder daß wenigstens eine Konjunktur erzeugt wurde, die den Erwerb jener Werte mit valutarischen Frankennoten erleichterte, war mit eine Aufgabe der Anleihepolitik, und in dieser Hinsicht hatte die Emissionspolitik Ziele der Währungspolitik in sich aufzunehmen.

Es konnte bestimmt werden, daß auch ausländische Werteinheiten in Zeichen oder in Anweisungen auf Zeichen bei den Einzahlungen auf die Anleihe zugelassen würden, und dann durch die Anleihebedingungen das auswärtige Kapital veranlaßt werden, diese Zahlungsmittel nach Frankreich zu übertragen. Oder man führte durch die Vorteile, die die heimische Rentenemission bot, den inländischen Besitzer fremder Anlagen dahin, diese Werte gegen französische Rententitres zu vertauschen. So erzielten beispielsweise die Inhaber von amerikanischen Fonds oder von Obligationen der chemins de fer autrichiens bei einem solchen Wechsel höhere Zinsen. Andere benutzten vielleicht die Gelegenheit, Effekten abzustoßen, die wie spanische und tunesische Fonds beständigen Kursschwankungen unterlagen und nicht so sicher waren wie französische Anleihe.

Derartige Wettbewerbschancen mußten bei der Emission erwogen und verwirklicht werden. Gelang es, Mengen fremder

1) Von der Möglichkeit der Zollerhebung in Metallfranken machte Frankreich keinen Gebrauch.

Anlagewerte an das Ausland abzusetzen, so kam der Erlös fremder Valuten auf den Devisenmarkt und beeinflußte die Geldpreise zugunsten Frankreichs. Oder das Ausland bezahlte seine Frankenschuld womöglich, indem es metallische Zeichen seiner Valuta nach Frankreich schickte und daraus französisches Barkurantgeld herstellte. Auf diese Weise wurde dann der französische Münzbestand bereichert, allerdings vielleicht nur, um nach kurzem Aufenthalt nach Deutschland weiterbefördert zu werden.

Gelegentlich der Anleiheemissionen, die eine veränderte Verteilung der Geldzeichen in den Händen Privater hervorriefen, gelangten zahlreiche Gold- und Silberfranken aus inländischem Besitz in die Kassen des Staates. Ein in der Budgetkommission gemachter Vorschlag, bei der Dreimilliardenanleihe die Teilnehmer zu bevorzugen, die ihre Einlagen in Metallgeld leisteten, wurde zwar abgelehnt; aber immerhin vermochten die Anleihen viele akzessorische Stücke hervorzulocken, die bisher thesauriert worden waren. Auch bei den provisorischen Deckungsmaßnahmen und bei allen übrigen finanzpolitisch begründeten Einnahmen des Staatsschatzes gingen heimische Münzen ein. Darunter waren auch Stücke, die erst wieder durch den Krieg von Deutschland nach Frankreich gebracht worden waren [1]).

Alle Münzen bildeten einen Teil des einheitlichen staatlichen Zahlungsmittelvorrates, aus dem jeweils die Stücke ausgesucht

1) Im deutschen Umlauf befanden sich in jener Zeit mangels eines einheitlichen Geldsystems viel ausländische Münzen, namentlich auch französische 20-Frankenstücke und Silberfranken. (Nähres hierüber bei Helfferich, Geschichte der deutschen Geldreform I, pag. 35).

In Süddeutschland wurden die 20-Frankenstücke an einzelnen Kassen zu 9½ fl. angenommen, während ihr theoretisches Münzpari zum Gulden auf Grund der Relation 1 : 15½ 9 fl. 27 K betrug (ibid. pag. 46). In Bremen hatten die französischen Goldmünzen in der dort herrschenden Bremer Kronenwährung einen tarifierten Kurs, der durch Gesetz vom 25. Juli 1870 bindend fest gelegt war (ibid. pag. 194).

Während des Krieges waren die Franken in Deutschland gesucht, da man sie für das Heer brauchte. In Frankfurt stieg der Frankenkurs im November 1870 auf 9,32¾ und hielt sich bis zum Frieden auf 9,31½. Dann fiel er auf 9,27½ und im August 1871 war er bei 9,17½ angelangt (vgl. Say, Rapport).

werden konnten, die den Ausgabezweck am besten erfüllten. So standen für die Entschädigung auch diejenigen Metallfranken zur Verfügung, die als Deckungsergebnis nicht für Deutschland bestimmt waren, wenn sie nur ihrem Nominalbetrag nach ersetzt wurden.

Die Bank war nicht verpflichtet, die Münzen, die der Staat auf sein Tresorguthaben hinterlegt hatte, wiederherauszugeben. Sie konnte aber auch in ihrem eigenen Interesse bei Abhebungen vom Tresorkonto [1]) und vom Darlehenskonto [2]) Münzgeld miteinfließen lassen. Außerdem gewährte sie, wie wir gesehen haben, eine Summe von 150 Millionen Franken ausschließlich in Gold. In den ersten acht Monaten des Jahres 1873 sank der Metallschatz der Bank um 85 Millionen Franken.

Ein verhältnismäßig geringer Teil der Summen, um die sich infolge der Anleihesubskriptionen das Staatsguthaben bei der Bank vermehrte, bestand aus Münzen. Im Jahre 1871 stieg die Depositenziffer der Regierung zur Zeit der Rentenemission um 417 Millionen Franken, im Jahre 1872 um 770 Millionen Franken. Während aber die privaten Depositen, die durch die Vorbereitung der Anleihe um 111 und 459 Millionen Franken gestiegen waren, gleichzeitig um 178 und 378 Millionen Franken abnahmen, hob sich der Münzvorrat der Bank nur um 79 und 10 Millionen Franken [3]). Große Beträge wurden einfach vom Depositenkonto Privater auf das Konto des Staates übertragen.

Es läßt sich jedoch vermuten, daß die Regierung getrennt von ihrem allgemeinen Guthaben bei der Bank stets ein besonderes Depot in Münzen stehen hatte, wodurch sie sich jederzeit das Verfügungsrecht über eine gewisse Menge von Metallfranken wahrte. Eine solche Reserve bestimmter Geldsorten, die in den Ausweisen der Bank nicht zutage trat, wurde in der Botschaft des Präsidenten an die Nationalversammlung erwähnt [4]) und ihre

---

1) Fonds du roulement du trésor.

2) Avances faites par la Banque.

3) L'Economiste français v. 24. Januar 1874.

4) Botschaft v. 13. November 1872.

Höhe auf 50 Millionen Franken angegeben [1]). Auch in einem inspirierten Artikel des Bien public war von diesen Münzvorräten die Rede, die die Regierung für Entschädigungszwecke bei der Bank hielt und die nicht zum Metallschatz der Bank zu rechnen seien [2]). Im Juli 1873 machten sie noch 60 Millionen Franken aus.

Leroy-Beaulieu schätzte die Masse der akzessorischen Kurantfranken, die im Verlaufe der Anleihen aus ihren Verstecken hervorkamen und dem Staate zuströmten, auf 1—2 Milliarden, sicher auf mehr als eine Milliarde [3]). Auch bei der Subskription auf die Pariser Stadtanleihe im Jahre 1871 wurde viel Gold zum Vorschein gebracht und an die Bank abgeliefert, die auch die Einlagen für die überzeichneten Beträge in Noten zurückgab und damit den Metallvorrat stärkte, mit dem sie den Staat unterstützen konnte [4]).

Die Münzen, die der Bank für die Entschädigung entnommen wurden, wurden von der Zentrale und anderen Niederlassungen aus an den der Grenze zunächst gelegenen Sukkursalen wie Lille [5]) oder Nancy [6]) zusammengezogen und von hier aus nach Deutschland transportiert. An solchen Plätzen waren gewöhnlich schon vorher größere Münzmengen vereinigt worden, und vielleicht unterhielt die Regierung auch hier besondere Münzdepots.

Der Staatsschatz konnte ferner akzessorische Metallfranken im Inland kaufen oder kaufen lassen, wofür er je nach dem Agio der Gold- und Silberstücke wechselnde Preise in valutarischen Noten anlegen mußte. Auch im Gebiete der anderen Münzbundstaaten konnten Metallfranken für Rechnung der französischen Regierung gesammelt und von da aus direkt nach Deutschland geschickt werden [7]). Unter den in Straßburg abgelieferten Münzen

1) Vgl. Frkft. Ztg. v. 16. November 1872.

2) Vgl. M. d. P. v. 20. März 1873; Frkft. Ztg. v. 22. März 1873. Nach einer Meldung des offiziösen Bien public.

3) Vgl. L'Economiste français v. 20. September 1873.

4) Vgl. M. d. P. v. 23. September 1873.

5) 6. Mai 1873. Meldung des Progrès du Nord.

6) 3. Juli 1873.

7) Der Umfang dieser Uebertragungen von Metallgeld, das bei den

befanden sich bedeutende Summen italienischer 5-Frankenstücke, die mit dem Verschluß der Mailänder Nationalbank versehen waren [1]), und von Brüssel gingen etwa 30 Millionen Franken in Metall unmittelbar nach Berlin [2]). Der Unionsvertrag gab der französischen Regierung Mittel in die Hand, um aus den nach Frankreich gedrungenen Scheidemünzen der Münzbundstaaten allenfalls Kurantfranken herzustellen.

Da in Elsaß-Lothringen der Zwangskurs französischer Noten aufgehoben war, so konnte man daran denken, Frankenwechsel in den Reichslanden zu diskontieren und die Metallfranken, Talerstücke und Talernoten, die man dabei erhielt, an Deutschland in Zahlung zu geben [3]). Die Pariser Bankinstitute, die im Elsaß Filialen hatten, konnten in dieser Absicht auf ihre Niederlassungen Wechsel ziehen, die dann nicht mehr auf französische, sondern auf reichsländische Frankenvaluta lauteten und damit vielleicht eher zur Diskontierung zugelassen wurden.

Endlich blieb dem französischen Staat die Möglichkeit, Edelmetallbarren zu erwerben und in deutsche Münzen auszuprägen. Gleich am Anfang trat zwar ein starker Silberimport

---

Korrespondenten der französischen Regierung lag und von da aus nach Deutschland geschickt wurde, läßt sich aus der Aufstellung der Entschädigungszahlungsmittel nicht erkennen. Sie sind unter den Zahlungsmitteln enthalten, die auf Werteinheiten der betreffenden Länder lauteten. Die von Belgien nach Deutschland gelieferten Beträge zum Beispiel unter den belgischen Werten (vgl. Say, Rapport).

1) Vgl. Giesecke, l. c. pag. 15. — Damit wurde durch die Praxis, wie es scheint, auch die Frage entschieden, ob Unionskurantmünzen schlechthin als Zahlungsmittel bei der Entschädigung zulässig waren.

2) Bemerkung des französischen Delegierten de Soubeyran auf der Münzkonferenz vom Jahre 1874.

3) Den elsaß-lothringischen Anstalten der Preußischen Bank war es am Anfang nicht erlaubt, Wechsel auf Paris und andere französische Börsenplätze anzukaufen. Auf Antrag der Notabelnversammlung zu Mülhausen wurde dann nach dem September 1871 das Verbot beseitigt. Es wurde derartigen Geschäften das intervalutarische Kursverhältnis der Berliner Börse zugrunde gelegt und eine mäßige Provision berechnet. Zu häufigen Abschlüssen kam es nicht, namentlich solange der Kurs für kurze Frankendevisen unter 79 stand (vgl. v. Lumm, l. c. pag. 53 ff.).

nach Deutschland ein. Im zweiten Quartal des Jahres 1871 wurde für fast 2 Millionen £ Silber eingeführt [1]). Als aber schon im Juli 1871 die Berliner Münze die Silberprägungen einstellte, hörten diese Remittierungen auf. Die Prägung von gesetzlichem Goldgeld war noch nicht eröffnet.

Man mußte sich daher darauf beschränken, Silberbarren, die sich mit besonderem Vorteil verwenden ließen, aufzukaufen, in Paris oder auch in Brüssel in 5-Frankenstücke zu verwandeln und damit Zahlungen an Deutschland zu leisten. Auf diese Weise wurden hauptsächlich die bei den letzten Raten übermittelten Silberfranken gewonnen, während die Stücke der früheren Termine zum größten Teil aus den staatlichen Kassen entnommen worden waren [2]).

Aus Deutschland selbst waren in dieser Zeit Silberbarren nach Frankreich gebracht worden, aus denen 92 Millionen Franken geschlagen wurden. Sie stammten aus der Liquidation der Hamburger Markbankoverfassung. Die französische Regierung hatte sich eine große Anzahl auf Markbanko lautender Anweisungen verschafft, die bis zu einem bestimmten Zeitpunkt [3]) in Gewichtsmengen Feinsilber eingelöst wurden, dann aber nur noch in Talern fällig waren. Entweder sie verwendete die Markbankowechsel, ohne ihren Verfall abzuwarten, zur Entschädigungszahlung. Dann mußten sie erst auf Grund des intervalutarischen Börsenkurses in Talereinheiten, in Form von Geld oder Wechseln, verwandelt werden. Oder sie übertrug die Taler, die sie später beim Bezug der Wechselsumme erhielt, an das Reich, wobei jeder Taler die Entschädigungsschuld um 3,75 Franken verminderte. Oder sie hob endlich das Barrensilber ab und lieferte es in der veränderten Gestalt von Frankentalern an das Reich ab. Für 59 ⅓ Mark Banko bekam man 500 g Feinsilber, die abzüglich der Transportkosten von Hamburg nach Paris 110,27 ½ Franken ergaben.

1) Vgl. Helfferich, Beiträge pag. 253.
2) Vgl. Say, Rapport.
3) 15. Februar 1873.

Der Entschluß der Regierung wurde durch die Erwägung bestimmt, auf welchem Wege der zum Ankauf der Markbankodevisen aufgewandte valutarische Franken die stärkste Wirkung für die Entschädigungstilgung äußern werde. Von großer Bedeutung für ihr Verhalten war somit der Stand der intervalutarischen Kurse, den die Regierung selbst in dem Grade, als sie ihre Nachfrage steigerte und abschwächte, beeinflussen konnte [1]).

An derartigen Operationen war nicht nur der Staat selbst beteiligt, sondern sie wurden auch von privaten Instituten auf eigene Gefahr unternommen und der Regierung gegenüber verwertet.

Zeitweise kamen so beträchtliche Silbermengen nach Deutschland, gegen die man sich, weil sie den Bedingungen des Vertrages entsprachen, nicht wehren konnte. Schon im Jahre 1871 erschienen die Silberfranken so zahlreich an den Kassen der Frankfurter Banken, daß die Handelskammer das Ministerium um Abhilfe ersuchte [2]).

---

1) Die Banken, die der französischen Regierung die Markbankowechsel geliefert hatten, mußten mit der Fälligkeit der Wechsel ihre Einlagen in Feinsilber bei der Hamburger Girobank erhöhen. Als ihnen dies im September 1872, wo 48 Millionen Markbanko ihrer Wechsel verfielen, nicht in dem erforderlichen Umfang möglich war, suchten sie sich durch Maßnahmen zu helfen, die den Diskontsatz in Hamburg stark steigen ließen. Das Reichskanzleramt war trotz der Bitten der beteiligten Banken nicht damit einverstanden, daß die in seinen Besitz übergegangenen Markbankowechsel statt in Feinsilber in Taler oder Goldgeld zum Tageskurs eingelöst wurden. Die Hamburger Regierung erweiterte daher das Recht der Girobank, Silbermünzen statt wie bisher bis zu 7 Millionen Markbanko bis zum Betrage von 15 und 20 Millionen Markbanko zu beleihen. Die betreffenden Banken konnten so ihr Giroguthaben durch Hinterlegung von Münzen verstärken. Aber die Gefahr war doch groß, daß der Feinsilbervorrat nicht ausreichen könnte, um die von Frankreich oder Deutschland präsentierten Wechsel einzulösen. Doch kam es infolge des Verhaltens der beiden Regierungen tatsächlich nicht zu Schwierigkeiten (vgl. Helfferich, Geschichte pag. 201 ff.).

2) Vgl. Allgemeine Zeitung vom 13. September 1871. Die Frankfurter Handelskammer beantragte in einer Petition den Erlaß einer Verordnung, kraft deren das 5-Frankenstück auf 1 $^5/_8$ Taler tarifiert und zum gesetzlichen Zahlungsmittel erklärt werden sollte. Eventuell sollte die Preußische Bank ermächtigt werden, die Frankentaler zu diesem Tarifwert anzunehmen und

Vielleicht ließen sich die Franzosen dadurch von noch größeren Silberzahlungen abhalten, daß man auf deutscher Seite die Abnahme der Stücke absichtlich in die Länge zog. Ob man hier diesen Vorsatz tatsächlich hatte, läßt sich nicht nachweisen. Es hätte sich dadurch mit der Uebergabe der Quittung auch die Räumung der okkupierten Gebietsteile verzögern müssen. Nicht nur daß man in Frankreich auf diese Weise den Eindruck des Truppenabmarsches erst etwas später gehabt hätte, es hätte sich auch die Unterhaltspflicht der Besatzungsarmee dadurch länger ausgedehnt, und dieser Aufwand hätte den materiellen Nutzen der Silbersendungen wiederaufgewogen. —

Außer den französischen Zeichen, die durch den Krieg von Deutschland nach Frankreich zurückgebracht worden waren, war auch eine bedeutende Menge deutschen Geldes in den französischen Umlauf eingedrungen. Die Verordnung des deutschen Generalgouverneurs im Elsaß [1]), wonach der Taler zum Werte von 3,75 Franken unbedingte Zahlkraft genießen sollte, während andererseits der Franken auf 8 Silbergroschen tarifiert wurde, wurde im ganzen Okkupationsbereich durchgeführt [2]). In Mohon konnte man sich im Frühling des Jahres 1871 nur mit Mühe französisches Geld verschaffen. Es waren fast nur deutsche Stücke im Verkehr [3]).

Die französische Regierung sammelte die deutschen Geldzeichen, indem sie sie an ihren Kassen einzog. Sie erklärte sich bereit, die Sorten, die unter Privaten durchaus freiwillig genommen

---

auszugeben. — Nach Helfferich, Beiträge, pag. 392 drangen die silbernen 5-Frankenstücke in großem Umfang in den Umlauf ein. Sie sollen in Süddeutschland sogar zur Bezahlung von Beamtengehältern verwendet worden sein. — Als die Frankfurter Filiale der Preußischen Bank auf Veranlassung der Regierung die Frankentaler zurückwies, die man natürlich auch an den öffentlichen Kassen nicht anbringen konnte, da sie kein deutsches Geld waren, lagen große Mengen dieser Stücke nutzlos in den Banken. Zur Befriedigung des inländischen Kapitalbedarfes waren sie damit unbrauchbar geworden (vgl. Allgem. Ztg. Londoner Meldung v. 1. Oktober 1871).

1) Vom 8. November 1870.

2) Vgl. Giesecke, l. c. pag. 13.

3) de Swarte, l. c. pag. 53.

wurden, zu akzeptieren und legte ihnen eine bestimmte Geltung in Franken bei. Diese epizentrische, auf Verwaltungsbeschluß beruhende Annahme war provisorisch und zeitlich beschränkt, aber sie machte die deutschen Zeichen während dieser Zeit doch zum einseitig synchartalen Gelde des französischen Staates. Damit gelangte der Staatsschatz neben den Stücken, die ihm auf Grund der Konvention von Ferrières zuflossen, in den Besitz von Entschädigungszahlungsmitteln definitiver Art, die er ausschließlich zu diesem Zweck verwendete.

In einem Zirkular der direction du mouvement général des fonds [1]) wurden die Finanzbeamten angewiesen, deutsche Geldzeichen aus Silber und Papier bei Zahlungen von Steuern und Abgaben anzunehmen. Dabei wurde der Doppeltaler auf 7,40 Franken, der Taler auf 3,70 Franken, der Dritteltaler auf 1,20 Franken und der Sechsteltaler auf 0,60 Franken begültigt. Der Wert des Guldens in Franken wurde auf 2,10 Franken, der des halben Guldens auf 1 Franken festgesetzt.

Am meisten verbreitet waren die genannten Talerstücke in Metall sowie die Scheine der Preußischen und Frankfurter Bank in Abschnitten von 1, 5, 10, 20, 25, 50, 100 und 1000 Talern. In geringerem Maße kamen die badischen und Frankfurter Gulden vor.

Wurden die Stücke nach der gegebenen Relation eingeliefert, so hatte der Staat sogar noch einen kleinen Vorteil dabei, da sie zu einem etwas höheren Satze auf die Entschädigung angerechnet wurden. Erst durch ein späteres Rundschreiben [2]) wurden die Sätze, zu denen die deutschen Geldzeichen genommen werden sollten, mit den in der Konvention von Ferrières vereinbarten in Einklang gebracht. Kupfer- und Billonmünzen wurden bis auf weiteres an den öffentlichen Kassen nicht zugelassen. Die Frage des bloßen Umtausches deutscher Sorten in französisches Geld, losgelöst vom Zahlungsanlaß, wurde noch nicht entschie-

1) Vom 16. März 1871.
2) Vom 2. April 1871.

den [1]). Auch die Eisenbahnen schlossen sich der Annahme des Talers und seiner Teilstücke an [2]).

Was von deutschem Gelde einging, sollte bei den trésoriers-payeurs vereinigt und die Münzen, in Säcke verpackt, in Sendungen von mindestens fünf Säcken auf einmal an die Sukkursalen der Bank geschickt werden. Noten waren direkt an die Zentrale der Bank zu richten.

Später wurde die Reihe der deutschen Sorten, die Kassenkurs haben sollten, erweitert [3]), und schließlich auch ihr Umtausch in französische Valuta nach einem bestimmten Tarif verfügt, der sich mit den früher erlassenen Sätzen deckte [4]).

Dieser ganze, durch Verordnungsrecht geschaffene Zustand, bei dem die Münzen deutschen Gepräges die Eigenschaft fakultativer, provisorischer Geldzeichen Frankreichs hatten und nicht mehr als Taler oder Gulden, sondern als Franken galten, dauerte bis zum Mai 1873 und wurde auf demselben Wege wieder beseitigt [5]). Was an deutschem Gelde in den Kassen noch vorhanden war oder bis zum 20. Mai einlaufen würde, sollte gesammelt und spätestens bis zum Ende des Monats an die Zentralstaatskasse in Paris abgeführt werden. Die Stücke, die bis zu diesem Termin nicht abgeliefert waren, fielen den comptables zur Last.

Der Sammelprozeß der deutschen Geldzeichen war rasch beendet. Die Hauptmasse der in Zahlung gegebenen Stücke war in den Raten enthalten, die bis zum September 1872 an Deutsch-

---

1) Dies war im Zirkular vom 2. April damit begründet, daß man noch nicht wußte, wieviel deutsches Geld in Umlauf sei. Man wollte die comptables ihre Einnahmen nicht in allzu starkem Verhältnis in Stücken machen lassen, die sich nicht zu normalen Ausgaben verwenden ließen.

2) Journal officiel v. 3. April 1871.

3) Zirkular v. 8. Mai 1871. Der österreichische Taler sollte den Kurs von 3,75 Franken haben, der österreichische Gulden von 2,50 Franken, der halbe Gulden von 1,25 Franken, der Viertelgulden von 0,60 Franken. Der preußische Friedrichs d'or wurde zu 21,25 Franken genommen, der doppelte zu 42,50 Franken.

4) Zirkular v. 9. Juli 1871. Der Umtausch wurde vermittelt von den trésoriers généraux und den receveurs particuliers des finances.

5) Zirkular v. 2. Mai 1873.

land gelangten [1]). Späterhin fand nur noch ein geringer Nachschub statt.

Mit den vom Staat übertragenen Münzen waren aber die Metallsendungen, die im Verlaufe der Entschädigungstilgung auch von Frankreich aus nach Deutschland gingen, keineswegs erschöpft. Denn die Operationen, die im Zusammenhang mit der Zahlungsmittelbeschaffung von Banken und Finanzgruppen unternommen wurden, hatten eine äußerlich kaum faßbare Bewegung von Metallgeld von einem Gebiet ins andere zur Folge. Soweit die ausgeführten Münzen den französischen Metallbeständen entzogen wurden, verursachten sie keinen Ersatzbedarf für den inländischen Umlauf. Denn das akzessorisch gewordene Metallkurantgeld war schon längst aus dem Verkehr verschwunden und die dadurch entstandene Lücke durch die gesteigerte Emission von Papiergeld ausgefüllt worden [2]). —

Der Bezug der nichtmetallischen Zahlungsmittel, der auf außerfranzösische Valuten gestellten Noten und Wechsel, setzte einen genauen Einblick in die Verhältnisse und Vorgänge des Devisenmarktes voraus. Die Beziehungen, die man dabei berührte, waren von weittragender Bedeutung. Um über die Schwierigkeiten ohne Erschütterung der Valuta hinwegzukommen und darüber hinaus die valutarischen Verhältnisse noch bestimmend zu gestalten, mußte man sich der Lage, in der man sich befand, genau bewußt sein, ein klares Ziel für die geforderte Aufgabe vor Augen haben und dann die Mittel finden, die dieses Ziel verwirklichen konnten.

Die staatlichen Kassen enthielten keinerlei derartige Zahlungsmittel. Man mußte also den ganzen Bedarf durch Käufe beschaffen, deren Preis in valutarischen Notalfranken entrichtet wurde. Vielleicht gelang es auch hier, einen Teil der Zahlungsmittel in Verbindung mit der Anleiheemission aufzubringen und

---

1) Vom 10. Juli 1871 bis 6. September 1872 wurden für 97 003 691 Franken übertragen, vom 6. November 1872 bis 5. September 1873 8 035 454 Franken. — Vgl. Say, Rapport.

2) Vgl. hierüber Adolf Wagner in Holtzendorffs Jahrbuch 1874 pag. 231.

so die Lieferung von Geldkapital mit der Lieferung von Geldsorten zu vereinigen.

In allen Fällen kam es darauf an, wie der valutarische Franken im Verhältnis zur ausländischen Werteinheit berechnet wurde. War die erworbene Werteinheit für die Entschädigung ein provisorisches Zahlungsmittel, so mußte außerdem der intervalutarische Kurs zwischen dieser Werteinheit und den definitiven Valuten, Talern, Gulden, Mark berücksichtigt werden. Immer mußte neben anderen wesentlichen Umständen, währungspolitischen und börsentechnischen, der finanzielle Erfolg überlegt werden. Durch Vergleichung war festzustellen, wie der Staat am besten fuhr: ob bei der direkten oder indirekten Beschaffung der Talervaluta oder bei der Verwendung der nämlichen Anzahl Franken zum Ankauf von Frankenmünzen oder Edelmetallbarren. Je verschlungener und länger das Beschaffungsverfahren war, das die Regierung endlich in den Besitz eines definitiven Zahlungsmittels gelangen ließ, um so verwickelter war die Unternehmung.

Alle möglichen Kombinationen waren dabei denkbar. Man konnte ein provisorisches vertragsmäßiges Zahlungsmittel nicht sofort in ein definitives, sondern zunächst in ein anderes provisorisches, vertragsmäßig zulässiges Zahlungsmittel verwandeln [1]). Die Erwerbung vertragsmäßiger Zahlungsmittel konnte man durch Ankauf von Werteinheiten vorbereiten, die für die Entschädigungszahlung nicht obligatorisch waren. Bis sie dann die Gestalt eines definitiven oder provisorischen Zahlungsmittels erhielten, konnten sie wieder eine mehr oder minder lange Reihe von Uebergangsformen durchlaufen.

Nach den angestellten Berechnungen zeigte es sich, ob es etwa vorteilhafter war, Talerwechsel in Paris zu kaufen oder vielleicht holländische Gulden, die man dann in Amsterdam oder in Berlin in deutsche Valuta umsetzen oder nach London bringen konnte, um mit dem Erlös an Sovereigns Talerdevisen oder Edelmetallbarren zu bezahlen. Mit den Sovereigns, die man in

1) Z. B. Verwandlung von Sovereigns, holländischen Gulden, belgischen Franken in Mark Banko.

Paris gekauft oder in London gegen Franken erzielt hatte, konnte man in London oder Berlin Taler beschaffen oder, falls die Ausprägung freigegeben würde, durch Umprägung der Stücke deutsche Doppelkronen herstellen. Man konnte in Paris oder in London Anweisungen auf russisches Metallgeld kaufen und sie in Berlin gegen Talerwechsel weiter veräußern oder ihren Verfall abwarten, den Münzerlös unmittelbar nach Berlin dirigieren und auf das Metalldepot, das man dort errichtete, Wechsel in deutscher Valuta ziehen.

In dieser Hinsicht scheint die Beschaffungspraxis der französischen Regierung mit dem Fortschreiten der Zahlungen an Unternehmungsgeist und Routine gewonnen zu haben. Dies drückt sich schon darin aus, daß man sich in der ersten Zeit damit begnügte, vertragsmäßige Zahlungsmittel schlechthin zu übertragen und, gleichviel auf welche Weise, die Schuldhöhe zu vermindern. Die Verwertung der provisorischen Stücke wurde dem Reich überlassen, dem dafür 11 360 248 Franken vergütet werden mußten.

Späterhin traute sich die Regierung die Durchführung dieser Aufgabe selbst zu oder bediente sich dazu wenigstens nicht eines andern Staates, sondern kaufmännischer Organe, die dazu eher befähigt waren und denen sie auch in bezug auf Kontrolle in einem ganz anderen Verhältnis gegenüberstand. Bei den letzten 3 Milliarden hatte Deutschland für Verwandlungsspesen provisorischer Zahlungsmittel nur 277 367 Franken zu beanspruchen [1]). Der eigentliche Aufwand, den die Valutenverwandlung der in dieser Periode überlieferten Wechsel verursachte, ergab sich nicht aus der Rechnungslegung zwischen den beiden Staaten, sondern aus dem Verwendungsnachweis des Anleihevertrages und aus den Forderungen der Banken für die dem französischen Staatsschatz geleisteten Dienste [2]).

1) In der ersten Zahlperiode waren 23%, in der zweiten 88% der überlieferten Zahlungsmittel Wechsel auf Deutschland.

2) Von 60 583 453 Sovereigns wurden . 31 687 315 in Wechsel auf Deutschland umgewandelt
„ 280 707 013 Mark Banko wurden 120 194 296 in Wechsel auf Deutschland umgewandelt

Auch die Art, wie man die in Wechseln angesammelten Werteinheiten vom Augenblick ihrer Erwerbung an aufbewahrte oder zur Tilgung hernahm, ließ sich mit der Zeit mannigfaltiger und zweckmäßiger gestalten. Man mußte nur über den unmittelbaren Zahlungserfolg hinaussehen und lernen, die vorhandenen, aber vorerst noch freien Entschädigungszahlungsmittel nebenher auch zu anderen Aufgaben heranzuziehen.

Sofort fällige Talerwechsel konnten, wenn gerade eine Zahlung gemacht wurde, ohne weiteres an die Reichskasse abgetreten und von ihr dann eingelöst werden. Die französische Regierung konnte aber auch die Wechsel selbst erheben und erst die daraus erzielten Geldzeichen abliefern. Wechsel mit späterem Verfalltermin konnten gegen eine von Deutschland abgezogene Diskontgebühr schon früher zu Zahlungen benutzt werden. Man konnte sie aber ebensogut auch anderwärts zum Tageskurs diskontieren

---

Von 518 209 291 belgischen Franken wurden 210 966 580 in Wechsel auf Deutschland umgewandelt

„ 150 549 519 holländischen Gulden wurden 33 361 898 in Wechsel auf Deutschland umgewandelt.

Von den 690 Millionen Talern wurden 415 205 378 unmittelbar als Talerwechsel gekauft, der Rest wurde aus anderen Werteinheiten gewonnen. 15 266 175 Mark stammten aus direkten Käufen, die übrigen Beträge aus Umwandlungen.

Es wurden hergestellt:

12 704 151	Taler	durch Konversion von	22 621 312	holl. Gulden
43 022 026	„	„ „ „	161 383 961	belg. Franken
58 077 232	„	„ „ „	116 136 790	Mark Banko
161 898 317	„	„ „ „	24 000 985	£
2 127 206	südd. Gulden	„ „ „	2 167 309	holl. Gulden
1 868 156	„ „	„ „ „	4 010 699	belg. Franken
173 033	„ „	„ „ „	200 000	Mark Banko
29 918 242	„ „	„ „ „	2 528 544	£
9 483 638	Mark Banko	„ „ „	8 463 621	holl. Gulden
24 321 351	„ „	„ „ „	45 571 919	belg. Franken
39 335 616	„ „	„ „ „	2 894 698	£
185 329	Mark	„ „ „	109 654	holl. Gulden
5 788 672	„	„ „ „	3 857 506	belg. Franken
42 035 316	„	„ „ „	2 061 345	£ .—

Vgl. Say, Rapport.

und die Zahlung mit den dabei erhaltenen Stücken leisten.

Vor allem aber hatte man Gelegenheit, den Ertrag von Wechseln, der einging, bevor er für die Entschädigung verfügbar sein mußte, so zu verwenden, daß dadurch einzelne ungünstige Folgen der Entschädigungsaktion auf währungspolitischem Gebiet namentlich, aber auch in den Bedingungen des Kapitalmarktes gemildert und beseitigt werden konnten. In diesem Sinne konnten die Gelder nicht nur da, wo sie sich gerade durch die Einlösung befanden, beschäftigt werden, sondern auch an andere Plätze gebracht werden, wo derartige Maßnahmen erwünscht waren, von denen erst später gesprochen werden soll.

Die Geldguthaben, die der französische Staatsschatz damit an bestimmten Orten begründete, brauchten nicht schon mit dem nächsten Zahlungstermin abberufen zu werden. War eine nachhaltigere Unterstützung der betreffenden Plätze nötig, so konnten die Wechsel, die man auf Grund dieser Guthaben ausstellte und in Zahlung gab, mit längeren Verfallfristen ausgestattet werden. Vielleicht vermochten die vorbereiteten Entschädigungsgelder dann nicht mit ihrer ganzen Stärke auf die Schuldhöhe zu wirken. Aber die Kosten, die dem Staat aus solchen Hilfsoperationen erwuchsen, waren möglicherweise doch noch geringer als andere Aufwendungen, die man an ihrer Stelle hätte machen müssen, weil man eben auf irgendeine Art zum Schutze der Valuta verpflichtet war. —

Die nichtmetallischen Zahlungsmittel, die die französische Regierung an Deutschland übertrug, wurden von ihr auf verschiedene Weise beschafft.

Durch die Zulassung bestimmter fremder, auch für die Entschädigungszahlung tauglicher Werteinheiten bei den Anleiheemissionen wurden Zahlungsmittel gewonnen, die man nicht mehr durch besondere Käufe aufzubringen hatte.

Schon anläßlich der ersten Anleihe verfügte der Finanzminister [1]), daß bei der Zentralstaatskasse Subskriptionseinlagen in den im Friedensvertrag bezeichneten ausländischen Werten

1) 25. Juni 1871; Journal officiel vom 26. Juni 1871.

angenommen würden. Die Kurse dieser Valuten in Franken wurden dabei nicht nach den veränderlichen Tagesnotierungen festgestellt, sondern vom Staat für alle Fälle einheitlich bestimmt. Wer solche Zahlungsmittel leistete, mußte sich den bekannt gegebenen Bedingungen fügen.

Der Sovereign sollte zu 25,30 Franken, der Taler zu 3,75 Franken angerechnet werden. Wie auch für die akzessorischen Kurantfranken eine Agiogewährung stillschweigend ausgeschlossen wurde, so wurde der Annahme des belgischen Frankens ausdrücklich die Parität zur valutarischen Frankennote zugrunde gelegt. Der Wert des süddeutschen Guldens und der Mark Banko in Franken wurde aus dem Geltungsverhältnis zum Taler abgeleitet, indem 7 Gulden 4 Talern und 2 Mark Banko 1 Taler gleichgesetzt wurden. Die Lauffrist der Wechsel durfte drei Monate nicht übersteigen. Der Diskontabzug betrug 6%. Die Prüfung der Wechselunterschriften behielt sich der Finanzminister vor.

Die Bestimmungen, die im Anschluß an die Dreimilliardenanleihe über die Annahme und Bewertung fremder Werteinheiten erlassen wurden [1]), waren etwas eingehender und für den Franken zum Teil erschwert.

Die Einzahlungen konnten überall in Sovereigns, Talern, süddeutschen Gulden, Mark Banko, belgischen Franken und holländischen Gulden geleistet werden. Der Kurs dieser Werteinheiten in Franken wurde nach einem vertragsmäßigen Pari bemessen. Für Gold- und Silbermünzen, Banknoten [2]) und erstklassige Sichtwechsel [3]) wurden folgende Relationen aufgestellt: der Sovereign sollte diesmal 25,43 Franken, also erheblich mehr als das letztemal gelten. Der Taler, den man selbst nur zu 3,75 Franken in Zahlung geben konnte, wurde mit 3,76 Franken und der süddeutsche Gulden mit $2{,}14^7/_8$ Franken veranschlagt. Die

---

1) Ministerialverfügung vom 27. Juli 1872; Journal officiel vom 28. Juli 1872.

2) Genannt waren englische, „preußische", holländische, belgische Banknoten.

3) Erwähnt waren Wechsel auf englische, norddeutsche, belgische und holländische Plätze.

Mark Banko wurde zu $1{,}87^7/_8$ Franken verrechnet und der holländische Gulden zu 2,10 ½ Franken, während für den belgischen Franken wieder der Parisatz normiert wurde.

Devisen mit längeren Fälligkeiten, die aber über drei Monate nicht hinausgehen sollten, erlitten einen Diskontabzug, der bei deutschen Wechseln 4%, bei englischen und belgischen 3 ½%, bei holländischen 3% betrug. Der Finanzminister entschied über die Güte der Wechselunterschriften.

Diese Annahme auswärtiger Valuten erstreckte sich auf der einmal gegebenen Grundlage nicht nur auf die eigentliche Subskription, sondern auf alle Zahlungen, die mit der Anleihe überhaupt zusammenhingen. Die überschüssigen Beträge der Garantieeinlagen aber, die mit der Verteilung des Anleiheergebnisses an die Zeichner zurückfielen, wurden ausschließlich in valutarischen Franken geliefert [1]). Wie die einbezahlten valutarischen Franken nicht in den nämlichen Stücken, sondern nur der Summe nach zurückgegeben werden mußten, so wurden auch alle Werteinheiten und Geldsorten, die nicht mit den Zeichen der französischen Valuta übereinstimmten, nicht mit dem Vorbehalt realer Rückgabe verwahrt. Waren sie einmal an die staatlichen Kassen gebracht, so wurden sie wie eine Einlage von Franken behandelt, und der Staat war nur verpflichtet, ihren vereinbarten oder nominalen Wert in valutarischen Franken zu vergüten, soweit die Stücke nicht durch das Zustandekommen des Anleihegeschäftes ohnehin verfallen waren.

Die vom Staat zurückbehaltenen Zahlungsmittel, die keine Gegenleistung für den Erwerb eines Rentenanspruches darstellten, gelangten wie durch Kauf zu einem einseitig festgesetzten Preis in staatlichen Besitz. Insofern jedoch die auswärtigen Werteinheiten als Entgelt für Rententitres eingingen, bildeten sie das Kapital, durch dessen Hingabe ein bleibender Rentenbezug begründet wurde. Der Unterschied bestand nur darin, daß die eingezahlte Kapitalsumme sich nicht aus valutarischen Zeichen des Emissionsstaates, in denen ihr Wert ausgedrückt wurde,

---

1) Vgl. auch Journal d. D. vom 23. und 30. September 1872.

zusammensetzte, während die Rente auf die Valuta des betreffenden Landes lautete und darin auch geleistet wurde.

Der Ausgabenbedarf des Staates wurde so durch die Anleihe nicht nur finanziell sichergestellt, sondern auch sofort und ohne ergänzende Beschaffungsmaßnahmen in den besonderen Stücken gedeckt, die durch den Ausgabenzweck bedingt waren.

Wurde die fremde Valuta von Inländern geliefert, die die Werteinheiten selbst kaufen mußten oder eingenommen hatten, so war diese Zahlweise dann von Vorteil für sie, wenn sie einen geringeren Preis dafür angelegt hatten oder keine bessere Verwendungsgelegenheit dafür wußten. Die Regierung war bei der Wahl des intervalutarischen Kurses dann glücklich, wenn ihr durch die Anleihe eine große Masse auswärtiger Werteinheiten zufloß, für die sie nach den Börsenkursen eine größere Anzahl valutarischer Franken aus dem Anleiheertrag hätte aufwenden müssen. Die Preise der Zahlungsmittel in Franken durften nicht gleich nach der Emission und dauernd unter die von der Regierung bewilligten Sätze sinken.

Die Hauptmasse der fremden Valuten wurde vom Ausland erwartet. Starke Auslandzeichnungen auf die Anleihe wirkten auf die pantopolische Fälligkeitsbilanz fremden Gebieten gegenüber wie der Bezug großer Effektenmengen aus dem Inland, die entweder sofort oder nach und nach bezahlt werden mußten. Trafen auf dem Devisenmarkt auf die fremde Werteinheit nicht mehr Franken, als nach dem von der Regierung aufgestellten intervalutarischen Kursverhältnis der Fall war, also z. B. auf den Sovereign nicht mehr als 25,43 Franken, so war es für den ausländischen Zeichner am einfachsten und billigsten, Beträge seiner Valuta für die Anleihe zu verwenden. Er brauchte dann keine Franken zu kaufen und blieb von den Schwankungen des Frankenkurses verschont. Kein Franken von der auf die Anleihe geschuldeten Summe kostete ihn in seiner Valuta mehr, als dem unveränderlichen Tarifkurs entsprach. Dieser bedeutete für ihn beim Erwerb französischer Rententitres einen Höchstpreis [1]).

---

1) Wie es in der Zeichnungseinladung des Frankfurter Bankhauses Stern hieß, waren die Kautionszahlungen in der Währung des Platzes oder

Verhielt sich infolge der Anleihebewegung der Tarifkurs zum Börsenkurs so, daß das Ausland seine eigenen Werteinheiten leistete, so kam die Regierung wenigstens momentan zu einem beträchtlichen Bestand fremder Wechsel. Um diesen augenblicklichen Besitz war es ihr zunächst zu tun ohne Rücksicht auf die Konjunktur, die sich späterhin aus der Beteiligung des Auslandes ergeben würde. Auch war nicht zu befürchten, daß dieser Zustrom vonseiten der ausländischen Zeichner schon gleich nach der Subskription versiegen werde. In ständigen Zwischenräumen mußten sich die Terminzahlungen geltend machen, und jedenfalls wurde auch im Auslande eine Spekulation mit liberierter Rente betrieben.

Die Regierung hatte so an verschiedenen Plätzen Vorräte an Zahlungsmitteln, die für die Entschädigungstilgung geeignet waren, verfügbar. Die betreffenden Valuten gingen entweder von vornherein in Form von Wechseln ein oder man zog Wechsel auf die Geldzeichendepots, die durch die Anleiheeinzahlungen entstanden waren. Die fremden Geldsorten und Devisen dieser Sammelstellen mußten nicht nach Frankreich befördert werden. Man ließ sie bei den Korrespondenten des Staatsschatzes liegen, bis man sie brauchte. Talerwechsel blieben in Deutschland, in nächster Nähe des Erfüllungsortes. Sterlingwerte konnte man in London belassen. Wurden sie in Deutschland in Taler verwandelt, so hatte man auf die Art ihrer Realisierung keinen Einfluß mehr. Der Devisenkäufer entschied, ob und wann der Wechsel eingezogen und wann der Betrag nach Deutschland übergeführt werden sollte.

Nicht nur Angehörige der Länder, deren Valuten bei der Anleihe angenommen wurden, leisteten in diesen Valuten ihre Zahlungen. Auch die Zeichner anderer Währungsgebiete lieferten vielleicht statt Franken günstiger solche Werteinheiten. Sie

---

in Talern Preußisch Kurant auf Grund eines Kurses zu leisten, der durch Anschlag an der Kasse bekannt gemacht werde (Frankf. Ztg. v. 27. Juli 1872). — Nach einer Veröffentlichung der Firma vom 26. September 1872 wurden Einzahlungen zum nächsten Termin in französischem Geld oder in Gulden nach der Relation $93^1/_{10}$ fl. = 200 Franken angenommen.

kauften etwa mit ihrer Valuta Sovereigns oder verwendeten ein schon bestehendes oder neu errichtetes Sovereignguthaben dazu, um in London französische Rente zu zeichnen. Diese Summen steigerten den auswärtigen Geldbesitz der Regierung. Auch französische Häuser beteiligten sich stark an den im Ausland eröffneten Zeichnungen, indem sie dabei fremde, auf irgendeine Weise beschaffte Devisen hinterlegten. Hierzu veranlaßte sie nicht allein die Valutaarbitrage [1]), sondern sie wollten auch aus den Vorzugsbedingungen Nutzen ziehen, die der Staat dem Ausland gewährt hatte.

Während inländische Zeichnungsstellen und agents de change nur ¼% Provision erhielten, bezog die ausländische Vermittlung, an deren Gewinn man sich beteiligen lassen konnte, ½%. Für Vorauseinzahlungen des Auslandes wurde anfangs eine Kommissionsgebühr von 1%, dann von ½ und ¼% vergütet. Möglicherweise wurden im Ausland auch die Garantieeinlagen in den eingelieferten Werten zurückerstattet, was dann wichtig war, wenn der Franken im weiteren Verlauf der Anleiheoperation erheblich sinken sollte und wenn man mit den zurückgelieferten Zahlungsmitteln selbständige Geschäfte mit der Regierung abschließen konnte. Vielleicht wurden auch mit einzelnen Ländern, deren Valuten keine Zahlungsmittel für die Anleihe bildeten, Verabredungen getroffen, daß sie nur einen Teil der Garantiesummen in Werten zu stellen hatten, die für die Entschädigung verwendbar waren [2]).

Von der erfolgreichen Aufnahme, die besonders die Dreimilliardenanleihe im Ausland fand, war bereits in anderem Zu-

---

1) Sie leisteten etwa ihre Einzahlungen mit Wechseln, die sie auf ihre Auslandkorrespondenten gezogen hatten, auf Grund des intervalutarischen Tarifkurses. Die Devisen, die sie späterhin für die Deckung brauchten, suchten sie zu billigeren Preisen zu erwerben. Genoß das Ausland tatsächlich den Vorteil, daß die Kautionseinlagen in natura zurückgegeben wurden, so erlangten sie wieder Zahlungsmittel, die sie der französischen Regierung als Wechsellieferanten verkaufen konnten.

2) In Italien wurde bei der Subskription auf Verlangen ⅓ in Gold, der Rest in Bons der Italienischen Bank oder in Rente zum Kurs von 70% genommen (Journal d. D. v. 29. Juli 1872).

sammenhang die Rede. Hier sollte auf die Unterbringung von Renten auf dem internationalen Anlagemarkt als einfach wirkendes Mittel für die Gewinnung von Entschädigungswerten hingewiesen werden. Am Subskriptionstermin der ersten Anleihe gingen für 213 Millionen Franken, an dem der zweiten Anleihe für 389 Millionen Auslandwechsel ein. Die weiteren Einzahlungen ergaben Devisen im Werte von 186 und 985 Millionen Franken, so daß durch dieses Verfahren im ganzen für 1773 Millionen Franken von den genannten Valuten aufgebracht wurden [1]).

Bei den Platzkäufen der Regierung, die unter der Leitung von Dutilleul, dem Direktor des mouvement général des fonds, erfolgten, trat der Staat in unmittelbaren Verkehr mit der Devisenbörse [2]). Derartige Abschlüsse, die so unauffällig wie möglich geschehen sollten, konnten an heimischen und auswärtigen Plätzen gemacht werden [3]). Teils betrafen sie erstmalige Anschaffungen durch valutarische Geldzeichen, teils Abgaben vorhandener Wechsel zum Zwecke der Verwandlung in andere Valuten. Zuerst nahmen die im Einzelgeschäft erworbenen Wechsel mit 1078 Millionen Franken einen wesentlich breiteren Raum ein als bei der zweiten Hälfte der Zahlungen, wo sie nur 697 Millionen Franken betrugen [4]).

---

1) Vgl. Say, Rapport.

2) Unter den Wechseln sind zu unterscheiden lange Wechsel mit einer Laufzeit von 75—90 Tagen und kurze Wechsel mit einer Lauffrist von höchstens 15 Tagen. Auf London wird außer dem kurzen Wechsel der Scheckkurs notiert, der sich um 1½—2 Centimes teurer stellt, da er nur einem fixen Stempel unterliegt und bei Präsentierung zahlbar ist. Beim langfristigen Wechsel ist der Anlagezweck, beim kurzfristigen Wechsel der Zahlzweck vorherrschend.

Für die Käufe der französischen Regierung kamen beide Sorten in Frage. Langfristige Wechsel wurden bis zur Fälligkeit einer Ratenzahlung reif oder konnten diskontiert werden. Eine Beschränkung der Käufe auf kurzfristige Wechsel hätte das Devisenangebot verringert und die Wechselerwerbungen auf einen zu kurzen Zeitraum zusammengedrängt.

3) Bereits im Juni 1872, also noch bevor die Anleiheergebnisse eingegangen waren, machten sich an der Pariser Börse Wechselkäufe auf London und deutsche Plätze fühlbar (Le Temps, 17. Juni 1872).

4) Vgl. Say, Rapport. — Vor der Ausgabe der Dreimilliardenanleihe

Wertvolle Dienste leisteten in dieser Hinsicht die Finanzagenturen, die die französische Regierung an den wichtigsten Punkten, in London, Brüssel, Amsterdam, Hamburg, Frankfurt, Berlin unterhielt. Eine besonders hervorragende Rolle spielte unter ihnen die in London errichtete Agentur [1]).

Sie hatte alle Aufgaben eines ausländischen Korrespondenten des Tresor auszuüben, die sich außer auf die Anleihe und ihre Verzinsung auch auf den Ankauf von Wechseln erstreckten. Mehrere Male erreichte ihr Devisenvorrat einen Wert von 150 Millionen Franken und mehr, und da in London vom Kriege her noch zahlreiche Talerdevisen auf dem Markt waren, so waren auch Talerwechsel darunter, die sowohl aus unmittelbaren Käufen als auch aus Wechselkonversionen stammten [2]). Bisweilen wurden die Operationen ihrem ganzen Inhalt nach in Paris geregelt und formell abgeschlossen, so daß der Londoner Agentur nur die tatsächliche Ausführung zufiel.

Die Agentur wurde auch mit dem Absatz einer größeren Anzahl dreiprozentiger Rententitres beauftragt [3]), die dem Fonds der caisse de la dotation de l'armée angehört hatten und für die

---

hatte die Regierung durch Käufe ein Portefeuille von 400 Millionen Franken vereinigt. — Vgl. Thiers, Notes et souvenirs, pag. 322. — Vgl. auch die Botschaft des Präsidenten v. 13. November 1872.

1) Ins Leben gerufen durch arrêté des Finanzministers v. 24. Juni 1871. „. . . . considérant qu'il convient de donner aux capitalistes étrangers le moyen de participer facilement à l'opération, tant en ce qui concerne la souscription à l'emprunt et la remise des titres qu'au point de vue du payement de coupons

arrête:

Art. 1. Il est établi à Londres une agence financière française pour le service de l'emprunt 5% de deux milliards et pour le payement des coupons des titres du dit emprunt.

2. Toutes les opérations faites par l'agence financière française se régleront en livres sterling au change fixe de 25 fr. 30 cent. . . .“ Die Agentur stand unter der Leitung des Finanzinspektors de Maintenant (Thiers, l. c., pag. 362).

2) Es wurden für 31 132 094 £ Sterlingdevisen in Talerwechsel umgewandelt.

3) Für 4 008 000 Franken Rente.

man an der Londoner Börse günstigere Bedingungen erhoffte. Dieser Absatz wirkte wie die Neuemission einer Anleihe im Ausland und vermehrte den Besitz der Regierung an englischen Werteinheiten, wenn auch der finanzielle Ertrag selbst ebenso wie bei der Veräußerung von Renten der caisse d'amortissement nicht für die Entschädigung bestimmt war.

Fällige Wechsel wurden durch die Agentur eingelöst und zum Teil eben aus diesem Anlaß nach London geschickt. Die daraus erzielten Beträge bildeten einen Zeichenbestand [1]), der

1) In der Kasse der Londoner Finanzagentur befanden sich an folgenden Terminen in Sovereigns:

1871 Dezember 5 018 109 £ 7. Das £ zu 25,3 Franken gerechnet, ergab dies 126 958 167 Franken.

1872	Januar	6 044 055 £	18 =	152 914 615	Franken
	Februar	6 718 714 £	12 =	169 983 479	„
	März	3 215 013 £	12 =	81 339 844	„
	April	775 450 £	7 =	19 618 894	„
	Mai	578 891 £	8 =	14 645 952	„
	Juni	1 001 673 £	15 =	25 342 346	„
	Juli	1 300 357 £	11 =	32 899 046	„
	August	8 006 452 £	17 =	202 563 257	„
	September	7 142 046 £	6 =	180 693 620	„
	Oktober	6 747 944 £	9 =	170 722 994	„
	November	7 363 488 £	14 =	186 296 264	„
	Dezember	7 102 847 £	15 =	179 702 048	„
1873	Januar	7 446 619 £	5 =	188 399 467	„
	Februar	5 439 090 £	8 =	137 608 987	„
	März	4 099 142 £	=	103 708 292	„
	April	2 895 147 £	6 =	73 247 227	„
	Mai	2 696 299 £	8 =	68 216 375	„
	Juni	1 825 479 £	17 =	46 184 640	„
	Juli	1 253 837 £	16 =	31 722 096	„
	August	1 018 749 £	8 =	25 774 360	„

Im Dezember 1872 lagen an kurzfristigen Wechseln oder an eingezogenen Wechselsummen:

in	Amsterdam	für	22 960 000	Franken
„	Brüssel	„	109 418 000	„
„	Berlin	„	136 650 000	„
„	Frankfurt	„	6 025 000	„
„	Hamburg	„	141 900 000	„

vgl. Say, Rapport.

zinstragend angelegt werden sollte und, auch in bezug auf seine währungspolitische Verwendungsfähigkeit, eine ähnliche Stellung einnahm wie etwa die Goldguthaben, die in neuester Zeit Rußland an auswärtigen Plätzen unterhielt.

Der in London befindliche Sovereignsvorrat des Tresor scheint nicht ausschließlich in der Entschädigungszahlung aufgegangen zu sein. Die von Paris aus geleiteten Gold- und Silberkäufe, die die Agentur vollzog, waren zwar wenig bedeutend [1]). Dafür wurden aber jedenfalls größere Beträge für den Zinsendienst beansprucht, insofern er in London zu erfüllen war.

Durch den an die Zweimilliardenanleihe anknüpfenden Ministerialerlaß war die Londoner Finanzagentur angewiesen, Rentenkupons entsprechend dem Wertverhältnis 25,30 Franken = 1 Sovereign in englischer Valuta einzulösen. Es ist nicht ersichtlich, ob diese Bestimmung auf einem Recht der Rentengläubiger beruhte oder ob sie beliebig wieder aufgehoben werden konnte. Solange sie aber tatsächlich befolgt wurde, konnten sich aus den intervalutarischen Beziehungen Umstände ergeben, unter denen von dieser Einlösungsmöglichkeit häufig Gebrauch gemacht wurde. Stand der Sterlingkurs in Paris hoch, etwa auf 26 Franken, so konnte auch der französische Renteninhaber seine Kupons in London erheben lassen, wo er von der Regierungskasse für 25,3 Franken immer einen Sovereign bekam. Auf die erzielten Sovereigns, die er in London deponierte, konnte er Wechsel ziehen, die er in Paris, womöglich sogar an den Staat selbst, verkaufte. Dann nahm zwar der Sovereignsvorrat der Regierung nicht ab, aber seine Erhaltung geschah mit Verlusten für den Staat durch dasselbe Material, das er abgegeben hatte. Daneben wurden Devisen auf London von Paris zur Bezahlung der Rentenkupons nach England geschickt [2]). Die Kosten derartiger Verfahren waren unter die allgemeinen Aufwendungen zu rechnen, die mit der augenblicklichen Zahlungsmittelbeschaffung durch die Anleihe und mit den währungspolitischen Beziehungen der Emission zusammenhingen.

1) Im ganzen nur für 1 132 094 £.

2) Vgl. Say, Rapport.

Endlich wurden die aus fremden Valuten bestehenden Zahlungsmittel durch das Dazwischentreten der Bankinstitute vermittelt, sei es daß die Banken einzeln mit der Regierung verhandelten oder ihr als große Konsortien gegenüberstanden.

So konnte zum Beispiel die Bank von ihrem Anlagebesitz dreiprozentige Rententitres in London verkaufen und die aufgegebenen Effekten dadurch ersetzen, daß sie mit den dafür erhaltenen Londonwechseln neue fünfprozentige Rententitres vom Staate bezog.

Meistens aber wurden mit den privaten Banken reine, auf Beträge auswärtiger Valuten gerichtete Lieferungsverträge abgeschlossen. Dabei trat die Regierung vornehmlich mit den größeren, internationale Beziehungen pflegenden Instituten in Verbindung, die sich auch an die Spitze der Syndikate stellten, wie überhaupt die Anleiheemissionen und die Entschädigungsaktion den Einfluß der Hochfinanz noch verstärkten. Dies äußerte sich sowohl in der Abhängigkeit des Publikums bei der Zeichnung und Liberierung der Rente, einer Tätigkeit, bei der sich während des Jahres 1872 auch das Haus Rothschild hervorgetan zu haben scheint, als auch in der überragenden Beherrschung des Rentenmarktes.

Bei Beginn der zweiten Zahlperiode hatte die Regierung bei einem Syndikat von Banken für 700 Millionen Franken Devisen in Auftrag gegeben [1]) und dieses damit zugleich am Gelingen der Anleiheemission interessiert, mit deren Ergebnis es bezahlt wurde und deren Unterbringung im Ausland die Beschaffung der fremden Wechsel erleichterte. Näheres über diesen Vertrag ist nicht durchgedrungen. Er wurde von 55 Häusern unterzeichnet, von denen mehrere selbst wieder ein Syndikat vertraten. Fast alle großen Bankfirmen Europas waren daran beteiligt, persönlich oder wenigstens indirekt infolge geschäftlicher Beziehungen [2]). Drei

1) Vgl. Say, Rapport.

2) Von den in Straßburg abgelieferten Wechseln waren die höchsten Devisen in Sovereigns, holländischen Gulden, belgischen Franken und Talern von der Firma Rothschild frères in Paris auf N. M. Rothschild in London, D. L. Goldschmidt in Amsterdam, J. Lambert in Brüssel und S. Bleichroeder

Zehntel des Gesamtbetrages sollen den ausländischen Bankgruppen vorbehalten worden sein [1]).

Das Konsortium übernahm gegen eine feste Provision von 25 Millionen Franken [2]) die Lieferung von Anweisungen auf Entschädigungsvaluten. Die Werte waren im Anschluß an die Einzahlungen auf die Anleihe an bestimmten Terminen fällig und konnten dadurch sofort bezahlt werden. Beträge, die der Staat für im voraus gelieferte Devisen schuldete, wurden als Vorauseinzahlungen auf Rententitres mit den Syndikatsmitgliedern verrechnet [3]). Für den Preis der Werteinheiten scheint der Londoner Durchschnittskurs am Tage des Vertragsschlusses maßgebend gewesen zu sein [4]), so daß das Syndikat außer an der fixen Kommissionsgebühr auch noch an den Devisenkursen verdienen konnte. Ueber das innere Verhältnis und den Verteilungsmodus unter den Konsortialen wurde nichts veröffentlicht.

Das Syndikat konnte seine Verbindlichkeiten gegenüber der Regierung in der Weise erfüllen, daß es dem Staatsschatz erlaubte, auf Firmen, die sich ihm verpflichtet hatten, Devisen zu ziehen. Oder es übertrug die Wechsel in den vereinbarten Valuten fertig an den Staatsschatz. Wie die Wechselsummen zur Entstehung kamen oder gedeckt wurden, war nicht Sache der Regierung.

Dem Staate selbst war es verboten, während der Lieferungs-

---

in Berlin gezogen. Der größte auf süddeutsche Gulden lautende Wechsel war vom französischen Finanzministerium ausgestellt und bei Jakob S. H. Stern in Frankfurt zahlbar. Der bedeutendste Markbankowechsel kam vom comptoir d'escompte in Paris. Bezogener war die Firma L. Behrens und Söhne in Hamburg, beim höchsten Markwechsel die Norddeutsche Bank in Hamburg. Alle Sterlingwechsel, die nach dem 13. Februar 1872 eingingen, waren auf die französische Finanzagentur in London gestellt (vgl. die Angaben bei Giesecke, l. c.).

1) Darunter der Norddeutschen Bank, der Wiener Vereinsbank; vgl. Frankfurter Ztg. v. 23. Juli 1872.

2) Thiers, Notes et souvenirs, pag. 322 ff.

3) M. d. P. v. 26. September 1872; vgl. auch Frankfurter Ztg., Pariser Meldung v. 26. September 1872.

4) Frankfurter Ztg., Meldung aus Paris v. 27. Juli 1872.

zeit Devisenkäufe mit valutarischen Franken vorzunehmen. Er durfte höchstens fremde Werteinheiten in Talerwechsel verwandeln. Mißbräuche, durch die das Syndikat aus den nämlichen Wechseln mehrfache Gewinne ziehen konnte, waren dabei nicht undenkbar [1]). Wenn der Staat außerdeutsche Wechsel, die er vom Syndikat erhalten hatte, wieder an das Syndikat im Umtausch gegen Talerdevisen abtrat, so gelangte es in den Besitz vertragsmäßiger Zahlungsmittel, die sich wieder der Regierung gegenüber verwenden ließen.

An den auf Wechselbeschaffung abzielenden Einzelgeschäften nahmen von einheimischen Instituten das Haus Rothschild und die aus zwei getrennten Banken hervorgegangene banque de Paris et des Pays-Bas besonders lebhaften Anteil. Die Rothschilds, hinter denen dabei noch andere Firmen wie Fould, Hottinguer, Mallet standen, übernahmen eine Wechsellieferung für 250 Millionen Franken [2]). Weiterhin überließen sie der Regierung aus ihrem reichen Devisenportefeuille wiederholt größere Beträge von Sterlingwechseln [3]). Auch die banque de Paris stand an der Spitze einer größeren Bankengruppe. Sie lieferte einmal für 250 Millionen Franken Wechsel, für die sie eine geringere Provision als das Rothschildkonsortium forderte [4]), und außerdem noch eine Reihe kleinerer Wechselposten [5]). Sie wurde dabei von ihren Auslandfilialen in Amsterdam, Brüssel, Antwerpen und Genf unterstützt. Nach dem Geschäftsbericht für das Jahr 1872 verfügte sie über Devisenwerte im Betrage von 108 Millionen

1) M. d. P. v. 18. Juli 1874.

2) Allgemeine Ztg., Pariser Meldung v. 25. September 1871.

3) 600 000 £ in Wechseln (The Economist v. 20. Januar 1872); 4 000 000 £, allmählich lieferbar; zahlbar in Schatzscheinen gegen bestimmte Zusicherungen (Frankfurter Ztg. v. 8. März 1873; M. d. P. v. 7. März 1873); Gerücht von einer Devisenbestellung für 40 Millionen Franken, zahlbar sofort, lieferbar einige Zeit später (M. d. P. 15. Juli 1873).

4) Nach einer Notiz des Soir ½%, während das Haus Rothschild ¾% verlangte (Allgemeine Ztg. v. 1. September 1871; The Economist v. 4. November 1871).

5) Gegen Schatzscheine (Frankfurter Ztg. v. 9. März 1873); zahlbar sofort; lieferbar einige Zeit später (M. d. P. v. 15. Juli 1873).

Franken, denen allerdings dadurch, daß sie für den Staat Devisen einkassierte und ihr Ergebnis dann als Depot behielt, ein Regierungsguthaben von 102 Millionen Franken in fremden Zahlungsmitteln gegenüberstand [1]).

Auch andere französische Großbanken [2]) waren jedenfalls, abgesehen vom Syndikatsvertrag, in derartige Spezialabkommen einbezogen, und vielleicht wurden dabei auch Garantien für diejenigen Summen geleistet, die die Regierung als Wechsel auf die Londoner Finanzagentur in Zahlung gegeben hatte [3]).

Mehrere französische Banken erhöhten damals ihr Kapital [4]) und errichteten Auslandniederlassungen, um eine desto intensivere Tätigkeit bei der Anleiheemission und der Zahlungsmittelbeschaffung entfalten zu können. Eine Anzahl neuer Banken wurde in der Hoffnung gegründet, an den Gewinnen teilzunehmen, die die großen, die Börse anregenden Operationen abwerfen würden.

Das comptoir d'escompte de Paris, in dessen Geschäftskreis Diskontierung und Lieferung von Devisen fielen [5]) und das neben vielen überseeischen Filialen eine Zweigstelle in London hatte, eröffnete im Jahre 1872 eine Agentur in Brüssel. Die société générale, die in Kolmar, Mülhausen und Straßburg

1) Dépôts à échéances à l'étranger 102 632 870 Frs.
Portefeuille de l'établissement de Paris sur l'étranger 26 558 062 Frs.
Fonds disponibles dans les banques à l'étranger 21 297 160 Frs.
Dépositeures à l'étranger 12 958 683 Frs.
Comptes courants débiteurs des succursales 47 237 152 Frs.

2) Wie die société générale, der crédit foncier, crédit agricole, crédit Lyonnais, crédit industriel (vgl. z. B. den Rechenschaftsbericht der société générale de crédit industriel et commercial für das Jahr 1872). Von auswärtigen Firmen werden u. a. genannt die ersten englischen Banken, die Häuser Stern, Schnapper, Hahn, Haber (vgl. Allgemeine Ztg. v. 25. September 1871), die Firma L. Behrens Söhne, die Norddeutsche Bank (vgl. Helfferich, Geschichte, pag. 201).

3) Vgl. Allgemeine Ztg. v. 25. und 26. September 1871.

4) Z. B. crédit Lyonnais; société financière; die banque de Paris wurde mit der banque des Pays-Bas verschmolzen.

5) Fast dieselben Geschäfte betrieben die société générale de crédit industriel et commercial und die société des dépôts et de comptes courants.

ansässig war, hatte während des Krieges eine Filiale in London errichtet, die nun bestehen blieb und zu der sich eine weitere in Brüssel gesellte. Sie betrieb ebenfalls neben dem Effekten- und Gründungsgeschäft den Edelmetall- und Devisenhandel. Zur gleichen Bankgattung gehörte der crédit Lyonnais mit einer Filiale in London, die auch ihre Entstehung dem Krieg verdankte.

Die neu gegründeten Banken, deren Unternehmungszwecke meist auf den besonderen Fall zugeschnitten waren [1]), waren zwar ebenfalls am Syndikat beteiligt. Aber bei der Art, wie die Großbanken dominierten und die Geschäfte unter sich und mit der Regierung abmachten, erreichten ihre Erfolge die gehegten Erwartungen nicht. Soweit sie internationalen Ursprungs waren, kamen aber vielleicht durch ihre Begründungen selbst fremde Valuten zusammen, die sie auf den Markt bringen und in Franken umsetzen konnten.

In den Ausweisen der großen Privatbanken, die allerdings die Bewegungen innerhalb eines Monates nicht erkennen ließen und auch sonst zu wenig durchsichtig waren, traten doch die Beziehungen, die die Institute damals mit der Regierung verbanden, deutlich zutage. Bei der société générale wurde die Niederlassung in London so in den Vordergrund gerückt, daß ihr Kassenvorrat den der Zentrale bisweilen beträchtlich überstieg [2]). Die Bank sammelte ein starkes Portefeuille von Auslandwechseln an, das zusammen mit ihren Guthaben bei auswärtigen Korrespondenten dem Staat zur Verfügung stand. Diese Posten, die früher unter dem Titel „correspondants de l'étranger" zusammengefaßt waren, wurden vom Sommer des Jahres 1871 an als „participations finan-

---

1) Banque franco-autrichienne-hongroise (Gründer: crédit industriel de Paris, banque franco-autrichienne in Wien, banque franco-hongroise in Pest, société générale de crédit foncier hongrois, banque autrichienne-allemande, banque générale in Rom, banque de Naples usw.; vgl. M. d. P. 22. November 1872); banque franco-hollandaise; banque de l'union franco-belge; banque française et italienne, lauter Gründungen des Jahres 1872. Dazu kamen noch comptoir français de change und banque générale de change et de commission.

2) Vgl. z. B. Ausweis v. 30. Juli 1871. Ende Juli 1871 Kassenbestand in London 14½ Millionen Franken.

cières" und „comptes de banque à l'étranger et comptes courants divers" getrennt aufgeführt. Den gesteigerten Guthaben im Ausland entsprach aber auch ein Anwachsen der laufenden Verbindlichkeiten in fremden Valuten. Bezeichnend war ferner, daß alle diese Beträge je nach dem Bedarf der Regierung und der Fälligkeit der Entschädigungsraten großen Schwankungen unterlagen [1]).

Auch die Ausweise des comptoir d'escompte standen sichtlich unter dem außerordentlichen Einfluß der Entschädigungs-

---

1) Im November und Dezember 1871, wo keine Zahlungen an Deutschland geleistet wurden, nahmen der Metallvorrat und der Wechselbestand der Londoner Filiale zu. Im Januar 1872, als die Zahlungen wieder begannen, sanken beide Posten. Infolge der Anleiheemission im Juli 1872 wuchs der Kassenvorrat; das Gelddepot, das die société bei der Bank unterhielt, stieg um 40 Millionen Franken. Das Portefeuille in London hob sich um mehr als 5 Millionen. Durch die Rediskontierungen, die aus Anlaß der Subskription vorgenommen werden mußten, ging das übrige Portefeuille um mehr als 50 Millionen Franken zurück. Im August vermehrte sich der Devisenbesitz des Instituts, das nun für seine Syndikatslieferungen zu sorgen hatte, um 37 Millionen Franken. Die auswärtigen Kontokorrentguthaben nahmen um 25 Millionen, die Schulden in fremden Valuten um 17 Mill. Franken zu. Der Posten „opérations de change relatives à l'emprunt français" erreichte im September eine Höhe von 21 Millionen Franken. Im Oktober verminderte sich das Devisenportefeuille um 12 Millionen Franken, während das Portefeuille in London etwas stieg. Im November erhöhte sich der Devisenbesitz der Bank um 7 Millionen Franken, um im folgenden Monat um 4 Millionen Franken zu fallen. Gleichzeitig erlitt der Posten opérations de change einen Rückgang von 14 Millionen Franken. Vom Januar 1873 an wurden die Ausweise noch weniger übersichtlich abgefaßt. Der Kassenbestand und der ganze Wechselbesitz wurden in eine Rubrik zusammengezogen. Auch die verschiedenen ausländischen Forderungen und Schulden erschienen in einer einzigen Ziffer. Sie betrugen als „comptes de banque à l'étranger et comptes courants divers" im März auf der Aktivseite 77½ Millionen, auf der Passivseite 68½ Millionen Franken. Im April stiegen sie um 29 und 24 Millionen und gingen von da an fast immer zurück, im September um 9¼ und 25, im Oktober um 15 und 12½ Millionen Franken. Allmählich wurden die Ziffern, die sich auf die Entschädigungsaktion bezogen, immer kleiner. Die Ausweise lösten sich vom Einfluß dieser Operationen los und kamen in regelmäßige Verhältnisse (vgl. die monatlichen Ausweise der société générale p. f.).

schuld: häufige und erhebliche Verschiedenheiten in der Größe des Auslandportefeuilles und der übrigen Ziffern, die die auswärtigen Beziehungen der Bank betrafen, waren die Folge [1]).

1) Im August des Jahres 1871 zeigte der Status der Bank eine Abnahme des Auslandportefeuilles um 9 Millionen Franken. Die „comptes courants débiteurs de l'étranger" gingen um 20 Millionen Franken zurück, ebenso die Verbindlichkeiten in fremden Valuten um fast 16 Millionen Franken. Der Dezember ergab ein starkes Anwachsen des Devisenvorrates, dagegen eine Verminderung der Guthaben und Schulden in auswärtigen Werten. Das nächste Jahr begann bei der Wiederaufnahme der Zahlungen an Deutschland mit einem Rückgang des Devisenbesitzes und der Passiven in fremder Valuta, da der Staat sein Guthaben einforderte. Diese Bewegung hielt auch im Februar an. Im April verringerte sich das Portefeuille der europäischen Agenturen, das sich im folgenden Monat um 12 Millionen Franken erholte, um 13½ Millionen Franken; Außenstände und Schulden in ausländischem Gelde sanken um 10 Millionen Franken. Im Zusammenhang mit der Anleiheemission stieg der bei der Bank von Frankreich deponierte Kassenvorrat um 32 Millionen Franken. Das Metalldepot bei der Bank betrug 25½ Millionen Franken. Die Forderungen der comptes divers erhöhten sich um 49, die Kontokorrentverbindlichkeiten um 86 Millionen Franken. Im August vermehrten sich die Portefeuilles der europäischen Filialen um 28 Millionen, im September um 13 Millionen Franken. Sie erreichten nun eine Gesamthöhe von 78 Millionen Franken. Das Münzdepot war um 12 Millionen Franken gestiegen. Das Spezialkonto, das mit Rücksicht auf die Beziehungen zum Staatsschatzamt eröffnet worden war, nahm auf der Aktivseite um 87, auf der Passivseite um 94, im Oktober um weitere 11 Millionen Franken zu und fiel im November um 19 Millionen Franken. Gleichzeitig ermäßigte sich das Portefeuille der europäischen Niederlassungen um 11 Millionen Franken. Im April des Jahres 1873 wurden von den im Spezialkonto ausgewiesenen Summen 90 und 100 Millionen Franken zurückgezogen. Der Wechselbesitz der europäischen Filialen ließ um 12 Millionen Franken nach, der übrige Devisenvorrat zeigte einen Zuwachs von 6 Millionen Franken. Die Abnahme im Spezialkonto dauerte auch im Mai und Juni mit 41 und 47 Millionen auf der einen Seite und 19½ und 25 Millionen Franken auf der Gegenseite an. Der Devisenbestand der Zentrale und die Portefeuilles aller Agenturen wurden kleiner. Im Juli äußerte sich die entgegengesetzte Bewegung. Der Devisenvorrat, die Auslandbeziehungen, das Spezialkonto mit dem Tresor ergaben höhere Beträge. Fast alle diese Posten gingen im August wieder zurück. Vom Oktober an hielten sich die Verschiebungen innerhalb des Spezialkontos und der Geschäfte in fremden Valuten in viel engeren Grenzen wie bisher. (Vgl. die Monatsausweise des comptoir d'escompte.)

Ein besonderes Konto wurde für den Verkehr mit der Staatskasse angelegt. —

Die Gegenleistung für diejenigen Zahlungsmittel, die gelegentlich der Anleiheemissionen zu festen Kursen eingingen, bestand unmittelbar in der Hingabe von Rententitres. Da mit den Valutenlieferungen zugleich Kapitalien an den Staat übertragen wurden, brauchten für die Zeichenerwerbungen keine Geldsummen in Frankenvaluta bereitgestellt zu werden. Die fremden Werteinheiten dagegen, die die Regierung kaufte, in Einzelgeschäften oder durch Verträge mit dem Syndikat und bestimmten Banken, wurden mit valutarischen Frankennoten bezahlt, die durch die Anleihe aufgebracht wurden. Auch die Schatzscheine, die die Regierung etwa in Zahlung gab weil noch keine genügenden Anleiheerträgnisse für den Ankauf von Devisen verfügbar waren, wurden schließlich mit den aus der Anleihe erzielten Noten eingelöst.

Die Frankenmenge, die auf die Beschaffung der Entschädigungszahlungsmittel verwendet wurde, erschien als einheitliche Summe bei der Verrechnung des Anleiheergebnisses. Ein Teil der Gelder, die über den Nominalbetrag der Entschädigungsschuld hinaus aufgenommen und verausgabt wurden, traf auf die Kosten, die die Erwerbung der Zahlungsmittel und ihre Uebermittlung verursachten. Um diese Summe erhöhte sich der durch die Entschädigung bewirkte Geldaufwand. Die Entschädigungssumme betrug ohne Zinsen und ohne Berücksichtigung der Kompensationen 5 Milliarden Franken unter der Voraussetzung, daß die Talereinheiten, mit denen die Entschädigungsschuld endgültig getilgt wurde, zu je 3,75 Franken, die ebenfalls definitiv zugelassenen Metallkurantfranken zu ihrem Nennwert gewonnen werden könnten. Eine Anleihe von 5 Milliarden Franken hätte also nur dann ausgereicht, wenn es möglich gewesen wäre, die definitiven Zahlungsmittel allgemein zu den angegebenen Kursbedingungen zu erlangen. Dies war aber nicht der Fall.

Vom Ertrag der Zweimilliardenanleihe wurden 27 701 321 Franken konsumiert durch „pertes sur le change et frais de payement de l'indemnité de guerre“. Für den gleichen Zweck wurden von der Dreimilliardenanleihe 11 145 919 Franken beansprucht. Dazu kamen aber von den mit 39 987 538 Franken berechneten Kommissionsgebühren noch mindestens 29 151 000 Franken auf Wechselkäufe [1]).

Was den Preis der einzelnen Zahlungsmittel betrifft, so kostete der Taler durchschnittlich 3,7910, der Sovereign 25,4943 [2]), die Mark Banko 1,9089, der belgische Franken 1,0061, der holländische Gulden 2,1509, der süddeutsche Gulden 2,1637, die Reichsmark 1,2528 Franken [3]).

Für sämtliche fremde Werteinheiten mußten also im Durchschnitt mehr Franken heimischer Valuta angelegt werden, als der Relation entsprach, die man für die Annahme auswärtiger Valuten bei den Einzahlungen auf die Anleihe aufgestellt hatte. Am ehesten noch kam der Preis, der für die Mark als den dritten Teil eines Talers bezahlt werden mußte, der im Friedensvertrag normierten Parität zum Taler gleich. —

1) Nach Mathieu-Bodet, l. c., wurden für „frais pour achats de valeurs de change“ damals 47 910 311 Franken aufgewendet.

2) Der niederste Sterlingkurs vom Juni 1871 bis September 1873 betrug 25,21¼ Franken (Juni 1871),

der höchste Sterlingkurs vom Juni 1871 bis September 1873 betrug 26,18¾ Franken (Oktober 1871),

der niederste Sterlingkurs im Jahre 1872 betrug 25,26¼ Franken (April),

der höchste Sterlingkurs im Jahre 1872 betrug 25,68½ Franken (November),

der niederste Sterlingkurs vom Januar 1873 bis September 1873 betrug 25,33 Franken (März),

der höchste Sterlingkurs vom Januar 1873 bis September 1873 betrug 25,57½ Franken (Juni).

Vgl. Say, Rapport.

3) Say, Rapport. — Es wurden angelegt:

für	690 907 104	Taler	2 619 228 831	Franken
„	60 583 453	£	1 544 532 725	„
„	280 707 013	Mark Banko	535 841 617	„
„	518 209 291	belg. Franken	521 370 367	„
„	150 549 519	holl. Gulden	323 816 960	„
„	110 341 200	südd. Gulden	238 745 254	„
„	63 275 492	Reichsmark	79 271 536	„

§ 10.
DIE ENTSTEHUNG DES DEVISENMATERIALS.

Die Wechsel auf auswärtige Valuten, die in den Besitz der französischen Regierung gelangten, waren zum Teil im Verlaufe regelmäßiger Verkehrsbeziehungen von Land zu Land zur Entstehung gekommen. Den Wechselsummen solcher Handelswechsel lag in tatsächlich vorhandenen Sachen oder Rechten ein entsprechender Gegenwert zugrunde. Sie beruhten auf Geldforderungen aus Warenlieferungen irgendwelcher Art oder repräsentierten wirkliche Auslandsguthaben, die aus beliebigen pantopolischen Verkehrsakten hervorgegangen waren. Sie beglichen oder realisierten aktuelle Geldansprüche verschiedener Herkunft. Alle diese Wechsel, die der Staat kaufen oder der Inhaber an den Staat abtreten konnte, standen in keinem unmittelbaren Zusammenhang mit der Entschädigungsoperation und wären auch ohne sie ins Leben gerufen worden.

Zum Teil waren die Devisen Finanzwechsel, Ergebnisse eines bankmäßigen Vorganges, wobei aus der bewußten Produzierung von Wechseln, aus der Wechselbestellung und Wechsellieferung, ein gewinnbringendes Geschäft gemacht wurde. Sie wurden kraft besonderer Verabredungen zwischen zwei interessierten Parteien geschaffen, lediglich zu dem Zwecke, Zahlungsmittel entstehen zu lassen, wie sie die französische Regierung für die Entschädigung suchte. Sie entbehrten einer von der Wechselform unabhängigen, vorausgegangenen Leistung und verpflichteten den Wechselschuldner nicht dadurch, daß er vorher einen Gegenwert erhalten hatte oder verwahrte, sondern deshalb, weil er sich freiwillig zur Wechselschuld bekannt hatte, im Vertrauen darauf, daß ihm die geleistete Wechselsumme ersetzt werde. Der Wechselschuldner konnte also vom Wechselbesteller, der die Devise an die Regierung veräußerte, Deckung der Wechselsumme verlangen. Er bezog seinen Gewinn vom Wechselinhaber, der Wechselinhaber vom Staate. Solche Devisen kamen vor allem, wenn auch natürlich nicht ausschließlich, da in Frage, wo die

Banken als vereinigte Gruppen auftraten oder wo die Wechsellieferung in irgendeinem Punkte durch die Hände des Bankgewerbes ging.

Die auf den Markt gebrachten Handelswechsel hätten die Entschädigungsschuld nicht zu bewältigen vermocht. Für diesen Fall hätte der Ueberschuß an Talerwechseln aus dem pantopolischen Verkehr Frankreichs mit Deutschland so groß sein müssen, daß eine für die Entschädigung ausreichende Talermenge übriggeblieben wäre, auch nachdem alle anderen den gewöhnlichen Beziehungen entspringenden Verbindlichkeiten ausgeglichen gewesen wären. Oder Frankreich hätte nach Abzug aller sonstigen Schulden über Forderungen in Sovereigns, holländischen Gulden, belgischen Franken in so überwiegendem Maße verfügen müssen, daß es damit genügend viel Talerforderungen dieser Länder gegenüber Deutschland hätte erwerben können. Dies hätte aber nicht nur ein pantopolisches Uebergewicht Frankreichs über die genannten Länder, sondern ebenso ein pantopolisches Uebergewicht dieser Länder über Deutschland vorausgesetzt.

Soweit der erforderliche Devisenvorrat nicht durch die natürlichen Verhältnisse dargeboten wurde, mußte er künstlich geschaffen werden. Die Banken, die dies bewirkten, verkauften an den französischen Staat Anweisungen auf fremde Werteinheiten, die sich in ihrer Verwendbarkeit als Entschädigungszahlungsmittel nicht von den gewöhnlichen Wechseln unterschieden. Je dringlicher der Bedarf des Staates und je geringer die vorhandenen Bestände an Handelswechseln waren, um so höher stieg der Preis in valutarischen Franken, den die Regierung für auswärtige Valuten gewähren mußte. Die Konkurrenz der Wechsellieferanten vermehrte andererseits das Angebot und drückte so auf den Preis.

Eine vorsätzliche Steigerung der Handelsgeschäfte mit dem Ausland mit dem Ziele, daraus Wechsel für die Entschädigung zu gewinnen, lag nicht im Bereiche der Möglichkeit. Die Grenzen des Absatzes waren durch gegebene Bedingungen gezogen, wenn auch der höhere Preis, den man in Frankreich für fremdes Geld erzielen konnte, die Ausfuhrbestrebungen unterstützen mußte [1]).

Aus der mannigfachen Herkunft der Wechsel folgte, wie gesagt, die außerordentlich bunte Stückelung ihrer Beträge. Unter den an Deutschland gelieferten Stücken befanden sich solche, durch die sich die Entschädigung kaum um 100 Franken verminderte, und dann wieder Summen, die mit einem Male über 5 Millionen Franken der Kontribution zu beseitigen vermochten.

Für die Gewinnung von Handelswechseln kam es nicht nur auf die pantopolische Fälligkeitsbilanz [2]) zwischen Frankreich und den Ländern an, deren Valuten für die Entschädigung zugelassen waren, sondern auch auf den Stand der Fälligkeiten zwischen Frankreich und dem Auslande überhaupt. Denn die Handelsdevisen, die, ohne Entschädigungszahlungsmittel zu sein, auf dem Pariser Wechselmarkt zu haben waren, waren vielleicht für auswärtige Plätze begehrt und konnten so allmählich in Devisen übergeführt werden, die provisorische oder definitive Entschädigungszahlungsmittel waren. Oder sie ergaben bei Verfall möglicherweise valutarische Metallzeichen, die in Kurantfrankenmünzen verwandelbar und damit ebenfalls für die Entschädigung geeignet waren. —

Nach dem Kriege nahmen die französischen Exportgewerbe einen neuen Aufschwung [3]). Von allen Seiten erhob sich eine gesteigerte Nachfrage nach den lange entbehrten Pariser Luxuswaren. Die Erzeugnisse der Seiden-, Woll-, Wäsche- und Leder-

---

1) Die Produktionsbedingungen der Industrie konnten durch die Bank nach Erweiterung der Notenemission wieder leichter gefördert werden, da dadurch ein größerer Leihgeldvorrat verfügbar gemacht wurde. — Vgl. die Ausführungen Helfferichs (Geschichte, pag. 380) über die damalige Lage der deutschen Handelsbilanz. — Vgl. ferner: Sartorius v. Waltershausen, Das volkswirtschaftliche System der Kapitalanlage im Ausland, pag. 346 ff.

2) Ueber den hier als Fälligkeitsbilanz bezeichneten, inhaltlich damit identischen Begriff der „Forderungsbilanz" vgl. Sartorius von Waltershausen, l. c., pag. 76.

3) Die Exportziffern konnten sich im Vergleich zum Import auf verschiedene Weise besser gestalten. Die Ausfuhr konnte steigen, während die Einfuhr konstant blieb oder zurückging. Oder sie konnte stärker zunehmen als die wachsende Einfuhr usw.

industrie, Bijouterieartikel, Kunsttischlereiarbeiten, Weine und Branntweine wurden in wachsendem Maße ausgeführt [1]). Der Fremdenstrom wandte sich wieder nach Paris.

Die Ernte fiel zwar im Jahre 1871 noch sehr schlecht für Frankreich aus, so daß eine bedeutende Einfuhr von Getreide notwendig wurde, wodurch die pantopolischen Verhältnisse auch noch des nächsten Jahres erheblich beeinträchtigt wurden [2]). Im Jahre 1872 dagegen hatte Frankreich eine ausgezeichnete Ernte [3]). Sie gestattete, was für den Frankenkurs die beste Wirkung haben mußte, eine Ausfuhr für 250—300 Millionen Franken [4]). Das folgende Jahr brachte für Frankreich nur ein mittelmäßiges Ergebnis [5]). Es wurde aber durch die vortreffliche Getreide- und Weinernte des Jahres 1874 wieder ausgeglichen.

Während der französische Warenverkehr noch im Jahre 1871

1) In der Ausfuhrstatistik wiesen u. a. folgende Artikel erhöhte Ziffern auf: tissus, tulles, passementeries; fer, fonte, acier; produits de poteries, faïence, porcelaine, glaces, miroirs, bouteilles, cristaux; tabletteries, bimbeloteries; papier blanc. — Der Verbrauch von Kohlen und anderen Rohstoffen nahm zu. Der Post- und Depeschenverkehr wurde stärker. Die Einnahmen der Post und der Kilometerertrag der sechs großen Eisenbahngesellschaften vermehrten sich.

2) Im Jahre 1871 wurden 15 206 000 hl Getreide und Mehl eingeführt und nur 1 518 000 hl ausgeführt, was eine Differenz von etwa 300 Millionen Franken ausmachte. Die Einfuhrbewegung setzte sich auch noch am Anfang des folgenden Jahres fort (für 167 Millionen Franken). — Vgl. Journal d. D. v. 14. Februar 1873; Sitzung der Nationalversammlung v. 9. Dezember 1871; Budgetgesetzentwurf für das Jahr 1872.

3) Leroy-Beaulieu im Journal d. D. v. 1. und 31. August 1872; vgl. ibidem, 27. und 30. August 1872. — Auch die Eisen-, Kohlen- und keramische Industrie hatten ein besonders glückliches Jahr.

4) Semaine financière v. 17. August 1872. — Ungarn, die Donaustaaten, Rußland und Nordamerika konnten nicht die normalen Getreidemengen liefern. Italien und England bedurften einer außergewöhnlich starken Einfuhr.

5) Nach dem Journal d. D. v. 10. November 1873 brauchte Frankreich einen Import von 12—15 Millionen hl. Ausfuhrländer waren Amerika, Rußland, Spanien, Aegypten. Im ersten Semester des Jahres 1874 machte sich die notwendig gewordene Einfuhr in der Handelsstatistik sehr fühlbar. Im Sommer trat dann die entgegengesetzte Wirkung der guten Ernte ein.

mit einer Mehreinfuhr von 694,2 Millionen Franken abschloß, übertrafen in der Periode, in der die Kriegsentschädigung geleistet werden mußte, und noch einige Zeit darüber hinaus die Exportbeträge beständig den Import, obwohl der Erfolg der Ausfuhrsteigerung wegen der beiden schlechten Erntejahre gar nicht voll zur Geltung kam [1]). Wichtig war dabei, daß man nach England, das im Jahre 1871 mehr geliefert als erhalten hatte, schon im Jahre 1873 um mehr als das Doppelte verkaufte, als man von ihm bezog. Auch die Ziffern der Edelmetallbewegung fielen immer mehr zum Vorteil Frankreichs aus [2]).

Wechsel auf das Ausland ergaben sich ferner daraus, daß Geldguthaben, die Franzosen im Ausland stehen oder frisch gebildet hatten, zurückberufen wurden. Private hatten während des Krieges Kapitalien zur Sicherheit nach auswärts, nach England oder Belgien [3]), verbracht, indem sie sich fremde Valuten beschafften und diese Summen nun dort fortgesetzt in kurzfristigen Anlagen verwerteten. Französische Banken, wie die banque de Paris, der crédit Lyonnais, die société générale hatten, wie schon erwähnt, als die Belagerung von Paris drohte, Gelder nach London übertıagen und hier verwahrt und beschäftigt.

1)

	Wareneinfuhr	Warenausfuhr	Mehreinfuhr	Mehrausfuhr
1871	3566,7 Mill. Fr.	2872,5 Mill. Fr.	694,2 Mill. Fr.	— Mill. Fr.
1872	3570,3 „ „	3761,7 „ „	— „ „	191,4 „ „
1873	3554,7 „ „	3787,3 „ „	— „ „	232,6 „ „
1874	3507,7 „ „	3701,1 „ „	— „ „	193,4 „ „
1875	3536,7 „ „	3872,6 „ „	— „ „	335,9 „ „
1876	3988,4 „ „	3575,6 „ „	412,8 „ „	— „ „
1877	3669,8 „ „	3436,3 „ „	233,5 „ „	— „ „
1878	4176,2 „ „	3179,7 „ „	996,5 „ „	— „ „
1879	4595,2 „ „	3231,3 „ „	1363,9 „ „	— „ „

2)

	Edelmetalleinfuhr	Edelmetallausfuhr
1871	301 Mill. Fr.	502,0 Mill. Fr.
1873	564,7 „ „	491,7 „ „
1874	951,5 „ „	159,3 „ „
1875	219,1 „ „	874,8 „ „
1876	812,2 „ „	157,9 „ „

Vgl. L'Economiste français v. 23. Januar 187 5.

3) Vgl. M. d. P. v. 18. Juni 1871.

Andere Firmen mögen bei auswärtigen Banken Depots errichtet haben. Arbitrageure konnten Mengen akzessorischer Kurantmünzen nach dem Ausland verschickt haben, um bei hohen intervalutarischen Kursen auf diesen Metallbesitz Wechsel zu ziehen, die sie dann mit Gewinn realisierten. Aus der Zeit vor dem Kriege waren noch Außenstände französischer Banken vorhanden, die etwa für fremde Institute Zahlungen besorgt hatten. Silberländer hatten sich häufig des französischen Goldschatzes für Remittierungen in Goldländer bedient, und auch Deutschland schuldete früher stets große Betrage an französische Korrespondenten [1]). —

Die Zinsen internationaler Effekten lauteten zum Teil allgemein auf Summen in französischer Valuta [2]). Zum Teil waren sie aber ausdrücklich in Franken m ü n z e n zahlbar oder konnten nach Wahl der Kuponsgläubiger auch an auswärtigen Börsenplätzen in Zeichen ihrer Valuten eingelöst werden [3]).

Die Zinsen und Dividenden der österreichischen Südbahn zum Beispiel wurden in Franken berechnet und waren durch das Haus Rothschild in Gold oder Silber zu leisten. Sie konnten aber auch in Frankfurt [4]) in süddeutschen Gulden auf Grund des augenblicklichen Wertverhältnisses zum französischen Franken, in Berlin [5]) in Talern nach dem intervalutarischen Kurs vista Paris und in Hamburg [6]) in Mark Banko erhoben werden [7]). Die Zinsen der ungarischen Eisenbahnanleihe waren außer in Paris in Berlin, Frankfurt, London und Amsterdam fällig. Die Dividende der

1) Vgl. ibidem v. 11. Juli 1871.

2) Zum Beispiel die Zinsen der Anleihe von Haiti, der ungarischen Anleihe vom Jahre 1867, der Anleihe der Stadt Madrid, mehrerer spanischer Anleihen.

3) Vgl. einzelne Angaben hierüber bei A. Courtois, Manuel des fonds publics et des sociétés par actions 1874 und in den ersten Jahrgängen von Salings Börsenpapieren.

4) Bei M. A. v. Rothschild.

5) Bei S. Bleichroeder.

6) Bei der Norddeutschen Bank.

7) In Wien in österreichischen Guldennoten nach dem intervalutarischen Tageskurs gegenüber der Frankenvaluta.

österreichischen Staatsbahn wurde in Gold oder Silber in Wien Paris [1]) und Hamburg ausbezahlt. Die Obligationenzinsen waren in Silber zum Kurs des Goldfrankens zu liefern und in Paris Berlin [2]), Frankfurt, Hamburg und Wien einziehbar [3]). Von exotischen Werten waren die Zinsen der Anleihen von Honduras und Peru [4]) in Gold versprochen. Die Kupons der fünf- und dreiprozentigen italienischen Rente wurden im Ausland gegen Vorweis der Rententitres und gegen Abgabe von Besitzzertifikaten in Gold beglichen [5]). Das gleiche war der Fall bei anderen italienischen [6]) und kirchenstaatlichen [7]) Anleihetypen, bei italienischen Eisenbahn- [8]), Kommunal- [9]) und bei den Tabakobligationen [10]), die auch in Berlin, Frankfurt und London eingelöst wurden [11]) und deren Tilgung ebenfalls in Goldfranken er-

---

1) Bei der société générale du crédit mobilier.

2) Bei Mendelssohn.

3) Auch die Aktien und Obligationen der österreichischen Nordwestbahn waren auf Silbergulden, Taler, Franken und süddeutsche Gulden gestellt. Den Zinsendienst in Paris besorgte die Filiale der österreichischen Bodenkreditanstalt. Auch die Verzinsung der Domanialpfandbriefe der Bodenkreditanstalt geschah in Gold, in dem auch das Kapital zurückbezahlt werden sollte.

4) Anleihen der Jahre 1870 (und 1872). Die Stücke lauteten auf Sovereigns. Die Zinsen wurden in London in Sovereigns, in Paris in Goldfranken zum festen Kurs 1 £ = 25 Franken entrichtet. Die Anleihen wurden durch die société générale p. f. betrieben.

5) Durch Vermittlung der Firma Rothschild.

6) Fünfprozentige rentes perpétuelles dites Emprunt romain 1831 bis 1857. Eine Präsentation der Titres wurde nicht verlangt. Vertreterin war die société générale p. f.

7) Emprunt pontifical 1860/64 (Haus Rothschild) und 1866 (société générale p. f.).

8) Emprunt de l'ancienne société du chemin de fer Victor-Emmanuel 1863 (crédit industriel). — Süditalienische Eisenbahnen, vertreten durch die banque de Paris.

9) Anleihe der Stadt Florenz 1868 (Kohn, Reinach et Cie); ähnlicher Typus der Stadt Neapel (Emile Erlanger et Cie).

10) Zinsendienst vermittelt durch Stern und Co.

11) In Berlin bei Rob. Warschauer und Co., in Frankfurt bei Jakob S. H. Stern, in Paris bei A. I. Stern et Cie., in London bei Gebr. Stern.

folgen sollte [1]). Aeltere Anleihen italienischer Herkunft waren zum Teil in Sovereigns verzinslich.

Die Zinsen der dreiprozentigen, auf Sovereigns lautenden portugiesischen Fonds wurden in London und Paris geliefert [2]). Auch die russische Anleihe vom Jahre 1849 war auf englische Valuta gestellt und wurde von London aus bedient [3]). Die folgenden Anleihen wurden in Sovereigns [4]) oder in Sovereigns, Franken oder holländischen Gulden emittiert [5]). Die Zinsen wurden in London, Paris, Berlin, auch in Frankfurt und Amsterdam geleistet. Die Aktien und Obligationen der russischen großen Eisenbahngesellschaft waren auf Rubel, Taler, Sovereigns, Franken und holländische Gulden begültigt und wurden nach festen Kursrelationen in Paris, London und Berlin abgefertigt [6]). Die Kupons der türkischen Anleihen lieferten ebenfalls Franken oder Sovereigns auf der Basis eines gegebenen intervalutarischen Wertverhältnisses und konnten dementsprechend an verschiedenen Plätzen zugleich eingezogen werden [7]).

---

1) Die Dividenden der Tabakaktien waren in Papiervaluta fällig.

2) In Paris durch die Firma Emile Erlanger et Cie., wobei das £ stets 25,25 Franken gleich gesetzt wurde, während Abschlüsse in diesem Papier auf Grund der festen Relation 1 £ = 25,5 Franken erfolgten.

3) In Paris war die Anleihe dem comptoir d'escompte anvertraut. Für den intervalutarischen Kurs war die unveränderliche Relation 1 £ = 25,5 Franken maßgebend, während beim Stückhandel der wechselnde Börsenkurs zugrunde gelegt wurde.

4) Anleihe vom Jahre 1862; Emissionshäuser waren die Häuser Rothschild in London und Paris; auch die Firma Bleichroeder war beteiligt. Zwischen Sovereign und Franken wurde ein fester intervalutarischer Kurs auf der Basis 1: 25,2 vereinbart.

5) Anleihen der Jahre 1867 und 1869 (in Paris: comptoir d'escompte und Hottinguer et Cie.) und die Anleihe des Jahres 1870 (in Paris, London und Frankfurt die Häuser Rothschild, in Berlin Bleichroeder, in Amsterdam Goldschmidt-Fould).

6) Zinszahlung in Silber; 125 Silberrubel wurden auf 134 Taler, 500 Franken, 20 Sovereigns tarifiert (Berlin: Mendelssohn und Co.; London: Gebr. Baring; Paris: société générale du crédit mobilier).

7) Die im Jahre 1854 emittierte Anleihe, deren Pariser Bankier die Firma Bischoffsheim, Goldschmidt et Cie. war, war in Franken- oder Sovereignsbeträge eingeteilt. Für die Berechnung von Kapital und Zinsen galt das £

Die Inhaber derartiger fremder Werte hatten somit häufig Gelegenheit, Entschädigungszahlungsmittel zu erlangen. In Frankreich selbst erhielt man die definitiv verwendbaren Metallfranken. Die Erträge der an ausländischen Plätzen eingereichten Zinsscheine wuchsen den französischen Guthaben in fremden Valuten zu und ergaben für die Entschädigungszahlung brauchbare Devisen, deren Werteinheiten man unabhängig von den Tagesnotierungen nach den feststehenden Relationen meist zu weit billigeren Kursen erwerben konnte, während sie an den Staat zu den gerade herrschenden Preisen verkauft wurden.

Die Kupons der türkischen Anleihen wurden so fast ausnahmslos von Händlern gesammelt und nach London verschickt, und die dabei erzielten Sovereigns wurden mit Nutzen veräußert [1]). Während die türkischen Zinszahlungen in Paris Mitte des Januars des Jahres 1870 noch 3 265 612 Franken erfordert hatten, wurden im Juli 1873 für denselben Zweck nur noch 728 181 Franken beansprucht [2]).

Der Betrag der Zinsen und Dividenden, der alljährlich vom Ausland an Frankreich geleistet werden mußte, wurde auf 600 bis 700 Millionen Franken geschätzt. Durch versäumte Einhebungen hatten sich die Fälligkeiten aus einzelnen Anlagen nach dem Kriege noch gehäuft, und wenn auch der Gesamtbesitz Frankreichs an internationalen Werten, wie sogleich gezeigt wird, zunächst stark abnahm, so handelte es sich doch noch um sehr beträchtliche Summen in fremden Valuten oder heimischen akzessorischen Kurantzeichen [3]). Von großer Bedeutung war der

immer gleich 25 Franken. Dieses Verhältnis wurde auch bei den Anleihen angenommen, die vom Jahre 1860 an fast ununterbrochen einander folgten (Beteiligte Banken in Paris: crédit industriel, Mirès et Cie., Erlanger et Cie., société générale p. f., crédit mobilier). Die Verzinsung der konsolidierten Anleihe vom Jahre 1865 (dette générale de l'Empire Ottoman) geschah in London, Paris (Oppenheim, Alberti et Cie. und comptoir d'escompte), Frankfurt (Gebr. Bethmann) und Amsterdam, die der Anleihe vom Jahre 1869 in London, Paris (comptoir d'escompte), Berlin (F. M. Magnus), Frankfurt (Erlanger und Söhne) und Hamburg (Norddeutsche Bank).

1) L'Economiste français v. 24. Oktober 1874. — 2) Ibidem.

3) Am 1. Juli 1869 wurden in Paris auf den semestralen Kupon der

Umstand, daß die gleichen Häuser, die mit der Zinsenlieferung betraut waren und die fremden Valuten in ihren Kassen vereinigten, auch bei der Devisenlieferung die führende Stellung einnahmen.

Sollten nun die im Ausland liegenden Kapitalien selbst französischen Anlagegelegenheiten zugeführt werden, so mußten sie in französische Valuta verwandelt werden. Man gab ihnen, soweit dies nicht schon ohnehin der Fall war, die Form von Anweisungen auf fremde Valuten und verkaufte diese Devisen gegen Franken, mit denen man in Franken zahlbare Anlagewerte erwerben konnte. Die Wechsel wurden von der auf Entschädigungszahlungsmittel gerichteten Nachfrage zu günstigen Preisen aufgenommen. Diese Kapitalübertragung war, wenn sich durch eine höhere Realverzinsung die Kapitalsumme rascher vermehrte, nicht nur deshalb kapitalistisch vorteilhaft. Es war auch der Zeitpunkt für die Uebertragung damals besonders geeignet, weil man bei den augenblicklichen intervalutarischen Kursen einen sehr hohen Grundbetrag in Franken erzielte.

Zur Deckung eines momentanen Wechselbedarfes ließ sich der Besitz an internationalen Effekten auch in der Weise ausbeuten, daß man nach dem Vorbild der banque de Paris diese Werte an ausländischen Börsenplätzen in Lombard gab. Die dadurch hervorgebrachten Gelder stellten ein für die Entschädigungsoperation vorläufig verwendbares Auslandguthaben dar. Spielte sich ein derartiges Geschäft in Deutschland ab, so stammten die Talersummen, die das Reich erhielt, aus deutschen Vorschüssen, und die Folge davon war unter Umständen eine den Geldmarkt beeinträchtigende Knappheit in den Mitteln der deutschen Banken [1]). Ob, wie behauptet wurde, die deutsche Regierung tatsächlich gegen eine derartige Beschaffungsweise in Versailles Einspruch erhob, läßt sich nicht nachweisen [2]).

---

italienischen Rente 40 300 000 Franken ausbezahlt, am 1. Januar 1874 noch 25 Millionen Franken.

1) Vgl. Frankfurter Ztg. v. 13. April 1873.

2) Vgl. ibidem v. 20. April 1873.

Die größte Wirkung aber übte der internationale Effektenbesitz Frankreichs auf die Entstehung von Handelswechseln dadurch aus, daß er die Möglichkeit gewährte, Staatsfonds, Obligationen oder Aktien, die man früher vom Ausland gegen Hingabe von Franken übernommen hatte, wieder in das Ausland zurückzuleiten und die daraus erlösten Valuten in Frankreich zu verwerten.

Schon aus den Zinsforderungen Frankreichs an das Ausland war die reiche Zusammensetzung der hier verbreiteten Anlagepapiere erkennbar. Die Vorliebe, die darin bestand, Ersparnisse eher zum Ankauf fest verzinslicher Effekten zu benutzen, als sie in geschäftliche Unternehmungen zu stecken, hatte sich schon lange vor dem Krieg entwickelt gehabt [1]). In seiner Bedeutung als geldgebende Nation übertraf Frankreich alle übrigen Länder. Der persönliche Erwerbssinn der Engländer war noch lebendig und anderen Anlageneigungen weniger zugänglich. Paris war so zum ausgedehnten Markt für internationale Effekten geworden, auf dem namentlich auch deutsche Finanzleute ein weites Tätigkeitsfeld fanden.

Der Zuzug ausländischer Werte war nur in den Vierzigerjahren durch die Aufnahme heimischer Eisenbahnpapiere unterbrochen worden, um sich dann aufs neue fortzusetzen [2]). Zwischen der Pariser und Wiener Finanzwelt bestanden die engsten Beziehungen. Neben den Aktien österreichischer Banken wie der Bodenkreditanstalt oder des Bankvereins wurden vor allem österreichische Staatsfonds [3]), die den neapolitanischen, italieni-

1) Die französische Rente wurde in dieser Zeit mehr als Spekulations- als als Anlagewert betrachtet. Daher ihre unstete Kursbewegung. Man legte vor allem auf hohe Verzinsung Gewicht, mehr als auf Sicherheit (vgl. Alfred Neymarck, Aperçus financiers 1868—1872).

2) Vgl. Bailleux de Marisy, Moeurs financières de la France i. Revue des deux mondes 1874.

3) So das in Paris im Jahre 1868 in eine 5%ige „Silberrente" umgewandelte österreichische Anlehen vom Jahre 1865 (sog. emprunt français). Die Kupons wurden an der Pariser Kasse des crédit foncier d'Autriche zum festen Kurs von 1 fl. = 2,5 Franken ausbezahlt. Für einige andere Sorten österreichischer Fonds war das Haus Rothschild tätig. Die ungarische

schen [1]) und spanischen [2]) Emissionen gefolgt waren, Domänenpfandbriefe [3]) und Eisenbahnwerte [4]) gehandelt. Nachdem auch

---

Anleihe 1867 (société générale p. f.) wurde in französischer Valuta ausgefertigt.

1) Frankreich soll für mehr als 1 Milliarde Franken italienische Staatspapiere aufgenommen haben (vgl. Neymarck, l. c.): 3%ige und 5%ige rentes perpétuelles (Ges. bezw. Dekrete v. Jahre 1861); 5%ige rentes perpétuelles dites emprunt romain 1831—1857; 5%ige emprunt pontifical von 1860/64 und 1866. Sie wurden wie die Stadtanleihen, Tabaksaktien und -obligationen bereits oben genannt. — Rothschild war der Korrespondent des italienischen credito mobiliare. — Italienische Bahnen hatten ebenso wie Luxemburger, Schweizer und russische Gesellschaften eigene Vertretungen in Paris. Die banque de Paris leitete das Geschäft mit süditalienischen Bahnen.

2) Die spanische Regierung hatte in Paris eine besondere Agentur, die commission des finances d'Espagne. Das Wertverhältnis zwischen spanischer und französischer Geldeinheit wurde tarifarisch stabilisiert (1:5,4). Die Zinsen wurden nicht ihrem ganzen Betrage nach in Metall geleistet. — Die Stücke der im Jahre 1867 emittierten sog. Pagarèsanleihe gingen auf Franken, die Zinsen waren in Franken fällig (comptoir d'escompte). Ebenso verhielt es sich mit der Madrider Anleihe (Emile Erlanger et Cie.). — Auch für spanische Bahnen war Paris der Markt. Die meisten Gesellschaften hatten in Paris eigene Kontore; ebenso die société générale de crédit mobilier espagnol und die compagnie générale de crédit en Espagne. — Namentlich die banque de Paris war in spanischen Werten engagiert.

3) „Domaniales" wurden die im Jahre 1867 gegen französische Valuta emittierten 500 000 Obligationen der österreichischen Bodenkreditanstalt genannt, die in Paris eine Niederlassung hatte. (Im Gegensatz zu ihr war unter crédit mobilier Autrichien die K. K. priv. österreichische Kreditanstalt für Handel und Gewerbe zu verstehen.) Im Aufsichtsrat der Gesellschaft war Frankreich durch Hottinguer, Mallet, Joubert, de Bussierre, Schnapper, de Soubeyran vertreten.

4) Außer „Lombarden" und Staatsbahnen („Autrichiens") noch ein halbes Dutzend Eisenbahnwerte, namentlich Nordwestbahn, die auch an der Berliner Börse eingeführt war. — Die Stammaktien der österreichischen (lombardischen) Südbahngesellschaft lauteten auf Gulden und Franken, die Prioritäten auf Franken. Den Verwaltungsräten gehörten 8 in Paris oder London wohnende Mitglieder an. Diese bildeten ein eigenes Komitee zur Wahrung der Interessen der Aktionäre ihrer Länder. Die französischen Verwaltungsräte hatten bestimmte Vorrechte und übten einen weitgehenden Einfluß aus. Die Werte wurden auch an deutschen Börsen intensiv gehan-

russische [1]), belgische [2]) und holländische [3]) Titres eingeführt worden waren, wandte man sich Aegyptern [4]) und Türken [5]) zu, die seit dem Jahre 1860 bis in die kleinsten Vermögenskreise eindrangen. Endlich erschloß sich die Börse überseeischen Ländern wie Mexiko [6]) und Peru [7]). Von nordamerikanischen Staatspapieren waren Anteile der konsolidierten Schuld und mehrere Typen langfristiger Schatzscheine, die damals zum Teil getilgt

---

delt. — Die Aktien der in Berlin als „Franzosen" bezeichneten Autrichiens lauteten auf Gulden und Franken, die Obligationen auf Franken. Im Jahre 1855 hatte eine französische Gesellschaft die nördliche und südliche Staatsbahn übernommen. Das Institut hatte in Paris ein eigenes Büro. Im Aufsichtsrat waren Mallet, Péreire, Germain.

1) 4½%ige Anleihe v. Jahre 1849; russisch-englische 5%ige Anleihe v. Jahre 1862; 4%ige Anleihen der Jahre 1867 und 1869; russische 5%ige fundierte Anleihe vom Jahre 1870.

2) Zinsendienst vermittelt durch das Haus Rothschild. — Die jüngeren Anleihen der Stadt Brüssel wurden in Paris von der Firma Marquard, André et Cie. und von der société des dépôts et comptes courants besorgt. Die Antwerpener Anleihe wurde von der société générale p. f. geleitet. — Die belgische société générale pour favoriser l'industrie nationale hatte in Paris eine Zweigstelle.

3) Es gab belgische und holländische Eisenbahnwerte, deren Aktien und Obligationen bisweilen auch in Talern begültigt waren und deren Verzinsung in Berlin erfolgte, was für die Zahlungsmittelbeschaffung wichtig war (Aktien und Prioritäten der Aachen-Mastricher Bahn, der Amsterdam-Rotterdamer Eisenbahn, der nordbrabantisch-deutschen Eisenbahn).

4) Das Bankhaus Pastré, die banque franco-égyptienne und die société générale p. f. teilten sich in den Dienst der verschiedenen, auf französische Werteinheiten lautenden Anleihen.

5) 6%ige Anleihe 1854; 6%ige Anleihe der Jahre 1860, 1863 (banque Ottomane in London und Paris), 1864 (Zinsen und Kapital in Franken begültigt); 5%ige konsolidierte Anleihe vom Jahre 1865 (Stücke in türkischer, englischer und französischer Valuta ausgestellt; banque Ottomane); 6%ige Schatzscheine in Franken vom Jahre 1868; 6%ige Anleihe 1869 (Beträge in Franken).

6) Etwa ein Kapital von 1 Milliarde beanspruchend (vgl. Neymarck, l. c.).

7) Die Anleihen von Haiti und Honduras wurden in Franken aufgenommen. — Peru legte im Jahre 1870 (und dann wieder 1872) eine 6%ige Sterlinganleihe auf (société générale p. f.).

wurden, auf dem Markt [1]). Amerikaner, Aegypter, Türken und Spanier waren fast ausschließlich Gegenstand des Kulissegeschäftes [2]).

Noch in den letzten Jahren waren in Paris bedeutende Summen in fremden Werten aufgelegt worden [3]), und wenn sich an den Emissionen auch ausländische Zeichner beteiligten, so konnte Frankreich seinerseits zum Gelingen der im Ausland eröffneten Subskriptionen beitragen.

---

1) 6%ige 5—20 Schatzscheine der Jahre 1862, 1864, 1865, 1867, 1868. Vom Ausgang des Jahres 1871 bis zum Herbst des Jahres 1873 wurden 110 Millionen Dollars zurückbezahlt. — 5%ige 10—40 Schatzscheine. — Die 5%ige konsolidierte Schuld kam im August 1871 und im Februar 1873 heraus. Der Zinsendienst wurde durch Rothschild versehen.

2) Der offizielle Kurszettel des Jahres 1870 enthielt folgende Hauptwerte: Verschiedene Typen französischer Staatsfonds; Tresorobligationen und Schatzscheine, Pariser Stadtanleihe, Anleihe des Seinedepartements. — Heimische Banken (b. de France, comptoir d'escompte, crédit agricole, crédit foncier colonial, crédit foncier de France, société générale Algérienne, crédit industriel, société générale du crédit mobilier, société des dépôts et comptes courants, société générale pour favoriser. . . .). — Französische Bahnen. — Docks et entrepôts de Marseille; entrepôts et magasins généraux de Paris. — Compagnie Parisienne du gaz. — Compagnie immobilière. — Compagnie générale transatlantique. — Messageries impériales. — Salines de l'Est. — Canal maritime de Suez. — Oesterreichische (1852, 1859, métalliques), spanische, italienische Fonds, Vereinigte Staatenanleihen, Mexikaner, Portugiesen, Russen, Türken, dette Turque, emprunt Ottoman. — Ottomanische Bank; — crédit et dépôts des Pays-Bas; crédit foncier d'Autriche, crédit mobilier Espagnol. — Société Autrichienne; Est-Hongrois; Guillaume-Luxembourg; Lombarden; Nordwestbahn; Nord-Espagnol; Pampelune et Barcelone; Portugais (compagnie royale); chemins de fer Romains; Saragosse à Madrid; Viktor-Emmanuel. — Französische Kabel. —

Auffallend ist der fast gänzliche Mangel an Industriepapieren. Die bevorzugtesten Spekulationswerte des Jahres 1869 waren 3%ige Rente, crédit foncier, österreichische Staatsbahn und Lombarden, ferner Spanier, Suezaktien, Mobiliers.

3) Es wurden an der Pariser Börse an fremden Werten emittiert

im Jahre	1868	für 1 943 500 000	Franken
„ Jahre	1869	„ 2 045 440 000	„
„ 1. Trimester	1870	„ 1 048 000 000	„

(Journal des économistes 1871, pag. 141).

Die Beziehungen des französischen Kapitals zu Deutschland traten äußerlich nicht stark hervor. Doch soll auch französisches Geld bei der Finanzierung der deutschen Industrie, namentlich im Westen, erheblich mitgewirkt haben [1]), wie ja auch Belgien einen großen Teil des rheinisch-westfälischen Bergwerkbesitzes beherrschte [2]). Diese Interessen wurden aber nur in seltenen Fällen aus dem allgemeinen Börsenverkehr erkennbar.

Die Werte einiger industrieller Unternehmungen, in deren Aufsichtsräten Franzosen saßen und die eine ständige Bankvertretung in Paris hatten, wurden in Paris gehandelt [3]). Die bayrische Ostbahngesellschaft war mit ihren Aktien in Paris, zugleich aber auch in London und Berlin eingeführt [4]). Einzelne deutsche Bankinstitute wie die Darmstädter Bank [5]), die Mitteldeutsche Kreditbank in Meiningen, der Schaffhausensche Bankverein in Köln, später auch die Deutsche Bank unterhielten ein

1) Vgl. Sartorius von Waltershausen, l. c., pag. 346.

2) Auch Gasanstalten und Pferdebahnen wurden durch belgische und englische Unternehmer und Gesellschaften gebaut und blieben bis in diese Zeit herein in ihren Händen. — Vgl. Heiligenstadt, Beiträge zur Lehre von den auswärtigen Wechselkursen i. Jahrb. f. Nat. und Stat. 3. F., Bd. 6, pag. 362. Durch derartige Kapitalinvestierungen wurde den betreffenden Ländern ihre Vermittlungsrolle bei der Zahlungsmittelbeschaffung jedenfalls sehr erleichtert.

3) Z. B. Aktien der Gesellschaft für Bergbau, Blei- und Zinkfabrikation zu Stolberg und Westfalen (1845); Phönix, Aktiengesellschaft für Bergbau und Hüttenbetrieb (1852), deren Bankier die société générale p. f. war; Schlesische Gesellschaft für Bergbau und Zinkhüttenbetrieb (1853), die ebenso wie die Eschweiler Gesellschaft für Bergbau und Hütten durch französische Aufsichtsratsmitglieder kontrolliert wurde. Das eine Unternehmen wurde durch den crédit mobilier, das andere durch die Firma Leyden, Premsel et Cie. vertreten. Später kam noch die Rheinisch-nassauische Bergwerks- und Hüttenaktiengesellschaft hinzu.

4) Ihre Interessen wurden in Paris durch die Firma Bischoffsheim, Goldschmidt et Cie. wahrgenommen.

5) Die Darmstädter Bank, zu deren Geschäftsaufgaben auch das Wechsel- und Devisengeschäft gehörte, stand in Korrespondenzbeziehung zur Firma Weisweiller, Goldschmidt et Cie., die vom Jahre 1873 an von der Deutschen Bank kommanditiert wurde. Sie besaß auch selbst Kommandite in Paris. Die Auszahlung ihrer Dividenden erfolgte durch das Bankhaus Leyden, Premsel et Cie.

festes Korrespondenzverhältnis mit Pariser Häusern oder waren als Kommandite an ihren Betrieben beteiligt [1]). Damit waren Verbindungen vorhanden, aus denen sich nicht nur laufende Kapitalübertragungen ergaben, sondern an die auch einmalige Gegenoperationen größeren Umfanges anknüpfen konnten. Die Preußische Zentralbodenkreditaktiengesellschaft war mit eine Gründung des Hauses Rothschild und des crédit foncier, und noch kurz vor dem Kriege spielte sich in ihren Aktien ein sehr lebhaftes Geschäft an der Pariser Börse ab [2]). Später begann man dann auch für französische Schöpfungen in Deutschland Kapital zu werben [3]). —

In diesen Besitzverhältnissen vollzog sich nach dem Kriege ein deutlich wahrnehmbarer Umschwung. Frankreich gab wenigstens für die nächste Zeit die Stellung auf, die es bisher auf dem internationalen Kapitalmarkt eingenommen hatte, und suchte die Verfügung über die in fremden Werten angelegten Summen wiederzuerlangen. Zu diesem Zwecke veräußerte man die zur Ausfuhr bestimmten Effektensorten, Italiener, Spanier, Türken, peruanische und tunesische Fonds, ottomanische Bank- und österreichische Bodenkreditaktien, österreichische und ungarische Eisenbahnpapiere [4]), in großen Mengen an das Ausland. Fast alle Börsen wurden von dieser Bewegung ergriffen. Außerdem aber fand sich für jedes der ausgewanderten Papiere ein Hauptmarkt, auf dem es unter die führenden Börsenwerte eintrat und mit besonderem Nachdruck gehandelt wurde. Eine außerordentliche Vielseitigkeit zeigte London, wo fast alle Arten Werte aufgenommen wurden und auch diejenigen exotischen Spekulationspapiere untergebracht werden konnten, deren Rolle an den kontinentalen Plätzen damals industrielle Spekulationseffekten innehatten.

1) Vgl. Salings Börsenpapiere 1875, III.

2) Vgl. Allgemeine Ztg. 30 Juni 1870. Pariser Meldung v. 28. Juni und 5. Juli 1870.

3) Die Aktien der im Jahre 1872 in Paris gegründeten banque française et italienne, zunächst nur 15 Millionen Franken, wurden auch durch Berliner, Breslauer, Frankfurter und Hamburger Häuser zur Emission gebracht.

4) Vgl. Say, Rapport.

So bildeten sich für die aus Frankreich verdrängten Werte neue Interessenkreise, an denen das französische Rentnerpublikum vorerst keinen oder nur noch einen verminderten Anteil hatte. Für die französischen Banken kamen diese Effekten nicht mehr für den Absatz im Inland in Betracht, sondern nur als Aequivalent für die von ihnen geforderte Beschaffung auswärtiger Valuten, mit der die Effektenausfuhr häufig zusammenfiel. Natürlich ging diese Veränderung zwar im ganzen ununterbrochen, aber doch nur langsam vor sich, wie die Entschädigungszahlungsmittel selbst nicht in einem einzigen Augenblick bereitgestellt werden mußten. Auch nachdem sie im wesentlichen vollendet war, dauerte noch das fortwährend rege internationale Arbitragegeschäft an [1]), von dem sich die französischen Banken bei den Interventionskäufen, zu denen sie gezwungen waren, ebenfalls nicht völlig zurückziehen konnten.

Die österreichischen Bankaktien und Eisenbahnwerte [2]), österreichische [3]), italienische [4]), aber auch russische [5]), türkische [6]) und amerikanische [7]) Fonds taten sich jetzt an der Berliner und Frankfurter Börse hervor, die dann wieder, was für die Abwicklung der Entschädigungsoperation sehr wichtig war, mit London und Brüssel zu weiteren Geschäften in diesen Werten in Verbindung traten [8]). Amerikanische Fonds wurden in Berlin von der Reichsregierung gefragt, die sie zu Anlagezwecken kaufte.

1) Vgl. L'Economiste français v. 15. Januar 1876; 25. März 1876.

2) Vgl. Frankfurter Ztg. v. 23. April, 23. Mai 1872; 30., 31. Januar, 8. Februar 1873. — Semaine financière v. 9. November 1872.

3) Vgl. Frankfurter Ztg. 2., 23. April 1872.

4) Vgl. Allgemeine Ztg. v. 2. Januar 1872; Frankfurter Ztg. v. 12., 23. April 1872; Semaine financière 9. November 1872.

5) Vgl. Frankfurter Ztg. v. 23. April 1872.

6) Vgl. M. d. P. v. 27. Januar 1872; Frankfurter Ztg. v. 2., 4., 12., 23. April 1872.

7) Vgl. Frankfurter Ztg. v. 2., 12., 23. April 1872.

8) Deutschland macht in London beispielsweise Abschlüsse in Italienern, Amerikanern, Spaniern, Türken, Aegyptern, Lombarden; vgl. M. d. P. v. 30. Oktober, 21. November 1871; 15. Februar, 16., 20. März, 3. April, 31. Mai 1872. — In Brüssel wurden von Deutschland aus Oesterreicher gekauft; vgl. M. d. P. v. 2., 10. März 1872.

Wien übernahm Posten seiner Bahnenpapiere [1]). In Brüssel ließen sich vor allem die österreichischen Métalliques und spanische Bahnen nieder. An der Londoner Börse wurden damals neben den eigenen Konsols Anleihen von Honduras, Mexiko, Peru und den Vereinigten Staaten umgesetzt, ferner Türken [2]), Aegypter, Italiener [3]), Spanier [4]), Russen, aber auch Lombarden [5]), amerikanische Bahnen und Aktien der ottomanischen Bank. Die société générale entledigte sich ihrer Vorräte an Peruanern und Türken in London, was sich jedesmal am Anschwellen ihres Devisenportefeuilles bemerkbar machte [6]).

Amerikaner waren schon im August 1870 in solchem Umfang nach London abgestoßen worden, daß in Paris der Sterlingkurs erheblich zurückging und mit ihm das Agio des Goldfrankens gegenüber der Note sank [7]). Von den starken Beständen sechsprozentiger Anleihe, die sich in Frankreich befanden, verfielen einzelne Serien im Laufe der Jahre 1872 und 1873, und da dagegen nur geringe Beträge fünfprozentiger Rente aufgenommen wurden [8]), so wurden die Kapitalsummen in Form von Anweisungen auf das Ausland flüssig. Papiere dieser Art boten vor ihrer Rückzahlung keine Aussichten mehr auf Kursgewinn und so wurden sie vor Emission der französischen Anleihen, die hierin nicht beschränkt waren, noch einmal mit besonderer Vorliebe losgeschlagen [9]).

Italienische Rente und andere Werte italienischer Herkunft [10]) kehrten, wie sich aus dem Steigen des Pariser Franken-

1) M. d. P. 27. September 1871; Frankfurter Ztg. v. 8. Februar 1873.

2) M. d. P. v. 18. August 1871; Frankfurter Ztg. v. 8. Februar 1873.

3) Vgl. M. d. P. v. 15. März, 2. August, 20. August, 8. September 1871; Allgemeine Ztg. v. 2. Januar 1872.

4) M. d. P. v. 15. März, 18. August 1871.

5) Vgl. M. d. P. v. 18. August, 20. September 1871.

6) Vgl. M. d. P. v. 20. März, 5. Juni, 20. August 1871.

7) Vgl. Frankfurter Ztg. v. 21., 27. August, 1. September 1870.

8) Vgl. M. d. P. v. 28. Januar 1872.

9) Amerikaner waren in England eine Zeitlang besonders gesucht, weil England mit ihrer Hilfe die aus der Alabamaangelegenheit entstandene Entschädigungsschuld leistete.

10) Bahnen, Tabakaktien und -obligationen.

kurses in Italien erkennen ließ, um diese Zeit zum Teil in ihr Ursprungsland zurück [1]). Auch Deutschland benutzte die Gelegenheit, die von Frankreich bezogenen Kapitalien zurückzuliefern und seine Anlagewerte nun selbst zu übernehmen [2]). Bei den Aktien der Preußischen Bodenkreditanstalt [3]) und den Stücken der Ostbahngesellschaft [4]) machte sich dieser Vorgang offen bemerkbar.

Die Börsenberichte der damaligen Zeit enthielten demgemäß eine Fülle immer sich wiederholender Meldungen von Verkäufen und Transaktionen in internationalen, aus Frankreich abgewanderten Effekten. Sie in diesem Zusammenhang einzeln aufzuführen, ist nicht möglich. Als Ganzes betrachtet erwecken sie den Eindruck einer großen und einheitlichen örtlichen Verschiebung mobiler Anlagewerte, die sich für Frankreich als eine geschlossene nationale Bewegung darstellt.

Die Verkäufe begannen unmittelbar nach dem Krieg und wurden nur durch die Kommune aufgehalten, wo man sich an den auswärtigen Plätzen wieder den früher bevorzugten Effekten zuwandte. Auch auf die Nachricht von der starken Ueberzeichnung der französischen Anleihe ließen die Abgaben der alten Anlagewerte etwas nach [5]). Die Geschäfte wurden entweder in

---

1) Vgl. M. d. P. v. 8. Oktober 1871, 24. Januar 1872; Allgemeine Ztg. v. 2. Jan. 1872. — Es wurde schon darauf hingewiesen, wie sich die Zinszahlungen für Italiener in Paris verringerten. Nach Say (Rapport) wurden für Kupons italienischer Rente im Jahre 1868 85 Millionen Franken ausbezahlt, 1872 nur noch 60 Millionen Franken. Die aus türkischen Werten abgelieferten Zinsbeträge verminderten sich nach Says Angaben von 3¼ Millionen Franken im Jahre 1870 auf 512 081 und 665 225 Franken im Juli 1872 und Januar 1873. Von da an näherte man sich wieder dem früheren Zustand; Januar 1874: 1 700 000 Franken.

2) Einige größere Bergwerke am Rhein gingen aus französischem in deutschen Besitz über; vgl. Sartorius von Waltershausen, l. c., pag. 346 f. Daß sich dieser Wechsel auch auf die von anderen Ländern aus unternommenen Anlagen erstreckten, wurde schon hervorgehoben; vgl. Heiligenstadt, l. c.

3) Vgl. Allgemeine Ztg. v. 22. Januar 1872.

4) Journal d. D. v. 30. August 1872.

5) Vgl. M. d. P. v. 2. Juli 1871.

Paris abgeschlossen [1]), indem das Ausland als Käufer erschien, oder die Effekten wurden an die fremden Börsen gebracht und dort angeboten [2]).

Die von Frankreich ausgehende Effektenausfuhr äußerte sich aber nicht nur in nichtfranzösischen Werten, sondern erfaßte, wie schon berichtet wurde, mit derselben Wirkung für die pantopolische Bilanz die Titres seiner eigenen Anleihen [3]). Auch hierdurch verpflichtete sich Frankreich das Ausland zu Summenzahlungen. Dies galt sowohl von den Stücken des alten dreiprozentigen Rententyps [4]) als auch namentlich von den Neuemissionen, auf die sich an verschiedenen Auslandbörsen zeitweilig das Geschäft allein konzentrierte [5]). In London wurden alle Arten französischer Fonds, auch Morgananleihe, zur Spekulation und zur Anlage gesucht [6]) und dazu kamen noch die Beträge der Pariser 350-Millionenanleihe, die durch Vermittlung des Hauses Rothschild und der banque des Pays-Bas untergebracht wurden [7]). —

In allen diesen Fällen, bei der Ausfuhr fremder oder heimischer Effekten, bei der Gewinnung von Geldbeiträgen aus dem Ausland, bei der Einziehung fälliger Kapitalforderungen war

1) Vgl. M. d. P. 11., 22. Juni 1871 (Italiener, Russen, Amerikaner, Spanier, Peruaner, foncier d'Autriche); 27. September 1871 (Autrichiens, Lombarden für Berlin und Wien gekauft); 8. Oktober 1871; 6. März, 7. Juni (Italiener), 10. August, 11. September 1872. — Allgemeine Ztg. 2. Januar 1872 (London, Florenz, Berlin kaufen Italiener); 13. Februar 1872 (deutsche Käufe). — Semaine financière v. 9. November 1872 (Italiener und Autrichiens für deutsche Rechnung gekauft).

2) In Frankfurt und Berlin trafen täglich große Mengen Autrichiens aus Paris und Lyon ein, vgl. M. d. P. 11., 22. Juni 1871. — London: vgl. M. d. P. v. 15., 18., 29. August 1871.

3) Journal d. D. v. 3. März 1873. — Als im Februar und März 1873 der Zinsfuß im Ausland sank, wurde französische Rente gesucht.

4) Vgl. Allgemeine Ztg. v. 23. März 1871; M. d. P. v. 15. März, 30. Juli 1871.

5) In Brüssel, vgl. M. d. P. v. 30. Juli 1871; in Deutschland, das auch bedeutende Mengen zur Spekulation mittels Liberierung aufnahm, vgl. M. d. P. v. 5. März 1872; Frankfurter Ztg. v. 21. September 1872.

6) Vgl. M. d. P. v. 15. März, 1. Juli, 15. August 1871. — Frankfurter Ztg. v. 21. Januar, 28. April 1873. — Journal d. D. v. 3. Mai 1873.

7) Vgl. M. d. P. v. 23. September 1871.

der augenblickliche Erfolg der gleiche. Es wurden Geldansprüche dem Ausland gegenüber begründet, die aus der Realisierung gegebener Verhältnisse hervorgingen. Jedenfalls wurden dadurch momentan Summen verfügbar, deren valutarische Beschaffenheit die Deckung der Entschädigungsschuld erleichterte. Da dabei ganze Kapitalbeträge zu leisten waren, so war die Menge der aufgebrachten Werteinheiten bedeutend. Dem stand allerdings für die Zukunft der Entgang bisher genossener Zinsen oder die Verpflichtung zur Zinslieferung oder zur Austeilung von Geschäftsgewinnen gegenüber.

Die Valuten, auf die die Geldansprüche lauteten, richteten sich zunächst nach den Valuten, in denen die einzelnen Operationen abgeschlossen wurden. Wurden in London, Brüssel oder Berlin Effekten gegen Werteinheiten der betreffenden Länder abgesetzt, so entstanden daraus Guthaben in Sovereigns, belgischen Franken oder Talern, auf die für die Entschädigungszahlung brauchbare Devisen gezogen werden konnten, die von den Interessenten mittels valutarischer Frankennoten erworben wurden. Der Kaufpreis war so von vornherein in provisorischen oder definitiven Entschädigungszahlungsmitteln vereinbart. Dies lag besonders nahe, wenn der Absatz der Effekten in England, Belgien, Holland oder Deutschland geschah. Der Preis eines in Franken ausgestellten Papiers verstand sich etwa in Sovereigns, wobei sich die Höhe der Summe aus dem Kursstand des Papiers und dem fest vereinbarten oder wechselnden intervalutarischen Wertverhältnis zwischen Franken und Sovereign berechnete [1]). Wurde das Effekt an der Pariser Börse verkauft, so konnte der Preis ausdrücklich in einer fremden, als Entschädigungszahlungsmittel tauglichen Valuta ausbedungen werden. So wurden in Paris für Rechnung eines Berliner Bankiersyndikates französische Renten gekauft, für die nicht französische Noten, sondern kurzfristige Wechsel auf Berlin und andere deutsche Plätze in Zahlung gegeben wurden [2]).

---

1) Vgl. M. d. P. v. 4. April 1872.

2) Frankfurter Ztg. v. 21. September 1872.

Bestimmte sich der Preis des in Paris gehandelten Effektes nach Franken, so mußte sich das Ausland die erforderlichen Frankenbeträge zur Remittierung beschaffen. Inwieweit dies möglich war, hing von der Gestaltung der gesamten pantopolischen Fälligkeitsbilanz ab.

Frankreich zum Beispiel war an Deutschland im ganzen verschuldet. Durch die Entschädigungsleistung kamen nicht unmittelbar Frankendevisen, sondern nur Talerwechsel und Devisen auf England, Belgien und Holland auf den Markt. Die Frankenwechsel wurden jedoch insofern von der Entschädigungsschuld berührt, als durch sie ihre Erzeugung begünstigt wurde. Ohne die Effektenkäufe hätte sich überhaupt keine Nachfrage nach Frankenwechseln in Deutschland erhoben. Wären sie in großen Mengen vorhanden gewesen, so wären sie vernachlässigt worden, da man keine Verwendung für sie gehabt hätte. Hätten sie ganz gefehlt, so hätte man sie nicht vermißt. Nun konnten die Agioteure in Berlin Frankenwechsel anbieten und sie waren um so mäßiger in ihren Forderungen, als die dafür erlösten Taler in Paris für die Entschädigung gesucht waren. Der Effektenkäufer konnte sich die Anzahl Franken, die er zu dem Geschäft brauchte, auch in Paris selbst verschaffen, indem er seinerseits Talerdevisen verkaufte, für die er bereitwillige Abnehmer fand. Beide Male entwickelte sich aus dem Effektenverkauf ein vermehrtes Angebot von Talerwechseln in Paris, die an das Reich übertragen werden konnten. Die Preisbedingungen wurden für den Franken immer besser, wenn die Effektenausfuhr zunahm und der Zahlungsmittelbedarf für die Entschädigung weniger dringlich war. Die gleiche Lage ergab sich unter Umständen, wenn England oder Belgien ihre Effektenkäufe in Paris machten und sie nun mit Franken decken mußten.

Trotz der Entschädigungsschuld konnten aus diesen Verhältnissen augenblicklich Konjunkturen hervorgehen, unter denen für Staaten mit Metallvaluten der Export ihrer valutarischen Stücke zur Bezahlung Frankreichs vorteilhaft war. Dieser Export konnte tatsächlich durchgeführt werden und das Material zur Prägung akzessorischer, für die Entschädigung verwendbarer

Kurantfranken liefern. Man konnte aber auch die für Frankreich bestimmten Münzmengen als Metallguthaben Frankreichs im Ausland belassen und als Unterlage für Wechselziehungen zur Entschädigungstilgung benutzen. Ein Land, dessen Valuta für die Verwandlung in Franken ungeeignet war, konnte aus der Uebernahme von Effekten entstandene Schulden auch in der Weise ausgleichen, daß es seinen Besitz an Entschädigungswerten nach Paris schickte und hier gegen Franken günstig veräußerte, so daß sich auch diese Effektensendungen schließlich in einer Steigerung des Angebotes in Entschädigungszahlungsmitteln äußerten. Italien bezahlte beispielsweise seine Frankenschuld teils in Gold, teils durch Remittierung von Devisen auf Sovereigns und Schweizer Franken.

Bezog Deutschland die Effekten direkt von Frankreich, so erhielt man dafür unmittelbar Talerwechsel. Gelangten die Effekten auf dem Umweg über England oder Belgien in deutschen Besitz, so war der Verlauf nicht ganz so einfach. Von England bekam Frankreich für die ausgeführten Werte Sovereignswechsel. Sovereigns wurden von Deutschland gesucht, um die von England erworbenen Effekten zu bezahlen, und damit war Frankreich Gelegenheit gegeben, die provisorischen Sovereignswechsel in Berlin in definitive Talerbeträge zu verwandeln. Verfügte aber England infolge seiner Effektengeschäfte mit Deutschland über einen starken Vorrat von Talerforderungen, so konnte Frankreich mit seinen in London liegenden Sovereignsguthaben Summen davon an sich bringen. Insofern hatte auch der Effektenverkehr, der sich zwischen Deutschland und England oder Belgien abspielte, großen Einfluß auf die technische Lösung der Entschädigungsschuld. Das Effektengeschäft, das für Frankreich provisorische Entschädigungsvaluten lieferte, enthielt, wenn es sich in der Richtung auf Deutschland fortsetzte, zugleich die Möglichkeit, die Summen provisorischer Entschädigungszahlungsmittel in definitive überzuleiten.

Beteiligte sich das Reich selbst an den Effektenkäufen, wie es bei den amerikanischen Fonds der Fall war, so machten die bei der Entschädigungsoperation verwendeten Zahlungsmittel einen merkwürdigen Kreislauf durch. Das Reich schuldete Taler für die aus Frankreich stammenden Titres. Die französische Regierung schuldete Taler an das Reich aus der Entschädigung. Hätten sich die beiden Regierungen in diesen Verbindlichkeiten unmittelbar gegenübergestanden, so wäre eine Kompensierung möglich gewesen. In Wirklichkeit war es so, daß das Reich die Effekten mit Talern bezahlte, die es aus der Entschädigung eingenommen hatte. Die französische Finanzverwaltung bezog Taler von den Banken, die jene Effekten an Deutschland gegen Taler verkauft hatten. Sie übertrug die Taler an das Reich, das nun neue Talermengen für die Effektenbeschaffung übrig hatte. Die Taler gingen auf den französischen Händler über, von diesem auf die französische Regierung und von ihr gelangten die nämlichen Taler wieder an die Kassen des Reiches zurück.

Die Voraussetzungen für diese umfassende Effektenbewegung waren auf der einen Seite günstige Verkaufsbedingungen und vorteilhafte Verwendungsgelegenheiten für die erlösten Summen, auf der anderen Seite das Vorhandensein einer zahlungsfähigen Käuferklasse [1]). Diese Voraussetzungen waren damals in jeder Hinsicht gegeben.

Eine Reihe von Motiven bestimmte den französischen Rentner zum Anlagewechsel. In den Anleihen des eigenen Staates eröffnete sich ihm ein neuer Anlagewert, der vor seinem bisherigen Effektenbesitz viele Eigenschaften voraus hatte. Es verband sich in ihnen die Solidität der Anlage mit hoher Verzinsung und Aussichten auf Kursgewinn. Dann war aber auch der Augenblick gekommen, wo man die Kurssteigerungen realisieren konnte, die die auswärtigen Werte bisher aufzuweisen hatten. Um den heimischen Emissionen die erwünschte Beteiligung zu sichern, war man an der Börse bemüht, eine Hausse in fremden Papieren herbeizuführen, auf die alten französischen Fonds dagegen einen Druck auszuüben. Auch der Staat hatte, wie wir wissen, nichts versäumt, um die Veränderung in Fluß zu bringen.

Manche der ausländischen Effekten hatten ihren Kurs in der letzten Zeit noch um 20—30% verbessert. Italienische Rente,

1) Vgl. Sartorius von Waltershausen, l. c., pag. 108.

die im Jahre 1868 noch auf 41 Franken gestanden hatte, ging im Jahre 1872 nicht unter 65 Franken herunter [1]). Russen, deren mittlerer Kurs im Jahre 1869 87,5 Franken nicht überschritt, erreichten im Jahre 1873 die Parität. Der Durchschnittskurs österreichischer Obligationen hatte im Jahre 1869 235 Franken betragen. Im Jahre 1873 hob er sich auf 330 Franken [2]). Sechsprozentige Amerikaner hatten sich im Jahre 1868 auf 79—86 Franken gestellt. Nach dem Kriege stiegen sie auf 107, 110 und selbst auf 114 Franken. Fünfprozentige Türken kamen auf 50, 53 und 55 Franken, nachdem sie noch im Jahre 1867 27—34 Franken und im Jahre 1869 37—46 Franken gekostet hatten. Ebenso verhielt es sich mit Aegyptern, auswärtigen Bahnen und Banken bis zum crédit mobilier Espagnol und zum crédit mobilier Italien.

Durch die Rückzahlung deutscher Anleihen waren andererseits Kapitalmengen frei geworden, die sich den von Frankreich aufgegebenen Werten zuwenden konnten [3]). War einmal mit den

---

1) Sie schwankte im Jahre 1867 zwischen 43 und 56 Franken, 1868 zwischen 41 und 58 Franken, 1869 zwischen 51 und 58 Franken. Jetzt verkauften sie die kleinen Kapitalisten womöglich zu 69 Franken.

2) Obligations domaniales d'Autriche notierten während des Jahres 1867 zwischen 213 und 216 Franken, 1869 zwischen 230 und 255 Franken, nach dem Kriege zwischen 275 und 300 Franken.

3) Vgl. Wagner bei Holtzendorff, pag. 235. — Nach Abzug von 600 836 627 Talern, die zu Ausgaben des Reiches verwendet wurden, blieben 793 Millionen Taler zur Verteilung an die Einzelstaaten, teils nach dem Maßstabe der militärischen Leistungen, teils nach dem herrschenden Matrikularfuß (vgl. Denkschrift des Reichskanzlers v. 13. Februar 1874 in Hirths Annalen 1874, pag. 759 ff.). Aus dem Ertrag der Entschädigung wurden zurückgezahlt für 4 274 500 Taler 5%ige Schatzanweisungen des Norddeutschen Bundes (Hirths Annalen 1872, pag. 1378). Die in zwei Emissionen ausgegebenen 102 Millionen Taler 5 jähriger 5%iger Bundesschatzanweisungen wurden durch Bekanntmachung des Reichskanzlers auf 1. Januar 1872 und 1. Februar 1872 gekündigt. Ferner hatte die Seehandlung bis Ende Januar 1871 auf Anordnung des Reichskanzlers 52 225 340 Taler 5-jähriger Bundesschatzanweisungen aufgekauft und an die Staatsschuldentilgungskasse abgeliefert (ibid. pag. 1367). Die Kriegsschuld des Norddeutschen Bundes, die Ende des Jahres 1871 220 020 800 Taler betragen hatte, war Ende des Jahres 1872 bis auf etwa 12 Millionen Taler getilgt (Helfferich, Geschichte, pag. 350).

Käufen der Anfang gemacht und die Internationalität der Werte noch mehr befestigt, so blieb der Verkehr damit erhalten und gewann an Bedeutung, je weiter verbreitet das Interesse an der Haltung eines Papieres war. Es war nunmehr Aufgabe der Pariser Börse, die mögliche Konkurrenz, die der Rente aus der Kursgestaltung fremder Effekten erwachsen konnte, niederzuhalten. Geringe Kurshöhe auswärtiger Werte veranlaßte jetzt das Ausland, seine Käufe aus doppelten Gründen fortzusetzen.

Die Effektenarbitrage nahm an Intensität noch dadurch zu, daß sich im Zusammenhang mit ihr die Valutenarbitrage geltend machte. Man kaufte in Paris Effekten, weil ihr Kurs günstig erschien und weil man die vorteilhaften Zahlbedingungen einer begehrten fremden Valuta, über die man verfügte, gerade am besten auszunutzen hoffte. Frankreich verkaufte an das Ausland Effekten in einem Zeitpunkt, wo der Kursgewinn seine höchste Höhe erreicht zu haben schien und sich die durch den Verkauf erzielte fremde Valuta am ertragreichsten verwerten ließ. Stand der intervalutarische Kurs des Sovereigns dem Franken gegenüber hoch, so veräußerten französische Häuser Effekten in London. Mit der Realisierung einer Kursdifferenz verknüpfte sich der Verdienst, der aus dem Verkauf der erlösten Sovereigns oder der in ihnen enthaltenen Goldmengen gegen Frankennoten hervorging.

So zeigte sich auch jetzt wieder, wie schon während des Krieges, welchen Nutzen die früher herrschende Gewohnheit der Kapitalisten, auswärtige Anlagewerte aufzusuchen, die in mehreren Ländern zugleich gehandelt wurden, für die Allgemeinheit haben konnte [1]). Hatte man damals an ihnen ein Mittel, das die Einführung des Zwangskurses in intervalutarischer Beziehung unbedenklich machte, so hatten sie jetzt den größten Anteil an der

Die Teile der Kriegsentschädigung, die für bestimmte Zwecke reserviert wurden (Invalidenfonds, Festungsbaufonds usw.), im ganzen ungefähr 800 Millionen Mark, wurden ebenfalls in Wertpapieren, Wechseln und Lombardbeleihungen angelegt, kamen also den französischen Absatzbestrebungen entgegen (ibid. pag. 356).

1) Vgl. Sartorius von Waltershausen, l. c., pag. 332 ff.

Lösung der Entschädigungsangelegenheit, und damit waren wieder aufs innigste Leistungen im Sinne der Valutaerhaltung verflochten. Daß sie diese Tätigkeit äußern konnten, beruhte allerdings auf einem glücklichen Umstand, der in solchen Fällen notwendig gegeben sein muß, darauf nämlich, daß nicht politische Hindernisse den Weg zu den Börsen versperrten, mit denen man dabei in Verkehr zu treten hatte. Der Effektenvorrat wirkte in dieser Lage wie ein verfügbarer Bestand von Devisen auf die wichtigsten Auslandsvaluten oder wie die Konzentration intervalutarisch verwertbaren Metallkurantgeldes an einer Stelle, während notale Kurantzeichen den inneren Umlauf versehen. Nur daß ihm nicht die Liquidität und die einfache Verwendungsart dieser Mittel zu eigen war.

Der Hergang, in den die Besitzer der fremden Effekten so entscheidend eingriffen, stellte sich, schematisch betrachtet, etwa folgendermaßen dar [1]): Der Rentner, der Inhaber eines internationalen Papieres war, faßte den Entschluß, sich an der Anleihe zu beteiligen, die der Staat zur Tilgung seiner Entschädigungsschuld aufnahm. Um die Franken, deren er zur Zeichnung bedurfte, zu erzielen, mußte er seine bisherige Anlage ganz oder teilweise veräußern. Er wandte sich an seinen Bankier, der ihm, selbst wieder durch die Zentralbank mit valutarischen Zeichen unterstützt, das Papier abkaufte [2]). Die Franken, die er dabei erhielt, lieferte er an den Staat ab. Er hatte sich nun Titres heimischer Rente verschafft. Der Staat hatte seine Anleihe untergebracht. In seine Kassen war der angesetzte Kapitalbetrag in Stücken der herrschenden Valuta geflossen.

Die Banken lenkten nun den Strom der Effektenarbitrage, deren Gesamthöhe auf mehrere Milliarden geschätzt wurde [3]), nach denjenigen Plätzen, an denen man Entschädigungszahlungsmittel erlöste und die zugleich die erforderliche Aufnahmefähigkeit

1) Vgl. auch Sartorius von Waltershausen, l. c., pag. 346 f.

2) Der Bankier konnte den Verkauf des Papiers auch nur kommissionsweise im Auftrag des bisherigen Inhabers durchführen.

3) Leroy-Beaulieu im L'Economiste français v. 20. September 1873. — Victor Bonnet in der Revue des deux mondes 1873 und 1874.

für die beabsichtigten Transaktionen besaßen. In erster Linie kamen hierfür London und Berlin in Betracht. Die Bedeutung Belgiens war geringer, und die mäßige Anzahl holländischer Devisen bei der Entschädigungstilgung erklärte sich vor allem aus der schwächeren Stellung des Amsterdamer Effektenmarktes. Dahin wurden die Effekten geschickt, sofern sie sich nicht schon im Ausland in Gewahrsam befanden. Die fremden Valuten, die die Banken durch den Verkauf der Effekten, auch solcher Werte, die ihren eigenen Besitz gebildet hatten, einnahmen, traten sie an den französischen Staatsschatz gegen Frankennoten ab. Die französische Regierung gewann so die Zahlungsmittel, die sie für die Entschädigung haben mußte. Sie verwandelte das ursprüngliche, aus Frankennoten betehende Anleiheergebnis in Beträge fremder Werteinheiten und gab ihm damit die durch den Anleihezweck bedingte Form. Die durch die Anleihe gewonnenen Franken dienten dem Staat als Kaufsumme für die Valutenbeschaffung. Die Banken gelangten wieder in den Besitz der Frankenmengen, die sie am Anfang an die verkaufenden Rentner gegeben hatten und konnten nun ihrerseits die auf valutarische Franken lautenden Verbindlichkeiten erfüllen, die sie im Zusammenhang mit diesen Operationen eingegangen hatten.

Die französische Regierung übertrug die angesammelten Entschädigungszahlungsmittel an das Reich. Das Reich, das dabei in der Hauptsache Taler erhielt und dessen Budget ganz allgemein einen außerordentlichen Einnahmezuwachs in Werteinheiten seiner Valuta erfuhr, bezahlte damit die Masse seiner Gläubiger. Diese vermochten nun den deutschen Banken die Effekten abzunehmen, die sie von französischen Häusern gekauft hatten, und ihnen damit die Mittel zu ersetzen, die sie zu diesem Zwecke aufgewendet hatten.

Dieser Verlauf, der sich in Wirklichkeit durch das Eintreten anderer Zwischenglieder und durch die Verwandlung provisorischer Entschädigungszahlungsmittel noch verwickelter und mannigfaltiger gestalten konnte, stand natürlich keineswegs unter dem einheitlichen Einfluß des Entschädigungsgedankens, sondern wurde durch privatkapitalistische Erwägungen in Gang gebracht. Die Lösung wurde aber dadurch wieder vereinfacht, daß die gleichen

Häuser, die im Syndikat oder für sich allein die Devisen für den Staat lieferten, zum großen Teil auch den Effektenexport durchführten. Dadurch blieb die Leitung der ganzen Bewegung durch mehrere Stadien hindurch in einer Hand vereinigt. Ankauf und Verkauf der Effekten, Gewinnung und Abgabe fremder Valuten erfolgten im Bewußtsein eines und desselben technischen Endzweckes. Dem Effektenabsatz im Ausland kam es ferner zustatten, wenn eine Niederlassung oder der Korrespondent der verkaufenden Bank gerade auch die Interessen des ausgeführten Wertes an der auswärtigen Börse vertrat.

Sowohl die Summenbeschaffung der Anleihe als auch die Stückbeschaffung für die Entschädigungsübergabe wurde so im Grunde vor allem dadurch ermöglicht, daß die Kapitalmengen, die Frankreich im Ausland investiert hatte, diese großen Geldreserven, flüssig gemacht wurden. Der Anleihezeichner leistete seine Geldeinzahlungen nicht aus bereit liegenden Vorräten ersparter oder überschüssiger Geldzeichen, sondern setzte seine Anlagewerte wieder in Zeichen um. Diese Werte wurden aber letzten Endes nicht an Personen des Inlandes abgestoßen, sondern die endgültige Uebernahme geschah durch das Ausland. Alles, was sich dazwischen schob, übte nur eine vermittelnde Rolle aus. Die Regierung erhielt die fremden Valuten, die sich schließlich aus der Reihe der Uebertragungsgeschäfte ergaben.

Versucht man diese Vorgänge unter Ausschaltung aller nur als Vermittler Beteiligten zu begreifen, so tritt dieser doppelte Erfolg der Effektenausfuhr für den Staat scharf hervor. Die Bank von Frankreich gewährte hiernach dem Anleihezeichner einen Vorschuß in Frankennoten, die er bei der Regierung hinterlegte, bis er seinen bisherigen Effektenbesitz gegen fremde Werteinheiten verkauft hatte. Nachdem dies geschehen war, löste er die Frankennoten gegen die gewonnenen Auslandsvaluten ein und gab die Noten der Bank zurück. Der Staat hatte dann für seine Rententitres Beträge fremder Valuten erhalten, die er zur Tilgung der Entschädigungsschuld verwendete. Der Anleihezeichner hatte seine Einzahlungen definitiv in fremden Werteinheiten gemacht, die er sich beim Verkauf seines internationalen Effektenbesitzes verschafft hatte. Der Besitz der Geldzeichen war für ihn nur vorübergehend und keinesfalls Selbstzweck. Er war das notwendige Mittel, um sein Kapital von einer Anlageform in eine andere überzuführen.

Die dauernde Folge war demnach ein durch die Verschuldung des Staates hervorgerufener Wechsel in der charakteristischen Anlageweise des französischen Sparkapitals. Dem entsprach auf der anderen Seite eine veränderte Verteilung der internationalen Effektenbestände auf die einzelnen Länder. Deutschland gewann mit einem Male einen Platz unter den Gläubigerstaaten. Frankreich schwächte, England verstärkte seine Stellung. Andere Länder wie Italien verminderten ihre Abhängigkeit als Schuldnerstaaten.

Dem französischen Rentner war es durch Emission großer Mengen heimischer Rente möglich gemacht, seine Kapitalien in inländischen Fonds zu plazieren, eine Gelegenheit, von der er seit dem Kriege immer Gebrauch machte. Die Spekulation wendete sich von fremden Effekten ab und der eigenen Rente zu. Das Effektengeschäft bezog sich im Augenblick fast ausschließlich auf diesen Umtauschprozeß [1]). Andere Emissionen kamen vorerst nicht zustande. Das Ausland organisierte seine Anleihen in London und nahm auf Paris nur äußerlich Rücksicht.

Nach und nach wurden auch die im Ausland untergebrachten Teile französischer Rente mit den inzwischen verfügbar gewordenen Ersparnissen nach Frankreich zurückberufen [2]). Dies war deshalb besonders wichtig, weil der Zinsendienst für die im Inland befindliche Rente die intervalutarischen Beziehungen des Frankens nicht berührte und den Mangel einer Goldvaluta in keinem Fall empfinden ließ. Er konnte in jeder Lage mit Noten und Kurantsilber erfüllt werden.

---

1) Vgl. z. B. Journal d. D. v. 22. Jan. 1873. „. . . . un agent de change me disait qu'il n'y a pas de jour qu'il ne lui arrive de vendre des actions, des obligations des chemins de fer français et étrangers et des fonds étrangers pour employer ces ventes en achats d'emprunt libéré ou non libéré. Toute l'épargne va aux fonds français. . . .".

2) Vgl. Say, Rapport.

Hatte sich der Kurs der ins Ausland gewanderten Rente dem Zinsfuß des fremden Börsenplatzes angepaßt, und war der Kurs in Paris ebenfalls in die Höhe gegangen, so realisierte der auswärtige Renteninhaber den Kursgewinn durch Verkauf der Rente in Paris. Denn auch der Frankenkurs, dem derartige Vorgänge dann allerdings wieder entgegenwirkten, hatte sich mittlerweile wieder verbessert und der Pariser Markt war wieder aufnahmefähiger geworden. War das intervalutarische Kursverhältnis dem Franken günstig, so erschien Frankreich auch selbst auf dem Auslandsmarkt als Käufer seiner Rente. So verhielt es sich mit den Stücken der beiden letzten Emissionen [1]) und auch mit den Titres älterer Typen, und zwar ging diese Rückkehr sehr rasch vor sich [2]).

Auch die aus Frankreich ausgeführten internationalen Werte, die die fremden Börsen nicht mit einem Male klassieren konnten, suchten wieder für einige Zeit Unterkunft in Frankreich. Als im Jahre 1873 die Krisis über Deutschland und Oesterreich hereinbrach und der Abschluß der Entschädigungszahlungen eine Spannung auf dem deutschen Geldmarkt erzeugte [3]), wurden namentlich bisher von Deutschland bevorzugte Effekten in bedeutenden Mengen nach Paris geworfen, Lombarden, Autrichiens, Métalliques, Domaniales, Ungarn, Italiener [4]). Auch von England aus wurden Effekten nach Frankreich zurückgeschickt, und Italien konnte nicht alle Titres seiner Rente, die es aufgenommen hatte, halten. Dieser Effektenstrom wirkte pantopolisch in derselben Richtung wie die Entschädigungsschuld. Er rief ebenso wie sie

1) Vgl. M. d. P. v. 18. Januar 1872. — Leroy-Beaulieu im L'Economiste français v. 20. September 1873. — Journal d. D. v. 23. September 1872.

2) Am 21. November zahlte die Londoner Finanzagentur nur 500 000 Franken für Rentenkupons aus.

3) Es wurden damals dem Geldmarkt die Beträge entzogen, die der französische Staat bisher Deutschland zu kurzfristiger Verwendung zur Verfügung gestellt gehabt hatte, und die Wechsel, die französische Häuser auf deutsche Banken gezogen hatten, wurden fällig.

4) Weniger russische, türkische, spanische Fonds. — Vgl. Frankfurter Ztg. Mai 1873. — M. d. P. v. 18. und 30. Dezember 1872. — Auch Aktien der banque de Paris et des Pays-Bas wurden für deutsche Rechnung in Paris verkauft.

eine Nachfrage nach fremden Valuten hervor und erschwerte dadurch die Beschaffung der Entschädigungszahlungsmittel.

Soweit die zurückgebrachten Werte von Frankreich aufgenommen wurden, standen ihre Kurse tiefer als kurz vorher, zu der Zeit, wo sie von Frankreich verkauft worden waren. Als sich die Lage in Deutschland wieder gebessert hatte und die Stücke nun endgültig übernommen werden konnten, waren die Kurse wieder gestiegen, so daß Frankreich bei dem ganzen Effektenhandel dieser Jahre äußerst günstig abschnitt. Es holte sich, wie man sich ausdrückte, auf dem „champ financier“ seine Revanche.

Allmählich kehrte die Pariser Börse wieder zu den regelmäßigen Geschäften zurück. Der Effektenmarkt hatte zwar mit der Klassierung der Rente noch genug zu tun, und Jahre mußten vergehen, bis sich Frankreich mit der alten Aktivität an ausländischen Emissionen beteiligen konnte. Auch war die Ausfuhr fremder Papiere noch nicht völlig beendet [1]). Aber es war immerhin bezeichnend, daß nach und nach wieder die eine oder andere Emission in Paris aufgelegt wurde. Damit war die Richtung gezeigt, die die zur Anlage verfügbaren Kapitalien einschlagen würden, sobald das Material an heimischen Fonds ihnen nicht mehr genügte. Frankreich befand sich bereits wieder auf dem Wege zum Gläubigerstaat. Waren die vom Ausland aufgenommenen Kapitalien, die das Inland nicht zu verlassen brauchten, geleistet, so konnte man Metallremittierungen erwarten, die für die Zukunft der französischen Valuta von höchstem Wert sein mußten.

Zunächst wurde mit dem Bau und der Projektierung neuer französischer Eisenbahnlinien der Anfang gemacht [2]). Dann suchten neben Banken und Kommunen fremde Staaten ihren Geldbedarf wieder in Paris zu decken [3]). Die offizielle Kursliste des

1) Vgl. M. d. P. v. 12. Dezember 1874.

2) Frankfurter Ztg. v. 13. April 1872.

3) Das Jahr 1871 brachte außer der Zweimilliardenanleihe und der Anleihe der Stadt Paris keine neuen Werte auf den Pariser Markt. Von den Emissionen, die im folgenden Jahre neben der großen heimischen Anleihe erfolgten, zum Teil allerdings nur aus formellen Gründen Paris berührend, sind u. a. zu nennen: Anleihe der Stadt Lyon, Stadtanleihe von Washington, Anleihen von Peru, Rußland, Spanien; türkische Eisenbahnobligationen;

Jahres 1873 enthielt neben den alten Papieren eine Reihe bisher noch nicht notierter Effekten.

Waren Londonwechsel in Paris billig zu haben, so kaufte man in London Stücke der früher aufgegebenen Werte zurück [1]). Zur vollen Entfaltung gelangten diese Ansätze aber erst zu Anfang der Achtzigerjahre [2]). Aber auch diese Rückkehr glich nicht ganz den Bestrebungen, die man zur Zeit des zweiten Kaiserreichs gehabt hatte. Während man damals fremde Gebiete kapitalistisch völlig zu durchdringen versuchte, beschränkte man sich von nun an ausnahmslos auf die Pflege des Staatsfondsmarktes [3]). —

Die Finanzwechsel hatten für die Regelung der Entschädigungsaktion eine doppelte Bedeutung. Sie kamen zunächst der ungedeckten Nachfrage nach Entschädigungszahlungsmitteln für den Staat entgegen, der das vorhandene Material an Handelswechseln allein nicht genügen konnte [4]). Da sie auf einem Kredit-

---

heimische Eisenbahnwerte: compagnie des chemins de fer des Vosges, de Seine et Marne, du chemin de fer d'Orléans à Châlons, de Lille à Valenciennes, de la Vendée. 400 000 Kommunal- und Departementalobligationen des crédit foncier de France. Der Bankgründungen (société franco-hollandaise, société française et italienne usw.) sowie der Kapitalerhöhungen von Banken (crédit Lyonnais, société financière de Paris) wurde schon an anderer Stelle gedacht.

1) M. d. P. v. 28. Februar, 26. März 1876. (Russen, Aegypter, Amerikaner, auch englische Konsols).

2) Vgl. Kimmich, l. c., pag. 68 f. Der Gesamtwert ausländischer, in französischem Besitz befindlicher Titres wurde geschätzt:

1871	auf	10—12	Milliarden	Franken
1880	„	12—15	„	„
1888	„	18½	„	„
1897	„	26	„	„

3) Vgl. Kimmich, l. c., pag. 69, Anm. 1.

4) Heiligenstadt, l. c., unterscheidet die Goldeinfuhr in ein Land, die sich aus den pantopolischen Verhältnissen und der Notwendigkeit des Zahlungsausgleiches ergibt, von den Goldsendungen, die unabhängig von den normalen Verkehrsbeziehungen auf Grund besonderer Finanzoperationen eingehen. Er nennt sie „Ordrebezüge". Eine ähnliche Verschiedenheit liegt bei der Entstehung der Wechsel vor, die für die Entschädigungszahlung verwendet wurden. Den Goldordrebezügen sind die „Wechselordrebezüge" vergleichbar.

verhältnis zwischen zwei Bankhäusern beruhten, gaben sie außerdem den Banken die Möglichkeit, sich zur Lieferung von Devisen zu verpflichten, ohne daß sie selbst eine der Höhe der Kosten entsprechende Geldsumme vorrätig hatten. Diese Möglichkeit wäre auch dadurch geboten worden, daß die lieferungspflichtige Bank von der ihr verbündeten Auslandfirma Handelswechsel in Entschädigungsvaluten erhalten hätte, deren Kaufpreis nicht sofort hätte entrichtet werden müssen. Bei den mit Hilfe von Finanzwechseln unternommenen Operationen kam aber noch hinzu, daß auch der Inhalt der geleisteten Wechsel auf die Kreditbeziehungen zurückzuführen war, von denen die Banken anläßlich der Entschädigungsaktion Gebrauch machten.

Französische Bankinstitute wie das comptoir d'escompte [1]) oder die banque de Paris [2]) hatten das Recht, auf ausländische Banken, zu denen sie im Korrespondenzverhältnis standen, innerhalb einer bestimmten Zeit Dreimonatswechsel zu ziehen, die auf vereinbarte Beträge in Entschädigungsvaluten lauteten. Oder die Auslandkorrespondenten überschickten ihnen Dreimonatsdevisen, die durch sie allein in der Absicht der Schaffung von Entschädigungszahlungsmitteln kreiert worden waren. Die Wechsel, die auf die verbündete Berliner Bank gezogen waren oder die die Berliner Bank durch Ziehung auf ihr befreundete deutsche Häuser eigens zu dem Zwecke hergestellt hatte, um sie nach Paris zu remittieren, konnten nun in Berlin bei anderen Banken diskontiert werden und ergaben damit für dieEntschädigungszahlung verwendungsbereite Talersummen [3]). Dies konnte so lange fortgesetzt werden, bis das Zentralnoteninstitut des auswärtigen Staates, etwa die Preußische Bank, die Rediskontierung langfristiger Wechsel verweigerte, die offensichtlich in derartigen Verbindungen mit französischen Banken ihren Ursprung hatten [4]).

1) Vgl. Journal d. D. v. 19. Mai 1873.

2) Vgl. Frankfurter Ztg. v. 13. April 1873.

3) Ibidem.

4) Vgl. Frankfurter Ztg. v. 4. Mai 1873. Die Preußische Bank nahm hiernach, um derartigen Transaktionen entgegenzutreten, Wechsel über 10 Tage, die auf solche Firmen gezogen waren, schließlich nicht mehr zur Diskontierung an.

Verabredungen, die zur Entstehung von Finanzwechseln führten, konnten namentlich zwischen Angehörigen des Bankiersyndikates getroffen werden, und da sich das Syndikat über so viele Länder erstreckte, so wurden Finanzwechsel auf alle zulässigen Entschädigungsvaluten hervorgebracht, auf Taler, süddeutsche Gulden, Sovereigns, belgische Franken und holländische Gulden. Die Stücke wurden entweder unmittelbar an das Reich übertragen oder bis zur Entschädigungstilgung in eine andere Form gebracht. Die Bank von England konnte nicht, wollte sie schwerwiegenden Folgen entgehen, ohne Zwang Wechsel erstklassiger Firmen von der Diskontierung ausschließen.

Die Finanzwechsel stellten Darlehen ausländischer Banken an französische Häuser in Gestalt von übertragbaren Valutaanweisungen dar. Die französische Bank erschien als der Wechselgläubiger der auswärtigen Bank und trat, wenn sie nicht selbst die Diskontierung des Wechsels unternahm und dadurch ein effektives Geldguthaben in fremder Valuta begründete, ihre Ansprüche an die französische Regierung ab. Sie erhielt dafür eine Summe valutarischer Franken und gelangte so in den Besitz heimischer Geldzeichen, die ihr ohne Ausnutzung ihres Trassierungsrechtes nicht zugeflossen wären. Diese Frankenbeträge lieferten dann wieder die Mittel für die Bank, durch die sie die infolge der Wechselziehung entstandene Schuld gegenüber der ausländischen Bank decken konnte.

Die französische Regierung löste den Wechsel ein oder gab ihn, da er allen Anforderungen eines Entschädigungszahlungsmittels genügte, an das Reich in Zahlung weiter, das ihn nun seinerseits bei Verfall präsentieren konnte. Ging der Wechsel vorher an Private über, so mußte an sie die fällige Wechselsumme geleistet werden.

Die Auslandbank oder ihre Korrespondenten hatten, wenn es von ihnen verlangt wurde, die Wechselschuld zu erfüllen. Sie mußten dem Wechselinhaber Geldzeichen der Wechselvaluta entrichten, für deren Bereitschaft sie zu sorgen hatten. Das Korrelat ihrer gegenwärtigen Eigenschaft als Wechselverpflichtete war indessen der außerhalb des Wechsels selbst liegende Anspruch, den sie gegenüber der französischen Bank auf Ersatz der von ihnen aufgewendeten Beträge hatten. Das Verhältnis, auf Grund dessen die französische Bank augenblicklich Devisenforderungen gewonnen hatte, verwandelte sich im weiteren Verlauf in eine Verbindlichkeit der französischen Bank. Wurde diese Verbindlichkeit exekutiert, so wurde das Ausland der Fälligkeitsgläubiger Frankreichs in Höhe des gelieferten Wechseldarlehens. Insofern fehlte auch diesen Wechselgeschäften späterhin nicht der tatsächliche Schuldgrund.

Die Vorschüsse, die die französische Firma von ihrem Auslandkorrespondenten bezogen hatte, konnten in Werteinheiten derselben fremden Valuta zurückerstattet werden müssen, in denen sie gemacht worden waren. Die Schuldhöhe war in dieser Valuta genau fixiert. Die Rückzahlung konnte aber auch in Franken ausbedungen sein [1]), wobei es dann dem Empfänger überlassen blieb, die Franken in Stücke seiner Valuta umzusetzen. Um Verlusten vorzubeugen, die der Gläubiger hierbei allenfalls durch die intervalutarischen Kursbeziehungen erleiden konnte, wurde möglicherweise ein bestimmtes Kursverhältnis vereinbart, das für die Rückzahlung der Schuld maßgebend sein sollte. Der Gläubiger erhielt dann nach dieser vertragsmäßigen Relation eine Frankensumme, aus der er mit Sicherheit mindestens etwa die gleiche Talersumme herstellen konnte, die er abgetreten hatte. Oder es mußte diejenige Frankensumme geleistet werden, die nach dem augenblicklichen Kursverhältnis einer bestimmten Talersumme gleichkam. Die französische Bank konnte sich wiederum in den Preisen, die sie von der Regierung für die Wechsel forderte, vor jedem Risiko schützen.

War der für die Deckung der Devisenschuld festgesetzte Zeitpunkt gekommen, so brauchte die Deckung noch nicht unbedingt verlangt zu werden. Die Fälligkeit konnte um einen oder mehrere Termine hinausgeschoben werden. Dies war insbesondere dann der Fall, wenn die durch die Wechsel verpflichteten Auslandbanken selbst nicht zur Einlösung der Devisen gezwungen worden waren. Das Reich konnte Summen, für die es augenblicklich keine

1) Vgl. Journal d. D. v. 19. Mai 1873.

Verwendung hatte, in Wechseln anlegen und zu diesem Zwecke die ihm übertragenen Stücke prolongieren. Erfuhren die englischen Banken, die beispielsweise Devisen geliefert hatten, auf diese Weise keinen Geldentzug, so konnten sie ihrerseits die Ersatzsummen den französischen Banken prolongieren [1]) und waren unter diesen Umständen auch zur Schaffung immer neuer Finanzwechsel bereit, die die Tilgung der Entschädigung beschleunigten. Solange die französische Schuld zwar zu Recht bestand, aber tatsächlich nicht erhoben wurde, waren die Deckungsbeträge allerdings in der pantopolischen Forderungsbilanz Englands gegenüber Frankreich enthalten, aber sie wirkten nicht auf die pantopolische Fälligkeitsbilanz ein [2]) und verursachten infolgedessen keine Nachfrage nach der englischen Valuta.

Die französischen Banken konnten die Franken, die sie vom Staat für die Wechsel in Zahlung genommen hatten, zu beliebigen Geschäften verwenden, bis sie zur Deckung ihrer Devisendarlehen herangezogen werden mußten. Dann wurden, falls nicht unmittelbar Deckung mit valutarischen Franken möglich war, mit den Franken Handelswechsel auf fremde Valuten gekauft, die in der Zwischenzeit durch regelmäßigen pantopolischen Verkehr, Waren- und Güterausfuhr, Transportleistungen, Ansammlung von Auslandsguthaben, hervorgebracht worden waren. Solche von den Banken erworbene und an ihre Korrespondenten überschickte Wechsel stützten sich auf den gleichen Komplex von Beziehungen, denen auch die von der Regierung bisher in Zahlung gegebenen Handelswechsel ihre Entstehung verdankten. Absicht der Banken war, die Wechsel gegen weniger Franken zu erlangen, als sie selbst von der Regierung dafür erhalten hatten.

Die Franken konnten auch zur Erwerbung von Zinsscheinen, vielleicht sogar von Kupons der heimischen Rente [3]), dienen, die in ausländischen Valuten oder Metallfranken zahlbar waren,

---

1) Frankfurter Ztg. v. 1. Dezember 1872.

2) Vgl. über diese Vorgänge Sartorius v. Waltershausen, l. c., pag. 76.

3) Die Kupons der Zweimilliardenanleihe, die in London in Sovereigns, ein £ für 25,3 Franken, eingelöst wurden, konnten z. B. zur Deckung nach England gehen.

oder zur Erwerbung von Effekten, deren Absatz auf Auslandsbörsen fremde Valuten hervorbrachte. Wurden derartige Kupons und Effekten, die ins Ausland gingen, dem eigenen Besitz der Banken entnommen, so ersetzten die Franken die damit aufgegebenen Vermögenswerte.

Auf diese Weise waren die Banken selbst an der Schaffung verfügbarer Auslandsguthaben beteiligt. Abschlüsse in Effekten konnten unmittelbar mit den Häusern gemacht werden, denen man durch Devisenlieferung verpflichtet war. Durch die Effektenremittierung wurde dann eine Kompensation der gegenseitigen Forderungen erreicht. So entrichteten die französischen Banken, die auf reichsländische Firmen Wechsel gezogen hatten, ihre Deckung in Effekten aller Art, während die bezogenen Institute bei Verfall der Wechsel die nötigen Summen zur Einlösung durch Diskontierung ihres Portefeuilles bei den Filialen der Preußischen Bank aufbrachten [1]). Ein Ausgleich den Auslandskorrespondenten gegenüber stellte sich schließlich auch dadurch her, daß der französische Bankier im Auftrag des fremden Einzahlungen auf die Rentenemissionen geleistet hatte, deren Beträge er seinerseits zu fordern hatte [2]).

Schwierigkeiten bereitete der Deckungsprozeß nur, wenn das Reich seinen Wechselbestand zu einer Zeit realisierte, wo die auswärtigen Geldmärkte selbst in Bedrängnis waren, wie etwa während der Krisis des Jahres 1873. Fanden die Wechselschuldner bei der Zentralnotenbank ihres Landes keine Unterstützung mehr und mußten sie daher zum Verkauf von Effekten schreiten und Gelder für die Wechseleinlösung verwenden, die sonst für andere Zwecke frei waren, so verschärften sie durch ihr Vorgehen die Lage auf dem Effekten- und dem Kapitalleihmarkt [3]). Sie waren nun darauf angewiesen, auch von den französischen Banken plötzlich Deckung zu verlangen [4]). Waren diese hierauf nicht gefaßt und konnten sie die von der Regierung erhaltenen Frankenmengen

1) Vgl. v. Lumm, l. c., pag. 73.
2) Vgl. L'Economiste français v. 28. März 1874.
3) Vgl. Frankfurter Ztg. v. 4. Mai 1873, 1. Dezember 1872.
4) Journal d. D. v. 19. Mai 1873.

nicht ohne weiteres flüssig machen, so mußten auch sie überstürzte Verkäufe von Renten und anderen Effekten vornehmen oder mit starken Rediskontierungsansprüchen an die Bank von Frankreich herantreten. Dadurch wurde der Kurs der Rente beeinträchtigt, und die gesteigerten Anforderungen an die Bank führten womöglich zu einer Erhöhung der Leihgeldsätze. Außerdem aber geriet der Devisenmarkt unter den Druck einer übermäßigen Nachfrage nach fremden Valuten. —

Schließlich bewirkte die Deckung der Finanzwechsel auch Edelmetallsendungen an das Ausland. Diese Metalltransporte geschahen durch private Banken, unabhängig von der Ausfuhr, die durch den Staat bei der Entschädigungszahlung selbst stattfand [1]). Sie konnten auch der Entstehung der Wechsel vorangehen und erfolgten dann in der Absicht anschließender Wechselerzeugung.

Einzelne Banken, die einen großen Vorrat akzessorischer Kurantfranken besaßen und die Edelmetallagiotage betrieben, gelangten so womöglich billiger zu einer Menge von Entschädigungsvaluten, als durch Kauf auf dem Devisenmarkt oder durch andere Operationen. Das Agio, das sie bewilligen mußten, wurde ihnen im Devisenpreis von der Regierung wiedervergütet.

Insbesondere erlaubte ein solches Verfahren vielleicht eine günstigere Verwendung des im Werte sinkenden Silbers. Deutsche Zettelbanken, von denen manche Gold- und Silberbarren oder Landesmünzen, andere sogar nur Silberbarren zur Notendeckung benutzen durften, erhielten von auswärts viel Gold und Silber und gaben dafür heimisches Münzgeld, Scheine und Wechsel ab [2]).

1) Nach Helfferich, Beiträge, pag. 396, gingen die Goldmünzen, die auf diese Weise in großem Umfang nach Deutschland gelangten, in den Umlauf über, obwohl sie auch von der Regierung zu Prägezwecken aufgekauft wurden. Der Umlauf war so sehr von ihnen erfüllt, daß selbst der Ankauf von Münzen durch die Seehandlung im Betrage von 260 Millionen Mark die Stücke nicht verschwinden ließ und vielleicht nur wenig verminderte.

2) Vgl. E. Nasse, Die Münzreform und die Wechselkurse in Hirths Annalen 1875, pag. 610 ff. — Völlig frei waren in der Art der Deckung die Banken zu Braunschweig, Lübeck, Gera, Chemnitz, Darmstadt, Meiningen, Dessau, Gotha, Bremen, Bückeburg, Rostock. Silberdeckung war bei der Preußischen, Sächsischen, Badischen und Frankfurter Bank vorge-

Auch auf den Londoner Silbermarkt konnte Frankreich Silber bringen und daraus Sovereigns erzielen. Infolge der Gestaltung der intervalutarischen Kurse ging dann wieder Silber von England nach Deutschland [1]).

Diese unmittelbar nach Deutschland gerichteten Silbertransporte wurden durch die Herabsetzung der Ankaufspreise für Silber an der Berliner Münzstätte bekämpft und dann, wie schon erwähnt, durch die Einstellung der deutschen Silberprägungen und der Silberkäufe bei der Preußischen Bank ganz unmöglich gemacht [2]).

Von den Goldmünzen wurden für den Export hauptsächlich die vollhaltigen 20-Frankenstücke gesucht [3]). Napoleons fanden immer Aufnahme bei der Bank von England, auch wenn sie auf dem offenen Markt nicht gefragt waren. Silberne 5-Frankenstücke konnten zu Zahlungen in die Reichslande geschickt werden und waren auch für die Begleichung belgischer Frankenschulden geeignet.

Auf die nämliche Art kamen die Gold- und Silbersendungen zustande, die die Deckung der aus England und Deutschland bezogenen Finanzwechsel bezweckten.

Welche Münzbeträge auf diesem Wege Frankreich verließen, kann man nicht genau feststellen. Die Ziffern der Zollstatistik versagen schon deshalb, weil man die Goldtransporte, deren Kosten nach dem Werte des verfrachteten Gegenstandes hätten entrichtet werden sollen, aus Ersparnisrücksichten nur als Silbersendungen deklarierte [4]). Die Bahnverwaltungen waren in der Kontrolle

---

schrieben. Bei der Leipziger Bank war ungemünztes Metall der Landeswährung zugelassen.

1) Vgl. Helfferich, Beiträge, pag. 417. — Von der Silberbewegung zwischen England und Deutschland war schon an anderer Stelle die Rede. Die Silberausfuhr Englands nach Deutschland stieg von 707 400 £ im Jahre 1870 auf 3 092 200 £ im Jahre 1871. In den beiden nächsten Jahren fiel sie auf 1 246 300 £ und 280 000 £.

2) Vgl. Helfferich, l. c.

3) Das 6,4 g schwere 20-Frankenstück. 10- und 5-Frankenstücke aus Gold, die sich im Verkehr stärker abnutzten, boten für 20 Franken nominaler Geltung nicht soviel Feingold.

4) Vgl. Friedrich Koch, Der Londoner Goldverkehr. — Say, Rapport.

sehr nachsichtig. Der Staat hatte den Vorteil, daß er in den Wechselpreisen keine höheren Transportauslagen ersetzen mußte.

Say schätzte die private Goldausfuhr auf insgesamt 730 Millionen Franken. Aber drei der bedeutendsten Pariser Banken exportierten in der Zeit von 1871 bis 1873 nach ihm allein für 850 Millionen Franken Münzgold [1]. In den letzten zwei Monaten des Jahres 1871 gingen für 55 ½ Millionen Franken in Gold und für ungefähr 9 Millionen Franken in Silber nach London [2]. Die banque de Paris schickte im Oktober 1872 400 000 £ an die Londoner Bankiers [3]. Im Laufe des Jahres 1873 wurden 200 Millionen Franken in 20-Frankenstücken nach London gebracht, die dann im Sommer des nächsten Jahres allerdings wieder nach Frankreich zurückströmten. Die Mengen französischen Goldes, die in die Bank von England eintraten und bei der deutschen Münzprägung verwendet wurden [4], lassen auf weit höhere Zahlen schließen, als die Statistik ausweist. Auch dadurch verlieren die Ziffern an Klarheit, daß bereits die Silbertransporte mit hereinspielen, die zur Zeit der Silberbaisse nach Frankreich kamen, wo dank der herrschenden Barverfassung Silber immer noch Unterkunft fand [5]. —

So dauerten die Schuldbeziehungen zwischen Frankreich und dem Ausland noch fort, auch nachdem die Zahlungen des französischen Staates an das Reich formell definitiv beendigt waren. Sie knüpften nun an die auf einen kurzen Zeitraum zusammengedrängte Beschaffung der Entschädigungszahlungsmittel an, durch die die Schuld zwischen zwei bestimmten staatlichen Rechtspersönlichkeiten beseitigt worden war, und gründeten sich auf die Verbindlichkeiten zwischen einer Mehrheit außerstaatlicher Rechtspersönlichkeiten innerhalb des privaten Bankgewerbes Frankreichs und des Auslandes. Dieses waren die Gruppen, die die Wechsellieferung vermittelt hatten, durch die zwar die Forde-

1) Say, l. c.

2) The Economist v. 24. Februar 1872.

3) Journal d. D. v. 30. Oktober 1872.

4) Für 847 Millionen 20-Frankenstücke.

5) Von der Edelmetallbewegung zwischen Frankreich und dem Ausland wird im 4. Kapitel noch in anderem Zusammenhang gesprochen werden.

rungen des Reiches an die französische Regierung zum Abschluß, das pantopolische Gesamtverhältnis zwischen den verschiedenen Valutagebieten aber nur auf einen vorläufigen Ruhepunkt gebracht wurde.

Die französischen Banken hatten die Entschädigungswechsel von auswärtigen Banken vorgestreckt erhalten. Sie traten als schuldnerische Partei dem Ausland gegenüber an die Stelle des französischen Staates. Die ausländischen Banken hatten die Wechselsummen leihweise an das Reich geliefert. Sie traten an die Stelle des Reiches als fordernde Partei Frankreich gegenüber. Die französischen Banken bekamen von ihrer Regierung die Geldbeträge, die sie nach ihrer Verwandlung in auswärtige Valuten allmählich an die Auslandbanken abführten.

Diese veränderte Rollenverteilung in ihrer zeitlichen Folge festzuhalten, ist um deswillen wichtig, weil sich dadurch die scheinbar völlig abgewickelte Entschädigungsaktion in ihrer Weiterwirkung deutlich erkennen läßt.

Der definitive pantopolische Ausgleich der Entschädigungsschuld vollzog sich, soweit nicht überhaupt einzelne Beträge immer wieder prolongiert wurden, in einer beträchtlich längeren Frist. So oft Frankreich Zahlungen, die sich aus der Entschädigungsoperation herleiteten, an das Ausland leisten mußte, wurde seine Fälligkeitsbilanz dem betreffenden Staat gegenüber belastet [1]). Die Notwendigkeit der Beschaffung fremder Valuten mit ihrem Einfluß auf den Stand des Frankenkurses hörte erst auf, als auch dieser letzte Abschnitt der Entschädigungsaktion nach und nach erledigt war. Das Interesse, das der Staat an dem Verlauf dieses Ausgleiches hatte, war nicht mehr rechtlicher, sondern währungspolitischer Natur. Er mußte darauf achten, daß seine Valuta durch den weiteren Tilgungsprozeß keinen Schaden nahm. —

Nun ließ sich der Weg überblicken, den die Entschädigungsoperation genommen hatte, bis sie sich nach allen Seiten hin erfüllte. Der französische Staat hatte Rentenanleihen ausgegeben, die ihm die Kapitalbeträge lieferten, deren er zur Entschädigungszahlung bedurfte. Die Anleiheergebnisse wurden, bestanden sie

1) Vgl. Sartorius v. Waltershausen, l. c., pag. 346.

nicht ohnehin aus brauchbaren Entschädigungswerten, zum selbständigen Ankauf von Entschädigungszahlungsmitteln verwendet oder an die Banken abgetreten, die vermöge der internationalen Verbindungen, die sie unterhielten, der Regierung Entschädigungszahlungsmittel lieferten. Mit der Masse der aufgebotenen Zahlungsmittel wurde Deutschland befriedigt.

Die sofortige Beschaffung der Zahlungsmittel und die spätere Deckung der vom Ausland geliehenen Wechselsummen hingen von der pantopolischen Verschuldung des Auslandes an Frankreich ab. Diese Verschuldung wurde vor allem durch die Vorgänge hervorgerufen, die eine Folge der heimischen Rentenemissionen waren, durch Ausfuhr fremder Anlagewerte aus französischem Besitz und durch Unterbringung französischer Titres im Auslande. Die Summen ausländischer Valuten, mit denen die fremden Kapitalisten die aus Frankreich kommenden Kapitalanlagen bezahlt hatten und die nun zur Entschädigungstilgung verwendet wurden, wurden durch den Export metallischen Kurantgeldes ergänzt.

Der französische Staat hatte seine Zinsschuld dauernd gesteigert. Das Reich erzielte eine einmalige Einnahme in Werteinheiten seiner Valuta. Die Banken machten Vermittlungsgewinne. Der französische Rentner war zum Besitzer französischer Rente geworden. Durch ihn erhielt die französische Regierung Franken, und er gab zugleich den Anstoß, daß fremde Valuten vorhanden waren, in die diese Franken verwandelt werden konnten. —

§ 11.

DIE INTERVALUTARISCHEN BEZIEHUNGEN DER FRANKENNOTE.

Die Notwendigkeit, die aus den Anleihen gewonnenen Notalfranken in Entschädigungszahlungsmittel zu verwandeln, bildete durch die hieraus folgende außergewöhnliche Nachfrage nach fremden Werteinheiten eine Gefahr für das Wertverhältnis des Frankens gegenüber auswärtigen Valuten. Machte sich diese Nachfrage mit aller Kraft geltend, ohne daß entgegengesetzte Einflüsse ein Angebot fremder Geldsorten bewirkten, so mußte der Preis außerfranzösischer Werteinheiten in valutarischen Franken unaufhaltsam steigen und sich immer weiter von den Münzparitäten entfernen, die vor dem Zwangskurs zwischen Frankreich und einzelnen Metallwährungsländern bestanden hatten.

Zugleich erhöhte sich das auf die valutarische Frankennote bezogene Agio des Barrenmetalls im Vergleich zum nominalen Ergebnis des Prägesatzes und im Vergleich zu ihrem Nennwert das Agio der akzessorischen Kurantmünzen, aus deren Stoff auswärtige Geldzeichen hergestellt werden konnten. Mit dem Steigen des Sovereignkurses etwa nahm auch das Agio des akzessorischen Goldfrankens zu, bis es dem Preise entsprach, den man für die Menge Sovereigns, die man aus Napoleons erzielte, in valutarischen Franken bezahlen mußte [1]). Die Nachfrage nach belgischen Franken äußerte sich im Agio der silbernen Kurantfranken und aller jener Goldmünzen, die infolge ihres Gewichtsverlustes für die Ausfuhr nach anderen Ländern ungeeignet waren. Während Silber in Deutschland noch frei ausprägbar war, erhob sich der Talerkurs jedenfalls bis zum Silbereinfuhrpunkte. Dann ging er auch darüber hinaus, da der in Deutschland verwertbare silberne Frankentaler, dessen Agio mit den steigenden Talerpreisen wuchs, nicht mehr unbedingt erlangbar war. Als die Silberprägung in Deutschland eingestellt wurde, gab es keine obere Grenze mehr für den Talerkurs, auch wenn Silberfranken in genügender Menge zur Verfügung gestanden hätten. Die Aufnahme der Goldprägungen mußte dann wieder auf das Agio des Goldfrankens einwirken [2]).

1) Die Agionotierung besagte noch nicht, daß es zu effektiven Metallkäufen auf Grund der festgestellten Prämie gekommen sei. Sie konnte lediglich der Ausdruck dafür sein, daß der Preis einer fremden, aus akzessorischen Münzen herstellbaren Werteinheit so gestiegen war, daß die betreffenden Münzen als Ware ebenfalls einen höheren Wert erlangt hatten und nicht billiger abgegeben wurden. Sie konnte aber auch ausdrücken, daß tatsächlich Käufe in Metallzeichen zu Preisen abgeschlossen wurden, die den Nennwert um den Agiosatz übertrafen.

2) Vgl. Helfferich, Beiträge, pag. 416. — v. Lumm, l. c. pag. 59. — Der Kurs der französischen Goldmünzen sank in Berlin im Herbst des

In diesem möglichen Rückgang des Frankens lagen die Schwierigkeiten der Entschädigungsschuld für die französische Valuta. Er bedeutete nicht nur für den Staat selbst eine finanzielle Belastung, sondern verteuerte auch im privaten Verkehr den Bezug von Zahlungsmitteln für den Ausgleich auswärtiger Verbindlichkeiten und berührte damit das Gebiet staatlicher Währungspolitik. Die Schwankungen des Metallagios beförderten die Spekulation. Die Münzen wurden gesammelt und dem Umlauf entzogen. Die Bankzentrale war in der Gewinnung eines Münzvorrates zu exodromischen Zwecken und zur Versorgung der Zirkulation mit Münzgeld behindert.

Das Sinken des Frankenkurses wurde nun zunächst durch den natürlichen Verlauf der pantopolischen Beziehungen zwischen Frankreich und dem Ausland von selbst gemildert. Die Fälligkeiten des Auslandes erreichten, wie wir sahen, durch das Zusammenwirken verschiedener Umstände auch damals eine beträchtliche Höhe. Damit besserte sich die Lage des Frankens auf den auswärtigen Plätzen, das Angebot in fremden Valuten an der Pariser Börse wurde verstärkt und damit war zugleich trotz des ungeheuren Bedarfes an Zahlungsmitteln ein Gegengewicht gegen den Verfall des Frankens gegeben.

Die pantopolischen Vorgänge lieferten so nicht allein Werteinheiten, die den Zahlungsakt der Entschädigung technisch ermöglichten, sondern sie trugen durch denselben Tatbestand zur Erhaltung der französischen Valuta bei. Je größer die Beträge fremder Werteinheiten waren, die durch die Warensendungen nach dem Ausland, durch die Forderungen für Zinsen, durch die Verkäufe internationaler Effekten, durch die Lieferungen heimischer Rente und durch die Lombardierung von Wertpapieren im Auslande entstanden, um so geringer waren die Preise, die dafür in Franken bezahlt werden mußten.

Die Ausfuhr von Renten und ausländischen Papieren rief zunächst starke Kapitalfälligkeiten des Auslandes hervor, die

Jahres 1871, ebenso der Kurs des Wechsels auf Paris. Tiefster Stand am 16. Dezember 1871. Kurz Paris notierte 77. Von da an stieg der Franken rasch und hatte am 20. Januar 1872 wieder den Kurs von 80 erreicht.

sich nicht sofort erschöpften und bei der augenblicklichen Gestaltung der intervalutarischen Kurse ungemein wichtig für den Franken waren. Bis dann später die periodischen Zinsen ins Ausland geschickt werden mußten und die bisher aus dem Ausland bezogenen Zinsen ausblieben, waren die intervalutarischen Beziehungen des Frankens vielleicht nicht mehr so bedroht. Da ferner die Summen, die dabei zu leisten waren oder verloren gingen, lange nicht so groß waren wie die zuerst empfangenen, so konnte die ungünstige Wirkung nicht so stark sein wie der vorausgegangene günstige Einfluß.

War der Franken infolge der herrschenden Konjunktur im Ausland sehr gesucht, so konnte sein Kurs allenfalls bis zu dem Grade steigen, daß die ausgewanderten Metallfranken wieder nach Frankreich zurückkehrten und dazu fremde Münzen und Barren einströmten, um in die immer noch baren Kurantmünzen umgeprägt zu werden. Die valutarische Frankennote erzielte dann im Verhältnis zur theoretischen Münzparität möglicherweise sogar ein Agio. —

Neben diesen Ergebnissen des pantopolischen Verkehrs, die zwar durch bewußte Maßnahmen gefördert werden konnten, aber doch nicht unmittelbar und ausschließlich durch Absichten der Valutaregulierung veranlaßt waren, konnten Mittel angewandt werden, deren eigentlicher Zweck der Schutz des Frankenkurses war. Auch bei ungünstigen natürlichen Fälligkeitsbedingungen sollte eine augenblickliche Lage geschaffen werden, unter der das intervalutarische Wertverhältnis des Frankens nicht zu sehr herabgedrückt wurde. Die besonderen Vorkehrungen, die man traf, und das Verhalten, das man etwa beim Kauf fremder Valuten beobachtete, mußten also darauf abzielen, das Angebot in auswärtigen Werteinheiten zu erhöhen oder eine übermäßige Nachfrage nach Entschädigungsvaluten abzuhalten. Die exodromische Tätigkeit, die man hiermit ausübte, brauchte noch nicht so ausgebildet zu sein, daß sie den Preis der ausländischen Valuten unveränderlich festlegte. Sie war schon damit gegeben, daß man überhaupt den Vorsatz hatte, die intervalutarische Geltung desFrankens so hoch wie möglich zu halten und daß man diesem Bestreben irgendwelche besondere Einrichtungen und Verfahren dienstbar machte [1]).

Sie konnte sowohl vom Staate selbst ausgehen als auch von Organen, zu deren Aufgaben die Sicherung der Valuta gehörte, oder denen die Regierung diese Sorge im besonderen Falle zugeschoben hatte. Zum Teil ließen sich die vorbereiteten Entschädigungszahlungsmittel selbst zu Maßnahmen gebrauchen, die die Nachteile verminderten, die durch ihre Beschaffung für die Valuta entstehen konnten. So bot ja auch die Einführung des Zwangskurses, indem sie die Metallgeldkonzentration und ihre Erhaltung erleichterte, selbst wieder ein Mittel, um die intervalutarische Stellung der notalen Valuta zu unterstützen. Hatte man jetzt, etwa durch Ausgabe kleinerer Notenabschnitte, größere Metallgeldmengen zu vereinigen vermocht, die für Entschädigungszwecke bestimmt waren, so konnten sie vorübergehend auch für die exodromische Politik ausgenutzt werden. Und ebenso hätte die Regierung, abgesehen von anderen exodromischen Verwendungsmöglichkeiten ihrer Auslandguthaben, augenblicklich freie Stücke ihres für die Entschädigung angesammelten Devisenportefeuilles nötigenfalls unmittelbar an das Publikum abtreten können. —

1) Die entwickelte Exodromie liefert fremde Valuten zu festen oder wenig veränderlichen Preisen in heimischer Valuta, wie etwa die Hylodromie in ihrem einen Zweig gegebene Edelmetallmengen aus einem bestimmten Nominalbetrag heimischen Geldes erlangbar macht. Die andere Seite der Hylodromie bewirkt, daß man für gewisse Gewichtsmengen Edelmetall stets gleiche Nominalbeträge der Valuta erhält. So wird auch die praktische Folge der vorgeschrittenen Exodromie die sein, daß der Besitzer fremder Werteinheiten diese zu annähernd festen Mindestpreisen absetzen und in gesicherte Beträge der inländischen Valuta verwandeln kann. Bei metallisch-orthotypischer Währung fällt die Aufrechterhaltung der Hylodromie zusammen mit der exodromischen Verwaltung gegenüber Staaten mit gleicher Barverfassung.

Der Staat macht durch die exodromische Verwaltung die Interessen der Käufer fremder Valuten zu seinen eigenen. Die Kosten, die dadurch verursacht werden, übernimmt die Allgemeinheit, wie wenn die hylodromische Tätigkeit einen finanziellen Aufwand erfordert. Werden einzelne Bevölkerungskreise durch exodromische Maßnahmen benachteiligt, so versteht sich ihre Zurücksetzung als Opfer für Interessen, die nach der maßgebenden Anschauung den Vorrang verdienen. — Vgl. über die be-

Die exodromischen Rücksichten des Staates konnten sich schon darin äußern, daß die Regierung bei ihren Devisenkäufen grundsätzlich auf die Schonung der intervalutarischen Kursbeziehungen des Frankens bedacht war. Die Käufe durften sich nicht während eines beschränkten Zeitraumes auf einem einzigen Markt zusammendrängen und sich nicht ausschließlich einer bestimmten einzelnen Valuta übermäßig zuwenden. Es kam vielmehr darauf an, daß sich die Nachfrage stets nach dem vorhandenen Wechselmaterial richtete und sich örtlich und zeitlich verteilte. War das Angebot stark, so konnten größere Abschlüsse gemacht werden, ohne jedoch den Markt völlig zu entblößen. Ehe der Preis einer Valuta zu hoch stieg, mußte man die Käufe unterbrechen oder zu einer anderen Valuta übergehen. War das Angebot knapp, so mußte man mit den Käufen zurückhalten und namentlich mußte man eine Konkurrenz mit der privaten Devisennachfrage zu vermeiden suchen. Dadurch wurden von vornherein weitere exodromische Gegenmittel entbehrlich, die nötig gewesen wären, nachdem die Preise durch gegenseitiges Ueberbieten in die Höhe getrieben worden wären.

Anfangs waren die Käufe der Regierung überstürzt. Sie trafen öfters gerade mit der Deckung der Banken für gelieferte Finanzwechsel und mit der Einsperrung der Kurantmünzen seitens der öffentlichen Kassen zusammen, wodurch sich das Metallagio vergrößerte [1]). Wiederholt sah sich Thiers gezwungen, die Einstellung der Devisenbeschaffung oder ein langsameres Vorgehen bei der Erwerbung der Wechsel anzuordnen [2]).

Dann gewöhnte man sich an eine bestimmte Taktik. Man beobachtete die herrschende Konjunktur und setzte die Käufe bei ungünstigen Verhältnissen aus. Zur Gewinnung von Devisen

---

grifflichen Analogiebeziehungen zwischen Exodromie und Hylodromie Knapp, l. c. pag. 243 ff.

1) Vgl. Say, Rapport. — Während der Zahlungsperiode der ersten 2 Milliarden (Juli 1871 bis März 1872) stiegen die Devisenkurse am höchsten, besonders als im Herbst die größten Beträge zu leisten waren. — Vgl. auch L' Economiste français v. 31. Januar 1874.

2) Thiers, Notes et souvenirs pag. 231 ff.

um jeden Preis bestand kein Anlaß, weil man durch Ansammlung langfristiger Stücke stets über einen großen Wechselvorrat verfügte. Dem Wettbewerb mit den Banken, die ebenfalls Devisen zur Weiterveräußerung an die Regierung suchten, wich man aus. Man wählte diejenigen Valuten aus, die eine Nachfrage am leichtesten ertrugen, und bezeichnete die Börsen, an denen die Käufe geschehen sollten. Die Auslandagenturen konnten die Aufträge ausführen.

Während der zweiten Hälfte der Entschädigungsoperationen hielt die Regierung mit eigenen Käufen auf dem freien Markte zurück und erteilte an die Banken große Bestellungen auf Wechsellieferungen. Dadurch schied sie in noch stärkerem Maße aus der Konkurrenz aus und verbarg der Oeffentlichkeit gegenüber den Zeitpunkt, an dem sie kaufen mußte. Für den Staat nahmen die sachkundigen gewerbsmäßigen Wechselhändler, die ebenfalls möglichst im geheimen vorgingen, die Käufe vor. Aber auch hier mußte ein Mittel gefunden werden, um Preistreibereien konkurrierender Gruppen auszuschließen. Als sich die Regierung einmal von der banque de Paris für 250 Millionen Franken Londonwechsel liefern ließ, hatte sie dies zum Nachteil für den Stand der Frankenvaluta versäumt.

Die Zentralisierung der Wechselbeschaffung im Bankiersyndikat, wo sich Angebot und Nachfrage zum größten Teil vereinigten, wirkte diesen Folgen entgegen. Es waren nun alle bedeutenderen Häuser zur gleichen Zeit daran interessiert, soweit sie den offenen Markt in Anspruch nehmen mußten, den Kurs unter den Preisen zu halten, die der Staat dem Syndikat bezahlte. Sonst war das Geschäft für sie wertlos. War die Gründung eines Syndikats beabsichtigt, so mußte, noch bevor es in Tätigkeit trat, die Kursbildung einheitlich beeinflußt werden, um eine Hausse der fremden Werteinheiten zu verhindern und günstige Kaufbedingungen vorzubereiten. Die verbündeten Banken konnten sich innerhalb des Syndikates über das Beschaffungsverfahren von Devisen verständigen. Die Regierung hatte sich verpflichtet, während der Dauer des Syndikates die Devisenkäufe einzustellen.

Aus dem Zusammenschluß der Banken verschiedener Länder und aus den Verabredungen zwischen Korrespondenzfirmen entstanden ferner die geschilderten Finanzwechsel, und daraus ergab sich die für die Haltung des Frankenkurses entscheidende Tatsache, daß Wechsellieferungen dieser Art den Devisenmarkt überhaupt nicht berührten. Sie beruhten auf internen Abmachungen zwischen Banken, die für die Oeffentlichkeit nicht in die Erscheinung traten und sich auf ein großes internationales Gebiet verteilten. Diese Vereinbarungen erfolgten ohne Rücksicht auf die augenblicklichen Marktverhältnisse, unabhängig von den auf den Kurs wirkenden pantopolischen Fälligkeiten.

Die pantopolischen Verbindlichkeiten, die sie schufen, drückten sich erst dann wieder in den allgemeinen Devisenpreisen aus, wenn die französischen Banken zur Deckung der „Wechselorderbezüge“ [1]) Handelswechsel brauchten, die sie an der Börse kauften.

Bis das Syndikat seine Aufgabe erfüllt hatte, hatte es zur Erziehung der einzelnen Banken und zur Entwicklung der Devisenbeschaffungstechnik beigetragen. Nun konnte der Staat die Konkurrenz der getrennten Banken ausnutzen, die so viel Herrschaft über den Devisenstand hatten, daß sie ihm billigere Preise zugestehen konnten.

Schließlich wurden Wechselkäufe durch den Staat dadurch völlig überflüssig, daß ihm die Bank von Frankreich metallische Entschädigungszahlungsmittel aus ihren Münzvorräten überließ, und damit war die Bezahlung dieser Raten ohne Einfluß auf den Kurs der fremden Wechsel. —

Die Verbindlichkeiten, die das Ausland im Verlaufe der Entschädigungsoperation übernommen hatte, bedurften zu ihrer Erfüllung großer Kapitalmengen und stellten daher starke Ansprüche an den Kapitalmarkt dieser Länder. Wenn sich nun an einzelnen fremden Plätzen ein Kapitalmangel zeigte, so war zu befürchten, daß man von dort aus Frankreich die bisher gewährte Hilfe entziehen, die für Frankreich geleisteten oder nach Frankreich gegangenen Gelder zurückverlangen und sogar einen Zufluß französischer Kapitalien hervorrufen werde. Entledigte

1) Vgl. oben pag. 331. Anm. 4.

sich das Ausland seines Besitzes an französischen Anleihetitres, die nun wieder nach Frankreich kamen, so sank an auswärtigen Börsen der nun lebhaft angebotene Franken oder es erhob sich in Paris eine Nachfrage nach fremden Valuten, die den Kaufpreis für die Renten bildeten. Ebenso mußte der französische Bankier ausländisches Geld erwerben, falls sein Korrespondent jetzt die Beträge ersetzt haben wollte, die er auf Grund der von Frankreich gezogenen Finanzwechsel hergegeben hatte. Auch wenn es dem Ausland gelang, durch Erhöhung seines Diskonts französisches Kapital zur Anlage in seinen Wechseln zu bewegen, wurde die fremde Werteinheit gesucht, es sei denn, daß nicht auch Frankreich den Diskont mit Erfolg steigerte.

Frankreich mußte derartige Maßnahmen des Auslandes, die den intervalutarischen Kurs des Frankens und das Wertverhältnis der Note zum akzessorischen Metallkurantgeld bedrohten, verhindern. Sie konnten entbehrt werden, wenn man von Anfang an durch andere Mittel den augenblicklichen Geldmangel der auswärtigen Plätze zu beseitigen wußte. Die Guthaben in auswärtigen Valuten, über die die französische Regierung zu Entschädigungszwecken verfügte, boten hierzu die Möglichkeit.

Die Devisen wurden nicht gleichzeitig mit den Entschädigungsraten fällig, und die gesammelten Vorräte übertrafen die für die Zahlung erforderlichen Beträge. Führte man die Ergebnisse verfallener Devisen zunächst nicht an das Reich ab, sondern überließ sie den Banken und Agenturen, die die Wechsel im Ausland eingelöst hatten, so erhielten sie als Ersatz für vorher entgangene Gelder Summen, mit denen sie die Ansprüche des Auslandsmarktes befriedigen konnten [1]). Bereits vorhandene Geldbestände konnten ebenfalls an sie übergeben, und andere Guthaben von weniger bedrängten Plätzen dahin geleitet werden,

1) Auch in Rußland wurde das Ergebnis der für den Krieg aufgenommenen Anleihe zum großen Teil sofort den auswärtigen Goldguthaben der Reichsbank zugeführt und dadurch für die ausländischen Geldmärkte verfügbar gemacht. — Vgl. Rießer, l. c. pag. 82. — Helfferich, Das Geld im russisch-japanischen Krieg, pag. 223. — Ebenso verhielt sich Japan.

wo ihr Erscheinen besonders nützlich war. Es galt aber hierin das richtige Maß zu bewahren und einen Kapitalüberfluß zu vermeiden, der die Spekulation erleichtern und dadurch noch größere Gefahren hervorrufen konnte.

Die von Auslandsbanken zu leistenden Wechselsummen konnten ferner gestundet werden, indem die Regierung den bezogenen Häusern selbst die Devisen zur Einkassierung überschickte und den Zeitpunkt der Summenlieferung verschob. Die Beträge, die die Banken sonst für die Einlösung der Devisen hätten bereitstellen müssen, wurden so für Geschäfte frei, die dem Kapitalbedarf des ausländischen Marktes entgegenkamen. Nachdem sich die Spannung gelöst hatte, hob die Regierung nach und nach die im Depot befindlichen Beträge ab und setzte mit ihnen die Entschädigungstilgung fort.

Die französische Regierung erschien so nicht unmittelbar als Geldgeberin. Sie bediente sich stets der Vermittlung von Banken, um den fremden Märkten kurzfristiges Leihkapital für Diskont-, Lombard- und Reportgeschäfte zuzuführen. Dabei bevorzugte sie natürlich Häuser mit ausgedehnten Diskontbeziehungen. Die Banken, denen die Gelder übertragen wurden, gewährten dafür Zinsen [1]), weil sie sie selbst da verwendeten, wo die Verzinsung am günstigsten war.

Die Regierungsdepositen wurden bei französischen Banken errichtet, die im Ausland Filialen oder Korrespondenten hatten, bei denen sie die Summen hinterlegen konnten. Zum Teil gingen die fremden Valuten vom Staatsschatz aus sofort an fremde Institute, namentlich an solche, mit denen die Regierung schon bei den Emissionen und der Zahlungsmittelbeschaffung zu tun gehabt hatte.

Der französische Staatsschatz hatte besonders in London [2]), Brüssel, Amsterdam, Frankfurt [3]), Berlin, Hamburg [4]) Gelder

1) Dadurch verminderten sich die Kosten der Zahlungsmittelbeschaffung für den Staat.

2) Frankfurter Ztg. v. 20. August 1872.

3) Ibidem v. 20. August, 1. September 1872, 5. Februar 1873.

4) Dem Hamburger Markt wurden die Summen für verfallene Wechsel

stehen [1]), die er in diesem Sinne verwenden konnte, an Plätzen also, deren Valuten für die Entschädigung tauglich waren und die einen hervorragenden Anteil an der Zahlungsmittelbeschaffung hatten. Die Guthaben der Girokreditoren bei der Frankfurter Bank erreichten damals durch die Einlagen der für die französische Regierung Gelder verwahrenden Banken, eine vorher unbekannte Höhe [2]).

Es wurde dem Ausland auf diese Weise auch die Uebernahme der internationalen Effekten eher ermöglicht, die für die Deckung der Devisen und den Stand der Frankenvaluta so viel bedeuteten. Für Deutschland war die Unterbringung der französischen Guthaben an seinen Plätzen um so wichtiger, als die Reichsregierung die aus der Entschädigung eingelaufenen Gelder anfangs nicht mehr dem Verkehr zurückgab, sondern in ihren Kassen festlegte. Die Sovereignsguthaben, die das Reich durch die Entschädigung erworben hatte, ließ es nicht in London, sondern es überführte sie zunächst sogleich nach Deutschland.

Die französischen Banken, die Regierungsguthaben verwalteten, konnten die darin enthaltenen fremden Valuten an ihre Korrespondenten abtreten, wenn sie Deckung für Wechsellieferungen verlangten. Dann brauchten sie nicht den Markt mit ihrer Nachfrage nach Devisen zu beschweren. Sie konnten ferner, wenn die Preise ausländischer Werteinheiten in Paris stiegen, aus den Einlagen der Regierung Beträge fremder Valuten zum Verkauf an die Börse bringen und durch dieses Angebot einen weiteren Rückgang des Frankenkurses aufhalten. Im Auslande konnten sie mit der Valuta des betreffenden Landes, über die sie verfügten, Franken kaufen. Verwendeten die privaten Banken die Regierungsgelder auch zu solchen Geschäften, und verband sich damit

— am 31. Dezember 1872 befanden sich hier Wechsel der französischen Regierung im Werte von 141 900 000 Franken — durch die Norddeutsche Bank und die Firma L. Behrens Söhne zur Verfügung gestellt. — Vgl. Levy von Halle, Die Hamburger Girobank und ihr Ausgang pag. 57.

1) Vgl. Say im Journal des Economistes 1880 IV. — Frankfurter Ztg., Januar 1873, 22. März 1873.

2) Vgl. Frankfurter Ztg. v. 22. August 1872.

wirksam der Schutz der Valuta, so konnte der Staat auf eigene Interventionen zu diesem Zweck verzichten.

Forderte die Regierung ihre Depositen von den Banken zurück, so mußten sie in den nämlichen Valuten geleistet werden, in denen sie einbezahlt worden waren. Die Banken mußten sie also womöglich in Geschäften anlegen, die bei ihrer Liquidierung wieder Summen dieser Werteinheiten ergaben. Sie übertrugen die Beträge fremder Valuten leihweise an das geldbedürftige Ausland, das auf diese Weise mit Kapital unterstützt wurde. Das Haus Rothschild, die société générale, die banque de Paris, das comptoir d'escompte, der crédit Lyonnais [1]) lieferten dann der Regierung, die ihre Guthaben zurückzog, Anweisungen in fremden Valuten auf diejenigen auswärtigen Banken, denen sie ihrerseits die Gelder gegen Zins überlassen hatten. Die französische Regierung übergab diese Anweisungen, die Entschädigungszahlungsmittel waren, an das Reich, das sie nun bei jenen Häusern abhob.

Die Ausweise der Banken, die vom Staat Depositen erhielten, unterlagen, wie schon geschildert wurde, in den damit zusammenhängenden Aktiv- und Passivposten häufigen Schwankungen. Der Staat sammelte Devisen an, die verfielen und Auslandguthaben in fremden Werteinheiten bildeten. Nachdem sie einige Zeit in den Banken gearbeitet hatten, kam der Augenblick, wo sie für den Entschädigungstermin gebraucht und deshalb abberufen wurden.

Die banque de Paris et des Pays-Bas verwahrte für die Regierung Gelder, die an ihren Auslandfilialen aus Einzahlungen auf die Anleihe und aus Wechselfälligkeiten eingegangen waren. Beträge ausländischer Valuten, die sie von der Regierung angewiesen erhalten hatte, brachte sie in das Ausland [2]). Um den Geldbeständen der Regierung die von ihr gewünschte Verwendung geben zu können, war sie von ihrer Gewohnheit des Geschäftsbetriebes mit ausschließlich eigenem Kapital abgewichen [3]).

1) Vgl. M. d. P. v. 27. September 1872.

2) Vgl. pag. 293. Anm. 1.

3) Geschäftsbericht für das Jahr 1872.

Auch die periodischen Statusveröffentlichungen anderer Banken wie der société générale oder des comptoir d'escompte zeigten deutlich, daß den Instituten Regierungsgelder aus Deviseneinlösungen und Deponierungen zuflossen, die teils an auswärtige Korrespondenten weitergingen, teils zum Ankauf neuer Devisen oder zur Gewinnung eines Metallschatzes verwendet wurden [1]). Aktivposten dieser Art entsprachen Regierungsforderungen in fremden Valuten. Machte die Regierung von ihnen Gebrauch, so wurden die notwendigen Beträge den Anlagen in ausländischen Valuten oder dem Metallbestand entnommen [2]).

Die eben aufgeführten Maßnahmen, die durch die Banken vermittelt wurden und zur Beruhigung des Auslandes dienen sollten, um die französische Valuta vor Rückschlägen zu sichern, kann man als staatliche Exodromie indirekter und prohibitiver Art bezeichnen. —

Die banque de France, die mit ihrem Zinsfuß auch den offenen Markt beherrschte und deren Verhalten daher allgemein Geltung hatte, konnte auf die intervalutarischen Beziehungen des Frankens dadurch einwirken, daß sie ihre Diskontrate im Anschluß an die Zinssätze anderer Länder regelte. Außerdem hatte sie die Macht, Wechseln, von denen sie annahm, daß sie durch Heranziehung französischer Metallvorräte lediglich die Stärkung auswärtiger Börsenplätze bezweckten, die Diskontierung zu verweigern [3]).

Solange der Inländer bei günstigen Ergebnissen im Diskontgeschäft Gelegenheit hatte, sein aus valutarischen Frankennoten bestehendes Kapital auch zu kurzfristigen Anlagen im Inland vorteilhaft zu verwerten, überführte er es in dieser Absicht nicht ins Ausland. Es lag für ihn kein Anlaß vor, die Franken in fremde Valuten zu verwandeln. Durch die Haltung der Bank konnte die Nachfrage unterdrückt werden, die sich aus kapitalistischen Motiven nach auswärtigen Werteinheiten oder metallischen, zur Valutenverwandlung geeigneten Kurantfranken hätte geltend

1) Z. B. comptoir d'escompte, Ausweis v. September 1872.

2) Ibidem, Ausweise v. März, Juni 1873.

3) Vgl. M. d. P. v. 12. November 1873.

machen können. Die Preise ausländischer Valuten und das Agio der akzessorischen Kurantmünzen wurden dann von dieser Seite her nicht gesteigert.

Der Ausländer, der die Zinsverhältnisse Frankreichs ausnutzen wollte, unter denen ein Kapital von bestimmter Größe nominal rascher anwuchs als in seinem Land, mußte den verfügbaren Geldbeträgen seiner Valuta die Gestalt von Franken geben. Vielleicht nahm er hierzu nicht nur die für kurzfristige Anlagen vorgesehenen Gelder, sondern veräußerte auch Vermögenswerte von bleibendem Anlagecharakter, etwa englische Konsols, um den Erlös in Frankreich kurzfristigen Anlagen zuzuwenden. Der Kapitalbesitz des Ausländers, der aus englischen Sovereigns in die Form von Franken gebracht worden war, vermehrte sich gemäß den in Frankreich herrschenden Zinsbedingungen. Wurde das Kapital von seinem Eigentümer zurückberufen und mußte deshalb die inzwischen erhöhte Frankensumme wieder in Sovereigns verwandelt werden, so sollte sich der Kapitalgewinn auch für die in Sovereigns ausgedrückte Summe äußern. Der erzielte Sovereignsbetrag sollte größer sein als er vor seiner Verwandlung in Franken gewesen war und der Kapitalzuwachs bedeutender, als er bei der Anlage der Sovereigns in England gewesen wäre.

Bei Beginn der Operationen mußte sich der auswärtige Kapitalbesitzer mit Werteinheiten seiner Valuta französische Franken verschaffen, mit denen er in Frankreich Diskont- und Lombardvorschüsse erteilen konnte. Erwarb er unmittelbar Frankenwechsel, so hatte er schon mit dem Ankauf von Frankenanweisungen die Anlage bewirkt, weil von dem Nennwert des Dreimonatwechsels der in Paris geforderte Diskontsatz abgezogen wurde. Statt daß der Ausländer, der die Anlage seines Kapitals in Frankreich vorhatte, zuerst den Betrag seiner Werteinheiten in Zeichen der Frankenvaluta umsetzte, um damit dann zinsbringende Geschäfte zu betreiben, erhielt er sofort das gesuchte auf Franken lautende Anlageobjekt. Valutenverwandlung und kapitalistische Verwendung der verwandelten Valuta fielen in einen einzigen Akt zusammen. Der Wechselverkäufer konnte seinerseits die erzielte Summe nach Bedarf in Frankenvaluta überführen.

Dies war der einfachste Weg für eine derartige Kapitalverwertung, und so kaufte man zunächst langfristige Wechsel auf Frankreich. Durch die Nachfrage stieg der Preis der langfristigen Devisen, und so ging man zum Ankauf kurzfristiger Wechsel über. Man wartete den Verfall der Stücke ab und kaufte mit dem Erlös inzwischen angebotene Wechsel mit längerer Laufzeit [1]). Diesem Verfahren kam die Erwerbung valutarischer Frankennoten mit der Absicht nachfolgender Wechselanlage gleich. Erhöhte sich der Preis der Frankenvaluta noch mehr, so schickten Metallwährungsländer, nachdem zuvor noch die im Ausland befindlichen metallischen Kurantfranken zurückgeleitet worden waren, Münzen ihrer Valuta nach Frankreich und setzten damit die Anlagetätigkeit fort.

Die Folge dieser Anlagebewegung war also ein Steigen der Frankenvaluta an den Auslandsplätzen, das bis zur Metalleinfuhr nach Frankreich fortschreiten konnte. Der Franken wurde in fremden Valuten teurer bezahlt, weil sein Besitz kapitalistisch ergiebiger war. Die Menge Franken, die man für eine Werteinheit der auswärtigen Valuta bekam, verminderte sich. Aber trotzdem konnte der Vorteil der höheren Verzinsung weiter wirken, bis die günstigen Zinsbedingungen durch den vermehrten Summenaufwand, den der Ankauf des Frankens erforderte, aufgewogen wurden. Die Nachfrage konnte dann erst wieder durch neue Diskonterhöhungen wachgerufen werden, die jedoch, zu weit getrieben, den Widerstand des Auslandes durch die nämlichen Maßnahmen erwarten ließen. Um die Nachfrage nach Franken an den Auslandsplätzen zu befriedigen, brachten Arbitrageure künstlich geschaffene Frankenwechsel auf den Markt, wodurch pantopolische Fälligkeiten des Auslandes gegenüber Frankreich in Höhe des Wechselpreises entstanden, gleichzeitig aber auch eine übermäßige Hausse des Frankens vermieden wurde.

Der Ausländer, der gerade Wechselforderungen an Frankreich hatte, zog sie nicht ein, sondern prolongierte sie gegen Ver-

1) Vgl. Ph. Kalkmann, Die Entwertung der österreichischen Valuta im Jahre 1893 und ihre Ursachen, pag. 7. — Landesberger, Währungssystem und Relation, pag. 106.

gütung des Diskonts oder er legte den Ertrag der Wechsel wieder in Frankenwechseln an. Andere Ausländer boten in Paris Anweisungen auf ihre Valuten an, um dafür Franken zu gewinnen. Dazu kamen die Guthaben fremder Valuten, die der Arbitrageur durch Verkauf der Frankenwechsel im Ausland erzielt hatte und nun gegen Franken zu realisieren wünschte. Dadurch sank der Preis der auswärtigen Werteinheiten in Paris. Hier wirkte der stete Bedarf nach Entschädigungszahlungsmitteln ausgleichend auf den Kurs. Der Sterlingwechsel z. B. wurde zu billigen Preisen stets von einer lebhaften Nachfrage aufgenommen, um zum niederen Diskont des Londoner Marktes in Sovereignstücke verwandelt und dann zu Zahlungen benutzt zu werden.

Das Ausland führte unmittelbar fällige Anweisungen auf Beträge seiner Werteinheiten nach Frankreich aus und neben den früher gewonnenen Frankenmünzen die metallischen Zeichen seiner Valuta selbst. Es erlangte dafür Anweisungen auf Mengen valutarischer Frankennoten, die in einem späteren Zeitpunkt geleistet werden mußten, oder Frankennoten, die sofort in solchen später fälligen Frankenanweisungen angelegt wurden. Im Augenblick, wo die Frankenwechsel verfielen, erhielt der Wechselinhaber ein Guthaben in valutarischen Franken, über das er durch Wechselziehung verfügen konnte. Wünschte er nun sein Kapital aus Frankreich zurückzuholen, so mußte er die Franken gegen Werteinheiten seiner Valuta verkaufen. Dadurch machten sich gerade die entgegengesetzten Einflüsse für die Beziehungen des Frankens geltend wie bei der vorausgegangenen Anlage seines Kapitals. Es entstand eine Konjunktur, in der der Franken dazu neigte, auf dem Auslandmarkte zu fallen.

Waren gerade auf anderen Gebieten keine pantopolischen Fälligkeiten an Frankreich zu leisten, die eine Nachfrage nach Franken hervorriefen [1]), so erzielte der ausländische Besitzer der

1) Der hohe Diskontsatz im Inland konnte unter Umständen die Entstehung von Handelswechseln auf das Ausland und dadurch die Regelung der intervalutarischen Beziehungen erschweren. Mit dem hohen Diskont verteuerten sich nämlich die Produktionsbedingungen der im Inland hergestellten Waren. Steigerte man infolgedessen die Produktenpreise, so

Franken niedere Preise. Der erwartete Gewinn wurde geschmälert, blieb aus, oder er erlitt vielleicht in Zeichen seiner Valuta sogar einen Summenverlust. Unter diesen Verhältnissen hielt sich die ausländische Valuta auch von weiteren Anlagen in französischen Werten fern, und das Angebot fremder Werteinheiten ließ zum Schaden für den Stand des Frankens nach. Schon vorher konnte das Risiko, dem man bei der Valutenverwandlung ausgesetzt war, den Andrang der auswärtigen Kapitalien einschränken. Es konnte nur dadurch umgangen werden, daß man Beträge fremder Werteinheiten nach Frankreich in Pension gab unter der Bedingung, daß abgesehen von den Zinsen eine gleiche Menge der fremden Valuta zurückerstattet werde. Auch dann stieg die Nachfrage nach auswärtigen Valuten und ihr Preis dem Franken gegenüber, wenn dei Zeitpunkt der Kapitalrückgabe gekommen war.

Aber die Wirkung der Diskontmaßnahmen war zunächst nur für die Gegenwart berechnet, wenn ihre Mittel auch fortgesetzt in dem gleichen Sinne angewandt wurden und so den Eindruck einer bleibenden Konjunktur hervorrufen konnten. Die Aufgabe, fremde Gelder durch günstige Aussichten zu dauernder Anlage nach Frankreich zu ziehen wie bei den Anleihen, wurde so auch auf kurzfristige Anlagegelegenheiten ausgedehnt und von der Bank gefördert. Indem man das auswärtige Kapital für diese Anlagen gewann, erzielte man nicht nur momentan einen Vorrat an Geld bestimmter Art zur Verwendung als Zahlungsmittel, sondern man wahrte zugleich für den Augenblick die intervalutarischen Interessen des Frankenkurses. —

Bei der Festsetzung ihrer Diskontsätze mußte die Bank stets die Lage der übrigen Geldmärkte und ihre Zinsraten berücksichtigen. In besonders hohem Maße aber war diese Rücksicht gegenüber England geboten.

England hatte große Mengen Sovereignswechsel geliefert, die von der französischen Regierung selbst oder vom Reich in Taler-

litt die Konkurrenzfähigkeit auf dem Weltmarkt und der Absatz ging zurück, dementsprechend auch die pantopolischen Forderungen an das Ausland.

wechsel verwandelt wurden. Soweit die Sterlingwechsel, die hierdurch auf den Markt kamen, nicht zum Ausgleich englischer Forderungen gebraucht wurden, konnten sie in London diskontiert oder bei Verfall eingezogen werden. Die Noten, die man dabei erhielt, konnten zum Ankauf von Goldbarren an der Londoner Edelmetallbörse verwendet oder bei der Bank von England zum Umtausch in Sovereigns eingereicht werden. Die Folge davon war eine Verkürzung der Metallvorräte des offenen Marktes, aus denen auch die englische Bank ihre Goldvorräte zu erneuern pflegte, oder eine Entnahme von Mitteln aus der Bank von England. Die Goldausfuhr ging von England nach Deutschland. Bei der eigentümlichen Mechanik der englischen Bankverfassung mußten durch derartige Goldentzüge die Bedingungen, unter denen die Bank von England den Geldansprüchen des eigenen Landes gegenüberstand, und damit die gesamten inneren Geldmarktverhältnisse Englands getroffen werden. Auch wenn die französische Regierung die Sovereignsguthaben abrief, die sie aus dem Ertrag eingelöster Sterlingwechsel bei englischen Banken stehen hatte, empfand dies die Bank von England, da sich in diesem Augenblicke die Depositen dieser Institute bei ihr verminderten.

Wurde das auf den Londoner Markt gebrachte Gold vom Ausland aufgekauft, so daß für die Bank selbst nichts mehr übrig blieb, so konnte sich die für die inländische Kapitalnachfrage verfügbare Notenreserve weder erweitern noch wiederherstellen. Wurde der Metallschatz der Bank unmittelbar angegriffen, so sank die für den inländischen Geldbedarf verwendbare Notenmenge. Das Mittel der Konsolveräußerung war nur beschränkt wirksam. Die Bank mußte also ihren Diskont erhöhen, um die inländische Nachfrage abzuwehren, den Goldentzug vom Ausland her zum Stillstand zu bringen und vielleicht ausländisches Geld zur Uebersiedelung nach England zu bestimmen. Die Goldausfuhr war nur dann unbedenklich, wenn Barren und Münzen nicht von der Bank zum Schutze der Noten gebraucht wurden, wenn also die inländischen Ansprüche weniger dringlich waren und Noten in die Bank zurückströmten.

Die entgegengesetzten Verhältnisse vertrugen sich nicht mit einer Goldnachfrage für fremde Länder. Goldentziehungen mußten sich so der besonderen Lage in England selbst und dem Verhalten anderer Gold ausführender Länder anpassen. Sie mußten im erforderlichen Augenblick unterbrochen werden. Fortwährenden Goldentnahmen, die die Möglichkeit der Goldausfuhr rücksichtslos verwirklichten, war England nicht gewachsen.

Diesen ungewöhnlichen Anforderungen an seinen Goldbesitz mit ihren Folgen für den Kapitalleihmarkt war England durch die Entschädigungsoperation ausgesetzt, obwohl es auch sonst für den Edelmetallhandel mehr zu leisten hatte als früher und schon aus diesem Grunde eher vermehrter Goldmengen bedurft hätte. Seit in Frankreich die uneinlösbare Note valutarisch geworden war, war London das einzige Goldreservoir für die ganze Welt geworden. Außer nach Deutschland nahm das aus Australien oder Amerika eintreffende Gold seinen Weg nach Aegypten, nach den Vereinigten Staaten und nach den Ländern Südamerikas, die ihre Anleihen in London auflegten. Nun mußte Frankreich bei seiner exodromischen Diskontpolitik so vorsichtig sein, nicht im unrichtigen Augenblick eine Konjunktur zu schaffen, in der sich die Goldausfuhr auch noch nach Frankreich richtete. —

Von dem Verhalten Deutschlands hing für die Situation in London sehr viel ab [1]). Die Frage, ob Deutschland die Ergebnisse der Sterlingwechsel sofort zurückzog oder vorerst als zinsbringende Anlage in London ließ, und weiterhin der Zeitpunkt, der dann für die Uebertragung der Summen gewählt wurde, waren von großer Bedeutung. Auch war es wichtig, ob sich Deutschland zur Realisierung seiner Sovereignsguthaben mit dem Angebot des freien Edelmetallmarktes begnügen oder ob es auch die Goldbestände der Bank von England angreifen werde.

Anfangs sank durch den Verkauf der Sterlingwechsel in Berlin der Kurs des Sovereigns [2]). Nachdem die Goldprägung in Deutschland eingeführt war, und die aus England zurück-

1) Vgl. M. J. Bonn, l. c. pag. 31 f.

2) Vgl. Helfferich, Beiträge pag. 253 ff.

geholten deutschen Effekten und Schatzscheine bezahlt waren, verschaffte man sich mit den Londondevisen Goldbarren und Sovereignsstücke, die in deutsches Goldgeld verwandelt wurden. Dies Geschäft konnte von den Banken vermittelt werden, die von der Regierung oder den französischen Agenten Sterlingwechsel bekommen hatten. Sie kauften mit den neu geprägten Goldmünzen weiter Sterlingwechsel oder lösten damit bei Verfall die Talerwechsel ein, die sie ausgestellt hatten und mit deren Ertrag das Reich nun seine Zahlungen leistete. Das Reich konnte auch selbst Londonwechsel in seinen Besitz bringen [1]), die zunächst vielleicht der Anlage seiner Talerkapitalien dienten, dann aber in Gold nach Deutschland eingezogen wurden [2]). Aus dem in deutsche Münzen umgeformten Golde bildeten sich die Vorräte der künftigen valutarischen Zahlungsmittel.

Zum erstenmal gingen im Juli des Jahres 1871 500 000 £ in Sovereignsstücken nach Deutschland, kurz darauf noch einmal Beträge in ähnlicher Höhe, im ganzen 1 531 000 £ [3]). Der Geldüberfluß in London war aber so groß und die Goldzufuhr so reichlich, daß die Verhältnisse in London davon nicht berührt wurden. Im August wurde etwa eine halbe Million £ nach Deutschland geschickt. Auf dem Edelmetallmarkt war die Nachfrage lebhaft. Aber auch die Goldankünfte aus Amerika und Australien waren bedeutend. Die Goldentziehungen dauerten auch im September fort. Da dadurch die Bank selbst in Anspruch genommen wurde und da sich außerdem der Herbstbedarf des Inlandes

1) Vgl. Helfferich, l. c. pag. 263.

2) Vgl. Deutsches Handelsblatt 1874, Nr. 11. — Die Einnahmen des Reiches aus der Entschädigung, die erst allmählich ihrem Ausgabezweck zugeführt und aufgebraucht wurden (z. B. Festungsbaufonds im Betrage von 85 Millionen Tlr.) wurden, wie erwähnt, in der Zwischenzeit zinsbringend verwertet. Zum Teil geschah dies durch Ankauf langfristiger Sterlingwechsel, die zugleich die Umwandlung der Summen in Reichsgoldmünzen erlaubten. Im Jahre 1873 wurden mehr als 70 Millionen Taler in Londonwechseln angelegt. Eine derartige Verwendung kam in ihrer Wirkung auf den Londoner Geldmarkt einer Prolongierung der von Frankreich an Deutschland gelieferten Londonwechsel gleich, die Frankreich als Finanzwechsel erhalten hatte.

3) Vgl. The Economist und M. d. P.; ferner Helfferich, l. c.

in überstürzter Weise geltend machte, so sah sich die Bank von England zu mehrfachen kräftigen Diskonterhöhungen veranlaßt, bis ihre Rate den in Berlin herrschenden Zinsfuß überstieg. Im Oktober entnahm Deutschland dem offenen Markt zunächst noch größere Mengen Gold. Auch die Bank lieferte noch einige Beträge für die deutsche Ausfuhr. Dann hörten die deutschen Goldkäufe auf. Die Goldbestände der Bank erholten sich. Der Diskontsatz wurde aber beibehalten und erst dann herabgesetzt, als die Bank von England keine neuen Goldverlangen Deutschlands bei Verfall der dort befindlichen Sterlingwechsel mehr befürchtete.

Die Goldbeschaffung der deutschen Regierung begann erst wieder nach Erlaß des Gesetzes [1]), durch das die Herstellung von Reichsgoldmünzen beschlossen wurde. Zum Teil wurde das Prägematerial durch Ankäufe der Seehandlung im Inland aufgebracht. Etwa 150 Millionen Mark wurden aus Napoleons geprägt, von denen große Beträge durch die französischen Banken zur Deckung von Wechsellieferungen nach Deutschland gekommen waren [2]). Der Erlös der Sterlingwechsel, die nicht unmittelbar zur Goldgewinnung benutzt wurden, vermehrte das Guthaben der Reichsregierung bei der London Joint Stock Bank [3]). Diese Summen wurden dem Londoner Geldmarkt erst entzogen, wenn die Regierung ihre Guthaben in Gold zurückverlangte.

Im Jahre 1872 war die Goldnachfrage für den Auslandbedarf in London zunächst sehr lebhaft. Sie wurde jedoch durch die aus Frankreich eintreffenden Sendungen ausgeglichen [4]). Im Februar hielt der Export an. Er nahm die ganze Goldeinfuhr

---

1) V. 4. Dezember 1871. — Vgl. Helfferich, l. c.

2) In Deutschland wurden bis zum 15. März 1873 an Prägegold beschafft: 1. 273 409 105 Franken in 20-, 10- und 5-Frankenstücken einschließlich eines von Frankreich auf die Kriegsentschädigung einbezahlten Betrages von 106 704 950 Franken. 2. 48 857,3925 ℔ Brutto in eben solchen Stücken. 3. 1 915 978 ½ Stück Sovereigns einschließlich eines von Frankreich in Zahlung gegebenen Betrages von 7024½ Sovereigns. — Vgl. Hirths Annalen 1874, pag. 618 ff.

3) Vgl. Helfferich, l. c.

4) The Economist v. 20. Januar 1872.

in Beschlag. Auch aus der Bank von England wurden Sovereigns entnommen. Deutschland kaufte das aus Australien angekommene Gold auf [1]). Solange im März die Goldnachfrage nicht durch die Zufuhr von auswärts befriedigt wurde, wandte man sich an die Bank. Dann hörten die Goldentziehungen auf und die Goldankünfte gingen in die Bank [2]).

Deutschland hatte bedeutende Fälligkeiten gegenüber England, deren Abhebung man in London mit Besorgnis entgegensah. Als es aber weiterhin seine Forderungen realisierte, schonte es die Bank nach Möglichkeit und hielt sich an den freien Markt [3]). Trotzdem erhöhte die Bank von England ihren Diskont, bis die deutschen Goldankäufe unterbrochen wurden. Dies war im Juni der Fall, so daß von da an der ganze Goldimport der Bank zugute kam [4]). Als sich der Markt wieder gekräftigt hatte, nahm Deutschland seine Goldbeschaffung wieder auf [5]). Soweit die Vorräte des Metallmarktes nicht genügten, wurde das Gold der Bank entzogen.

Im Herbst des Jahres 1872 waren in Deutschland die Geldverhältnisse schwierig [6]). Der Diskont stand hoch. Das Reich und die Einzelstaaten verwahrten, statt die Summen den inländischen Banken als Depositen zur Verfügung zu stellen, in ihren Kassen die von Frankreich gelieferten, den deutschen Banken abgeforderten Wechselbeträge, die der Verkehr entbehrte. Viele Geldzeichen waren noch bei den deutschen Münzstätten in der Herstellung begriffen. Von den ersten Goldprägungen wurden 120 Millionen Mark für jetzt und immer in Spandau festgelegt.

Obwohl auch in London die Lage gespannt war, setzte Deutschland seine Prägungen fort und ließ zu diesem Zweck

---

1) Ibidem v. 3., 10., 17., 24. Februar 1872.

2) Ibidem v. 9., 30. März 1872.

3) Ibidem v. 4., 20., 27. April; 5., 11., 25. (etwa 100 000 £) Mai 1872.

4) Ibidem v. 1., 22., 29. Juni 1872.

5) Ibidem v. 6. (750 000 bis 1 000 000 £), 13., 20. Juli, 3., 10. August 1872. — Frankfurter Ztg. v. 20. Juli 1872 (etwa 600 000 £). — Journal d. D. v. 7. August 1872 (500 000 £).

6) Frankfurter Ztg. v. 22., 24., 29. September 1872.

Gold aus London kommen [1]), allerdings in der Absicht, seinen Bedarf lediglich aus der Zufuhr zu decken. Die Bank von England suchte diesen Angriffen schon frühzeitig durch Diskontsteigerungen zu begegnen, aber erst wiederholte Erhöhungen hatten Erfolg. Auch teilte die englische Bank den Londoner Filialen fremder Banken mit, daß sie ihre Wechsel gegenwärtig nicht mehr diskontieren könne [2]). Deutschland ließ nur mehr 10-Markstücke herstellen [3]) und gab den Goldbezug aus London auf [4]). Hätte Deutschland die englische Bank durch weitere Goldentnahmen zu abermaliger Diskonterhöhung gezwungen, so hätte dies umgekehrt eine starke Goldausfuhr von Deutschland nach England zur Folge gehabt [5]). Nachdem der gesteigerte Diskont, der auch einzelnes deutsches Geld nach England gelenkt hatte, seine Aufgabe erfüllt hatte und wieder ermäßigt worden war, entnahm Deutschland im Dezember dem Markte noch einmal für eine Million £ Gold [6]).

Mit Anbruch des neuen Jahres wurden wieder nur noch Doppelkronen in Deutschland geprägt [7]). Mit den hierfür nötigen Goldankäufen begann man Ende Januar. Trotz der Eingänge in London aus Amerika hatte zuerst keine Nachfrage für das Aus-

1) The Economist v. 7. (250 000 und 119 000 £), 14. September, 5., 12. (443 752 £; australische Einfuhr), 19., 26. Oktober, 2., 9. November 1872. — Frankfurter Ztg. v. 10. September (173 000 £), 7. (171 000 £), 19. (64 000 £) Oktober 1872.

2) Semaine financière v. 19. Oktober 1872. — M. d. P. v. 20. Oktober 1872.

3) Denkschrift v. 5. April 1873 über die weitere Ausführung des Gesetzes betr. die Ausprägung von Reichsgoldmünzen in Hirths Annalen 1874, pag. 618 ff.

4) The Economist v. 16., 23. November 1872. — Frankfurter Ztg. v. 13. November 1872.

5) Frankfurter Ztg. v. 13. November 1872. Am 12. November stand der Londonwechsel in Frankfurt auf 119½; bei einem Kurse von 119⅝ rentierte es sich bereits, die neuen 20-Markstücke nach London zu schicken. Die gewaltsamen Versuche der Golderlangung hätten so nur die entgegengesetzte Wirkung gehabt.

6) Vgl. Helfferich, l. c. — The Economist v. 30. November, 7., 14. Dezember 1872. — Hirths Annalen 1874, l. c.

7) Vgl. Helfferich, l. c.

land bestanden [1]. Im Februar trat vor allem Deutschland neben Spanien als Bewerber um die amerikanische Zufuhr auf. Die Bank wurde zwar nicht selbst um Gold angegangen, aber von dem Material des offenen Marktes blieb nichts für sie übrig [2]. Als die amerikanischen Sendungen nachließen und auch nach Südamerika Gold geschickt werden mußte, wurde der Bank Barrengold entzogen [3]. Auf die Diskontsteigerung schränkte Deutschland seine Nachfrage bis zum Eintreffen von Transporten aus Australien ein [4]. Da aber auch Schweden und Japan Gold verlangten, so hielten die Barrenkäufe bei der Bank an [5]. Die Effektenmengen, die infolge der im Frühjahr in Deutschland und Oesterreich ausgebrochenen Krisis nach England gebracht wurden, stellten große Ansprüche an den Londoner Geldmarkt. Aus Amerika durfte man kein Gold erwarten. Nichtsdestoweniger fuhr Deutschland mit seinen Goldentziehungen fort. Die Bank von England, die von dem importierten Golde nichts erhielt, und deren Barrenbesitz bei fehlendem Angebot des offenen Marktes in Anspruch genommen wurde, erhöhte mehrere Male ihren Diskont [6]. Erst Ende Juni wurden die deutschen Goldankäufe suspendiert. Die deutschen Münzstätten wurden mit der Prägung des neu eingeführten Reichsscheidegeldes beschäftigt.

Unterdessen gingen Barren und Sovereigns aus Australien, Aegypten und Amerika in die Bank, die schrittweise ihren Diskont verringerte [7]. Im September lebte die deutsche Nachfrage nach Gold wieder auf [8]. Sie bemächtigte sich zunächst der australischen Einfuhr, richtete sich dann aber auch gegen die Mittel der Bank, obwohl ihr Diskont erhöht wurde. Auch die Vereinigten Staaten nahmen am Goldexport teil. Der Uebergang

1) The Economist v. 4., 11. Januar 1873.

2) Ibidem 1., 8., 15. (385 000 £), 22. Februar 1873.

3) Ibidem 1., 8. (225 000 £), 15., 22. März 1873. — Journal d. D. v. 22. März 1873.

4) The Economist v. 12., 19. April 1873.

5) Ibidem 29. März, 5. April 1873.

6) Ibidem 10., 17., 24., 31. Mai, 7., 14., 28. Juni 1873.

7) Ibidem 5., 12., 19., 26. Juli; Augustberichte 1873.

8) Ibidem.

zur Herstellung von Silberscheidemünzen bewirkte, daß Deutschland sich zurückhielt. Die abermals gesteigerten Diskontsätze, die sich auch gegen die nord- und südamerikanische Ausfuhr wandten, für die die ägyptischen und australischen Goldsendungen nicht ausreichten, waren wie immer für Deutschland das Zeichen, auf die Metallvorräte der Bank zu verzichten und dann die Goldentzüge ganz aufzugeben [1]).

Auch nachdem sich die Lage in London gebessert und der Goldbedarf für Amerika nachgelassen hatte, als aus dem Inland Noten an die Bank zurückströmten und Aegypten und Australien wieder Metall in ihre Kassen lieferten, unternahm Deutschland keine Käufe mehr [2]). Seine Guthaben in London legte das Reich in amerikanischer Anleihe an und erleichterte dadurch den Markt.

Die günstigeren Silberpreise erregten in London die Befürchtung, Deutschland, das gerade Silber verarbeitete, könnte seine Ausmünzungspläne ändern und für das nach London geschickte Silber Gold ausführen. Da aber das Silber mit Wechseln bezahlt wurde, so hatte diese Bewegung keinen unmittelbaren Entgang von Gold zur Folge [3]). Aus Japan [4]), Australien [5]) und später aus Amerika [6]) kam Gold in die Bank. Nur nach Südamerika wurden größere Posten Sovereigns exportiert [7]). Im September wurde sogar deutsches Kapital in Form von Goldmünzen nach London gebracht, um die höheren Zinssätze dieses Marktes auszunutzen [8]). Erst Ende des Jahres schien sich die deutsche Goldnachfrage wieder bemerkbar zu machen. Zu umfassenden Barrenkäufen, für die auch die Bank einiges Material

1) Ibidem 4., 11. Oktober, 1., 8. November 1873.

2) Ibidem 15., 22., 29. November, 6., 13., 20. Dezember 1873: 3., 10. Januar 1874.

3) Ibidem 17., 24., 31. Januar, 7., 14. Februar, 14. März, 18. April, 30. Mai, 6., 20. Juni, Juli, August, Oktober 1874.

4) Ibidem 24. Januar 1874.

5) Ibidem 31. Januar, 25. Februar (312 000 £), 7., 14. März, 30. Mai 1874.

6) Ibidem 18. April, 30. Mai 1874.

7) Ibidem 23. Februar 1874 (423 000 £).

8) Ibidem 26. September 1874.

abgab, kam es vom Februar des nächsten Jahres an. Doch wurde diesen Abhebungen mit Recht keine besondere Bedeutung beigelegt, da Deutschland wenig Gold ausprägte und die Verhältnisse in London nach Möglichkeit schonte [1]). Trafen aus Australien Goldtransporte ein, so wurden die Barren ganz oder teilweise für deutsche Rechnung erworben, während die Sovereigns in die Bank flossen. Deutschland nahm in Zukunft für Münzzwecke nur dann Gold aus dem Markt, wenn es der inländische Bedarf Englands erlaubte.

Größere Goldentziehungen Deutschlands standen wieder in Aussicht, als hier die kleinen Noten eingezogen wurden und durch Münzen ersetzt werden mußten. Bei den Goldkäufen, die vom Herbst des Jahres 1875 an stattfanden, beschränkte sich Deutschland auf das Material des offenen Marktes und nahm der Bank zunächst nur deutsche Goldmünzen wieder ab. Die Lage verschärfte sich jedoch, als außer Deutschland Südamerika und Aegypten Gold beanspruchten, der Import versagte und so der Metallvorrat der Bank in stärkerem Maße bedroht wurde. Die Bank suchte sich durch mehrfache Diskonterhöhungen zu schützen. Die deutsche Goldnachfrage wurde anfangs etwas gemildert, setzte sich dann aber doch noch, bisweilen auch mit Hilfe der Bank, bis zum Jahresschluß fort. Dies konnte geschehen, da sich die Bank durch Zuflüsse aus dem Innern und Goldtransporte aus dem Ausland wieder erholt hatte [2]).

Seit dem Jahre 1875 hingen die deutschen Goldentziehungen nicht mehr mit den Sterlingwechseln der Entschädigungsoperation zusammen, sondern mit den Verkäufen des Reiches auf dem Londoner Silbermarkt. Es handelte sich dabei nicht um so bedeutende Geschäfte wie in den vorhergegangenen Jahren. Der Verlauf war langsam und allmählich, so daß dem englischen Markt große und plötzliche Goldentnahmen erspart blieben [3]) [4]).

1) The Economist 6., 27. März, 3., 17., 24. April, 1., 13., 22., 29. Mai, 5., 19., 26. Juni 1875.

2) Ibidem 18., 25. September, 2., 9., 16., 23., 30. Oktber, 6., 11., 20., 27. November, 4., 11., 25. Dezember 1875.

3) Vgl. Helfferich, l. c. pag. 269. — Die Silberverkäufe wurden zuerst durch die Deutsche Bank und die London Joint Stock Bank, seit dem Jahre

Frankreich hatte auf die Haltung, die Deutschland bei seinen Goldentziehungen in London beobachtete, keinen un-

1876 durch die Reichsbank vermittelt, die dabei ebenfalls durch die London Joint Stock Bank unterstützt wurde.

4) Die Goldeinfuhr Englands übertraf in den Jahren 1861—1870 die Goldausfuhr um durchschnittlich 5 546 704 £.

Im Jahre	1871	war die Goldeinfuhr um	920 649 £
„ „	1873	„ „ „ „	1 539 945 £
„ „	1874	„ „ „ „	7 439 383 £
„ „	1875	„ „ „ „	4 492 538 £
„ „	1876	„ „ „ „	6 960 227 £
„ „	1878	„ „ „ „	5 902 903 £

größer als die Goldausfuhr. Im Jahre 1872 dagegen wurde für 1 279 474 £ und im Jahre 1877 für 4 919 401 £ mehr ausgeführt als eingeführt.

Für die Geldmarktverhältnisse und die diskontpolitische Situation kam es aber nicht auf die Gesamtziffern an, sondern auf die Beziehungen zwischen Goldangebot und Goldnachfrage in einem bestimmten Augenblick.

Nach der Herkunft verteilte sich die englische Goldeinfuhr (in 1000 £) auf folgende Länder:

Jahr	Vereinigte Staaten	Australien	Südamerika außer Brasilien	Südafrika	Frankreich
1870	6 994,1	6 478,6	1635,4	0,5	315,7
1871	6 492,6	6 898,8	994	0,2	3 708,2
1872	8 287,1	5 983,2	704	0,3	2 116,6
1873	3 174,4	9 444,5	3 050,7	19,0	1 508,9
1874	4 508,7	6 720,8	2 492,8	306,7	740,4
1875	8 257,6	6 640,8	1 386,3	244	2 023
1876	4 371,7	4 956,7	1 859,7	279,8	1 427
1877	2 061,9	6 655,4	920,6	66,9	872,8
1878	866,3	5 680,6	1 276	47	5 908,1

England exportierte dagegen (in 1000 £).:

Jahr	Deutschland		nach Deutschland	nach Frankreich
1870	20,9	1870	180,6	3 505,4
1871	922,4	1871	7 487,9	1 569,1
1872	453,6	1872	8 151,9	1 040,4
1873	118,7	1873	7 262,6	632,3
1874	85,1	1874	132	5 433,7
1875	409,1	1875	6 405,7	5 251,4
1876	703,1	1876	2 222,5	4 188,6
1877	430	1877	8 343,5	6 147,5
1878	1 040,4	1878	4 484,7	4 599,4. —

Helfferich, Beiträge, pag. 52.

mittelbaren Einfluß. Wenn jedoch die französische Regierung zur Entschädigungszahlung Goldfranken aus dem Metallschatz der Bank verwendete, so lieferte sie damit Material für die Herstellung neuer deutscher Goldmünzen und machte dadurch augenblickliche Goldsendungen von London nach dem Reich überflüssig [1]). Indem man so die Bank von England schützte, entging man selbst den Wirkungen, die eine starke Diskonterhöhung in London für den französischen Geldmarkt und den Stand der französischen Valuta haben mußte. Die Verwendung des Goldbesitzes der Bank zum Zahlungsverkehr mit dem Ausland bildete für Frankreich eine exodromische Maßnahme. Sie beseitigte die Nachfrage nach fremden Wechseln und vermied so die Steigerung der fremden Valutenkurse.

Eine Zeitlang war davon die Rede, daß man den englischen Geldmarkt, dessen gefährdete Lage eigentlich durch Frankreich verursacht sei, von Paris aus durch einen Vorschuß von 100 Millionen Franken in Gold unterstützen wolle und daß zu diesem Zwecke Verhandlungen schwebten [2]). Der französische Finanzminister beabsichtige der Bank, die die Bereicherung ihres Metallschatzes den Einzahlungen der Regierung verdanke, den genannten Betrag in Goldfranken zu entziehen und bei einer Depositenbank zu hinterlegen, von der aus das Gold dann in die Bank von England gelangen und ihre Metallreserven ergänzen könne. Ein direktes Gesuch der englischen Bank lag natürlich nicht vor. Das Projekt scheiterte offenbar an dem Widerstand der Banque, und man leugnete derartige Pläne überhaupt gehabt zu haben die nach der Anschauung ihrer Gegner die Goldnachfrage Deutschlands in London nur gesteigert hätten. Auch wäre durch die Schwächung der Metallbestände bei der Bank das Agio der Münzen gegenüber der Frankennote nach dieser Ansicht noch vergrößert worden.

Man konnte auf eine derartige Aktion aber ohnehin ver-

---

1) Vgl. die Spezialkonvention zwischen Staat und Bank v. 2. Juni 1873. — Journal d. D. v. 4. Juli und 4. August 1873. — Vgl. Say, Rapport.

2) Frankfurter Ztg. v. 16., 26. Oktober 1872. — M. d. P. v. 14., 21. Oktober 1872. — Le Temps v. 14. Oktober 1872.

zichten, da die Gelder, die der Staat inzwischen aus Entschädigungsmitteln in London deponierte, den gleichen Erfolg hatten [1]).

Der im Journal des Débats gemachte Vorschlag [2]), die Regierung solle ihre Sterlingwechsel dei Bank übergeben und dafür Goldmünzen entnehmen, die dann an das Reich geliefert werden sollten, glich seiner Wirkung nach dem von der Regierung später tatsächlich eingeschlagenen Verfahren. Seiner Methode nach widersprach er den überkommenen Gewohnheiten der Bank, die ein Portefeuille von Goldwechseln dem Barren- und Münzbesitz gegenüber nicht als gleichwertig betrachtete.

Namentlich durch seine Diskontpolitik konnte aber Frankreich viel für den englischen Markt tun. Man mußte sich davor hüten, durch eine für beide Länder schädliche Konkurrenz die Mittel durchkreuzen zu wollen, mit denen England unter schwierigen Verhältnissen seine Goldreserven verteidigte. Wurde England, wie damals so oft, durch das Verhalten Deutschlands gerade zu hohen Diskontsätzen veranlaßt, so durfte Frankreich nicht gleichzeitig darauf bestehen, mit denselben Mitteln der Diskontpolitik den Schutz seiner Valuta zu betreiben. Ebenso mußte man in dieser Absicht von Diskontmaßnahmen absehen, wenn sich bei der Bank von England der periodische Geldbedarf für das Inland oder für Erntelieferungen geltend machte. Die exodromische Tätigkeit dieser Art mußte verschoben werden, bis alle diese Einflüsse in London ruhten und eine mäßig aggressive Dis-

1) Nach Thiers, Notes et souvenirs pag. 362 betrugen die Summen, die damals der Bank von England durch Vermittlung der Londoner Finanzagentur zugingen, 200 Millionen Franken. Die banque de France sei bereit gewesen, der Bank von England 100 oder 200 Millionen Franken zur Verfügung zu stellen und der Präsident hätte hierzu die Genehmigung erteilt. Aber die Bank von England habe die Unterstützung abgewiesen.

2) von Reinach; vgl. Frankfurter Ztg. v. 8. November 1872. — Le Temps v. 21. Oktober 1872. Hiernach fanden Besprechungen zwischen dem Finanzminister, dem Gouverneur der Bank und mehreren Finanzleuten statt, in denen der Plan erörtert wurde, nach London oder unmittelbar nach Berlin 100 Millionen in Goldfranken aus dem Metallvorrat der Bank zu schicken.

kontpolitik Frankreichs keine Störungen verursachte. War dies nicht der Fall, so bestand die exodromische Aufgabe Frankreichs im Unterlassen aller aktiven Diskonteinwirkungen gegenüber England und in der Schonung des Londoner Geldmarktes.

Das grundsätzliche Ziel der französischen Diskontpolitik war in früheren Jahren ein niederer und vor allem ein stabiler Zinsfuß gewesen [1]). Diese Eigenschaften blieben zwar auch weiterhin das Ziel, das man nach Ueberwindung des gegenwärtigen finanziellen und währungspolitischen Zustandes wieder erreichen wollte; aber in der nächsten Zeit konnte es nicht erfüllt werden. Der Zinsfuß der Entschädigungsperiode war stetig, aber er war stetig hoch.

Als der Krieg ausbrach, wurde der Diskont der Bank, der seit dem 31. Mai 1867 2½% betragen hatte, wieder zum ersten Male erhöht. Am 9. August 1870 war er bereits bei 6½% angelangt. Auf diesem Stand hielt er sich bis zum 21. August 1871, wo er auf 5% herabgesetzt wurde. Die Schatzscheine waren mit der Ermäßigung vorausgegangen.

Auf die erste Probe wurde die Bank im Oktober 1871 gestellt. Als damals die Bank von England ihren Zinsfuß ebenfalls auf 5% brachte, suchte man sie in Frankreich nicht zu überbieten. Nachdem aber die Goldentziehungen Deutschlands aufgehört hatten, ging die Bank im November auf 6%. Später folgte der Zinssatz der bons du trésor. Man blieb bei 6%, obwohl in London der Diskont allmählich auf 3% gesunken war. Offenbar hatte man dabei auch die Absicht, die Wirkung abzuschwächen, die die Rückwanderung französischer Rententitres aus dem Ausland auf den intervalutarischen Kurs des Frankens ausüben mußte. Erst am 29. Februar 1872 wurde der Banksatz auf 5% ermäßigt. Dem Durchschnitt nach hatte Paris im Jahre 1871 vor allen kontinentalen Börsenplätzen die Führung [2]).

---

1) Bezeichnend für die Bestrebungen Frankreichs in dieser Beziehung war der Ausspruch Napoleons: „J'ai créé la Banque pour accorder l'escompte à 4 pour cent."

2) Amsterdam 3¼%, Berlin 4¼%, Brüssel 4%, Frankfurt 3⅝%, London 3%, Paris 5¾%.

Bis zum Mai des Jahres 1872 hatte die Bank mit ihrem Diskont von 5% vor der Bank von England einen beträchtlichen Vorsprung. Sie tat aber nichts, um diesen Vorsprung zu erhalten, als die englische Bank ihre Rate nach und nach auf 3½%, 4% und schließlich auch auf 5% erhöhte [1]). Allerdings war sie auch ebenso untätig, sobald der Londoner Banksatz wieder auf 4%, 3½% und 3% zurückging [2]), und gewann durch diese Passivität von selbst wieder den Abstand, den sie haben wollte, wenn in England die Lage unbedrohlich war [3]). Die Bank sah in diesen Zeiten ihre Aufgabe nicht darin, den heimischen Geldbedarf durch niedere Zinssätze zu unterstützen und zu wecken. Sie begnügte sich vielmehr mit der Erfüllung aller dringlichen Wünsche von Handel und Industrie und legte im übrigen den Nachdruck ihrer Tätigkeit auf die Erhaltung ihrer Notenreserve, auf die Erleichterung der Anleihe- und Entschädigungsoperationen, auf den Schutz der Valuta und die Stärkung ihres Metallschatzes. Gegenüber dem Verlangen nach Diskontermäßigung blieb sie unzugänglich.

Als im Herbst des Jahres 1872 die englische Bank in Schwierigkeiten geriet, beobachtete die Bank dieselbe Politik wie bisher. Ihr Diskont stand noch vom Februar her auf 5%. Der rasch und stark steigende Zinsfuß des englischen Institutes näherte sich ihrem Satz und holte ihn schließlich ein [4]). Die Bank aber traf nicht nur keine Anstalten, um eine Zinsdifferenz zu ihren Gunsten herzustellen, sondern ließ es auch zu, daß die Rate der englischen Bank ihre eigene um 2% überschritt. Dafür verhielt sie sich dann wieder bei der Herabsetzung des Londoner Diskonts [5]) ruhig und abwartend.

Auch während dieses Jahres hatte Paris im Vergleich zu anderen Plätzen im Durchschnitt den höchsten Diskont. Dies

1) April, Mai 1872.

2) Ende Mai, Juni 1872.

3) Der Zinsfuß der Schatzscheine, der eine Zeitlang über dem Diskontsatz gestanden hatte, wurde wieder auf eine Höhe mit dem Diskont gebracht und ging dann noch etwas weiter zurück.

4) September, Oktober 1872.

5) November, Dezember 1872.

lag an der relativ bedeutenden Höhe des Zinssatzes, den die Bank auch dann bewahrte, wenn der Diskont der ausländischen Notenbanken tief stand. Da die Bank aber die außergewöhnlichen Diskontsteigerungen nicht mitmachte, so war der Unterschied doch nicht so groß wie im vorigen Jahr [1]).

Im Jahre 1873 blieb der Diskont der Bank die meiste Zeit hindurch unbeweglich auf dem alten Stand von 5%. An den Diskonterhöhungen der Bank von England im Frühjahre [2]) beteiligte sich die französische Bank nicht, so daß die englische Bank den gleichen Vorsprung erreichte wie im Oktober des Jahres 1872. Es war auch ganz im Sinne der von ihr geübten Politik, daß sie die außerordentlichen Maßnahmen der Bank von England, die im November ihren Diskont bis auf 9% gebracht hatte, nicht in ihrer Wirkung behinderte. Sie steigerte ihren Zinsfuß zwar auch auf 6 und 7%. Aber sie folgte dabei der Bank von England nur in dem Abstand, den der Londoner Zinssatz vor ihr gewonnen hatte, ohne diesen Abstand beseitigen zu wollen. Dann beeilte sie sich, wieder auf den von ihr damals als Normalsatz betrachteten Diskont von 5% zurückzugehen. Die Folge ihres Verhaltens war, daß im Jahre 1873 der Pariser Zinsfuß im Durchschnitt hinter dem von London sogar zurückblieb [3]).

Im März und dann im Juni 1874 setzte die Bank ihren Diskont auf 4½% und 4% herab. Trotzdem war er fast immer höher als der der Bank von England. Wurde er einmal vom Lon-

---

1) 1872:

1872:	Amsterdam	$3^{3}/_{16}$
	Berlin	$4^{5}/_{16}$
	Brüssel	$4^{5}/_{16}$
	Frankfurt	$4^{1}/_{4}$
	London	$4^{1}/_{16}$
	Paris	$5^{3}/_{16}$.

2) Mai, Juni 1873.

3)

Amsterdam	5%
Berlin	$4^{7}/_{8}$%
Brüssel	5%
Frankfurt	$4^{1}/_{16}$%
London	$5^{1}/_{16}$%
Paris	5%.

doner Zinssatz vorübergehend erreicht oder übertroffen, so wartete die Bank ihrer alten Taktik entsprechend, bis sie wieder an die Spitze gelangte. Sie nützte ihre Ueberlegenheit dann um so beharrlicher aus und ersparte gleichzeitig dem Inland den Anpassungszwang an häufige Diskontschwankungen. Jetzt, nachdem man auf den Londoner Geldmarkt nicht mehr die Rücksichten der Entschädigungszeit zu nehmen hatte, begann eigentlich für die Bank erst die Möglichkeit einer anhaltenden aktiven Diskontpolitik. Ihr Zweck war, allmählich Teile des Londoner Goldbesitzes nach Frankreich zu ziehen und als Vorbereitung für die Wiederherstellung der Valuta dem Metallvorrat der Bank Mengen des währungspolitisch wichtigsten Metalles zu verschaffen. Dies geschah mit Hilfe eines Zinssatzes, der sich unter dem der letzten Jahre hielt.

Während des ganzen Jahres 1875 wurde die Bankrate von 4% nicht verändert. Als im Jahre 1877 der Diskont, der seit Mai 1876 3% betragen hatte, auf 2% fiel und damit einen auch vor dem Krieg ungekannten Stand erreichte, war die Aufgabe der Diskontpolitik für die Valuta zunächst erfüllt [1]).

Der Grundgedanke der französischen Diskontpolitik beruhte so damals darauf, durch positives Vorgehen die intervalutarische Stellung des Frankens unmittelbar zu verbessern, durch passives Verhalten zunächst dem englischen Geldmarkt seine Vermittlung bei der Entschädigungsoperation zu erleichtern. In diesem Fall glich das Mittel der Diskontpolitik jenen vorbeugenden Maßnahmen, durch die Frankreich fremden Kapitalmärkten Gelder zur Verfügung stellte, um von sich selbst die Folgen der auslän-

1) Der Diskont wurde jetzt bisweilen absichtlich unter den Auslandsätzen gehalten. Ein vorübergehend ungünstiger Stand des intervalutarischen Kurses hatte nichts Bedenkliches mehr. Französische Gelder wurden im Ausland angelegt oder ausländische Schulden liquidiert. Dann ging Gold aus der Bank, deren Metallvorrat sich verminderte. Zur Deckung des Passivsaldos bediente man sich der früher nach Frankreich gebrachten fremden Goldmünzen, bei deren Hergabe die Bank einen Gewinn erzielte. Eagles und Mark gab die Bank mit einer Prämie von 1½‰, russische Imperialen mit einer Prämie von 3‰ heraus (vgl. L'Economiste français v. 28. Dezember 1878).

dischen Geldknappheit abzuhalten. Indem die passive Diskontpolitik dem Londoner Markt seinen Goldbesitz nicht streitig machte, wirkte sie, wie wenn sie ihn mit Gold versah. Gegen die starken Diskontsteigerungen in London unternahm die Bank nichts, damit die Bank von England den notwendig hohen Diskont desto schneller überwinden und zu mäßigen Zinssätzen zurückkehren konnte, unter denen dann wieder Frankreich von selbst die Führung in der Diskontbewegung zufiel. —

Merkwürdigerweise ließ sich die Bank die Beeinflussung des Frankenkurses durch das Mittel einer selbständigen Devisenpolitik entgehen. Für die erste Zeit, wo die Nachfrage des Staates und der Wechsellieferanten nach Devisen stark war und die Goldbestände der Bank noch nicht die spätere Höhe erreicht hatten, war dieser Verzicht begreiflich. Aber in den folgenden Jahren hätte sie auf diese Weise eine systematische exodromische Verwaltung [1]) einrichten können, die dem Frankenkurs namentlich dem Sovereign gegenüber zum mindesten größere Stabilität, vielleicht aber sogar ununterbrochen den bestimmten Stand verliehen hätte, der früher als natürliches Pari zwischen den Valuten angesehen worden war. Diese höchste Aufgabe lag aber außerhalb der allgemeinen Ziele, die sich die exodromische Politik Frankreichs steckte. Allerdings war auch bis dahin der selbständige Verlauf der intervalutarischen Beziehungen so geworden, daß sich dieses Ziel der französischen Geldverwaltung nicht mehr mit Notwendigkeit aufdrängte.

Die Bank wurde von verschiedenen Seiten auf die Vorzüge hingewiesen, die eine verzinsliche Anlage ihrer Goldvorräte im Auslande vor der bloßen Aufbewahrung konzentrierter Barren- und Münzmengen gehabt hätte [2]). Das Portefeuille von Wechseln

---

1) Vgl. Knapp, l. c. § 14.

2) Vgl. Wagner, System der Zettelbankpolitik, 1873, pag. 279 Anm. 553, pag. 277, pag. 280 ff. — Bei der französischen Bankenquête (1865/1866) war E. Pereire für die Haltung eines Devisenportefeuilles durch die Bank. A. Fould, Rothschild, Wolowski waren mit eigentümlichen Begründungen dagegen. — Vgl. ferner den oben erwähnten Artikel von J. de Reinach, der dabei auf das Beispiel Oesterreichs aufmerksam machte, im Journal

auf Goldwährungsländer wäre ebenso sicher gewesen wie der Metallbesitz selbst. Stofflich hätten die Devisen, wenn auch in augenblicklich veränderter Gestalt, die nämliche Bedeutung gehabt. Sie wären stets in Gold verwandelbar gewesen. Der Zweck der Goldbestände war nicht der der Notendeckung und Noteneinlösung. Ihr Wert lag in ihrer intervalutarischen Verwendbarkeit. Als Zahlungsmittel an das Ausland wären aber die Devisen, die ohne weiteres eine gewisse Anzahl fremder Werteinheiten vermittelten, ebensogut zu gebrauchen gewesen wie Goldmünzen. Sie stellten im Gegenteil im Vergleich zu ihnen eine einfachere und vorgeschrittene Zahlungsform dar. Die Bestimmung für intervalutarische Aufgaben kam im Goldwechsel vollkommen klar zum Ausdruck. Die Wechsel und Goldguthaben im Ausland, die auf die Wechsel zurückgingen, hätten im Inlande und an auswärtigen Plätzen eine exodromische Tätigkeit zugunsten des Frankens ermöglicht. Die Goldsendungen, die bei der Erwerbung der Devisen auf einmal und von einer Stelle aus ins Ausland geschickt worden wären, hätten die Heranziehung französischer Kapitalien von einzelnen Spekulanten entbehrlich gemacht, die den Preis der fremden Valuta steigerte und eine ungeregelte Bewegung im Metallexport hervorrief.

Das Bankstatut hätte die Bank an der Devisenbeschaffung nicht gehindert [1]). Aber die Bank gehörte noch von früher her

d. D. — Bericht des crédit Lyonnais über die Bank, Journal d. D. v. 15. Februar 1873.

1) Erst in neuerer Zeit wurde der Vorschlag gemacht, die Bank durch gesetzliche Vorschriften zur Haltung eines Devisenportefeuilles zu zwingen. Aber das Amendement Hublard (1892) brachte es nicht einmal zur Diskussion. — Im Jahre 1906 legte sich die Bank aus eigenem Antrieb ein Portefeuille von Sterlingwechseln zu. Das Motiv war aber nicht der Schutz des intervalutarischen Paris, sondern die Bewahrung eines stabilen Diskonts (vgl. hierüber den compte rendu der Bank). Am 26. Dezember 1907 besaß die Bank für 81 821 065 Franken Londonwechsel. Im Mai 1908 war dieser Posten wieder völlig verschwunden.

Damals hätte neben Oesterreich namentlich die Praxis der belgischen Nationalbank vorbildlich sein können. Vgl. Bamberger, Die Schicksale des lateinischen Münzbundes, pag. 74. —

Für die letzte Zeit vgl. u. a. Spitzmüller, Ztschr. für Volkswirtschaft

zu jener Gruppe von Banken alter Gläubigerstaaten, deren exodromische Verwaltung sich in der Bereitstellung metallischer Geldzeichen für den intervalutarischen Bedarf erschöpfte, weil für sie die künstliche Beeinflussung der intervalutarischen Beziehungen keine beständig notwendige Aufgabe bildete. Die Ansätze zu vollkommener Exodromie, die sich in der Verwendung der Entschädigungsgelder auf Auslandsplätzen damals öfters äußerten und die die Bank auf die Idee einer zusammenhängenden Devisenpolitik hätten hinführen können, wurden von der Bank nicht weiter entwickelt. —

Ueberblickte man die intervalutarischen Beziehungen des Frankens, wie sie sich während der Entschädigungsperiode und in den darauf folgenden Jahren teils durch natürliche Einflüsse, teils als Folge bewußter Schutzmaßnahmen gestaltet hatten [1]), so übertraf das Ergebnis alle Erfahrungen und Erwartungen. Nicht einmal in der Zeit, wo die Gefahr für die Valuta am größten war, zeigte sich eine dem Franken verhängnisvolle intervalutarische Wertminderung, und die Wirkungen, an deren notwendige Verknüpfung mit dem Zwangskurszustand man sonst glaubte, erfüllten sich nicht. In Oesterreich, in Italien und in den Vereinigten Staaten war der Preis fremder Werteinheiten und heimischer akzessorischer Metallzeichen in der stofflich veränderten Valuta um 12—20% gestiegen. In diesen Ländern hatte die Einführung des Notenzwangskurses zugleich den Verfall der Währungen bezeichnet.

In Frankreich hatte die valutarische Frankennote ihren tiefsten Stand im Oktober und November des Jahres 1871. Die Entschädigungsoperation hatte erst begonnen. Man war der gegebenen Lage gegenüber noch einigermaßen unfrei und unsicher. Die pantopolischen Vorgänge, die in Zukunft, durch die Banken geleitet, den der Valuta schädlichen Ansprüchen der Entschä-

---

1902, pag. 390. 499. — M. Patron, La banque de France et le crédit national et international, 1908, pag. 150. — Helfferich, Das Geld im russisch-japanischen Kriege, pag. 29. — Knapp, l. c.

1) Eine eingehende Darstellung der intervalutarischen Kursbeziehungen während dieser Zeit wird in einem besonderen Exkurs zu geben versucht.

digungsschuld entgegenwirken sollten, machten sich noch nicht geltend. Auch die allgemeine pantopolische Fälligkeitsbilanz war gerade für Frankreich ungünstig. Dem Staate mußte die Berücksichtigung intervalutarischer Beziehungen sowie exodromisches Verhalten und Handeln, namentlich die Maßnahmen der indirekten, prohibitiven Exodromie erst durch die Verhältnisse aufgedrängt werden. In seiner Diskontpolitik war Frankreich durch die Lage des englischen Geldmarktes an der Entfaltung positiver Mittel verhindert. Frankreich hätte die Entschädigungszahlungen aufschieben können; aber eben damals begab sich der Finanzminister Pouyer-Quertier nach Berlin, um die Verhandlungen über die vorzeitige Befreiung des Territoriums von der Okkupation zu führen.

Trotzdem erhob sich auch damals das Agio der intervalutarisch wichtigsten akzessorischen Münze, des goldenen 20-Frankenstücks, nur etwa 2,5% über ihren Nennwert. Der Sovereign kostete ungefähr einen Franken mehr, als der inneren Parität zwischen der Sovereignmünze und dem Goldfranken entsprach. Während der Besserung, die hierauf eintrat, hielten sich die Kurse für den Sovereign immer noch über dem Goldausfuhrpunkt. Solange dies der Fall war, strömte vorhandenes Gold ab und der Goldfranken erzielte im Vergleich zum valutarischen Franken ein Agio. Dieser Zustand, Goldausfuhr oder Goldausfuhrmöglichkeit, hohe Devisenpreise, besonders für deutsche und englische Valuten, und im Zusammenhang damit Agiobildung für akzessorisches Münzgeld, dauerte im großen ganzen noch während der übrigen Monate des Jahres 1871 und in den Jahren 1872 und 1873 fort. Aber die Ausfuhrmengen schwankten und wurden zeitweise und allmählich kleiner, und mit den sinkenden Devisenpreisen gingen Metall- und Münzagio zurück.

Die Wechsel auf Deutschland kehrten bei ihrer im allgemeinen nach abwärts gerichteten Bewegung im Sommer und Herbst des Jahres 1872 und im Mai und Juni des Jahres 1873 noch einmal zu höheren Kursen zurück. Die Sterlingdevise war bis zum März des Jahres 1872 gefallen. Die Steigerung in den Frühjahrsmonaten war nicht ungewöhnlich stark. Die Prämie für Napoleons hatte sich bereits auf ¼‰—1‰ vermindert gehabt und betrug nun zwischen 2 und 4,5‰. Im Juli und August und im Oktober und November des Jahres erreichte der Sovereign aber wieder außerordentlich hohe Kurse, die den Satz von 25,70 überschritten. Dadurch wurde der künftige Rückgang verzögert und das Agio des 20-Frankenstücks auf 13,5‰ gebracht. Ein ähnlicher Umschlag trat im November des Jahres 1873 ein, wobei der Sovereign von normalen Haussepreisen unvermittelt auf 25,75 stieg, während das Agio des Goldfrankens, das sich im Zusammenhang mit der deutschen Valuta inzwischen schon einmal von 4,5‰ auf 9‰ erhöht gehabt hatte, wieder von 0,5‰ auf 7‰ anwuchs.

Dem belgischen Franken gegenüber war die französische Valuta bereits im Februar des Jahres 1872 zum erstenmal zur Parität gelangt. Im März wurde in Paris für den belgischen Franken schon nicht mehr sein voller Nennwert bezahlt. Gleichzeitig wurde in Brüssel für den französischen valutarischen Franken ein Agio gewährt. Das Agio für silberne Kurantfranken war damit in Paris beseitigt. Doch stellte es sich im Mai von neuem wieder ein, um im Herbst des Jahres dann für immer zu verschwinden.

Vom Jahre 1874 an unterschied sich die Haltung der französischen Papiervaluta nach außen nicht mehr von der metallischen Währung eines Gläubigerstaates. Die Preise fremder Metallvaluten gingen so zurück, daß bei dem Fortbestand der Bareigenschaft des Goldes nicht nur aus England, sondern auch aus anderen Gebieten, namentlich auch aus Deutschland, Gold nach Frankreich geschickt wurde. Aus den Münzbundländern wurden synchartale Münzzeichen eingeführt. Diese Metallimporte wurden im Jahre 1874 nicht unterbrochen. In den folgenden Jahren wurden sie meistens, wenigstens von irgendeiner Seite aus, aufrechterhalten. Die Metallausfuhr war bedeutend seltener geworden. Infolgedessen wurde nun auch für den Goldfranken kein Agio mehr gefordert. Nur in Ausnahmefällen konnte es vorübergehend aufkommen, wenn etwa Zahlungen an ein Goldland, dessen Devisenkurse gestiegen waren, zu leisten waren. Im Jahre

1875 überschritt es, sooft es sich zeigte, nicht 2⁰/₀₀; im Juli der Jahre 1876 und 1877 erreichte es als eine ganz unbeständige Erscheinung höchstens 1⁰/₀₀. Der Sterlingkurs sank wiederholt auf Sätze, die sich zwischen 25,06 ½ und 25,12 hielten. Sein oberster Kurs war nie weit von dem theoretischen Münzpari entfernt. Die valutarische Frankennote aber, durch deren Remittierung man den Transport von Metall vermied, erzielte im verschuldeten Ausland ein Agio gegenüber den metallischen Sorten des französischen Geldsystems und gegenüber den Kursen, die die Metallausfuhrpunkte für Frankreich waren.

An den Kursen des Jahres 1878 war kein Gegensatz zu den bisher gewohnten Notierungen zu bemerken, obwohl Frankreich äußerlich wieder in die Reihe der Metallwährungsländer zurückgetreten war. Sie liefen in natürlicher Fortsetzung weiter und wiesen in den letzten Monaten des Jahres eher steigende Devisenpreise auf [1]. —

Frankreich bot so mit seiner Note das unerhörte Schauspiel einer Papiergeldwirtschaft, bei der das unbedeutende Agio, das die Metallzeichen zunächst erzielt hatten, sehr bald verschwand

1) Der Markwechsel veränderte sich nur wenig. Er stieg zunächst auf 122—123 k. (122—122¾ l.), gab dann aber etwas nach: Februar 122 bis 122¼ k. (122—122½ l.); März 121¾—122 k. (122—122½ l.); April und Mai 121½—121¾ k. (122—122½ l.); Juni und Juli 121⅞—122⅛ k. (122—122½ l.); August 121¾—121⅞ k. (122⅛—122⅜ l.); September 121⅞—122 k. (122¼—122⅜ l.); Oktober 121⅞—122 k.) (122—122¼ l.); November 122½—122⅜ k. und l.; Dezember 122⅛—122⅜ k. (122⅜ bis 122⅞ l.).

Der Sovereign, der mit den rasch sinkenden Zinssätzen der englischen Bank auf 25,16—25,21 gefallen war, hob sich trotz fortgesetzter Diskontermäßigung in London im Januar auf 25,20—25,25. Im Februar ging er auf 25,12½—25,17½, im März auf 25,10—25,15 zurück. Erst Ende April stieg er auf 25.12—25.20. Bis zum August hielt er sich in der Nähe dieses Kurses. Dann wurde er durch die Erhöhung der Londoner Bankrate, der die Bank nicht folgte, auf 25,27—25,31 gebracht und setzte im September (25,30—25,35) und Oktober (25,33½—25,38½) die Steigerung fort. Im November ließ er nach (von 25,33—25,38 auf 25,27½—25,32½) und notierte am Jahresende 25,28—25,32, nachdem er noch einmal einen Aufschwung bis 25,32—25,36 erfahren hatte. Für keines der akzessorischen Geldzeichen wurde an der Börse ein Agio gefordert.

und sich sogar in eine Prämie der valutarischen Note gegen Gold und Silber verwandelte [1]). Zugleich lieferte es den Beweis, daß die Emissionshöhe der Noten, ebensowenig wie die Größe des Metallvorrates bei der Bank, nicht an sich die Wertbeziehungen der Note beeinflußte und mit dem Stande der Valuta nichts zu tun hatte [2]). Je mehr nämlich die Notenmenge zunahm, um so besser wurden die intervalutarischen Kurse für den Franken und um so stärker verminderte sich das Agio für Metallgeld [3]).

Statt jedoch diesen Verlauf als das Ergebnis der bestimmten natürlichen und künstlich gestalteten pantopolischen Fälligkeitsbilanz zu betrachten, suchte man nach allgemeinen Gründen dafür in Eigenschaften, die man den valutarischen Zeichen beilegte, und in Stimmungen und Ueberzeugungen, die man der Bevölkerung zuschrieb, die hierbei rationellen Ueberlegungen gefolgt sein sollte.

Thiers konstruierte eine höchstens durch den rhetorischen Zweck verständliche Wendung, wonach der Staat für die Ausgabe der Noten der Bank seinen politischen Kredit geliehen habe, während die Bank dem Staate ihren kommerziellen Kredit zur Verfügung gestellt habe. Aus der Vereinigung dieser beiden Kredite sei dann dieser wunderbare Kredit entstanden, der den

---

1) Vgl. Lexis, Die Aufhebung des Zwangskurses in Italien und ihre Beziehungen zur Währungsfrage i. Jahrb. f. Nat. und Stat. N. F., Bd. 2, pag. 520. — Bonnet Victor, Les billets de la banque de France sous le régime du cours forcé i. Revue de deux mondes 1874. — Wagner, System der Zettelbankpolitik 1873, pag. 543, führte aus, daß die günstige Haltung der Note in der ersten Periode der Papiervaluta nichts Ueberraschendes sei, daß man sich aber später infolge einer zwingenden, der Papiergeldwirtschaft immanenten Entwicklungstendenz auf einen Umschwung gefaßt machen müsse, wenn nicht der Staat vorher sein Notendarlehen an die Bank zurückzahle.

2) Vgl. Wagner i. Jahrb. f. Nat. und Stat. 1874. Bd. 22, pag. 383.

3) Vgl. Leroy-Beaulieu i. Journal d. D. v. 3. August 1872. — Leroy-Beaulieu bemerkte zu dieser Erscheinung: „. . . . Ist all dies ein Traum? Ist es ein Zufall? Leben wir im Feenland? Oder ist ein mächtiger oder boshafter Dämon am Werk, um alle ökonomischen und finanzwirtschaftlichen Gesetze umzugestalten, damit die Erfahrung gestört und die Wissenschaft irregeführt werde? . . . .“

Kurs der Note aufrechterhalten habe [1]). Diese Anschauungsweise fand auch in Deutschland Eingang [2]).

Nach der Ansicht anderer war für die Geltungshöhe der Note die Gewißheit ihrer künftigen Einlösung in Metallzeichen oder die Sicherheit der staatlichen Schuld an die Bank als Grundlage für die Notenemission neben den übrigen Deckungswerten entscheidend, Motivierungen, die natürlich weder die Tatsache des Agios noch den im einzelnen Fall erreichten Grad des Agios zu erklären vermögen. Der Glaube, daß der Zwangskurs nur eine vorübergehende Einrichtung sei, wirkte hiernach, weil er

---

1) Nationalversammlung, Sitzungen v. 20. Juni 1871 und 15. März 1872; vgl. hierzu Clément Juglar, Journal des Economistes 1871. — Aehnlich drückte sich später Wolowski aus: „. . . . Il vaut mieux laisser à la Banque seule la faculté d'émission en cumulant la force du crédit public et celle du crédit commercial . . . ." (Rapport fait au nom de la commission du budget 1875).

2) Vgl. Sydow, l. c., pag. 86 ff. „Dadurch jedoch, daß der Staat durch Verhängung des Zwangskurses den Noten der Bank die Eigenschaften eines gesetzlichen Zahlungsmittels gibt, übernimmt er selbst mit die Garantie für die Werterhaltung derselben und fügt seinen eigenen Kredit dem des privaten Bankinstitutes hinzu." — „Eine reine Staatsbank hätte eine solche Inanspruchnahme ihres Kredits ebensowenig auszuhalten vermocht wie die Privatbank allein. Wenn Bank und Staat dasselbe waren, so konnte die Bank keinen besseren Kredit genießen als der Staat selbst. Durch die glückliche Vereinigung des Staats- mit dem Privatkredit wurde eine gegenseitige Verstärkung erzielt." — pag. 102. „Auf die glückliche Vereinigung von Staats- und Privatkredit ist endlich der unerschütterte Kurs der Banknote mit zurückzuführen. Wäre die Bank eine rein staatliche gewesen, so wäre ihr Kredit mit dem des Staates voraussichtlich verschmolzen worden, und jede Schwächung oder Schwankung des Staatskredits wäre auf den Kurs der Banknote zurückgefallen. Die zweite Erklärung für die vielgerühmte Festigkeit der französischen Banknote, für das Ausbleiben jeder ernstlichen Krisis, wie sie andere Staaten in ähnlicher Lage regelmäßig erfahren hatten, liegt in der Tatsache, daß die Bank ein selbständiges, neben dem Staat stehendes Institut mit eigenem Kredit darstellte, das von den Bedrängnissen des Staates nicht unmittelbar berührt wurde." —

Eine Kritik dieser Ausführungen, soweit sie das Wesen des Notalgeldes berühren, ist wohl überflüssig. Es soll aber auch hier nicht auf die Art eingegangen werden, wie in diesem Zusammenhang der Kreditbegriff verwendet wird.

allgemein verbreitet war. Besonders berechtigt erschien dieser Glaube durch das Rückzahlungsversprechen, das der Staat der Bank gegeben habe und für jedermann sichtbar erfülle, durch die Beschränkung, die man bei der Emission der Noten geübt habe, durch die überall verbreitete Kenntnis von den Metallreserven des Landes und durch die beruhigenden Schlüsse, die angeblich auch das große Publikum aus den Ausweisen der Bank zog [1]).

Nur vereinzelt machte man nebenbei auch die in Wahrheit wirksamen pantopolischen Ursachen für die Haltung der Note verantwortlich.

§ 12.
DAS FRANZÖSISCHE GELDWESEN IN SEINEN INLÄNDISCHEN BEZIEHUNGEN.

Im Inland erforderte der Kapitalleihmarkt die Bereitstellung einer genügenden Menge von Geldzeichen, der Umlauf eine dem Verkehrsbedürfnis angepaßte Stückelung dieser Zeichen.

Die wechselnden Ansprüche des Inlandes nach Geldzeichen machten sich vor allem bei der Bank geltend. Sie verfügte über

---

1) Vgl. z. B. Leroy-Beaulieu, Traité des finances II., pag. 674, 679, 680 ff. —Rechenschaftsbericht der Bank vom Jahre 1872. — Wolowski in der Nationalversammlung, Sitzung v. 24. Dezember 1873. — Adrien Bonnet, in der Nationalversammlung, Sitzung v. 10. Juli 1874. — Ibidem, Finanzminister Magne. — Victor Bonnet, Le payement de l'indemnité prussienne et l'état de nos finances i. Revue des deux mondes 1873. — Derselbe, i. Revue des deux mondes 1874. — Wolowski, Rapport, l. c. — Reboud, Essai sur les changes étrangers 1900, pag. 64 ff. — Bamberger, Die Stichworte der Silberleute 1893, pag. 22. — Raphaël-Georges Lévy, Mélanges financiers 1894, pag. 113, 115, 121. Lévy stellt die mit den Tatsachen in eigentümlichem Widerspruch stehende Forderung auf, die Unterscheidung von Papierwährungsländern fallen zu lassen. Da jeder Staat bei der Einführung des Zwangskurses sofort die Wiederaufnahme der Metallzahlungen erhoffen lasse, so müßten die Länder mit Zwangskurs entweder unter die monometallistischen oder unter die bimetallistischen Staaten eingereiht werden, je nachdem ihr Münzsystem das eine oder andere gewesen sei oder sein werde. Der Grund dieser Forderung ist nur einer extrem metallistischen Auffassung verständlich. Denn die Wirklichkeit des Zwangskurses kann natürlich auch Lévy nicht leugnen.

akzessorische Kurantmünzen und valutarische Noten. Wenn sie das Metallgeld zurückhielt und für Zahlungen im Inland grundsätzlich nicht herausgab, so war sie allein auf ihren Vorrat an Noten angewiesen. Die Notenmenge, über die sie verfügte, war aber ebenso beschränkt und nicht beliebig vermehrbar wie ihr Metallbestand. Ein großer Teil der Noten kam ausschließlich durch Vermittlung der Staatskassen in den Umlauf.

Die augenblickliche Lage der Bank und die Verwendungsweise ihres Geldvorrates war daher von größter Bedeutung für die Befriedigung des Geldbedarfes im Innern.

Seit der Einführung des Notenzwangskurses hatten die Ausweise der Bank, ohne daß sich ihre Abfassung änderte [1]), einen anderen Sinn bekommen. Die Aktivposten und Passivposten, die sich gegenüberstanden, waren dieselben geblieben. Auf der einen Seite waren Münzen- und Barrenvorräte, Wechsel, Lombardpfänder, Guthaben bei der Regierung und bei der Stadt Paris zusammengefaßt, auf der anderen Seite die Kontokorrentschulden an Staat und Private und der Betrag der Notenemission.

Man konnte sich fragen, ob die Noten ihren Platz unter den Passiven noch mit Recht einnahmen. Früher stellten die ausgegebenen Noten, insofern sie auf Verlangen des Inhabers in valutarisches Metallgeld eingelöst werden mußten, tatsächlich eine Schuld der Bank den Noteninhabern gegenüber dar. Wenigstens juristisch belastete diese Schuld die Bank unausgesetzt in ihrem ganzen Umfang und verlangte daher im Statusausweis aus diesen Gründen das Vorhandensein entsprechender Deckungswerte.

Seit die Note aber selbst definitives Geld geworden war, fiel dieser Einlösungszwang weg, und es ergaben sich aus der Notenemission keine gleichzeitigen formalen Verbindlichkeiten in anderen Geldsorten, die sie in der Bilanz als Passivverpflichtung erscheinen ließen.

Die Notenmenge, die der Bank für die Ausgabe zur Ver-

1) Die beiden Spezialreservefonds, die die Bank im Jahre 1871 errichtete, den einen zum Ausgleich entstehender Ausfälle im Wechselgeschäft, den andern zum Ausgleich von Verlusten infolge des Rückgangs der Rentenkurse, standen lediglich in Zusammenhang mit der Gewinnverteilung.

fügung stand, war für sie jetzt reiner Aktivbesitz. Es gehörte der Bank eine bestimmte, aus valutarischen Zeichen gebildete Geldsumme, die sie wie jeden, auch aus beliebigen anderen Stücken bestehenden Geldbetrag zinsbringend verwerten konnte. Der Zinsertrag wechselte, je nachdem sie mit den Noten Wechsel diskontierte, Lombardvorschüsse gewährte oder Darlehen an die Regierung erteilte.

Die ausgegebenen Scheine, die sie nicht mehr durch andere Zeichen ersetzen mußte, und die so keine Schuld mehr für sie begründeten, strömten wieder zu ihr zurück, wenn der Staat Rückzahlungen auf sein Darlehen machte, oder wenn die Wechsel und Lombardpfänder verfielen. Dann konnten sie aufs neue als Anlagekapital dem Geldmarkt zugeführt werden, soweit sie nicht von der Bank zur Tilgung ihrer Depositenschulden gebraucht wurden, die durch die Note jetzt ebenfalls endgültig beseitigt werden konnten.

Die Note unterschied sich so in ihrer Verwendung und in ihrer Stellung innerhalb des Bankvermögens von keiner anderen definitiven Kurantgeldart.

Vielleicht wurden aber die in die Bank zurückgekehrten Noten nicht mehr weiter zur Ausgabe gebracht, um mit Rücksicht auf die Wiedereinführung der Einlösbarkeit den Notenumlauf zu vermindern. Oder die Notenausgabe wurde nur deshalb im bisherigen Umfang aufrechterhalten, weil sich die Noten im Verkehr hielten und an ihrer Stelle Münzgeld in die Bank gebracht wurde. Zahlte der Staat sein Darlehen, das einen bedeutenden Teil der Notenemission hervorgerufen hatte, zurück, so wurde ein großer Teil der Notenemission wieder entbehrlich und die Notenziffer konnte abnehmen. Leistete er Noten, so konnten diese Stücke aus dem Verkehr genommen werden; leistete er Münzen, so konnten sie zur Einziehung eines gleichen Betrages von Noten benutzt werden.

Mit der Aufhebung des Zwangskurses änderte sich wieder die Stellung der Note im Bankbetrieb. Die Emission verwandelte sich wieder mit einem Schlage in eine Ausgabe provisorischer Zeichen, für deren Umtausch die Bank zu sorgen hatte und die infolgedessen eine beständige latente Schuld der Bank erzeugten.

Unter diesen Verhältnissen gewann dann der Bankausweis seinen alten Inhalt wieder zurück.

Außer zu den Darlehen an den Staat wurde die definitive Note, wie die Mittel der Bank überhaupt, so wie bisher ausschließlich zu den der Bank gesetzlich erlaubten Geschäften verwendet. Jeder Note, die bei der Diskontierung oder Lombardierung zur Ausgabe gelangte, entsprach so eine in kürzester Zeit fällige, leicht realisierbare Forderung auf Rückzahlung des geleisteten Geldbetrages. Diese Regelung bewirkte die ununterbrochene Auffrischung der Betriebsmittel der Bank, hatte aber mit dem Wesen der Note als Geldart nichts zu tun. Die besonderen Forderungen, die die Bank bei der Anlage ihrer Noten erwarb, hatten jetzt noch viel weniger den Zweck, für die Note, die doch definitives valutarisches Kurantgeld war, etwas wie eine Wertunterlage zu schaffen. Auch von einer Garantierung der Einlösungsmöglichkeit der Note durch die Eigenschaften der Bankguthaben konnte jetzt natürlich keine Rede sein. Es kam wie bei allen Außenständen ganz allein darauf an, daß die gewohnten sicheren Aktivgeschäfte wieder die Geldsummen an die Bank zurücklieferten, die sie zur Tilgung ihrer Schulden und zur Aufrechterhaltung des Geschäftsganges haben mußte.

Der Münzbesitz der Bank hatte zur Notenemission im Augenblick nur die Beziehungen einer Deckungsmasse für den Fall, daß der Umtausch der Noten wiederaufgenommen werden sollte. Das Anwachsen der Metallbestände, mit dem sich die Zurückziehung von Noten verbinden konnte, stellte den Wiederbeginn der Metallzahlungen in Aussicht. Man konnte so jeweils prüfen, wie sich die Lage der Bank zur Beseitigung des Zwangskurses gerade verhalten würde. Bei dieser Untersuchung mußte dann die Notenemission als Passivposten eingesetzt werden.

Der Bankausweis hatte demnach unter der gegenwärtigen Verfassung nur bedingten Bilanzcharakter. Er zeigte an, wie die Liquidität der Bank beschaffen wäre, wenn der Zwangskurs nicht bestände, oder wie es wäre, wenn der Zwangskurs plötzlich aufgehoben würde. Er erfüllte dagegen statistische Zwecke. Er verzeichnete die Geschäfte, durch die der Bank Geldzeichen entzogen und zurückgegeben wurden, das Maß, in dem dies geschah, und die Geldsorten, die dabei zur Verwendung kamen. Die Notenziffer hatte jetzt im Gegensatz zu früher, wo die Emission unbegrenzt war, die Bedeutung, daß sich aus ihr die für den Geldbedarf verfügbare Notenreserve erkennen ließ.

Seit Beginn des Krieges war der Metallschatz der Bank, bei dem die Gold- und Silberbestände nicht getrennt aufgeführt wurden, beständig zurückgegangen [1]). Er war bis zur Einstellung der Bilanzveröffentlichungen von 1 245 221 171 Franken auf 808 002 713 Franken gesunken und betrug, als im Juni des Jahres 1871 die Bankausweise wieder aufgenommen wurden, nur noch 549 846 016 Franken. Von da an stieg er und war nur ausnahmsweise geringen Rückschlägen ausgesetzt. Am Ende des Jahres 1872 umfaßte er bereits wieder 790 921 245 Franken, nachdem er schon im Mai ein Drittel der Notenemission erreicht hatte. Ein stärkerer Rückgang von 820 Millionen Franken auf 766 Millionen Franken trat im Juni des nächsten Jahres dadurch ein, daß die Regierung von dem ihr gewährten Darlehen in Münzgeld Gebrauch machte. Er hielt an, bis diese Entnahmen aufhörten. Der tiefste Stand war im September mit 708 Millionen Franken. Doch hatten sich die Vorräte am Jahresschluß wieder auf 759 Millionen Franken gehoben.

In der folgenden Zeit war die Zunahme fast immer rasch und bedeutend [2]). Der letzte Ausweis des Jahres 1874 übertraf mit 1 325 690 631 Franken schon die Ziffer vor dem Krieg. Der Rückgang in der zweiten Hälfte des Jahres 1875 [3]) beruhte auf der absichtlichen Beschränkung bei der Ausgabe von Noten, an deren Stelle bei Diskontierungen und Depositenrückzahlungen Metallgeld, namentlich die ganz unbedenklichen Silberkurantfranken,

1) Vgl. zu folgendem die periodischen Statusveröffentlichungen der Bank.

2) Eine Abnahme des Barbestandes der Bank wurde bisweilen dadurch hervorgerufen, daß die Bankleitung der Industrie öfters Scheidemünzen für Lohnzahlungen zur Verfügung stellte. — Vgl. L'Economiste français v. 6. September 1873.

3) Juni 1875: 1582 Millionen Franken.

geleistet wurden [1]). Trotzdem konnte der Münzbesitz bis zum Ende des Jahres noch etwas anwachsen [2]). Während des Jahres 1876 erhöhte er sich auf 2 179 542 900 Franken, bis zum Juni des Jahres 1877 um weitere 100 Millionen Franken; dann ließ er nach und betrug am Ausgang des Jahres 2 065 376 326 Franken.

Im Juli des Jahres 1870 hatte die Zentrale der Bank ein Wechselportefeuille von 362 Millionen Franken, das sich bis zum September mehr als verdoppelt hatte [3]). Nach dem Kriege unterschied man in den Ausweisen der Bank zwei Gruppen von Wechseln, wobei auf die effets prorogés der größere Anteil kam [4]). Im weiteren Verlaufe nahmen im allgemeinen die normalen Wechsel zu, während sich die effets prorogés verminderten, bis sie am Ende des Jahres 1871 völlig verschwanden. Bei der Zentrale lagen nun im ganzen für 326 Millionen Franken Wechsel. Auffallend war der Aufschwung im Ausweis vom 28. September von 153 Millionen Franken auf 297 Millionen Franken gewesen und im Ausweis vom 30. November von 281 Millionen Franken auf 347 Millionen Franken. Im neuen Jahre wurde der Wechselbestand bei der Zentrale, von einzelnen Schwankungen abgesehen, zunächst kleiner [5]). Infolge der Anleiheemission wurde er jedoch mit einem Male von 397 Millionen Franken auf 689 Millionen Franken gebracht [6]). Weiterhin ging er zwar wieder zurück [7]), erholte sich dann aber noch so [8]), daß sich am Ende des Jahres für 509 Millionen Franken Wechsel im Portefeuille der Bankzentrale befanden. Bis zum April des folgenden Jahres sank der Betrag der Wechsel in Paris, nachdem er gleich am Anfang auf 590 Millionen Franken gestiegen gewesen war [9]), auf 454 Millionen Franken [10]). Die

1) 18. Juli, 7. Oktober 1875.
2) 1675 Millionen Franken.
3) 792 Millionen Franken.
4) 153 und 371 Millionen Franken.
5) 27. Juni: 259 Millionen Franken.
6) 1. August 1872.
7) 17. Oktober 1872: 430 Millionen Franken.
8) 31. Oktober 1872: 532 Millionen Franken.
9) 9. Januar 1873. 10) 17. April 1873.

Schlußziffer des Jahres mit 530 Millionen Franken blieb hinter den im Sommer und Herbst erreichten Zahlen zurück [1]).

Das Jahr 1874 ergab im allgemeinen einen Rückgang. Das Pariser Portefeuille verminderte sich von 585 Millionen Franken [2]) auf 388 Millionen Franken [3]) und war um die Mitte des Septembers auf 293 Millionen Franken zusammengeschmolzen. Bis Dezember war es wieder auf 359 Millionen Franken angewachsen [4]), und besonders im letzten Ausweis zeigte sich eine starke Erholung [5]). Dann machte sich die regelmäßige Abspannung geltend [6]). Die Ausgabe der Pariser Stadtanleihe bewirkte wieder einen Aufschwung bis 455 Millionen Franken [7]), der jedoch bis zum Herbst vollständig verloren ging [8]). Am Ausgang des Jahres nahmen die Diskontierungsbegehren wie immer zu [9]). Der geringere Anteil der Bank am Diskontgeschäft und die Rückkehr zu ungestörten Verhältnissen kam auch in den folgenden Jahren zum Ausdruck. Die niedersten Ziffern gingen bis 189 und 148 Millionen Franken [10]) herab, und die Schlußziffern betrugen nur noch 250 und 289 Millionen Franken.

Das Portefeuille der Sukkursalen, das vor dem Kriege ungefähr auf gleicher Höhe mit dem der Zentrale gestanden hatte, wurde im Kriege an Bedeutung von Paris übertroffen. Als es von 217 Millionen Franken [11]) nach und nach auf etwa 400 Millionen Franken [12]) gekommen war, gewann es Paris gegenüber einen oft beträchtlichen Vorsprung, den es bis zum Juli des Jahres 1872 behielt. Obwohl sich durch die Anleiheemission auch die

1) 31. Juli: 581 Millionen Franken; 30. Oktober: 622 Millionen Franken.
2) 8. September.
3) 26. März. 4) 24. Dezember.
5) 31. Dezember: 456 Millionen Franken.
6) 12. Februar 1875: 357 Millionen Franken.
7) 11. Februar 1875.
8) 16. September: 250 Millionen Franken.
9) 30. Dezember: 360 Millionen Franken.
10) 21. September 1876; 6. September 1877.
11) 29. Juni 1871.
12) 30. November 1871: 404 Millionen Franken.

Filialenwechsel sehr vermehrten [1]), traten sie doch die Führung an Paris ab, wo die Operationen noch viel kräftiger wirkten. Der Abstand glich sich später bisweilen wieder fast ganz aus [2]), wurde aber im Jahre 1873 zeitweise sehr groß. Von September an bestand er, wenn auch in geringem Maße, meist zugunsten der Provinzwechsel, die von 412 Millionen Franken [3]) auf 604 Millionen Franken gestiegen waren [4]). Auch im folgenden Jahre lagen oft 60—70 Millionen Franken mehr Wechsel bei den Filialen als in Paris, bis gegen Ende des Jahres, nachdem der Unterschied immer kleiner geworden war, die Zentrale wieder an die erste Stelle rückte. Die Provinzwechsel nahmen im Vergleich zum tiefsten Stand im September nur noch wenig zu [5]) und verminderten sich auch im nächsten Jahre [6]). Gegen Ende des Jahres 1876, in dem sich der Rückgang fortsetzte [7]), vermochten die Filialen das Pariser Portefeuille etwas zu überflügeln. Im Jahre 1877 [8]) änderte sich das Verhältnis nach verschiedenen Schwankungen endgültig und entschieden zugunsten der Provinz.

Die Darlehen der Bank an die Regierung und die Stadt Paris traten als neue Position erst seit dem Kriege in den Bankausweisen hervor. Die Regierungsschuld erreichte im Juli 1872 mit 1330 Millionen Franken ihren Höhepunkt, nachdem schon wiederholt Rückzahlungen stattgefunden hatten. Von Oktober

---

1) 18. Januar 1872: 433 Millionen Franken; 20. Juni: 275 Millionen Franken; 8. August: 542 Millionen Franken.

2) 19. September 1872: 370 Millionen Franken; Jahresabschluß: 502 Millionen Franken.

3) 29. Mai 1873; 2. Januar 1873: 548 Millionen Franken.

4) 26. Dezember 1873; 13. November: 639 Millionen Franken.

5) 8. Januar 1874: 634 Millionen Franken; 24. September 1874: 314 Millionen Franken; 31. Dezember 1874: 352 Millionen Franken.

6) 7. Januar 1875: 371 Millionen Franken; 24. Juni 1875: 214 Millionen Franken; 2. Dezember 1875: 305 Millionen Franken; 30 Dezember 1875: 277 Millionen Franken.

7) 9. Januar 1876: 303 Millionen Franken; 8. Juni und 14. September: 172 Millionen Franken; 2. November: 255 Millionen Franken; 28. Dezember: 240 Millionen Franken.

8) 4. Januar 1877: 277 Millionen Franken; 22. März: 187 Millionen Franken; 27. Dezember: 358 Millionen Franken.

an begann sie abzunehmen und betrug Ende des Jahres 1 277 185 000 Franken. Im Juli 1873 erschien ein neuer Posten von 50 Millionen Franken, der gesondert aufgeführt wurde und bis 150 Millionen Franken stieg. Seine Tilgung begann im Dezember und war im Februar 1874 beendigt. Das Hauptdarlehen, das sich während des größten Teiles des Jahres 1873 auf 1228 Millionen Franken gehalten hatte und von September bis Dezember auf 1027 Millionen Franken zurückgegangen war, wurde am Schlusse des Jahres 1874 in einigen Raten auf 827 062 500 Franken vermindert. Als vom April 1875 an wieder Schatzscheine abgelöst wurden, waren nach wenigen Zahlungen nur noch 556 387 500 Franken übrig, die sich bis Ende des Jahres 1876 auf 338 845 000 Franken und bis Ende des Jahres 1877 auf 310 775 000 Franken ermäßigten.

Die der Stadt Paris erteilten Vorschüsse betrugen im Juli 1871 210 Millionen Franken. Im Dezember erfolgten zum erstenmal Tilgungen, die bis zum Juli 1873 dauerten. Die bons de la ville de Paris, die von Januar 1873 an in einer Spezialrubrik erschienen und bis zum Jahre 1874 von 8 100 000 Franken auf etwas mehr als 30 Millionen Franken gestiegen waren, verschwanden wieder im Februar 1875 mit den Einzahlungen auf die Pariser Stadtanleihe.

Die Menge der in Lombard gegebenen Münzen und Barren hatte im Januar 1870 noch 18 Millionen Franken ausgemacht. Bei Beginn des Krieges war sie auf 8 Millionen Franken zurückgegangen, hatte sich aber dann bis zum September auf 22 Millionen Franken vermehrt. Im ersten Ausweis des Jahres 1871 [1]) war sie mit 20 Millionen Franken enthalten, hob sich bis zum Oktober auf 37 Millionen Franken und fiel dann bis zum Jahresschluß langsam auf 24 Millionen Franken. Um die Mitte des Februars war sie auf 12 Millionen Franken gesunken. Dann nahm sie ununterbrochen zu und erreichte im August ihren höchsten Stand [2]). Ebenso be-

1) 29. Juni 1871.

2)

1872	Januar	18	Millionen Franken
	März	16	„ „
	April	26	„ „

ständig war dann ihr Rückgang [1]). Bis zum Mai 1873 hielt sich ihr Wert zwischen 30 und 32 Millionen Franken. Durch die von da an eintretenden Ablösungen verminderte er sich auf etwa 7 Millionen Franken [2]). Im Jahre 1874 stieg er von 5,1 Millionen Franken [3]) bis zum Ende des Jahres auf 26,3 Millionen Franken, kam im nächsten Jahre bis 35 Millionen Franken [4]), nahm dann wieder ab [5]) und brachte es durch eine geringe Aufwärtsbewegung am Jahresschluß noch auf 20,8 Millionen Franken. Im Jahre 1876 wurden noch größere Abhebungen gemacht, die erst am Ausgang des Jahres wiederersetzt wurden [6]). Das Jahr 1877 schloß nach mehreren Schwankungen mit einer höheren Ziffer ab als die früheren Jahre [7]).

Der Ausweis vom Januar 1870 verzeichnete 32,5 Millionen Franken als Lombardsumme für öffentliche Fonds. Durch den Krieg wurde zunächst ein Rückgang veranlaßt, der aber sehr bald wiederbeseitigt war [8]). Erst im August 1871 erfolgte eine plötzliche Abnahme auf 29 Millionen Franken [9]). Bis zur Anleiheemission im Sommer des Jahres 1872 veränderten sich die Zahlen

---

Mai	40	Millionen	Franken
Juni	47	„	„
Juli	78	„	„
August	93	„	„

1) Dezember 1872: 29 Millionen Franken.

2) 4. September 1873; nach einer allmählichen Erholung bis 10 Millionen Franken neuer Rückgang auf 6,8 Millionen Franken. — Dezember 1873: 7,1 Millionen Franken.

3) 19. März 1874.

4) Februar 1875.

5)

1875	Mai	24	Millionen	Franken
	Juni	18,9	„	„
	August	16,6	„	„

6) 1876 Februar: 25,3 Millionen Franken.
September und Oktober: 9 Millionen Franken.
Dezember: 23 Millionen Franken.

7) Mai, Juni 1877: 14 und 15 Millionen Franken.
Dezember 1877: 29,4 Millionen Franken.

8) 25 Millionen Franken; September 1870: 65 Millionen Franken.

9) Dezember 1871: 28,4 Millionen Franken.

nur wenig. In diesem Augenblick [1]) aber und dann wieder im Herbst [2]) wurden größere Effektenmengen bei der Bank lombardiert, um Subskriptionsgelder flüssig zu machen. Bis dahin hatte die Gewohnheit bestanden, im ganzen höchstens 135 bis 137 Millionen Franken auf Lombardpfänder zuzugestehen und einzelne Darlehen über 30 000 Franken nicht zu erteilen. Jetzt wurde der Gesamtbetrag auf 150 Millionen Franken erhöht; die zulässigen Einzelbeleihungen wurden auf 200 000 Franken gesteigert und dann überhaupt nicht mehr beschränkt [3]). An der Ziffer der tatsächlich in Lombard gegebenen Renten kam dieser Entschluß vorerst nicht zum Ausdruck. Die Zahlen der Jahre 1873 und 1874 blieben ziemlich konstant und gingen nicht über 47,3 Millionen Franken hinaus [4]). Im Zusammenhang mit der Auflage der Pariser Anleihe machte sich auch hier ein Anwachsen bemerkbar [5]), das jedoch nicht von Dauer war [6]). Einige Bewegung zeigte sich erst wieder im Oktober 1876 [7]), und das Jahr 1877, in dem die Rentenlombardierungen zunächst gesunken waren, wies am Schlusse die höchsten Ziffern auf, die bisher erreicht worden waren.

Vor dem Krieg wurden bedeutend mehr Eisenbahnpapiere als staatliche Fonds zum Lombard gebracht, ein Verhältnis, das sich seit dem Frieden wiederholt änderte. An Eisenbahnwerten befanden sich bei der Bank im Januar 1870 73,5 Millionen Franken, im Juli 1870 74,1 Millionen Franken und im September 1870 85,1 Millionen Franken. Im Juni 1871 waren es noch 68 Millionen Franken. Dann sanken die Beträge unaufhörlich, bis die Dreimilliardenanleihe stärkere Lombardierungen hervorrief [8]).

1) 8. August 1872: 48 Millionen Franken.

2) 50,1 Millionen Franken.

3) M. d. P. v. 28. und 30. September 1872.

4) Dezember 1873: 41 Millionen Franken
Frühjahr 1874: 45,3 „ „
Dezember 1874: 47,3 „ „

5) 55,4 Millionen Franken.

6) Dezember 1875: 44,8 Millionen Franken.

7) 46,7 Millionen Franken. Dezember 1876: 50,1 Millionen Franken.

8) August 1871: 56 Millionen Franken
Dezember 1871: 44,8 „ „

Infolge eines Zugeständnisses an die Eisenbahngesellschaften gelangten ihre Werte, deren Lombardmenge schon auf 37 Millionen Franken gefallen war, wieder mit einem Male an die Spitze [1]). Namentlich in der zweiten Hälfte des Jahres trat wieder ein Rückgang ein, der auch das ganze Jahr 1875 hindurch anhielt [2]). Die Ziffern nahmen erst gegen Ende des nächsten Jahres etwas zu [3]) und erhöhten sich von April 1877 bis Dezember 1877 auf 40,6 Millionen Franken.

Die Lombardierungen von Bodenkreditobligationen waren unbedeutend. Sie betrugen im Januar 1870 nur 2,3 Millionen Franken, im September 1870 6,5 Millionen Franken, kehrten aber im Dezember 1871 wieder auf 2 Millionen Franken zurück. Der Aufschwung im Juli 1873 auf 32,4 Millionen Franken war die Folge einer Kreditoperation mit dem crédit foncier selbst. Unmittelbar darauf wurden die Effekten wieder allmählich zurückgezogen. Im Februar 1874 fiel die Lombardhöhe noch einmal rasch von 11 Millionen Franken auf 4,8 Millionen Franken. Im März waren nur noch 1,9 Millionen Franken bei der Bank und von da an kam es nicht mehr zu wesentlichen Aenderungen. —

Im Januar 1870 [4]) waren für 1 449 316 150 Franken Noten im Umlauf, bei Ausbruch des Krieges für 1 470 193 000 Franken [5]). Obwohl gleichzeitig der Münzbestand der Bank abnahm, hob sich die Notenemission bis zum September auf 1 745 050 775 Franken. In dem Augenblick, als der Bankstatus wieder bekannt gemacht wurde, hatte sie 2 212 881 865 Franken erreicht [6]). Die Vermehrung des Tresorguthabens im Juli 1871 bewirkte einen

---

Juli 1872: 34,9 Millionen Franken
August 1872: 45,7 „ „
Dezember 1872: 40,2 „ „

1) 67 Millionen Franken; Dezember 1873: 64,7 Millionen Franken.

2) Oktober 1874: 43,9 Millionen Franken
Dezember 1874: 32,1 „ „
Dezember 1875: 27,9 „ „

3) Dezember 1876: 29,8 Millionen Franken.

4) 6. Januar 1870.

5) 21. Juli 1870.

6) 29. Juni 1871.

Rückgang von etwa 200 Millionen Franken. Im November wurden dagegen vom Staat und von Privaten wieder große Ansprüche an die Bank gestellt, denen gegenüber die Darlehensrückzahlungen des Staates und der Stadt Paris nicht ins Gewicht fielen. Am Ende des Jahres war die Notenzirkulation auf 2325 Millionen Franken angewachsen [1]). Im Januar des nächsten Jahres stieg sie auf 2 465 721 000 Franken [2]). Die Summen, die von der Bank für Wechsel geliefert wurden und die der Staat von seinem laufenden Konto und als Darlehen abhob, wurden durch die Einzahlungen der Girokunden nicht ausgeglichen. Durch die Vorbereitung der Anleihesubskription steigerte sich die Emissionshöhe, die inzwischen gefallen war, aufs neue. Mit der Anleihezeichnung selbst nahmen nicht nur die Münzbestände, sondern auch die Notenreserve zu. Was für Diskontierung und Lombardierung verlangt wurde, wurde wiedereingebracht durch die Einlagen staatlicher und privater Depositen [3]). Weiterhin strömten zwar Gelder aus Wechseln und Lombardfälligkeiten zurück und der Bedarf des Geldmarktes beruhigte sich, aber der Staat zog Teile seines Guthabens an sich, und die privaten Depositen wurden zu Zahlungen an den Staat oder zu anderen Anlagen verwendet. So erweiterte sich der Notenumlauf, besonders da der Münzvorrat der Bank geschont wurde [4]). Am Ende des Jahres erreichte er 2656 Millionen Franken. Eine noch erheblichere Spannung wurde vor allem durch die Zurückhaltung, die die Regierung der Bank gegenüber beobachtete, vermieden.

Auch zu Anfang des folgenden Jahres wurden zunächst von allen Seiten Noten von der Bank gefordert. Nachdem das Diskontgeschäft nachgelassen hatte, machte der Staat von den im Tresorkonto angesammelten Zahlungsmitteln Gebrauch. Er stellte die Abhebungen in Noten ein, als im Juli starke Notenentziehungen erfolgten [5]), und erhielt von der Bank für seine Auslandzahlungen

1) 28. Dezember 1871.

2) 18. Januar 1872.

3) 1. August 1872.

4) 29. August, 5. September 1872.

5) 3. Juli 1873: 2885 Millionen Franken.

Metallgeld. Im Oktober [1]) überschritt die Notenemission den Betrag von 3 Milliarden Franken, verminderte sich aber bis zum Jahresschluß wieder auf 2807 Millionen Franken [2]). Die Abnahme setzte sich im allgemeinen bis zum Juni des nächsten Jahres fort und wurde dann unterbrochen. Trotzdem war die Umlaufziffer der letzten Dezemberwoche kleiner als im Jahre 1873 [3]). Einen ähnlichen Verlauf nahm das Jahr 1875 [4]). Das Jahr 1876 begann mit einer Vermehrung der Notenzirkulation, die vor allem auf die Bewegungen der privaten und staatlichen Depositen zurückzuführen war. Bis zum Juni war die Notenmenge wieder zurückgegangen [5]), kam im November auf 2617 Millionen Franken und betrug endlich 2562 Millionen Franken, wenig mehr als im Dezember des Vorjahres. Die Notenemission erfüllte jedoch in den letzten Zeiten ganz andere Aufgaben wie früher. Dies ließ sich am besten daraus ersehen, daß im August des Jahres 1877 [6]) einer Notenausgabe von 2302 Millionen Franken eine Summe von 2212 Millionen Franken in Münzen und Barren gegenüberstand.

Das Kontokorrentguthaben des Staatsschatzamtes machte im Januar 1870 179 Millionen Franken aus. Im September war es nach einer vorübergehenden Steigerung fast noch genau so groß [7]). Durch die Anleihe im Jahre 1871 wurde es von 140 Millionen Franken [8]) auf 420 Millionen Franken [9]) gebracht, hielt sich einige Zeit lang ungefähr auf gleicher Höhe und sank im September auf 199 und 164 Millionen Franken [10]). Nach einer er-

---

1) 30. Oktober 1873.

2) 26. Dezember 1873.

3) 2644 Millionen Franken.

4) 24. Juni 1875: 2347 Millionen Franken
23. Dezember 1875: 2366 „ „
30. Dezember 1875: 2438 „ „

5) 22. Juni 1876: 2397 Millionen Franken.

6) 30. August 1877. — Dezember 1877: 2468 Millionen Franken.

7) 8. September 1870: 178 Millionen Franken.

8) 29. Juni 1871.

9) 6. Juli 1871.

10) 7. und 28. September 1871.

neuten Verstärkung [1]) fiel es bis zum Jahresausgang auf 156,4 Millionen Franken [2]). Der Januarbedarf der Regierung verursachte eine Abnahme bis 80,9 Millionen Franken [3]), die bis zum Juni wieder ausgeglichen war [4]). Die Abhebungen im Juli [5]) wurden durch das Ergebnis der Anleihe überreich ersetzt. Im August hatte der Staat 630 Millionen Franken bei der Bank stehen [6]), die ihr dann nach und nach entzogen wurden [7]). Die Schwankungen im Jahre 1873 waren zahlreich und bedeutend. Aber die Ziffern erreichten nicht mehr die Höhe der beiden letzten Jahre. Im Mai hatte sich das Konto der Regierung sehr vermindert, erholte sich im Herbst und umfaßte im Dezember 147 Millionen Franken [8]). Auch im Jahre 1874 ging das Guthaben nicht über mittlere Beträge hinaus. Zuletzt [9]) betrug es 175,3 Millionen Franken, die sich nach den Abhebungen im Januar auf 101,6 Millionen Franken verminderten [10]). Im September verfügte der Staatsschatz wieder über 261 Millionen Franken bei der Bank, im Dezember über 188,9 Millionen Franken [11]). Das Jahr 1876 nahm zunächst den gewohnten Gang. Auf die Zurückziehungen zu Beginn des Jahres folgte eine starke Ergänzung des Geldvorrates im Sommer [12]). Da auf die Rückzahlung der Bankschuld große Summen verwendet wurden, so drückte sich der Rückgang im Herbst besonders deutlich aus und die Endziffer

1) 19. Oktober: 249 Millionen Franken.

2) 28. Dezember 1871; 9. November 1871: 139,9 Millionen Franken.

3) 1. Februar 1872.

4) 27. Juni 1872: 169,9 Millionen Franken.

5) 25. Juli 1872: 95 Millionen Franken.

6) 1. August 1872.

7) 5. September 1872: 471 Millionen Franken; 26. Dezember: 326,4 Millionen Franken.

8) 13. März 1873: 106 Millionen Franken; 17. April: 104 Millionen Franken; 23. Mai: 94 Millionen Franken; 2. Oktober: 176 Millionen Franken.

9) 31. Dezember 1874.

10) 4. Februar 1875.

11) 30. September 1875; 30. Dezember 1875.

12) 4. Mai 1876: 109,2 Millionen Franken.
10. August 1876: 207,9 Millionen Franken.

des Jahres war kleiner als sonst [1]). Einen scharfen Unterschied hierzu bildete die Endziffer des Jahres 1877. Nachdem am Anfang des Jahres die staatlichen Depositen auf 68,6 Millionen Franken gefallen waren [2]), hatten sie sich in kürzester Zeit verdoppelt [3]) und waren im August [4]) auf 217,8 Millionen Franken und im November [5]) auf 243,7 Millionen Franken angewachsen, um endlich wieder etwas nachzulassen [6]).

Unmittelbar vor dem Krieg befanden sich bei der Bankzentrale 361 Millionen Franken privater Depositen [7]). Infolge des allgemeinen Strebens nach Liquidierung steigerten sie sich auf 498 Millionen Franken [8]), gingen aber rasch wieder auf 334 Millionen Franken zurück. Nach dem Krieg hatten sie sich auf 451 Millionen Franken vermehrt [9]). Bis zum September waren 685 Millionen Franken bei der Bank angesammelt [10]), die abnahmen, wenn Einzahlungen auf die Anleihe zu leisten waren. Der Stand am Jahresschluß betrug nur noch 250 Millionen Franken. Im Jahre 1872 änderten sich die Verhältnisse erst dann erheblich, als die Vorbereitungen für die Anleihe getroffen wurden. Im Juli und August wurde der Umfang der Depositen, die von 319 Millionen Franken auf 462 Millionen Franken und 651 Millionen Franken stiegen, außerordentlich groß. Dann sanken sie wieder auf die durchschnittlichen Beträge der letzten Zeit. Am Ende des Jahres waren es 184 Millionen Franken. Die Höhe der Depositen im Jahre 1873 schwankte nur noch zwischen 135 und 200 Millionen Franken. Die Schlußziffer stimmte ungefähr mit der des Jahres 1872 überein [11]). Im Jahre 1874 wiesen die Depo-

1) 12. Oktober 1876: 64 Millionen Franken.
Dezember 1876: 114,1 „ „
2) 15. März 1877.
3) 26. April 1877.
4) 16. August 1877.
5) 8. November 1877.
6) 4. Dezember 1877: 220,8 Millionen Franken.
7) Januar 1870: 315 Millionen Franken.
8) 18. August 1870.
9) 29. Juni 1871.
10) 28. September 1871. 11) 186 Millionen Franken.

siten wieder größere Ziffern auf und gingen andererseits nicht so stark zurück wie im Vorjahre [1]). Ein sichtbarer Aufschwung trat im Februar 1875 ein, als die Pariser Anleihe ausgegeben wurde [2]). Er verlor sich zwar wieder, doch war die Bewegung im Frühjahr ziemlich lebhaft [3]). Im Jahre 1876 nahmen die Depositensummen bedeutend zu. Von 220 Millionen Franken am Anfang des Jahres stiegen sie auf 456 Millionen Franken im Juli und sanken von da an nicht mehr unter 300 Millionen Franken, während sie am Ende des Jahres 394 Millionen Franken betrugen. Noch beträchtlichere Geldmengen Privater vereinigte die Bank im Jahre 1877 auf dem Depositenkonto ihrer Zentrale. Im Frühjahr waren beständig zwischen 300 und 400 Millionen Franken vorhanden. Im Juni [4]) vermehrten sie sich bis zu 644 Millionen Franken und hielten sich bis zum Oktober stets über 400 Millionen Franken. Nach einem leichten Rückgang schloß das Jahr mit einem Depositenbestand von 420 Millionen Franken ab. —

Der Umfang, in dem die Bank Gelder herausgeben konnte, und die Zahlungsweise, deren sie sich dabei bediente, hing von der Höhe der Notenreserve und der Größe ihres Metallvorrats ab. Für die Verwendung der verfügbaren Zahlungsmittel galten zunächst die gleichen Regeln fort, die schon seit der Einführung des Zwangskurses bestimmend waren und durch die eine Konzentration aller metallischen Kurantsorten bei der Bank erstrebt wurde.

Der gesamte Geldbestand der Bank wurde einerseits durch ihren Verkehr mit Privaten, andererseits durch ihre Beziehungen zum Staat beeinflußt. Während die Privaten bei ihren Maßnahmen ausschließlich durch ihre eigenen Zwecke geleitet wurden und auf die Geldfülle oder Geldknappheit der Bank nicht ohne weiteres Rücksicht nahmen, mußte der Staat sein Verhalten im allgemeinen Interesse womöglich auch nach der augenblick-

1) Dezember 1874: 229 Millionen Franken.
2) 510 Millionen Franken.
3) Dezember 1875: 267 Millionen Franken.
4) 14. Juni 1877.

lichen Lage der Bank einrichten und hiernach Geldentziehung oder Geldlieferung eintreten lassen.

Die Notenreserve nahm ab und der Notenumlauf zu, wenn bei der Zentrale und an den Filialen Geld für Wechseldiskontierungen und Lombardierungen verlangt wurde und die privaten, hauptsächlich den großen Banken gehörenden Kontokorrentguthaben zurückgezogen wurden, und wenn die hierfür erforderlichen Beträge zusammen größer waren als die Summen, die durch Wechsel- und Lombardeinlösungen und durch Einlagen von Depositen eingingen. Die Notenreserve nahm zu und der Notenumlauf ab, wenn durch Verfall von Wechseln und Lombardpfändern und durch Hinterlegung von Depositen mehr Mittel in die Bank strömten, als sie für die verschiedenen Zahlungen ausgeben mußte. Im einzelnen konnten sich alle möglichen Kombinationen geltend machen. Der Bedarf für Diskont und Lombard mochte z. B. durch das Ergebnis der Wechsel- und Lombardfälligkeiten nicht gedeckt werden, während gleichzeitig überragende Beträge als Depositen eingeliefert wurden, die im ganzen einen steigenden Geldvorrat bei der Bank hervorriefen. Dies war etwa dann der Fall, wenn Geld durch Lombardierung und Diskontierung von Privaten zwar bereitgestellt, aber nicht unmittelbar seiner Bestimmung zugeführt wurde, sondern bis zur schließlichen Verwendung als Depositum in die Bank gelegt wurde. So war es eine immer wiederkehrende Erscheinung, daß vor Ausgabe einer Anleihe die Ansprüche im Diskont- und Lombardgeschäft wuchsen und daß gleichzeitig der Ertrag dieser Operationen der Bank wieder in Form von Depositen zugute kam, so daß sich die Möglichkeit eines Geldentzuges nicht sofort verwirklichte [1]).

Später wurde dann von den Depositen Gebrauch gemacht, dafür gingen aber jetzt die Summen ein, die die Anleihezeichner bei der Bank realisiert und aufgenommen hatten. Wurden weiter-

1) Vgl. die Wirkung der Emission im Jahre 1872 auf den Bankstatus. — Hierzu: Budgetbericht für das Jahr 1874 v. März 1873 (Journal officiel). — Die nämlichen Folgen für die Bank hatte die Ausgabe der Pariser Stadtanleihe im Februar 1875.

hin große Teile der auf dem Geldmarkt verfügbaren Kapitalien zur Reportierung der eben emittierten Anleihe herangezogen, so wandte man sich, um Geld zu bekommen, wieder in stärkerem Maße an die Bank. Die Mittel ferner, die die Banken und andere Gesellschaften für Kupons- und Dividendenzahlungen ihren Kontokorrentguthaben entnahmen oder durch Diskontierung bei der Bank aufbrachten, flossen der Bank wieder dadurch zu, daß nun die Zinsempfänger ihrerseits Depositen in die Bank legten oder Wechselschulden einlösten.

Geldliefernde und geldentziehende Vorgänge kamen nie zu ganz reiner Wirkung, weil ihnen stets Vorgänge entgegengesetzten Inhalts gegenüberstanden. Auch wenn im allgemeinen die Anforderungen für Diskontierung, Lombardierung und Depositengläubiger noch so stark waren, so gab es immer einige Wechsel und Lombardpfänder, die verfielen, und Einzahlungen für Rechnung der Depositenkonten. Von dem Stärkeverhältnis der beiden genannten Vorgänge untereinander hing es ab, ob am Ende für die Bank eine Vermehrung oder Verminderung ihrer Geldvorräte zu verzeichnen war. Das Verhältnis konnte so sein, daß die Gesamtheit der Eingänge den Geldentzügen gegenüber kaum zur Geltung kam, wenn das Geldverlangen alles andere überwog. Die Einzahlungen konnten aber auch ein beträchtliches Gegengewicht gegenüber Geldentnahmen bilden und die Folgen selbst eines großen Geldbedarfs abschwächen oder sogar in ihr Gegenteil verkehren.

Neben valutarischen Noten erhielt die Bank bei Zahlung auch akzessorische Münzzeichen, Kurantgeld und Scheidegeld. Ob sie die Kurantmünzen wieder ausgab, bestimmte sich nach der von ihr geübten Zahlungsmittelpolitik. Scheidemünzen strömten ihr durch die Einlösung der willkürlich abgestuften Wechselsummen zu, während die Depositen von den Banken gewöhnlich in runden Beträgen abgehoben wurden, die ganz in Noten geleistet werden konnten. Es war nicht erkennbar, was für Geldsorten bei jedem einzelnen Zahlakte an die Bank kamen und von der Bank verwendet wurden. Der Ausweis stellte nur im allgemeinen fest, ob sich seit dem letzten Bericht Münzen und Noten vermehrt oder vermindert hatten. Auf alle Fälle ließ die Zunahme des Münzvorrates auf Eingang akzessorischer Franken schließen. Der Zufluß von Münzen konnte so bedeutend sein, daß selbst dann, wenn Metallgeld von der Bank in Verkehr gebracht wurde, der Metallschatz noch erweitert wurde.

Durch die an die Bank gerichteten Zahlungen wurde so die Ergänzung ihres Münzbestandes ermöglicht. Je größer und häufiger die Zahlungen waren, um so wahrscheinlicher gelangten Metallzeichen in die Bank. Man suchte daher die Inkassogelegenheiten der Bank zu steigern. Seit Juli 1871 befaßte sich die Bank auch mit der Aufbewahrung von Wertpapieren, deren Zinsen sie einzog. Wichtig war auch, daß die Bank nicht nur die von ihr diskontierten Wechsel zur Einlösung brachte, sondern auch die kostenlose Einziehung fremder Wechsel besorgte. Denn abgesehen davon, daß sich dadurch der allgemeine Geldvorrat der Bank hob, da aus den Erträgen sehr oft Teile als Depositen bei ihr stehen blieben, erhielt sie auf diese Weise, namentlich aus Kupons und Provinzwechseln, Metallgeld, während sie die zurückgeforderten Depositengelder nach Belieben in Noten leisten konnte.

Das Verhältnis zwischen Münzbestand und Notenumlauf, für das zwar keinerlei gesetzliche Regeln vorgeschrieben waren, nach dem aber die Lage der Bank und die Aussichten auf Wiederherstellung der Metallvaluta beurteilt wurden, wurde so beeinflußt durch die Menge der einlaufenden Metallzeichen und ihre weitere Verwendung. Es gab natürlich eine Reihe von Möglichkeiten, wie der Geldentzug in dieser Hinsicht wirken konnte. Sperrte die Bank die Münzen vom Umlauf ab, so konnte der Münzvorrat wachsen, auch wenn im ganzen die Geldentnahmen die Geldeingänge überstiegen. Andererseits konnte der Metallschatz abnehmen, während der Notenumlauf eingeschränkt wurde, oder Noten und Münzen konnten gleichzeitig die nämlichen Bewegungen durchmachen.

Es wurde schon erwähnt, daß der Staat durch die Auswahl der Zeichen, die er an die Bank lieferte, viel für die Zusammensetzung ihres Geldvorrates tun konnte. In dieser Beziehung hatte sich nichts geändert, und auch mit den Stücken, die die Bank dem Staat überließ, verhielt es sich wie früher. Es konnte aber jetzt auch der Fall eintreten, daß die Bank, wenn sie nur noch über eine geringe Notenreserve verfügte, der Regierung aus freien Stücken statt valutarischer Noten Metallgeld übergab. Kamen die Metallfranken in den Besitz des Staates, so war dies aus verschiedenen Gründen ihrem Uebergang an Private vorzuziehen. Der Regierung gegenüber konnte sich die Bank bei Ueberlassung großer Beträge die Rückgabe der gleichen Münzmenge ausbedingen, deren sich die Agiotage bemächtigt hätte, sobald sie im Umlauf erschienen wären. Vor allem aber kamen in den Händen der Regierung die exodromischen Eigenschaften der Münzen zur Geltung, die sonst ungenutzt geblieben oder der Ausbeutung durch die private Spekulation preisgegeben gewesen wären. Die Art, wie der Staat die Zeichen verwertete, war nicht nur für den intervalutarischen Kurs des Frankens von günstiger Wirkung, sie erleichterte auch der Bank ihre diskontpolitische Tätigkeit.

Um die Regierungsgelder rascher in die Bank leiten zu können, aber auch um überall im Lande Mittel bereit zu haben, hatte der Staat den Kontokorrentverkehr mit einzelnen Provinzniederlassungen wiederaufgenommen, den er früher neben der Zentrale in Paris unterhalten, später aber aufgegeben hatte [1]).

Das Bestreben des Tresors, die Beziehungen mit der Bank auch zeitlich womöglich so zu regeln, wie es sich mit den augenblicklichen Geldverhältnissen bei der Bank am besten vertrug, mußte die Leistungsfähigkeit der Bank als Geldgeberin erhöhen. Nur wenn der Staat unaufschiebbare Aufgaben zu erfüllen hatte, durfte er die Rücksicht auf die Bank und den Kapitalmarkt zurücktreten lassen.

Die Beträge, auf die der Staat durch sein Kontokorrentguthaben oder auf Grund von besonderen Verträgen mit der Bank ein Anrecht hatte, konnten unbedenklich in Anspruch genommen

---

1) Vgl. Pommier, l. c., pag. 126 f. — Zuerst hatte der Staat Konten in Lyon, Marseille und Brest errichtet, später in Bordeaux und Straßburg. Vor dem Kriege bestand keines dieser Konten mehr. Im Jahre 1871 wurden sie wieder eröffnet, um dann endgültig beseitigt zu werden, zuletzt in Lyon und Marseille (1878).

werden, wenn die Notenreserve der Bank groß war, keine außerordentlichen Bedürfnisse des Geldmarktes vorlagen oder aus Wechseln und Lombardverbindlichkeiten sowie für private Depositen erhebliche Summen bei der Bank eingingen. Starke Abnahme des Tresorkontos fiel daher sehr häufig mit einer Verminderung des Notenumlaufs zusammen.

Waren dagegen die Geldvorräte der Bank gerade knapp und erforderte der Geschäftsbetrieb mit Privaten den verfügbaren Notenbestand, so mußte der Staat von Geldentziehungen absehen und sogar selbst den Versuch machen, der Bank Geld zu liefern, indem er sein Tresorguthaben jetzt verstärkte oder Teile seiner Darlehensschuld zurückzahlte. Denn wenn die Mittel der Bank auch noch durch die Regierung verkürzt wurden, so war die Bank, falls sie nicht ihren Metallbesitz angreifen wollte, gezwungen, die Notenausgabe für Private einzuschränken. Wurde sie dagegen vom Staat mit Geld unterstützt, so war sie in der Lage, das Geldverlangen Privater desto reichlicher zu befriedigen.

Es war daher kein Zufall, daß die Zunahme des Notenumlaufs oft mit einer Zunahme des Tresorguthabens oder mit einer Unterbrechung der staatlichen Geldabhebungen zusammenfiel. Auch kam es häufig vor, daß eine Vermehrung der Notenreserve in der Bewegung des Tresorkontos ihren Grund hatte.

Dies Verhalten der Regierung, das bei der Größe der in Frage kommenden Beträge besonders wirksam war, war namentlich während der Zeit notwendig, wo sich die Schwierigkeiten für die Bank durch den Entschädigungsbedarf des Staates und den Zahlungsmittelbedarf der Anleihezeichner häuften. Die Regierung mußte ihre Gelder zeitlich richtig für die Entschädigungstilgung verwenden und die Wechselbeschaffung einstellen, wenn die ihr gelieferten Frankenbeträge mit größerem Nutzen noch einige Zeit bei der Bank verblieben. Auf diese Weise half sie selbst mit am Gelingen ihrer Anleiheoperationen.

Die Summen, die der Staat aus den Anleiheergebnissen bei der Subskription oder an den Ratenterminen auf sein Konto hinterlegte, stammten zum großen Teil aus den Geldern, die der Bank vorher für diese Zwecke abverlangt worden waren. Erst wenn sie vom Staate abberufen wurden, mußte die entsprechende Zeichenmenge von der Bank tatsächlich geleistet werden. Bis dahin fand lediglich eine rechnerische Uebertragung von Summen statt, durch die der Bankstatus in seinen einzelnen Posten verändert wurde. Dies hatte aber doch auch insofern eine Bedeutung für die Bank, als eben die Depositen der Regierung nicht der willkürlichen Behandlung durch ihren Inhaber ausgesetzt waren wie etwa die Depositen Privater. Schon durch diese Verschiebung der Verbindlichkeiten besserte sich so die Lage der Bank. Bis aber der Staat von seinem Guthaben Gebrauch machte, strömten wieder neue Mittel in die Bank, die der Staat dann im geeignetsten Zeitpunkt für sich beanspruchte. So wurden die Vorgänge, die die Möglichkeit übermäßiger Anspannung in sich trugen, überwunden, und die Bank konnte allen an sie gestellten Aufgaben gerecht werden.

Als im Oktober und November des Jahres 1873 die Notenreserve der Bank immer kleiner wurde und man vor der Frage einer abermaligen Emissionserhöhung stand, erleichterte der Staat die Lage dadurch, daß er die 200 Millionen Franken, die er der Bank aus dem Gesamtdarlehen schuldete, noch vor Verfall tilgte [1]) und dann auch mit der raschen Rückzahlung des Spezialdarlehens begann. Soweit die zurückgelieferten Beträge dem Tresorkonto entnommen wurden, war die Tilgung allerdings nur buchmäßig. Einen Zuwachs von Zahlungsmitteln bei der Bank hatte sie nicht zur Folge. Da aber ein Teil der Gelder, die die Bank für die Regierung verwahrte, nunmehr in ihr endgültiges Eigentum überging, so verminderten sich die Summen, die ihr jederzeit vom Staate abgefordert werden konnten und für die sie einen entsprechenden Geldvorrat verfügbar halten mußte. Genügte hierfür von nun an eine geringere Reserve, so waren größere Teile ihres Zeichenbestandes für andere Zwecke verwendungsfähig.

Manchmal ließ es sich nicht umgehen, daß eine Abnahme des Tresorguthabens mit einer erheblichen Steigerung des Noten-

1) Vgl. Finanzminister Magne in der Nationalversammlung, Sitzung v. 26. Dezember 1873.

umlaufs zusammentraf. Dies war um so ungefährlicher, je geringer der neben der staatlichen Nachfrage herrschende Kapitalbedarf war und je sorgfältiger die durch die Regierung hervorgerufene Abnahme der Notenreserve vorher durch Einzahlungen auf das Tresorkonto vorbereitet worden war. Vermehrte z. B. der Staat beim Herannahen eines Zinstermines sein Bankguthaben, so waren die späteren Geldentziehungen weniger empfindlich für die Bank, als wenn die Regierungsgelder in ihrer früheren Höhe plötzlich um die ganzen Rentenbeträge vermindert worden wären.

Ein anderes Mittel zur Schonung der Bank glich der Art, wie der Staat durch Uebertragung von Entschädigungsgeldern an Auslandplätze den internationalen Kapitalmarkt stärkte und dadurch indirekt die intervalutarischen Kurse beeinflußte. Es bestand darin, daß man die für die Entschädigung bestimmten Beträge, die augenblicklich frei waren, den heimischen Banken überließ, damit durch sie dem kapitalbedürftigen Inlandsmarkt Diskont- und Reportgelder zur Verfügung gestellt wurden.

Derartige Gelder wurden so stets auch der Pariser Börse zugeführt, außer durch die banque de France durch verschiedene Diskontierungsinstitute wie crédit Lyonnais, comptoir d'escompte und société générale, aber wohl auch durch andere Häuser wie durch die banque de Paris et des Pays-Bas und durch die Firma Rothschild.

Strömte auf diese Weise augenblicklich Geld in die Kassen der Banken, so brauchten sie sich nicht mehr mit Rediskontierungsbegehren an die Bank zu wenden, und der Andrang bei der Emissionszentrale ließ dadurch nach.

Ebenso hatte die Regierung eine Unterstützung des Kapitalmarktes vor, wenn sie sich in Zeiten, wo die Geldverhältnisse gespannt waren, bereit erklärte, später lieferbare Wechsel sofort zu bezahlen oder dem Bankiersyndikat Devisen vor dem vereinbarten Termin abzunehmen und dabei Noten in Zahlung zu geben, statt die schuldigen Beträge auf die Liberierung der Anleihe anzurechnen [1]). Durch die Mittel, die so den Banken zuflossen,

1) Vgl. Frankfurter Ztg. v. 7. September, 28. September 1872. — M.

wurde der Mangel an Reportgeldern beseitigt, und die Vorschüsse an die compagnie des agents de change, zu denen der Staat als Interventionsmaßnahme gegen das Sinken des Rentenkurses bereits entschlossen war, wurden überflüssig [1]. —

Die Bank konnte sich durch diskontpolitisches Vorgehen, strenge Prüfung des Wechselmaterials und vorsichtige Zinsfußnormierung übermäßigen Geldansprüchen entgegenstellen und den Notenentgang stets im Verhältnis zur Notenreserve zu halten suchen. Dadurch wurde die Festsetzung der Diskontraten jeweils noch verwickelter. Denn es traten jetzt zu den beschriebenen Motiven exodromischer Politik und zur Rücksicht auf die Rentenkurse Erwägungen, die die Regelung des heimischen Kapitalmarktes und die Bewahrung der Notengrenze betrafen [2]. Verschiedene, oft einander widerstrebende Interessen mußten mit dem gleichen Mittel verfolgt werden.

Solange der Zinssatz der Bank im Inland allgemein den Ausschlag gab, wurde durch seine Hochhaltung der unmittelbare Diskontierungsandrang bei der Bank abgeschwächt. Aber auch die Gelder, die bei vorteilhaften Zinsbedingungen auf dem Markte angeboten wurden, sei es daß heimisches Kapital im Inland blieb oder auswärtiges Kapital zuströmte, entlasteten die Bank, und es wurde ihr dadurch, abgesehen von den Wirkungen dieser Vorgänge auf den intervalutarischen Kurs, eher ermöglicht, mit ihrem Vorrat an valutarischen Zeichen auszukommen.

Verharrte aber die Bank, ohne daß hierzu ein irgendwie notwendiger Anlaß vorlag, länger bei ihren gesteigerten Diskontsätzen, so wurden unter Umständen dadurch die Bedürfnisse der heimischen Wirtschaft vernachlässigt und ihre Entfaltung gehemmt. Die Bank aber verlor allenfalls die Führung auf dem Diskontmarkt. Gegen die allzu lange Dauer der hohen Zinssätze und die zu geringe Beweglichkeit der Bankrate [3]) richteten sich

---

d. P. v. 28. September 1872, 15. Juli 1873. — Journal d. D. v. 11. Oktober 1872. — Thiers, Notes et souvenirs, pag. 344 f.

1) Thiers, l. c., pag. 336 f. — Vgl. Say, Journal des Economistes 1880 IV.

2) Vgl. z. B. November 1871, Oktober, November 1873.

3) In dem Zeitraum von 1875—1900 wurde der Diskont der banque de

daher die Klagen, die im Interesse des französischen Handels immer dringlicher eine Verminderung des Diskonts verlangten, nachdem die intervalutarischen Beziehungen des Frankens gesichert erschienen und der Metallvorrat der Bank ein beständiges Wachstum zeigte [1]).

Da die Bank ihre Mittel nicht zu leichteren Bedingungen zur Verfügung stellte, wurde augenblicklich auch ein stärkerer Rückgang des Marktdiskonts verhindert. Aber andererseits blieb dadurch der Zufluß fremden Kapitals noch länger erhalten, wodurch der Metallbestand der Bank noch mehr gekräftigt wurde. Diese Absicht der Bank, die wohl auch ein besonderes Entgegenkommen gegenüber der Spekulation zu vermeiden wünschte, wurde vielleicht von der eine anders gerichtete Diskontpolitik empfehlenden Kritik zu sehr unterschätzt.

Später verlor die Bank alle Fühlung mit dem Marktdiskont [2]). Sie erfüllte jetzt im wesentlichen nur noch Inkassodienste und rediskontierte die Wechsel, die ihr von den Banken in Zeiten dringenden Geldbedarfs übergeben wurden, eine Aufgabe, die ihr schon durch die Bedingung der dritten Unterschrift zugewiesen war. Ihre Tätigkeit als Sammelstelle von Metallgeld und als Ueberwachungsorgan der Geldzirkulation trat immer ausschließlicher hervor [3]). Gute Wechsel wurden die Anlage für den vorsichtigen Teil des Publikums, der leicht realisierbare und sichere kurzfristige Anlagen langfristigen Auslandwerten vorzog. Die produktive Verwendung der Noten ging in dem Maße zurück, als Metallzeichen im Umtausch gegen Scheine in die Bank gebracht wurden, um hier nichts anderes zu leisten, als an der Bildung einer ungeheuren Metallreserve mitzuwirken [4]). —

France nur 25 mal verändert gegenüber 167 Veränderungen bei der Bank von England und 84 bei der deutschen Reichsbank.

1) Vgl. z. B. Leroy-Beaulieu im L'Economiste français, September 1874.

2) So betrug im September 1876 der Banksatz mit 3% gerade das Doppelte des Marktdiskonts.

3) Vgl. auch Leroy-Beaulieu, De l'amoindrissement du rôle de la banque de France i. L'Economiste français v. 7. Juni 1879.

4) Durch Ges. v. 17. November 1897 (Art. 16) wurde die Bank auch mit der Aufgabe betraut, zu leichte Goldmünzen aus dem Verkehr zu ziehen

Auch die Propaganda, die zu Anfang der Siebzigerjahre betrieben wurde, um den Gebrauch des Schecks und das Clearingwesen in Frankreich einzubürgern, bezweckte eine größere Schonung der Zahlungsmittelreserve und eine leichtere Konzentration des Metallgeldes.

Der Scheck [1]) hatte in Frankreich noch keinen rechten Boden gefunden. Ein Clearingverkehr unter den Banken fehlte ganz. Nun suchte die ganze Presse, die Vorteile einer ausgedehnten Scheckverwendung nach englischem Vorbild populär zu machen. Die Dienste, die auf diesem Gebiete Banken wie der crédit industriel und die société des dépôts leisteten, wurden lebhaft anerkannt [2]).

Auf den Nutzen, den ein weitreichendes Clearingsystem bei den herrschenden Verhältnissen stiften könnte, wurde auch im Parlament hingewiesen [3]). Am 7. März 1872 wurde in Paris eine chambre de compensation eröffnet, von der sich jedoch die Bank, die erst im folgenden Jahre beitrat [4]), zunächst fernhielt [5]). Auch

---

und der Münzstätte zur Umprägung zu übergeben. Die neuen Stücke gehen an die Bank, die die Kosten für Transport und den Zinsverlust trägt, während der Staat die Umprägungsspesen und die Folgen der Gewichtsminderung übernimmt.

1) Der Scheck wurde von der französischen Gesetzgebung definiert als „mandat de payement qui sert au tireur à effectuer le retrait, à son profit ou au profit d'un tiers, de tout ou partie de ses fonds disponibles portés au crédit de son compte chez le tiré.“ Vgl. Le Touzé, l. c., pag. 74. — Man unterscheidet chèques au porteur und chèques à ordre, die übertragungsfähig und indossabel sind. Alle Schecks lauten auf Sicht. — Eine Besteuerung der Schecks fand erst seit dem Jahre 1874 statt. Das Gesetz v. 23. Mai 1865 hatte den Scheck auf 10 Jahre von der Stempelsteuer befreit.

2) Vgl. Journal des D. v. 3., 5. Mai 1873.

3) Vgl. Budgetgesetzentwurf für das Jahr 1872; Sitzung der Nationalversammlung v. 9. Dezember 1871.

4) Am 19. Mai 1873.

5) Die ersten Mitglieder waren: comptoir d'escompte, crédit foncier, crédit industriel et commercial, crédit agricole, société des dépôts et comptes courants, crédit Lyonnais, société générale, banque de Paris et des Pays-Bas, Béchet, Dethomas et Cie., Claude Lafontaine et fils, H. Prévost-Martinet et Cie., Lécuyer et Cie., Lehideux et Cie., Marcuard André et Cie., Ch. Noël et Cie., Thelier et Henrette, J. Allard et Cie., Calon jeune.

die agents de change, die ihre Geschäfte unter sich abrechneten, nahmen daran keinen Anteil [1]). Die Wirksamkeit der Clearingzentrale hielt sich in bescheidenen Grenzen. Die traditionellen Zahlgewohnheiten hinderten ihre Entwicklung [2]) und es kam zu keinem größeren Aufschwung [3]). Im Jahre 1874 gehörten nur noch zwölf Häuser der Vereinigung an, sechs hatten sich seit der Errichtung zurückgezogen. —

Im Jahre 1872 hatten noch 29 französische Departements keine Bankfiliale. Als damals in der Kammer Schritte zur Gründung neuer Zweigstellen unternommen wurden, geschah auch dies hauptsächlich mit Rücksicht auf die augenblicklichen Mängel und Bedürfnisse des Zahlungsmittelwesens. Je mehr die Bank mit ihren Niederlassungen in die Provinz eindrang, um so häufigere Einnahmegelegenheiten ergaben sich für sie. Giroverkehr und Zahlungen durch billets à ordre, die von der Zentrale auf die Sukkursalen und umgekehrt gezogen wurden [4]), gewannen an Ausdehnung [5]). Durch den vermehrten Eingang von Zahlungs-

1) Dem großen Publikum blieb die Existenz der chambre de compensation völlig verborgen und selbst weite Kreise der Kaufmannschaft wußten nichts von ihr.

2) „Nous ne prenons l'habitude, si générale en Angleterre, de confier tout notre mouvement financier à une maison de banque, et le commerce domicilie rarement ses effets.“

3) Im Geschäftsjahr 1872/73 betrugen die Gesamtoperationen der Clearingstelle 1 602 727 344 Franken;

1873/74	2 142 302 845	Franken
1874/75	2 009 823 709	„
1875/76	2 213 725 659	„

4) Vgl. Wagner, System der Zettelbankpolitik, pag. 393.

5) An der Zunahme der Kassenbewegungen, die in den Jahren von 1840—1875 38 Milliarden betrug, waren beteiligt:

Münzen	mit	3%
Noten	„	31%
Virements	„	66%. —

Vgl. Cl. Juglar, Du rôle du numéraire dans les caisses de la Banque de France im Journal des Economistes 1877 IV.

Im Jahre 1869 wurden von Zahlungen bei der Bank erledigt:

21 692	Millionen	Franken	durch	Abrechnung,
13 417	„	„	„	Noten,
2 104	„	„	„	Münzen. — Vgl. Journal officiel 1872 I.

mitteln wurde nicht nur der Geldbesitz der Bank überhaupt gesteigert, sondern es bestand auch im besonderen die Möglichkeit, größere Metallmengen bei ihr zu vereinigen, namentlich aus den Provinzen, die bisher einer Bankfiliale entbehrten. Die einheitliche Regelung des Umlaufs und die zweckmäßige Verteilung der Zahlungsmittel über das ganze Land wurden dadurch sehr gefördert.

Der endliche Erfolg des auf die Schaffung von Sukkursalen gerichteten Antrages [1]) war, daß, soweit noch Lücken bestanden, bis zum 1. Januar 1875 11, bis zum 1. Januar 1876 7 und bis zum 1. Januar 1877 weitere 7 Filialen eröffnet werden sollten [2]). Gleichzeitig war vorgeschlagen worden [3]), die Bank solle in Zukunft zur Hebung ihres Geldvorrates verzinsliche Depositen annehmen, die im Verhältnis zum Diskontsatz vergütet werden sollten [4]). Aber sowohl dieses Projekt als auch ein vom Abgeordneten Ducuing eingebrachter, eigentümlich begründeter Antrag [5]),

---

1) Antrag Roger-Marvaise und Genossen, Sitzung der Nationalversammlung v. 13. Januar 1872.

2) Sitzung der Nationalversammlung v. 27. Januar 1873. Der erste Kommissionsbericht hatte vorgeschlagen, daß die fehlenden Sukkursalen noch vor dem 1. Januar 1875 ihre Tätigkeit beginnen sollten. — Vgl. auch Sitzung der Nationalversammlung v. 21. Januar 1873.

3) Sitzung v. 13. Januar 1872.

4) Der Zinsfuß für Kontokorrentdepositen sollte hiernach betragen:

1 %	bei einem	Diskontsatz	bis zu		3%
1½%	„	„	„	von mehr als	3%
2 %	„	„	„	„ „ „	4%
2½%	„	„	„	„ „ „	5%.

Vgl. hierzu den Kommissionsbericht vom Jahre 1872. — Die Frage der Annahme verzinslicher Depositen durch die Bank war schon früher aufgeworfen und zuletzt von den Enquêtekommissionen der Jahre 1865 und 1868 besprochen worden.

5) Es wurde dabei ausgeführt, der Tresor müsse durch das angegebene Mittel den Notenumlauf beschränken helfen, um der Entwertung der Note vorzubeugen. „.... En principe l'Etat, lorsqu'il a payé ses fournisseurs avec des billets de banque, s'est rendu responsable soit de leur payement en espèces, soit de leur perte au change.“

die Bank solle im Namen des Staates Kontokorrentguthaben annehmen und mit 3% verzinsen, wurde abgelehnt.

Der im Herbst des Jahres 1871 von der Bank gemachte Versuch, durch Verkauf von Renten aus ihrem Anlagefonds flüssige Mittel zu gewinnen, war unzureichend und wurde auch auf Veranlassung des Präsidenten, der hierin eine Gefahr für den Kurs der Anleihe erblickte, eingestellt [1]).

Von der wirksamsten Maßnahme, die den verfügbaren Geldvorrat der Bank erhöhen konnte, der gesetzlichen Ausdehnung der Notengrenze, ist bereits in anderem Zusammenhang die Rede gewesen. —

Die Störungen, die im Oktober des Jahres 1871 im inneren Umlauf empfunden wurden, wurden durch den Mangel einer genügenden Menge von Geldzeichen niederer Stückelung hervorgerufen. Es war dieselbe Erscheinung, die man im Jahre vorher nach der Einführung des Zwangskurses verspürt hatte, nur daß sie sich diesmal am schärfsten in Paris äußerte, und sie wurde auch zunächst mit den gleichen Mitteln wie damals bekämpft. Da die staatliche Hilfe ausblieb, half sich der Verkehr selbst.

Zur Zeit, als das Agio der Metallfranken seinen Höhepunkt erreichte, flohen die Münzen, zuerst Goldgeld, dann auch die kleineren Stücke, immer mehr aus dem Umlauf [2]). Das Publikum war erst durch die Ankündigungen der Edelmetallhändler, daß sie Metallgeld kauften, zu seinem Verhalten bestimmt worden. In den Geschäften mußte man sich beim Wechseln einer 20-Frankennote einen Abzug gefallen lassen [3]). In Paris waren in allen Straßen Läden, die sich durch eine Aufforderung im Fenster zum Ankauf von Gold und Silber gegen Prämie erboten [4]). In der Provinz wurde diese Agiotage nicht so stark betrieben und

1) Thiers, Notes et souvenirs, pag. 231 ff.

2) Vgl. The Economist v. 21. Oktober 1871.

3) Nach dem Economist v. 28. Oktober 1871 meistens einen halben Franken. In den Kaffeehäusern wurden die Gäste von den Kellnern darauf aufmerksam gemacht, daß sie nicht bedient werden könnten, wenn sie Geldwechsel verlangten (ibidem).

4) The Economist v. 9. November 1872.

deshalb zeigten sich auch hier ihre Folgen nicht so allgemein wie in der Hauptstadt.

Von allen Seiten verlangte man Herstellung kleinerer Notenabschnitte. Die Handelskammer von Paris richtete ein Schreiben an den Handelsminister [1]), worin auf die Ursachen der augenblicklichen Schwierigkeiten hingewiesen und der Gedanke ausgesprochen wurde, daß man früher oder später zur Ausgabe von 5-Frankennoten und selbst von 1-Frankennoten werde schreiten müssen. Die Handelskammer von Elboeuf wandte sich an den Gouverneur der Bank und forderte für Lohnzahlungen neben Scheidemünzen 5-Frankenscheine. Die Bank war dazu jedoch noch nicht geneigt.

Um dem herrschenden Uebelstand zu begegnen, entschlossen sich nun in Paris auf Anregung des Generalrates des Seinedepartements zwei private Banken zur Schaffung niederer Scheine auf eigene Faust [2]), die société générale und als Führerin einer größeren Bankengruppe das comptoir d'escompte [3]).

Die société générale begann mit der Emission der Bons am 18. November 1871. Die Banken, die im Syndikat solidarisch hafteten, errichteten bei der caisse des dépôts et consignations Spezialdepots, die aus valutarischen Noten höherer Stückelung zusammengesetzt waren, und brachten bis zu diesem Betrag die von ihnen hergestellten Zeichen in Umlauf. Der Gesamtwert der im Verkehr befindlichen Scheine vermehrte sich infolge der Hinterlegung valutarischer Stücke nicht.

In der Provinz soll beispielsweise die association du commerce stephanois in St.-Etienne für etwa 470 000 Franken Scheine privater Emission in Umlauf gesetzt haben, die auf 5 und 10 Franken lauteten und deren Betrag durch die Unterschriften der ersten Häuser des Platzes garantiert wurde [4]). Einige Städte

1) 22. Oktober 1871.

2) Vgl. Allgemeine Ztg., Pariser Meldung v. 31. Oktober, 8., 14. November 1871.

3) Comptoir d'escompte, crédit foncier, crédit industriel, société des dépôts et comptes courants, crédit agricole, crédit Lyonnais, banque des Pays-Bas, société financière, banque de Paris.

4) Vgl. M. d. P. v. 6. November 1871.

sollen ferner ermächtigt worden sein, Forderungen von Lieferanten statt mit valutarischem Geld mit Anteilscheinen der von ihnen ausgegebenen Anleihen zu bezahlen [1]).

In Paris gab es so zweierlei Scheine dieser Art, von denen die einen, die einheitlich auf 5 Franken begültigt waren, vom comptoir d'escompte ausgingen, während die société générale Stücke im Nennbetrag von 5, 2 und 1 Franken lieferte. Die Vorderseite der bons de monnaie genannten Scheine [2]) der société trug die Geltungsbezeichnung, den Namen des emittierenden Instituts, die Unterschriften der Bankverwaltung [3]) und die Klausel: „remboursable en billets de la Banque de France aux caisses de la société". In den Ecken waren Kontrollnummer und Bezeichnung der Emissionsserie angebracht. Auf der Rückseite befand sich ein Verzeichnis sämtlicher Kassen der Bank in Paris und in den Departements.

Die Banken veröffentlichten in jeder Woche die Ziffern der Emissionshöhe und der entsprechenden Deckung im Journal officiel und in zwei anderen Blättern. Am 29. Dezember 1871 hatte die société générale für 15 115 672 Franken Bons ausgegeben, für die ein Garantiedepot von 15 200 000 Franken geleistet worden war.

Wurden die Scheine vom Staat nicht in Zahlung genommen, so waren sie wie Banknoten, die infolge fehlender staatlicher Akzeptation der Geldeigenschaft ermangeln, Zahlungsmittel einer privaten Zahlgemeinschaft. Sie waren zwar durch Beträge valutarischen Geldes voll gedeckt und mußten auf Verlangen des Inhabers durch das emittierende Institut sofort gegen valutarische Zeichen umgetauscht werden, aber ihre Annahme innerhalb des privaten Zahlkreises geschah durchaus freiwillig. Da auf den Bons lediglich vermerkt war, daß die Stücke in Noten der Bank einlösbar sein sollten, nicht aber auch ihr Umtausch in akzessorischen Kurant- und Scheidemünzen ausgesprochen war, so

1) The Economist vom 2. Dezember 1871.

2) Sie waren natürlich etwas ganz anderes wie die bons de monnaie, die die Münzstätten gegen Einlieferung von Barrenmetall ausstellten.

3) Von caissier, contrôleur, directeur.

mußte immer eine größere Anzahl Bons zugleich zur Einlösung gebracht werden. Eine den Bons parallele Stückelung wiesen die Noten nicht auf. Die Einlösung der einzelnen Bons war so, wenigstens zunächst, tatsächlich nicht möglich.

Die Eisenbahngesellschaften hatten die Annahme der Bons zugesagt. Durch Bekanntmachung des Finanzministers, die zuerst im Journal officiel vom 20. November 1871 erschien, erklärten aber auch der Staat und mit ihm die banque de France, die Scheine der beiden Institute zur Abrundung von Zahlungen zu akzeptieren [1]).

Durch die staatliche Akzeptation wurden die Scheine zum staatlichen Geld erhoben, ein Vorgang, der sich nicht durch formelles Gesetz, sondern durch einfachen Verwaltungsakt der Regierung vollzog, und nun konnten sie sich kraft ihrer Geldnatur überall im Umlauf durchsetzen. Die Bons waren papiroplatisches Notalgeld privater Emission, das zwar der Stückelung nach mit den valutarischen Noten nicht kollidierte, durch dessen Einführung aber das Privileg der Bank nach einer gewissen Richtung durchbrochen wurde. Da sie auch weiterhin im bisherigen Sinne

1) „Le comptoir d'escompte, d'accord avec neuf principales maisons de Paris, vient de faire l'émission de coupures de 5 fr.

La société générale pour favoriser le commerce et l'industrie émet des coupures de 1, de 2 et de 5 fr.

Le public est prévenu que ces billets sont reçus comme appoint aux guichets du Trésor et de la Banque de France.

Ces coupures garanties par des fonds ou bien par des billets de la Banque déposés à la caisse des dépôts et consignations ne peuvent laisser aucune espèce de doute sur leur valeur totale, sans perte, ni change, ni agio d'aucune sorte."

Am 23. November wurde diese Notiz mit Ausnahme des letzten Absatzes wiederholt. Der dritte Absatz schloß jetzt mit den Worten: „. . . . aux guichets de tous les comptables de l'Etat."

Das Journal officiel v. 24. November enthielt eine Berichtigung, wonach die banque de France lediglich die Abschnitte zu 5 Franken an ihren Schaltern zuließ; „mais quant aux coupures plus basses de 2 fr. et de 1 fr., elle a toujours annoncé qu'elle ne les recevrait pas, à cause des difficultés matérielles du tirage et parce qu'elle espère, en outre, assurer la circulation de la monnaie divisionnaire d'argent, en augmentant l'émission de cette monnaie, d'accord avec le Trésor public."

einlösbar blieben, der Annahmezwang jedoch vollständig fehlte, waren sie akzessorisches, provisorisches, fakultatives Geld. Sie waren die einzigen Zeichen dieser Art im französischen Geldwesen, eine untergeordnete Notalgeldsorte, die durch stofflich ebenfalls wertlose Zeichen von derselben Beschaffenheit, aber von höheren Eigenschaften gedeckt war. Sie waren von Anfang an in ihrer Wirksamkeit zeitlich beschränkt und nur als Notbehelf gedacht.

Der Annahmebefehl scheint sich im übrigen auf alle Scheine, die innerhalb eines Departements von Korporationen oder Gesellschaften ausgegeben worden waren, bezogen und wenigstens für die öffentlichen Kassen der Emissionsprovinz Geltung gehabt zu haben [1]). In solchen Fällen entstanden dann verschiedene Arten staatlichen Lokalgeldes, während die Bons der Pariser Banken offenbar im ganzen Lande untergebracht werden konnten.

Die Scheine erfreuten sich großer Beliebtheit und drangen bereits in die Provinz ein. Als nun durch Gesetz vom 29. Dezember 1871 endlich als durchaus gerechtfertigte Maßnahme [2]) die Ausgabe von 5- und 10-Frankennoten durch die Bank beschlossen wurde, wurde zugleich bestimmt, daß die Bons, die jetzt überflüssig und durch die umfassendere Gliederung der Noten der Bank rechtlich ganz unhaltbar geworden waren, innerhalb sechs Monaten zurückgezogen werden sollten. Neue Stücke durften nicht mehr in Verkehr gesetzt werden. So wurde die Abschaffung der Scheine anders wie ihre Einführung durch Gesetz verfügt. Die Stücke verschwanden durch Zahlungen an die Banken und durch Einlösung, die nur langsam vonstatten ging [3]) und nunmehr wenigstens für eine große Anzahl einzelner Zeichen auch durch valutarische Noten erfolgen konnte. Nach ihrer Rückkehr

1) Vgl. Zirkular der direction du mouvement général v. 30. Juni 1872. „. . . les receveurs généraux devront continuer à recevoir . . . . les bons monétaires que les caisses publiques de leur département ont été autorisés à accepter en payement, c'est-à-dire les bons émis par des corporations ou sociétés du département et les bons du comptoir d'escompte ou de la société générale de Paris . . . .“

2) Vgl. Wagner, System der Zettelbankpolitik, pag. 550 f.

3) Rapport du conseil d'administration der société générale in der Generalversammlung v. 16. März 1872.

in die Kassen wurden die Scheine verbrannt [1]). Mit ihrer Beseitigung verminderten sich die für ihre Ausgabe errichteten Garantiedepots.

Die Eisenbahngesellschaften, wie die compagnie des chemins de fer de Paris-Lyon-Méditerranée und die Nordbahn, gaben bekannt, daß die Bons nur noch bis zum 30. Juni oder 1. Juli 1872 an ihren Schaltern angenommen würden. Die direction du mouvement général erließ ein Zirkular [2]), wonach die Scheine privater Emission auch weiterhin, bis nach Ablauf der gesetzlichen Rückzugsfrist, an den öffentlichen Kassen zugelassen werden und selbst weiter benutzt werden sollten, wo sich ihre Verwendung empfehle. Die neuen Noten würden erst nach und nach in Verkehr gebracht und könnten vielleicht erst nach Monaten dem Umlaufsbedürfnis genügen. Erst wenn dies erreicht sei, und auf alle Fälle von dem bezeichneten Termin an, sollten die Stücke für immer zurückbehalten werden. Der Umtausch solle dann entweder direkt oder durch Vermittlung des Schatzamtes bei den Kassen der emittierenden Institute bewirkt werden.

Durch ein späteres Rundschreiben [3]) wurde der 30. September 1872 als der Tag bestimmt, bis zu dem die receveurs généraux und ihre Unterbeamten die Annahme der Bons fortzusetzen hätten. Soweit ihre Zahlungsmittelbestände es erlaubten, durften sie auch die von Privaten eingereichten Scheine umwechseln. —

Im Gegensatz zu den Bons waren die neugeschaffenen Notenabschnitte wie alle anderen Noten valutarisches definitives Kurantgeld.

Es gelangten zunächst nur 5-Frankennoten zur Ausgabe, und zwar gleich in solchem Umfang, daß sie den Ansprüchen in Paris und an den Sukkursalen gewachsen waren [4]). Im Jahre 1872 wurden 22 100 000 Noten zu 5 Franken in Verkehr gebracht, von denen am Anfang des Jahres 1873 noch 21 327 212 Stück im Umlauf waren [5]).

1) Le Temps v. 30. Juni 1872.

2) V. 20. Januar 1872. 3) V. 30. Juni 1872.

4) Vgl. Semaine financière v. 6. Januar 1872.

5) Die am 30. Januar 1873 umlaufenden 68 030 063 Notenabschnitte im Gesamtbetrage von 2 858 163 020 Franken zerfielen in:

Außer durch Noten suchte die Regierung den Zeichenbedarf aber auch durch Bereitstellung entsprechend gestückelter Münzen zu befriedigen.

Im Herbste 1871 hatte sie alte Bestände von 1- und 2-Frankenstücken päpstlichen Gepräges, im ganzen für 1 900 000 Franken, in Umlauf gebracht, um die Münzen selbst in Zahlung zu nehmen und später wiederzurückzuziehen [1]). Man verwendete also wieder, durch nichts gerechtfertigt als durch die tatsächlich geübte Zahlpraxis, Scheidemünzen eines ehemaligen fremden Staates, der nicht einmal der lateinischen Union angehört hatte und dessen Zeichen vor dem Kriege die Geldeigenschaft ausdrücklich abgesprochen worden war.

Die Bank hatte wie früher wieder besondere Bureaus eröffnet, in denen man für große Notenabschnitte Scheine zu 20, 25 und 50 Franken erhielt und auch Silbergeld, wenn man eine polizeiliche Bescheinigung vorwies, daß das gewünschte Geld für Lohnzahlungen und sonstige Zahlungszwecke und nicht zur Spekulation dienen solle [2]).

Die Münzstätten arbeiteten energisch an der Herstellung von Scheidemünzen zu 2, 1 und ½ Franken [3]). Täglich wurden 100 000 Stück 2-Frankenmünzen geprägt. In Bordeaux wurden ausschließlich Silbermünzen und Bronzescheidegeld gefertigt, während in Paris auch goldene 20-Frankenstücke, 60 000 Stück

---

7	Noten	zu	5000	Franken
775 412	„	„	1000	„
427 354	„	„	500	„
6 830	„	„	200	„
8 059 719	„	„	100	„
6 136 905	„	„	50	„
4 457 466	„	„	25	„
26 839 158	„	„	20	„
21 327 212	„	„	5	„

Dazu kamen noch 1297 Noten alten Typus, die zusammen 456 250 Franken ausmachten.

1) Vgl. The Economist v. 28. Oktober 1871; 4. November 1871.

2) Ibidem v. 28. Oktober 1871.

3) Vgl. Allgemeine Ztg. v. 29. Oktober 1871.

im Tag, geschlagen wurden, die dann in die Bank gingen [1]). Jetzt erst machte man von dem Prägerecht für Scheidemünzen Gebrauch, das nach der Münzkonvention dem Staate zustand, das man aber in früheren Jahren, als aus anderen Unionsländern Scheidegeld in großen Mengen nach Frankreich geströmt war, nicht ausgenutzt hatte. Der Staat kaufte hierfür für 40 Millionen Franken Barrenmetall. Es wurden an silbernen Scheidemünzen hergestellt [2]):

		2-Frankenstücke		1-Frankenstücke		50-Centimesstücke	
1870	für	12 622 584	Franken	2 780 322	Franken	—	Franken
1871	„	14 456 574	„	4 231 629	„	479 391,5	„
1872	„	7 547 588	„	15 958 333	„	2 943 258,5	„
1873	„	1 056 152	„	19 101	„	545 862	„

Im Juli des Jahres 1872 hatte die Münzstätte in Bordeaux ihre Leistungsfähigkeit so gesteigert, daß sie jeden Tag 50 000 2-Frankenstücke und ebensoviel in 1-Frankenmünzen und in 50-Centimesstücken lieferte [3]).

Die Bemühungen waren erfolgreich. Schon im Frühjahr 1872 war der Mangel an kleinen Münzen ganz beseitigt und man konnte ohne Schwierigkeiten für kleine Notenabschnitte Silber bekommen [4]). Vom Jahre 1874 an wurde die Prägung von 1- und

1) Allgemeine Ztg. v. 26. Oktober 1871 nach einer Meldung des Constitutionnel.

Die Pariser Münzstätte produzierte im Jahre 1871:

50 169 880	Franken	in goldenen		20-Frankenstücken	
1 189 530	„	„	silbernen	5-	„
9 514 514	„	„	„	2-	„
2 979 881	„	„	„	1-	„
117 901,5	„	„	„	50-Centimesstücken.	

In der gleichen Zeit lieferte die Münzstätte in Bordeaux:

3 521 375	Franken	in	silbernen	5-Frankenstücken	
4 942 060	„	„	„	2-	„
1 251 748	„	„	„	1-	„
361 490	„	„	„	50-Centimesstücken. —	

Vgl. Journal officiel v. 1. März 1873.

2) Rapport de l'administration 1896.

3) Vgl. Journal d. D. v. 13. Juli 1872.

4) Vgl. The Economist v. 6. April 1872.

2-Frankenstücken eingestellt, und im Jahre 1875 hörte man auch mit der Prägung halber Franken auf [1]).

Was die niedersten Scheidemünzen anlangt, so war in der Kammer der Antrag eingebracht worden, die Regierung zur Herstellung und Ausgabe von 40 Millionen Franken in Bronzegeld zu ermächtigen, wobei man nicht wie bei den silbernen monnaies divisionnaires durch Vertrag gebunden war [2]). Nach den Erklärungen des Finanzministers waren bei der Regierung keine Klagen über Mangel an Bronzemünzen eingelaufen, sonst hätte man aus dem Stückvorrat, der für alle Industriestädte verfügbar gehalten werde, Abgaben gemacht. Doch widersetzte sich die Regierung der Ueberweisung des Antrages an die Kommission nicht.

Nach dem Bericht der Kommission waren von 1852—1872 für 59 867 000 Franken Bronzemünzen emittiert worden [3]). Gegenwärtig seien die Münzstätten von Bordeaux und Paris damit beschäftigt, den Rest der gesetzlich erlaubten Münzmengen zu prägen, wodurch der Gesamtumlauf auf 60 ½ Millionen Franken anwachse [4]). Bei der augenblicklichen Seltenheit von Silberscheidegeld empfahl die Kommission, den Emissionsbetrag an Bronzescheidemünzen in bescheidenem Maße, um 10 Millionen Franken, zu erhöhen, und in diesem Sinne entschied auch die Kammer [5]). Die Einführung von Aluminiummünzen war schon

1) Vgl. Rapport de l'administration 1896. — Im Jahre 1881 wurde die Prägung silbernen Scheidegeldes wiederaufgenommen.

2) Antrag Testelin und Caillaux, Nationalversammlung, Sitzung v. 15. Januar 1872. — Vgl. Journal officiel 1872, I., pag. 317 ff. und Kommissionsbericht des Abg. Emile Bottieau v. 25. Juni 1872.

3)

Für	31 400 000	Franken	10-	Centimesstücke
„	25 500 000	„	5-	„
„	1 900 000	„	2-	„
„	1 067 000	„	1-	„

4) Es trafen dann 1,6 Franken auf den Kopf der Bevölkerung (Italien 3,1, Belgien 2,25 Franken).

5) Gesetz v. 2. August 1872. Die Münzen sollten gemäß Art. 3 und 6 des Gesetzes v. 5. Mai 1852 hergestellt werden. — Da nach Algier beträchtliche Mengen fremder Kupfer- und Billonmünzen eingeführt wurden, um sie gegen Gold einzutauschen, wurde durch Dekret v. 29. März 1873 der Import derartiger Münzsorten verboten. Durch Gesetz v. 18. Dezember

von der Kommission abgelehnt worden [1]). —

Das weitere Ziel, auf das die Tätigkeit des Staates im Münzwesen von nun an gerichtet war, war die Wiedergewinnung eines metallischen Währungsgeldes.

1875 „portant prohibition d'entrée en Algérie, des monnaies de cuivre et de billon étrangères" wurde der Inhalt des Dekrets bestätigt.

1) Vgl. auch Journal d. D. v. 17. Juni 1872. — Man wollte den Anschein einer Begünstigung der privaten Industrie vermeiden, da es nur ein Etablissement (in Alais) gab, das Aluminium produzierte. Auch fürchtete man, die Herstellung der in der Farbe dem Silber ähnlichen Stücke könnte der Republik auf dem Lande schaden, indem man hier das Gerücht verbreite, die Regierung fälsche Münzen. Auch der Münzgewinn bei Aluminiummünzen, auf die die Kommission durch Scheurer-Kestner und Naquet aufmerksam gemacht wurde, wäre kleiner gewesen.

IV. Kapitel.

DIE RÜCKKEHR FRANKREICHS ZUR METALLVALUTA.

§ 13.

DIE AUFHEBUNG DES ZWANGSKURSES UND IHRE VORBEREITUNG.

Wie sich die Verhältnisse im französischen Geldwesen weiterhin gestalteten, ist bekannt. Das Charakteristische dieser Entwicklung lag darin, daß der Uebergang zur Metallvaluta tatsächlich erfolgte, noch bevor der Zwangskurs gesetzlich abgeschafft war und ehe demnach eine rechtliche Notwendigkeit dazu bestand. Die vorläufige Aenderung der Valuta geschah freiwillig auf Grund der vom Staat geübten Zahlpraxis.

Auch darauf muß nachdrücklich hingewiesen werden, daß die Aufnahme der Metallzahlungen, soweit es ihr allein um den Eindruck auf die Bevölkerung zu tun war, lediglich eine Konzession an die öffentliche Meinung bedeutete. Die Metallvaluta unterschied sich vom intervalutarischen Gesichtspunkt aus keineswegs von der Papierwährung, wenn die valutarisch behandelten Stücke aus einem Stoff bestanden, der zu Zahlungen an pantopolisch wichtige Auslandstaaten ungeeignet war. Unter diesen Umständen entsprach die französische Valuta den Bedingungen einer Metallvaluta nur äußerlich, ohne die inneren Anforderungen einer metallischen Währung zu erfüllen.

Die Metallzahlungen wurden vor allem dadurch vorbereitet, daß die Bank, wie schon oft hervorgehoben wurde, namentlich auch durch Vermittlung der Provinzfilialen [1]), alles erreichbare Metallkurrantgeld bei sich vereinigte und vom Verkehr abschloß. Die konzentrierten Münzen konnten dem Umlauf übergeben werden, wenn durch die intervalutarischen Beziehungen keine Abwanderung der im Ausland verwendbaren metallischen Zeichen mehr hervorgerufen wurde.

Die Bank wurde in ihrem Verhalten vom Staat unterstützt [2]), der durch seine Kassen Münzen sammelte und an die Bank abführte und auch neues Metallkurantgeld an den Münzstätten herstellen ließ, das dann in die Bank ging [3]). Um den heimischen Münzvorrat zu schonen, bezog er fremde Münzen, mit denen er Zahlungen an das Ausland bewirkte [4]). Ein Zirkular der direction du mouvement général [5]) erinnerte die comptables daran, bei ihren Zahlungen den Gebrauch von Metallkurantgeld nach Möglichkeit einzuschränken. Ferner hatten die trésoriers généraux dreimal im Monat [6]) einen Bericht einzusenden, in dem sie Rechenschaft darüber gaben, in welchem Maße Kurantmünzen in ihrem Verkehr mit der Bank und ihren Filialen, bei Einzahlungen und Abhebungen, verwendet wurden [7]).

Auch die Bank kaufte Barrenmetall und fremde Münzen, um sie entweder, was für die Zwecke der Metallkonzentration genügte und bei der Ersparnis der Prägekosten den Gewinninteressen der Bank entgegenkam, in ihrer ursprünglichen Gestalt ihrem Metallschatz einzufügen oder heimisches Barkurantgeld

1) Z. B. Havre, Bordeaux, Lille, Nantes, Marseille. — Vgl. Semaine financière v. 2. März 1872.

2) Durch Gesetz v. 24. Juni 1874 wurde den Noten der Kolonialbanken (Martinique, Guadeloupe, Réunion, Guyane, Sénégal) für ihr Gebiet der Zwangskurs verliehen. Auch diese Maßnahme konnte möglicherweise dem Metallvorrat des Mutterlandes indirekt zugute kommen.

3) Z. B. große Goldankäufe der Regierung in Amerika im Oktober 1871.

4) Vgl. M. d. P. v. 28. Juni 1871.

5) V. 13. August 1872.

6) Am 1., 11. und 21. jedes Monats.

7) „Dans les circonstances actuelles en présence des lourds engagements qui s'imposent au Trésor français, c'est un devoir pour tous les agents qui appartiennent à l'administration des finances de seconder les efforts que fait la Banque de France pour augmenter son encaisse métallique. . . .“

daraus herzustellen [1]). Die Preise, die sie dabei in valutarischen Noten gewährte, wichen jedenfalls oft von den nominalen Sätzen des Ankauftarifs ab, je nach dem Zeitpunkt der Metallbeschaffung und der augenblicklichen Höhe des Marktagios [2]). Auch französische Goldmünzen wurden zum Teil mit großen Verlusten aus dem Ausland zurückgeholt [3]).

Solange das Barmetall in valutarischen Noten ein Agio erzielte, verursachten so die Münzprägungen unter Umständen bedeutende Opfer, und es war natürlich, daß man die neugeschlagenen Stücke vom Umlauf fernhielt, da sonst die Möglichkeit gegeben war, daß die eben gefertigten Münzen dem Staat mit neuem Aufgeld von der Spekulation angeboten wurden. Die Metallbestellungen in dieser Zeit hatten mit Edelmetallremittierungen, die sich aus den intervalutarischen Kursverhältnissen und der Einziehung ausländischer Fälligkeiten ergaben, keinen Zusammenhang und erfolgten ganz unabhängig von ihnen. Sie erzeugten Schulden an das Ausland.

Das bevorzugte Metall war Gold [4]). Als aber der Edelmetall-

1) Vgl. M. d. P. v. 15. Februar 1872. — Semaine financière v. 20. Juli 1872. — L'Economiste français v. 9. August 1873.

2) Die banque de France bezahlt nach dem Normaltarif für jedes Kilogramm

Feingold	(Feinheit $^{1000}/_{1000}$)	3437	Franken
Russischer Imperialen	(„ $^{916}/_{1000}$)	3148,29	„
Englischer Sovereigns	(„ „)	3148,29	„
Dollars	(„ $^{900}/_{1000}$)	3093,20	„
20-Markstücke	(„ $^{899\,1/2}/_{1000}$)	3091,58	„

Vgl. Le Touzé, l. c., pag. 217.

3) Vgl. Allgemeine Zeitung v. 7. Januar 1872 (für 30 Millionen Franken aus England und Deutschland). — M. d. P. v. 1. Januar 1872. — Viele der in Deutschland gewesenen Napoleons hatten hiernach so viel an Gewicht verloren, daß sie im Vergleich zu den guten Stücken ein Disagio von 2—3‰ erlitten. An deutschen Plätzen wurden Napoleons nach dem ihrem Stückwert entsprechenden, nicht nach ihrem effektiven Metallgehalt berechnet. Nur Berlin hatte für 1000 Napoleons ein Minimalgewicht von 6 kg 440 g aufgestellt, behandelte im übrigen aber die einzelnen Stücke in der nämlichen Weise.

4) Schon während des Krieges hatte die Bank z. B. durch das Haus

handel bei fallenden Silberpreisen zu großen Silbertransporten nach Frankreich und dem Gebiet der Union schritt, als ferner aus Deutschland das bei den Entschädigungszahlungen gelieferte Silbergeld zurückwanderte [1]) und Metallsendungen der Unionsstaaten, die sich aus Silberkurantfranken zusammensetzten, eintrafen, beruhte ein großer Teil der Metalleingänge bei der Bank auf dem Zufluß silberner Frankentaler [2]).

Die Ausprägungsziffern für Gold betrugen in den Jahren [3])

		in 100-	50-	20-	10-	5-Frankenstücken
1870	für	1 046 000	—	50 348 800	—	—
1871	„	—	—	50 169 880	—	—
1872	„	—	—	—	—	—
1873	„	—	—	—	—	—
1874	„	—	—	24 319 700	—	—
1875	„	—	—	234 912 000	—	—
1876	„	—	—	176 493 160	—	—
1877	„	—	—	255 181 140	—	—
1878	„	1 281 400	264 700	183 772 000	—	—
1879	„	3 860 000	—	20 750 440	—	—

Es wurden also in den Siebzigerjahren in der Hauptsache nur Napoleons hergestellt. 10- und 5-Frankenstücke wurden überhaupt nicht mehr geschlagen und in den Jahren 1872 und 1873 ruhte die Produktion von Goldmünzen ganz [4]).

Silberkurantfranken wurden vom Jahre 1873 an in erhöhten Mengen ausgeprägt. Es wurden von den Münzstätten geliefert in den Jahren [5])

Rothschild Gold gegen Silberkurantgeld bezogen. — Vgl. The Economist v. 13. August 1870.

1) Namentlich in die der Grenze zunächst gelegenen Sukkursalen der Banque, z. B. Nancy, Besançon, Lille, Douai usw.

2) Vgl. L'Economiste français v. 21. März 1874. „Notre réserve métallique se reconstitue, mais il est à craindre que l'argent y prenne le pas sur l'or." — Ibidem v. 28. März 1874. — M. d. P. v. 21. Dezember 1873.

3) Rapport de l'administration 1896.

4) Die letzten goldenen 5-Frankenstücke wurden, wie erwähnt, im Jahre 1869 geprägt. 10-Frankenstücke blieben von 1869 bis 1895 unberücksichtigt (außer im Jahre 1889 für 1000 Franken). Die Prägung von Napoleons war ebenfalls von 1880—1886 völlig eingestellt. Höhere Stücke kamen für den Umlauf nicht in Betracht.

5) Rapport de l'administration 1896.

1870	für	53 648 350	Franken
1871	„	4 710 905	„
1872	„	389 190	„
1873	„	154 649 045	„
1874	„	59 996 010	„
1875	„	75 000 000	„
1876	„	52 661 315	„
1877	„	16 464 285	„
1878	„	1 821 420	„

Während die Goldprägung im Jahre 1873 unterblieb, gingen sehr große Summen in Silberkurant aus den Münzstätten hervor, und auch noch im folgenden Jahre traf auf die schon stark verminderten Frankentaler mehr als doppelt soviel als auf Napoleons.

Die Metalleinfuhr, vor allem die Einfuhr von Barren und fremden Münzen, die erst auf dem schnellsten Wege in französische Werteinheiten verwandelt werden sollten [1]), äußerte sich am stärksten in den Metallbeständen der Bank. Waren die intervalutarischen Kurse für Frankreich günstig, so füllten sie sich. Ihre Abnahme konnte durch die Zahlungsmittelpolitik der Bank verhindert werden.

Es wurde an Gold nach Frankreich eingeführt

in den Jahren		in Form von Barren				in Form von Münzen		
1869	für	157	Millionen	Franken	für	298	Millionen	Franken
1870	„	69	„	„	„	241	„	„
1871	„	8	„	„	„	136	„	„
1872	„	19	„	„	„	123	„	„
1873	„	38	„	„	„	138	„	„
1874	„	128	„	„	„	389	„	„
1875	„	212	„	„	„	396	„	„ [2])

1) Vgl. über die Wirkung der Goldankaufspflicht der deutschen Reichsbank (§ 14 des Bankgesetzes) auf den Metallschatz des Institutes die Ausführungen von Helfferich, Geschichte, pag. 297.

2) Im Wechselbureau der Pariser Münzstätte wurden z. B. im Jahre 1875 eingeliefert

amerikanische Eagles	im	Werte	von	63 365 005	Franken
Isabelinnen	„	„	„	11 753 214	„
Condors	„	„	„	85 930	„

in den Jahren		in Form von Barren				in Form von Münzen		
1876	für	97	Millionen	Franken	für	502	Millionen	Franken
1877	„	83	„	„	„	451	„	„
1878	„	113	„	„	„	251	„	„
1879	„	22	„	„	„	172	„	„ [1]

Bereits im Jahre 1873 zeigte sich eine Besserung. Dann begann ein bedeutendes Anwachsen, das bis zum Jahre 1875 und 1876 anhielt, und auch späterhin wies der Goldimport zunächst noch sehr große Zahlen auf.

Demgegenüber betrug die Goldausfuhr aus Frankreich

in den Jahren		in Form von Barren				in Form von Münzen		
1869	für	36	Millionen	Franken	für	144	Millionen	Franken
1870	„	100	„	„	„	91	„	„
1871	„	3	„	„	„	355	„	„
1872	„	6	„	„	„	189	„	„
1873	„	8	„	„	„	276	„	„
1874	„	3	„	„	„	83	„	„
1875	„	26	„	„	„	112	„	„
1876	„	3	„	„	„	92	„	„
1877	„	2	„	„	„	97	„	„
1878	„	17	„	„	„	110	„	„
1879	„	8	„	„	„	354	„	„

Vom Jahre 1874 an wurde so bis zum Jahre 1879 der Ueberschuß der Gesamteinfuhr, der in der Entschädigungsperiode einer Mehrausfuhr gewichen war, in größerem Umfang wie bisher wiederhergestellt; — nicht durch Aufnahme von Metallanleihen im Ausland, sondern durch den Verlauf der pantopolischen Beziehungen, bei denen der Effektenbewegung eine Rolle zufiel, die der Wirkung einer Anleiheemission im Auslande gleichkam.

Die Mehreinfuhr der Jahre 1869, 1870 und 1874—1878 be-

Sovereigns	im Werte von	47 821	Franken
verschiedene Münzen	„ „ „	42 761	„
Barren von verschiedener Feinheit	„ „ „	153 327 860	„

Vgl. Procès-verbaux der Münzkonferenz vom Jahre 1876.

1) Späterhin erhielt die französische Regierung Gold durch die Einlösung italienischer Silbermünzen (1881, 1882, 1883).

zifferte sich auf 275, 119, 431, 470, 504, 435 und 227 Millionen Franken, die Mehrausfuhr der Jahre 1871, 1872, 1873 und 1879 auf 214, 53, 107 und 168 Millionen Franken [1] [2]).

Die Goldeinfuhr konnte dadurch gefördert werden, daß die Bank das für Frankreich bestimmte Metall schon beim Eintreffen der Barren im französischen Hafen oder bei ihrem Abgang vom ausländischen Hafen in Lombard nahm. Dadurch verminderten sich die Zinsverluste des Edelmetallhandels [3]).

Als jedoch gegen Ende der Siebzigerjahre die Metallverhältnisse bei der Bank eine Begünstigung der Goldeinfuhr nicht mehr erforderlich machten und die Bank Notenentziehungen soweit wie möglich vermeiden wollte, griff sie zum entgegengesetzten Mittel. Sie erhob von dem bei ihr eingelieferten Gold eine Kommissionsgebühr von 1 ‰, indem sie für eine Frist von zwölf Tagen 3% Diskont berechnete. Dadurch stiegen die Kosten für Verwandlung

---

1) Rapport de l'administration 1896; vgl. hierzu und zu folgendem auch die Zahlen von Wolowski, Budgetbericht für das Jahr 1876 im Journal officiel v. 25. August 1875.

2) In den nächsten Jahren betrug

	die gesamte Goldeinfuhr			die gesamte Goldausfuhr		
1880	194,9	Millionen	Franken	408	Millionen	Franken
1881	233,5	„	„	223,1	„	„
1882	283,4	„	„	192,1	„	„
1883	64,6	„	„	134,9	„	„
1884	127,5	„	„	81,9	„	„

Es ergab sich so in den Jahren 1881, 1882 und 1884 eine Mehreinfuhr von 10,4, 91,3 und 45,6 Millionen Franken, in den Jahren 1880 und 1883 eine Mehrausfuhr von 213,1 und 70,3 Millionen Franken.

3) Barrengold wird von der Bank bis 99%, Münzgold bis 95% seines Wertes beliehen. In beiden Fällen müssen die Lombardsummen mindestens 10 000 Franken ausmachen. Kleinere Goldmengen muß der Besitzer also zum Verkauf bringen. — Der Agioteur wird sein Gold in Lombard geben, wenn eine Hausse im Goldpreise in Aussicht steht und der Zinsverlust, den er beim Lombard zu tragen hat, im Verhältnis zu den Abzügen für Prägungskosten gering ist. Steigert die Bank den Lombardsatz und nähert ihn der Prägegebühr (d. i. 2,65 ‰ für 36 Tage) oder erhöht sie ihn sogar darüber hinaus, so wird sich der Eigentümer von Edelmetall eher zum Verkauf als zur Lombardierung entschließen, um den endgültigen Gelderlös kapitalistisch weiter zu verwenden.

von auswärtigen Münzen und Barren in französisches Geld. Der Goldimport lohnte sich erst, wenn sich der Kurs des Frankens im Ausland noch mehr steigerte, und dadurch wurde die Goldeinfuhr erschwert und hinausgeschoben [1]).

Dieser Beschluß der Bank, unter der Herrschaft des Zwangskurses gefaßt, erregte allgemeines Aufsehen [2]). Nun war es Gold, das gegenüber der valutarischen Note mit Rücksicht auf den Metalleinfuhrpunkt ein Disagio erlitt [3]). Die Einfuhr von Sovereigns nach Frankreich fand nun nicht mehr statt, wenn in Paris der Sterlingwechsel auf 25,12 stand. Die Londondevise mußte dazu in Zukunft auf 25,095 zurückgehen. Der Franken mußte in Berlin nicht wie bisher auf 81,375 und 81,40, sondern bis 81,475 steigen, damit der Versand deutscher Goldmünzen nach Frankreich eintrat [4]).

Die Einfuhr österreichischer Goldhandelsmünzen zu 4 und 8 Gulden wurde dadurch erleichtert, daß nach einer Mitteilung des Finanzministers [5]) diese Stücke von den öffentlichen Kassen Frankreichs zum Werte von 10 und 20 Franken in Zahlung genommen wurden, wodurch die Prägekosten in Wegfall kamen.

1) Vgl. L'Economiste français v. 24. Februar, 17. März 1877; 26. Januar 1878. — M. d. P. v. 18. Februar 1877.

2) Vgl. L'Economiste français v. 24. Februar 1877.

3) $\frac{1}{4}$ ‰ am 1., 8., 15., 22., 31. März; 5., 12., 19., 26. April; 3. Mai 1877.

$\frac{1}{2}$ ‰ am 10., 17., 24., 31. Mai; 7., 14. Juni.

$\frac{3}{4}$ ‰ am 21., 28. Juni; 5., 12. Juli. — Vgl. L'Economiste français.

4) Unter diesen Umständen führte man deutsches Gold für Rechnung von Paris nach Brüssel aus, wo die deutsche Mark unter den nämlichen Feinheitsbedingungen ($^{899\frac{1}{2}}/_{1000}$) angenommen wurde wie von der banque de France. Brüssel hatte die Summen durch Sendungen von Pariser Devisen zu decken. So stieg der Kurs der französischen Werteinheit in Brüssel und der Metallbestand der belgischen Nationalbank wuchs.

5) Journal officiel v. 14. Juni 1874. „Par suite d'une entente établie dans le courant de l'année dernière entre le gouvernement français et autrichien les pièces d'or austro-hongroises de 4 et de 8 florins sont admises dans les caisses publiques de France pour la valeur des pièces françaises de 10 et 20 francs frappées dans des conditions de fabrication identiques.

Réciproquement les monnaies d'or françaises de 10 et de 20 francs sont reçues dans les caisses publiques d'Autriche et de Hongrie.“

Diese Maßnahme, die ein Nachklang alter französischer Münzideen war, beruhte auf Gegenseitigkeit und wurde später durch gleichlautende Erklärungen auch auf andere ausländische Goldmünzen ausgedehnt [1]).

Der Silberimport nach Frankreich erreichte in den Jahren

	in Form von Barren	in Form von Münzen
1869	64 Millionen Franken	129 Millionen Franken
1870	32 „ „	74 „ „
1871	47 „ „	110 „ „
1872	54 „ „	187 „ „
1873	202 „ „	187 „ „
1874	87 „ „	347 „ „
1875	101 „ „	166 „ „
1876	57 „ „	148 „ „
1877	36 „ „	112 „ „
1878	58 „ „	122 „ „
1879	21 „ „	117 „ „

Die Silberausfuhr betrug in den Jahren [2])

	in Form von Barren	in Form von Münzen
1869	37 Millionen Franken	44 Millionen Franken
1870	26 „ „	45 „ „
1871	18 „ „	124 „ „
1872	16 „ „	123 „ „
1873	15 „ „	193 „ „
1874	24 „ „	50 „ „
1875	31 „ „	51 „ „
1876	20 „ „	45 „ „
1877	10 „ „	32 „ „
1878	8 „ „	52 „ „
1879	26 „ „	36 „ „

Wenn sich auch während der Entschädigungsjahre der Export von Silberkurantgeld naturgemäß sehr vermehrte, so übertraf doch auch damals die Gesamteinfuhr von Silber die gesamte Ausfuhr. Später nahm die Mehreinfuhr noch mehr zu. Die verminderten Silberprägungen und der Rückgang der Barrenzufuhr wurde

1) Journal officiel v. 6. September 1878: 100- und 20-Frankenstücke des Fürstentums Monaco; russische 5- und 10-Rubelmünzen (17. Oktober 1887), spanische 10- und 20-Pesetastücke (15. Februar 1891).

2) Rapport de l'administration 1896.

in dieser Zeit durch den steigenden und anhaltenden Zufluß von Silbermünzen ausgeglichen, dem keine sehr erheblichen Abgaben an das Ausland gegenüberstanden [1]).

Der Erfolg dieser Metallbewegungen war, daß die Silberbestände der Bank nach der Entschädigungsoperation absolut und im Vergleich zu den Goldvorräten immer mehr anwuchsen, bis sie im Jahre 1879 sowohl in ihrem höchsten wie in ihrem niedersten Stande die Goldmenge überragten. Der Metallschatz der Bank setzte sich in den Jahren 1869—1879 folgendermaßen zusammen [2]):

	Gold					
	höchster Stand			niederster Stand		
1869	730,7	Mill. Franken	(4.6.)	588,1	Mill. Franken	(1.2.)
1870	739,3	„ „	(23.6.)	433,7	„ „	(22.12.)
1871	592,6	„ „	(25.8.)	359,9	„ „	(7.3.)
1872	657,9	„ „	(21.12.)	551,6	„ „	(4.1.)
1873	691,2	„ „	(5.6.)	560,2	„ „	(22.8.)
1874	1 014,7	„ „	(23.12.)	609,4	„ „	(5.1.)
1875	1 176,1	„ „	(24.6.)	1 004,3	„ „	(11.1.)
1876	1 544,8	„ „	(4.12.)	1 165,4	„ „	(27.12.)
1877	1 556,5	„ „	(9.2.)	1 204,1	„ „	(24.12.)
1878	1 202,4	„ „	(26.12.)	1 003,4	„ „	(24.12.)
1879[3])	1 087,8	„ „	(26.6.)	752,2	„ „	(13.12.)

1) Die Einfuhr überragte die Ausfuhr in den Jahren

1869	um	112	Millionen Franken
1870	„	35	„ „
1871	„	15	„ „
1872	„	102	„ „
1873	„	181	„ „
1874	„	360	„ „
1875	„	185	„ „
1876	„	140	„ „
1877	„	106	„ „
1878	„	120	„ „
1879	„	76	„ „

2) Rapport de l'administration 1896.

3) Am Ende der Jahre verfügte die Bank über

	Gold		Silber	
1880	568,4	Mill. Franken	1 226,3	Mill. Franken
1885	1 167,3	„ „	1 090	„ „
1890	1 120,2	„ „	1 240,8	„ „

	Silber							
	höchster Stand				niederster Stand			
1869	593,3	Mill.	Franken	(4.11.)	473	Mill.	Franken	(7.1.)
1870	579,6	„	„	(4.7.)	70,9	„	„	(24.12.)
1871	131,7	„	„	(11.7.)	35,9	„	„	(17.2.)
1872	145,4	„	„	(29.8.)	78,8	„	„	(13.1.)
1873	150,3	„	„	(9.8.)	124,2	„	„	(19.6.)
1874	329,5	„	„	(3.7.)	150,4	„	„	(26.12.)
1875	508,7	„	„	(20.12.)	309,2	„	„	(12.1.)
1876	639,5	„	„	(23.12.)	494,5	„	„	(12.1.)
1877	866,7	„	„	(24.12.)	637,1	„	„	(26.12.)
1878	1 058,8	„	„	(24.12.)	860,9	„	„	(8.1.)
1879	1 224,6	„	„	(24.12.)	1 055,9	„	„	(2.1.)

Die Silbermengen, die in der Gesamtziffer des Metallausweises der Bank die Abnahme des Goldes nicht zum Vorschein kommen ließen, verschlechterten die Qualität des Metallschatzes. Sie waren für exodromische Aufgaben unbrauchbar. Entstanden durch die Silberlieferungen Schulden an das Ausland, so verminderten sie, insofern zur Tilgung Gold und internationale Effekten ausgeführt wurden, die intervalutarisch wertvollen Zahlungsmittel.

Dagegen ermöglichte das Anwachsen des Silbervorrates die Wiederverwendung von Metallkurantgeld im inländischen Umlauf, so daß zunächst an Stelle der bisher befolgten Gewohnheit, alles metallische Kurantgeld abzuschließen und lediglich Noten in Verkehr zu bringen, eine Zahlungsmittelpolitik trat, die Kurantsilber ausgab und Noten und Goldmünzen zurückhielt. In einer späteren Periode wurde dann Kurantsilber und, jedenfalls schon im Verkehr gewesenes, Goldgeld unterschiedslos zu Zahlungen benutzt, während man die Notenemission zu beschränken suchte.

Als die Frankentaler, die nur noch den Münzbundländern gegenüber von intervalutarischer Bedeutung waren, ihr Agio verloren hatten und von allen Seiten in die Bank kamen, war kein Grund mehr vorhanden, sie vom Verkehr abzusperren. Sie wurden in größerem Umfang von der Bank zu Geschäften verwendet,

---

	Gold			Silber		
1892	1 704,9	Mill.	Franken	1 267	Mill.	Franken
1894	2 060,8	„	„	1 238	„	„

Vgl. Loubet, l. c. pag. 144.

wenn ihre Notenreserve gefährdet war. Wurden aber weiterhin Kurantsilbermünzen in die Bank gebracht, nur um gegen Noten umgetauscht zu werden und dann in ihren Kellern brachzuliegen, so wurden die Noten ihrer einträglichsten Bestimmung entzogen [1]) und weder der ohnehin begrenzte Besitz an valutarischem Notalgeld noch der akzessorische Münzbestand der Bank wurde zu zinsbringenden Anlagen ausgenutzt. Die Bank erzielte aus Diskontierung und Lombardierung nicht die Gewinne, die sie auf Grund der ihr zur Verfügung stehenden Betriebsmittel hätte machen können. Da nun die Notenemission außerdem einer Steuer unterworfen war [2]), so lag es im privatwirtschaftlichen Interesse der Bank, ihren Notenumlauf zu vermindern, soweit er lediglich Verkehrsgewohnheiten befriedigte. Am meisten traf diese Verwendungsart auf die kleinen Noten zu, die noch dazu besonders leicht der Fälschung ausgesetzt waren, und die Bank bemühte sich daher, sie aus der Zirkulation zu entfernen und zunächst durch silberne 5-Frankenstücke zu ersetzen [3]).

Die ersten Versuche dieser Art, die die Bank im Herbst des

---

1) Vgl. Loubet, l. c. pag. 35 ff. —

Hätte sich die Deckung für Noten ausschließlich aus Bargeld zusammengesetzt und wäre sie vollständig gewesen, so wären die Noten sachlich Metallzertifikaten sehr nahe gekommen (hylogenisch-orthotypisches Papiergeld; vgl. Scheffler, Das Geldwesen der Vereinigten Staaten von Amerika im 19. Jahrhundert, 1908, pag. 58). Soweit die Noten später durch notales Kurantsilber gedeckt wurden, glichen sie etwa den Silberzertifikaten zur Zeit der Silberentwertung, die allerdings nur epizentrischen Annahmezwang genossen. Sie waren Scheine für deponierte unhylogenische Silbermünzen. —

Die Metalldeckung (nicht die Bardeckung) für die Noten der Bank stieg in folgendem Verhältnis:

1860	68,5%	1875	62,6%	1890	82,1%
1865	52,3%	1880	85,6%	1895	93,3%
1870	73,2%	1885	76,4%		

2) Das Gesetz vom 13. Juni 1878 brachte nach mehrfachen Vorstellungen der Bank beim Finanzminister eine Aenderung in der Erhebung der Notensteuer, wonach die produktiv und unproduktiv verwendeten Scheine verschieden behandelt wurden.

3) L'Economiste français v. 10. Januar 1874.

Jahres 1873 unternahm, fanden im Publikum keinen Anklang [1]). Die Bank stellte zunächst die Neuausgabe von 25- und 5-Frankennoten, dann auch die von 20-Frankennoten ein [2]) und ging im weiteren Verlauf dazu über, die Abschnitte zu 25 Franken, die sich nie recht eingebürgert hatten, ferner die Stücke zu 5 Franken und endlich die zu 20 Franken einzuziehen und nicht mehr in den Umlauf zurückzulassen [3]). Auch war sie stets bereit, diese Noten auf Verlangen in Metallkurantgeld einzulösen [4]).

Der Staat befolgte dieselbe Zahlpraxis. Nachdem er vorher die Finanzbeamten noch mehrere Male angewiesen hatte, Kurantmünzen bei Zahlungen nur mit größter Zurückhaltung und bei völligem Notenmangel zu benutzen, erließ er nun ein Rundschreiben [5]), das die bisherigen einschränkenden Maßnahmen für den Frankentaler, aber auch für das goldene 5-Frankenstück aufhob. Diese Münzen durften, wenn sie in die staatlichen Kassen gelangten, in Zukunft dem Umlauf wiederzurückgegeben werden.

Die Bank wollte vorerst nur für 100 Millionen Franken Kurantsilber in Verkehr bringen, um die Wirkung ihrer Ausgabe zu prüfen. Die Münzmenge, die hierauf in die Bank zurückströmte, übertraf die in Umlauf gebrachten Summen trotz der Beseitigung der kleinen Noten [6]). Man leistete die Depositen in Silberfranken und hob sie in Noten, die man in der Zirkulation vermißte, ab [7]). Die Bank schickte die Münzen in ihre Provinzniederlassungen; aber auch da stießen sie auf Widerstand [8]). Nur zur Abrundung von Beträgen fanden sie allmählich wieder Verwendung [9]). Als

1) Vgl. L'Economiste français v. 8. November 1873.

2) Vgl. ibidem 6., 27. Dezember 1873. — M. d. P. v. 29. März 1874.

3) Vgl. M. d. P. v. 31. Mai, 30. August, 27. September, 11., 16. Dezember 1874.

4) Vgl. L'Economiste français v. 19. Dezember 1874.

5) V. 4. November 1873.

6) Vgl. L'Economiste français v. 19. Dezember 1874. — Bonn, l. c. pag. 106 f.

7) Vgl. L'Economiste français v. 17. Januar, 9. Mai 1874. — M. d. P. v. 3. Oktober 1875.

8) Feer-Herzog, Gutachten an die Union suisse du commerce et de l'industrie, 1878.

9) Vgl. L'Economiste français v. 19. Dezember 1874.

man dem Silber wieder im Verkehr begegnete, erschien auch Goldgeld, wenn es nicht für intervalutarische Zwecke mit Agio gesucht war, überall in der Zirkulation.

Nach und nach wurden nun Goldfranken, namentlich wohl solche Stücke, die ihres nicht mehr vollen Gewichtes wegen für die Ausfuhr nicht so leicht in Betracht kamen, von Staat und Bank in Zahlung gegeben. So sollten die 356 Millionen Franken in 20-Frankennoten, die noch übrig waren und nach Beschluß der Bank zurückgezogen werden sollten, durch goldene 10- und 20-Frankenstücke ersetzt werden [1]). Ihre Dividenden entrichtete die Bank von nun an statt in kleinen Notenabschnitten in Gold und Silber [2]).

Die staatlichen Kassen, die auf Ersuchen der Bank die Noten unter 50 Franken zurückbehielten, tauschten sie ebenso wie die Eisenbahngesellschaften bei der Bank gegen Gold um [3]). Von den Goldmünzen zu 20, 50 und 100 Franken durften die comptables den gleichen unbegrenzten Gebrauch machen wie von allen andern Gold- und Silbermünzen und selbst die Einlösung der kleinen Noten gegen höhere Abschnitte oder gegen Gold- und Silberkurantgeld durften sie übernehmen [4]). Die Bank lieferte dazu die erforderlichen Zeichen. Zu ihren Zahlungen an die Bank verwendete die Regierung selbst ebenfalls mit Vorliebe Noten, vor allem auch solche niederer Stückelung [5]), während sie die Zinsen der Anleihen in Metall leistete [6]).

Man hatte damit begonnen, für 50 Millionen Franken Gold und für 350 Millionen Franken Silber in Verkehr zu setzen. Im Jahre 1875 wurden aber durch die Bank bereits 630 225 000 Franken in Goldmünzen und 497 484 000 Franken in Kurantsilber in Umlauf gebracht. Die Notenemission verteilte sich auf die ein-

1) Vgl. M. d. P. v. 11. Dezember 1874. — L'Economiste français v. 19. Dezember 1874. — Journal officiel v. 27. März 1875.

2) Vgl. The Economist v. 9. Oktober 1875.

3) Zirkular der direction du mouvement général des fonds v. 7. Dezember 1874.

4) Zirkular derselben Behörde v. 14. August 1874.

5) L'Economiste français v. 24. Oktober 1874.

6) The Economist v. 20. Oktober 1876.

zelnen Abschnitte in folgender Weise, wobei die beständige Abnahme der niederen Stücke deutlich hervortritt:

In Millionen Franken:

Noten zu	Jan. 1870	Jan. 71	Jan. 72	Jan. 73	Jan. 74	Jan. 75	Nov. 75
1000 Fr.	880,6	869	802,6	775,9	719,4	822,3	864
500 „	145,3	183,6	212	263,7	202,2	216	211
200 „	4,7	3	2,4	1,4	1	0,8	0,5
100 „	397,6	569,6	710	806,1	884,5	969,8	1036
50 „	42,9	170,3	264,4	306,8	274,7	320,5	200
25 „	—	186,6	260,7	111,4	26,8	4,8	1,8
20 „	—	32,1	201,8	536,8	628,5	299,7	95,5
5 „	—	—	—	106,6	93,6	6,7	2 [1])

In Zukunft war man bestrebt, auch mit der Ausgabe der größeren Noten, die sich durch die Außerkurssetzung der kleinen

1) Es zirkulierten der Stückzahl nach

	am 29. Januar 1874	im März 1875
Noten zu 5000 Franken	6	6
„ „ 1000 „	719 297	822 297
„ „ 500 „	404 312	431 922
„ „ 200 „	4 833	4 094
„ „ 100 „	8 844 848	9 698 075
„ „ 50 „	5 493 126	6 410 499
„ „ 25 „	1 142 357	190 150
„ „ 20 „	31 423 130	14 986 159
„ „ 5 „	18 724 520	1 342 701

Dazu noch 1296 Noten von altem Typus.

Ausgegeben wurden im Jahre 1873 52 278 000 Noten im Betrage von 1598 Millionen Franken; aus dem Verkehr gezogen wurden 35 946 013 Noten, verbrannt 2 001 202. Im Jahre 1874 wurden an neuen Noten emittiert:

731 000	zu	1000	Franken
300 000	„	500	„
3 625 000	„	100	„
4 500 000	„	50	„
4 300 000	„	20	„

Außer Kurs gesetzt wurden:

1	Note	zu	5000	Franken
369 300	Noten	„	1000	„
168 400	„	„	500	„
19 400	„	„	200	„
951 007	„	„	100	„
314 000	„	„	50	„

Vom 1. Dezember 1874 an wurden die Noten nicht mehr verbrannt, sondern durch chemisches Verfahren unbrauchbar gemacht.

Abschnitte vermehrt hatten, so sparsam wie möglich vorzugehen [1]). In Bordeaux z. B. wurden im Oktober 1877 auch 100- und 50-Frankennoten von der Bank bei ihren Zahlungen fast ganz unterdrückt. Frankentaler wurden in unbegrenzter Menge angeboten und später war auch Gold ohne jede Schwierigkeit zu haben [2]).

Die Goldmünzen wurden, da die Preise fremder Werteinheiten für Frankreich fast immer günstig standen, nicht mehr thesauriert, sondern blieben im Verkehr. Das Metall, das die Bank bei Depositenabhebungen und für Kuponszahlungen abgegeben hatte, kehrte bei der Zentrale wieder zu ihr zurück [3]). Hier hielten sich von Anfang an die Goldentnahmen und Goldeingänge die Wage, während an den Sukkursalen das in Umlauf gesetzte Gold vorerst nicht wieder in die Kassen zurückkam [4]). —

Aus dem Verhalten von Staat und Bank geht hervor, daß die Papiervaluta schon wenige Jahre nach der Zwangskurserklärung nicht mehr streng durchgeführt und von der Kassenpraxis schließlich ganz verlassen wurde. Die Noten wurden eingelöst. Metallkurantgeld wurde valutarisch behandelt. Je nachdem der Staat, durch die Zahlungsmittelpolitik der Bank dazu veranlaßt, Gold- oder Silberkurantgeld verwendete, war in Frankreich der Gold- oder Silberfranken valutarisch.

Die Metallzahlungen geschahen nicht nur durchaus freiwillig, sondern sie erfolgten auch lediglich versuchsweise, bedingt, unter der Voraussetzung, daß die intervalutarischen Kurse zugunsten Frankreichs standen und die Aufrechterhaltung der Metallvaluta erlaubten. War dies nicht mehr der Fall, so konnte die Note, da der Zwangskurs rechtlich fortgalt, sofort wieder in die valutarische Stellung eintreten. Erschien Gold wegen der pantopolischen Fälligkeitsbeziehungen für die Valuta ungeeignet und war zu befürchten, daß metallbedürftige Auslandstaaten, etwa das zur

1) Vgl. The Economist v. 17. Februar, 5., 26. Mai, 2. Juni 1877. — M. d. P. v. 2. Oktober 1877. — L'Economiste français v. 5. Januar 1878.

2) Vgl. L'Economiste français v. 5. Januar 1878.

3) M. d. P. v. 15. Juli 1877.

4) Vgl. L'Economiste français v. 19. Dezember 1874.

Goldwährung übergehende Deutschland, Gold an sich ziehen könnten, so benutzte man Silber [1]). Versagte auch Silber, so verfügte man immer noch in letzter Linie über die Note, die unter den herrschenden Verhältnissen mit Rücksicht auf den inneren Umlauf den Vorrang vor der Silbervaluta verdiente.

Die augenblickliche Valuta wurde demnach vom Staate, dem drei definitive Kurantgeldsorten zu Gebote standen, unter drei verschiedenen Möglichkeiten bestimmt und trug so keinen unveränderlichen Charakter. Dementsprechend konnten die Kurantzeichen, Noten, Gold- und Silbermünzen, bald in akzessorischer, bald in valutarischer Position sein. Später ging dann dieser Wechsel wieder zwischen den definitiven Kurantmünzen, Gold- und Silberfranken, vor sich.

Als geldpolitischer Fortschritt konnte aber weder die vorzeitige Ablösung der Note als valutarisches Geld bezeichnet werden [2]), noch die folgende Maßnahme, durch die die Note künftig zwingend auf die akzessorische Rolle beschränkt blieb.

Am 1. Januar 1878 wurde der Notenzwangskurs, wie schon zwei Jahre vorher verkündigt worden war, gesetzlich beseitigt [3]). Die Note wurde damit wieder rechtlich einlösbar. Jedoch bewahrte sie im Gegensatz zur Zeit vor dem Krieg den cours légal [4]). Ohne ersichtlichen Grund wurde auch die Begrenzung der Emission, die früher nicht bestanden hatte, beibehalten, und zwar zunächst in alter Höhe [5]). Die Freiheit von Deckungsvorschriften wurde

---

1) Bei starkem Goldbegehr weigerte sich z. B. die Filiale der Bank in Bordeaux, Gold herauszugeben und zahlte in Silber, das genommen werden mußte (vgl. das Schreiben der Handelskammer von Bordeaux an den Gouverneur der Bank v. 27. November 1877). — Vgl. L'Economiste français v. 6. Juni 1874.

2) Vgl. Spitzmüller, l. c. pag. 534.

3) Gesetz v. 3. August 1875.

4) Vgl. hierzu das Gesetz v. 17. November 1897.

5) Die Begründung, die Léon Say in der Budgetkommission gab, die Emissionsbeschränkung weise den Minister darauf hin, „qu'il ne peut disposer comme il l'entend, des billets que la Banque est autorisée à mettre en circulation“ kann wohl nicht als solche gelten. — Später wurde das Notenkontingent der Bank wiederholt erweitert: am 30. Juli 1884 auf

mit Recht nicht angetastet. Die Ausgabe der kleinen Notenabschnitte wäre der Bank noch gestattet gewesen, denn an der Stükkelung der Noten wurde durch das Gesetz nichts geändert. Aber die Bank machte von dem Emissionsrecht dieser Stücke keinen Gebrauch. Es konnte aber stets wiederaufleben, ohne daß es irgendeiner rechtlichen Maßnahme dazu bedurft hätte.

Die Note war von nun an akzessorisches, provisorisches Kurantgeld von notaler Beschaffenheit und privater Emission, das von jedermann angenommen werden mußte, aber bei der Bank nach ihrem Belieben in definitives Gold- oder Silberkurantgeld verwandelbar war. Die Bank konnte ihre Noten zwar aufdrängen, aber der Inhaber eines Scheines konnte ihn an dem nächsten Schalter in Metallzeichen einlösen und sich dadurch der Note entledigen. Ob dies für ihn von Vorteil war, hing von den intervalutarischen Verhältnissen und der Zahlpraxis ab, die die Bank gerade übte. Der Staat hatte jetzt nur noch die Wahl zwischen Gold- oder Silbervaluta.

Da eine tatsächliche Aenderung des valutarischen Zustandes durch die Zwangskursaufhebung nicht herbeigeführt wurde, kam der rechtliche Vorgang, der damit für das Geldwesen verbunden war, der Oeffentlichkeit so wenig zum Bewußtsein, daß noch im Januar 1878 auf das Programm einer Sitzung der wissenschaftlichen société d'économie politique [1]) die Frage der künftigen Zwangskursaufhebung gesetzt werden konnte. Die Gesellschaft mußte erst durch ein Mitglied darüber belehrt werden, daß der Gegenstand durch die Tatsachen bereits überholt sei. „M. Courtois, à propos d'une question du programme ainsi formulée: De la nécessité, par suite de l' abondance de l'argent, de supprimer le cours forcé en France et même en Italie, fait remarquer que le cours forcé en France n'existe plus depuis le 1er janvier, et qu'ainsi l'énoncé de la question se résume à l'Italie seulement. . . . .“

Während so der Zwangskurs in Wirklichkeit längst abgeschafft war, hielt die Regierung daran fest, ihn erst in dem Zeitpunkt

---

3500 Millionen Franken, am 25. Januar 1893 auf 4 und am 17. November 1897 auf 5 Milliarden Franken.

1) Bericht über die Sitzung v. 5. Januar 1878.

rechtlich zu beendigen, wo durch die Rückzahlung des Staates das Bankdarlehen bis auf einen unbedeutenden Rest getilgt sei. Sie ging dabei offenbar von dem Gedanken aus, daß der Zwangskurs, wenn er durch das Darlehen des Staates verursacht worden sei, nur wieder durch die Beseitigung dieses Darlehens aufgehoben werden könne: Die Bank konnte damals dem Staat das Darlehen nur in Noten gewähren. Damit die Noten für die staatlichen Zwecke verwendbar wurden, hatten sie mit dem Zwangskurs versehen werden müssen. Gab der Staat nun das Darlehen zurück, in Noten oder in Münzen, mit denen die Noten zurückgezogen werden konnten, so ließ sich die Notenmenge, aus der sich das Bankdarlehen zusammengesetzt hatte, wieder entfernen, und der Zustand vor dem Zwangskurs war wiederhergestellt.

Diese Beweisführung traf aber schon in ihren Voraussetzungen nicht mehr für die Lage zu, in der sich die Bank damals befand. Denn die intervalutarischen Verhältnisse und die Metallvorräte der Bank hätten den Fortbestand des außerdem inzwischen verminderten Darlehens erlaubt, auch ohne daß der Zwangskurs noch länger formell in Kraft geblieben wäre [1]).

Vom finanzwirtschaftlichen Standpunkte aus stellte sich die Aufhebung des Zwangskurses allerdings als notwendige Konsequenz seiner Einführung dar. Die Eigenschaften, die der Note beigelegt worden waren, um auf geldpolitischem Wege den Geldbedarf des Staates zu decken, waren von hier aus betrachtet nicht mehr erforderlich, weil der Staat nachträglich die Mittel gesammelt hatte, um die bei der geldpolitischen Deckung erzeugten Zahlungsmittel wieder zu beseitigen. Diese Mittel erzielte der Staat grundsätzlich durch finanzpolitische Deckungsmaßnahmen. Er bezog von den Geldeigentümern Summen, die in ihrer Gesamtheit den von der Bank vorher gelieferten Werteinheiten gleichkamen. Die finanzpolitisch gewonnenen Beträge übergab er der Bank,

1) Auch das Problem der russischen Währungsreform bestand darin, daß der Staat das Darlehen, das er in Kreditbilletten aus der Reichsbank entnommen hatte, zurückzahlte und der Bank dadurch wieder die Einlösung der von ihr ausgegebenen Geldzeichen ermöglichte. — Vgl. Helfferich, Das Geld im russisch-japanischen Krieg, 1906, pag. 27.

die die Schaffung der Zwangskursnoten für ihn besorgt hatte, und dadurch kehrten die von ihr früher emittierten Noten unmittelbar zu ihr zurück; oder sie erlangte Geldzeichen, mit denen sie sich in den Besitz der Noten setzen konnte, die von den dem Staat geleisteten Stücken noch im Umlauf waren.

Die Noten, die von nun an von der Bank ausgingen, hatten nicht mehr die Eigenschaften, die der Staat ihren Scheinen verliehen hatte, als er ihr Notenemissionsrecht für sich in Anspruch nahm, wenn auch die Neugestaltung nicht alles rückgängig machte. Diese Noten begannen nun wieder ausschließlich auf der Grundlage der alten Geschäfte in Verkehr zu kommen. Mit der finanziellen Bedarfdeckung des Staates hatten sie in ihrer Entstehung nichts mehr zu tun.

Die Bank verfügte über eine gewisse Anzahl Noten, die sie in Umlauf setzte. Sie waren Kurantgeld, riefen aber doch auch gleichzeitig eine wenigstens theoretische Verpflichtung zur Einlösung des ganzen emittierten Betrages in metallischen Zeichen hervor. Für die Beschaffung dieser Zeichen war die Bank weiterhin allein verantwortlich. Sie kamen nicht wie die Zwangskursnoten durch den einfachen Willen des Staates zur Entstehung. Nur soweit die Summen, die der Staat der Bank übergeben hatte, nicht aus Noten bestanden, soweit also die für den Staat hergestellten Notenbeträge noch weiter im Umlauf blieben und nicht zurückgeliefert wurden, erhielt die Bank jetzt die metallischen Einlösungsmittel für ihre Noten vom Staate selbst. Gab die Bank vom Staat zurückgelieferte Noten wieder aus, so glich ihre Emission von jetzt an ganz der anderer, im gewöhnlichen Geschäftsbetrieb verwendeter Noten, die es allein noch gibt und in deren Reihen sie zurücktreten. —

Die finanzpolitische Beschaffung der zur Rückzahlung der Darlehenssumme erforderlichen Zeichen sollte durch Steuern geschehen. Vorschläge, die darauf abzielten, das Geld mit einem Male durch eine rasch tilgbare Anleihe aufzubringen, um desto rascher zur Aufhebung des Zwangskurses zu kommen, wurden verworfen [1]).

1) Vgl. z. B. Léon Say in der Nationalversammlung, Sitzung v. 24. Dezember 1873. — Auch Wolowski (1. Juni 1874) und fast gleichzeitig Bar-

Es war festgelegt, daß vom Jahre 1872 an in jedem Jahr 200 Millionen Franken auf die Tilgung der Bankschuld verwendet werden sollten [1]). Aber der Tilgungsplan mußte sich dann verschiedene Aenderungen gefallen lassen. Zum Teil war die Tilgung nur fiktiv, indem die Regierung Summen, die ihr zustanden, nicht zu anderen Zwecken abhob, sondern auf die Rückzahlung ihres Darlehens anrechnen ließ.

Bis zum Jahre 1874 erfüllte der Staat unter großen Anstrengungen seine vertragsmäßigen Pflichten der Bank gegenüber [2]). Um aber neue Steuern zu vermeiden, beantragte Wolowski in der Budgetkommission, die Raten in Zukunft auf 150 Millionen Franken herabzusetzen [3]). Die Regierung [4]), die die Haltung der Valuta mit der Befolgung der Rückzahlungsbedingungen in Zusammenhang brachte, widersprach, unterlag jedoch der Kammer. Der neue Finanzminister Mathieu-Bodet teilte der Bankverwaltung die Wünsche der Kammer mit, erhielt aber einen ablehnenden Bescheid [5]). Dagegen wurde der Regierung von der Bank ein einmaliger Kredit bis zu 80 Millionen Franken zur Verfügung gestellt [6]), damit der Staat seinen augenblicklichen Geldbedarf decken und den ihm obliegenden Verbindlichkeiten nachkommen könne. Die

---

tholoni wiesen auf diese Möglichkeit hin, die dann ganz fallen gelassen wurde. — Die Schuld der Stadt Paris an die Bank wurde durch die Erträgnisse der städtischen Anleihen getilgt.

1) S. o. pag. 262. — Durch Vertrag v. 3. Juli 1871 wurde bestimmt, daß die Regierung vor dem 31. Dezember 1871 50 Millionen Franken an die Bank zu zahlen habe, eine Forderung, die jedoch nicht erfüllt wurde. — Vertrag v. 2. Januar 1873. — Auf die ersten 200 Millionen Franken wurden die 40 Millionen Franken angerechnet, die die caisse des dépôts an die Bank zurückgegeben hatte. — Die Amortisationsraten waren in monatlichen oder vierteljährlichen Terminen nach Wahl der Regierung fällig.

2) Vgl. zu folgendem auch Sydow, l. c. pag. 97 ff.

3) Vgl. Sitzung der Nationalversammlung v. 18. Juli 1874. — Eine derartige Aenderung war bereits im Juni 1873 von Leroy-Beaulieu im Journal d. D. empfohlen worden.

4) Finanzminister Magne.

5) Nationalversammlung, Sitzung v. 4. August 1874.

6) Rückzahlbar nach Tilgung der aus dem Krieg herrührenden 1530 Millionen Franken; 1% Zinsen; Hinterlegung von Schatzscheinen.

Regierung stimmte diesem Angebot zu [1]) und wurde vom Parlament zur Annahme ermächtigt. Der Vorschuß wurde vorerst nicht ausgenutzt. Die staatlichen Einkünfte waren so groß, daß man bis zum nächsten Termin sogar 225 Millionen Franken an die Bank bezahlte und 45 Millionen Franken auf die kommende Rate vortragen ließ.

Auf Grund der Vereinbarung, die im folgenden Jahre mit der Bank getroffen wurde [2]), sollten im Jahre 1876 nur 110 Millionen Franken an die Bank abgeführt und der fehlende Betrag auf das Jahr 1877 übernommen werden. Für die Jahre 1878 und 1879 war die Tilgung von je 135 Millionen Franken vorgesehen. Auch im Jahre 1876 war jedoch die Finanzlage des Staates so günstig, daß 217 Millionen Franken an die Bank entrichtet wurden, von denen 112 Millionen Franken auf das Jahr 1877 angerechnet wurden, in dem dann nur noch 38 Millionen Franken zu leisten waren. Am 1. Januar 1878 betrug der Rest, wie beabsichtigt war, 300 Millionen Franken und am 14. März 1879 kamen die Zahlungen zum Abschluß. Doch machte die Regierung hierzu doch noch von dem ihr früher eingeräumten Darlehen und dem ihr zustehenden gesetzlichen Vorschußanspruch Gebrauch. Die Bank gab dem Staate so selbst die Möglichkeit, das Vertragsverhältnis wenigstens formell zu beendigen [3]). —

Mit der Aufhebung des Zwangskurses aber war die bedeutendste Folge geldpolitischer Deckungstätigkeit aus der Kriegszeit beseitigt.

§ 14.
DIE VERÄNDERTE STELLUNG DES SILBERS IM GELDWESEN.

Noch bevor der Zwangskurs der Note in Frankreich abgeschafft worden war, war die Stellung, die der Silberkurantfranken bisher

1) 3. August 1874.

2) 6. Mai 1875. — Vgl. Budgetgesetz für das Jahr 1876. Art. 27 u. 28.

3) Ueber die Neuordnung des permanenten Bankdarlehens an den Staat im Jahre 1878 und seine Erhöhung auf 140 Millionen Franken vgl. Pommier, l. c. pag. 205, und Journal officiel v. 14. Februar 1878.

im Geldwesen innegehabt hatte, durch den Zwang der Verhältnisse eine andere geworden. Da es sich dabei um eine Angelegenheit des Münzrechtes handelte, waren hierzu wieder die gemeinsamen Beschlüsse der Unionsstaaten erforderlich.

Seit dem Jahre 1873 begann in London der Silberpreis stark und unaufhaltsam zu fallen [1]). Die Münzgeldfrage, an der man das frühere Interesse verloren zu haben schien, seit sich alle das Geld betreffenden Bestrebungen allgemein der Wiederaufnahme der Metallzahlungen zugewandt hatten, wurde wieder aufgeworfen [2]).

Die Folgen des Silberpreissturzes für die Münzbundstaaten, die dem entwerteten, bei ihnen aber baren Silber eine Zuflucht boten, sind oft dargestellt worden. Die Agioteure brachten das Rohsilber an die Münzstätten der Unionsländer und überschwemmten namentlich von Brüssel aus, das für sie am besten gelegen

---

1) Vgl. Helfferich, Beiträge pag. 16 f.

Der Londoner Silberpreis verhielt sich für 1 Unze Standardsilber folgendermaßen:

Jahr	Niederster Preis	Höchster Preis	Durchschnittlicher Preis
1869	60	61	$60\frac{7}{16}$
1870	$60\frac{1}{4}$	$60\frac{3}{4}$	$60\frac{9}{16}$
1871	$60\frac{3}{16}$	61	$60\frac{1}{2}$
1872	$59\frac{1}{4}$	$61\frac{1}{8}$	$60\frac{5}{16}$
1873	$57\frac{7}{8}$	$59\frac{15}{16}$	$59\frac{1}{4}$
1874	$57\frac{1}{4}$	$59\frac{1}{2}$	$58\frac{5}{16}$
1875	$55\frac{1}{2}$	$57\frac{5}{8}$	$56\frac{7}{8}$
1876	$46\frac{3}{4}$	$58\frac{1}{2}$	$52\frac{3}{4}$
1877	$53\frac{1}{4}$	$58\frac{1}{4}$	$54\frac{13}{16}$
1878	$49\frac{1}{2}$	$55\frac{1}{4}$	$52\frac{9}{16}$

2) In dem Antrag, den Garnier im Senat am 5. Februar 1877 einbrachte, lebten die alten metallistischen Forderungen der Münzkongreßzeit der Sechziger Jahre wieder auf: Bestimmung des Münzwertes nach dem auf den Stücken angegebenen Gewicht und dem Feinheitsgrad, veränderliche Feststellung des Geltungsverhältnisses zwischen Gold- und Silbermünzen nach der Marktrelation usw. Die Einzelheiten dieses merkwürdigen Dokuments können hier übergangen werden. Der ablehnende Kommissionsbericht (15. November 1878) fällte über das Projekt folgendes Urteil: „. . . cette proposition . . . . contient un grand nombre de dispositions ingénieuses, logiques, savamment motivées, comme tout ce qui sort de la plume de l'éminent économiste."

war, das ganze Gebiet des Münzbundes mit ihren neugeprägten Frankentalern. Dadurch wurde die Möglichkeit der Goldabwanderung und der Agiobildung für Goldfranken gegenüber den valutarischen Geldzeichen erregt. Die Prägeanstalten arbeiteten für den Spekulationsgewinn des Edelmetallhändlers, während die intervalutarischen Beziehungen der Staaten Schaden litten und die Bedingungen der Valuten sich verschlechterten. In den Banken stauten sich die Silbermengen [1]).

In Brüssel wurden vom 1. Januar bis zum 30. August 1873 73 ½ Millionen Franken in silbernen 5-Frankenstücken ausgeprägt [2]). Auch die aus Deutschland vertriebenen österreichischen Gulden fanden hier Unterkunft. Die Grenze, die für die tägliche Münzproduktion festgesetzt war, wurde fast immer überschritten, so daß die genaue Einhaltung der Vorschriften durch das Ministerium angeordnet werden mußte [3]).

Von Belgien nahmen die Münzen ihren Weg nach Frankreich [4]). Auch wurde der französische Finanzminister durch die Handelskammer von Lyon auf das übermäßige Eindringen italienischer Frankentaler neuesten Gepräges aufmerksam gemacht, das auf Arbitrageoperationen beruhe und ernste Beachtung verdiene [5]). Die Sukkursale der Bank wehrte sich vor ihnen dadurch, daß sie den Häusern, die auf der Einzahlung derartiger Stücke beständen, drohte, die Verbindungen mit ihnen abzubrechen [6]). Der Bericht

---

1) Vgl. hierzu die Ausführungen des Schweizer Delegierten Lardy auf der Münzkonferenz von 1874.

2) Fast ganz für Rechnung der banque nationale.

3) In Belgien durften nach der Ministerialverfügung v. 25. März 1867 täglich 500 000 Franken in Goldkurant und 150 000 Franken in Silberkurant hergestellt werden. Diese Beträge konnten verdoppelt werden, doch mußte der Nationalbank auf Verlangen die Hälfte der Produktionsmenge eingeräumt werden. Die größte Summe, die für die Münzprägungen Privater blieb, betrug so für Kurantsilber 150 000 Franken.

4) Vgl. Paul Calon i. Journal des Economistes 1874, pag. 142.

5) Schreiben v. 21. November 1873.

6) „Si elle n'a pu absolument refuser les pièces de 5 francs qu'on lui apportait sous peine de s'exposer à recourir à des protêts, elle les a, du moins, écartées de ses guichets en menaçant de fermer les comptes des maisons qui voudraient la forcer à les recevoir."

forderte als Gegenmittel zunächst Beschränkung der Silberprägung und für später auch die Beschränkung des Annahmezwanges für Kurantsilber. Man solle mit den übrigen Unionsstaaten die Einführung der Goldvaluta verabreden.

Viele Stimmen schlossen sich diesem Vorschlage an [1]). Er galt zwar augenblicklich nur einer akzessorischen Geldart, war aber, da es sich um eine frei ausprägbare Kurantsorte handelte, für die Gestaltung der künftigen Metallvaluta von größter Bedeutung. Auch in der Schweiz und in Belgien war man für eine derartige Lösung der Schwierigkeiten [2]).

Die Silberleute dagegen verlangten vom Staat den Ankauf von Rohsilber, das in 5-Frankenstücke verwandelt zur Bezahlung der Bank verwendet werden sollte, und glaubten dadurch das fallende Silber stützen zu können [3]). Andere Interessenten hielten Silberkäufe der Bank für notwendig, damit die Bank bei Wiederherstellung der Metallzahlungen allen Einlösungsbegehren mit Silber begegnen könne. Die Bank erziele dadurch einen Agiogewinn, schütze ihren Metallvorrat und kräftige den Silbermarkt [4]). Diese Vorschläge waren wertlos und standen in innerem Widerspruch zu den sonstigen Gedankengängen der Silberpartei.

Zunächst suchte man der unbegrenzten Entstehung neuer Silbermünzmengen durch Verwaltungsmaßnahmen Einhalt zu tun. Ohne daß man in maßgebenden Kreisen die Hinneigung zum Bimetallismus preisgab, hatte man doch ein gewisses Angstgefühl davor, auf die Seite der Silberwährungsländer gedrängt zu werden.

Am 6. September 1873 ordnete der französische Finanzminister an, daß die Münzstätte in Paris bis auf weiteres täglich nicht mehr als 200 000 Franken und die Münzstätte in Bordeaux nicht mehr als 80 000 Franken in Silberkurantfranken schlagen sollten, Ziffern, die am 17. November weiter auf 100 000 Franken

1) Vgl. z. B. Leroy-Beaulieu i. Journal d. D. v. 29. November 1873. — Vgl. ferner Petition der Pariser Handelskammer v. 10. Januar 1876.

2) Vgl. Frère-Orban in der belgischen Kammer, 28. Juli 1873.

3) Vgl. Henri Cernuschi, Or et argent 1874, pag. 12.

4) Vgl. hierüber L'Economiste français v. 25. März 1876.

und 50 000 Franken herabgesetzt wurden [1]). Dieser Vorschrift hatte sich die Ausgabe der bons de monnaie an Private anzupassen. Ihre Einlösung verzögerte sich und ihre Diskontierung verursachte größere Zinsverluste. Auch wies die Bank die Lombardierung von Silberbarren und Silbermünzen zurück [2]), da sie nicht mehr sicher war, das lombardierte Metall gegen eine unveränderliche Anzahl Werteinheiten realisieren zu können [3]).

Ferner lehnte sie vom November 1873 an als private Anstalt, auf die die Annahmepflicht der staatlichen Kassen keine Anwendung finden könne, alle Zahlungen in silbernen 5-Frankenstücken außerfranzösischer Prägung ab und unterrichtete von diesem Beschluß ihre Sukkursalen [4]).

Auch in Belgien war eine derartige beschränkende Anweisung für die Silberprägung ergangen. Vom 20. Dezember an hatte man in Brüssel die Herstellung von Kurantsilbergeld ganz eingestellt [5]).

In Frankreich war dies seit der Einführung der silbernen Scheidemünzen wieder der erste Schritt, durch den Grundsätze des Münzgesetzes vom Jahre XI praktisch aufgegeben wurden. Er wurde unternommen, als die Silberentwertung bereits eingetreten war [6]).

1) Vgl. auch die Angaben des französischen Delegierten Dutilleul auf der Münzkonferenz des Jahres 1874.

2) Vgl. M. d. P. v. 17. August, 9. September 1873. — Bonn, l. c. pag. 106.

3) Später forderte die Bank die Kunden, die Silber in Lombard gegeben hatten, auf, ihre Pfänder einzulösen oder gegen die Entwertung der Pfandobjekte Garantien zu leisten. In diesem Zusammenhang trat dann eine Abnahme der lombardierten Edelmetallmengen ein. — Vgl. The Economist v. 18., 25. März 1876. — Ibidem 10. März 1877: Wiederbeginn der Lombardierung von Silberpfändern mit $^4/_5$ ihres Wertes.

4) Vgl. Bonn, l. c. pag. 106. — M. d. P. v. 22. November 1873. — L'Economiste français v. 10., 31. Januar, 21. Februar 1874. — Dutilleul auf der Münzkonferenz 1874. — Infolgedessen erlitten die synchartalen Frankentaler italienischen und belgischen Ursprungs ein wechselndes Disagio (s. Exkurs pag. 498, 500).

5) Vgl. Parieu, Nouvel état de la question monétaire i. Journal des Economistes 1874, pag. 49.

6) Vgl. Bonn, l. c. pag. 16.

Die Schweiz, die neben Belgien das einzige Münzbundland mit Metallvaluta war und hoffte, unter dem Eindruck der jüngsten Ereignisse ihre alten Goldwährungspläne verwirklichen zu können, ließ nun durch ihren bevollmächtigten Minister in Paris den Antrag stellen, eine Konferenz der Signatarmächte der Münzkonvention vom Jahre 1865 einzuberufen [1]). In der Debatte, die vor dem Zusammentritt der Konferenz in der französischen Nationalversammlung stattfand [2]), wurde jedoch verlangt, daß sich die bevorstehenden Besprechungen auf dem Boden der bisherigen Zustände zu halten hätten und prinzipielle Erörterungen über Aenderungen der Währung ausgeschlossen sein sollten. Die Verhältnisse seien noch nicht genügend geklärt, um endgültige Entscheidungen treffen zu können. Die wahren Ursachen der sinkenden Silberpreise wurden verkannt. Auf den Silberkurantfranken wollte man, besonders mit Rücksicht auf die Wiederaufnahme der Metallzahlungen, keinesfalls verzichten.

Als die Tagungen der Konferenz in Paris begannen [3]), besserten sich die Verhältnisse auf dem Silbermarkt vorübergehend etwas [4]). Am 31. Januar 1874 wurde eine Zusatzkonvention zum Vertrage von 1865 unterzeichnet, die der Nationalversammlung vorgelegt [5]) und von ihr genehmigt wurde [6]).

Es wurde für das laufende Jahr eine Beschränkung der Silber-

---

1) 5. November 1873.

2) 23. Dezember 1873. de Soubeyran, Finanzminister Magne, Wolowski. Die entgegengesetzte Auffassung vertrat Clapier. — Die Reden, die gehalten wurden, sind ungemein bezeichnend für die Anschauung, die man fast allgemein vom Geld in Frankreich hatte. — Wolowski, der behauptete, in Zukunft sei viel eher eine Hausse als eine weitere Wertminderung des Silbers auf dem Weltmarkt zu erwarten, war für Kündigung des Münzbundes überhaupt, der keine Berechtigung mehr habe.

3) 8. Januar 1874 unter dem Präsidium von Dumas; Vizepräsident war de Parieu.

4) Vgl. Bamberger, Die Entthronung des Weltherrschers, 1876; Schriften, pag. 363 ff.

5) 21. März 1874.

6) 18. Juni 1874. Im Artikel 4 wurde bestimmt, daß zum Beitritt eines Staates zur Union fernerhin die Zustimmung aller Vertragsstaaten erforderlich sein solle.

prägungen in den einzelnen Gliedstaaten vereinbart, und zwar in der Art, daß die Münzmenge, die im ganzen höchstens 140 Millionen Franken betragen durfte, nach Maßgabe der Bevölkerung auf die Mitglieder verteilt werden sollte [1]). Auf Frankreich trafen dabei 60 Millionen Franken, doch war bereits über eine Summe von fast 35 Millionen Franken durch Ausgabe von Münzscheinen [2]) verfügt, deren Fristen sich bis zum Juli erstreckten [3]). Auf Belgien kamen 12, auf die Schweiz 8 und auf Italien 40 Millionen Franken. Außerdem durfte Italien 20 Millionen Franken für den Reservefonds der Nationalbank schlagen; doch war den Stücken der Eintritt in den Umlauf unter Haftung der Regierung verboten.

Weitergehende Eingriffe wie völlige Sperrung der Silberprägung und Beseitigung des Annahmezwanges für den Frankentaler wurden nicht beschlossen. Eine neue Konferenz sollte im Januar 1875 die notwendigen weiteren Bestimmungen veranlassen.

Die Konferenz hatte auch den Wunsch ausgedrückt, es möchten im Gegensatz zu dem bisher befolgten Verfahren fernerhin alle silbernen Kurantfranken ohne Unterschied des Gepräges an den Kassen der banque de France in Zahlung genommen werden. Die französischen Delegierten wurden beauftragt, die erforderlichen Schritte zu tun. Der Finanzminister lehnte eine Einmischung ab, um jeden Schein von Beeinflussung zu vermeiden, erklärte aber, sich freiwilligen Beschlüssen der Bank nicht widersetzen zu wollen. Die Bank verpflichtete sich nun schriftlich zunächst für ein Jahr, der Annahme fremder Frankentaler kein Hindernis mehr in den Weg legen zu wollen, ein Versprechen, das dann alljährlich wiederholt wurde [4]). Die Herstellung von Silberkurantgeld für Private wurde durch die vereinbarten Maßregeln nicht ganz beseitigt und die Spekulation dauerte fort. Die

---

1) Griechenland war unter den Vertragsstaaten nicht genannt.

2) Diese Münzscheine werden von Blaum, l. c. pag. 115 und 116 mit Unrecht als Papiergeld bezeichnet.

3) Auf das Kontingent Belgiens wurden 5 900 000 Franken, auf das Kontingent Italiens 9 Millionen Franken für Münzscheine angerechnet.

4) Das Gleiche gilt von der belgischen Nationalbank.

Zusagen für Ausmünzungen wurden immer auf lange Zeit hinaus im voraus vergeben, so daß eine größere Menge von bons de monnaie ausgeliefert wurde, als dem Prägekontingent des einzelnen Jahres entsprach. Der Staat mußte diese Bons einlösen und erschien so auf den folgenden Konferenzen, auf denen die Prägeziffern aufs neue festgesetzt werden sollten, stets mit gebundenen Händen. Er hatte für die Zeit, für die die auszumünzenden Beträge erst bestimmt werden sollten, bereits umfangreiche Prägeverbindlichkeiten eingegangen [1]).

Auf der nächsten Konferenz brachte die Schweiz ihre früheren Anträge wieder ein und verlangte wenigstens eine Verminderung der erlaubten Prägesummen. Trotzdem wurde das gesamte Kontingent, das für das Jahr 1875 aufgestellt wurde, noch erhöht [2]). Jeder Staat erhielt das Recht, die ihm bisher zugebilligte Prägemenge um ein Viertel zu vermehren [3]); die im voraus ausgegebenen Münzscheine sollten auf die einzelnen Kontingente angerechnet werden. Italien bekam die besondere Erlaubnis, die bis jetzt bei der Nationalbank deponierten 20 Millionen Franken in Umlauf zu bringen. Im Januar 1876 sollte abermals eine Konferenz tagen, und bis dahin sollten Münzscheine für das Jahr 1876 höchstens bis zur Hälfte der für das Jahr 1874 ausgeteilten Kontingentssummen emittiert werden.

Die Schweiz enthielt sich seit dem Jahre 1875 aller Silberprägungen. Man war der Ansicht, daß die Münzkonvention die

---

1) Vgl. Bamberger, l. c.

2) Als Deklaration (v. 5. Februar 1875) bedurfte die Konvention nicht der Zustimmung der Nationalversammlung. Sie wurde genehmigt durch Dekret des Präsidenten v. 26. April 1875. — Journal officiel v. 28. April 1875.

3) Art. 2. „Le gouvernement italien ayant exposé la nécessité où il se trouve de refondre en 1875 pour la convertir en pièces de 5 francs, une somme de 10 millions d'anciennes monnaies d'argent non décimales, chacun des gouvernements contractants est autorisé à faire fabriquer, en sus du contingent fixé par l'article précédent, une quantité de pièces d'argent de 5 francs, qui ne pourra excéder le quart du dit contingent." — Vgl. Blaum, l. c. pag. 116. — Nach Bamberger, l. c. und de Parieu, Senatsitzung v. 21. März 1876 betrug die gesamte Kontingentsumme 150 Millionen Franken.

tatsächliche Ausprägung von Silbergeld nicht fordere, sondern nur die Herstellung anderer wie der von ihr beschriebenen Stücke verbiete. In Frankreich legte man den Vertrag mit Rücksicht auf die innere Gesetzgebung, durch die die Bareigenschaft des Silbers normiert war, im entgegengesetzten Sinne aus [1]). Man ließ die freie Ausprägbarkeit, auf die der Private einen Anspruch habe, zu, soweit sie nicht an den Bedingungen der Konventionen, durch die man anderen Staaten gegenüber gebunden sei, eine Grenze finde [2]). Frankreich machte daher von seinem Kontingent vollständig Gebrauch. Die Fristen für die Einlösung der Münzscheine wurden aber immer mehr ausgedehnt und die Zahl der Bons, die täglich zur Ausgabe gelangten, wurde verringert [3]).

Im Jahre 1876 war die gesamte Prägemenge durch Konferenzbeschluß auf 120 Millionen Franken herabgesetzt worden [4]); die übrigen Abmachungen wiederholten sich [5]).

1) Vgl. de Parieu im Senat, 21. März 1876.

2) Say im Senat, 21. März 1876. Nach den Aeußerungen von Say wurde der größte Teil des Kontingentes für das Jahr 1875, das auch Say auf 75 Millionen Franken angibt, vom Staate selbst beansprucht (45 bis 46 Millionen Franken). — Ein Antrag Clapier, Sitzung der Nationalversammlung v. 16. November 1875, wollte die Prägung von Frankentalern auf 60 Millionen Franken beschränken. Er wollte damit vor allem die Frage der künftigen Valuta aufrollen. Die Kommission beantragte Uebergang zur Tagesordnung.

3) Die letzten im Juli 1876 emittierten Schatzscheine z. B. verfielen erst im Dezember 1878. — Vgl. Le Touzé, l. c. pag. 172 Anm. 1.

4) Journal officiel v. 26. Februar 1876. Nach der durch Präsidialdekret v. 24. Februar 1876 genehmigten Deklaration, die zwischen Frankreich, Belgien, Griechenland, Italien und der Schweiz zustande kam, verteilten sich die 120 Millionen Franken in folgender Weise: Belgien 10 800 000, Frankreich 54 000 000, Italien 36 000 000, Schweiz 7 200 000 Franken. Das Kontingent Griechenlands wurde auf 3 600 000 Franken festgesetzt. Außer dieser Summe sollte die griechische Regierung im Jahre 1876 ausnahmsweise noch für 8 400 000 Franken silberne 5-Frankenstücke herstellen und innerhalb ihres Gebietes in Umlauf bringen dürfen.

5) In die Kontingente waren die bisher ausgegebenen bons de monnaie einzubeziehen. Eine neue Konferenz sollte im Januar 1877 in Paris zusammentreten. Bis dahin durften Münzscheine wieder nur bis zur Hälfte der erwähnten Kontingentsbeträge ausgeteilt werden.

Da aber die Silberpreise immer weiter fielen, brach man auch in Frankreich mit der bisher beobachteten Haltung.

Die Regierung legte am 21. März 1876 einen Gesetzentwurf vor, durch den sie ermächtigt wurde, durch Dekret die Silberprägung einzuschränken oder ganz zu suspendieren [1]). Diese fakultative Möglichkeit war die mildeste Form, die man einer notwendig gewordenen Maßnahme geben konnte, und wenn auch dem Gesetz die zeitliche Begrenzung bis zum 31. Januar 1878 angefügt wurde, so war doch der bisherige Rechtszustand der freien Silberausmünzung unheilbar verletzt. Sobald das Gesetz erlassen war [2]), befahl der Finanzminister sofort die Einstellung der Silberprägungen [3]). Auch Belgien, wo, wie in Italien, das Prägekontingent vom Staat allein zu Agiogewinnen ausgebeutet worden war, war dem Beispiel der Schweiz gefolgt.

Die für das Jahr 1877 vorgesehene Münzkonferenz wurde dadurch überflüssig, daß nach dem Vorschlag Frankreichs durch einfachen Schriftwechsel vereinbart wurde, die Prägemenge der kommenden Periode auf die Hälfte des vorausgegangenen Jahres

1) De Parieu brachte im Senat am 29. März 1876 einen Gegenantrag ein, wonach die Emittierung von bons de monnaie an Private für Silberkurantgeld abzuschaffen sei. Er wurde wie die Amendements von Pagézy, de Ventavon und Hervé de Saisy abgelehnt. Der Minister meinte, schon durch die Aufhebung des Barcharakters erhalte der Frankentaler wesentliche Scheidegeldeigenschaften. Vgl. hierzu die richtigen Ausführungen von de Parieu. — In der Kammer fanden die Amendements von Le Cesne (Die Herstellung silberner 5-Frankenstücke ist und bleibt verboten) und von Rouveure und Bordet (u. a. Herabsetzung der Zahlkraft der Frankentaler auf 100 Franken) keine Mehrheit.

2) Journal officiel v. 6. August 1876.

Art. 1. „La fabrication des pièces de 5 francs en argent pour le compte des particuliers pourra être limitée ou suspendue par décret.“

Art. 2. „La présente loi n'aura d'effet que jusqu'au 31 janvier 1878.“ — De Parieu wies im Senat (Sitzung v. 13. Juni 1876) darauf hin, daß die Ausprägung silberner 5-Frankenstücke durch Private unter den damaligen Verhältnissen der Prägemöglichkeit unterwertiger Scheidemünzen durch Private gleichkomme.

3) Dekret v. 7. August 1876. — Die Münzscheinmenge, die der Staat für das Jahr 1876 hatte ausgeben dürfen, war auch damals schon längst überschritten.

zu ermäßigen. Zu Beginn des Jahres 1878 einigte man sich dahin, daß bis zum Zusammentritt der für den Oktober angesetzten Konferenz die Silberausmünzungen ganz zu unterbleiben hätten [1]). Auf dieser Konferenz mußte man darüber beraten, welchen Inhalt man dem Münzbund, dessen erster Vertrag am 31. Dezember 1879 durch Kündigung ablief, dessen Fortbestehen aber von allen Teilen gewünscht wurde, in Zukunft geben solle [2]).

Die wichtigste Aenderung, die durch die Konvention vom 5. November 1878 herbeigeführt wurde, war, daß im erneuerten Münzbund die freie Silberprägung vorläufig völlig eingestellt wurde und nur durch einstimmigen Beschluß der Vertragsstaaten wiederaufgenommen werden konnte [3]). Denn hinter dieser zurückhaltenden Formulierung, die den Anhängern des Bimetallismus wenigstens nicht alle Hoffnungen zu rauben schien, die überlieferte Geldverfassung in ihren Grundzügen theoretisch anerkannte und eine Umkehrmöglichkeit zu den früheren Verhältnissen offen ließ, verbarg sich in Wirklichkeit die dauernde Verwerfung des Barcharakters für Silber. Dem Zustand, wie er in der letzten Zeit geherrscht hatte und durch eine Deklaration auch noch einmal für das Jahr 1879 festgesetzt worden war [4]), wurde so bleibende Geltung verliehen.

1) Nur Italien wurde gestattet, 10 Millionen Franken zu prägen, um den Rest der alten, von den ehemaligen Regierungen stammenden Silbermünzen ersetzen zu können.

2) Ueber die Bedeutung der Münzbundverlängerung für die einzelnen Staaten vgl. Feer-Herzog, Gutachten an die Union suisse du commerce et de l'industrie 1878.

3) Vgl. Journal officiel v. 6. November 1878. — Den Vorsitz auf der Konferenz hatte der französische Finanzminister Say. — Der Gesetzentwurf der neuen Münzkonvention kam am 14. November vor die Deputiertenkammer.

4) Projet de loi portant approbation de la déclaration relative à la fabrication de la monnaie d'argent pendant l'année 1879, der Kammer vorgelegt am 14. November 1878, dazu Präsidialdekret v. 30. Dezember 1878. — Nur Italien durfte wieder für 20 Millionen Franken Silberkurantgeld herstellen, die es brauchte, um alte bourbonische Münzen einziehen zu können. — Auch Münzscheine durften für das Jahr 1879 nicht mehr ausgegeben werden.

Im übrigen suchte man die bisherige Gemeinschaft so unversehrt wie möglich zu erhalten, was auch gelang. Die einzelnen Artikel des Vertrages hatten daher nur die auch ferner in Kraft bleibenden Bestimmungen zu wiederholen und ihnen eine passende redaktionelle Fassung zu geben.

Die Ausprägung der goldenen 5-Frankenstücke wurde vorläufig, wie es schon tatsächlich der Fall war, beseitigt. Die Feinheitstoleranz für Goldmünzen betrug statt $^2/_{1000}$ in Zukunft $^1/_{1000}$. Die Kontingentsziffern für Silberscheidegeld wurden mit dem gegenwärtigen Bevölkerungsstand in Einklang gebracht [1]).

Auf die besondere Lage Italiens, das erklärt hatte, seine Noten unter 5 Franken abschaffen zu wollen, bezog sich Artikel 8 des Vertrages. Die anderen Bundesländer verpflichteten sich, zur Unterstützung dieses Vorhabens die italienischen Scheidemünzen aus der Zirkulation zurückzuziehen und an ihren öffentlichen Kassen nicht mehr anzunehmen, bis der Zwangskurs in Italien beseitigt sein würde. Bis dahin verloren also diese Stücke ihre Geldeigenschaft in den Vertragsstaaten und schieden damit aus der synchartalen Ordnung aus [2]). Auch die Umtauschpflicht Italiens ruhte so lange. Die Rückzugsoperation selbst wurde in ihren technischen Einzelheiten in einem Spezialarrangement geregelt [3]), wobei Frankreich, das sich seinerseits wieder der Vermittlung der Bank bediente, die Haupttätigkeit zufiel [4]).

Die französische Regierung, die vorher noch die Wirkung

---

1) Es trafen auf

	Belgien	33	Millionen	Franken
	Frankreich	240	„	„
	Griechenland	10,5	„	„
	Italien	170	„	„
und auf die	Schweiz	18	„	„

2) Vom 1. Januar 1878 an wurden die Silbermünzen der Schweiz aus der Prägezeit von 1860 bis 1863 außer Kurs gesetzt. Bis dahin wurden sie an allen Staatskassen angenommen und umgetauscht. — Vgl. Journal officiel v. 27. Oktober 1877.

3) Vgl. Blaum, l. c. pag. 120. — Vgl. auch dort die spätere Entwicklung des Münzbundes.

4) Frankreich erhielt auf diese Weise in den folgenden Jahren außer Silberkurant Gold, Wechsel auf Paris, in Paris zahlbare italienische Schatzscheine.

des Gesetzes vom 5. August 1876 bis zum 31. März 1879 und dann noch einmal für das ganze Jahr 1879 verlängert und die dazu gehörigen Dekrete erlassen hatte [1]), erhielt durch Gesetz vom 30. Juli 1879 die Zustimmung zur Ratifizierung und Ausführung der Münzkonvention. Somit war die künftige Verfassung des französischen Münzwesens bis zum 1. Januar 1886 festgelegt. Mit der banque de France durfte sich die Regierung über die zum Erfolg der Konvention notwendigen Operationen verständigen.

Das, was sich so am französischen Geldwesen geändert hatte, betraf die Stellung des silbernen 5-Frankenstückes. Demgegenüber hatte der vorübergehende Ausschluß der bisher synchartalen Silberscheidemünzen Italiens nur untergeordnete Bedeutung, und die jetzt durchgeführte Uebernahme der Münzprägung in staatliche Regie hatte mit dem Wesen der Münzen nichts zu tun.

Durch eine völkerrechtliche Verabredung wurde also die durch die eigene Gesetzgebung so lange gewährleistete Bareigenschaft des Silbers außer Kraft gesetzt und konnte, solange der Münzvertrag wirkte, nur durch die Zustimmung aller Bundesglieder wiederaufgerichtet werden. Der Widerspruch eines einzigen fremden Staates konnte die Wiederherstellung der freien Ausprägbarkeit verhindern.

Frankreich verfügte von nun an nur noch über e i n Barmetall und damit war der Bimetallismus abgeschafft. Da Silber kein hylisches Metall mehr war, hatte der Frankentaler aufgehört, Bargeld zu sein. Die notwendige Ergänzung dieser Maßnahme, Erklärung des Frankentalers zum Scheidegeld, die schon von der

---

1) Gesetz v. 31. Januar 1878. „Les effets de la loi du 5 août 1876, relative à la fabrication des pièces de 5 francs en argent, sont prorogés jusqu'au 31 mars 1879." — Hierzu erging am 2. Februar 1878 folgendes Dekret: „Le décret du 6 août 1876 qui suspend l'admission aux bureaux du change des monnaies de Paris et de Bordeaux des lingots, espèces ou matières destinés à la fabrication des pièces de 5 francs en argent pour le compte des particuliers, continuera d'avoir son effet jusqu'à ce qu'il en soit autrement ordonné."

Das Gesetz bestimmte das Ende seiner Geltung durch genaue Terminbezeichnung. Das Dekret sollte allgemein bis zu seiner Widerrufung in Kraft bleiben.

Münzkommission des Jahres 1869 als unumgänglich notwendig verlangt worden war, wurde jedoch nicht durchgeführt [1]). Das silberne 5-Frankenstück blieb definitives Kurantgeld und wurde nicht zwingend auf eine akzessorische Rolle beschränkt. Es wurde aus einer baren definitiven Kurantsorte eine notale definitive Kurantgeldart. Neben das notale Kurantpapiergeld trat ein notales Kurantzeichen aus Metall, so daß gerade unter den Zeichen höherer Ordnung die notalen Stücke einen breiteren Raum einnahmen als bisher [2]). Lieber trug man die ganze Last der unbequemen, exodromisch unbrauchbaren Silbermünzen, ehe man sie zu Scheidegeld machte und die überschüssige Metallmenge, wie es Deutschland tat, mit finanziellem Verlust für den Staat verkaufte. Man wollte den zweifelhaften Vorteil der Einlösungsmöglichkeit der provisorischen Noten durch Silbergeld nicht aus der Hand geben. Erst in neuester Zeit [3]) wurden Beträge von silbernen Kurantfranken in Silberscheidegeld umgewandelt.

Durch diese Lösung der Münzfrage war aber auch entschieden, welche Verfassung die französische Valuta nach der Aufhebung des Notenzwangskurses unter einigermaßen unsicheren intervalutarischen Verhältnissen haben sollte, also gerade dann, wenn es auf den Stoff der valutarischen Zeichen ankam. Der Staat konnte seine Zahlungen in Noten der Bank leisten, die ebenfalls Kurantgeld waren. Wandte man sich jedoch bei ungünstigen intervalutarischen Kursen um Einlösung der provisorischen Note an die Bank, so gab sie für die Noten, wenn sie die Absicht der Goldausfuhr vermutete, lediglich das juristisch vollgültige, auch metallische, aber notale Silberkurantgeld heraus [4]). Da auch der Staat

1) Sowohl Regierung wie Bank und namentlich die Silberpartei waren stets für die Erhaltung der Kurantstellung des Frankentalers. — Vgl. hierzu das Auftreten des Bankgouverneurs Rouland im Senat, der sich bei jedem Anlaß als Verteidiger des Silbers bewährte.

2) Während es vor dem Krieg keine notalen Kurantzeichen gab, waren jetzt zwei Kurantgeldsorten notal, davon die eine definitiv, die andere provisorisch. An der Stellung der übrigen notalen Zeichen niederer Ordnung hatte sich nichts geändert. — Vgl. pag. 95 f.

3) Seit dem Jahre 1898.

4) Vgl. Reboud Paul, Essai sur les changes étrangers 1900, pag. 243.

bei seinen Metallzahlungen von der Bank abhängig war, so herrschte im Zweifel, wenn nicht die Lieferung von Goldmünzen unbedenklich erschien oder die Beschaffenheit der geleisteten goldenen Stücke ihren Export nicht zuließ, immer die notale, intervalutarisch zwecklose Silbervaluta in Frankreich [1]). Obwohl das Vorhandensein eines einzigen hylischen Metalles, des Goldes, Frankreich ganz auf die Seite der Goldwährungsländer hinwies, wurde doch das silberne 5-Frankenstück unter solchen Umständen das valutarische Geld Frankreichs.

War Silber valutarisch, so konnte man aus den unbedingt erlangbaren Frankentalern bestimmte Gewichtsmengen Silber zu annähernd festem Preise erzielen. Aber praktisch hatte diese Tatsache keine Bedeutung mehr, da Silber auf dem Edelmetallmarkt billiger gewonnen wurde als durch Einschmelzung von Münzen. Die Hylolepsie für Silber, die zur Ueberflutung des Landes mit Silberkurantgeld geführt hatte, war jetzt ganz beseitigt, während sie für Gold noch fortbestand. Hylophantismus für Gold war nur dann gegeben, wenn Gold valutarisch behandelt wurde und in unbegrenztem Umfang in Münzen erreichbar war.

Im gewöhnlichen Inlandsverkehr, in dem abgeschliffene Goldmünzen und Frankentaler nebeneinander vorkamen, waren beide

---

1) Vgl. auch den Erlaß des Finanzministers Magne an die receveurs généraux v. 12. Oktober 1880 (Ed. Demachy, La Banque de France 1896, pag. 83):

„En présence du stock considérable de monnaies d'argent qui se trouve actuellement sans emploi dans les caves de la Banque de France, l'Administration a dû rechercher les moyens à prendre pour faire rentrer une partie de ces monnaies dans la circulation métallique qui est encore aujourd'hui alimentée par de l'or.

Les directeurs des succursales ont été invités à cette occasion à mettre à la disposition des trésoriers généraux des coupures de cent francs en quantité suffisante pour faire face à leurs besoins. Vous retiendrez au contraire les pièces d'or provenant de vos recettes pour les verser à la succursale de la Banque . . . .

Les percepteurs et les receveurs prendront à votre caisse, au fur et à mesure de leurs besoins, des pièces d'argent en échange de l'or trouvé dans leurs recettes . . . . ."

Sorten in gleicher Weise zu ihrem Nennwert zu haben [1]). Suchte jemand zu Ausfuhrzwecken größere Goldmengen durch die Bank zu erlangen, so mußte er dafür in valutarischem Silber oder in Noten die wechselnden Preise anlegen, die die Bank je nach den augenblicklichen intervalutarischen Beziehungen, abweichend von der Prägenorm und dem nominalen Geltungsverhältnis, aufstellte. Für fremde Goldmünzen, die sie nach einem festen Tarif ankaufte, forderte die Bank mehr Franken, als durch Umprägung ihres baren Stoffes erzielt werden konnten [2]). Ebenso trat sie Barrengold nur gegen eine größere Anzahl Werteinheiten ab, als sich nach seinem Gewicht und Gehalt daraus herstellen ließen [3]).

Vollwichtige Goldfranken lieferte sie in bedeutenderen Summen nur unter gewissen Bedingungen [4]). Sonst verlangte sie dafür in valutarischen Zeichen und den ihnen gleichstehenden Noten mehr Werteinheiten, als die Goldfranken nominal galten. Sie gab für eine Anzahl Franken in valutarischen Stücken nicht dieselbe Anzahl Franken in akzessorischem Goldgeld, sondern etwas weniger. Um diese Differenz überstieg der Preis des Goldfrankens seinen Nominalwert. Während die Bank die Goldfranken nach ihrer Geltung in Zahlung nahm, trat diese gesetzliche Begültigung außer Kraft, wenn sie selbst die Stücke leistete. Die chartale Geltung des Goldfrankens war also, je nach dem Geschäfte, zu

---

1) Aber nicht aus den Gründen, die Landesberger, Währungssystem und Relation, pag. 86 f., dafür anführt (relative Seltenheit des unterwertigen Kurantgeldes und monetärer Kredit der betr. Staatsverwaltung). Die Gründe liegen einfach in der chartalen Natur der Geldzeichen.

2) Vgl. L'Economiste français v. 28. September 1878. Aufgeld für das Kilogramm deutscher Goldmünzen z. B. ½°/₀₀, für das Kilogramm amerikanischer Goldmünzen 1½°/₀₀.

3) Ibidem, Aufgeld für Barrengold 3°/₀₀; vgl. ibidem, v. 1. Juli 1876.

4) Sie gab größere Mengen Napoleons, wenn sie wußte, daß das gelieferte Gold nach einiger Zeit zu ihr zurückkehren würde, oder wenn sie langfristige Wechsel zum Banksatz diskontieren konnte und so durch das Wechselgeschäft verdiente. — Sie gab ferner Gold öfters nur dann heraus, wenn man gleichzeitig eine bestimmte Menge silberner 5-Frankenstücke, manchmal mehr als das Doppelte abnahm (vgl. J. Feyfaut, La politique suivie en matière d'escompte en France, en Angleterre et en Allemagne 1908, pag. 23).

dem die Stücke verwendet wurden, veränderlich [1]). Der Zuschlag war hoch, wenn die Kurse der fremden Valuten teurer wurden; er bildete sich wie das Agio zurück, wenn sich die intervalutarischen Beziehungen zu den Goldländern für Frankreich besserten.

Da man auswärtige Werteinheiten durch Umwandlung von Goldfranken nur herstellen konnte, wenn man eine größere Anzahl Frankeneinheiten aufgab, so wurde der Goldausfuhrpunkt hinausgerückt. Die Preise für fremde Valuten wurden nicht stabilisiert, sondern wechselten im Gegenteil in ihren oberen Grenzen, je nachdem der Zuschlag zum Nennwert des Goldfrankens verschieden war, und überschritten den Satz, der sich aus der Münzparität zu den Goldländern ableitete. Die Münzparität zwischen dem Goldfranken und dem Sovereign hatte so lange keine praktische Bedeutung, als man das Gold, das man zur Gewinnung eines Sovereigns brauchte, mit mehr Franken in valutarischen Stücken kaufen mußte, als man nach dem theoretischen Münzpari zur Gewinnung eines Sovereigns aus Goldfranken bedurfte.

Die Bank ließ sich für die Lieferung exodromisch tauglicher Zahlungsmittel besonders entschädigen und verband damit ein nutzbringendes Geschäft. Indem sie diese Mittel anwandte, konnte sie zunächst zum Schutze ihres Goldbestandes auf diskontpolitisches Vorgehen, womit sie die ganze Volkswirtschaft treffen mußte, verzichten. Andererseits waren bei ihrem großen Vorrat an Silber und Noten diskontpolitische Maßnahmen zur Heranziehung fremder Kapitalien für den inländischen Geldmarkt entbehrlich.

Man nannte das von der Bank eingeschlagene Verfahren das Goldprämiensystem der Bank von Frankreich [2]). Es war

---

1) Vgl. Knapp, l. c., pag. 317.

2) Genaues Material über die Goldprämienpolitik der Bank scheint in größerem Umfang zu fehlen. — Vgl. im allgemeinen:

Heiligenstadt, l. c., i. Jahrb. f. Nat. und Stat., 3. F., Bd. 5, pag. 229 ff.

R. Rosendorff, Die Goldprämienpolitik der banque de France und ihre deutschen Lobredner, ibidem, Bd. 21. 1901.

J. Landesberger, Ueber die Goldprämienpolitik der Zettelbanken 1892.

nichts anderes als die strenge Bewahrung der Silbervaluta oder einer im Material schlechten Goldvaluta, der gegenüber die zum Export geeigneten Goldmünzen und Barren ein Agio erhielten. Wirtschaftlich und währungspolitisch hatte die Goldprämie die gleiche Bedeutung wie das Agio. Der Unterschied lag nur darin, daß sich dieses Agio nicht auf dem freien Markte bildete, sondern an der Zentrale in die Erscheinung trat, die über das zur Ausfuhr nötige Gold verfügte. Auch handelte es sich dabei um geringere Agiohöhen als gewöhnlich, da sie erst bei umfassenderen Beträgen zum Ausdruck kamen. War die Goldprämie sehr hoch gestiegen, so machte sie sich auch im allgemeinen Zahlungsverkehr als Agio fühlbar [1]) und bewies dadurch ihre Identität mit dem Agio.

Gegenüber den Münzbundländern blieb auch der notale Frankentaler synchartales Geld neben dem synchartalen baren Goldfranken [2]). Er trat auf die Seite der übrigen synchartalen notalen Silbermünzen, deren Zahlkraft in den Vertragsländern jedoch anders geregelt war [3]).

Derselbe, Währungssystem und Relation, pag. 91 ff.

Helfferich, Geschichte I, pag. 91 ff.

1) Landesberger, Währungssystem und Relation, pag. 98, Anm.

2) Vgl. Knapp, l. c., pag. 320.

3) Unbeschränkten Annahmezwang unter Privaten und an öffentlichen Kassen haben in Frankreich: alle Goldmünzen französischen Gepräges zu 100, 50, 40 und 20 Franken, die seit 1856 emittierten goldenen 10- und 5-Frankenstücke, die 40- und 20-Frankenstücke des alten Königreichs Italien. — Die silbernen 5-Frankenstücke französischen Ursprungs und die nämlichen Münzen des alten Königreichs Italien mit dem Bildnis Napoleons I. — Zwingenden Kassenkurs und Annahmefreiheit unter Privaten genießen: die goldenen 20-Frankenstücke des alten Königreichs Sardinien mit den Bildnissen Viktor Emanuels I., Carl Felix, Carl Alberts und Viktor Emanuels II.; die goldenen 100-, 50-, 20-, 10-, 5-Frankenstücke Belgiens, Griechenlands, des neuen Königreichs Italien, der Schweiz; die goldenen 8- und 4-Guldenstücke Oesterreichs; 10- und 5-Rubelstücke Rußlands; 100- und 20-Frankenstücke Monacos (u. ä.). — Die silbernen 5-Frankenstücke des alten Königreichs Italien und der Schweiz.

Unbeschränkter Annahmezwang für öffentliche Kassen, beschränkter für Private besteht für französische Scheidemünzen.

Fakultativ für Private und obligatorisch bis zum Betrage von 100 Franken für öffentliche Kassen sind die seit 1866 emittierten Stücke zu

Die übrigen notalen Geldarten der einzelnen Staaten dagegen, namentlich die papiroplatischen Scheine, erlangten den Synchartismus auch jetzt nicht. Die Einfuhr von Silberbarren zur Ausprägung in französisches Geld war nicht mehr möglich. Aber die Einfuhrfähigkeit von silbernem Bundeskurantgeld zur Tilgung französischer Forderungen dauerte wie früher fort. —

2, 1 Franken und 50 Centimes von Belgien und der Schweiz, die nämlichen Münzen und die 20-Centimesstücke des neuen Königreichs Italien (emittiert seit 1863) und die griechischen seit 1868 emittierten Münzen, lautend auf 1 und 2 Drachmen, 20 und 50 Lepta. (Vgl. Artikel „Monnaies“ im Dictionnaire des finances von Léon Say.) —

Ein arrêté des französischen Finanzministers v. 12. November 1894 gestattete dem caissier agent-comptable der Münzanstalt, bis auf weiteres die ehemaligen demonetisierten französischen Scheidemünzen und die kirchenstaatlichen Silbermünzen mit dem Bildnisse von Pius IX. anzunehmen, wenn Beträge im Nominalwert von mindestens 20 Franken eingereicht würden. Dem Ueberbringer sollte der Wert des darin enthaltenen Feinsilbers auf Grund des augenblicklichen Silberpreises vergütet werden. Das Material war zur Prägung von Medaillen bestimmt. Im Dezember 1896 wurde dieser Erlaß dahin geändert, daß eine Anzahl staatlicher Kassenbeamter während eines Zeitraumes von 6 Monaten zum Ankauf demonetisierter französischer Scheidemünzen ermächtigt wurden. Die Münzen sollten zur Anfertigung von Medaillen und von Kolonialgeld verwendet werden. Der Ankaufspreis betrug die Hälfte des Nominalwertes der Stücke. Doch konnte er, wenn der Kurs des Silbers es erforderlich machte, modifiziert werden.

Die französische Münzzirkulation setzte sich im August 1878 nach dem Ergebnis einer Zählung in folgender Weise zusammen (Bulletin statistique du ministère des finances):

	französische Stücke	fremde Stücke
20-Frankenstücke	572 916 = 84,5%	105 399 = 15,5%
10- „	324 713 = 98 %	6 531 = 2 %
Frankentaler	824 989 = 68 %	388 417 = 32 %.

Es trafen von den fremden

	20-Frankenstücken	10-Frankenstücken	Frankentalern
auf Oesterreich-Ungarn	4 206 = 4%	895 = 13,7%	—
Belgien	69 287 = 65,7%	686 = 10,5%	186 605 = 48 %
Griechenland	849 = 0,8%	277 = 4,2%	3 808 = 1 %
Italien	30 942 = 29,4%	4673 = 71,5%	191 912 = 49,4%
die Schweiz	115 = 0,1%	—	6 092 = 1,6%

§ 15.
ZUSAMMENFASSUNG.

In diese Richtung lenkte die Entwicklung des französischen Geldwesens ein, nachdem die Episode der Zwangskursherrschaft verhältnismäßig rasch beendet war.

Wenn wir die währungsgeschichtlich wichtigsten und charakteristischen Vorgänge dieser Zeit noch einmal kurz an uns vorüberziehen lassen, so tritt uns zuerst die Erhebung der Note von der Stellung einer provisorischen, akzessorischen und fakultativen Geldart zur definitiven und valutarischen Kurantgeldsorte entgegen, die völlig außerhalb der durch den lateinischen Münzbund getroffenen Einrichtungen stand.

Diese in den bisherigen Zahlgewohnheiten vorbereiteten Veränderungen hatten ihren Grund in den finanziellen Bedürfnissen des französischen Staates. Es war die Form, in der sich unter der äußeren Mitwirkung der Bank zum großen Teil die Beschaffung definitiver Geldzeichen vollzog, die man für die rasche Bewältigung der großen Kriegsausgaben brauchte.

Damit wandte sich die französische Valuta, die trotz einzelner Anzeichen, die bereits auf einen bevorstehenden Valutaübergang zum Silber hinwiesen, bis zuletzt durch den Goldfranken dargestellt worden war, von einer baren, real brauchbaren Geldart einer stofflich völlig bedeutungslosen Notalgeldart zu. Die schon vorher erkennbare Ausbreitungstendenz der notalen Stücke im französischen Geldsystem setzte sich hierdurch in besonders auffälliger Weise fort, nicht als Ergebnis sachlicher Ueberlegung, sondern als eine Maßnahme, die durch den Zwang der finanziellen Verhältnisse des Staates hervorgerufen wurde. Die Entstehungsmöglichkeit der notalen Kurantzeichen wurde allerdings gleichzeitig beschränkt und dadurch waren auch der Verwendung der Notenerzeugung zu finanzwirtschaftlichen Zwecken des Staates bestimmte Grenzen gesetzt.

Durch den Währungswechsel konnten sich für die Beziehungen des Frankens zu auswärtigen Barvaluten in Zukunft andere Wertverhältnisse bilden wie bisher, aus welchem Stoff die fremden Zeichen auch bestehen mochten. Hatte Frankreich Schulden an das Ausland zu bezahlen, so waren die Preise für alle auf fremde Valuten lautenden Zahlungsmittel, auch für Geld des lateinischen Bundes, jeder beliebigen Steigerung fähig. Die alten, auf Münzparitäten beruhenden Höchstpreise traten für Frankreich außer Kraft, sobald die zur Herstellung auswärtigen Geldes erforderlichen metallischen Kurantfranken nicht mehr unbedingt erlangbar waren. Sie galten nur noch einseitig für Länder mit Metallwährung gegenüber Frankreich.

Im Vergleich zu den früheren Preisen fremder Werteinheiten, die sich auf die Verwandelbarkeit französischer Münzen in auswärtige Geldzeichen stützten und als intervalutarische Paritäten angesehen worden waren, konnten so allenfalls Agiosätze entstehen, die sich auch zwischen den akzessorischen Metallkurantfranken und der valutarischen Frankennote entwickeln konnten. Wenn nicht auf andere Weise die Erhaltung der Paritäten erreicht wurde, — die Geldeinrichtungen vermochten in dieser Hinsicht nichts mehr von selbst zu leisten.

Diese Gefahr der Einführung der Papiervaluta wurde durch die außerordentlich starken Metallvorräte, die die Bank in ihren Kassen vereinigte, abgeschwächt. Denn der Metallbesitz der Bank hatte zwar keinerlei Zusammenhang mit der Geltung der Note, wie man fälschlich glaubte, aber er bot ein Mittel für die Tätigkeit der exodromischen Verwaltung, um im Notfalle intervalutarischen Wertminderungen des Frankens entgegenzuwirken. Dabei wurde die intervalutarische Bedeutung des Silbers von der des Goldes weit übertroffen.

Die finanzielle Rolle des Metallbesitzes der Bank beruhte so nicht so sehr auf der unmittelbaren Bereitstellung von Zahlungsmitteln für den Staat, als vielmehr darauf, daß er währungspolitische Bedenken beseitigte, die mit der finanzwirtschaftlich vorteilhaften Deckung der Ausgaben durch Schaffung von uneinlösbaren Zwangskursnoten verbunden waren.

Eine ausgedehnte und namentlich technisch entsprechende Verwertung im exodromischen Sinne fand der Metallvorrat jedoch nicht. Man hatte offenbar lediglich das Gefühl seiner Notwendigkeit, ohne sich des Zwecks bewußt zu sein. Infolgedessen kam man auch über Maßregeln nicht hinaus, die die Konzentration eines Metallschatzes und seine Erhaltung mit allen Kräften fördern sollten. Von dieser Absicht gingen alle Anordnungen aus, die sich auf die Verwendungsart der verschiedenen Geldsorten bei den öffentlichen Kassen bezogen.

Zunächst lag zu einer lebhaften exodromischen Tätigkeit des Staates aber auch kein Anlaß vor, und dann brachte der Krieg allen Verkehr der Börsenzentrale mit dem Ausland zum Stillstand. In dieser ersten Periode der Notenvaluta wurden die intervalutarischen Interessen der Währung zurückgedrängt durch die finanzwirtschaftlichen Aufgaben, die die Geldpolitik zu erfüllen hatte und auf deren Erfolg man allein achtete.

Um so größere Bedeutung gewannen die intervalutarischen Fragen nach dem Friedensschluß. Jetzt hatte sich die stofflich veränderte Valuta Frankreichs gegenüber einer aufs höchste gesteigerten Nachfrage nach auswärtigen Metallvaluten und heimischen Kurantmünzen zu behaupten. Diese Nachfrage ging aus von der Kriegsentschädigungsschuld, bei der die Zeichen der augenblicklich herrschenden französischen Valuta als Zahlungsmittel grundsätzlich ausgeschlossen waren. Durch die Beschaffungsnotwendigkeit der Entschädigungszahlungsmittel drohte auf den ersten Blick das Austauschverhältnis des Frankens zu einer Reihe fremder Werteinheiten aufs ernsteste erschüttert zu werden.

Diese Befürchtungen verwirklichten sich jedoch nicht. Die intervalutarischen Beziehungen des Frankens entfernten sich zwar zu seinen Ungunsten von den überlieferten Paritäten, aber nur vorübergehend und nicht übermäßig stark. Das Agio, das die fremden Werteinheiten im Vergleich zu diesen Notierungen am Anfang erzielten, ließ nach, verschwand bald ganz und verwandelte sich schließlich in einen bleibenden Vorsprung der französischen Valuta vor dem Ausland. In Uebereinstimmung damit konnte sich auch die Prämie nicht mehr länger halten, die sich zunächst für Barrenmetall und Münzfranken gebildet gehabt hatte. Da die Bareigenschaft der französischen Kurantmünzen fortbestand, so äußerte sich dieser Verlauf der intervalutarischen Kurse in einer fortgesetzten Metalleinfuhr aus Ländern, die mit Vorteil ihr valutarisches Münzgeld zur Zahlung an Frankreich benutzten. Die Metallmengen, die unter den zuerst herrschenden Bedingungen abgewandert waren, kehrten wieder nach Frankreich zurück.

Der Grund für diese Gestaltung der intervalutarischen Beziehungen lag in der Hauptsache nicht in Veranstaltungen einer weitblickenden exodromischen Verwaltung, sei es, daß man auf diese Weise die Bewahrung eines bestimmten Paritätsniveaus erstrebt oder nur eine aufs Allgemeine gerichtete vorsätzliche und stetige Exodromie betrieben hätte.

Zwar verfolgte die Regierung bei ihren Käufen fremder Werteinheiten mit immer größerer Fertigkeit eine den intervalutarischen Frankenkurs absichtlich schonende Taktik. Sie griff zu Beschaffungsmethoden, bei denen sich der Einfluß der Devisennachfrage für den freien Markt nicht geltend machte. Die Bank übte eine Diskontpolitik, die stets auch von währungspolitischen Rücksichten geleitet war. Die Unterstützung fremder Geldmärkte durch den Staat war ebenfalls eine, wenn auch nur indirekte, exodromische Intervention, durch die die eigene Valuta vor Rückschlägen gesichert werden sollte, die im Kapitalmangel auswärtiger Börsenplätze ihren Ursprung haben konnten.

Aber so wichtig derartige Maßnahmen für die Gestaltung augenblicklicher Konjunkturen sein mochten, es waren im ganzen genommen doch nur Einzelhandlungen ohne planmäßigen inneren Zusammenhang.

Entscheidend für den günstigen Verlauf der intervalutarischen Beziehungen des Frankens war vielmehr das, was die pantopolischen Verhältnisse zwischen Frankreich und dem Ausland von sich aus zustande brachten. Der bestimmende Einfluß, der von ihnen ausging, wurde dann durch vereinzelte berechnete Eingriffe exodromischer Art zeitweise noch verstärkt.

An dieser Entwicklung der pantopolischen Verhältnisse hatten wieder die Vorgänge auf dem Gebiete des internationalen Effektenverkehrs den ausschlaggebenden Anteil.

Vor dem Kriege hatte das französische Sparkapital mit besonderer Vorliebe ausländische Anlagewerte an sich gezogen. Frankreich hatte große Kapitalsummen an das Ausland abgetreten und dafür Ansprüche auf periodische Zinslieferungen erworben, die einen bedeutenden Posten in der pantopolischen Fälligkeitsbilanz des Landes ausmachten. Dieser Zustand änderte sich gerade in dem Augenblick, wo Frankreich die Entschädigung an das Reich zu leisten hatte. Die bisher gepflegte Anlagegewohnheit wurde unterbrochen; und, was noch viel wirksamer sein mußte, die an der Börse veräußerlichen Effekten der verschiedensten Art wurden von ihren bisherigen Inhabern aufgegeben und an das Ausland abgestoßen. Dadurch erlangte man die Verfügung über ungeheure Guthaben in auswärtigen Valuten. Die fremden Werteinheiten aber, die aus diesen Verkäufen erlöst wurden, erzeugten ein ständiges Angebot in ausländischen Geldzeichen, deren Preise in Franken trotz der starken Nachfrage keine übermäßige Höhe erreichen konnten.

Der französische Kapitalist, der früher Frankenbeträge in ausländischen Effekten investiert hatte, kam wieder in den Besitz von Franken, wenn er die fremden Werteinheiten, die er im Ausland für die Effekten erhalten hatte, in Frankreich zum Verkauf brachte. Die wiedergewonnenen Franken übertrug er an den Staat, der damals mit zwei großen Milliardenanleihen hervortrat.

Die Milliardenanleihen des Staates galten der Tilgung der Entschädigungsschuld. Soweit es nicht gelang, die für die Entschädigung notwendigen Summen sofort auch in den vorgeschriebenen Zeichen durch die Anleihen aufzubringen, sollten sie eine Menge valutarischer Franken liefern, mit denen dann weiterhin die Beschaffung der eigentlichen Entschädigungszahlungsmittel unternommen werden konnte.

Der Umschwung, von dem die französische Kapitalanlage damals erfaßt wurde, hatte so mehrfache Folgen.

Der französische Kapitalist, der seinen Effektenbesitz aufgab, erhielt auf diese Weise Geld zur Zeichnung französischer Rente. Der Staat fand im Inland Abnehmer für seine Anleihe und brachte dadurch die Mittel auf, deren er zum Ankauf fremder Valuten bedurfte. Zugleich kamen aber auch durch den Liquidierungsprozeß diese für die Entschädigungszahlung technisch erforderlichen Valuten selbst zum Vorschein, und zwar in solchem Umfang, daß der Valutenbedarf keine Nachteile für die intervalutarischen Wertbeziehungen des Frankens hervorrufen konnte.

Die französische Regierung hatte bei der Anleiheemission unmittelbar nur das finanzwirtschaftliche Ziel der Ausgabendeckung im Auge. Dazu mußte aber das Sparkapital von anderen Anlagegelegenheiten abgezogen und für die heimische Rente gewonnen werden, und dieser Absicht mußten die Bedingungen angepaßt werden, unter denen die französische Anleihe in den Wettbewerb auf dem Anlagemarkt eintrat. Durch die Erfüllung dieser Bedingungen bereitete die Anleihepolitik des französischen Staates die Stimmung für den Anlagewechsel vor. Das private Bankgewerbe brachte die Bewegung in Gang und vermittelte sie. Seine Interessen waren sowohl mit dem Gelingen der Anleiheemission als auch mit der Beschaffung der Entschädigungszahlungsmittel verflochten, und so wurde das Effektengeschäft ganz naturgemäß in die Richtung geleitet, bei der sich die geschilderten Wirkungen für die intervalutarischen Verhältnisse des Frankens ergeben mußten.

So wurden, auch wenn die einzelnen Vorgänge nicht von Anfang an in bewußter Verbindung vorausgesehen und einem einheitlichen Zweckgedanken unterstellt worden waren, wenigstens dem sachlichen Erfolge nach alle die günstigen Möglichkeiten erschöpft, die die bisherige Art der Kapitalanlage für Finanzwirtschaft und Währung darbot.

Diese Ereignisse bilden den Schlüssel für das Verständnis der eigenartigen intervalutarischen Beziehungen des Frankens während der Zwangskurszeit. Der Einfluß, den die Tatsachen der Kapitalanlage und ihre Veränderungen auf die Gestaltung der pantopolischen und intervalutarischen Konjunkturen offenbar haben können, läßt vielleicht auch das intervalutarische Schicksal anderer Währungen deutlicher erscheinen, deren Länder im Zustand der Papiervaluta an das Ausland verschuldet sind und über derartige internationale Forderungsreserven nicht verfügen. Der Gegensatz, der in dieser Hinsicht etwa zwischen der österreichischen Guldennote und der französischen Frankennote zutage trat, erhält dadurch bei dem Mangel exodromischer Verwaltungsmaßnahmen gewissermaßen etwas Unvermeidliches.

Oesterreichische Anleihen waren in den Händen des Auslandes. Oesterreichische Unternehmungen waren zum großen Teil Gründungen des auswärtigen Kapitals. Die Folge war eine ständige Verschuldung Oesterreichs an fremde Länder, an die Zinsen und Beteiligungsgewinne zu entrichten waren. Der österreichische Gulden kam so in Massen auf die Auslandsbörsen. Da daher für die österreichische Papiervaluta immer nur schlechte und sinkende Preise zu erwarten waren, so stellte der ausländische Anleihezeichner, auf den die Regierung angewiesen war, die Bedingung der Metallverzinsung, die ihm einen höheren und stabileren Zinsertrag sicherte. Der Staat, der seine Einnahmen aus dem Inland in Papiergeld bezog, hatte aber nur geringe Vorräte an Münzen. Die Münzen genossen ein Agio und waren akzessorisch. Durch den großen Metallbedarf für Zinsen wurde nun das Agio des Metallkurantgeldes, der Barren und auswärtigen Metallvaluten immer aufs neue genährt, der Uebergang zur Metallvaluta erschwert und die Regierung zur Aufnahme frischer Metallanleihen im Ausland genötigt, die die regelmäßigen pantopolischen Fälligkeiten noch mehr anschwellen ließen. Die Zinszahlungen an das Ausland wurden höchstens dadurch vermindert, daß im Ausland befindliche Anlagewerte heimischen Ursprungs zurückgeholt wurden. Aber durch diese Ankäufe, die vielleicht im Augenblick günstigerer intervalutarischer Kursbeziehungen geschahen, entstanden dann wieder Zahlungsverbindlichkeiten, die sich in den intervalutarischen Wertverhältnissen des Guldens nachteilig äußern mußten. Der große Mangel war, daß man keine Effekten fremder Staaten besaß, die man dem Ausland gegenüber als Kompensation der eigenen Schulden hätte verwenden können.

Gerade umgekehrt lagen die Dinge in Frankreich. Der Kapitalreichtum des Inlandes war groß genug, um die staatlichen Anleiheemissionen aufnehmen zu können. Aber auch zur Gewinnung von Geldsorten, die mit der heimischen Valuta nicht übereinstimmten, konnte man auf das Mittel der Auslandanleihe verzichten. Es fand eine pantopolische Bewegung statt, bei der die früher angeschafften internationalen Effekten das Aequivalent für die Lieferung fremder Werteinheiten darstellten. Da man die Devisen dem Ausland nicht mit Franken zu bezahlen hatte, so wurde das Wertverhältnis des Frankens zu auswärtigen Werteinheiten von den Devisenbezügen nicht berührt. Mit dem Verschwinden der auswärtigen Kapitaldarlehen verschwanden nun zwar die Zinsen, die man bisher aus dem Ausland erhalten hatte. Da man aber dem ausländischen Anleihemarkt fern geblieben war, hatte man auch keine Zinsverpflichtungen dem Ausland gegenüber zu erfüllen. Die intervalutarische Stellung des Frankens wurde durch pantopolische Fälligkeiten dieser Art nicht beeinträchtigt. Soweit eine Ausfuhr französischer Rente erfolgt war, wurden die Titres sehr bald wieder nach Frankreich zurückgebracht, wobei der pantopolische Ausgleich ebenfalls durch Abgabe internationaler Anlagepapiere vermittelt wurde.

Bei der Arbeit, die der pantopolische Verkehr für die Erhaltung der französischen Valuta leistete, fehlte so der innere Zwang, der vielleicht sonst zur Ausbildung einer systematischen exodromischen Verwaltung durch den Staat geführt hätte. So konnte namentlich auch von dem Aufkommen einer intervalutarisch tätigen Devisenpolitik nicht die Rede sein, obwohl die Möglichkeit dazu in dem Metallschatz der Bank vorhanden gewesen wäre. Nicht nur, daß es im Gewinninteresse der Bank gelegen gewesen wäre, die Metallvorräte zu einem Teil durch ein Portefeuille von Goldwechseln zu ersetzen, man hätte dadurch auch das schnellste und wirksamste Mittel zur Regulierung intervalutarischer Kursbeziehungen gehabt. So aber bestand die einzige Art, wodurch man den Goldvorrat der Bank intervalutarischen Aufgaben dienstbar machte, darin, daß man ihm für Auslandzahlungen brauchbare Münzen entnahm und dadurch eine preissteigernde Nachfrage nach fremden Werteinheiten zu vermeiden suchte.

Die Anforderungen, die auf Grund der veränderten Währungsverhältnisse im Inland hervortraten, bezogen sich auf die Umlaufsmenge der valutarischen Zeichen und auf ihre Stückelung. Sie wurden, wenn auch bisweilen nur unvollkommen und zögernd, durch Erweiterung der Notenemissionsgrenze und durch Ausgabe kleinerer Notenabschnitte erfüllt. Außerdem aber hing gerade auf diesem Gebiete viel von dem richtigen Verhalten der Bank ab, von der umsichtigen Verteilung der verfügbaren Mittel und der Anwendung diskontpolitischer Maßnahmen, und auch der Staat konnte in seinem Verkehr mit der Bank auf die Bedürfnisse des Inlandes beständig Rücksicht nehmen. Dies galt sowohl von dem Zeitpunkt, in dem die Regierung Gelder in die Bank brachte und abhob, als auch von der Auslese der Geldzeichen, aus denen sich die eingelegten Beträge zusammensetzten.

Das Ziel der Währungsrestauration war die Rückkehr zur Metallvaluta. Es wurde durch den Verlauf der pantopolischen Beziehungen und durch die Folgen der Preisentwicklung auf dem Silbermarkt praktisch verwirklicht, noch ehe der gesetzliche Zwang dazu gegeben war.

Formell wurde die Wiederherstellung der Währung dadurch vollendet, daß die Uneinlösbarkeit der Note auch rechtlich beseitigt wurde. Die Note mußte zwar auch weiterhin von jedermann unbedingt in Zahlung genommen werden, aber sie war von nun an nicht mehr definitives, sondern nur noch provisorisches Kurantgeld. Da sie auf Verlangen noch in andere, definitive Kurantzeichen aus Metall verwandelbar war, war sie selbst als valutarische Geldsorte ungeeignet. Die Emissionsbeschränkung für die Note aber blieb nichtsdestoweniger bestehen.

Bei dieser Währungsrestauration zeigte sich ein Frankreich und den romanischen Ländern überhaupt eigentümlicher konservativer Zug. Rußland und Oesterreich sind im Gegensatz zu dieser Staatengruppe bei Wiederaufrichtung ihrer Metallvaluten anders verfahren.

In Oesterreich knüpfte man bei der Einführung der neuen Valuta (1892) nicht an die intervalutarischen Paritäten an, die in früheren Zeiten bestimmten Staaten gegenüber bestanden und ihren Ausdruck in den valutarischen Münzen gefunden hatten. Nachdem diese Paritätsätze einmal verlassen worden waren, betrachtete man sie als etwas Vergangenes. Man stellte neue Paritätsverhältnisse auf, die sich an die intervalutarischen Wertbeziehungen anschlossen, wie sie sich in den letzten Jahren durchschnittlich gebildet hatten. Nach diesen zufälligen Paritäten berechnete man auch den Gehalt der zu prägenden valutarisch gedachten Kurantmünzen, so daß diese Stücke durch ein neues theoretisches Münzpari mit den stofflich gleichartigen baren Kurantzeichen der pantopolisch hervorragendsten Auslandstaaten verbunden wurden.

In Frankreich hielt man an den überlieferten intervalutarischen Paritäten, die auch die Zeit der Papiervaluta überstanden hatten, fest. Sie sollten als Normalmaß für die äußeren Wertbeziehungen des Frankens weiter gelten. Da diese intervalutarischen Kursparitäten von theoretischen Münzparitäten der bisherigen Geldverfassung ausgegangen waren, so brauchte auch an der stofflichen Beschaffenheit der vorhandenen Kurantmünzen nichts geändert zu werden. Waren aber die alten intervalutarischen Paritäten des Frankens gesichert und erzielte infolgedessen der Inhaber eines Frankens im Ausland die gleiche Anzahl seiner Werteinheiten wie seit langer Zeit, so wurden auch die auswärtigen Staatsgläubiger, wenn man sie vom Augenblick der Schuldbegründung an als einheitliche Klasse auffaßte, nicht geschädigt, soweit es eine solche Klasse in größerem Umfang überhaupt gab.

Bei der Bestimmung der valutarischen Münzart hatte man in Frankreich die Wahl zwischen dem Gold- und Silberfranken. Beide waren definitive Kurantzeichen. Der Silberfranken, der im Zweifel valutarisch behandelt wurde, entsprach jedoch keineswegs den inneren Bedingungen einer metallischen Währung. Weder war er in Bargeld derjenigen Staaten verwandelbar, die für Auslandzahlungen Frankreichs vor allem in Betracht kamen (England und Deutschland), noch konnte er selbst durch den privaten Auslandschuldner aus fremden Münzen hergestellt werden, nachdem er mit der Sperrung der freien Silberprägung notal geworden war.

Zur Erhaltung der intervalutarischen Paritäten konnte die notale Silberwährung, von der man gerade dann Gebrauch machte, wenn die valutarisch verwendeten Goldfranken von der Ausfuhr bedroht wurden, nichts beitragen. Stand für die Gewinnung ausländischen Geldes kein Gold in Münzen zur Verfügung, so konnten die Preise der fremden Goldvaluten prinzipiell unbegrenzt steigen. Solange nicht dem Goldfranken die unbedingt valutarische Stellung eingeräumt wurde, hätten zur künstlichen Verhinderung der Agiobildung allenfalls die nämlichen Maßnahmen getroffen werden müssen wie unter der valutarischen Herrschaft der uneinlösbaren Note. Blieben die intervalutarischen Kurse trotzdem für Frankreich günstig, so lag dies nicht an dem Stoff der valutarischen Zeichen, sondern an dem Einfluß, der auch weiterhin von der Eigenschaft Frankreichs als eines Gläubigerstaates ausging.

Vom finanzwirtschaftlichen Standpunkt aus war die Einsetzung der Metallvaluta die korrespondierende Handlung zu der vorhergegangenen finanziell begründeten Erklärung der Uneinlösbarkeit der Zwangskursnote, deren Ursachen hinfällig geworden waren. Geldpolitisch wahrte sie unter diesen Umständen als Zugeständnis an die öffentliche Meinung lediglich den stofflichen Schein einer metallischen Valuta.

So hat man sich zwar mit der Valutarestauration von der Möglichkeit einer währungspolitisch vorwärtsschreitenden Entwicklung wiederabgewandt, und es fehlen die neuen Ideen, deren Ergreifung und Verwirklichung die zuletzt erlebten Vorgänge so nahe gelegt hätten; aber mit Achtung und Bewunderung muß man den zähen Willen anerkennen, mit dem das einmal erwählte Ziel verfolgt und zu Ende geführt wurde. Wohin die Zukunft einer metallischen Valuta schon damals hätte geführt werden müssen, liegt in der neuerdings vorgenommenen technischen Verwandlung der notalen Kurantsilberfranken in Silberscheidemünzen angedeutet.

Heute treibt Frankreich eine nationale Währungspolitik, deren Zwecke bei den guten pantopolischen und intervalutarischen Verhältnissen im wesentlichen präventiver Art sind. Man will für außergewöhnliche, durch politische Ereignisse hervorgerufene Situationen gerüstet sein. Hauptmittel hierfür ist auch jetzt noch die einfache Bereitstellung ungeheurer Edelmetallmassen. Zu einer verfeinerten Devisenpolitik ist man trotz einiger Versuche, die man bei der Bank mit der Haltung eines Devisenportefeuilles gemacht hatte, noch nicht übergegangen. Man benutzte den Metallvorrat in normalen Zeiten, ähnlich wie nach dem Kriege, nur zur kapitalistischen Unterstützung fremder Geldmärkte [1]), weniger aus rein währungspolitischen Motiven, als in der Absicht, die traditionelle Diskontpolitik ohne Gefahr für die intervalutarische Stellung der Valuta aufrecht halten zu können.

Die Geschichte des französischen Geldwesens in der Kriegszeit zeigt, daß exodromische Wirkungen nicht allein mit geldpolitischen Mitteln, etwa durch Ansammlung von Metallgeld und durch eine sorgfältige Zahlungsmittelpolitik im Innern, erzielt werden können. Denselben Erfolg wie die unmittelbare Verwendung von Geld und Devisen kann die Schaffung pantopolischer Konjunkturen haben, deren Bedingungen im kapitalistischen Anlagebesitz mit internationaler Absatzmöglichkeit liegen. Die Förderung einer pantopolisch realisierbaren Kapitalanlage und die Nutzbarmachung ihrer Fähigkeiten für die Valuta wird so vielleicht als Ergänzung staatlicher Exodromie ebenfalls zu den Aufgaben der Geldverwaltung im weiteren Sinn gerechnet werden können.

Sind aber eine Reihe solcher Voraussetzungen zur Entfaltung intervalutarischer Wirkungen gegeben, so verliert auch die Einführung des Zwangskurses der uneinlösbaren Note in ihrer Bedeutung als finanzielle Deckungsmaßnahme für den Staat ihre Gefahr für die staatliche Währung. In Frankreich hat der Franken unter der Notenvaluta, durch die Auslösung intervalutarischer Einflüsse gesichert, selbst in schwierigen Augenblicken kaum Schaden gelitten. —

---

1) Vgl. z. B. die Goldverschiffungen der Bank nach England in den Jahren 1896, 1897 und 1898.

EXKURS.

DER PARISER DEVISENMARKT IN DEN JAHREN 1871—1878.

Der Verlauf der intervalutarischen Beziehungen des Frankens während der Entschädigungsperiode gestaltete sich im einzelnen folgendermaßen:

Die Steigerung der fremden Valuten im Verhältnis zum Franken, die im Verlaufe der Entschädigungszahlung eintreten mußte, begann nicht unmittelbar mit der Einstellung der kriegerischen Operationen. Zunächst wurden die französischen Kapitalien, die während des Krieges nach England geflüchtet waren, nach Frankreich zurückgebracht [1]), was sich infolge des Kommuneaufstandes allerdings etwas verzögerte [2]). Sie fanden hier Anlage in heimischer Rente und in Wechseln. Die Zinsbedingungen waren in Frankreich besser als in London. Auch englisches Kapital suchte unter diesen Umständen in großen Beträgen Unterkommen in Frankreich. Die Nachfrage nach Frankenwechseln in London, die hieraus hervorging, war ein Gegengewicht gegenüber der Nachfrage, die sich etwa schon jetzt nach Sterlingwechseln als Zahlungsmitteln für die Entschädigung der Stadt Paris und des Staates in Frankreich erhob. Die Metallprämien erreichten im Februar des Jahres 1871 noch keine bedeutende Höhe und täuschten die Hoffnungen der Haussepartei [3]). Gold fand schon bei einem Agio von ¾% keine Abnehmer mehr. Man bewilligte

1) Vgl. The Economist v. 18. März 1871.
2) Ibidem v. 25. März 1871.
3) M. d. P. v. 12., 16. Februar 1871.

½—⅝%. Ein starkes Silberangebot drückte auch auf den Goldpreis.

Im Juni des Jahres 1871 wurden die Valutenkurse wieder offiziell notiert. Der Talerwechsel, für den ein Diskont von 5% berechnet wurde, stellte sich höher wie vor dem Kriege und hatte eine steigende Tendenz. Er war für Entschädigungszwecke begehrt. Private suchten ihn, um ihn womöglich mit Gewinn bei der Subskription auf die Milliardenanleihe zu verwenden [1]). Er eröffnete mit 369—369 ½ lang. Am Ende des Monats wurde er mit 369 ½—370 lang (370—370 ½ kurz) bezahlt. Der Wechsel auf Frankfurt, wo der Zinssatz nur 3 ½% betrug, war mit 210 ½—210 ¾ lang (210 ¼—210 ½ kurz) etwas niedriger als bei seiner letzten Notierung.

Die Sterlingdevise kam bei dem Tiefstand des Londoner Diskonts für die Anlage nicht in Betracht. Da der Sovereign aber bei den Einzahlungen auf die Anleihe zu einem festen Kurs genommen wurde [2]), so mußte er durch die konkurrierende Nachfrage der Anleihezeichner mindestens bis zu dem Punkt gesteigert werden, zu dem sich sein Ankauf für sie noch lohnte. Von 25,35 bis 25,40 sank er unter dem Einfluß von Effektenabgaben nach London bis 25,20—25,22 ½, erreichte dann aber wieder den Kurs von 25,25—25,30. Eine Ausfuhr akzessorischer 20-Frankenstücke fand nicht statt. Die Prämie für Barrengold hielt sich beständig auf 1—2‰.

Obwohl in Berlin der Diskont herabgesetzt wurde, stieg der verhältnismäßig seltene Talerwechsel im Juli 1871 auf 371 ½ bis 372 lang (371 ½—372 kurz). Die Guldendevise, deren Diskont gleichfalls ermäßigt worden war, war nur in geringen Beträgen zu haben und wurde von der Nachfrage sofort aufgenommen. Bis zum Monatsende hatte sich ihr Kurs auf 211 ¾—212 lang (212—212 ½ kurz) erhöht.

Auch in London war der Diskont zurückgegangen. Die französische Anleihe hatte dem Markt nicht die Kapitalien, die man erwartet hatte, entzogen. Die deutsche Goldausfuhr rief

1) M. d. P. v. 18. Juni 1871.

2) 25, 30 Franken, s. o. pag. 281.

keinen Eindruck hervor. Die mannigfaltigen Beziehungen Frankreichs zum Londoner Effekten- und Edelmetallmarkt und zum englischen Leihkapital wirkten auf die Bewegungen der Sterlingdevise, des Hauptwertes der Devisenbörse, sehr verschiedenartig. Die Nachfrage nach Frankenwechseln milderte zwar die Hausse des Sovereignkurses, die sich jedoch trotzdem durchsetzen konnte. Der Sovereignkurs betrug zuletzt 25,32 ½—25,35. Da er sich so in der Nähe des Ausfuhrpunktes für Barrengold hielt, so ging auch die Prämie für Barrengold auf 2—3‰, ohne sich dann noch weiter zu verändern.

Die Preissteigerung der Wechsel auf Deutschland setzte sich im August [1]) fort. Auch der Markbankowechsel nahm hieran teil. Der Talerwechsel, der am Ende des Monats kaum am Markt war, kostete schließlich 377 ½—377 ¾ (lang und kurz), der Guldenwechsel 213—213 ½ lang (214—214 ½ kurz). Auch der Londonwechsel stieg mit nur wenigen Unterbrechungen bis 25,42 ½—25,47 ½ und überschritt den Punkt, von dem an man mit Vorteil auch gebrauchte 20-Frankenstücke nach London schicken konnte. Infolgedessen war auch die für Barrengold geleistete Prämie mit 3—4‰ noch höher. Wechsel auf Holland waren ebenfalls sehr gesucht.

Nachdem der Talerwechsel längere Zeit konstant geblieben war, erreichte er im letzten Drittel des Septembers [2]) den Kurs 377—380 lang. Devisen auf Frankfurt brachten es gleichzeitig auf 215—217 lang. Der Londonwechsel, der sich zunächst ruhig verhalten hatte, ging unter dem Einfluß einer wiederholten Diskonterhöhung bei der Bank von England am Ende des Monats auf 25,53—25,55. Die englische Bank wurde nicht nur durch die Goldentziehungen Deutschlands in Anspruch genommen, es wurden ihr auch für Paris etwa 700 000 £ entzogen. Die Beteiligung Englands an der Emission der Pariser Stadtanleihe und die Einstellung der von der französischen Regierung gemachten Wechselkäufe verhinderten trotz der Aussichten auf abermalige Diskontmaßnahmen in London eine weitere Stei-

1) Vgl. M. d. P. v. 14., 17., 20., 27. August 1871.
2) Ibidem v. 7., 23. September 1871.

gerung des Devisenpreises. Infolge der Zurückhaltung des Staates bei der Wechselbeschaffung verminderte sich auch das Agio des Wechsels auf Belgien.

Dadurch, daß bei der Zeichnung auf die Pariser Anleihe viel Goldgeld zum Vorschein kam, machte die Goldprämie keine weiteren Fortschritte [1]). An Silber wurde im dritten Quartal des Jahres für 800 000 £ von London nach Paris ausgeführt [2]). Die Transporte vermittelten zum Teil die Remittierungen französischer Kapitalien und die Bezahlung der Summen, die England aus der Anleihe nach Paris schuldete.

Im Oktober verschlechterte sich der Frankenkurs im Vergleich zu den fremden Valuten noch mehr.

Der Wechsel auf Berlin, das sich der allgemeinen Diskonterhöhung angeschlossen hatte, gelangte sehr schnell auf 382 bis 383 (kurz und lang), der Guldenwechsel auf 218—218 ½. Die größte Erregung zeigte der Londonwechsel. England veräußerte bedeutende Posten fünfprozentiger französischer Rente, um den seit der Emission erzielten Kursgewinn zu realisieren und die damit flüssig gemachten Gelder in heimischen Wechseln anzulegen, deren Diskont noch einmal gestiegen war. Frankreich mußte diese Titres aufnehmen und bedurfte zu ihrer Deckung Sovereigns oder Goldes. Unter dieser Nachfrage hob sich der Londonwechsel zunächst auf 25,70—25,80. Dann überschritt er den Preis von 26 Franken, kam bis 26,10—26,17 ½ und 26,15—26,22 ½ und hielt sich am Ausgang des Monats noch auf 26,05—26,10.

Fast den ganzen Monat hindurch wurde unter diesen Verhältnissen Gold von Paris nach London geschickt [3]). Schon am Anfang des Oktobers machte sich bei der Bank von England eine bedeutende Goldzufuhr aus Frankreich fühlbar. Die 700 000 £ in Gold, die ihr in der zweiten Woche des Monats zuflossen, stammten auch zum größten Teil aus Frankreich und ebenso war es mit den weiterhin eintreffenden 1 753 000 und 1 248 000 £.

Im Zusammenhang mit der Einziehung der englischen Fällig-

1) Nach Zeitungsmeldungen stieg das Goldagio in Lyon auf 12‰.
2) Vgl. M. J. Bonn, l. c.
3) Vgl. The Economist v. 7., 14., 21., 28. Oktober 1871.

keiten und dem infolgedessen gesteigerten Devisenkurs war Gold in Paris stark gesucht und sein Agio nahm zu. Die Prämie auf Barrengold erhöhte sich von 3—4‰ auf 14—15‰ [1]) und hatte ihren obersten Stand bei 28—30‰, um dann mit dem Nachlassen der Londondevise schließlich auf 20—22‰ zu sinken. Sie folgte den Bewegungen des Devisenkurses im großen ganzen, ohne jede einzelne mitzumachen. Das Agio der 20-Frankenstücke [2]) stimmte im Verhältnis nicht immer mit der Prämie für Barrengold genau überein. Die Unterschiede bei den einzelnen Notierungen waren zahlreicher und stärker. Es betrug bis 25‰ und fiel nicht unter 16‰.

Im November ging der Talerwechsel, der zuerst noch weiter gestiegen war, bis 377 ½—378 (lang und kurz) zurück, ebenso der Guldenwechsel auf 216—216 ½ (lang und kurz). Mit Besserung der Lage in London gab auch die immer noch sehr unruhige Sterlingdevise nach. Die mittleren Preise, die dafür bezahlt wurden, waren geringer als im Oktober. Das allerdings immer noch bedeutende Maximum lag mit 26,07 ½—26,12 ½ und 26,10 bis 26,26 am Anfang des Monats. Am Ausgang stand der Sovereign auf 25,80 bis 25,85, nachdem er schon auf 25,72 ½—25,75 gesunken gewesen war.

Solange Frankreich die von England für die Entschädigungsoperation gelieferten Devisendarlehen zu decken hatte, dauerte der Goldtransport von Frankreich nach England an [3]). Es wurden 890 000 £, die sich hauptsächlich aus französischen Goldmünzen zusammensetzten, und 1 320 000 £ in Barren oder Goldgeld in die Bank von England gebracht. Dann erhöhte die Bank von Frankreich ihren Diskont. Die Kündigung der an Frankreich gewährten Wechselkredite wurde mit zunehmender Geldfülle in London überflüssig. Auch scheint Frankreich die Guthaben, über die es in London verfügte, zur Unterstützung des Londoner Geldmarktes verwendet zu haben. Die 10 000 000 £, die die

1) Vgl. M. d. P. v. 8. Oktober 1871.

2) Seit 12. Oktober 1871 brachte das Journal officiel auch Angaben über das Agio des Napoleons.

3) Vgl. The Economist v. 4., 11., 18., 25. November 1871.

banque de Paris zur Erfüllung eines Wechsellieferungsvertrages auf englische Häuser gezogen hatte, wurden bei Verfall nicht abgehoben. Unter diesen Umständen verminderten sich die Goldmengen, die zunächst noch aus Frankreich eintrafen, immer mehr.

Die Prämie auf Barrengold stieg zunächst wieder etwas. Sie war mit 24—26‰ am höchsten, als der Sterlingkurs bereits zu fallen begonnen hatte. Das Maximum des Oktobers erreichte sie jedoch nicht. Einige Tage, nachdem der Sovereign bei seinem tiefsten Stand angelangt war, betrug sie 14—16‰. Das Agio des Goldfrankens folgte den Schwankungen der Devise genau. Es bewegte sich zwischen 23—25‰ und 10—12‰. Am Ende des Monats nahm es aufs neue einen geringen Aufschwung (12—13‰). Die Tätigkeit der Spekulation wurde durch die Erhöhung des Banksatzes für Lombardierung von Edelmetall etwas erschwert [1]).

Der Talerkurs blieb nach einer geringen Steigerung den ganzen Dezember hindurch unveränderlich auf 378 ½—379 (kurz und lang). Der Guldenwechsel, der einige Zeit zurückgegangen war, schloß wieder mit 216—216 ½ (kurz und lang). Um so häufigere und stärkere Unterschiede zeigte der Sterlingkurs. Sowohl sein höchster (25,84) als auch sein niederster (25,65) Stand hielt sich aber unter den entsprechenden Notierungen des Novembers. Der Kursrückgang am Anfang des Monats fiel mit der Diskontermäßigung in London zusammen. In London befanden sich viele Gelder fremder Regierungen, darunter auch Depositen des französischen Staatsschatzes, die seinem Geldmarkt zugute kamen. Als der Sovereign in Paris stieg und der Franken in London angeboten wurde, da offenbar Forderungen Englands an Frankreich eingezogen wurden, wurden einzelne Posten französischen Goldes nach London exportiert [2]).

Mehrere kleinere Sendungen in der zweiten Woche machten zusammen 323 000 £ aus, die Sendungen der dritten Woche 226 000 £, obwohl infolge der fortgesetzten Diskontermäßigungen

1) Vgl. M. d. P. v. 23. November 1871.

2) Vgl. The Economist v. 2., 9., 16., 23., 30. Dezember 1871.

der Bank von England der Sovereign in Paris, von einer starken Unterbrechung abgesehen, noch weiter nachgegeben hatte. Die englische Bank verfügte jetzt über 7 222 895 £ in französischen Goldfranken [1]). Erst am Schlusse des Monats scheint die Goldausfuhr nach London eingestellt worden zu sein. Bei dem viel vorteilhafteren Zinssatz der Bank wurde jetzt englisches Kapital in Frankenwechseln angelegt.

Das Goldagio hielt sich im einzelnen nicht streng an den Verlauf der Devisenkurve. Das Maximum (16,5‰) und das Minimum (9‰) der Prämie trafen jedoch mit der Devisenhausse und der Goldausfuhr und mit der Devisenbaisse und der Beendigung der Goldausfuhr zusammen. Auch in den Agiosätzen kam die Besserung der Beziehungen zu England zum Ausdruck. Im vierten Quartal des Jahres wurde auch Silber in größeren Mengen von Paris nach London geschickt, wo sich der Bedarf für Indien äußerte [2]). Der Sovereignserlös daraus diente mit zur Deckung vorausgegangener Devisenlieferungen.

Im neuen Jahre hielt die für Frankreich im allgemeinen günstige Lage an. Zwar floß noch immer einiges Gold aus Frankreich in die Bank von England, doch hörte die Zufuhr bald völlig auf [3]). Am Schlusse des Monats wurden etwa 100 000 £ für spanische Rechnung der englischen Bank entnommen, die als Zahlung für Frankreich bestimmt waren.

Die Wechsel auf Deutschland standen für Frankreich besser. Das Agio für Devisen auf Belgien und die Schweiz betrug gegen Ende des Januars kaum noch ¾%. Die Beschaffung der Londondevise wurde in dem Maße weniger dringlich, als in London fällige Kupons auf den Markt kamen. Als die Nachfrage nach Wechseln noch stark war, war das Angebot reich. Frankreich hatte große Effektenmengen an das Ausland verkauft. Fremde Valuten erschienen daher auf dem Pariser Wechselmarkt und die Frankendevise war auswärts gesucht. Der Bedarf des Staates nach Ent-

1) L'Economiste français v. 4. Juli 1874.

2) Vgl. M. J. Bonn, l. c.

3) Vgl. The Economist v. 6., 13., 20., 27. Januar 1872. — M. d. P. v. 10., 14., 21., 24., 28. Januar 1872.

schädigungsdevisen war augenblicklich befriedigt. Man nutzte das vorhandene Devisenmaterial aus, um zu billigen Preisen abzuschließen. Das Agio gegenüber der Sterlingparität blieb ¼% hinter der Goldprämie zurück.

Die Umsätze der Edelmetallarbitrage waren gering. Die Wechsler erhielten nur mehr den fünften oder zehnten Teil dessen angeboten, was sie im Oktober des letzten Jahres täglich gekauft hatten. Nur einzelne Häuser vereinigten größere Posten akzessorischen Kurantgeldes, die sie aus der Provinz bezogen. Das Agio für Barrengold stand im Januar meistens auf 14—16‰, dann auf 13—14‰ und auf 14—15‰. Das Agio auf Napoleons sank fast täglich. Es fiel von 12—13‰ auf 5—7‰ und erhöhte sich endlich nur langsam auf 7—7 ½‰.

Die Fälligkeiten, die Frankreich vom Ausland zu fordern hatte, bewirkten im Februar [1]) eine Steigerung der Frankenvaluta in Berlin, Frankfurt und Amsterdam. In Frankfurt wurden der Wechsel auf Paris und der Wechsel auf Brüssel gleich hoch notiert. Der eine war in Frankennoten mit Zwangskurs, der andere in metallischen Kurantfranken einlösbar. Das Disagio, das in Brüssel die französische Papiervaluta gegenüber dem in Belgien valutarischen, in Frankreich akzessorischen silbernen Kurantfranken bisher gehabt hatte, war im Schwinden begriffen. Während der französische Franken bei einem Kursstand der Pariser Devise von 99,40—99,45 Mitte des Februars noch 5 bis 5,5‰ unter der Parität stand, verminderte sich die Differenz allmählich auf 1‰ und ¾‰ und am 21. Februar wurden französische Noten von einer großen Bank zum alten Parisatz gesucht. In Paris sank das Agio für Wechsel auf Belgien und die Schweiz auf ⅜‰.

In London litt der Franken gegen Mitte des Monats unter der Geldknappheit des Platzes. Man fürchtete, daß die für Frankreich geleisteten Wechselsummen zurückverlangt werden könnten. Der Sterlingwechsel stieg in Paris auf 25,48 ½, ging dann aber, da sich der Vorrat an Londondevisen bedeutend vermehrte, auf 25,35 zurück und schloß mit 25,38 ab.

1) Vgl. M. d. P. v. 4., 7., 11., 14., 15., 16., 18., 22., 24., 26. Februar 1872. — The Economist v. 10., 17., 24. Februar 1872.

Die Prämie für Barrengold, die von 11—12‰ auf 7—8‰ gefallen war, war geringer als im Januar. Das Agio, das für den Napoleon in Noten verlangt wurde, ermäßigte sich von 7—7 ½‰ auf 2 ½—3‰. Für kleinere Goldmünzen bezahlte man gewöhnlich noch ½—1‰ weniger und hier konnten wieder 10-Frankenstücke vor den goldenen 5-Frankenmünzen einen Vorsprung von 1‰ haben. Das Agio für Silberkurantgeld, das noch Mitte des Monats 5,5‰ betragen hatte, war einige Tage später einmal ganz beseitigt und stellte sich dann nur noch auf 1,5—2,5‰.

Der März [1]) begann in Paris mit einer lebhaften Nachfrage nach Wechseln auf Berlin, Frankfurt und Hamburg. Der Absatz der Guldenwechsel ließ dann unter wachsendem Angebot nach, so daß ihr Preis billiger wurde (211 ½—211 ¾). Talerwechsel wurden unter dem Einfluß des Regierungsbedarfes an Entschädigungszahlungsmitteln immer untergebracht. Aber auch ihr Schlußkurs stand nur noch auf 370 ½—371. Dem Sovereign gegenüber wurden die Beziehungen der französischen Valuta immer günstiger. Der Effektenverkehr mit England war bedeutend, die Lage auf dem Londoner Geldmarkt befriedigend. Der sinkende Kurs wurde nur aufgehalten, wenn ein augenblicklicher Bedarf in Sterlingdevisen gedeckt werden mußte. Von 25,38½ ging der Sovereign auf 25,22 ½ und damit unter den Goldausfuhrpunkt zurück. Das beste Zeichen für den Franken war seine Annäherung an das zwischen Goldfranken und Sovereign bestehende Münzpari.

Auch das Disagio der Frankennote gegenüber der Parität zum belgischen Valutakurs wurde kleiner. Man bezahlte in Paris unter steigendem Angebot von Wechseln auf Brüssel nur noch ein Aufgeld von $^3/_{16}$— ¼%, das sich schließlich sogar ins Gegenteil verwandelte. Man forderte nicht nur keine Prämie mehr für den auf Metallgeld lautenden Frankenwechsel, sondern bezahlte für eine bestimmte Summe belgischer Valuta in gleichbegültigten Frankennoten $^1/_8$—$^1/_{16}$% weniger. In Brüssel hob sich der Wechsel auf Paris von 99,80—99,85 auf den Parikurs und erzielte

1) Vgl. M. d. P. v. 3., 6., 10., 15., 17., 18., 20., 27. März 1872.

dann ein Agio von $^1/_8$—$1^0/_{00}$, so daß man nicht mehr weit von der Einfuhrmöglichkeit silberner 5-Frankenstücke entfernt war [1]. Wechsel auf Italien notierten in Paris 7 ¼—7 ¾$^0/_{00}$ unter der Parität, die zwischen den in Italien und in Frankreich akzessorischen Kurantfranken bestand.

Unter diesen Bedingungen verlor der Edelmetallhandel in Paris an Bedeutung. Die Prämie für Barrengold ermäßigte sich von 7—$8^0/_{00}$, dem Minimum des vorigen Monats, auf 4—$5^0/_{00}$. Für 20-Frankenstücke gewährte man höchstens ein Agio von 3—3 ½$^0/_{00}$, für kleinere Goldmünzen noch weniger. Noch ehe die Londondevise am niedersten notiert wurde, wurde das Aufgeld auf Napoleons mit ½$^0/_{00}$ à pair festgestellt. Es stieg zwar noch einmal auf 1—1 ½$^0/_{00}$, 1—1 ¼$^0/_{00}$ und ¼—$1^0/_{00}$, ging aber über den letzten Satz nicht mehr hinaus. Das Silberagio fiel von $2^0/_{00}$ auf $1^0/_{00}$. Am 19. März verschwand die Prämie auf akzessorisches Silberkurantgeld ganz. Hundert Franken in Frankentalern entsprachen demselben Nennbetrag in valutarischen Frankennoten. Das Silber, das im ersten Quartal des Jahres von Frankreich nach London ausgeführt wurde, hatte nur einen Wert von 194 390 £ [2].

Im April [3] wurde der Talerwechsel anfangs ziemlich begehrt. Guldenwechsel waren selten. Beide Devisen gaben in ihren Schlußkursen etwas nach (370—370 ½; 211$^3/_8$—211 ½). Der Londonwechsel setzte zunächst seinen Rückgang bis zum Kurs 25,20 fort. Dann wurde er mit der Erhöhung des Diskonts in London teurer. Er stieg gegen Mitte des Monats auf 25,34, wich dann etwas zurück (25,31), hielt sich aber immer noch über dem theoretischen Goldausfuhrpunkt. Besser war das Verhältnis des Frankens zu den Unionsländern mit intakter Metallvaluta. Wechsel auf die Schweiz standen auf Pari und erlitten darauf ein Disagio von $^1/_{16}$%. Auch die Beziehungen zum belgischen Franken blieben günstig. In Brüssel wurde für den Wechsel auf Paris und für die französische Note, bei deren Remittierung man die

1) Vgl. L'Economiste français v. 25. November 1876.
2) Vgl. Bonn, l. c.
3) Vgl. M. d. P. v. 1., 4., 10., 14., 21., 28. April 1872.

Kosten des Münztransportes sparte, ein Agio bewilligt, das bis zum Betrage dieser Kosten steigen konnte. Am Anfang des Monats scheinen auch bei den der Grenze zunächst gelegenen Filialen der Bank einige Einzahlungen in Gold auf die Konten von Pariser Firmen geleistet worden zu sein. Metallsendungen bis Paris lohnten sich wegen der größeren Spesen noch nicht. In Paris wurden belgische Wechsel mit $^1/_{16}$, $^1/_8$ und $^1/_{32}$% perte gehandelt.

Die Prämie für Barrengold veränderte sich den ganzen Monat hindurch nicht ($4-5^0/_{00}$). Münzgold wurde mit $\frac{1}{2}{}^0/_{00}$ à pair weiter notiert. Dann folgte das Agio, zuerst zögernd, der Steigerung des Londonwechsels, kam bis $1{,}25^0/_{00}$ und fiel wieder auf $1-1\frac{1}{2}{}^0/_{00}$. Einheitliche Devisenkurse waren von verschieden hohen Agiosätzen begleitet. Das korrespondierende Agio zum Sterlingkurs 25,30 war einmal $0{,}25^0/_{00}$, dann wieder $1{,}25^0/_{00}$ und $1^0/_{00}$. Während einem Kursstand von 25,31 gleichzeitig ein Agio von nur $0{,}75^0/_{00}$ entsprach, traf später mit einem Kursstand von 25,28 ein Agio von $1{,}25^0/_{00}$ zusammen. Gold war eben auch Deutschland gegenüber zu Zahlungen verwendbar. Das Silberkurantgeld war auch in diesem Monat prämienfrei.

Die im Mai [1]) in Paris gehandelten Wechsel waren weniger durch die Zahl der gekauften Stücke als durch ihre hohen Beträge bemerkenswert. Die Devise Berlin (370 ¼—370 ½) war ziemlich gesucht, Hamburg zu festen Preisen angeboten, Frankfurt ($211^3/_8$ bis 211 ½) in guter Haltung. Unter dem Einfluß einer vermutlich von der Regierung ausgehenden Kauflust und des erhöhten Diskonts der Bank von England stieg der Sovereign in Paris von 25,30 auf 25,46, um am Ende des Monats wieder etwas zu sinken (25,42; 25,39 ½; 25,39). Französisches Gold wurde in großem Umfang nach London gebracht.

Holländische Guldenwechsel fanden immer Abnehmer in Paris. Devisen auf italienische Valuta waren $7\frac{1}{4}{}^0/_{00}$ unter der Münzparität. Die italienischen Wechsel, die durch eine Klausel in Gold zahlbar waren, waren in ihrer Kursbewegung selbständig.

1) Vgl. M. d. P. v. 1., 10., 20., 30. Mai 1872. — The Economist v. 11., 18., 25. Mai 1872.

Solange die Wechsel auf die Schweiz und auf Belgien ihr bisheriges Disagio von etwa $^1/_{16}$% bewahrten, erzielte Silberkurantgeld, das zur Zahlung an diese Länder brauchbar gewesen wäre, kein Aufgeld mehr. Als jedoch diese Devisen wieder ein Agio von $^1/_8$—¼% erhielten, stellte sich auch das Agio für den akzessorischen Silberfranken wieder her, das nun von 0,75‰ auf 1,25‰ und sogar bis auf 1,75‰ stieg. Es war jetzt wieder vorteilhaft, den Frankentaler, der wieder häufiger zu Inlandzahlungen verwendet worden war, dem Umlauf zu entziehen. Die Prämie auf Barrengold, die von 4—5‰ auf 3‰ zurückgegangen war, schloß sich dem Steigen des Londonwechsels nicht mehr an. Das Agio auf Napoleons dagegen, das auf 0,50‰ gefallen war, wurde wieder größer (1,75—2,25‰; 2,50‰).

Obwohl die bevorstehende Emission der Dreimilliardenanleihe einen Zufluß von Devisen in Aussicht stellte, kaufte die französische Regierung im Juni [1]) große Mengen fremder Wechsel und trug so selbst zum Steigen der auswärtigen Valuten bei. Die Regierung wollte, wie man in Finanzkreisen versicherte, einen außerordentlichen Devisenvorrat vereinigen, um ihre Position bei den Verhandlungen mit dem deutschen Botschafter zu stärken.

In Taler- und Guldenwechseln wurden große Anschaffungen gemacht, so daß beide Valuten höhere Kurse erreichten (371 bis 371¼; 211¾—212). Die Herabsetzungen des Diskonts in London, die nach der Unterbrechung der deutschen Goldkäufe erfolgten, drückten nur am Anfang auf den Sterlingkurs (25,35). Dann wirkte dem die wachsende Nachfrage nach Sovereigns entgegen. Ein großes Bankinstitut brachte bei jeder Gelegenheit Londonwechsel an sich. Der Staat suchte langfristige Devisen, um in ihnen verfügbare Entschädigungsgelder anzulegen. Auch war bei den sinkenden Silberpreisen in London für ½ Million £ Silber nach Frankreich gegangen [2]). Dem stand allerdings eine bedeutende Ausfuhr internationaler Effekten aus Frankreich

1) Vgl. M. d. P. v. 2., 7., 9., 12., 17., 19. Juni 1872. — The Economist v. 22. Juni 1872.

2) Vgl. Bonn, l. c.

gegenüber, aber der Sovereign gelangte dennoch bis 25,48 ½.

Auch Wechsel auf Holland waren begehrt. Der Schweizer Franken erzielte ein Agio von $^1/_{16}$%. In belgischen Devisen war der Umsatz bedeutend. Man forderte ein Agio von $^3/_8$%. Der Wert der französischen Valuta blieb in Brüssel 4—4,5‰ hinter dem belgischen Franken zurück. Nur italienische Wechsel notierten mit 6 ½‰ perte, soweit sie nicht auf Gold lauteten.

Das intervalutarische Verhältnis zu den Unionsstaaten äußerte sich auch im Preis des silbernen 5-Frankenstückes, der allmählich einem Agio von 2,5‰ gleichkam. Der Sovereignskurs begünstigte die Goldarbitrage. Zuerst verlangte man für 20-Frankenstücke eine Prämie von 1,75‰. Mit dem Maximum des Londonwechsels betrug sie 3,75—4‰ und hieran hielt sie auch fest, als der Sovereignkurs etwas nachgelassen hatte. Das Goldagio, das neben den englischen Devisensätzen herging, war für gleich hohe Devisenpreise in den verschiedenen Zeitpunkten verschieden groß. Der Sterlingkurs 25,41 hatte so einmal eine Goldprämie von 2,25‰, ein anderes Mal eine Goldprämie von 4‰ neben sich, der Sterlingkurs 25,37 ½ Agiosätze von 2‰ und 3,5—4‰. Die Prämie für Barrengold stieg auf 7—8‰ und änderte sich dann nicht mehr.

Im Juli [1]) wirkten auf die intervalutarischen Beziehungen des Frankens dieselben Vorgänge ein wie bisher. Einerseits wurde durch die Emission der Anleihe die französische Valuta im Ausland gestützt. Internationale Effekten wurden nach den auswärtigen Börsen abgestoßen. Andererseits rief die Anleihe, bei der fremde Valuten unter bestimmten Bedingungen in Zahlung genommen wurden [2]), eine Nachfrage nach Devisen hervor, die ihren Kurs nicht unter einen damit gegebenen Preis heruntergehen ließ. Auch der Staat selbst beteiligte sich noch an den Wechselkäufen.

Taler und Gulden, die etwas nachgegeben hatten, befestigten so aufs neue ihren Kurs. Der Sterlingwechsel sank zunächst in-

1) Vgl. M. d. P. v. 7., 11., 14., 17., 21., 24., 31. Juli 1872. — The Economist v. 20. Juli 1872.

2) Der Sovereign z. B. wurde zu 25, 43 Franken berechnet; s. o. pag. 281.

folge der dem Franken günstigen Einflüsse. Auch litt er unter der Konkurrenz der in London einlösbaren Julikupons. Obwohl der tiefste Stand des Sovereigns (25,31) aber den Goldbezug aus England noch nicht erlaubte, wurden der Bank von England doch 210 000 £, später abermals größere Beträge [1]), für Paris entnommen. Als sich für den Franken die entgegengesetzten Einflüsse geltend machten, stieg der Sterling unaufhörlich, zuletzt sprunghaft rasch bis 25,70.

Hiernach richteten sich die Bewegungen des Goldagios. Die Prämie für Napoleons war von 3,5‰ auf 1‰ gefallen gewesen. Dann hob sie sich, zuerst weniger entschieden, auf 3—3,5‰ und 4—5‰, schließlich ebenso plötzlich wie der Sterlingkurs auf 8‰. Das Agio für Barrengold ging erst am Ausgang des Monats von 7—8‰ auf 12—15‰.

In Brüssel gewann der anfangs nur mit perte gehandelte französische Wechsel in der zweiten Woche wieder die Parität. In Paris wurde der Schweizerwechsel ebenfalls nur al pari genommen, für den belgischen Wechsel dagegen wurde wieder ein größeres Agio ($^1/_{16}$—$^5/_{16}$— ½%) vergütet. Infolgedessen wurde auch für das silberne 5-Frankenstück, dessen Agio schon auf 0,5‰ gewichen war, wieder ein Aufgeld von 5‰ bezahlt. Italienische Wechsel besserten sich. Der Stand der auf Metallgeld gestellten Stücke entsprach der Parität.

Im folgenden Monat [2]) äußerte sich die bevorzugte Stellung, die der Talerwechsel von nun an als Entschädigungszahlungsmittel genoß, in den stets außergewöhnlichen Umsätzen in der Berliner Devise und in der vom Taler fast fortwährend bewahrten festen Haltung. Der süddeutsche Gulden war ruhiger, die Markbankodevise schwankend. Der Londonwechsel überschritt zunächst mit 25,75 noch das Maximum des vorigen Monats. Die Summen, die aus den Garantieeinlagen auf die Anleihe wegen Ueberzeichnung zurückgegeben wurden, suchten zum Teil Anlage in Devisen. Dann wurde das Wechselangebot stärker. Die

1) Im ganzen 712 000 £.

2) Vgl. The Economist v. 3., 10. August 1872. — M. d. P. v. 11., 14., 18., 22., 25., 29. August 1872. — Frankfurter Ztg. v. 20., 21. August 1872.

Effektenverkäufe lieferten Material, einige Portefeuilles verwandelten ihre Sovereignsbestände in Taler, Baissebefürchtungen traten hervor. Der Sovereign bewegte sich um den mittleren Kurs von 25,64 und ging dann auf 25,54 zurück.

Die Prämie auf Barrengold blieb konstant. 20-Frankenstücke, die im Durchschnitt einen Abstand von 2‰ vor den 10-Frankenstücken hatten, während goldene 5-Frankenstücke bisweilen ganz vernachlässigt wurden, erhöhten ihre Prämie auf 10—12‰. Gleichwohl wurde von London aus eine Ausfuhr von Sovereigns nach Paris gemeldet, die aber sogleich wieder in die Bank von England zurückkehrten. Unterdessen hatte sich das Goldagio in Paris etwas vermindert, blieb eine Zeitlang auf 10 bis 11‰ und wich dann, zusammen mit dem Sterlingwechsel, auf 6‰ zurück.

Die belgische Devise kam auf gleichen Stand mit dem Schweizer Franken (¾% Agio), der später etwas billiger wurde. Das Agio auf silberne 5-Frankenstücke hatte 8‰ erreicht gehabt, sank dann auf 5 bis 5,5‰ und am Ende des Monats auf 4,5‰. Italienische Valuta wurde 6 ½ und 7% unter Pari bezahlt. Lauteten die Wechsel auf Silber, so schwankte ihr Kurs zwischen ½% perte und der Parität, lauteten sie auf Gold, so hatten sie ein Agio von ¼—½%.

Auch im September [1]) war das Geschäft in Talerwechseln, die bis 375—375 ¼ stiegen, groß. Die Devise Hamburg war meistens gefragt. Der Verkehr in süddeutschen Gulden war zeitweise lebhaft, bei wachsendem Angebot schwächer (213 ¾ bis 214). Als man sich in London gegen die deutschen Goldentziehungen durch Diskonterhöhungen zu wehren begann, hob sich der am Anfang tiefere Kurs des Sovereigns bis 25,62. Eine weitere Diskontsteigerung bewirkte einen erneuten Aufschwung von 25,48 bis 25,54 und 25,57 ½.

Aehnlich war der Verlauf des Goldagios. Die Prämie auf Barrengold stieg von 11—12‰ auf 14—16‰ und fiel dann wieder auf 12—14‰. Napoleons gingen auf 5—6‰ zurück

1) Vgl. M. d. P. v. 1., 8., 11., 22., 26., 29. September 1872. — Journal d. D. v. 7. September 1872.

und erzielten nach der Hausse der Sterlingdevise 9,5‰ Prämie. Kleine Stücke waren in großen Mengen zu haben. Im ganzen hatte sich die Lage des Frankens in dieser Beziehung im Vergleich zum letzten Monat nicht verschlechtert.

Die zunächst feste Haltung des stark begehrten belgischen Frankens, die sich in einem Agio von $^9/_{16}$—$^5/_8$% ausdrückte, war nicht von Dauer. Der Staatsschatz tauschte viele Stücke seines belgischen Devisenbesitzes in Wechsel anderer Valuten um. Dann erholte sich das Agio des belgischen Wechsels auf $^5/_{16}$—$^7/_{16}$%. Schweizer Franken waren nicht zahlreich. Das Maximum der Prämie auf Silberkurantmünzen betrug 5,5‰, das Minimum 2,5‰. Trotz der niederen Silberpreise in London führte Frankreich im 3. Quartal des Jahres für ¼ Million £ Silber nach London aus [1]).

Taler waren im Oktober [2]) zuerst gesucht (375 ¼—375 ½), dann angeboten (374—374 ½). Das gleiche war bei den Wechseln auf Frankfurt der Fall (214—214 ¼, 213$^7/_8$—214 ½, 213 ¼ bis 213 ½). Der Ueberfluß an Markbankowechseln gab zu sehr bedeutenden Abschlüssen in der Devise Hamburg Anlaß.

Die Gegenmaßnahmen Englands gegen die deutsche Goldausfuhr wirkten auch auf den Frankenkurs. Englische Gelder, die bei günstigen Zinsbedingungen in Frankreich untergebracht worden waren, mußten zurückgeliefert werden. Der Sovereign stieg so von 25,56 auf 25,72 und sank dann nur noch bis 25,60. Der Wert des Frankens war im Verhältnis zum Sovereign geringer geworden. Im Augenblick des höchsten Kurses wurde Gold von Frankreich nach England geschickt [3]). Infolgedessen nahm das Agio des Napoleons zu (bis 13,5‰), bis es wieder auf 7,5‰ zurückging. Für Barrengold betrug die Prämie 15—17‰.

Die Wechselbeschaffung des Syndikates scheint sich vor allem belgischen Franken zugewandt zu haben. Sie erreichten ein Agio von $^3/_8$, ½ und $^5/_8$%, der Schweizer Franken ein Agio

1) Vgl. Bonn, l. c.

2) Vgl. The Economist v. 26. Oktober 1872. — M. d. P. v. 2., 6., 9., 13., 20., 24., 29. Oktober 1872. — Journal d. D. v. 4. Oktober 1872.

3) 10 Millionen Franken in Gold und 160 000 £.

von ¾%, so daß auch das Agio des Silberfrankens größer wurde (bis 6,5‰). Wechsel auf Amsterdam veränderten sich nur wenig. Italienisches Papiergeld erlitt ein Disagio von 8¼%. Auf Gold gestellte Lirawechsel hatten ein Agio von ¼—½%.

Im November [1]) konnte der Taler seinen Kurs nicht behaupten, da man infolge der großen Bestände an Talerdevisen zu kaufen nicht gezwungen war. Er sank von 374—374¾ bis 372¼—372¾ und 372½—373. Auch das unbedeutende Angebot von Guldenwechseln fand nur zu geringen Preisen Abnehmer (212¼—212½ und 212½—212¾ nach 213¼—213½).

Der Sterlingwechsel stieg unter dem Einfluß einer weiteren Zinsfußerhöhung der Bank von England bis 25,76. Die Folge war auch eine bedeutende Einfuhr französischen Goldes nach London, das zur Deckung verfallener und nicht mehr erneuerter Finanzwechsel bestimmt war. Ferner errichtete die Regierung mit Entschädigungsgeldern Depositen in London und schließlich scheint mit dem Golde auch Silber bezahlt worden zu sein, das man in London zu Prägezwecken erworben hatte. An Stelle des zurückgewiesenen Barrensilbers wollte man bei der Entschädigungszahlung in stärkerem Maße silberne Frankentaler benutzen.

Schon gegen Ende Oktober hatte die banque de Paris an die London Banking Association 400 000 £ abgehen lassen, von denen 100 000 £ in die Bank von England flossen [2]). Der erste Transport, der im November nach London gelangte, enthielt neben amerikanischem Gold 500 000 £ aus Frankreich. Von der Mitte des Monats an wurden die Sendungen kleiner, 70 000 £ in Goldbarren und Napoleons, einmal nur 8000 £. In der letzten Woche trafen wieder etwa 1 000 000 £ aus Frankreich ein, darunter auch Gold, das aus Deutschland nach Frankreich gekommen war. Man hatte das bei der Bank von Frankreich in Lombard gegebene Metall zurückgezogen und ebenso hatten die Einzahlungen auf die Anleihe Goldmünzen geliefert.

1) The Economist v. 2., 9., 16., 23., 30. November 1872. — M. d. P. v. 17., 20., 23., 24., 25., 26., 28. November 1872. — Frankfurter Ztg. v. 27. November, 1. Dezember 1872.

2) Journal d. D. v. 30. Oktober 1872. — Semaine financière v. 3. November 1872.

Als sich die Spannung auf dem Londoner Geldmarkt löste, begann der Sovereign langsam zu fallen. Eine mäßige Nachfrage nach Sichtwechseln verhinderte einen rascheren Kursrückgang. Mit der Herabsetzung des Londoner Diskonts wich der Sovereign auf 25,60 zurück.

Das Agio auf Napoleons kam in seinem höchsten (13,5‰) und niedersten (7‰) Satz den entsprechenden Prämien im Oktober gleich. Der Unterschied gegenüber dem Agio der übrigen Goldmünzen war bedeutend. Man forderte z. B. gleichzeitig für Napoleons 10,75‰, für 10-Frankenstücke 8,5‰ und für goldene 5-Frankenstücke 6,5‰ Aufgeld. Das Agio für Barrengold erreichte seinen Höhepunkt (15—17‰) viel früher als das Agio für Napoleons und war bereits wieder (bis 13—15‰) im Rückgang begriffen, als Napoleons immer noch stiegen. Für die Ausfuhr nach England nahm man nur zum geringen Teil die beschränkten Vorräte des Edelmetallmarktes in Anspruch.

Das Silberagio (zwischen 5,5 und 3‰) wurde durch das starke Angebot in belgischen Wechseln niedergehalten. Italienische Devisen, in Silber zahlbar, standen ¾—1% unter Pari; in Gold zahlbare Devisen erreichten die Parität oder erlitten sogar ein leichtes Disagio von ⅛%.

Taler- und Guldenwechsel erholten sich etwas im Dezember [1]) (373 ¼—373 ½; 213—213 ¼). Die Lage des deutschen Geldmarktes war von Frankreich aus dadurch erleichtert worden, daß die Fälligkeiten, die Berliner Banken auf die Anleihe schuldeten, prolongiert worden waren. England gegenüber machte der Franken deutliche Fortschritte. Begünstigt durch die Herabsetzung des Diskonts in London fiel der Sovereign von 25,65 auf 25,48 ½. In der ersten Zeit wurde noch einiges Gold [2]) in englischen und französischen Münzen, die den Lombardeinlagen der Bank entnommen wurden, nach London geschickt. Von Januar bis Mai des Jahres war der Besitz der englischen Bank an Goldfranken

1) Vgl. The Economist v. 7., 14. Dezember 1872. — Frankfurter Ztg. v. 4. Dezember 1872.

2) Einmal 16 000 £.

seinem Metallwert nach um 310 161 £ gewachsen, von Juni bis Dezember um 429 870 £.

Auch die Prämien auf Barrengold (11 bis 12‰) und auf Napoleons (zwischen 10‰ und 6,5‰) ließen nach. Gleiche Valutenkurse wurden dabei wieder von wechselnden Agionotierungen und vergleichsweise niedrigere Devisensätze von höheren Agiosätzen auf Metall begleitet. Das Silberagio (zwischen 5‰ und 3‰) folgte der Tendenz des Goldagios. Der Export französischen Silbers nach London hatte trotz der Silbereinfuhr von London nach Paris nicht ganz aufgehört und betrug im Quartal 350 000 £ [1]).

Der Talerwechsel übernahm in den Januar [2]) des folgenden Jahres zunächst den Kurs des letzten Monats. Dann stieg er infolge starker Käufe und ungenügenden Angebotes. Als sich die Pariser Devise in Deutschland besserte, gab er dementsprechend etwas nach, schloß dann aber trotz Ermäßigung des Berliner Diskonts mit dem höchsten Stand des Monats (373¾—374). Der Guldenwechsel erreichte seinen Höhepunkt Mitte des Januars (214—214¼) und ging hierauf auf 213—213½ zurück.

Der höchste Preis des Londonwechsels (25,54½) lag bedeutend, sein niederster (25,47½) nur wenig unter den korrespondierenden Kursen des Dezembers. Die Herabsetzung der Londoner Bankrate übte keine besondere Wirkung aus. Die unbedeutenden Kursdifferenzen hingen offenbar mit Silberkäufen Frankreichs in London und mit Anschaffungen in langfristigen Sterlingdevisen zusammen. Das Agio auf Napoleons erhöhte sich gleichzeitig mit dem Steigen der Devise von 6,5‰ auf 9‰ und verminderte sich wieder mit dem Devisenpreis auf 7‰. Die Bewegungen des Silberagios deckten sich in ihren Grenznotierungen (3‰ und 5‰) mit denen des Dezembers. Nach Wechseln auf Belgien machte sich ein spezieller Bedarf geltend, der ein Agio von $^9/_{16}$—$^5/_8$ % hervorrief. Schweizerwechsel waren mit $^3/_8$ bis $^7/_{16}$% etwas niederer. Italien war durch den Rückkauf seiner Renten

1) Vgl. Bonn, l. c.

2) Vgl. The Economist v. 4. Januar 1873. — M. d. P. v. 5., 8., 15., 19. Januar 1873.

an Frankreich verschuldet. Seine Devise wurde dementsprechend billiger (9 5/8, 10, 10 ¼ % perte). Selbst auf Metallzeichen lautende Wechsel blieben hinter der Parität zurück (Gold 1/8%, Silber ¾% perte).

Der Vorsprung des Pariser Banksatzes vor den übrigen Plätzen und die Ausfuhr internationaler Effekten und französischer Fonds gestalteten die augenblickliche Fälligkeitsbilanz im Februar [1]) zugunsten Frankreichs. Auf dem Devisenmarkt in Paris wurden fremde Wechsel zahlreicher. Das Angebot wurde zur Beschaffung von Entschädigungsvaluten, hauptsächlich in langfristigen Devisen, ausgenutzt, was einem heftigeren Preisrückgang entgegenwirkte.

Talerwechsel waren schwächer und unentschieden und fielen von 373 ½—373 ¾ auf 371 ¾—372 (lang und kurz). Wechsel auf Hamburg blieben teilweise ganz unbeachtet. Der süddeutsche Gulden notierte 212—212 ¼ (lang und kurz). Die Sterlingdevise wurde billiger. Zur Entschädigungstilgung konnten auch die in London liegenden Goldguthaben der Regierung verwendet werden, so daß Devisenkäufe nicht unbedingt erforderlich waren. Erhebliche Silberabschlüsse scheinen nicht mehr gemacht worden zu sein. Von 25,49 sank der Preis des Sovereigns bis 25,37.

Die Goldpreise paßten sich diesen Beziehungen an. Wich das Agio beträchtlich zurück, so lag darin zugleich der Anlaß für weitere Fortschritte der Valuta den Kurantsorten gegenüber. Infolge der Schmälerung der Agiotagegewinne ließen die Sammlungsbestrebungen der Händler nach und die Münzen zeigten sich eher im Umlauf. Das wenige Gold, das einmal von Paris nach London gesandt wurde (10 000 £), bestand aus Sovereigns.

Mit dem Agio der belgischen Wechsel (9/16, ½, 3/8, 5/16%) nahm selbstverständlich auch das Agio der stofflich entwerteten silbernen 5-Frankenstücke ab (4,5; 3,5; 3; 2; 1‰). Italienische Devisen jeden Inhalts waren vernachlässigt (Papier 10 3/8—11% perte; Gold ¼%, Silber 1% perte).

Die Zinsfußerhöhung für französische Schatzscheine ließ auf

1) Vgl. The Economist v. 8., 15. Februar 1873. — M. d. P. v. 2., 13., 16., 19., 23., 26. Februar 1873.

eine umfassende Beschaffung von Entschädigungszahlungsmitteln schließen. Dadurch wurde im März [1]) die Besserung des Frankenkurses unterbrochen und ein Anziehen der Preise fremder Valuten hervorgerufen.

Taler und Gulden (373—373¾; 213—213¼) erreichten wieder etwa die ersten Kurse des Februars. Der Sovereign stieg von 25,36½ bis 25,43, kam einmal, angeregt durch die Diskonterhöhung in London, auf 25,48 und hielt sich meistens um 25,40. Auch die erneut aufgenommenen Silberkäufe Frankreichs machten sich offenbar im Kurs bemerkbar. Die Prämie auf 20-Frankenstücke ging nicht mehr unter den niedersten Satz des Februars herunter, stieg aber andererseits auch nicht höher als auf 4,5‰. Andere Stücke waren nicht gefragt. Das Agio auf Silberkurantgeld, das mit dem Augenblick verschwunden war, wo die Wechsel auf die Silberländer der Union die Parität erreicht hatten, stellte sich in unbedeutender Höhe (bis 1,5‰) wieder ein, als die genannten Devisen wieder ein Agio ($^1/_{16}$—$^3/_{16}$%) erzielten.

Im April [2]) war die Lage auf dem Devisenmarkte nur wenig verändert. Taler ($372^3/_8$—372½ lang; 373—373¼ kurz) und Gulden ($212^5/_8$—$212^7/_8$ lang; 213—213¼ kurz) gaben etwas nach. Der Sovereignkurs bewegte sich zwischen 25,46 und 25,40. Im Durchschnitt waren seine Notierungen höher als im letzten Monat, vielleicht infolge der Teilnahme Frankreichs an den Silberkäufen in London.

Die Goldprämie war bei der größeren Beständigkeit der Devisenpreise bis 7‰ gestiegen, kehrte aber am Ende des Monats auf ihren tiefsten Stand zurück. Zu umfangreichen Geschäften kam es nicht. Wechsel auf Belgien waren einige Zeit begehrt und wurden auch später mit $^1/_8$—$^3/_{16}$% Agio bezahlt. Das Agio des Frankentalers wurde infolgedessen wieder höher (von 1,5 bis 3‰) und ging nicht mehr bis 2‰ zurück. Italien hatte wieder bedeutende Mengen seiner Rententitres bezogen, was sich im Sinken seiner Devisen in Paris äußerte (Papier $14^5/_8$%, Gold ¼% perte).

1) Vgl. The Economist v. 15., 22., 29. März 1873.

2) Vgl. The Economist v. 12., 26. April 1873.

Der Mai [1]) stand unter der Einwirkung erhöhter Diskontsätze auf den Hauptbörsenplätzen. Die sich entwickelnde Devisennachfrage konnte sowohl Anlagemotiven als auch der Absicht entspringen, die fremden Geldmärkte durch Kapitalzufuhr zu erleichtern. Außerdem strömten Beträge der früher nach dem Ausland abgestoßenen Effekten zurück, die Deckung verlangten. Mit dem Steigen der Devisenkurse nahm der Wert der akzessorischen Metallfranken zu.

Talerwechsel, deren Diskont erhöht worden war, waren sehr gesucht und stiegen von 372—372 ¼ lang (372 ¾—373 kurz) auf $373^7/_8$—$374^1/_8$ lang (376 ½—377 kurz). Wechsel auf Frankfurt blieben schon früher bei 215—215 ½ kurz (213 ¼—213 ¾ lang) stehen. Der Londonwechsel war zunächst gefallen (25,37). Mit den mehrfachen Diskontsteigerungen der Bank von England, die durch die deutsche Goldausfuhr und den Ausbruch der kontinentalen Krisis veranlaßt waren, trat ein Umschwung ein. Auch die Silbernachfrage Frankreichs in London wirkte in dieser Richtung. Die Sätze 25,51—25,54, an denen der Kurs den größten Teil des Monats festhielt, übertrafen bedeutend die obersten Aprilpreise. Die nämliche Tendenz hatte das Agio für Napoleons, das von $4{,}5^0/_{00}$ auf $9{,}5^0/_{00}$ gestiegen war. Die Metalllombardierungen bei der Bank nahmen zwar sehr ab, doch scheint es noch nicht zu größeren Goldtransporten von Paris nach London gekommen zu sein [2]).

Dem belgischen Franken gegenüber hatte die Note schon die Parität gewonnen gehabt. Dann erzielte die Devise Brüssel zusammen mit dem Wechsel auf die Schweiz eine Prämie von $^3/_8$%, der Silberfranken, der zuerst nur $2^0/_{00}$ Agio gehabt hatte, ein Agio von $5^0/_{00}$.

Die neuerdings nach Frankreich zurückgeführten Anlagewerte begannen bereits im Juni [3]) sich wieder auf das Ausland zu verteilen. In diesem Zusammenhang brauchte Frankreich

---

1) Vgl. The Economist v. 10., 24. Mai 1873. — M. d. P. v. 4., 14., 21. Mai 1873.

2) Einmal 29 000 £.

3) The Economist v. 14., 28. Juni 1873. — M. d. P. v. 11., 22. Juni 1873.

keine Deckungskäufe mehr in Devisen vorzunehmen. Die Krisis war für Frankreich noch günstig vorübergegangen. Auch die Regierung, der für die letzten Termine der Entschädigungsschuld Goldfranken aus der Bank zur Verfügung standen, war nicht zur Beschaffung von Entschädigungsvaluten gezwungen.

Wechsel auf Berlin fielen von dem lange gehaltenen Maximum 375—375 ½ kurz (373 ½—373 ¾ lang) auf 374—374 ½ kurz (373 bis 373 ½ lang), Guldenwechsel auf 214—214 ¼ kurz (213 ¼—213 ½ lang) und 213 ¾—214 kurz (213—213 ¼ lang). Die fortgesetzte Diskonterhöhung der englischen Bank brachte den Sovereignkurs bis 25,59, die folgende Diskontermäßigung führte ihn auf 25,50 zurück.

An den verschiedenen Goldtransporten, die vom Kontinent nach London gingen [1]), war vermutlich auch Frankreich beteiligt. Die Prämie auf Goldfranken erreichte ihren höchsten Punkt (8,5°/₀₀) schon vor dem Londonwechsel, dessen Verlauf sie weiterhin folgte. Sie sank bis 6,5°/₀₀. Wechsel auf Holland waren unbeständig. Die Devise Brüssel hatte ein Agio von ¾%, die Devise Schweiz ein Agio von ⅜—½%. Der Aufschlag für Silberkurantgeld, der 3,5 und 5°/₀₀ betragen hatte, machte am Ausgang des Monats 4,5°/₀₀ und 4°/₀₀ aus. Der Silberimport Frankreichs war während des Quartals bedeutender als sein Silberexport [2]).

Auch der Juli [3]) bot keine Ueberraschungen. Der Staatsschatz stellte im Laufe des Monats seine Devisenbeschaffungen ein. Doch wurden noch von privaten Banken Wechselkäufe vorgenommen und der regelmäßige pantopolische Bedarf aus Effekten- und Warenlieferungen machte sich geltend.

Die zahlreich vorhandenen Talerwechsel wurden durch eine anhaltende und lebhafte Bankiernachfrage gestützt (373 bis 373 ½ lang; 373 ¾—374 kurz). Die Devise Frankfurt war seltener, dafür aber auch weniger verlangt (213 ¼—213 ½ lang und kurz).

1) Einmal 20 000 £. 2) Vgl. Bonn, l. c.

3) Vgl. M. d. P. v. 2., 6., 13., 20., 24., 27., 30. Juli 1873. — The Economist v. 19. Juli 1873.

Die mehrfachen Diskontherabsetzungen in London übten auf den Sovereignkurs nicht den Einfluß aus wie die Operationen der Effektenarbitrage, die Silberbezüge Frankreichs und die Nachfrage nach Entschädigungsvaluten. Schließlich ergab sich eine Besserung für den Franken (25,54; 25,48 und 25,49 ½). Das Agio für Napoleons ließ nach (6,5‰—4,5‰). Der Abstand in den Prämien für 20-Frankenstücke und kleinere Goldmünzen wurde geringer.

Belgische Wechsel waren zur Deckung von Wollelieferungen gesucht ($^5/_8$, $^{11}/_{16}$, $^9/_{16}$, ½% Agio). Das Agio für Silberkurant (3,5—5‰) fiel meistens mit dem Agio für die niederen Goldfranken zusammen, die ebenfalls ohne weiteres zu Zahlungen an Unionsländer brauchbar waren.

Von August [1]) an wurden deutsche Wechsel, deren Kurse sanken (372 ½—373 kurz und lang; 213—213 ¼ kurz und lang), in Talern, süddeutschen Gulden und Reichsmark notiert.

Das Angebot in Londonwechseln wurde dadurch verstärkt, daß in Sterlingdevisen die Rückzahlung amerikanischer Anleihe vermittelt wurde. Auch die Diskontermäßigung der englischen Bank drückte sich jetzt im Kurse der Sovereigndevise (25,49 ½ bis 25,38) aus, die als Anlagewert nicht in Betracht kam, aber vielleicht durch die in London aufgegebenen französischen Silberordres etwas gehalten wurde.

Der Rückgang der Prämie auf Napoleons (von 5,75‰ auf 3‰) wurde nur kurze Zeit unterbrochen durch eine von Deutschland ausgehende Nachfrage nach Gold. Der Schweizer und der belgische Franken erreichten die Parität und fanden dann auch zu diesem Preise keine Käufer mehr. Infolgedessen sank auch das für Silberkurantmünzen gewährte Aufgeld (3‰—0,5‰) und der Unterschied zwischen dem Agio der Napoleons und der kleineren Goldfranken nahm zu. Italienische Valuta verschlechterte sich immer mehr (12 $^3/_8$, 11 $^7/_8$, 12 ¼, 12 ½% perte; zahlbar in Gold $^1/_8$% perte und al pari; zahlbar in Silber ¾% perte).

---

1) Vgl. The Economist v. 23. August 1873. — M. d. P. v. 3., 13., 17., 24., 27., 31. August 1873.

Im September[1]) besserten sich die Beziehungen der in Deutschland gesuchten französischen Valuta zu den deutschen Werteinheiten noch weiter (371 kurz und lang; 212 kurz und lang). Die Londoner Diskonterhöhung, deren bloße Erwartung den Sovereign bis 25,43 gesteigert hatte, befestigte den Sterlingkurs, der inzwischen wieder gesunken war (25,36 ½). Das Agio für Napoleons hielt sich meist zwischen 3,5 und 4‰ und ging nicht unter 3‰ herab. Kleinere Goldmünzen waren 1—1,5‰ billiger. Belgische Wechsel waren im Ueberfluß vorhanden und erlitten, wenn sie nicht zur Parität genommen wurden, in valutarischen Frankennoten ein Disagio von $^1/_{16}$—$^1/_8$%. Schweizer Wechsel dagegen standen $^1/_{16}$—$^3/_{16}$% über Pari. Die Prämie (0,5—1,5‰) für die von allen Seiten angebotenen silbernen 5-Frankenstücke war um die Mitte des Monats endgültig beseitigt. Im 3. Quartal des Jahres hatte Frankreich für ungefähr 1 ½ Millionen £ Silber bei sinkenden Preisen aus London bezogen[2]).

Nach Abschluß der Entschädigungszahlungen hatte der Markt für deutsche Devisen in Paris nicht mehr die Bedeutung wie bisher, mochte auch inzwischen die Verbindung zwischen den Börsen der beiden Länder enger geworden sein. Im Oktober[3]) war der Umsatz in deutschen Wechseln gering und stand in keinem Verhältnis zu dem großen Angebot. Nur der Wechsel auf Frankfurt war hiervon einmal ausgenommen. Obwohl Frankreich in Berlin Effekten zurückgekauft hatte und der Berliner Zinssatz zweimal erhöht wurde, obwohl ferner am Ende des Monats umfangreiche Beträge an deutsche Banken fällig wurden und das Reich Silber nach Frankreich abgesetzt hatte[4]), so konnte durch alle diese Umstände nur ein stärkerer Rückgang der fallenden Kurse vermieden werden (369 ½—370 kurz; 369—369 ½ lang; 210—211 kurz und lang). Deutsche Häuser

1) Vgl. M. d. P. v. 4., 7., 14., 18., 21. September 1873.

2) Vgl. Bonn, l. c.

3) Vgl. M. d. P. v. 1., 5., 8., 12., 15., 19., 30. Oktober 1873.

4) Dieses Silber stammte aus eingeschmolzenen Talern. Man lieferte das Silber bei der Münzstätte in Paris ein und veräußerte die Münzscheine, die man dabei erhielt. Bis zum Schlusse des Jahres folgten zwei weitere Silberverkäufe dieser Art. — Vgl. Helfferich, Geschichte, pag. 371.

machten den Versuch, sich disponible Gelder dadurch zu verschaffen, daß sie auf französische Korrespondenten Wechsel zogen, deren Diskontergebnis nach Deutschland übertragen werden sollte. Doch scheint sich die Bank durch genaue Prüfung der eingereichten Wechsel ihrem Vorhaben widersetzt zu haben.

Die wiederholten Diskontsteigerungen in London leisteten zwar dem Sinken des Sterlingkurses (bis 25,31) einigen Widerstand, vermochten es aber nicht ganz zu verhindern. Für Napoleons wurde nach einer kürzeren Hausse (4‰) nur noch ein Aufschlag von 0,5‰ verlangt. Der Versand gebrauchter Goldmünzen lohnte sich schon lange nicht mehr. Die Bewegung der Agiosätze für Gold war jedoch gegenüber dem Verlauf der Devisenkurse ziemlich selbständig. Einzelne Goldsendungen waren für Deutschland bestimmt. Kleinere Goldmünzen konnten auch bei unbedeutendem Agio nicht mehr untergebracht werden.

Wechsel auf Belgien standen weiterhin unter der Parität ($^1/_8$% kurz; $^3/_{16}$% lang). Das Agio für das silberne 5-Frankenstück kam nicht mehr auf. Viel Kurantsilber strömte daher aus dem Verkehr in die Bank, die an ihren Kassen Stücke belgischen Gepräges zurückwies. Auch dieser Vorgang mußte auf den Preis des belgischen Frankens drücken. Nach den Meldungen der Finanzpresse erlitten Frankentaler belgischen Ursprungs ein Disagio von $^1/_{20}$% trotz ihrer synchartalen Stellung im französischen Geldwesen. Die Schweizer Devise schwankte zwischen einem geringen Agio, der Parität und einem unbedeutenden Disagio. So äußerte sich die einheitlich gedachte Wirkung des Münzbundes.

Im November [1]) wurde die intervalutarische Stellung des Frankens durch die auffällige Gestaltung des Sovereignkurses beherrscht. Demgegenüber trat die geringe Besserung der deutschen Devisen völlig zurück (370 $^5/_8$—372 kurz; 369—370 ¼ lang; 211 ½ kurz; 210—211 ¼ lang).

Infolge der außerordentlichen Diskontmaßnahmen der Bank von England, die allerdings von vornherein nur vorübergehend

1) Vgl. The Economist v. 15., 22. November. — M. d. P. v. 2., 5., 9., 13., 16., 19., 30. November 1873.

gemeint waren und denen in Frankreich nicht entgegengetreten wurde, wurde der Sovereignpreis bis auf 25,75 getrieben. Die Hausse drückte sich namentlich in den der Anlage dienenden langfristigen Wechseln aus. Scheck und kurzfristige Wechsel waren durch die Einziehung fälliger Forderungen Englands als Zahlungsmittel gesucht. Um so größer war dann der Abstand zu den tieferen Kursen, als der Sovereign durch die Herabsetzung des Londoner Zinssatzes wieder bis 25,37 fiel. Ein Beweis dafür, wie sehr sich die intervalutarischen Beziehungen des Frankens befestigt hatten, war, daß die Sterlingdevise trotz der gespannten Verhältnisse nicht mehr die Preise vom Oktober und November des Jahres 1871 erreichte und sehr schnell wieder auf das normale Niveau zurückwich. Immerhin war es die größte Steigerung, die der Sovereignkurs seit dieser Zeit und seit dem August und November des letzten Jahres durchgemacht hatte.

Im Augenblick des dringlichsten Geldbedarfes wurden täglich Goldtransporte nach England geschickt. Sie betrugen in einer Berichtswoche 414 000 £, hatten aber schon in der folgenden ganz aufgehört. Die Gegensätze in den Devisenkursen zeigten sich auch in den Prämien auf Napoleons, die am Anfang des Monats die Parität kaum überschritten hatten, dann plötzlich bis 7‰ stiegen und fast ebenso rasch wieder auf 2‰ fielen. Das Maximum des Goldagios blieb dabei hinter den Sätzen zurück, die früher gleich hohe Sterlingkurse neben sich gehabt hatten. Wie wenig das Agio an der Form der valutarischen Note lag, ging daraus hervor, daß auch in Belgien, das doch eine metallische Valuta hatte, akzessorisches Gold gleichzeitig ein Agio von 5‰ gegenüber dem valutarischen Silber hatte.

Der belgische Franken stand in Paris auch weiterhin unter Pari ($^1/_{16}$—$^3/_8$%). Silberne 5-Frankenstücke, die wie kleinere Goldmünzen kein Agio mehr genossen, waren so zahlreich vorhanden, daß der Preis der Devise Brüssel bei etwa fälligen Zahlungen an Belgien sich innerhalb der früheren, durch die Möglichkeit der Münzremittierung gegebenen Grenzen hätte halten können. Auch Wechsel auf die Schweiz notierten unter Pari ($^1/_8$—$^5/_{16}$%). Die italienische Valuta sank, je mehr die Devise

Paris infolge der pantopolischen Verhältnisse in Italien begehrt war.

Im Dezember [1]) waren deutsche Wechsel, soweit sie nicht zur Erledigung von Arbitragegeschäften gefragt waren, vernachlässigt (369 ½—370 kurz und lang; 211 ¼—211⅜ lang; 211 bis 211⅛ kurz). Beim Londonwechsel war von der Hausse des Novembers nichts mehr zu spüren. Er setzte unter dem Einfluß weiterer Diskontermäßigungen in London seinen durch forcierte Käufe eines großen Hauses gemilderten Rückgang fort (25,37 bis 25,28) und sank unter den Ausfuhrpunkt für akzessorische Napoleons, die nur noch ein Agio von 1‰ erzielten. Der Zuwachs der englischen Bank an französischem Gold betrug gegenüber dem Vorjahr dem Werte nach 22 244 £ [2]).

Belgische und Schweizer Wechsel waren stark angeboten und blieben unter Pari (3/16—7/16% und ¼—½%). Ein Agio auf silberne 5-Frankenstücke zeigte sich nirgends. Silberkurantgeld außerfranzösischer Herkunft soll sogar 1 ½‰ gegenüber der valutarischen Note verloren haben [3]). Im letzten Quartal wurde für ungefähr 750 000 £ Silber von England nach Frankreich eingeführt [4]).

Die Veränderungen in den Kursen der deutschen Werteinheiten, die nur einmal, und zwar trotz Herabsetzung des Berliner Banksatzes, ziemlich gesucht waren, waren im Januar [5]) des folgenden Jahres unbedeutend (370 ¼—370 ½ kurz; 370 ½ bis 370⅝ lang; 211—211 ¾ kurz; 211—212 lang).

Der Londonwechsel gab von Anfang an nach (25,30 bis 25,22 ½). Es war jetzt nicht einmal mehr lohnend, statt Wechsel Sovereigns zu Zahlungen an England zu verwenden. Da der niedere Kurs aber sofort von mehreren Banken zum Abschluß größerer Geschäfte mit England benutzt wurde, so zog der Sove-

1) Vgl. M. d. P. v. 7., 10., 14., 21. Dezember 1873.

2) L'Economiste français v. 4. Juli 1874.

3) Vgl. M. d. P. v. 21. Dezember 1873.

4) Vgl. Bonn, l. c.

5) Vgl. The Economist v. 24., 31. Januar 1874. — M. d. P. v. 4., 14., 21., 25. Januar 1874. — L'Económiste français Nr. 1, Jahrgang 1874.

reign gegen Ende des Monats wieder an. Englisches Kapital wurde dagegen zur Anlage nach Frankreich gebracht, da auch in London der Diskont gesunken war.

Für Napoleons wurde zunächst noch ein Agio von höchstens 1,5‰ berechnet. Dann verschwand die Prämie ganz. In den beiden letzten Wochen des Januars wurden beträchtliche Goldmengen, hauptsächlich Goldfranken, von London nach Paris gesandt (200 000 £ und 369 000 £). Silbertransporte von Frankreich nach England erfolgten nicht, obwohl der steigende Silberpreis in London, der durch die Nachfrage des Orients veranlaßt war, anregend hätte wirken können.

Belgische Wechsel konnten sich auch bei lebhafter Nachfrage nicht mehr zur Parität erheben ($^{3}/_{16}$— ¼% perte). Auch Schweizer Devisen standen unter Pari (¼—$^{3}/_{8}$%). Die silbernen 5-Frankenstücke nichtfranzösischen Ursprungs, die von auswärts einströmten, mußten sich in französischer Valuta einen Abzug von 1 ½—2‰ gefallen lassen.

Der Vorsprung des Pariser Zinsfußes vor allen anderen Börsenplätzen sicherte die Haltung der Frankenvaluta. In Paris war das Devisengeschäft im Februar [1]) ruhig. Viel Material war nicht vorhanden. Deutsche Wechsel gingen zurück (368 ½ bis 369 und 368 ¾—369 ¼ kurz; 369 ¼—369 ¾ und 369 ½ bis 370 lang; 210$^{7}/_{8}$—211$^{1}/_{8}$ kurz; 211$^{1}/_{8}$—211$^{3}/_{8}$ lang). Der Sterlingkurs kam mit 25,20 ½ unter die zwischen dem Goldfranken und dem Sovereign bestehende Münzparität, bewegte sich fast immer um 25,26 und schloß mit 25,22.

Ein ausgesprochenes Agio für 20-Frankenstücke vermochte sich nicht mehr zu bilden. Bei höheren Kursen zeigte sich lediglich eine Neigung zur Thesaurierung. Die niederen Stücke wurden den entsprechenden Notenabschnitten vollständig gleich geachtet. In die Periode des tiefsten Kursstandes fiel eine bedeutende Goldeinfuhr aus England (etwa 800 000 £), so daß die Bank von England den Preis für französisches Gold um ½ d.

---

1) Vgl. The Economist v. 7. Februar 1874. — M. d. P. v. 1., 5., 12. Februar 1874. — L'Economiste français v. 14., 21. Februar 1874.

für die Unze erhöhte. Sie beruhte jedoch nicht, wie man zuerst meinte, auf Silberverkäufen Frankreichs in London.

Wechsel auf die Schweiz und auf Belgien behielten ihr Disagio ($^3/_8$%—$^3/_{32}$%—$^3/_{16}$%). Die Einfuhr fremder Frankentaler aus dem Elsaß und der Schweiz, aus Belgien und Italien ließ nach. Die Stücke wurden aber in größeren Beträgen immer noch nur gegen einen, wenn auch noch so geringen Abzug (½‰) genommen. Die Bank hatte ihr Verhalten ihnen gegenüber noch nicht endgültig geregelt.

Im März [1]) waren die Unterschiede in den einzelnen Notierungen deutscher Wechsel gering. Abgesehen von einigem Bedarf für den Arbitrageverkehr dauerte der Rückgang fort (368 bis 368¾ kurz, 368—369 lang; 210$^1/_8$—210$^7/_8$ kurz, 210½ bis 210¾ lang).

Der Sterlingwechsel bewegte sich mit mäßigen Abweichungen um den Kurs des Münzparis zwischen Goldfranken und Sovereign. Obwohl auch die Bank ihren Diskont herabgesetzt hatte, übte doch der französische Zinsfuß seine Anziehungskraft auf englisches Kapital weiter aus. Um die Goldausfuhr nach Frankreich einzuschränken, steigerte die Bank von England die Preise für Goldfranken noch mehr, auf 77 sh. 6 d. und 77 sh. 7 d. für die Unze. Trotzdem wurden ihr nacheinander 107 000 £, 204 000 £ und 369 000 £ in französischem Goldgeld entzogen. Ihr Besitz an Napoleons, der sich seit Beginn der Entschädigungsoperation angesammelt gehabt hatte, verminderte sich von 125 Millionen Franken auf 50 Millionen Franken.

Die private Konzentrationstätigkeit in 20-Frankenstücken ertrug unter diesen Umständen die Zinsverluste nicht mehr und wurde eingestellt. Die Einfuhr silberner Kurantfranken hatte mit den Entziehungen aus dem Stückvorrat der Reichslande weiter abgenommen. Französische Noten erzielten jetzt in Belgien 2‰, im Elsaß 5‰ und in der Schweiz 7,5‰ Agio.

---

1) Vgl. The Economist v. 7., 14., 21., 28. März 1874. — M. d. P. v. 1., 5., 8., 15., 19. März 1874. — L'Economiste français v. 23., 28. März 1874.

Auch im April [1]) fanden Goldsendungen von England nach Frankreich statt, so daß sich die englische Bank gegen Ende des Monats zur diskontpolitischen Abwehr entschloß. Deutsche Wechsel waren im allgemeinen billiger zu haben (367 ½—368 kurz; 368 ¼—368 ¾ lang; 210 kurz; 210 $^{3}/_{8}$—210 $^{5}/_{8}$ lang). Der Sterlingwechsel erreichte bereits die Sätze 25,17 lang, 25,17 ½ kurz, 25,18 ½ Scheck. Der Bank von England wurden Goldfranken jeder Stückelung mit dem Gepräge Frankreichs und der anderen Unionsstaaten (101 000 £, 114 000 £, 232 000 £) entzogen. Sovereigns und Mark wurden noch nicht zum Export verwendet. Aber ein Teil der aus Australien eintreffenden Barren wurde für Frankreich in Anspruch genommen. In Frankreich hatte jetzt keine der akzessorischen Geldarten mehr ein Agio gegenüber der valutarischen Note.

Der Stand der französischen Valuta in Berlin besserte sich im Mai [2]) fortwährend, ohne aber schon jetzt Zahlungen in Gold vorteilhaft zu machen (367 kurz; 368 $^{1}/_{8}$—368 ¾ lang). Die Diskonterhöhung der Bank von England war zuerst ohne Erfolg. Zu der Einwanderung englischen Kapitals, die zum Zwecke kurzfristiger Anlage geschah, kamen die Guthaben, die Frankreich aus Effektenlieferungen (Peruaner, Aegypter, Türken, Spanier) in London stehen hatte. Wurden die Guthaben gekündigt und nach Frankreich gebracht, so flossen der Bank Depositengelder in Gold zu. Erst am Ausgang des Monats hob sich der Sovereign von 25,17 kurz (25,18 lang, 25,17—25,18 Sicht) auf 25,21 ½ kurz (25,23 lang, 25,22 ½ Scheck). Es waren Arbitragegeschäfte in umgekehrter Richtung gemacht worden und der gesteigerte Londoner Diskont äußerte seine Wirkung. Als die Bank von England ihren Diskont wieder herabsetzte, gingen auch die Devisenkurse wieder etwas zurück (25,17 ½ kurz, 25,19 Sicht, 25,20 lang).

Eine Ausfuhr von Barrengold nach Frankreich erfolgte

1) Vgl. The Economist v. 11., 18., 25. April 1874. — M. d. P. v. 12., 19., 23., 30. April 1874.

2) Vgl. The Economist v. 2., 9., 16., 30. Mai 1874. — M. d. P. v. 3., 6., 17., 21., 25., 27., 31. Mai 1874. — L'Economiste français v. 9., 16., 23. Mai 1874.

nicht mehr. Dagegen gelangten Sendungen von Goldfranken nach Paris. Auch sie wurden nach und nach geringer und blieben dann ganz aus (753 000 £, 128 000 £, 17 000 £, 9000 £). Die Bank von England berechnete für Napoleons einen so hohen Preis, daß weitere Goldentziehungen nicht mehr möglich waren.

Belgische Wechsel bewahrten das alte Disagio. Schweizer Wechsel stiegen bei starker Nachfrage bis zur Parität. Italienische Valuta stand 11 ½% unter dem Münzpari. In Gold zahlbare Wechsel auf norditalienische Plätze notierten ¼% perte. Ein Goldagio war in Paris nicht vorhanden. Die Preise für Silber lauteten auf 2‰ perte.

Im Juni [1]) schlossen deutsche Wechsel in Paris zu langsam fallenden Kursen (366—366 ¾ kurz; 367 ¼ lang; 209⅜ bis 209 ¾ kurz; 209 ½—209 ¾ lang). Die Bank von England hatte ihren Diskont verringert. Die französische Bank, deren Metallvorrat sich vermehrt und deren Portefeuille sich vermindert hatte, war ihr hierin gefolgt. Aber trotzdem war der Abstand im Zinssatz der beiden Plätze noch groß genug, um von Zeit zu Zeit Kapital in Goldform nach Paris zu übertragen [2]). Andererseits trafen in London 10 000 £ in Sovereigns aus Paris ein. Vielleicht war Frankreich an den Silberbestellungen beteiligt, die vom Kontinent her in London einliefen. Die Londondevise verhielt sich ruhig (25,19 kurz; 25,20 Scheck; 25,20 ½ lang).

An den Beziehungen Frankreichs zu den Unionsländern und am Verhältnis der Note zu den akzessorischen Kurantsorten hatte sich nichts geändert.

Auch im Juli [3]) konnte die günstige Wirkung des Pariser Diskonts auf die französische Valuta höchstens dadurch abgeschwächt werden, daß aus der Uebernahme heimischer Rententitres für Frankreich Verbindlichkeiten an das Ausland entstanden.

---

1) Vgl. The Economist v. 6., 20., 27. Juni 1874. — M. d. P. v. 11., 29. Juni 1874.

2) 56 000 £; am Ende des Monats noch einmal einige hunderttausend £.

3) The Economist v. 4., 11., 18., 25. Juli 1874. — M. d. P. v. 1., 17., 26., 30. Juli 1874.

Die deutschen Wechsel wiesen im Vergleich zum letzten Monat nur geringe Preisunterschiede auf (366 1/8—366 ¾ kurz; 367 ¾—367 ¾ lang; 209 ¾—209 ¾ kurz; 209 ½—209 ¾ lang). Der Sterlingwechsel sank bis 25,15 ½ lang (25,16 ½ kurz; 25,18 Scheck), erholte sich etwas und hielt sich meist zwischen 25,16 ½ und 25,19.

Neue Goldtransporte gingen von England nach Frankreich. Der Bank von England selbst wurden große Beträge in französischem Gold entzogen (480 000 £, 157 000 £, 304 000 £), so daß sie ihren Diskont erhöhte, nachdem in der letzten Woche noch 1 150 000 £ ausgeführt worden waren. An einzelnen Auslandsplätzen wurde nun die uneinlösbare Note wegen ihrer leichteren Verwendbarkeit zu Zahlungen bereits besser bezahlt als der Goldfranken [1]).

Deutsche Devisen waren im August [2]) angeboten, ohne daß jedoch von dem Angebot Gebrauch gemacht wurde (366 kurz; 366 ¾—367 lang; 209—209 ¾ kurz; 209 ½—209 ¾ lang).

Die Diskontsteigerung der Bank von England war nicht kräftig genug, um den Kapitalstrom von Frankreich abzulenken. Außerdem hatten Pariser Banken Effekten in London veräußert, und französische Spekulanten benutzten die niederen Zinsforderungen, um internationale Wertpapiere in London in Lombard zu geben. Auch durch Getreidetransporte war England an Frankreich verschuldet. Bei dem Kursstand 25,15—25,17 ½ wurde aufs neue Gold nach Frankreich geschickt, was die englische Bank mit einer zweiten Diskonterhöhung beantwortete. Einen Augenblick sank der Sovereign noch mehr (25,13 ½—25,17 ½), dann stieg sein Kurs (25,16—25,18) und blieb auch fest, als die Bank von England ihre Rate wieder ermäßigte. Die Goldsendungen nach Frankreich hörten auf, und die Bank tat nichts, um sie zu

---

1) Aus dem gleichen Grunde steht auch die allerdings einlösbare englische Note in Paris bisweilen höher als Sovereignsmünzen, z. B. 2. Februar 1904, Kurs des Sovereigns in Noten 25,12—25,17, in Goldvaluta 25,11—25,16.

2) The Economist v. 8., 15. August, 26. September 1874. — M. d. P. v. 2., 5., 9., 23., 30. August 1874.

beleben. Auch aus anderen Gebieten war im August Gold nach Paris gelangt, zunächst französische Stücke, die sich im Ausland befanden. Von den eintreffenden 4 200 000 £ stammten nur etwa 1 000 000 £ aus England. Die Münzmengen, die in den ersten sechs Monaten des Jahres nach Frankreich gekommen waren, wurden auf 37 Millionen £ geschätzt.

Wechsel auf Belgien und die Schweiz hatten ein Disagio ($^1/_{16}$%) und erhoben sich nur vorübergehend für langfristige Stücke auf den Paristand.

Taler- und Guldenwechsel gingen im September [1]) noch weiter zurück (364 ¼—365 ½ kurz; 365—365 ½ lang; 208 ¼ kurz; 208 ¾ lang). 800 000 Franken in silbernen Kurantfranken wurden aus Deutschland eingeführt, die das Reich an die Ostbahngesellschaft zu zahlen hatte.

Der Franken verbesserte seine Stellung in London so sehr, daß die Wiederaufnahme des Goldexportes wahrscheinlich war. Es erhob sich bereits eine beschränkte Nachfrage für Goldfranken, doch scheint es noch nicht zu fühlbaren Metallentziehungen gekommen zu sein, wenn auch für französische und amerikanische Sorten und für Münzen von ähnlichem Gehalt die Ausfuhrmöglichkeit gegeben gewesen wäre. Die Sterlingdevise in Paris notierte zunächst 25,15—25,18 ½, dann 25,16—25,20 und 25,17 ½ bis 25,20, schließlich aber nur noch 25,13 ½—25,14.

Die Diskonterhöhung, die im Oktober [2]) in Berlin und Frankfurt durchgeführt wurde, hatte für die deutschen Devisen nur die Wirkung, daß ihre schwächeren Kurse nicht noch mehr fielen ($363^7/_8$—364 ¼ kurz; 364 ¼—364 ½ lang; 208 ¼—$208^3/_8$ kurz; 208 ¼ lang). Es wurde jetzt sogar unter Umständen rentabel, die frisch geprägten Goldmünzen zur Anlage nach Frankreich zu schicken [3]). Noch billiger war es, deutsches Gold für fran-

1) Vgl. The Economist v. 5., 12., 19., 26. September 1874.

2) Vgl. M. d. P. v. 5., 14., 21. Oktober 1874. — The Economist v. 3., 10., 17., 24., 31. Oktober 1874.

3) Die Remittierung von 100 Franken unter Verwendung deutscher Goldmünzen kostete 81,34 M. Die Bank gab nämlich für das Kilogramm deutscher Münzen, deren Feinheit sie nur zu 899 ½/1000 berechnete, 3091,58

zösische Rechnung nach Brüssel zu übertragen, so daß auf diese Weise schon bei etwas niedrigeren Frankenkursen die Abwanderung der deutschen Goldzeichen begann [1]).

Die französische Note genoß im Verhältnis zu dem zwischen Taler und Silberfranken früher bestandenen Münzpari eine Prämie. In den Reichslanden, wo dieses Agio etwas geringer war als im übrigen Deutschland, erfüllte man Zahlungen, die auf Grund der Gleichung 1 Taler = 3,75 Franken in Talern oder Franken geleistet werden konnten, in Talern. Franken in Gold oder Silber wurden für Remittierungen nach Frankreich zurückgehalten. Die deutschen Bankiers, die bei der Subskription der Milliardenanleihe Wechsel auf französische Häuser gezogen hatten, in der Hoffnung, die Summen später durch billige Käufe von Frankenwechseln decken zu können, sahen sich nun getäuscht.

Die Sterlingdevise sank zunächst noch weiter (bis 25,12 bis 25,13). Für die Frankennote wurde in London ein kleines Agio vor Gold vergütet [2]). Von der damals geringen Goldzufuhr Englands wurden die Münzen nach Frankreich übertragen. Infolge der Diskonterhöhung in London stieg der Sovereign auf 25,14—25,16. Die aus dem japanischen Import für Frankreich bestimmten Goldmünzen und die für Frankreich erworbenen Barren blieben daher jetzt zum großen Teil in London. Am Ende des Monats ging der Preis des Sovereigns auf 25,13—25,15 zurück, so daß wieder einzelne Barrenmengen der englischen Einfuhr für Frankreich beansprucht wurden. Dafür gelangten im Laufe des Monats bedeutende Goldmengen von Frankreich nach Aegypten.

Belgische Wechsel waren immer noch mit Disagio zu haben. Die starken Transporte von Kurantsilber nach Frankreich, die

Franken. Mit 1000 Zwanzigmarkstücken im Durchschnittsgewicht von 7,9605 kg erzielte man in Paris 24 610,52 Franken, mit 81,26 M. 100 Franken. Dazu kamen ungefähr 1% Transportkosten von Berlin nach Paris. Wenn sich daher der Preis von 100 Franken in Wechselform höher stellte als auf 81,34 M., so trat Metallausfuhr ein (vgl. L'Economiste français v. 29. April 1876).

1) Vgl. Bamberger, Rede zum Bankgesetz, 16. November 1874.

2) L'Economiste français v. 10. Oktober 1874.

aus dieser Konjunktur folgten, vermehrten den Metallbestand der Bank. Der Schweizer Franken schwankte zwischen Disagio und Pari und erzielte sogar einmal ein unerhebliches Agio. Für Feinsilber wurden 40‰ perte festgestellt.

Die gute Ernte, die Frankreich im Herbst des Jahres 1874 gehabt hatte, kam auch in den Devisenpreisen des Novembers [1]) zum Ausdruck. Frankreich hatte Wein, Getreide, Zucker an das Ausland geliefert. Dazu hatte es an England Effekten abgetreten.

Trotz der Diskonterhöhung in Berlin machten die deutschen Wechsel keine Fortschritte in Paris (363 ¾—364 ¼ kurz, 364 ¼ bis 364 ½ lang; 208⅛—208 ¼ kurz, 208 ¼—208 ½ lang) und die wachsende Nachfrage nach Frankenwechseln in Deutschland führte zu Goldsendungen nach Paris.

An Sterlingdevisen war der Vorrat an der Pariser Börse groß. Die pantopolische Bilanz ergab einen Fälligkeitsüberschuß zugunsten Frankreichs. Der Sovereign fiel bis 25,10—25,15. Von den Goldankünften Englands wurden nun auch die Barren für Frankreich beansprucht und Sovereigns wurden der englischen Bank für den Export entzogen. Der Goldbedarf für das Ausland war am Anfang so stark, daß er durch den australischen Import, der 582 000 £ betrug, nicht befriedigt wurde, sondern durch Münzen und Barren aus den Goldreserven der Bank ergänzt werden mußte. In der zweiten Woche erreichten die Abgaben an Münzen und Barrengold 413 000 £. Alles aus Nordamerika eintreffende Gold ging nach Frankreich. Jetzt erst erhöhte man den Diskont in London, der Sovereign stieg (25,15 bis 25,17, 25,17—25,19, 25,16—25,18, 25,17 ½—25,20) und der Umschwung in der Metallbewegung war so plötzlich, daß die Goldausfuhr, die in der Woche vorher noch über eine halbe Million £ umfaßt hatte, mit einem Male zum Stillstand kam. Aber die Lage blieb doch noch unsicher. Ein geringer Rückgang des Devisenpreises hätte genügt, die Goldausfuhr wiederwachzurufen. Nach dem letzten Ausweis des Monats wurden wieder

1) Vgl. The Economist v. 7., 14., 21., 28. November 1874. — M. d. P. v. 4., 8., 15., 16., 17., 18., 19., 25. November 1874.

gegen 200 000 £ nach dem Kontinent geschickt, und man erwartete in London, daß Teile der gemeldeten Goldimporte nach Frankreich abströmten oder amerikanisches Gold sich unmittelbar nach Frankreich wendete.

Im Dezember [1]) dauerte der Zufluß in deutschen Goldmünzen fort, die in Deutschland selbst eine Prämie von 1 ½ ‰ gegenüber dem Silberkurantgeld erlangten (363 ½—364 kurz; 363—363 ½ lang; 207 ¾—208 kurz; 207 ½—207 ¾ lang). Die englische Bank begann den Monat mit einer Diskonterhöhung. Zunächst verwirklichte sich zwar der vorausgesagte Goldentzug zugunsten Frankreichs. Die 600 000 £ des englischen Imports wurden bis auf 180 000 £ von Deutschland und Frankreich in Beschlag genommen und 284 000 £ mußte die Bank selbst zum Export beitragen. Als sich aber der Kurs des Londonwechsels von 25,13 kurz (25,14 ½ Sicht und Scheck, 25,21 lang) auf 25,16 ½, 25,22 bis 25,26 und 25,23—25,25 hob, wurde der Metallversand eingestellt. Es entwickelte sich eine Nachfrage nach Sterlingdevisen zu Anlagezwecken, die die intervalutarischen Beziehungen für den Augenblick zum Nachteil des Frankens verschob. Aus den Unionsländern, an deren Devisenpreisen sich nichts änderte, drangen Scheidemünzen nach Frankreich ein.

Vom Januar [2]) des neuen Jahres an bezogen sich die deutschen Devisenkurse nur noch auf Markeinheiten. Trotz weichender Diskontsätze konnte sich ihre Lage verbessern (121 ³/₈ bis 121 ⁵/₈ kurz und lang). Aber es bestand doch noch die Tendenz der Goldausfuhr, durch die im abgelaufenen Jahre bedeutende Münzmengen sei es direkt sei es auf dem Wege über Belgien nach Frankreich gekommen waren.

Der Sterlingwechsel bewahrte zunächst das Kursmaximum des Dezembers. An einer weiteren Steigerung wurde er durch das Angebot von Januarkupons, fällig in Sovereigns, gehindert. Dann änderte sich die pantopolische Konstellation. Durch die

1) Vgl. The Economist v. 5., 12., 19. Dezember 1874. — M. d. P. v. 6., 9., 13., 20., 24. Dezember 1874.

2) Vgl. The Economist v. 2., 9., 16., 23., 30. Januar 1875. — M. d. P. v. 3., 10., 17., 22., 24., 25., 31. Januar 1875.

wiederholte Herabsetzung des Diskonts in London wurde französisches Kapital aus England zurückberufen. Frankreich hatte bedeutende Effektenposten, namentlich Türkenwerte, an England veräußert. Aegypten zahlte die Beträge, die es im vorigen Herbst in Frankreich aufgenommen hatte, zurück und zwar hauptsächlich in der Form von Wechseln auf London. Die letzten Devisennotierungen gingen so bis 25,11—25,16 herunter.

Gleichzeitig mit den sinkenden Kursen begannen wieder die Goldentziehungen von seiten Frankreichs. Nachdem sie einige Zeit ausgesetzt hatten, wurden fast alle Barren und Münzen, die aus Amerika in London anlangten, durch die Nachfrage auf dem Goldmarkt absorbiert. Von der Einfuhr der zweiten Woche erhielt die Bank von England nur 40 000 £, der Rest im Werte von 502 500 £ diente der Befriedigung des kontinentalen Exportbedarfes. Die an die Bank selbst gerichteten Anforderungen waren gering. Es wurden von ihr kaum 100 000 £ verlangt. Dagegen mußte sie auf die Sendungen aus Amerika (280 000 £) vollständig verzichten, von den Transporten aus Japan und Australien (736 930 £) bekam sie nur 280 000 £ in Sovereigns. Die spätere Zufuhr (618 600 £) ging gleichfalls nach dem Kontinent weiter.

Belgische Wechsel überschritten zum erstenmal wieder die Parität ($^1/_{32}$ und $^1/_{16}$%), schlossen aber unsicher zwischen Pari und Disagio ($^1/_{16}$%). Aehnlich war der Kursverlauf des Schweizer Frankens. Italienische Wechsel standen auf 9 $^3/_8$% perte. Silberkurantmünzen, Goldfranken und Noten galten einheitlich nach ihrem Nominalwert. Das für Geldzwecke nur beschränkt verwendbare Feinsilber erlitt 40‰ perte.

Während der deutsche Wechsel im wesentlichen konstant blieb (121—121 ¼ kurz, 121$^1/_8$—121$^3/_8$ lang; 121$^1/_8$—121 ¼ kurz, 121$^3/_8$—121$^5/_8$ lang), sank die Sterlingdevise im Februar [1]) bis 25,06 ½—25,11 ½.

Bei dem Vorsprung des Pariser Zinssatzes konnte man jeden Betrag in Sovereigns haben, den man wollte. Der verhältnis-

1) Vgl. The Economist v. 6., 13., 20., 27. Februar 1875. — M. d. P. v. 4., 5., 6., 7., 10., 14., 18., 21. Februar 1875.

mäßig hohe Diskont drückte auf den Kurs der Wertpapiere, so daß sich ausländisches Kapital auch für Effektenkäufe nach Paris wandte. Auch die Emission der Pariser Stadtanleihe zog fremde Gelder an und bestimmte die heimische Spekulation ihren Besitz an Devisen und internationalen Wertpapieren zu realisieren.

Außer den Goldrimessen, die Paris aus Aegypten erhielt, und dem Gold, das, ohne London zu berühren, direkt nach Frankreich geleitet wurde [1]), mußte die englische Bank selbst 2 300 000 £ für Paris abgeben, da der Edelmetallmarkt keine genügenden Mengen zur Verfügung stellte [2]).

Die Diskonterhöhung der Bank von England bewirkte zusammen mit der Ueberzeichnung der Anleihe einen Umschlag. Das Kapital, das durch die Rückzahlung der Garantieeinlagen frei geworden war, strömte nach England zurück und auch französisches Geld suchte Anlage in Londondevisen. Der kurzfristige Sterlingwechsel war als Zahlungsmittel für Wollebestellungen begehrt. Der Sovereign stieg so bis zum Ende des Monats auf 25,15 bis 25,20. Die Käufe auf dem offenen Markt hielten zwar in mäßigem Umfang [3]) noch an, doch war die Bank in der Regel vor Goldentnahmen geschützt.

Im März [4]) kam zwar einiges Gold aus Deutschland (121 bis 121 ¼ kurz; 121 ¼—121 ½ lang) nach Frankreich, aber der Kurs des Londonwechsels stellte sich weiter so, daß die Metallausfuhr nach Frankreich nach und nach ganz beseitigt wurde. In Paris war der Sovereign für Deckung englischer Forderungen gefragt, die auf Warenlieferungen, Effektengeschäften (Türken, Italiener, Spanier, Peruaner, Aegypter, Suezaktien) und Wechseldarlehen beruhten. Er hob sich bis 25,23—25,28 und 25,26 (kurz und lang; 25,27 Scheck). Frankreich suchte in London Sovereigns zu erwerben, aber die Frankenvaluta wurde nicht genommen.

---

1) Einige hunderttausend £.

2) Etwa ¼ Million £.

3) Einmal 140 000 £.

4) Vgl. M. d. P. v. 4., 10., 21., 29. März 1875. — The Economist v. 6., 13., 20., 27. März 1875.

Einige kleinere Beträge in Sovereigns gingen von Frankreich nach England.

Mit der Annäherung des Sterlingkurses an den Goldausfuhrpunkt stellte sich wieder die Möglichkeit eines Agios für Napoleons gegenüber der Note ein. Wo dieses Agio wirklich zur Geltung kam, überschritt es aber nicht den Satz von 1‰. Die Börsennotierung lautete auf pair à 1‰.

Belgische und Schweizer Franken wurden immer noch unter Pari gehandelt (1/16—1/32% und 1/16—¼%). Italienische Devisen dagegen besserten ihren Kurs bis 8% perte.

Da man in Berlin für Ausfuhrzwecke kein Gold herausgab [1]), so mußte sich Deutschland die zur Deckung nötigen Franken durch Verkäufe seiner Devisen in Paris zu verschaffen suchen, deren Preis infolgedessen im April [2]) noch weiter fiel (120¾ bis 121 kurz; 121—121¼ lang). Der Sovereign wurde gestützt durch Effektenverkäufe Londons in Paris, denen Ansprüche Frankreichs aus Lombardierungen französischen Effektenbesitzes in London gegenüberstanden. Der Sterlingkurs war zunächst etwas schwächer (25,17—25,22), erholte sich dann (25,20—25,25) und gab schließlich wieder etwas nach (25,18½ bis 25,23½), da man für flüssige Gelder andere Anlagegelegenheiten bevorzugte. Nur bei den niedersten Sätzen wurde einiges Gold von London nach Paris geschickt. Aber auch vom Kontinent aus ging vereinzelt etwas Gold in die Bank von England.

Im Mai [3]) waren Markwechsel meistens ruhig (120⅞ bis 121⅛ kurz, 121—121¼ lang). Der Stand der Londondevise erlaubte keine Metallbewegungen zwischen den beiden Ländern. Paris setzte seine Effektenarbitrage mit London fort. Das im

1) Ueber den Goldabfluß aus Deutschland nach Belgien und Frankreich in der vorausgegangenen Periode vgl. „Die Reichsbank 1876—1900", pag. 135. — Während der Jahre 1874 und 1875 wurden in Belgien für mehr als 37 Millionen Franken aus deutschen Goldmünzen hergestellt; vgl. Helfferich, Beiträge, pag. 389.

2) Vgl. M. d. P. v. 1., 7., 18. April 1875. — The Economist v. 3., 17., 24. April 1875.

3) Vgl. M. d. P. v. 2., 12., 18., 20. Mai 1875. — The Economist v. 8., 13., 22., 29. Mai 1875.

Ueberfluß vorhandene Geld suchte vorübergehend Unterkunft in Wechselanlagen, was den Devisenmarkt etwas anregte. Der Sovereign sank nicht unter 25,18—25,23 und erreichte sein Maximum zwischen 25,20 und 25,25 am Ende des Monats. Die Agioneigung für Napoleons hatte sich wieder verflüchtigt.

Während sich deutsche Wechsel im Juni [1]) gleich blieben (120 ¾—121 kurz; 121 $^1/_8$—121 $^3/_8$ lang), wurde der Sovereign teurer. London hatte bedeutende Effektenmengen nach Paris abgestoßen. Auch die an Frankreich bisher gewährten Darlehen wurden jetzt fällig und kehrten nach England zurück. Bei steigenden Kursen (bis 25,25—25,30) trafen geringe Goldsendungen aus Frankreich bei der Bank von England ein, die sich auch bei der Bank von Frankreich im Nachlassen des Goldvorrates und in der Abnahme des Metalllombardes fühlbar machten.

Die italienische Valuta konnte sich im Gegensatz zum belgischen und Schweizer Franken, die ihren gewohnten Kurs hatten ($^1/_{16}$%, $^1/_8$% perte bis Pari), etwas erholen (6—6 ¼% perte, in Gold zahlbar $^1/_{16}$% perte). Feinsilber unterlag einem Disagio von 60‰. Bei Feingold rief die starke Nachfrage für Holland einmal ein kaum merkliches Agio von ¼‰ hervor, das aber sofort wieder verschwand.

Im Juli [2]) bot die Zahlung in Gold keinen Vorteil mehr für deutsche Schuldner. Der Berliner Zinsfuß war als Vorbereitung für die allgemeine Einführung der Goldwährung in Deutschland erhöht worden. Auch scheinen Effekten von Deutschland nach Frankreich zurückgewandert zu sein. So stieg der Markwechsel bis 122—122 ¼ (kurz und lang).

Die Preissteigerung für Sovereigns dauerte trotz des etwas schwächeren Londoner Diskonts fort (25,27 ½—25,31 ½; 25,28 bis 25,32; 25,29—25,30 ½). Als dann die Einfuhr von Effekten aus London aufhörte, umfangreiche Käufe in französischer Rente für englische Rechnung erfolgten und die herabgesetzte

1) Vgl. M. d. P. v. 3., 10., 17., 20., 30. Juni 1875. — The Economist v. 5., 12., 19., 26. Juni 1875.

2) Vgl. M. d. P. v. 4., 18., 27., 29. Juli 1875. — The Economist v. 3., 17. Juli 1875.

Bankrate ihre Wirkung tat, ermäßigte sich der Sterlingkurs (25,17 ½—25,22 ½, 25,18—25,23).

Goldtransporte fanden nicht statt. Aber im Augenblick des höchsten Kursstandes bildete sich für 20-Frankenstücke ein unbedeutendes Agio gegenüber der Valuta, das zunächst ½‰ betrug und dann zwischen der Parität und 1‰ schwankte.

Da die französische Regierung den Zinssatz ihrer Schatzscheine verminderte, widmete sich im August [1]) das anlagebedürftige Kapital in stärkerem Maße dem Devisenverkehr. Deutsche Wechsel waren in ruhiger, fester Haltung (122 1/8—122 ¼ kurz und lang). Londonwechsel machten zunächst einige Fortschritte (25,20—25,22, 25,20—25,25, 25,20—25,26). Die schlechten Verzinsungsbedingungen in London aber, die hinter den meisten Plätzen des Kontinents zurückblieben, und die Erwerbung französischer Tresorbons für englisches Kapital machten den Franken in London gesucht, während andererseits Frankreich türkische und peruanische Fonds aus London bezog und dadurch die pantopolischen Fälligkeiten wieder einigermaßen ausglich. Die letzten Kurse des Sovereigns hielten sich zwischen 25,13 und 25,18. Zu einer Goldausfuhr nach Frankreich kam es nicht.

Belgische Wechsel notierten mit 1/8—3/16% Disagio. Schweizer Franken waren in Nähe des Parikurses. Die Beziehungen zwischen Metallfranken und der Note blieben unverändert.

Im September [2]) brauchte man in Paris deutsche Wechsel zur Deckung von Effektenkäufen (122 ½—122 ¾ kurz, 122 1/8 bis 122 ¼ lang). Der Londonwechsel zog mit dem leichteren Geldstand etwas an (25,18—25,22; 25,16 ½—25,23). Sein Durchschnittskurs war 25,16 ½—25,22. Belgische und Schweizer Franken wurden mit Disagio verkauft. Die Devise Brüssel konnte sich befestigen, da die belgische Nationalbank gegen die Metallausfuhr mit Diskontmaßnahmen vorging.

Auf dem Pariser Edelmetallmarkte war Gold vermutlich

1) Vgl. M. d. P. v. 11., 16., 20. August 1875. — The Economist v. 14., 21., 28. August 1875.

2) Vgl. M. d. P. v. 5., 12., 23. September 1875. — The Economist v. 4., 11., 18., 25. September 1875.

von Deutschland aus gesucht. Einige große Abschlüsse bewirkten ein deutliches Agio für Napoleons, das jedoch 1‰ nicht überschritt und sofort wieder verschwand. Andererseits erschien Frankreich neben Holland auf dem Londoner Goldmarkt. Der Metallzuwachs bei der Bank wurde jedoch namentlich durch Goldzahlungen erklärt, die die italienische Regierung an die lombardische Eisenbahngesellschaft zu leisten hatte.

Die reichen flüssigen Mittel des Pariser Geldmarktes wurden im Oktober [1]) mit Vorliebe zum Ankauf ausländischer Diskonten verwendet. Der Zinsfuß in Deutschland war beträchtlich höher als der Pariser Satz. Der Kurs der Markdevise bewegte sich dem Goldausfuhrpunkt zu (122 ½—122 ¾ kurz, 122—122 ¼ lang). Die Bank von England hatte ihren Diskont rasch hintereinander gesteigert. Fremde Effekten (ägyptische und peruanische Fonds) wurden in Paris zum Verkauf gebracht. Der Kurs des Sovereigns stieg, bis der Bedarf für die Fälligkeiten und für das Anlagekapital gedeckt war, dann ließ er wieder nach. Schließlich setzten sich die höheren Preise endgültig durch (25,18 ½ bis 25,23 ½; 25,20—25,25; 25,19—25,24).

Belgische und Schweizer Devisen standen nun wieder mit einem kleinen Agio (1/16%) über der Parität oder hielten sich zum Parikurs.

Deutschland, das den durch Südamerika in Anspruch genommenen Londoner Markt schonen wollte, beschaffte sich auch jetzt wieder Gold in Paris, zunächst Münzen seiner eigenen Valuta, die früher abgewandert waren. Die Folge dieser Nachfrage war ein Agio für Napoleons, das sich dieses Mal auf 2‰ erhob, dann aber kleiner wurde und zwischen der Parität und 1‰ wechselte. Barrensilber erlitt ein Disagio von 50‰.

Deutsche Wechsel notierten in den beiden folgenden Monaten [2]) um ein Geringes niedriger (122 1/8—122 3/8 kurz und

1) Vgl. M. d. P. v. 3., 14., 28. Oktober 1875. — The Economist v. 2., 9., 16., 23., 30. Oktober 1875.

2) Vgl. M. d. P. v. 5., 14., 21. November, 2., 8., 19., 22., 29. Dezember 1875. — The Economist v. 20., 27. November, 4., 11., 18., 25. Dezember 1875, 1. Januar 1876.

lang bis 122—122$^1/_8$ kurz; 121$^7/_8$—122 lang). Der Sovereign, der in der ersten Hälfte des Novembers noch weiter gestiegen war (25,24—25,26; 25,22—25,27; 25,20—25,27 ½), sank mit der Herabsetzung des Londoner Diskonts und der Beendigung der Effektenkäufe von Pariser Häusern in London bis 25,10½—25,15½, so daß gegen Ende des Monats auch Gold nach Paris geschickt wurde. Im Dezember übernahmen englische Banken große Effektenmengen von Paris, namentlich die früher nach Frankreich übertragenen exotischen Werte und Suezaktien. Die Warenbilanz war für Frankreich günstig. Der Ausgleich geschah bei fallenden Sterlingkursen [1]) durch Goldremittierungen. Das Material dazu lieferte neben dem offenen Markte auch die Bank von England, die infolgedessen ihren Diskont erhöhte und dadurch den Devisenkurs noch auf 25,11—25,16 brachte.

Obwohl mehr als eine Million £ in Gold von London nach dem Kontinent ging, bestand noch eine leise Agioneigung für vollwichtige 20-Frankenstücke, die sich früher bei weit höheren Devisenkursen nicht mehr gezeigt hatte und nun in der Notierung pair à 1‰ ihren Ausdruck fand. Für die übrigen Kurantgeldsorten und für Feingold herrschte absolute Parität.

Der belgische Franken hatte, wie stets in der letzten Zeit, bei schwacher Haltung ein kleines Disagio ($^1/_{16}$%) und erzielte gleich dem Schweizer Franken ab und zu einen geringen Aufschlag über Pari ($^1/_{32}$%), wenn die Nachfrage stärker wurde. Italienische Devisen konnten ihre Kurse weiter verbessern (von 8—8¼% auf 7$^7/_8$ und 7¾% perte.)

Der Markwechsel war zu Beginn des neuen Jahres [2]) als Anlageobjekt und als Zahlungsmittel für Arbitrageoperationen gesucht. Auch durch die Diskontermäßigung wurde sein Kurs (122—122¼ kurz und lang) nicht gedrückt.

London verschärfte, diesmal mit Erfolg für seine Valuta, seine Diskontmaßnahmen. Die Sterlingdevise, der sich unter diesen Umständen französisches Geld zuwandte, stieg bis 25,18½

1) Von 25,11½—25,16½ im Maximum bis 25,08—25,13.

2) Vgl. M. d. P. v. 9., 16., 19., 27. Januar 1876. — The Economist v. 8., 15., 22., 29. Januar 1876.

bis 25,23 ½. Die Goldentziehungen aus der englischen Bank für Deutschland und Frankreich, die zuletzt noch 516 000 £ ausgemacht hatten, ließen nach und es trafen sogar einige Beträge in Sovereigns aus Paris in London ein. Später nahm dann Frankreich neben Deutschland Teile der australischen Einfuhr in Anspruch, doch flossen auch jetzt noch der Bank Sovereigns vom Kontinent aus zu. Die Herabsetzung der Bankrate und der Bedarf für die Ultimoliquidation hatten am Monatsschluß noch einen stärkeren Rückgang des Sovereigns in Paris hervorgerufen (25,12—25,17 und 25,13—25,18).

Trotz der höheren Devisenpreise des Monats war für das goldene 20-Frankenstück und für Feingold nicht mehr das mindeste Agio vorhanden. Feinsilber erlitt ein Disagio von 78‰.

Der Markdevise gegenüber besserte sich der Franken im Februar [1]) und März [2]), wenn auch der Unterschied bei seltenem Angebot nicht groß war [3]). Der Sovereign ging im Februar nicht mehr weiter zurück. Die Effektenkäufe und vermutlich auch einige Silberkäufe, die Frankreich in London unternahm, hoben, gefördert von dem leichten Geldstand in Paris, den Sovereignpreis (bis 25,16 ½—25,21 ½). Die entgegengesetzte Wirkung hatten Abschlüsse in französischer Rente und anderen Fonds für englische Rechnung. Mit dem niedersten Kurs fiel ein Export von Gold nach Paris zusammen, der jedoch seine Mittel nicht aus der Bank, sondern aus der amerikanischen Einfuhr des offenen Marktes bezog.

Wie man erwartet hatte, setzte sich nach Ablauf des Monats die Hausse des Sovereigns in noch stärkerem Maße fort (bis 25,24 ½—25,29 ½ und 25,25—25,30). Suezaktien und ägyptische Anleihe waren nach Frankreich geliefert worden und das beschäftigungslose französische Kapital bedurfte einer Anlage-

---

1) Vgl. M. d. P. v. 3., 7., 9., 13., 26., 28. Februar 1876. — The Economist v. 5., 12., 19., 26. Februar, 4. März 1876.

2) Vgl. M. d. P. v. 5., 26. März 1876. — The Economist v. 4., 11., 18., 25. März, 1. April 1876.

3) 121 ½—121 5/8 k., 121 5/8—121 7/8 l.; 121 ¾—122 k.; 122—122 ¼ l.

gelegenheit. Die Diskontermäßigung übte demgegenüber keine besondere Wirkung aus (25,23—25,28).

Die Metallzufuhr aus England konnte Frankreich unter den damaligen Verhältnissen leicht entbehren. In der Schweiz und in Belgien herrschte Mangel an französischer Valuta (in Paris $^3/_{32}$—$^3/_{16}$% perte). Es strömte viel Metall aus dem Ausland nach Frankreich, auch Gold aus Deutschland und anderen kontinentalen Gebieten. Aus der Türkei waren für Kuponzahlungen bedeutende Summen in Gold eingelaufen. Russische Imperialen wurden teils direkt, teils über Berlin eingeführt.

In den folgenden Monaten [1]) war England ebenfalls nicht an den Goldsendungen für Frankreich beteiligt, die ihren Ursprung bisweilen in Deutschland [2]), vor allem aber in Rußland hatten. Feinsilber fand selbst bei einer Notierung von 130‰ perte keinen Abnehmer.

Der Londonwechsel wurde im April auch durch die wiederholten Diskontherabsetzungen der Bank von England nicht erschüttert und stieg bis 25,26—25,31. Wie groß der Einfluß der Effektenerwerbungen war, die für französische Rechnung in London gemacht wurden, geht daraus hervor, daß auch die sinkenden Kurse (25,20—25,25) die Devisensätze des Februars, die unter der Einwirkung eines doppelt so hohen Diskonts gestanden waren, noch bedeutend übertrafen. Aus London wurde das Eintreffen von Goldsendungen, die vom Kontinent kamen, gemeldet. Der Ansatz zu einer Agiobildung für Napoleons, der sich am Anfang des Monats bei verhältnismäßig niederen Devisenpreisen gezeigt zu haben scheint, konnte sich jedoch nicht entwickeln.

Nachdem der Sovereign bei der Ultimoabrechnung auf 25,16—25,21 zurückgegangen war, erzielte er bis Ende Mai (25,22—25,27) und auch im Juni (25,26—25,31) infolge Dekkungsbedarfes für Arbitragegeschäfte ständig wachsende Preise.

Im nächsten Quartal [3]) hielt sich der Markwechsel nur mit

---

1) Vgl. The Economist v. 8., 15. April, 6., 13. Mai, 16. Juni 1876.

2) Vgl. L'Economiste français v. 29. April 1876.

3) Vgl. The Economist v. 8., 15., 22., 29. Juli, 5., 12., 19. August, 2., 16., 30. September 1876.

Mühe auf seinen letzten Kursen (121 ¾—122 kurz; 121⅛ bis 121⅜ lang; 121⅞—122 kurz; 122⅜—122 ½ lang). Erst gegen Ende des Septembers zeigte sich eine geringe Besserung (122 bis 122⅛ kurz; 122 ¼—122 ½ lang), die jedoch im Oktober [1]) wieder verloren ging (121 ½—121 ¾ kurz und lang). Das Jahr schloß mit der letzten Notierung des Novembers (121 ¾—122 kurz; 121⅞—122⅛ lang) [2]).

Der fortgesetzt steigende Kurs der Sterlingdevise (25,30 ½ bis 25,35 ½; 25,29—25,36) führte im Juli zum Goldexport nach England als Deckung für Effektenkäufe. Der Metallvorrat der Bank in Paris nahm ab, während bei der Bank von England vom Kontinent her täglich Metalltransporte anlangten. Infolgedessen war auch das 20-Frankenstück nicht mehr unbedingt zu seinem Nennwert zu haben, sondern schwankte zwischen der Parität und einem Aufgeld von 1‰.

Im August konnte sich der Napoleon von diesem Agio wieder vollständig freimachen. Die Goldsendungen des Kontinents nach London dauerten zunächst fort, wurden aber dann unterbrochen. Oesterreich bezahlte die Fälligkeiten, die es für Titres seiner Rente und für französisches Silber, das nach Wien verkauft worden war, an Frankreich schuldete, in Wechseln auf London oder Paris [3]). Der Sovereignkurs hielt sich bei dem allgemeinen Verlangen nach Devisenbesitz den größten Teil des Monats in der Nähe seines Höhepunktes von 25,28 ½—25,33 ½ und sank dann auf 25,23—25,28, was mit Rücksicht auf den niederen Diskont in London immer noch ein ungewohnt hoher Kurs war.

Im Herbst wurde der Pariser Geldmarkt für heimische Diskonten in Anspruch genommen. Die manchmal empfindliche Geldknappheit äußerte sich in steigenden Zinssätzen. Diese Stimmung wiederholte sich bis zum Ende des Jahres mehrere Male und führte daher zum ununterbrochenen Rückgang der vernachlässigten Devisen. Die höchsten und niedersten Notierungen

1) Vgl. ibidem v. 7., 14., 21., 28. Oktober 1876.

2) Vgl. ibidem v. 4., 11., 25. November, 23., 30. Dezember 1876.

3) Vgl. L'Economiste français v. 5. August 1876.

des Sterlingwechsels waren in der Regel immer stärker nach abwärts gerichtet [1]).

Belgische und Schweizer Devisen überschritten die Parität nicht. Sie hoben sich im besten Falle von ihrem gewöhnlichen Preisstand unter Pari (1/16—1/8%) zum Parikurs. Der italienische Wechsel kam im September einmal unter dem Einflusse steigender Rentenkurse bis 6¾—7% perte.

Ein Agio konnte sich unter diesen Verhältnissen für keinen der metallischen Kurantfranken bilden. Das Gold, das von England nach Frankreich ging, wurde meist vom freien Markt aufgebracht. Die Bank war nur selten zu Beiträgen gezwungen [2]). Imperialen, im Werte von 800 000 £, die im Oktober aus Rußland nach London geschickt wurden, wurden sofort wieder nach Frankreich weiter exportiert [3]). Auch 20-Frankenstücke russischer Herkunft, deutsche Goldmünzen und belgische Frankentaler wurden nach Frankreich gebracht. Aus Spanien trafen nur selten Metallsendungen ein.

Auch im neuen Jahre setzte sich die Goldbewegung zugunsten Frankreichs fort. Der Stand des Markwechsels erlaubte in der ersten Hälfte des Jahres [4]) fast immer Goldbezüge aus Deutschland [5]), deren Remittierungen teils unmittelbar, teils über Brüssel

1)	Maximum	Minimum	
September	25,26 —25,31	25,18½—25,23½	
Oktober	25,22 —25,27	25,14—25,19;	25,13½—25,18½
November	25,15½—25,20½	25,13—25,17;	25,14½—25,16½
Dezember	25,16½—25,21½	25,11—25,16;	25,12½—25,17½

2) Z. B. einmal im September 44 000 £.

3) Vgl. auch L'Economiste français v. 25. November 1876.

4) Vgl. M. d. P. v. 15., 16., 19., 20., 22., 23., 25., 26., 29. Januar; 1., 2., 3., 8., 11., 16. Februar.; 1., 6., 13., 20., 25., 27. Mai; 10., 11., 17., 24. Juni 1877. — The Economist v. 6., 13., 20. Januar; 3., 10., 17., 24. Februar, 3., 17., 24. März, 7., 14., 28. April; 5., 12., 19., 26. Mai; 2., 9., 16., 23. Juni 1877.

5) Schlußkurse:			
	Januar	121⅝—121⅞ k.;	121⅞—122¼ l.
	Februar	121⅜—121⅝ k.;	121⅞—122⅛ l.
	März	121⅝—121⅞ k.;	122—122¼ l.
	April	121⅜—121⅝ k.;	121½—121¾ l.
	Mai	121⅜—121⅝ k.;	121½—121¾ l.
	Juni	121¾—122 k.;	122 —122¼ l.

erfolgten [1]). Die Devisenkurse standen, auch als die Bank ihre Rate ermäßigte und damit auf eine Stufe mit London kam, während Berlin einen großen Vorsprung gewann, hauptsächlich unter dem Einfluß der Fälligkeiten aus dem Effekten- und Warenverkehr. Russisches Gold wurde in großen Mengen eingeführt und nahm seinen Weg sehr häufig über Berlin und London. Aus Belgien und Italien strömten silberne 5-Frankenstücke ein. Der belgische und Schweizer Franken [2]) und selbstverständlich auch die italienische Valuta [3]) blieben fortwährend hinter der Parität zurück.

Der Sterlingwechsel wich im Januar nicht mehr unter die aus dem letzten Jahre übernommene Notierung (25,12 ¼ bis 25,17 ½) zurück, machte aber auch keine größeren Fortschritte (25,16—25,17; 25,15—25,20). Auch im Februar veränderte er sich nur wenig. Effektenabgaben nach London bewirkten etwas niedrigere Durchschnittskurse. Unter den Goldsendungen, die jetzt unausgesetzt nach Frankreich gingen, litt auch der Metallbesitz der englischen Bank [4]). Als die Bank in Paris für Barrenmetall einen der Prägefrist entsprechenden Diskontabzug berechnete, wurde die Einfuhr erschwert und versiegte, obwohl die Märzpreise des Sovereigns bis 25,12 ½—25,17 ½ sanken und auch bei steigendem Diskont in London den Kurs von 25,13 ½ bis 25,18 ½ nicht überschritten. Sie lebte in geringem Maße wieder auf, als im April der Sovereign auf 25,12—25,17 fiel, und nahm größeren Umfang an, als er gegen Ende des Monats mit 25,08 ½—25,13 ½ bezahlt wurde. Da die australische Zufuhr nicht zur Befriedigung des Bedarfes für Frankreich genügte, wurde auch die Bank von England herangezogen, die in diesem

1) Im Februar trafen einmal von einem Hause 4 Millionen Mark ein, die der Metallreserve der Bank zugute kamen.

2) $^1/_{16}$—$^3/_{16}$ perte.

3) 7¾—11 ½ perte.

4) Im Januar wurden der Bank von England 700 000 £ in Münzen und Barren für Paris entzogen. 630 000 £ waren teils für Frankreich, teils für Deutschland bestimmt. Der gesamte Metallimport Frankreichs wurde auf 20 Millionen Franken in der Woche geschätzt.

Jahre die Nachfrage dadurch bekämpfte, daß sie statt wie bisher hochhaltige Barren nur noch Barren von der Feinheit $^9/_{10}$ und Sovereigns lieferte [1]). In der letzten Woche des Monats wurden 250 000 £ bis 300 000 £ nach Paris geschickt.

Mit den niedersten Kursen des Mais, die bis 25,07 ½—25,12 ½ zurückgingen, verband sich wieder ein starker Goldimport, der durch Abgaben aus der englischen Bank unterhalten wurde [2]). Täglich bekamen französische Bankiers große Summen aus England. Dann wurde die Goldeinfuhr durch die Verminderung der von der Bank von Frankreich für Gold gewährten Preise abgeschwächt. Auch wurde das eintreffende Gold jetzt mehr als früher unmittelbar zur Ausprägung an die Münzstätte eingeliefert. Am Ausgang des Monats kamen die englischen Goldremittierungen fast ganz zum Stillstand. Die Bank von England hatte ihren Zinsfuß erhöht, und es begann eine Nachfrage nach Sovereigns zur Bezahlung von Wolle. Ohne daß die Bank es zu verhindern suchte, hob sich der Sterlingkurs auf 25,15 bis 25,20. Der Londonwechsel wurde nun als Anlage benutzt und außerdem von einem Syndikat von Pariser Banken angekauft, das zum Fälligkeitstermin der in London zahlbaren russischen Zinsen englische Valuta brauchte. Der Kurs erreichte 25,22 ½ bis 25,25 und sank dann auf 25,19 ½—25,24 ½. Die Goldtransporte aus England hatten völlig aufgehört. Nur die Goldankünfte der zweiten Woche (600 000 £) gingen bis auf 150 000 £ in Sovereigns nach Deutschland und Paris.

In der ganzen Zeit wurden Kurantmünzen nur zu ihrem Nennwert angenommen.

Im Juli [3]) war für den deutschen Wechsel vermutlich der Umstand vorteilhaft, daß sich Frankreich an einem Darlehen deutscher und russischer Banken an die russische Regierung beteiligte. Die 60 Millionen Mark, die das Darlehen betrug, waren in Berlin abzuliefern, und es erhob sich deshalb eine Nach-

1) Vgl. Helfferich, Beiträge, pag. 275.

2) Einmal 200 000 £. — 744 000 £ trafen auf Deutschland, das Silber in London verkauft hatte, und Frankreich zusammen.

3) Vgl. M. d. P. v. 29. Juli 1877. — L'Economiste français v. 11. August 1877. — The Economist v. 14., 21., 28. Juli 1877.

frage nach deutscher Valuta. Auch hatte jedenfalls die Vorbereitung einer deutschen Anleihe größere Wechselziehungen auf das Ausland zur Folge. Dies war vielleicht der Grund dafür, daß sich in dieser Zeit ein sonst unerklärliches unbedeutendes Agio für Goldfranken (1‰) geltend machte, das jedoch sofort wieder vorüberging. Gegen Ende des Monats ließ der Markkurs wieder nach [1]). Im nächsten Monat [2]) begann bereits wieder die Goldausfuhr von Deutschland nach Paris, die zunächst russische Imperialen brachte. Die Diskonterhöhung, die die Reichsbank hierauf verfügte und die wohl gegen den Goldabfluß nach Belgien und Frankreich gerichtet war, befestigte die Haltung des Markwechsels nur unbedeutend. Doch fand von Ende September an [3]) keine Goldbewegung mehr zwischen Deutschland und Frankreich statt. Nur von Frankfurt her trafen im Oktober [4]) geringe Beträge russischen Goldes in Paris ein. Die Aufnahme deutscher und preußischer Schatzscheine rief im November [5]) auch bei sinkendem Berliner Diskont eine Zeitlang eine Nachfrage nach deutscher Valuta hervor, und auch im Dezember [6]) vermochte sich der Markkurs trotz weiterer Herabsetzung des Berliner Banksatzes etwas zu bessern. Im Jahre 1877 wurden an der Pariser Münzstätte 18 586 544 Franken, in Belgien fast das Doppelte aus deutschen Goldmünzen geprägt [7]).

---

1) Schlußkurse:	Juli	$121\frac{1}{2}$—$121\frac{3}{4}$ k.;	$121\frac{7}{8}$—$122\frac{1}{8}$ l.
	August	$121\frac{3}{8}$—$121\frac{5}{8}$ k.;	$121\frac{3}{4}$—122 l.
	September	$121\frac{5}{8}$—$121\frac{7}{8}$ k.	und l.
	Oktober	$121\frac{3}{4}$—122 k.;	$121\frac{1}{2}$—$121\frac{3}{4}$ l.
	November	$121\frac{5}{8}$—$121\frac{7}{8}$ k.;	$121\frac{3}{4}$—122 l.
	Dezember	$121\frac{3}{4}$—122 k.;	$121\frac{7}{8}$—122 l.

2) Vgl. L'Economiste français v. 11. August 1877. — M. d. P. v. 12., 17., 20., 26. August 1877. — The Economist v. 4., 11., 18., 25. August 1877.

3) Vgl. M. d. P. v. 13., 27. September 1877. — The Economist v. 1., 8., 15., 22., 29. September 1877.

4) Vgl. M. d. P. v. 7., 10., 14., 25., 28. Oktober 1877. — The Economist v. 7., 13., 20., 27. Oktober; 3. November 1877.

5) Vgl. M. d. P. v. 6., 12., 25., 30. November 1877. — The Economist v. 10., 17., 24. November, 1. Dezember 1877.

6) Vgl. M. d. P. v. 10. Dezember 1877. — The Economist v. 8., 15., 22. Dezember 1877.

7) Helfferich, Beiträge, pag. 389.

Der belgische Franken stand das ganze Jahr hindurch unter Pari ($^1/_{16}$—$^5/_{32}$), der Schweizer Franken war einige Male dem Parikurs nahe. Im September kam auch aus Belgien und Holland, dessen Bank über große Mengen Napoleons verfügte, Gold nach Frankreich, und Amsterdam schickte auch im Dezember noch einmal kleinere Beträge. Für den italienischen Wechsel, der im Juli ein Disagio von 9 ½% hatte, war die Oktobernotierung mit 8 ¾% perte (in Gold zahlbar $^1/_8$% perte) ein guter Kurs.

Der Sterlingwechsel als Anlagewert litt im Juli unter den niedrigen Zinssätzen Londons und den Anlagegelegenheiten, die sich dem französischen Kapital in Deutschland boten. Obwohl eine Pariser Bank für ihre englische Filiale Sovereigns beschaffen mußte, ging der Kurs von 25,21—25,26 nach mehreren Unterbrechungen auf 25,11 ½—25,16 ½ und 25,13 ½ bis 25,18 ½ zurück. Die Metallzufuhr aus London bestand aus einigen kleinen Posten amerikanischer Eagles und Teilen des australischen Importes. Umfangreiche Goldmengen strömten dann im August bei den zunächst sinkenden Sterlingkursen (bis 25,09 bis 25,14) aus England ein. Frankreich hatte zwar eine schlechte Ernte gehabt und viele Effekten aus London erhalten, aber es berief dafür die Gelder zurück, die es aus verfallenen Devisenanlagen in London stehen hatte. Der Export einer Woche, der 500 000 £ in Barren und Sovereigns erreichte, verteilte sich auf Deutschland, Frankreich, Portugal und Südafrika. Ein einziges Pariser Bankhaus bezog 150 000 £ in Eagles. Soweit der Vorrat des Edelmetallmarktes nicht groß genug war, half die Bank aus. Als sich der Kurs des Sovereigns erholte (bis 25,16—25,21), hörte die Goldnachfrage für Frankreich in London plötzlich auf. Es kamen nur noch 13 000 £ zum Versand nach Frankreich, bis in der letzten Woche neben Deutschland und New-York auch Paris Gold für Ausfuhrzwecke verlangte.

Der dem Sterlingkurs günstige Diskontabstand zwischen London und Paris bewirkte im September ein Steigen des Sovereigns auf 25,18 ½—25,23 ½. Die Goldausfuhr nach Frankreich war gering. Französisches Geld wurde in London angeboten, während England in Paris Schatzscheine und langfristige Markwechsel diskontieren ließ. Die französischen Portefeuilles füllten sich mit Devisen auf Goldwährungsländer, ohne daß dadurch die intervalutarischen Beziehungen bis zum Export französischer Goldfranken angespannt worden wären. Das lokale Wechselgeschäft wurde meist ganz der Bank überlassen. Mit dem Besitz der Devisen erwarb Frankreich Forderungen auf Summen fremder Valuten, die bei Verfall Goldguthaben ergaben. Augenblicklich hob sich der Sovereign auf 25,25—25,30, sank aber wieder auf 25,21—25,26½, als bei der starken Inanspruchnahme der Bank der Zinssatz in Paris etwas anzog.

Da es zu einer Goldausfuhr aus Frankreich nicht kam, bewahrte auch das 20-Frankenstück die nominale Parität gegenüber der Note. Ebenso war der Verlauf des Novembers. Die englische Valuta erreichte trotz französischer Effektenlieferungen nach London unter anhaltenden Käufen von Sterlingwechseln den Kurs von 25,26—25,31 und fiel dann langsam auf 25,23 bis 25,28. Die Goldbewegung nach Frankreich war wie im letzten Monat ganz unbedeutend. Die zukünftige Lage aber hing allein von dem Verhalten ab, das die französischen Banken bei Verfall ihrer englischen Devisen beobachten würden. Im Dezember ließ der Sterlingwechsel bis 25,18—25,23 nach und überschritt bei einer vorübergehenden Besserung die Notierung 25,20 bis 25,25 nicht. Geringe Mengen australischen Goldes wurden dem englischen Markt für Frankreich entnommen. —

So war im Laufe der Jahre die unmittelbare Einwirkung der Beschaffung von Entschädigungszahlungsmitteln aus den Bewegungen des Devisenmarktes völlig beseitigt. —

Die deutschen Wechsel wiesen im Vergleich zum letzten Monat nur geringe Preisunterschiede auf (366 1/8—366 3/4 kurz; 367 3/4—367 3/4 lang; 209 3/4—209 3/4 kurz; 209 1/2—209 3/4 lang). Der Sterlingwechsel sank bis 25,15 1/2 lang (25,16 1/2 kurz; 25,18 Scheck), erholte sich etwas und hielt sich meist zwischen 25,16 1/2 und 25,19.

Neue Goldtransporte gingen von England nach Frankreich. Der Bank von England selbst wurden große Beträge in französischem Gold entzogen (480 000 £, 157 000 £, 304 000 £), so daß sie ihren Diskont erhöhte, nachdem in der letzten Woche noch 1 150 000 £ ausgeführt worden waren. An einzelnen Auslandsplätzen wurde nun die uneinlösbare Note wegen ihrer leichteren Verwendbarkeit zu Zahlungen bereits besser bezahlt als der Goldfranken [1]).

Deutsche Devisen waren im August [2]) angeboten, ohne daß jedoch von dem Angebot Gebrauch gemacht wurde (366 kurz; 366 3/4—367 lang; 209—209 3/4 kurz; 209 1/2—209 3/4 lang).

Die Diskontsteigerung der Bank von England war nicht kräftig genug, um den Kapitalstrom von Frankreich abzulenken. Außerdem hatten Pariser Banken Effekten in London veräußert, und französische Spekulanten benutzten die niederen Zinsforderungen, um internationale Wertpapiere in London in Lombard zu geben. Auch durch Getreidetransporte war England an Frankreich verschuldet. Bei dem Kursstand 25,15—25,17 1/2 wurde aufs neue Gold nach Frankreich geschickt, was die englische Bank mit einer zweiten Diskonterhöhung beantwortete. Einen Augenblick sank der Sovereign noch mehr (25,13 1/2—25,17 1/2), dann stieg sein Kurs (25,16—25,18) und blieb auch fest, als die Bank von England ihre Rate wieder ermäßigte. Die Goldsendungen nach Frankreich hörten auf, und die Bank tat nichts, um sie zu

---

1) Aus dem gleichen Grunde steht auch die allerdings einlösbare englische Note in Paris bisweilen höher als Sovereignsmünzen, z. B. 2. Februar 1904, Kurs des Sovereigns in Noten 25,12—25,17, in Goldvaluta 25,11—25,16.

2) The Economist v. 8., 15. August, 26. September 1874. — M. d. P. v. 2., 5., 9., 23., 30. August 1874.

FSC
www.fsc.org
MIX
Papier | Fördert
gute Waldnutzung
FSC® C083411

Kolibri 360 GmbH
Ferdinand-Jühlke-Straße 7
99095 Erfurt, Deutschland
produktsicherheit@kolibri360.de